E 136

WAGNER und PARTNER GbR
Ingenieurbüro für Bauwesen
Tel. 07 21 / 9 57 59 - 0, Fax 9 57 59 - 20
Postfach 11 14 52, 76064 Karlsruhe
Leopoldstraße 1, 76133 Karlsruhe

Schmitz/Goris
Bemessungstafeln nach DIN 1045-1

Bemessungstafeln nach DIN 1045-1

Mit Berücksichtigung des DIN-Fachberichts 102 – Betonbrücken

Normalbeton · Hochfester Beton · Leichtbeton

von

Prof. Dr.-Ing. Ulrich P. Schmitz
Prof. Dr.-Ing. Alfons Goris

Werner Verlag

1. Auflage 2001

Die Deutsche Bibliothek – CIP-Einheitsaufnahme

Schmitz, Ulrich P.
Bemessungstafeln nach DIN 1045-1/
Mit Berücksichtigung des DIN-Fachberichts 102 – Betonbrücken
Normalbeton · Hochfester Beton · Leichtbeton
Ulrich P. Schmitz und Alfons Goris – Düsseldorf : Werner 2001
ISBN 3-8041-4187-0

© Werner Verlag GmbH & Co. KG _ Düsseldorf · 2001
Printed in Germany
Satz:
Druck und buchbinderische Verarbeitung: Wilhelm & Adam, Hensenstamm
Archiv-Nr.: 1144 – 11.2001
Bestell-Nr.: 3-8041-4187-0

Vorwort

Aktueller Anlass für die Bemessungstafeln ist die Neuausgabe der DIN 1045 (Juli 2001). Erstmals werden in einer gemeinsamen DIN-Norm Leicht- und Normalbetone einschließlich der hochfesten Betonfestigkeitsklassen behandelt. Aus der Vielzahl der Betonfestigkeitsklassen und den damit verbundenen zahlreichen Varianten der Materialgesetze ergibt sich die Notwendigkeit für ein umfassendes Tafelwerk.

Auch und gerade im Zeitalter elektronischer Rechenprogramme behält die Handrechnung ihre Bedeutung bei Stahlbetonbemessungen sowie bei der Kontrolle von Computerberechnungen. Dem Praktiker wie dem Studierenden sind die Bemessungstafeln dafür ein unerlässliches Hilfsmittel.

In der Einführung werden zunächst Grundlagen der Stahlbetonbemessung dargelegt, soweit dies für das Verständnis der Bemessungstafeln erforderlich ist. Anschließend werden die einzelnen Tafeln erläutert und ihre Anwendung an Beispielen demonstriert.

Trotz des Umfangs von über 500 Seiten kann dieses Buch, der Vielzahl der möglichen Varianten wegen, keinen Anspruch auf vollständige Wiedergabe aller möglichen Bemessungstafeln erheben. Aus der Fülle der denkbaren Tafeln wurden diejenigen ausgewählt, von denen anzunehmen ist, dass sie für die Praxis den größten Nutzen haben. Wir haben uns bemüht, die wichtigsten und für die Praxis relevanten Anwendungsfälle zu erfassen. Sollten dennoch zusätzliche Tafeln benötigt werden, stehen die Autoren für Rückfragen zur Verfügung.

Bei der Vielzahl von Daten, wie sie auf den folgenden Seiten zu finden sind, sind einzelne Fehler trotz mehrerer Korrekturdurchgänge nicht auszuschließen. Für entsprechende Hinweise sind die Autoren dankbar. Für Folgefehler kann verständlicherweise keine Haftung übernommen werden.

Das Buch richtet sich an alle in der Praxis mit dem Aufstellen oder Prüfen von Stahlbetonbemessungen befassten Ingenieure und Konstrukteure sowie an Studierende und Lehrende des Bauwesens.

Die Tafeln 2 bis 4, 8.1, 9 und 10 wurden von Herrn Goris aufgestellt, die Tafeln 1, 5 bis 7, 8.2 bis 8.4 von Herrn Schmitz. Dem Werner Verlag danken wir für die Unterstützung und die bereitwillige Umsetzung unserer Vorstellungen.

Siegen, im Oktober 2001

Alfons Goris
Ulrich P. Schmitz

Hinweis:

Soweit bei den nachfolgenden Tafeln der Bemessungswert der Betondruckfestigkeit f_{cd} benötigt wird, gilt generell:

$$f_{cd} = \alpha \frac{f_{ck}}{\gamma_c}$$

Auf abweichende Regelungen in EC 2 und DIN-Fachbericht 102 – Betonbrücken (nach gegenwärtigem Stand ohne Beiwert α) wird hingewiesen. Hierzu sind auch die Anwendungshinweise auf S. 13 sowie die Vorbemerkung auf S. 1 zu beachten.

Über aktuelle Entwicklungen der Regelwerke des Stahlbetons und entsprechende Anwendungshinweise für die Bemessungstafeln informiert folgende Internetseite:

www.werner-verlag.de → aktuell → Aktualisierungsdienst

Gesamtübersicht der Tafeln

Tafel	Beschreibung	Betonfestigkeitsklasse									
		C 12/15 – C 50/60	C 55/67	C 60/75	C 70/85	C 80/95	C 90/105	C 100/105	LC 12/13 – LC 50/55	LC 55/60	LC 60/66
	Übersicht Bemessungstafeln	21	141	167	213	239	285	311	357	459	485
1	Allgemeines Bemessungsdiagramm	23	143	169	215	241	287	313	359	461	487
2.1	k_d-Tafeln ($\gamma_c = 1{,}50$)	24	144	170	216	242	288	314			
2.2	k_d-Tafeln ($\gamma_c = 1{,}35$)	28	146	172	218	244	290	316			
3	μ_s-Tafeln	32	148	174	220	246	292	318	364	464	488
4	Plattenstreifen (Erläuterungen)	36									
4.1	Plattenstreifen-Tabellen	37									
4.2	Plattenstreifen-Diagramme	46									
5	μ_s-Tafeln (Plattenbalkenquerschnitt)	56	152	178	224	250	296	322			
6.1	Interaktionsdiagramm für 2-seitig bewehrten Rechteckquerschnitt	58	154	180	226	252	298	324	380	473	491
6.2	Interaktionsdiagramm für 4-seitig bewehrten Rechteckquerschnitt	63	156	182	228	254	300	326	390	479	493
6.3	Interaktionsdiagramm für Kreisquerschnitt	68	158	184	230	256	302	328	400	485	
6.4	Interaktionsdiagramm für Kreisringquerschnitt	73		186		258		330	405		
7.1	Interaktionsdiagramm für schiefe Biegung des 4-seitig bewehrten Rechteckquerschnitts	78	160	188	232	260	304	332	410		
7.2	Interaktionsdiagramm für schiefe Biegung des 2-seitig bewehrten Rechteckquerschnitts	83	162	190	234	262	306	334	415		
7.3	Interaktionsdiagramm für schiefe Biegung des in 4 Ecken bewehrten Rechteckquerschnitts	88	164	192	236	264	308	336	420		
8.1	Stütze ohne Knickgefahr	93	166	194	238	266	310	338	425		
8.2	Modellstütze mit Rechteckquerschnitt 2-seitig bewehrt	96		195		267		339	428		
8.3	Modellstütze mit Rechteckquerschnitt 4-seitig bewehrt	111		201		273		345	443		
8.4	Modellstütze Kreisquerschitt	126		207		279		351			
9	Hilfswerte für Nachweise des Gebrauchszustands	495									
10	Konstruktionstafeln	509									

Vorbemerkung

Unmittelbar vor Drucklegung der Bemessungstafeln erschien die erste Ausgabe des **DIN-Fachberichts 102 – Betonbrücken.** Damit werden zunächst probeweise am Eurocode und an DIN 1045-1 orientierte Berechnungsvorschriften im Brückenbau eingeführt. Die hier für die DIN 1045-1 aufgestellten Tafeln eignen sich grundsätzlich auch für die Anwendung des Fachberichts 102. Bei Ablesung und Auswertung der vorliegenden Tafeln ist der Bemessungswert der Betondruckfestigkeit f_{cd} stets in Übereinstimmung mit DIN 1045-1 zu verwenden, definiert durch:

$$f_{cd} = \alpha \frac{f_{ck}}{\gamma_c}$$

Für den DIN-Fachbericht 102 (Ausg. 2001) ist eine hiervon abweichende, dem EC 2 (Ausg. 1992) entsprechende Formulierung ohne Beiwert α vorgesehen, s. [DIN-Fb 102 – 2001] (s. z. B. auch [Novak – 2001]). Es ist aber beabsichtigt, spätere Ausgaben des Fachberichts 102 an die DIN 1045-1 anzupassen. Im Zweifelsfall ist daher die dem jeweiligen Regelwerk zugrunde liegende Definition genau zu prüfen.

Weitere Hinweise zu EC 2 und DIN-Fachbericht 102 s. Abschn. 6.2 auf S. 13.

Einführung

1   Bezeichnungen

Mit Einführung der DIN 1045 (2001-07) werden viele Formelzeichen und Bezeichnungen an international übliche und beispielsweise auch im Eurocode verwendete Standards angepasst. Die wichtigsten Bezeichnungen sind nachfolgend wiedergegeben.

Wegen der Verwechslungsgefahr gegenüber bisherigen Bezeichnungen nach nationalen Normen sei besonders hervorgehoben, dass nunmehr

    h die Bauteildicke (bisher Nutzhöhe),
    d die Nutzhöhe (bisher Bauteildicke),

    2   als Index die stärker gedrückte Querschnittsseite („oben", bisher Index 1),
    1   als Index die stärker gezogene Querschnittsseite („unten", bisher Index 2)

bezeichnen (Bild 1).

Gegenüber EC 2 T.1-1 wurde die Definition des Bemessungswertes der Druckfestigkeit normalfesten Betons f_{cd} geändert:

• DIN V ENV 1992-1 (EC 2 T.1-1), Juni 1992; • E DIN 1045-1 (1997) • DIN-Fachbericht 102 (Fassung 2001)	DIN 1045-1 (Juli 2001)
$f_{cd} = \dfrac{f_{ck}}{\gamma_c}$	$f_{cd} = \alpha \dfrac{f_{ck}}{\gamma_c}$

Während der Langzeitbeiwert α in Bemessungshilfen nach EC 2 bereits als fester Wert $\alpha = 0{,}85$ eingearbeitet ist, wird er bei Tafeln nach DIN 1045-1 über den Tafeleingangswert berücksichtigt, in welchen die Bemessungsdruckfestigkeit f_{cd} eingeht. Bei der Verwendung von Bemessungshilfen unterschiedlicher Normenfamilien ist dies zu beachten, da das Formelzeichen f_{cd} allein nicht erkennen lässt, ob der Beiwert α enthalten ist.

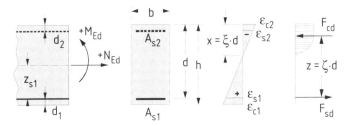

Bild 1: Bezeichnungen am Rechteckquerschnitt

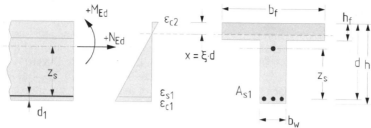

Bild 2: Bezeichnungen am Plattenbalkenquerschnitt

Eine weitere Änderung gegenüber EC 2 T.1-1 betrifft das Formelzeichen für Beanspruchung/Einwirkung, für welches nun in Übereinstimmung mit DIN 1055-100 der Index E (bisher S) gewählt wurde. Entsprechend unterscheiden sich die Bezeichnungen für einwirkende Schnittgrößen:

• DIN V ENV 1992-1 (EC 2 T.1-1), Juni 1992; • E DIN 1045-1 (1997) • DIN-Fachbericht 102 (Fassung 2001)	DIN 1045-1 (Juli 2001)
M_{Sd}, M_{Sds}, N_{Sd} μ_{Sds}, v_{Sd} etc.	M_{Ed}, M_{Eds}, N_{Ed} μ_{Eds}, v_{Ed} etc.

Querschnittsgrößen:

h Bauteildicke
d Nutzhöhe
b Querschnittsbreite
b_f Gurtplattenbreite
b_w Stegbreite
h_f Gurtplattendicke
x Höhe der Betondruckzone
ξ $= x/d$, auf die Nutzhöhe bezogene Betondruckzonenhöhe (bisher k_x)
z Hebelarm der inneren Kräfte
ζ $= z/d$, auf die Nutzhöhe bezogener Hebelarm der inneren Kräfte (bisher k_z)
z_s Abstand der Zugbewehrung vom Querschnittsschwerpunkt

ε_{c2} Betondehnung am (oberen) Druckrand
ε_{s2} Stahldehnung am (oberen) Druckrand
ε_{c1} Betondehnung am (unteren) Zugrand
ε_{s1} Stahldehnung am (unteren) Zugrand

A_c Querschnittsfläche des Betons

A_{s2} Bewehrungsquerschnitt in der Druckzone (oben)
A_{s1} Bewehrungsquerschnitt in der Zugzone (unten)

Dabei wird mit „oben" bzw. „Druckrand" der stärker gedrückte Rand und entsprechend mit „unten" bzw. „Zugrand" der gezogene bzw. geringer gedrückte Rand des Stahlbetonquerschnitts bezeichnet.

Schnittgrößen:

M_{Ed} Bemessungswert des einwirkenden Biegemomentes
M_{Eds} auf die Zugbewehrungslage bezogener Bemessungswert des Biegemomentes
N_{Ed} Bemessungswert der einwirkenden Normalkraft (Längskraft)
μ_{Ed} bezogenes Bemessungsmoment
μ_{Eds} bezogenes, auf die Biegezugbewehrung versetztes Bemessungsmoment
v_{Ed} bezogene Bemessungsnormalkraft
F_{cd} Bemessungswert der Normalkraft der Betondruckzone
F_{sd} Bemessungswert der Normalkraft der Bewehrung

2 Sicherheitskonzept

Moderne Baunormen wie DIN 1045 (2001-07) sehen verteilte und differenzierte Sicherheitsbeiwerte vor, die auf der Einwirkungsseite **und** auf der Widerstandsseite anzuwenden sind. Das Nachweisverfahren lässt sich dafür in allgemeiner Form wie folgt darstellen:

Einwirkungsseite		Widerstandsseite
$E_d = \gamma_F \cdot E_k$	$\leq$	$R_k / \gamma_R = R_d$

mit:

E_k charakteristischer Wert („Nennwert") der Einwirkung

γ_F Teilsicherheitsbeiwert der Einwirkung

E_d Bemessungswert der Einwirkung

R_k charakteristischer Wert („Nennwert") des Bauteilwiderstands

γ_R Teilsicherheitsbeiwert des Bauteilwiderstands

R_d Bemessungswert des Bauteilwiderstands

Die Ermittlung der charakteristischen Einwirkungen wird in DIN 1055-100 behandelt. Die für das Aufstellen und Anwenden von Bemessungstafeln bedeutsamen Teilsicherheitsbeiwerte der Widerstandsseite sind in DIN 1045-1 angegeben (s. Tab. 1).

In Tabelle 1 bedeuten:

γ_c Teilsicherheitsbeiwert für Beton, der abhängig von der Bemessungssituation und dem zu führenden Nachweis zwischen 1,3

und 2,0 liegt. Für **hochfeste** Betone ist γ_c mit γ'_c zu multiplizieren:

$$\gamma'_c = \frac{1}{1,1 - \dfrac{f_{ck}}{500}} \geq 1 \qquad (1)$$

Beton	γ'_c	$\gamma'_c \cdot 1,50$	$\gamma'_c \cdot 1,35$
C 12/15 – C 50/60 LC 12/13 – LC 50/55	1,00	1,500	1,350
C 55/67, LC 55/60	1,01	1,515	1,364
C 60/75, LC 60/66	1,02	1,530	1,377
C 70/85	1,04	1,560	1,404
C 80/95	1,06	1,590	1,431
C 90/105	1,09	1,635	1,472
C 100/115	1,11	1,665	1,499

f_{ck} Charakteristischer Wert der Betondruckfestigkeit [N/mm²], s. u.

γ_s Teilsicherheitsbeiwert für Bewehrungsstahl und Spannstahl

γ_R Teilsicherheitsbeiwert für den Systemwiderstand bei nichtlinearen Verfahren der Schnittgrößenermittlung.

Bei **Fertigteilen** mit einer werkmäßigen und ständig überwachten Herstellung darf der Teilsicherheitsbeiwert für Beton auf $\gamma_c = 1,35$ verringert werden, wenn durch eine Überprüfung der Betonfestigkeit am fertigen Bauteil sichergestellt wird, dass Fertigteile mit zu geringer Betonfestigkeit ausgesondert werden.

Tabelle 1: Teilsicherheitsbeiwerte γ für die Bestimmung des Tragwiderstands bei der Bemessung (DIN 1045-1, 5.3.3)

		1	2	3	4
	Bemessungssituation	γ_c [1]		Beton oder Spannstahl	Systemwiderstand bei nichtlinearen Verfahren der Schnittgrößenermittlung
		Beton (bewehrt) [2]	Beton (unbewehrt)	γ_s ; $\gamma_{s,fat}$	γ_R
1	Ständige und vorübergehende Bemessungssituation	1,5	1,8	1,15	1,3
2	Außergewöhnliche Bemessungssituation	1,3	1,55	1,0	1,1
3	Nachweis der Ermüdung	1,5		1,15	1,3

[1] Für Beton ab der Festigkeitsklasse C 55/67 bzw. LC 55/60 ist γ_c mit γ'_c zu multiplizieren, s. Text
[2] Bei Fertigteilen mit Überprüfung der Festigkeit am fertigen Bauteil darf ggf. $\gamma_c = 1,35$ angesetzt werden (Voraussetzungen s. Text).

3 Baustoffe

3.1 Normalbeton

Als Normalbeton definiert DIN 1045 nach der Trockenrohdichte ρ Beton mit $2000 < \rho \leq 2600$ kg/m³.

Wichtigste Kenngröße des Betons ist die Druckfestigkeit, die durch den charakteristischen Wert der Zylinderdruckfestigkeit nach 28 Tagen (f_{ck}) ausgedrückt wird. Daraus ermittelt sich der Bemessungswert der Druckfestigkeit f_{cd}:

$$f_{cd} = \alpha \frac{f_{ck}}{\gamma_c \cdot \gamma_c'} \qquad (2)$$

dabei ist:

α Abminderungsbeiwert zur Berücksichtigung von Langzeiteinwirkungen (im Allgemeinen 0,85 bei Normalbeton bzw. 0,80 bei Leichtbeton)

DIN 1045-1 definiert im Bereich des konstruktiven Normalbetons 15 Betonfestigkeitsklassen, davon sechs im hochfesten Bereich (s. Tab. 2).

Materialgesetze

Für Schnittgrößenermittlung und Bemessung stehen verschiedene Materialgesetze zur Verfügung (Bild 3). Das von der bisherigen DIN 1045 (07.88) bekannte **Parabel-Rechteckdiagramm** (Bild 3b) bleibt in erweiterter Form weiterhin das übliche Materialgesetz für die Bemessung. Es wird definiert durch:

$$\sigma_c = -\left[1-\left(1-\frac{\varepsilon_c}{\varepsilon_{c2}}\right)^n\right]\cdot f_{cd} \quad \text{für} \quad 0 \leq |\varepsilon_c| < |\varepsilon_{c2}|$$

$$\sigma_c = -f_{cd} \qquad \text{für} \quad |\varepsilon_{c2}| \leq |\varepsilon_c| \leq |\varepsilon_{c2u}|$$

$$(3)$$

Durch Veränderung der Parameter (s. Tab. 2) wird es an die unterschiedlichen Betonfestigkeitsklassen angepasst. Die sich ergebenden Spannungs-Dehnungslinien sind in Bild 4 dargestellt.

Hochfester Beton[1]

Die Festigkeitsklassen ab C 55/67 bzw. (LC 55/66 bei Leichtbeton) zählen zu den hochfesten Betonen, s. Tab. 2 (bzw. Tab. 4 für Leichtbeton), die grundsätzlich allgemein eingesetzt werden können. Nach DIN 1045-2 sind für die Festigkeitsklassen C 90/105 und C 100/115 weitere, auf den Verwendungszweck abgestimmte Nachweise zu erbringen.

---

[1] Hochfester Beton ist derzeit in EC 2 und DIN-Fachbericht 102 nicht geregelt.

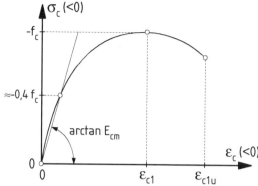

a) Schnittgrößenermittlung

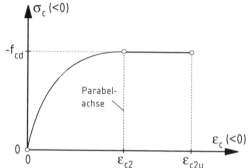

b) Bemessung: Parabel-Rechteck-Diagramm

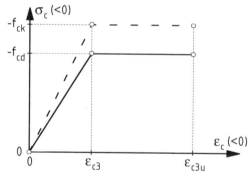

c) Bemessung: Bilinearer Spannungs-Dehnungsverlauf

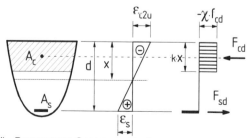

d) Bemessung: Spannungsblock

Bild 3: Spannungs-Dehnungs-Linien von Beton

Tabelle 2: Festigkeits- und Formänderungswerte von Normalbeton (DIN 1045-1, Tab. 10)

Festigkeits-klasse	f_{ck} [N/mm²]	$f_{ck,cube}$ [N/mm²]	f_{ctm} [N/mm²]	E_{cm} [N/mm²]	ε_{c2} [‰]	ε_{c2u} [‰]	n [—]	Anmerkungen
C 12/15	12	15	1,6	25 800	−2,00	−3,50	2,00	nur für vorwiegend ruhende Lasten
C 16/20	16	20	1,9	27 400	−2,00	−3,50	2,00	
C 20/25	20	25	2,2	28 800	−2,00	−3,50	2,00	
C 25/30	25	30	2,6	30 500	−2,00	−3,50	2,00	
C 30/37	30	37	2,9	31 900	−2,00	−3,50	2,00	
C 35/45	35	45	3,2	33 300	−2,00	−3,50	2,00	
C 40/50	40	50	3,5	34 500	−2,00	−3,50	2,00	
C 45/55	45	55	3,8	35 700	−2,00	−3,50	2,00	
C 50/60	50	60	4,1	36 800	−2,00	−3,50	2,00	
C 55/67	55	67	4,2	37 800	−2,03	−3,10	2,00	hochfester Beton
C 60/75	60	75	4,4	38 800	−2,06	−2,70	1,90	hochfester Beton
C 70/85	70	85	4,6	40 600	−2,10	−2,50	1,80	hochfester Beton
C 80/95	80	95	4,8	42 300	−2,14	−2,40	1,70	hochfester Beton
C 90/105	90	105	5,0	43 800	−2,17	−2,30	1,60	hochfester Beton; weitere Nach-
C 100/115	100	115	5,2	45 200	−2,20	−2,20	1,55	weise erforderlich, s. Text

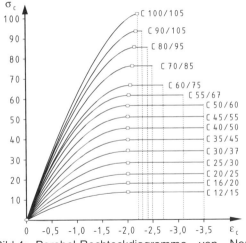

Bild 4: Parabel-Rechteckdiagramme von Normalbeton

3.2 Leichtbeton[1]

Als Leichtbeton gilt Beton mit 800 < ρ ≤ 2000 kg/m³. Für Leichtbeton gültige Kennwerte werden durch den zusätzlichen Index *l* (für *lightweight*) im Formelzeichen unterschieden.

Grundsätzlich gelten für Leichtbeton die selben Spannungs-Dehnungs-Zusammenhänge wie für Normalbeton. Als zusätzliche Kenngröße hat die **Trockenrohdichte** ρ erheblichen Einfluss auf die Festigkeits- und Formänderungswerte des Leichtbetons.

[1] In EC 2 T.1-1 und DIN-Fachbericht 102 ist Leichtbeton zur Zeit nicht geregelt.

Bei Leichtbeton wählt der Tragwerksplaner neben der Festigkeitsklasse auch die Trockenrohdichte aus. Dabei bedient man sich entweder der in DIN 1045-2 definierten Rohdichteklassen mit einer Bandbreite von je 200 kg/m³ (s. Tab. 3) oder gibt einen genaueren Rohdichtewert als Zielwert vor. Die für **Lastermittlungen** einzusetzenden charakteristischen Werte der Wichte können ebenfalls Tabelle 3 entnommen werden, sofern nicht genauere Nachweise (z. B. im Zusammenhang mit einer Zielwertvorgabe) erfolgen.

DIN 1045-1 gibt für konstruktiven Leichtbeton 11 Festigkeitsklassen an, davon zwei im hochfesten Bereich (Tab. 4 und Bild 5). Baustofftechnologisch besteht eine Abhängigkeit zwischen der Trockenrohdichte und der damit maximal erzielbaren Druckfestigkeit, so dass nicht alle theoretisch denkbaren Kombinationen von Festigkeit und Rohdichte zu realisieren sind, s. [König/Faust – 2000]. Dieser in Bild 6 dargestellte Zusammenhang ist natürlich bei der Baustoffwahl zu berücksichtigen und ist auch Grundlage bei der Erstellung von Bemessungstafeln.

Im Vergleich zu Normalbeton gleicher Festigkeitsklasse weist Leichtbeton einen um 6 % niedrigeren Bemessungswert der Druckfestigkeit auf. Dies ergibt sich aus den unterschiedlichen Dauerfestigkeitsbeiwerten α von normalerweise 0,80 bzw. 0,85, Gl. (2). Den Einfluss der Rohdichte auf die Spannungs-Dehnungslinie und den Vergleich mit einem Normalbeton gleicher charakteristischer Druckfestigkeit zeigt Bild 7 am Parabel-Rechteckdiagramm: Mit abnehmender Rohdichte verkürzt sich der Rechteckanteil, was für den biegebeanspruchten Betonquerschnitt einen geringeren Völligkeitsbeiwert der Druckzone und damit ein kleineres aufnehmbares Biegemoment bedeutet.

Daraus folgt, dass für die Querschnittsbemessung bei Leichtbeton stets solche Bemessungshilfen verwendet werden sollten, die für die Trockenrohdichte an der **unteren** Grenze der jeweiligen Rohdichteklasse gelten und damit auf der sicheren Seite liegen. Bei Zielwertvorgabe der Trockenrohdichte wählt man Bemessungshilfen für

den genauen oder einen niedrigeren Wert der Trockenrohdichte. Auch Interpolationen zwischen Tafeln für benachbarte Rohdichtewerte sind möglich.

Beim LC 55/60 erreicht die rechnerische Bruchdehnung ε_{lc2u} ihren Höchstwert bei $\rho = 1781$ kg/m³ (Tab. 4). Größere Rohdichtewerte bewirken keine weitere Veränderung des Materialgesetzes. Die entsprechende Grenze erreicht der LC 60/66 theoretisch bei $\rho = 1362$ kg/m³.

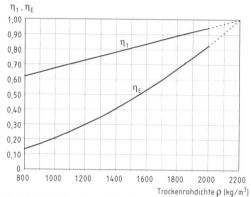

Bild 5: Einfluss der Rohdichte auf die Parameter η_1 und η_E bei Leichtbeton.

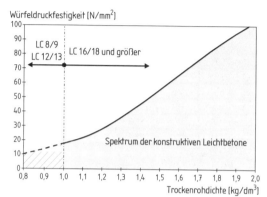

Bild 6: Erreichbare Würfeldruckfestigkeit in Abhängigkeit von der Trockenrohdichte bei Leichtbeton [König/Faust – 2000]

Tabelle 3: **Rohdichteklassen und Bemessungswerte der Rohdichte von Leichtbeton (für die Ermittlung der Konstruktionseigenlasten) nach DIN 1045-1, Tab. 9**

Rohdichteklasse		D 1,0	D 1,2	D 1,4	D 1,6	D 1,8	D 2,0
Trockenrohdichte ρ [kg/m³]		801–1000	1001–1200	1201–1400	1401–1600	1601–1800	1801–2000
Charakteristischer Wert der Wichte [kg/m³]	unbewehrter Leichtbeton	1050	1250	1450	1650	1850	2050
	bewehrter Leichtbeton	1150	1350	1550	1750	1950	2150

Tabelle 4: **Festigkeits- und Formänderungswerte von Leichtbeton (DIN 1045-1, Tab. 11)**

Festigkeits-klasse	f_{lck} [N/mm²]	$f_{lck,cube}$ [N/mm²]	f_{lctm} [N/mm²]	E_{lcm} [N/mm²]	ε_{lc2} [‰]	ε_{lc2u} [‰]	n [—]	Anmerkungen
LC 12/13	12	13	$1,6 \cdot \eta_1$	$25\,800 \cdot \eta_E$	−2,00	$-3,50 \cdot \eta_1$	2,00	nur für vorwieg. ruhende Lasten
LC 16/18	16	18	$1,9 \cdot \eta_1$	$27\,400 \cdot \eta_E$	−2,00	$-3,50 \cdot \eta_1$	2,00	
LC 20/22	20	22	$2,2 \cdot \eta_1$	$28\,800 \cdot \eta_E$	−2,00	$-3,50 \cdot \eta_1$	2,00	
LC 25/28	25	28	$2,6 \cdot \eta_1$	$30\,500 \cdot \eta_E$	−2,00	$-3,50 \cdot \eta_1$	2,00	
LC 30/33	30	33	$2,9 \cdot \eta_1$	$31\,900 \cdot \eta_E$	−2,00	$-3,50 \cdot \eta_1$	2,00	
LC 35/38	35	38	$3,2 \cdot \eta_1$	$33\,300 \cdot \eta_E$	−2,00	$-3,50 \cdot \eta_1$	2,00	
LC 40/44	40	44	$3,5 \cdot \eta_1$	$34\,500 \cdot \eta_E$	−2,00	$-3,50 \cdot \eta_1$	2,00	
LC 45/50	45	50	$3,8 \cdot \eta_1$	$35\,700 \cdot \eta_E$	−2,00	$-3,50 \cdot \eta_1$	2,00	
LC 50/55	50	55	$4,1 \cdot \eta_1$	$36\,800 \cdot \eta_E$	−2,00	$-3,50 \cdot \eta_1$	2,00	
LC 55/60	55	60	$4,2 \cdot \eta_1$	$37\,800 \cdot \eta_E$	−2,03	$-3,50 \cdot \eta_1 \geq -3,10$	2,00	hochfester Leichtbeton
LC 60/66	60	66	$4,4 \cdot \eta_1$	$38\,800 \cdot \eta_E$	−2,06	$-3,50 \cdot \eta_1 \geq -2,70$	1,90	hochfester Leichtbeton
LC 70/77	70	77	Die Leichtbetone LC 70/77 und LC 80/88 sind zwar in DIN 1045-2					
LC 80/88	80	88	aufgeführt, ihre Verwendung ist aber in DIN 1045-1 nicht geregelt.					

$$\eta_1 = 0,40 + 0,60 \cdot \rho/2200 \qquad \eta_E = (\rho/2200)^2 \qquad \rho \text{ in [kg/m³]}$$

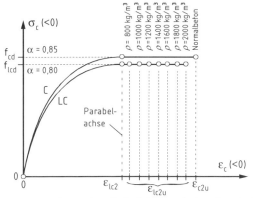

Bild 7: Einfluss der Rohdichte auf das Parabel-Rechteckdiagramm bei Leichtbeton und Vergleich mit Normalbeton im normalfesten Bereich.

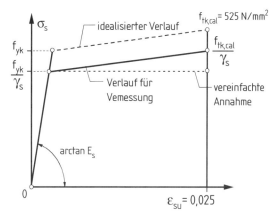

Bild 8: Rechnerische Spannungs-Dehnungs-Linie des Betonstahls für die Bemessung nach DIN 1045-1, Bild 27.

Tabelle 5: Eigenschaften der Betonstähle nach DIN 1045-1, Tab. 12

Bezeichnung BSt ...			500 SA	500 MA	500 SB	500 MB
Erzeugnisform			Stab	Matte	Stab	Matte
Duktilität			normal	normal	hoch	hoch
Streckgrenze	Charakteristischer Wert	f_{yk}	500 N/mm²			
	Bemessungswert (für $\gamma_S=1{,}15$)	f_{yd}	435 N/mm²			
Zugfestigkeit ($\varepsilon_{su} = 25$ ‰)	Charakteristischer Wert	$f_{tk,cal}$	525 N/mm²			
	Bemessungswert (für $\gamma_S=1{,}15$)	$f_{td,cal}$	457 N/mm²			
Elastizitätsmodul E_s			200 000 N/mm²			

3.3 Bewehrungsstahl

In Tab. 5 sind die in DIN 1045-1 geregelten Betonstähle und ihre wichtigsten Kenngrößen zusammengestellt. Es wird zwischen normal- und hochduktilen Stählen unterschieden, was für die Bemessung von Bauteilen auf der Grundlage der Plastizitätstheorie sowie für Momentenumlagerungen von Bedeutung ist.

Für Bewehrungsstahl wird eine idealisierte, bilineare Spannungs-Dehnungs-Linie mit ansteigendem oberer Ast angesetzt. Vereinfachend kann auch ein horizontaler Verlauf angenommen werden (Bild 8). Als maximal ausnutzbare Dehnung gilt $\varepsilon_{su} = 25$ ‰.

4 Schnittgrößenermittlung

4.1 Übersicht der Verfahren

Den gemäß DIN 1045-1, 8.1 im Stahlbetonbau zur Schnittgrößenermittlung einsetzbaren Verfahren liegen folgende Annahmen über das Bauteilverhalten zugrunde [Schmitz – 2001]:

– Linear-elastisches Verhalten (lineare Elastizitätstheorie)

– Linear-elastisches Verhalten mit begrenzter Umlagerung

– Plastisches Verhalten (elastisch-plastisch oder starr-plastisch)

– Nichtlineares Verhalten

Für Nachweise im Grenzzustand der Tragfähigkeit eignen sich prinzipiell alle vorgenannten Verfahren. Nachweise im Grenzzustand der Gebrauchstauglichkeit können in der Regel nach der linearen Elastizitätstheorie geführt werden. Eine Rissbildung ist bei ungünstiger Wirkung zu berücksichtigen.

4.2 Linear-elastisches Berechnungsverfahren

Mit einsetzender Rissbildung liefern linear-elastische Verfahren keine wirklichkeitsnahen Aussagen mehr über die Verformungen und die Verteilung der relativen Steifigkeiten in statisch unbestimmten Tragwerken. Damit Verformungsunverträglichkeiten vom Tragwerk ausgeglichen werden können, muss die hinreichende Verformungsfähigkeit der kritischen Abschnitte (Rotationsfähigkeit) gewährleistet sein, welche entscheidend durch das Fließen des Bewehrungsstahls bestimmt wird. Sehr hohe Bewehrungsgrade sind daher zu vermeiden und die Mindestbewehrung ist zu beachten.

Bei Durchlaufträgern mit $0,5 < l_{eff,1}/l_{eff,2} < 2$, Riegeln unverschieblicher Rahmen und vorwiegend auf Biegung beanspruchten Bauteilen einschließlich durchlaufender Platten genügt es nach DIN 1045-1, 8.2 (3), von den verschiedenen Einflüssen auf die Rotationsfähigkeit des Querschnitts nur das vorzeitige Versagen der Biegedruckzone bei hohen Bewehrungsgraden zu überprüfen. Auf geeignete konstruktive Maßnahmen zur Gewährleistung ausreichender Duktilität (z. B. die Umschnürung der Biegedruckzone mit Bügeln $d_s \geq 10$ mm nach DIN 1045-1, 13.1.1 (5)) kann bei diesen Bauteilen nur dann verzichtet werden, wenn für die Druckzonenhöhe gilt [1]):

$$\xi = x/d \leq 0,45 \quad \text{für } C \leq C\,50/60$$
$$\xi = x/d \leq 0,35 \quad \text{für } C \geq C\,55/67 \text{ und Leichtbeton} \tag{4}$$

Da das Überschreiten dieser Grenzen konstruktiven Mehraufwand zur Folge hat, wird man sich im Allgemeinen mit der Ausnutzung des Querschnittes bis an die Grenzwerte begnügen. Die zugehörigen bezogenen Bemessungsmomenten $\mu_{Eds,lim} = M_{Eds}/(b \cdot d^2 \cdot f_{cd})$ sind für Querschnitte mit rechteckiger Betondruckzone in Tab. 6 angegeben.

Tabelle 6: Maximale bezogene Bemessungsmomente zur Begrenzung der Druckzonenhöhe ohne konstruktive Maßnahmen

Beton	$\mu_{Eds,lim}$						
C 12/15 – C 50/60	0,296						
C 55/67	0,235						
C 60/75	0,223						
C 70/85	0,212						
C 80/95	0,204						
C 90/105	0,195						
C 100/115	0,186						
ρ [kg/m³]	800	1000	1200	1400	1600	1800	2000
LC 12/13 – LC 50/55	0,210	0,217	0,223	0,228	0,232	0,236	0,239
LC 55/60				0,227	0,231	0,235	
LC 60/66					0,223		

---

[1]) Die Grenzen sind bei der Anwendung der Bemessungstafeln zu beachten, auch wenn sie nicht explizit gekennzeichnet sind.

4.3 Linear-elastisches Berechnungsverfahren mit begrenzter Umlagerung

Das linear-elastische Verfahren mit begrenzter Momentenumlagerung kann bei

- Durchlaufträgern mit $0,5 < l_1/l_2 < 2$
- Riegeln unverschieblicher Rahmen und
- vorwiegend auf Biegung beanspruchten Bauteilen

angewendet werden, wenn die nachfolgenden Bedingungen erfüllt sind:

a) Hochduktiler Stahl:

$$\left.\begin{array}{l} \delta \geq 0,64 + 0,8 \cdot x_d/d \\ \delta \geq 0,70 \end{array}\right\} \text{bis C } 50/60 \tag{5}$$

$$\left.\begin{array}{l} \delta \geq 0,72 + 0,8 \cdot x_d/d \\ \delta \geq 0,80 \end{array}\right\} \begin{array}{l}\text{ab C } 55/67 \\ \text{und Leichtbeton}\end{array} \tag{6}$$

b) Normalduktiler Stahl:

$$\left.\begin{array}{l} \delta \geq 0,64 + 0,8 \cdot x_d/d \\ \delta \geq 0,85 \end{array}\right\} \text{bis C } 50/60 \tag{7}$$

$$\delta = 1,0 \quad \text{(keine Umlagerung) ab C } 55/67 \text{ und Leichtbeton} \tag{8}$$

Für die Eckknoten unverschieblicher Rahmen ist die Umlagerung δ auf $\delta \geq 0,9$ begrenzt.

Dabei ist:

δ Verhältnis des umgelagerten Moments zum Ausgangsmoment **vor** der Umlagerung, wobei $\delta \leq 1$

x_d/d auf die Nutzhöhe d bezogene Höhe der Druckzone **nach** Umlagerung, berechnet mit den Bemessungswerten der Einwirkungen und der Baustoffkenngrößen. Die zulässige Umlagerung δ ist ggf. iterativ zu bestimmen.

Nachweise zur Spannungsbegrenzung im Gebrauchszustand sind zu führen, wenn eine Umlagerung von mehr als 15 % (d. h. $\delta < 0,85$) gewählt wird, s. DIN 1045-1, 11.1.1 (3).

4.4 Verfahren nach der Plastizitätstheorie

Tragwerksberechnungen nach der Plastizitätstheorie gehen davon aus, dass sich Fließgelenke ausbilden, wenn im Querschnitt die Traglast erreicht wird. Bei statisch unbestimmten Tragwerken kann sich dabei ein stabiler Zustand einstellen, der sogar noch weitere Laststeigerungen bis zum Erreichen der Systemtraglast zulässt.

Bei Bauteilen aus Leichtbeton sollten diese Verfahren nicht angewendet werden.

Tabelle 7: Maximale bezogene Bemessungs-momente für die Plattenberechnung nach der Plastizitätstheorie ohne Nachweis der Rotationsfähigkeit

Beton	$\mu_{Eds,lim}$
C 12/15 – C 50/60	0,181
C 55/67	0,110
C 60/75	0,104
C 70/85	0,099
C 80/95	0,095
C 90/105	0,090
C 100/115	0,086

Allgemeine Voraussetzung für die Ausbildung von Fließgelenken ist eine ausreichende Duktilität des Tragwerks. Daher muss die Rotationsfähigkeit der plastischen Gelenke sichergestellt und nachgewiesen werden. Ferner ist Bewehrungsstahl hoher Duktilität Anwendungsbedingung.

Bei zweiachsig gespannten Platten kann nur dann auf einen Nachweis der Rotationsfähigkeit verzichtet werden, wenn im Bereich der Fließgelenke gilt :

$$\xi = x\,/\,d \le 0{,}25 \quad \text{für} \quad C \le C\,50/60$$
$$\xi = x\,/\,d \le 0{,}15 \quad \text{für} \quad C \ge C\,55/67 \tag{9}$$

und dabei das Verhältnis von Stütz- zu Feldmomenten zwischen 0,5 und 2,0 liegt. Die den Gl. (9) entsprechenden bezogenen Momente sind in Tab. 7 ausgewertet.

Aus dem Nachweis der **Gebrauchstauglichkeit** können sich zusätzliche, maßgebende Einschränkungen für das Tragwerk ergeben.

4.5 Nichtlineare Berechnungsverfahren

Bei nichtlinearen Berechnungsverfahren wird das Materialverhalten bereits bei der Ermittlung der Steifigkeiten und der Schnittgrößen berücksichtigt. Es werden die für Schnittgrößenermittlungen

vorgesehenen Spannungs-Dehnungs-Beziehungen verwendet und die Mittelwerte der Baustoffkennwerte zugrunde gelegt. Die Berechnung muss schrittweise und damit im Allgemeinen EDV-gestützt durchgeführt werden. Direkt anwendbare Bemessungstafeln können für dieses Berechnungsverfahren nicht aufgestellt werden.

5 Bemessung im Grenzzustand der Tragfähigkeit

5.1 Biegung mit oder ohne Längskraft

Die Dehnungen des Betons sind auf ε_{c2u} oder ε_{lc2u} nach Tabelle 2 bzw. Tabelle 4 begrenzt (s. Bild 9). Bei vollständig überdrückten Querschnitten darf die Dehnung im Punkt C höchstens ε_{c2} oder ε_{lc2} betragen.

Nach DIN 1045-1, 10.2 darf bei geringen Ausmitten bis $e_d\,/h \le 0{,}1$ für Normalbeton die günstige Wirkung des Kriechens des Betons vereinfachend durch die Wahl von $\varepsilon_{c2} = -0{,}0022$ berücksichtigt werden, wodurch der Bewehrungsstahl die Streckgrenze erreicht. Diese Regelung fehlt in EC 2 und DIN-Fachbericht 102 – Betonbrücken.

In überdrückten Platten von Plattenbalken- oder ähnlichen Querschnitten ist die Dehnung in Plattenmitte auf ε_{c2} bzw. ε_{lc2} zu begrenzen. Dabei braucht aber keine geringere Tragfähigkeit als die des Steges allein angesetzt werden.

5.2 Knicksicherheitsnachweis

Für eine ausführliche Darstellung des Nachweises der Tragfähigkeit infolge von Tragwerksverformung (Knicksicherheitsnachweis) mit Berechnungsbeispielen wird auf [Goris – 2001], 4.1.5, verwiesen.

5.2.1 Erfordernis des Nachweises

Auf einen Nachweis der Knicksicherheit bei Einzeldruckgliedern kann verzichtet werden, wenn

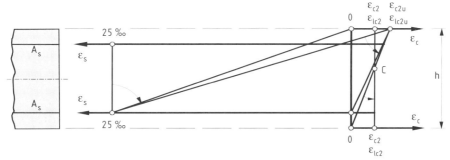

Bild 9: Dehnungsverteilungen im Grenzzustand der Tragfähigkeit

für die Schlankheit $\lambda = l_0 / i$ gilt:

$$\lambda \le 25 \qquad \text{für } |v_{Ed}| \ge 0,41$$
$$\lambda \le 16 / \sqrt{|v_{Ed}|} \qquad \text{für } |v_{Ed}| < 0,41 \qquad (10)$$

mit

$$v_{Ed} = \frac{N_{Ed}}{A_c \cdot f_{cd}} \qquad (11)$$

Bei Stützen in **unverschieblich** ausgesteiften Tragwerken ohne Querlasten zwischen den Stützenenden kann der Nachweis der Knicksicherheit entfallen, wenn:

$$\lambda \le \lambda_{crit} = 25 \cdot (2 - e_{01} / e_{02}) \qquad (12)$$

mit $|e_{01}| \le |e_{02}|$ nach Bild 10. Die Stützenenden sind aber mindestens zu bemessen für

$$M_{Rd} \ge |N_{Ed}| \cdot h / 20$$
$$N_{Rd} \ge |N_{Ed}| \qquad (13)$$

Für den Sonderfall der beidseitig gelenkig gelagerten Stütze gilt $\lambda_{crit} = 25$.

5.2.2 Modellstützenverfahren

Das Modellstützenverfahren kann für Druckglieder mit rechteckigem oder rundem Querschnitt angewendet werden. Ab einer planmäßigen Lastausmitte $e_0 \le 0,1 \cdot h$ liefert das Verfahren unwirtschaftliche Ergebnisse.

Der Knicksicherheitsnachweis erfolgt durch eine Bemessung im kritischen Querschnitt am Fuß der Modellstütze. Die dort wirksame Gesamtausmitte beträgt (s. Bild 11):

$$e_{tot} = e_0 + e_a + e_c + e_2 \qquad (14)$$

Dabei ist

e_0 planmäßige Lastausmitte nach Theorie I. Ordnung; $e_0 = M_{Ed0} / N_{Ed}$

e_a zusätzliche ungewollte Lastausmitte nach Theorie I. Ordnung; $e_a = \alpha_{a1} \cdot l_0 / 2$, wobei α_{a1} der Schiefstellungswinkel zur Berücksichtigung von Tragwerksimperfektionen ist

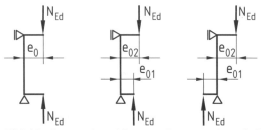

Bild 10: Ansatz der wirksamen Lastausmitten bei Druckgliedern unverschieblicher Rahmentragwerke.

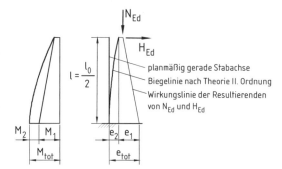

Bild 11: Modellstütze (s. DIN 1045-1, 7.2). Er ergibt sich zu

$$\alpha_{a1} = \frac{1}{100\sqrt{l_{col}}} \le 1/200$$

mit l_{col}: Länge der Stütze

e_c zusätzliche Ausmitte infolge Kriechens. Die Kriechausmitte kann im Allgemeinen vernachlässigt werden, wenn die Stütze an beiden Enden monolithisch mit lastabtragenden Bauteilen verbunden ist oder bei verschieblichen Tragwerken $\lambda < 50$ und gleichzeitig $e_0 / h > 2$ ist.

e_2 zusätzliche Ausmitte infolge Auswirkungen nach Theorie II. Ordnung.

Weitere Hinweise s. Abschn. 6.11 der Einführung.

5.3 Mindest- und Höchstbewehrung

Die nachfolgenden Ausführungen zu Mindest- und Höchstbewehrung geben nur die wichtigsten bauteilspezifischen Anforderungen wieder. Zusätzliche Anforderungen an die Mindestbewehrung können sich unter anderem aus weiteren Konstruktionsregeln (wie z. B. Oberflächenbewehrung bei großen Stabdurchmessern, höchstzulässige Stababstände bei Platten oder Wänden etc.), aus Maßnahmen zur Rissbreitenbegrenzung oder aus Brandschutzerfordernissen ergeben.

5.3.1 Überwiegend biegebeanspruchte Bauteile

Zur Sicherstellung eines duktilen Bauteilverhaltens ist eine Mindestbewehrung einzulegen, die für das Rissmoment mit dem Mittelwert der Zugfestigkeit des Betons f_{ctm} gemäß Tabelle 2 bzw. 4 und eine Stahlspannung $\sigma_s = f_{yk}$ zu bemessen ist. Weitere Angaben s. DIN 1045-1, 13.1.1.

Die Gesamtbewehrung im Querschnitt darf einen Höchstwert von $0,08 \cdot A_c$ auch im Bereich von Übergreifungsstößen nicht überschreiten.

5.3.2 Stützen (DIN 1045-1, 13.5)

Die als Mindestbewehrung bei Stützen einzulegende Gesamtquerschnittsfläche beträgt

$$A_{s,min} = 0,15 \frac{N_{Ed}}{f_{yd}} \geq 0,003 \cdot A_c \quad ^{1)} \qquad (15)$$

mit $f_{yd} = f_{yk} / \gamma_s$

Weiterhin ist zu beachten, dass

- der Stabdurchmesser mindestens 12 mm betragen muss;
- der Abstand der Längsstäbe höchstens 30 cm betragen darf;
- bei Querschnitten mit $b \leq 40$ cm je ein Bewehrungsstab in den Ecken genügt.

Die Gesamtbewehrung im Querschnitt darf einen Höchstwert von $0,09 \cdot A_c$ auch im Bereich von Übergreifungsstößen nicht überschreiten.

5.3.3 Wände (DIN 1045-1, 13.7)

Die bei Wänden einzulegende Mindestbewehrung beträgt an jeder Wandseite im Allgemeinen $0,0015 \cdot A_c$; bei schlanken Wänden nach DIN 1045-1, 8.6.3, oder solchen mit $|N_{Ed}| \geq 0,3 \cdot f_{cd} \cdot A_c$ beträgt sie $0,003 \cdot A_c$.

Die Höchstbewehrung je Wandseite darf $0,04 \cdot A_c$ nicht überschreiten.

6 Erläuterungen zu den Tafeln

6.1 Allgemeine Hinweise

Die Tafeln untergliedern sich in drei Kategorien:

- Bemessung im Grenzzustand der Tragfähigkeit (Tafeln 1 bis 8)
- Nachweise des Gebrauchszustands (Tafeln 9), Erläuterungen s. dort.
- Konstruktion (Tafeln 10), Erläuterungen s. dort.

6.1.1 Betonfestigkeitsklassen, Rohdichteklassen

Wie in Abschn. 2 dargestellt, sind nur die Spannungs-Dehnungslinien (auf der Grundlage des Parabel-Rechteckdiagramms) der normalfesten Betone untereinander affin. Dies bedeutet, dass für Normalbeton sieben und für Leichtbeton drei unterschiedliche Materialgesetze vorliegen, die jeweils einen kompletten Satz eigener Tafeln erfordern. Beim Leichtbeton kommen noch zusätzliche Variationen durch die Rohdichteklassen hinzu.

Es wurden alle in DIN 1045-1 aufgeführten Betonfestigkeitsklassen berücksichtigt, wobei – um den Gesamtumfang überschaubar zu halten – nach dem Prinzip der voraussichtlichen Praxisrelevanz eine gewisse Auswahl getroffen werden musste.

An zahlreiche Parameter anpassbare, interaktive Bemessungshilfen werden in [Schmitz/Goris – 2002] als Excel-Anwendungen bereitgestellt.

6.1.2 Tafelnummer

Jede Tafel ist durch ihre Nummer zu identifizieren. Diese Tafelnummer setzt sich zusammen aus der Kennziffer des Tafeltyps und der Angabe der Betonfestigkeitsklasse(n). Mehrseitige Tafeln besitzen zusätzlich eine fortlaufende Buchstabenangabe zur Kennzeichnung der Folgeseiten.

Wichtige weitere Kenngrößen der Tafel (wie z. B. Randabstandsverhältnisse, Rohdichteangaben etc.) sind in einem Zusatzfeld auf der jeweiligen Seite oben rechts angegeben.

6.1.3 Dimensionslose und dimensionsgebundene Tafeln

Die weitaus meisten Tafeln sind **dimensionslos** und damit für beliebige Beiwerte α (Langzeiteinwirkungen) und γ_c bzw. γ_s (Sicherheit) anwendbar. Diese Beiwerte sind dann bei den Tafeleingangswerten bzw. bei der Auswertung des Ablesewertes vorzugeben und zu berücksichtigen.

Die häufig benötigten Bemessungswerte der Betondruckfestigkeit f_{cd} bzw. f_{yd} / f_{cd} sind für $\gamma_c = 1,50$ zum Teil bei den Tafeln bereits mit angegeben. Für die übrigen Tafeln sowie für $\gamma_c = 1,35$ sind die Werte in Tab. 8 zusammengestellt.

Die Tafeln

  2   (k_d-Verfahren),
  4   (Plattenstreifen)
  8.1 (Stütze ohne Knickgefahr)

sind **dimensionsgebunden**. Bei diesen Tafeln wurden als Teilsicherheitsbeiwerte für Beton bzw. Stahl $\gamma_c = 1,50$ und $\gamma_s = 1,15$ eingearbeitet. Die k_d-Tafeln für Normalbeton wurden zusätzlich mit $\gamma_c = 1,35$ und $\gamma_s = 1,15$ aufgestellt, was für den Fertigteilbau relevant sein kann, vgl. Abschn. 2.

Allen in den Tafeln angegebenen Festigkeitswerten f_{cd} liegt als Langzeitbeiwert einheitlich $\alpha = 0,85$ für Normalbeton bzw. $\alpha = 0,80$ für Leichtbeton zugrunde. Für den Teilsicherheitsbeiwert des Stahls wurde generell $\gamma_s = 1,15$ eingesetzt.

$^{1)}$ Letztere Bedingung ist in DIN 1045-1 nicht mehr explizit angegeben (s. jedoch nachfolgenden Abschn. 5.3.3 und EC 2).

6.1.4 Spannungs-Dehnungs-Linie des Stahls

Grundsätzlich wurde für Stahl das Spannungs-Dehnungs-Diagramm mit ansteigendem oberem Ast verwendet (s. Bild 12 und Tab. 9), da es im Allgemeinen zu wirtschaftlicheren Bemessungsergebnissen führt. Lediglich dort, wo das Bemessungsverfahren durch zusätzliche Beiwerte komplizierter würde (z. B. beim k_d –Verfahren, Tafel 2 und bei Tafel 5), wurde in Hinblick auf eine benutzerfreundliche Anwendung der Tafel und eine zügige Handrechnung der horizontale Ast gewählt. Ebenso wurde bei den μ_s- und den k_d-Tafeln *mit* Druckbewehrung generell der ansteigende Ast nicht berücksichtigt. Der Einfluss ist im Allgemeinen vernachlässigbar gering. Ist die Stahldehnung ε_s bekannt, kann der für horizontalen Ast ermittelte Bewehrungsquerschnitt einfach mit dem Verhältniswert der beiden Stahlspan-

nungen in den Bewehrungsquerschnitt für ansteigenden Ast umgerechnet werden (s. Tab. 9, Faktor κ_s in der letzten Spalte).

6.1.5 Bewehrungsangaben in den Tafeln

Mit Ausnahme der Tafel 4 (Plattenstreifen) berücksichtigen die abzulesenden erforderlichen Bewehrungsquerschnitte keine Vorgaben zur Mindest- oder Höchstbewehrungsmenge nach Abschn. 5.3. Dies ist in jedem Einzelfall gesondert zu überprüfen. Aus Gründen eines einheitlichen, die Orientierung erleichternden Kurvenbildes wurden alle Interaktionsdiagramme mit einer einheitlichen Kurvenschar ω von 0 bis 2,0 versehen, unabhängig von den im Einzelfall zulässigen Grenzwerten.

Tabelle 9: Bemessungswerte der Stahlspannung bei ansteigendem bzw. horizontalem oberen Ast.

ε_s	$\sigma_{sd,incl}$	$\sigma_{sd,horiz}$	κ_s $\dfrac{\sigma_{sd,horiz}}{\sigma_{sd,incl}}$
[‰]	[N/mm²]	[N/mm²]	[–]
0,0	0,0	0,0	1,000
0,2	40,0	40,0	1,000
0,4	80,0	80,0	1,000
0,6	120,0	120,0	1,000
0,8	160,0	160,0	1,000
1,0	200,0	200,0	1,000
1,2	240,0	240,0	1,000
1,4	280,0	280,0	1,000
1,6	320,0	320,0	1,000
1,8	360,0	360,0	1,000
2,0	400,0	400,0	1,000
2,17	434,8	434,8	1,000
3,0	435,6	434,8	0,998
4,0	436,5	434,8	0,996
5,0	437,5	434,8	0,994
6,0	438,4	434,8	0,992
7,0	439,4	434,8	0,990
8,0	440,3	434,8	0,987
9,0	441,3	434,8	0,985
10,0	442,2	434,8	0,983
11,0	443,2	434,8	0,981
12,0	444,1	434,8	0,979
13,0	445,1	434,8	0,977
14,0	446,0	434,8	0,975
15,0	447,0	434,8	0,973
16,0	448,0	434,8	0,971
17,0	448,9	434,8	0,969
18,0	449,9	434,8	0,966
19,0	450,8	434,8	0,964
20,0	451,8	434,8	0,962
21,0	452,7	434,8	0,960
22,0	453,7	434,8	0,958
23,0	454,6	434,8	0,956
24,0	455,6	434,8	0,954
25,0	456,5	434,8	0,952
$\gamma_s = 1,15$			

Tabelle 8: Bemessungswerte der Betondruckfestigkeiten

Normalbeton ($\alpha = 0,85$)	$\gamma_c = 1,50$		$\gamma_c = 1,35$	
	f_{cd}	f_{yd}/f_{cd}	f_{cd}	f_{yd}/f_{cd}
[N/mm²]	[N/mm²]	[–]	[N/mm²]	[–]
C 12/15	6,80	63,94	7,56	57,54
C 16/20	9,07	47,95	10,07	43,16
C 20/25	11,33	38,36	12,59	34,53
C 25/30	14,17	30,69	15,74	27,62
C 30/37	17,00	25,58	18,89	23,02
C 35/45	19,83	21,92	22,04	19,73
C 40/50	22,67	19,18	25,19	17,26
C 45/55	25,50	17,05	28,33	15,35
C 50/60	28,33	15,35	31,48	13,81
C 55/67	30,86	14,09	34,28	12,68
C 60/75	33,32	13,05	37,02	11,74
C 70/85	38,08	11,42	42,31	10,28
C 80/95	42,61	10,20	47,35	9,18
C 90/105	46,92	9,27	52,13	8,34
C 100/115	51,00	8,53	56,67	7,67

Leichtbeton ($\alpha = 0,80$)	$\gamma_c = 1,50$		$\gamma_c = 1,35$	
	f_{cd}	f_{yd}/f_{cd}	f_{cd}	f_{yd}/f_{cd}
	[N/mm²]	[–]	[N/mm²]	[–]
LC 12/13	6,40	67,93	7,11	61,14
LC 16/18	8,53	50,95	9,48	45,86
LC 20/22	10,67	40,76	11,85	36,68
LC 25/28	13,33	32,61	14,81	29,35
LC 30/33	16,00	27,17	17,78	24,46
LC 35/38	18,67	23,29	20,74	20,96
LC 40/44	21,33	20,38	23,70	18,34
LC 45/50	24,00	18,12	26,67	16,30
LC 50/55	26,67	16,30	29,63	14,67
LC 55/60	29,04	14,97	32,27	13,47
LC 60/66	31,37	13,86	34,86	12,47

$$f_{cd} = \alpha \frac{f_{ck}}{\gamma'_c \cdot \gamma_c} \qquad \gamma_s = 1,15$$

γ'_c gemäß Gl. (1)

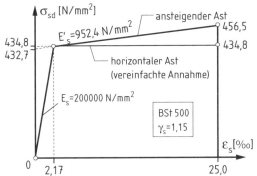

Bild 12: Bemessungswerte der Spannungs-Dehnungs-Linien des Betonstahls BSt 500 bei $\gamma_S=1{,}15$

Ebenso können bei den k_d- und den μ_s-Tafeln Bewehrungsgrade abgelesen werden, die zu unsinnigen Ergebnissen führen (z. B. größere Druck- als Zugbewehrung).

6.1.6 Bewehrung verdrängt Beton

Wird ein Betonquerschnitt durch Bewehrungsstahl verstärkt, so ersetzt die Bewehrung naturgemäß im selben Volumen Beton. Der Wegfall von Betondruckteilflächen durch in der **Druckzone** eingelegte Bewehrung wurde bislang üblicherweise bei den Bemessungsverfahren nicht berücksichtigt, da der ersetzende Stahl ein vielfach höheres Elastizitätsmodul aufwies als der Beton. Insbesondere bei hochfesten Betonen erscheint diese Vorgehensweise nicht mehr gerechtfertigt, da bei genauerer Betrachtung der verdrängte Beton durch eine theoretische Erhöhung der Druckbewehrungsmenge um einen Faktor β zwischen 1,07 und 1,22 ausgeglichen werden müsste. Der Betrag der erforderlichen Erhöhung hängt von der Betonfestigkeitsklasse und der Querschnittsdehnung in der Bewehrungsebene ab und ist in Bild 13 aufgetragen. Im Bereich geringer Stauchungen, also unterhalb der Streckgrenze weist der Stahl noch Tragreserven auf, die durch Umlagerungen im Querschnitt mobilisiert werden können. Oberhalb der Streckgrenze sind solche Reserven nicht vorhanden.

Bei Sicherheit $\gamma_c = 1{,}35$ müssen diese Werte noch im Verhältnis 1,50/1,35 erhöht werden.

6.2 Anwendung der Tafeln auf EC 2 und DIN-Fachbericht 102

Die Bemessungstafeln betreffend bestehen nach gegenwärtigem Stand im EC 2 (Ausg. 1992) und im DIN-Fachbericht 102 – Betonbrücken (Ausg. 2001) folgende wesentlichen Unterschiede in Bezug auf DIN 1045-1:

- Der Bemessungswert der Druckfestigkeit f_{cd} ist ohne Dauerbeanspruchungsbeiwert α definiert (s. Abschn. 1).

- Es sind nur die Festigkeitsklassen C 12/15 bis C 50/60 vorgesehen.

- Die höchstzulässige Betonstauchung im Punkt C (s. Bild 9) des voll überdrückten Querschnitts beträgt in jedem Fall −2,0 ‰ (nach DIN 1045-1 kann dieser Wert für Normalbeton mit geringer Ausmitte auf −2,2 ‰ angehoben werden, s. Abschn. 5.1).

- Im EC 2 wird die Stahldehnung auf 20 ‰ (statt 25 ‰) begrenzt; die Auswirkungen sind jedoch vernachlässigbar.

Werden Bemessungsaufgaben nach EC 2 oder DIN-Fb 102 mittels der Tafeln nach DIN 1045-1 bearbeitet, so ist Folgendes zu beachten:

- **Dimensionsgebundene** Tafeln für Biegung mit Normalkraft (Nr. 2 und 4) sind gleichermaßen für alle drei Regelwerke gültig.

  Bei Tafel 8.1 (zentrisch gedrückte Stützen) sind die Traglasten des Stahls um 8 % zu reduzieren:

  $$F_{sd,EC2} = F_{sd,Fb102} = 0{,}92 \cdot F_{sd,DIN1045-1}$$

- Bei **dimensionslosen** Tafeln muss für den Tafeleingangswert und für die Berechnung des Bewehrungsquerschnitts die Druckfestigkeit f_{cd} nach DIN 1045-1 (d.h. einschließlich Beiwert α) verwendet werden (s. Tab. 8).

  Die Tafeln 6 und 8 liefern bei durch Druck mit geringer Ausmitte ($e/h \le 0{,}1$) beanspruchten Querschnitten eine um bis zu 8 % geringere Bewehrungsmenge als nach EC 2 bzw. DIN–Fb 102 verlangt.

- Die hier wiedergegebenen **Tafeln für den Gebrauchszustand** (Tafeln 9) und die **Konstruktionstafeln** (Tafeln 10) können im Allgemeinen auch für EC 2 und DIN–Fb 102 angewendet werden.

Vor einer verbindlichen Einführung ist es beabsichtigt, den DIN–Fachbericht 102 in den angeführten Punkten der DIN 1045-1 anzupassen.

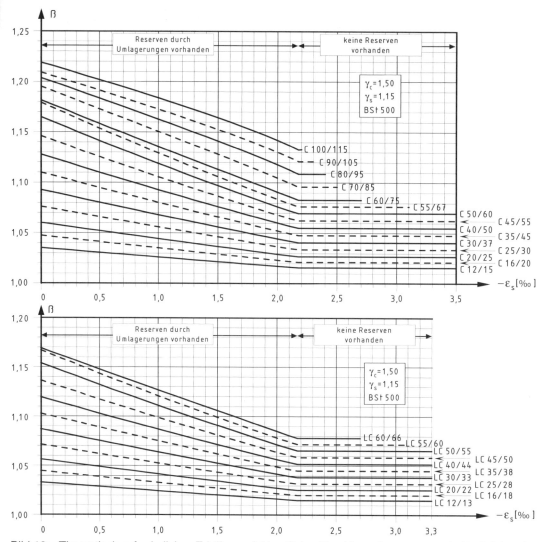

Bild 13: Theoretisch erforderlicher Erhöhungsfaktor β des Druckbewehrungsquerschnitts infolge der Verdrängung von Betonquerschnittsflächen durch Druckbewehrung

6.3 Allgemeines Bemessungsdiagramm (Tafel 1)

Das allgemeine Bemessungsdiagramm deckt nahezu den gesamten Bereich möglicher Dehnungszustände des Querschnitts unter Biegung mit oder ohne Längskraft ab. Es kann für Stahl mit horizontalem oder ansteigendem oberem Ast der Spannungs-Dehnungslinie verwendet werden.

Am unteren Rand des Diagramms sind die Grenzwerte des bezogenen Momentes μ_{Eds} nach Tab. 6 und Tab. 7 markiert. Eine gestrichelte Linie kennzeichnet zusätzlich die Streckgrenze der Zugbewehrung (ε_{s1} = 2,17 ‰). Bei Beanspruchungen

oberhalb dieses Wertes sollte aus wirtschaftlichen Gründen Druckbewehrung vorgesehen werden. Für Ablesungen im Bereich überdrückter Querschnitte ist das Diagramm, der steil ansteigenden Kurvenverläufe wegen, weniger gut geeignet.

Anwendungsbeispiel 1.1a

Baustoffe:

C 25/30,

γ_c = 1,50;

BSt 500

M_{Ed} = 100 kNm

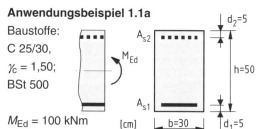

14

Bemessung:

$M_{Eds} = M_{Ed} = 100\,\text{kNm}$ (da $N_{Ed} = 0$)

$$\mu_{Eds} = \frac{M_{Eds}}{b \cdot d^2 \cdot f_{cd}} = \frac{0,100}{0,30 \cdot 0,45^2 \cdot 14,17} = 0,116$$

Ablesungen Tafel 1 / C12–C50:

$\zeta = 0,94; \quad \varepsilon_{s1} = 19,3\,\text{‰}$

$\sigma_{s1d} = 500/1,15 = 434,8\,\text{MN/m}^2$ (horiz. Ast)

$$A_{s1} = \frac{1}{\sigma_{s1d}} \frac{M_{Eds}}{z} = \frac{1}{434,8} \frac{0,100}{0,94 \cdot 0,45} \cdot 10^4 = 5,43\,\text{cm}^2$$

Alternativ:
Spannungs-Dehnungslinie des Stahls mit **ansteigendem Ast**; Ablesung in Tab. 9 (S. 12):

Umrechnungsfaktor für $\varepsilon_{s1} = 19,3\,\text{‰}$: $\kappa_s^- = 0,963$

$A_{s1} = 0,963 \cdot 5,43 = 5,23\,\text{cm}^2$

oder

Ablesung in Tab. 9 (S. 12) für $\varepsilon_{s1} = 19,3\,\text{‰}$:

$\sigma_{s1d} = 451,1\,\text{MN/m}^2$ (ansteigender Ast)

$$A_{s1} = \frac{1}{\sigma_{s1d}} \frac{M_{Eds}}{z} = \frac{1}{451,1} \frac{0,100}{0,94 \cdot 0,45} \cdot 10^4 = 5,24\,\text{cm}^2$$

Anwendungsbeispiel 1.1b

Geometrie und Baustoffe wie Bsp. 1.1a

Bemessungsmoment $\qquad M_{Ed} = 300\,\text{kNm}$

Die Druckzonenhöhe soll auf $x/d = 0,45$ begrenzt werden, d. h. $\qquad \mu_{Eds,lim} = 0,296$

$M_{Eds} = M_{Ed} = 300\,\text{kNm}$ (da $N_{Ed} = 0$)

$$\mu_{Eds} = \frac{0,300}{0,30 \cdot 0,45^2 \cdot 14,17} = 0,349 > 0,296;$$

Der zu $\mu_{Eds,lim} = 0,296$ gehörige Dehnungszustand wird festgehalten und das Differenzmoment zu $\mu_{Eds} = 0,349$ durch Zulagebewehrung oben und unten abgedeckt. Ablesung in Tafel 1 / C12–C50 bei $\mu_{Eds,lim} = 0,296$:

$\zeta = 0,81; \quad \varepsilon_{s1} = 4,3\,\text{‰}; \quad \varepsilon_{s2} = -2,6\,\text{‰}$ (beide Dehnungswerte oberhalb der Streckgrenze)

$\sigma_{s1d} = -\sigma_{s2d} = 434,8\,\text{MN/m}^2$ (horiz. Ast)

$M_{eds,lim} = \mu_{Eds,lim} \cdot b \cdot d^2 \cdot f_{cd} =$
$= 0,296 \cdot 0,30 \cdot 0,45^2 \cdot 14,17 = 0,255\,\text{MNm}$

$\Delta M_{eds} = M_{eds} - M_{eds,lim} = 0,300 - 0,255 =$
$= 0,045\,\text{MNm}$

$$A_{s1} = \frac{1}{\sigma_{s1d}} \left(\frac{M_{Eds,lim}}{z} + \frac{\Delta M_{Eds}}{d - d_2} \right) =$$
$$= \frac{1}{434,8} \left(\frac{0,255}{0,81 \cdot 0,45} + \frac{0,045}{0,45 - 0,05} \right) \cdot 10^4 = 18,7\,\text{cm}^2$$

$$A_{s2} = \frac{1}{\sigma_{s2d}} \frac{\Delta M_{Eds}}{d - d_2} = \frac{1}{434,8} \frac{0,045}{0,45 - 0,05} \cdot 10^4 = 2,6\,\text{cm}^2$$

Eine Ablesung für den ansteigenden Ast der Spannungs-Dehnungslinie des Stahls würde wegen der niedrigen Dehnungswerte hier nur minimale Einsparungen bringen.

Anwendungsbeispiel 1.1c

Geometrie s. Bsp. 1.1a

Baustoffe: C 60/75; BSt 500

Bemessungsmoment $\qquad M_{Ed} = 500\,\text{kNm}$

$M_{Eds} = M_{Ed} = 500\,\text{kNm}$ (da $N_{Ed} = 0$)

Die Druckzonenhöhe soll auf $x/d = 0,35$ begrenzt werden, d. h. $\qquad \mu_{Eds,lim} = 0,223$

$$\mu_{Eds} = \frac{0,500}{0,30 \cdot 0,45^2 \cdot 33,32} = 0,247 > 0,223$$

Der zu $\mu_{Eds,lim} = 0,223$ gehörige Dehnungszustand wird festgehalten und das Differenzmoment zu $\mu_{Eds} = 0,247$ durch Zulagebewehrung oben und unten abgedeckt. Ablesung in Tafel 1 / C60 bei $\mu_{Eds,lim} = 0,223$:

$\zeta = 0,86; \quad \varepsilon_{s1} = 5,0\,\text{‰}; \quad \varepsilon_{s2} = -1,85\,\text{‰}$

$\sigma_{s1d} = 434,8\,\text{MN/m}^2$ (horiz. Ast)

$\sigma_{s2d} = -0,00185 \cdot 200000 = -370\,\text{MN/m}^2$

$M_{Eds,lim} = 0,223 \cdot 0,30 \cdot 0,45^2 \cdot 33,32 = 0,451\,\text{MNm}$

$\Delta M_{Eds} = 0,500 - 0,451 = 0,049\,\text{MNm}$

$$A_{s1} = \frac{1}{\sigma_{s1d}} \left(\frac{M_{Eds,lim}}{z} + \frac{\Delta M_{Eds}}{d - d_2} \right) =$$
$$= \frac{1}{434,8} \left(\frac{0,451}{0,86 \cdot 0,45} + \frac{0,049}{0,45 - 0,05} \right) \cdot 10^4 = 29,6\,\text{cm}^2$$

$$A_{s2} = \frac{1}{-\sigma_{s2d}} \frac{\Delta M_{Eds}}{d - d_2} = \frac{1}{370} \frac{0,049}{0,45 - 0,05} \cdot 10^4 = 3,3\,\text{cm}^2$$

Anwendung des Verdrängungsfaktors $\beta = 1,082$ (s. Bild 13) $\rightarrow A_{s2,\beta} = 1,082 \cdot 3,3 = 3,6\,\text{cm}^2$

Auf die Darstellung der erforderlichen Neuberechnung mit verringerter Nutzhöhe wegen mehrlagigen Einbaus der Zugbewehrung wird hier verzichtet.

Anwendungsbeispiel 1.1d

Geometrie und Beanspruchung wie Bsp. 1.1a.
Baustoffe: LC 25/28 Rohdichteklasse D1,6;
BSt 500

Zur Ablesung ist die Tafel für die Trockenrohdichte an der unteren Grenze der Rohdichteklasse D1,6 (vgl. Tab. 3, S. 6) zu verwenden, d. h. für $\rho = 1400\,\text{kg/m}^3$.

$$\mu_{Eds} = \frac{M_{Eds}}{b \cdot d^2 \cdot f_{cd}} = \frac{0,100}{0,30 \cdot 0,45^2 \cdot 13,33} = 0,123$$

Ablesungen in Tafel 1c / LC12–LC50:

$\zeta = 0,93$; $\varepsilon_{s1} = 12,9\,‰$

$\sigma_{s1d} = 445,0$ MN/m^2 (ansteig. Ast, s. Tab. 9)

$$A_{s1} = \frac{1}{\sigma_{s1d}} \frac{M_{Eds}}{z} = \frac{1}{445} \frac{0,100}{0,93 \cdot 0,45} \cdot 10^4 = 5,37 \text{ cm}^2$$

Anwendungsbeispiel 1.1e

Geometrie und Beanspruchung wie Bsp. 1.1b
Baustoffe: LC 55/60 Trockenrohdichte $\rho = 1500$ kg/m^3 (Zielwertvorgabe);   BSt 500

$$\mu_{Eds} = \frac{M_{Eds}}{b \cdot d^2 \cdot f_{cd}} = \frac{0,300}{0,30 \cdot 0,45^2 \cdot 29,04} = 0,170$$

Die Ablesung kann mit der Tafel der nächstniedrigeren Trockenrohdichte erfolgen (hier Tafel 1a / LC55 für $\rho = 1400$ kg/m^3). Alternativ soll hier die Interpolation zwischen den Tafelwerten für $\rho = 1400$ kg/m^3 und $\rho = 1600$ kg/m^3 gezeigt werden.

Ablesungen in Tafel 1a / LC55 ($\rho = 1400$ kg/m^3):
$\zeta = 0,90$; $\varepsilon_{s1} = 8,2\,‰$

Ablesungen in Tafel 1b / LC55 ($\rho = 1600$ kg/m^3):
$\zeta = 0,90$; $\varepsilon_{s1} = 9,0\,‰$

Für den Mittelwert $\varepsilon_{s1} = 8,6\,‰$ erhält man
$\sigma_{s1d} = 440,9$ MN/m^2 (ansteig. Ast, s. Tab. 9)

$$A_{s1} = \frac{1}{\sigma_{s1d}} \frac{M_{Eds}}{z} = \frac{1}{440,9} \frac{0,300}{0,90 \cdot 0,45} \cdot 10^4 = 16,8 \text{ cm}^2$$

6.4 k_d-Tafeln (Tafeln 2.1 und 2.2)

Die k_d-Tafeln (frühere Bezeichnung: k_h-Tafeln) sind in der Praxis seit langem bewährte, dimensionsgebundene Bemessungstafeln für Rechteckquerschnitte, die den Anforderungen der DIN 1045-1 angepasst wurden.

Es wurden zwei unterschiedliche Teilsicherheitsbeiwerte für Beton berücksichtigt (vgl. Tab. 1):

Tafeln 2.1: $\gamma_c = 1,50$
Tafeln 2.2: $\gamma_c = 1,35$

Die Tafeln für Querschnitte **ohne** Druckbewehrung reichen bis zur Wirtschaftlichkeitsgrenze. Für Querschnitte **mit** Druckbewehrung gewährleisten jeweils einzelne Tafeln die Einhaltung eines der Grenzwerte für $\xi = x/d$ gemäß Gl. (4), Gl. (9) bzw. der Wirtschaftlichkeitsgrenze.

Um den Vorteil der Einfachheit des Rechnens mit den k_d-Tafeln zu bewahren, wurde der horizontale Ast der Spannungs-Dehnungslinie des Stahls

zugrunde gelegt. Bei Bedarf kann der so ermittelte Bewehrungsquerschnitt mit dem ebenfalls in den Tafeln angegebenen Beiwert κ_s abgemindert werden, um den ansteigenden Ast zu berücksichtigen.

Anwendungsbeispiel 1.2a

Vorgaben s. Bsp. 1.1a

$M_{Eds} = M_{Ed} = 100$ kNm (da $N_{Ed} = 0$)

$$k_d = \frac{d\,[\text{cm}]}{\sqrt{\dfrac{M_{Eds}\,[\text{kNm}]}{b\,[\text{m}]}}} = \frac{45}{\sqrt{\dfrac{100}{0,30}}} = 2,46$$

In Tafel 2.1a / C12–C50 ist der zutreffende Wert nicht aufgeführt. Da sich eine Interpolation kaum lohnt, erfolgt die Ablesung des k_s-Wertes für den nächst**kleineren** k_d-Wert ($k_d = 2,44$):

$k_s = 2,46$; $\kappa_s = 0,97$

$$A_{s1}\,[\text{cm}^2] = k_s \cdot \frac{M_{Eds}\,[\text{kNm}]}{d\,[\text{cm}]} = 2,46 \cdot \frac{100}{45} = 5,47 \text{ cm}^2$$

Für die σ-ε-Linie des Stahls mit **ansteigendem Ast** erhält man mit dem zuvor bereits abgelesenen κ_s–Wert:

$A_{s1} = 0,97 \cdot 5,47 = 5,31$ cm^2

Anwendungsbeispiel 1.2b

Vorgaben s. Bsp. 1.1c

$M_{Eds} = M_{Ed} = 500$ kNm (da $N_{Ed} = 0$)

Tafel 2.1a / C60:

$$k_d = \frac{45}{\sqrt{\dfrac{500}{0,30}}} = 1,10 \quad \rightarrow \quad \xi > 0,35$$

Da der vorgegebene Grenzwert $\xi = x/d = 0,35$ mit einfacher Bewehrung nicht einzuhalten ist, muss Druckbewehrung angeordnet werden. Ablesung in Tafel 2.1b / C60 für $\xi = 0,35$:

$k_{s1} = 2,65$; $k_{s2} = 0,25$; $\rho_1 = 1,00$; $\rho_2 = 1,18$

$$A_{s1}\,[\text{cm}^2] = \rho_1 \cdot k_{s1} \cdot \frac{M_{Eds}\,[\text{kNm}]}{d\,[\text{cm}]} =$$

$$= 1,00 \cdot 2,65 \cdot \frac{500}{45} = 29,4 \text{ cm}^2$$

$$A_{s2}\,[\text{cm}^2] = \rho_2 \cdot k_{s2} \cdot \frac{M_{Eds}\,[\text{kNm}]}{d\,[\text{cm}]} =$$

$$= 1,18 \cdot 0,25 \cdot \frac{500}{45} = 3,28 \text{ cm}^2$$

Der Ansatz der Spannungs-Dehnungslinie des Stahls mit **ansteigendem Ast** lohnt sich bei den gegebenen Dehnungsverhältnissen nicht. Die Anwendung des Verdrängungsfaktors β auf die Druckbewehrung würde diese um 9 % vergrößern.

6.5 μ_s-Tafeln (Tafel 3)

Die μ_s-Tafeln stellen die dimensionslose Alternative zu den k_d-Tafeln dar. Auch hier sind gesonderte Tafeln zur Einhaltung der verschiedenen ξ-Einschränkungen mittels Druckbewehrungszulage vorhanden.

Anwendungsbeispiel 1.3a

Vorgaben s. Bsp. 1.1a

$M_\text{Eds} = M_\text{Ed} = 100$ kNm (da $N_\text{Ed} = 0$)

$$\mu_\text{Eds} = \frac{M_\text{Eds}}{b \cdot d^2 \cdot f_\text{cd}} = \frac{0,100}{0,30 \cdot 0,45^2 \cdot 14,17} = 0,116$$

Unter Vermeidung von Interpolationen wird in Tafel 3a / C12–C50 für den nächstgrößeren μ_s–Wert ($\mu_\text{s} = 0,12$) abgelesen:

$\omega = 0,1285$ (interpolierter Wert wäre: 0,124);
$\sigma_\text{sd} = 435$ MN/m^2 (horiz. Ast) bzw.
$\sigma_\text{sd} = 450$ MN/m^2 (ansteigender Ast)

$$A_\text{s1} = \frac{1}{\sigma_\text{s1d}} (\omega \cdot b \cdot d \cdot f_\text{cd} + N_\text{Ed}) =$$

$$= \frac{1}{434,8} \cdot 0,1285 \cdot 30 \cdot 45 \cdot 14,17 = 5,65 \text{ cm}^2$$

Bei Ansatz der σ-ε-Linie des Stahls mit **ansteigendem** Ast ergibt sich unter Verwendung der abgelesenen Stahlspannung σ_sd:

$$A_\text{s1} = \frac{1}{450} \cdot 0,1285 \cdot 30 \cdot 45 \cdot 14,17 = 5,46 \text{ cm}^2$$

Anmerkung: Mit dem interpolierten ω-Wert würde sich $A_\text{s1} = 5,46$ cm^2 bzw. 5,27 cm^2 ergeben.

Anwendungsbeispiel 1.3b

Vorgaben s. Bsp. 1.1c

$$\mu_\text{Eds} = \frac{M_\text{Eds}}{b \cdot d^2 \cdot f_\text{cd}} = \frac{0,500}{0,30 \cdot 0,45^2 \cdot 33,32} = 0,247$$

$$> 0,223$$

Mit dem vorhandenen μ_Eds-Wert würde bei einfacher Bewehrung der vorgegebene Grenzwert $\xi = x/d = 0,35$ überschritten. Fortsetzung mit Tafel 3c / C60:

$\omega_1 = 0,288; \quad \omega_2 = 0,034$

$$A_\text{s1} = \frac{1}{f_\text{yd}} (\omega_1 \cdot b \cdot d \cdot f_\text{cd} + N_\text{Ed}) =$$

$$= \frac{1}{434,8} \cdot 0,288 \cdot 30 \cdot 45 \cdot 33,32 = 29,8 \text{ cm}^2$$

$$A_\text{s2} = \omega_2 \cdot b \cdot d \cdot \frac{f_\text{cd}}{f_\text{yd}} = 0,034 \cdot 30 \cdot 45 \cdot \frac{1}{13,05} = 3,52 \text{ cm}^2$$

Der Ansatz der σ-ε-Linie des Stahls mit **ansteigendem** Ast lohnt sich bei den gegebenen Dehnungsverhältnissen nicht. Die Anwendung des Verdrängungsfaktors β auf die Druckbewehrung würde diese um 9 % vergrößern.

6.6 Platten-Tafeln (Tafeln 4, 4.1 und 4.2)

Die dimensionsgebundenen Platten-Tafeln erlauben für die im Hochbau häufigen Fälle der Plattenbiegung ohne Normalkraft das direkte Ablesen der erforderlichen Bewehrung ohne Berechnung. Tafel 4 enthält neben einer ausführlichen Erläuterung auch Diagramme für die erforderliche Mindestbewehrung nach DIN 1045-1 (nach EC 2 und DIN-Fb 102 gelten teilweise andere Werte). Grenzwerte der Druckzonenhöhe gemäß Abschn. 4.2 und 4.4 sind nur in Tafel 4.1 eingetragen und für Tafel 4.2 zusätzlich zu beachten.

Den Tafeln liegt die σ-ε-Linie des Stahls mit **ansteigendem** Ast zugrunde.

Anwendungsbeispiel 2

Plattenstreifen

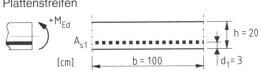

Baustoffe: C 30/37, $\gamma_\text{c} = 1,50$;   BSt 500
Bemessungsmoment $M_\text{Ed} = 25$ kNm
Bemessung:

$d = 20 - 3 = 17$ cm

Tafel 4.1e / C30: $A_\text{s} = 3,32$ cm^2; die Anforderungen an die Mindestbewehrung sind erfüllt. Zusätzlich sind auch die Bedingungen gemäß Gl. (4) und Gl. (9) eingehalten, sofern dies erforderlich wäre.

Alternativ: Ablesen der Bewehrung mit den Diagrammen der Tafeln 4.2c / C30:

Mattenbewehrung Q 378 bzw. R 378 bzw. nach neuem Mattenprogramm: QN 335 bzw. RN 335, s. S. 516 oder Stabstahlbewehrung ø 8/15 cm

6.7 μ_s-Tafeln für Plattenbalkenquerschnitte (Tafeln 5)

Die Tafeln 5 berücksichtigen die zusätzlichen Bedingungen für Biegung mit Längskraft bei Plattenbalkenquerschnitten (s. Abschn. 5.1). In Hinblick auf eine einfache Handhabung der Tafeln wurde die σ-ε-Linie des Stahls mit horizontalem Ast gewählt.

Anwendungsbeispiel 3

Plattenbalkenquerschnitt

Baustoffe: C 30/37, $\gamma_c = 1,50$; BSt 500
Bemessungsmoment $M_{Ed} = 500$ kNm

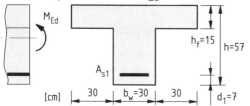

[cm]

Bemessung:

$d = 57 - 7 = 50$ cm $\quad h_f / d = 15 / 50 = 0,3$
$b_f = 90$ cm $\quad\quad\quad b_f / b_w = 90 / 30 = 3$

$$\mu_{Eds} = \frac{M_{Eds}}{b_f \cdot d^2 \cdot f_{cd}} = \frac{0,500}{0,90 \cdot 0,50^2 \cdot 17,0} = 0,13$$

Tafel 5 / C12–C50: $\omega_1 = 0,1401$;

$$A_{s1} = \frac{f_{cd}}{f_{yd}}\omega_1 \cdot b \cdot d = \frac{1}{25,6} \cdot 0,1401 \cdot 90 \cdot 50 = 24,6 \text{ cm}^2$$

6.8 Interaktionsdiagramme für Rechteck-, Kreis- und Kreisringquerschnitte unter einachsiger Biegung mit Normalkraft (Tafeln 6)

Die Interaktionsdiagramme gelten für Querschnitte mit symmetrischer Bewehrungsanordnung unter Biegung mit Normalkraft.

Allen Interaktionsdiagrammen liegt die σ-ε-Linie des Stahls mit ansteigendem Ast zugrunde.

Hinweis: Bei den bezogenen Schnittgrößen μ_{Ed} und ν_{Ed} als Eingangsgrößen der Interaktionsdiagramme geht – wie auch bisher üblich – die Bauteildicke h (nicht die Nutzhöhe d) ein. Dehnungsangaben im Diagramm sind in [‰] ausgedrückt.

Die nach DIN 1045-1, 10.2 für Normalbeton bei geringer Ausmitte zugelassene Grenzstauchung von $\varepsilon_c = -2,2$ ‰ (s. Abschn. 5.1) ist berücksichtigt. Dies verringert bei $e/h < 0,1$ die gegenüber EC 2 und DIN-Fachbericht 102 erforderliche Bewehrungsmenge um bis zu 10 % (Grenzwert dort: $\varepsilon_c = -2,0$ ‰).

Anwendungsbeispiel 4

Rechteckquerschnitt C 30/37, $\gamma_c = 1,50$; BSt 500
Schnittgrößen $M_{Ed} = 136$ kNm, $N_{Ed} = -670$ kN

Tafeleingangsgrößen

$$\mu_{Ed} = \frac{M_{Ed}}{b \cdot h^2 \cdot f_{cd}} = \frac{0,136}{0,20 \cdot 0,40^2 \cdot 17,0} = 0,25$$

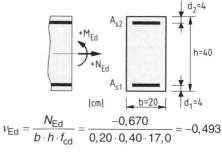

[cm]

$$\nu_{Ed} = \frac{N_{Ed}}{b \cdot h \cdot f_{cd}} = \frac{-0,670}{0,20 \cdot 0,40 \cdot 17,0} = -0,493$$

$d_1 / h = d_2 / h = 0,10$

Ablesung in Tafel 6.1b / C12–C50: $\omega_{tot} = 0,34$

$$A_{s,tot} = \omega_{tot} \cdot \frac{b \cdot d}{f_{yd}/f_{cd}} = 0,34 \cdot \frac{20 \cdot 40}{25,6} = 10,6 \text{ cm}^2$$

$A_{s1} = A_{s2} = 5,3$ cm^2

6.9 Interaktionsdiagramme für Rechteckquerschnitte unter zweiachsiger Biegung mit Normalkraft (Tafeln 7)

Die Interaktionsdiagramme gelten für Querschnitte mit symmetrischer Bewehrungsanordnung unter schiefer Biegung mit Normalkraft. Im Übrigen gelten die Angaben in Abschn. 6.7.

Anwendungsbeispiel 5

Rechteckquerschnitt C 30/37, $\gamma_c = 1,50$;
BSt 500
Schnittgrößen: je 1/4 $A_{s,tot}$
$M_{Edy} = 100$ kNm,
$M_{Edz} = 80$ kNm,
$N_{Ed} = -400$ kN

Tafeleingangsgrößen:
$d_1/h = d_2/h = 0,1$
$b_1/b = b_2/b \approx 0,1$

$$\mu_{Edy} = \frac{M_{Edy}}{b \cdot h^2 \cdot f_{cd}} = \frac{0,100}{0,30 \cdot 0,40^2 \cdot 17,0} = 0,123$$

$$\mu_{Edz} = \frac{M_{Edz}}{b^2 \cdot h \cdot f_{cd}} = \frac{0,080}{0,30^2 \cdot 0,40 \cdot 17,0} = 0,131$$

$\mu_1 = 0,131$; $\mu_2 = 0,123$

$$\nu_{Ed} = \frac{N_{Ed}}{b \cdot h \cdot f_{cd}} = \frac{-0,400}{0,30 \cdot 0,40 \cdot 17,0} = -0,196$$

Ablesung in Tafel 7.3b / C12–C50: $\omega_{tot} = 0,34$

$$A_{s,tot} = \omega_{tot} \cdot \frac{b \cdot d}{f_{yd}/f_{cd}} = 0,34 \cdot \frac{30 \cdot 40}{25,6} = 16,0 \text{ cm}^2$$

Bewehrung je Ecke: $A_{si} = 4,0$ cm^2

6.10 Zentrisch gedrückte Stützen ohne Knickgefahr (Tafeln 8.1)

Für Rechteck-, Kreis- und Kreisringquerschnitte dienen die Tafeln 8.1 zur Bestimmung der aufnehmbaren Längsdruckkraft, aufgeteilt in Beton- und Bewehrungsanteile unter Ansatz der maximalen Querschnittsstauchung von 2,2 ‰. Druckkräfte sind hier ohne Vorzeichen angegeben.

Anwendungsbeispiel 6

Rechteckquerschnitt
C 30/37, $\gamma_c = 1,50$;
BSt 500
$N_{Ed} = 2.400$ MN

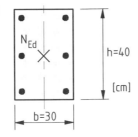

Ablesung in Tafel
8.1b / C25–C35:

$F_{cd} = 2,040$ MN
erf. $F_{sd} = 2,400 - 2,040 = 0,360$ MN
gew.: 6 ø 14 ; $F_{sd} = 0,402$ MN

$|N_{Rd}| = 2,040 + 0,402 = 2,402$ MN $> N_{Ed}$

6.11 Bemessungsdiagramme nach dem Modellstützenverfahren (Tafeln 8.2 bis 8.4)

Die Tafeln wurden in Anlehnung an [Avak – 1999] für die DIN 1045-1 aufgestellt. Sie beruhen auf dem Modellstützenverfahren nach DIN 1045-1, 8.6.5 und berücksichtigen die Lastausmitte nach Theorie II. Ordnung e_2 gemäß DIN 1045-1, Gl. (38):

$$e_2 = K_1 \cdot (1/r) \cdot l_0^2 / 10 \qquad (16)$$

Die Krümmung $(1/r)$ erhält man nach DIN 1045-1, Gl. (39)

$$(1/r) = 2K_2 \cdot \varepsilon_{yd} / (0,9d) \qquad (17)$$

mit $K_2 = (N_{ud} - N_{Ed})/(N_{ud} - N_{bal})$. Der K_2-Wert wird mit dem in DIN 1045-1 enthaltenen Näherungsansatz bestimmt; allerdings wird von der Vereinfachung, N_{bal} zu $0,4 \cdot f_{cd} \cdot A_c$ abzuschätzen, kein Gebrauch gemacht; es wird vielmehr entsprechend der Definition („aufnehmbare Längsdruckkraft bei größter Momententragfähigkeit des Querschnitts") der Wert jeweils genau bestimmt.

Für den normalfesten Normalbeton liefern die vorliegenden Bemessungstafeln eine gute Übereinstimmung mit den Bemessungshilfen von [Kordina/Quast – 2001]; weitere Hinweise zum Modellstützenverfahren siehe dort.

DIN 1045-1 macht beim Modellstützenverfahren keine Einschränkungen bezüglich der Betonfestig-

keitsklassen. Es ist jedoch darauf hinzuweisen, dass nach [Kordina/Quast – 2001] das Verfahren bisher nur für den normalfesten Normalbeton abgesichert ist. Für andere Betonfestigkeitsklassen sollten daher die Tafeln zunächst nur für Vorbemessungen und Kontrollrechnungen angewendet werden.

Tafeleingangsgrößen sind das Biegemoment nach Theorie I. Ordnung einschließlich ungewollter Ausmitte und Kriechausmitte sowie die Normalkraft. Der Bereich $e/h < 0,1$, in dem das Modellstützenverfahren zu unwirtschaftlichen Ergebnissen führt, ist in den Diagrammen schattiert dargestellt (auf der Basis der Ausmitte nach Theorie I. Ordnung!).

Die Tafeln sind jeweils nur im Bereich des nach DIN 1045-1 erlaubten Höchstbewehrungsgrads $(0,09 \cdot A_c)$ gültig, auch wenn der Ablesebereich zur Vereinheitlichung der Darstellung darüber hinausgehen kann. Konkret sind folgende mechanischen Bewehrungsgrade ω_{lim} einzuhalten (Werte gelten für $\gamma_c = 1,5$ und $\gamma_s = 1,15$; f_{ck} in [N/mm²]):

f_{ck}	12	16	20	25	30
ω_{lim}	5,8	4,3	3,5	2,8	2,3
f_{ck}	35	40	45	50	55
ω_{lim}	2,0	1,7	1,5	1,4	1,3
f_{ck}	60	70	80	90	100
ω_{lim}	1,2	1,0	0,9	0,8	0,8

Am unteren Rand der jeweiligen Diagramme treffen die Bedingungen der Gl. (10) für den Wegfall des Knicksicherheitsnachweises zu. Der Übergang zum Bereich mit Erfordernis des Knicksicherheitsnachweises ist an einem Sprung der Kurven zu erkennen, der aus technischen Gründen in einzelnen Diagrammen nicht voll aus geprägt dargestellt ist. Dehnungsangaben sind in [‰] ausgedrückt.

Das dem Bemessungsergebnis zugrunde liegende Biegemoment nach Theorie II. Ordnung ist das Tragmoment des Querschnitts für den abgelesenen Bewehrungsgrad ω_{tot} unter der Normalkraft ν_{Ed}. Es wird zweckmäßigerweise im Diagramm für $\lambda = 25$, d.h. für die reine Querschnittsbemessung ohne Einfluss von Verformungen ermittelt (s. Beispiel).

Anwendungsbeispiel 7

Rahmenrandstütze im Hochbau, in einer Ebene durch Wände ausgesteift.
Rechteckquerschnitt C 30/37, $\gamma_c = 1,50$; BSt 500
Schnittgrößen: $N_{Ed} = -300$ kN,
$M_{Ed01} = -15$ kNm, $M_{Ed02} = 30$ kNm

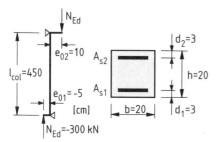

Knicklänge $l_0 = \beta \cdot l_{col} \leq 1,0 \cdot 4,50 = 4,50$ m

Schlankheit $\lambda = l_0 / i = 4,50 / (0,289 \cdot 0,20) = 78$

Die Kriechausmitte e_c darf hier vernachlässigt werden (DIN 1045-1, 8.6.3 (5)).

Ausmitte im kritischen Schnitt:

$$e_0 = \max \begin{cases} 0,6 \cdot e_{02} + 0,4 \cdot e_{01} \\ 0,4 \cdot e_{02} \end{cases}$$

$$e_0 = \max \begin{cases} 0,6 \cdot 0,100 - 0,4 \cdot 0,050 = 0,040 \\ 0,4 \cdot 0,100 \qquad\qquad = 0,040 \end{cases}$$

$e_0 = 0,040$ m

Schiefstellungswinkel (Abschn. 5.2.2):

$$\alpha_{a1} = \frac{1}{100\sqrt{l_{col}}} \leq 1/200$$

$$\alpha_{a1} = \frac{1}{100\sqrt{4,50}} = 0,0047 \leq 1/200$$

ungewollte Ausmitte (DIN 1045-1, 8.6.4):

$e_a = \alpha_{a1} \cdot l_0 / 2 = 0,0047 \cdot 4,50 / 2 = 0,0106$ m

$M_{Ed1} = 300 \cdot (0,040 + 0,0106) = 15,2$ kNm

$$\mu_{Ed1} = \frac{M_{Ed1}}{b \cdot h^2 \cdot f_{cd}} = \frac{0,0152}{0,20 \cdot 0,20^2 \cdot 17,0} = 0,112$$

$$\nu_{Ed} = \frac{N_{Ed}}{b \cdot h \cdot f_{cd}} = \frac{-0,300}{0,20 \cdot 0,20 \cdot 17,0} = -0,44$$

Tafel 8.2h / C12–C50 ($\lambda = 80$) : $\omega_{tot} = 0,35$

$$A_{s,tot} = \omega_{tot} \cdot \frac{b \cdot d}{f_{yd}/f_{cd}} = 0,35 \cdot \frac{20 \cdot 20}{25,6} = 5,5 \text{ cm}^2$$

Tafel 8.2g / C12–C50 ($\lambda = 25$): für $\omega_{tot} = 0,35$ und $\nu_{Ed} = -0,44$ liest man ab: $\mu = 0,24 = \mu_{Ed2}$

Die Zusatzausmitte e_2 nach Theorie II. Ordnung beträgt damit

$e_2 = h \cdot (\mu_{Ed2} - \mu_{Ed1}) / \nu_{Ed} =$
$= 0,20 \cdot (0,24 - 0,112) / 0,44 = 0,058$ m

7 Literatur

DIN 1045-1
Tragwerke aus Beton, Stahlbeton und Spannbeton. Teil 1: Bemessung und Konstruktion. Juli 2001

EC 2 T.1-1
DIN V ENV 1992-1-1. Eurocode 2, Planung von Stahlbeton- und Spannbetontragwerken. Teil 1-1: Grundlagen und Anwendungsregeln für den Hochbau. Juni 1992 (Vornorm)

[DIN-Fb 102 – 2001]
DIN-Fachbericht 102 – Betonbrücken. 1. Auflage, Beuth Verlag, Berlin, 2001.

[Avak – 1999]
Avak, R.: Stützenbemessung mit Interaktionsdiagramm nach Theorie II. Ordnung. In: Avak/Goris (Hrsg.): Stahlbetonbau aktuell, Jahrbuch für die Baupraxis 1999. Werner Verlag, Düsseldorf.

[Goris – 2001]
Stahlbetonbau und Spannbetonbau nach DIN 1045-1 (neu). In: Schneider, K.-J. (Hrsg.): Bautabellen für Ingenieure. 14. Aufl., Werner Verlag, Düsseldorf 2001.

[Grasser/Linse – 1984]
Grasser, E; Linse, D.: Bemessungstafeln für Stahlbetonquerschnitte auf der Grundlage von DIN 1045. 2. Aufl., Werner Verlag, Düsseldorf 1984.

[König/Faust - 2000]
König, G.; Faust, T.: Der Einfluss der Sandrohdichte auf die Eigenschaften konstruktiver Leichtbetone. Beton- und Stahlbetonbau 95, 2000, Heft 7, S. 426–431.

[Kordina/Quast - 2001]
Kordina, K.; Quast, U.: Bemessung von schlanken Bauteilen für den durch Tragwerksverformungen beeinflussten Grenzzustand der Tragfähigkeit – Stabilitätsnachweis. Betonkalender 2001. Verlag Ernst und Sohn, Berlin

[Novak – 2001]
Novak, B.: Europäische Regelungen im Brückenbau. Abschnitt A3 in: Avak/Goris (Hrsg.): Stahlbetonbau aktuell, Jahrbuch für die Baupraxis 2002. Bauwerk Verlag, Berlin, 2001.

[Schmitz/Goris – 2002]
Schmitz, U. P.; Goris, A.: DIN 1045 digital. Werner Verlag, Düsseldorf 2002.

[Schmitz – 2001]
Schmitz, U. P.: Statik. In: Avak/Goris (Hrsg.): Stahlbetonbau aktuell, Jahrbuch für die Baupraxis 2002. Bauwerk Verlag, Berlin, 2001.

[Schnellenbach-Held – 2001]
Schnellenbach-Held, M.: Besonderheiten bei der Bemessung von Bauteilen aus Konstruktionsleichtbeton nach DIN 1045-1. Beton- und Stahlbetonbau 96, 2001, Heft 1, S. 35–41.

Bemessungstafeln C 12/15 – C 50/60

Darstellung	Beschreibung		Tafel	Seite
	Interaktionsdiagramme für schiefe Biegung mit Längsdruck für allseitig symmetrisch bewehrte Rechteckquerschnitte	$d_1/h = 0,05$	7.1a / C12–C50	78
		$d_1/h = 0,10$	7.1b / C12–C50	79
		$d_1/h = 0,15$	7.1c / C12–C50	80
		$d_1/h = 0,20$	7.1d / C12–C50	81
		$d_1/h = 0,25$	7.1e / C12–C50	82
	Interaktionsdiagramme für schiefe Biegung mit Längsdruck für zweiseitig symmetrisch bewehrte Rechteckquerschnitte	$d_1/h = 0,05$	7.2a / C12–C50	83
		$d_1/h = 0,10$	7.2b / C12–C50	84
		$d_1/h = 0,15$	7.2c / C12–C50	85
		$d_1/h = 0,20$	7.2d / C12–C50	86
		$d_1/h = 0,25$	7.2e / C12–C50	87
	Interaktionsdiagramme für schiefe Biegung mit Längsdruck für symmetrisch eckbewehrte Rechteckquerschnitte	$d_1/h = 0,05$	7.3a / C12–C50	88
		$d_1/h = 0,10$	7.3b / C12–C50	89
		$d_1/h = 0,15$	7.3c / C12–C50	90
		$d_1/h = 0,20$	7.3d / C12–C50	91
		$d_1/h = 0,25$	7.3e / C12–C50	92
	Stütze ohne Knickgefahr (aufnehmbare Längsdruckkraft)		8.1a / C12–C20	93
			8.1b / C25–C35	94
			8.1c / C40–C50	95
Schlankheiten λ: 25 / 40 / 50 / 60 70 / 80 / 90 / 100 110 / 120 / 130 / 140	Modellstützenverfahren (Knicksicherheitsnachweis)			
		$d_1/h = 0,05$	8.2a / C12–C50	96
		$d_1/h = 0,10$	8.2d / C12–C50	99
		$d_1/h = 0,15$	8.2g / C12–C50	102
		$d_1/h = 0,20$	8.2j / C12–C50	105
		$d_1/h = 0,25$	8.2m / C12–C50	108
		$d_1/h = 0,05$	8.3a / C12–C50	111
		$d_1/h = 0,10$	8.3d / C12–C50	114
		$d_1/h = 0,15$	8.3g / C12–C50	117
		$d_1/h = 0,20$	8.3j / C12–C50	120
		$d_1/h = 0,25$	8.3m / C12–C50	123
		$d_1/h = 0,05$	8.4a / C12–C50	126
		$d_1/h = 0,10$	8.4d / C12–C50	129
		$d_1/h = 0,15$	8.4g / C12–C50	132
		$d_1/h = 0,20$	8.4j / C12–C50	135
		$d_1/h = 0,25$	8.4m / C12–C50	138

C 12/15 – C 50/60

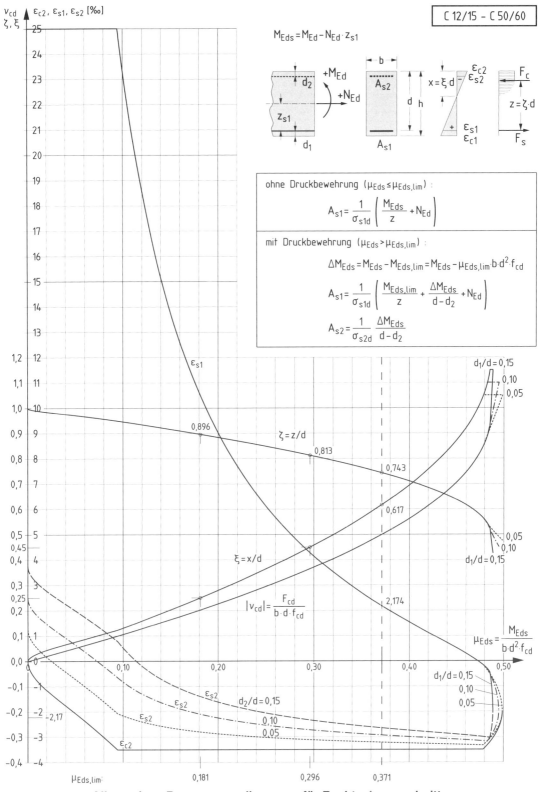

$$M_{Eds} = M_{Ed} - N_{Ed} \cdot z_{s1}$$

ohne Druckbewehrung ($\mu_{Eds} \leq \mu_{Eds,lim}$) :

$$A_{s1} = \frac{1}{\sigma_{s1d}} \left(\frac{M_{Eds}}{z} + N_{Ed} \right)$$

mit Druckbewehrung ($\mu_{Eds} > \mu_{Eds,lim}$) :

$$\Delta M_{Eds} = M_{Eds} - M_{Eds,lim} = M_{Eds} - \mu_{Eds,lim} \cdot b \cdot d^2 \cdot f_{cd}$$

$$A_{s1} = \frac{1}{\sigma_{s1d}} \left(\frac{M_{Eds,lim}}{z} + \frac{\Delta M_{Eds}}{d - d_2} + N_{Ed} \right)$$

$$A_{s2} = \frac{1}{\sigma_{s2d}} \frac{\Delta M_{Eds}}{d - d_2}$$

$$\mu_{Eds} = \frac{M_{Eds}}{b \cdot d^2 \cdot f_{cd}}$$

$$|\nu_{cd}| = \frac{F_{cd}}{b \cdot d \cdot f_{cd}}$$

$$\zeta = z/d$$

$$\xi = x/d$$

Allgemeines Bemessungsdiagramm für Rechteckquerschnitte

Tafel 2.1a / C12–C50

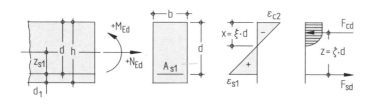

$$k_d = \frac{d \text{ [cm]}}{\sqrt{M_{Eds} \text{ [kNm]} / b \text{ [m]}}} \qquad \text{mit} \quad M_{Eds} = M_{Ed} - N_{Ed} \cdot z_{s1}$$

k_d für Betonfestigkeitsklasse C									k_s	κ_s	ξ	ζ	ε_{c2} in ‰	ε_{s1} in ‰
12/15	16/20	20/25	25/30	30/37	35/45	40/50	45/55	50/60						
14,34	12,41	11,10	9,93	9,07	8,39	7,85	7,40	7,02	2,32	0,95	0,025	0,991	-0,64	25,00
7,90	6,84	6,12	5,47	5,00	4,63	4,33	4,08	3,87	2,34	0,95	0,048	0,983	-1,26	25,00
5,87	5,08	4,54	4,06	3,71	3,44	3,21	3,03	2,87	2,36	0,95	0,069	0,975	-1,84	25,00
4,94	4,27	3,82	3,42	3,12	2,89	2,70	2,55	2,42	2,38	0,95	0,087	0,966	-2,38	25,00
4,39	3,80	3,40	3,04	2,77	2,57	2,40	2,27	2,15	2,40	0,95	0,104	0,958	-2,89	25,00
4,01	3,47	3,10	2,78	2,53	2,35	2,20	2,07	1,96	2,42	0,95	0,120	0,950	-3,40	25,00
3,74	3,24	2,90	2,59	2,36	2,19	2,05	1,93	1,83	2,44	0,96	0,138	0,943	-3,50	21,87
3,53	3,05	2,73	2,44	2,23	2,06	1,93	1,82	1,73	2,46	0,97	0,156	0,935	-3,50	18,88
3,35	2,90	2,60	2,32	2,12	1,96	1,84	1,73	1,64	2,48	0,97	0,174	0,927	-3,50	16,56
3,20	2,77	2,48	2,22	2,03	1,88	1,76	1,65	1,57	2,50	0,97	0,192	0,920	-3,50	14,70
2,97	2,57	2,30	2,06	1,88	1,74	1,63	1,53	1,46	2,54	0,98	0,227	0,906	-3,50	11,91
2,79	2,42	2,16	1,94	1,77	1,64	1,53	1,44	1,37	2,58	0,98	0,261	0,891	-3,50	9,92
2,65	2,30	2,06	1,84	1,68	1,55	1,45	1,37	1,30	2,62	0,99	0,294	0,878	-3,50	8,42
2,54	2,20	1,97	1,76	1,61	1,49	1,39	1,31	1,24	2,66	0,99	0,325	0,865	-3,50	7,26
2,45	2,12	1,90	1,70	1,55	1,43	1,34	1,26	1,20	2,70	0,99	0,356	0,852	-3,50	6,33
2,37	2,05	1,83	1,64	1,50	1,39	1,30	1,22	1,16	2,74	0,99	0,386	0,839	-3,50	5,57
2,30	1,99	1,78	1,59	1,45	1,35	1,26	1,19	1,13	2,78	0,99	0,415	0,827	-3,50	4,93
2,24	1,94	1,74	1,55	1,42	1,31	1,23	1,16	1,10	2,82	1,00	0,443	0,816	-3,50	4,40
2,19	1,90	1,70	1,52	1,39	1,28	1,20	1,13	1,07	2,86	1,00	0,471	0,804	-3,50	3,94
2,15	1,86	1,66	1,49	1,36	1,26	1,18	1,11	1,05	2,90	1,00	0,497	0,793	-3,50	3,54
2,11	1,82	1,63	1,46	1,33	1,23	1,15	1,09	1,03	2,94	1,00	0,523	0,782	-3,50	3,19
2,07	1,79	1,60	1,44	1,31	1,21	1,13	1,07	1,01	2,98	1,00	0,549	0,772	-3,50	2,88
2,04	1,77	1,58	1,41	1,29	1,19	1,12	1,05	1,00	3,02	1,00	0,573	0,762	-3,50	2,61
2,01	1,74	1,56	1,39	1,27	1,18	1,10	1,04	0,99	3,06	1,00	0,597	0,752	-3,50	2,36
1,99	1,72	1,54	1,38	1,26	1,17	1,09	1,03	0,98	3,09	1,00	0,617	0,743	-3,50	2,17

$$A_{s1} \text{ [cm}^2\text{]} = k_s \cdot \frac{M_{Eds} \text{ [kNm]}}{d \text{ [cm]}} + \frac{N_{Ed} \text{ [kN]}}{43,5 \text{ [kN/cm}^2\text{]}} \qquad \text{(horizontaler Ast der Spannungs-Dehnungs-Linie)}$$

alternativ:

$$A_{s1}{}^* = \kappa_s \cdot A_{s1} \qquad \text{(geneigter Ast der Spannungs-Dehnungs-Linie)}$$

Dimensionsgebundene Bemessungstafel (k_d-Verfahren); Rechteck ohne Druckbewehrung
(Normalbeton der Festigkeitsklassen $\leq$ C 50/60 mit $\alpha = 0{,}85$; Betonstahl BSt 500 und $\gamma_s = 1{,}15$)

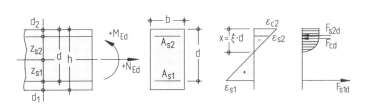

$$k_\mathrm{d}\text{–Tafel}$$

$$\gamma_\mathrm{c} = 1{,}5$$

C 12/15 – C 50/60

$$k_\mathrm{d} = \frac{d\ [\mathrm{cm}]}{\sqrt{M_\mathrm{Eds}\ [\mathrm{kNm}]\ /\ b\ [\mathrm{m}]}} \qquad \text{mit}\ \ M_\mathrm{Eds} = M_\mathrm{Ed} - N_\mathrm{Ed} \cdot z_\mathrm{s1}$$

Beiwerte k_s1 und k_s2

$\xi = 0{,}25$ ($\varepsilon_\mathrm{s1} = 10{,}5\ ‰,\ \varepsilon_\mathrm{c2} = -3{,}5\ ‰$)

k_d für Betonfestigkeitsklasse C									k_s1	k_s2
12/15	16/20	20/25	25/30	30/37	35/45	40/50	45/55	50/60		
2,85	2,47	2,21	1,97	1,80	1,67	1,56	1,47	1,40	2,57	0
2,79	2,42	2,16	1,93	1,76	1,63	1,53	1,44	1,37	2,56	0,10
2,73	2,36	2,11	1,89	1,73	1,60	1,49	1,41	1,34	2,56	0,20
2,67	2,31	2,07	1,85	1,69	1,56	1,46	1,38	1,31	2,55	0,30
2,60	2,26	2,02	1,80	1,65	1,53	1,43	1,35	1,28	2,55	0,40
2,54	2,20	1,97	1,76	1,61	1,49	1,39	1,31	1,24	2,54	0,50
2,47	2,14	1,92	1,71	1,56	1,45	1,36	1,28	1,21	2,54	0,60
2,41	2,08	1,86	1,67	1,52	1,41	1,32	1,24	1,18	2,53	0,70
2,34	2,02	1,81	1,62	1,48	1,37	1,28	1,21	1,14	2,53	0,80
2,26	1,96	1,75	1,57	1,43	1,33	1,24	1,17	1,11	2,52	0,90
2,19	1,90	1,70	1,52	1,38	1,28	1,20	1,13	1,07	2,52	1,00
2,11	1,83	1,64	1,46	1,34	1,24	1,16	1,09	1,04	2,51	1,10
2,03	1,76	1,57	1,41	1,29	1,19	1,11	1,05	1,00	2,51	1,20
1,95	1,69	1,51	1,35	1,23	1,14	1,07	1,01	0,96	2,50	1,30
1,86	1,61	1,44	1,29	1,18	1,09	1,02	0,96	0,91	2,50	1,40

Beiwerte ρ_1 und ρ_2

d_2/d	$\xi = 0{,}25$					
	ρ_1 für $k_\mathrm{s1} =$				ρ_2	ε_s2
	2,57	2,54	2,52	2,50		[‰]
0,06	1,00	1,00	1,00	1,00	1,00	-2,66
0,08	1,00	1,00	1,01	1,01	1,02	-2,38
0,10	1,00	1,01	1,02	1,02	1,08	-2,10
0,12	1,00	1,01	1,03	1,04	1,28	-1,82
0,14	1,00	1,02	1,04	1,05	1,54	-1,54
0,16	1,00	1,02	1,05	1,07	1,93	-1,26
0,18	1,00	1,03	1,06	1,08	2,54	-0,98
0,20	1,00	1,03	1,07	1,10	3,65	-0,70

$$A_\mathrm{s1}\ [\mathrm{cm}^2] = \rho_1 \cdot k_\mathrm{s1} \cdot \frac{M_\mathrm{Eds}\ [\mathrm{kNm}]}{d\ [\mathrm{cm}]} + \frac{N_\mathrm{Ed}\ [\mathrm{kN}]}{43{,}5\ [\mathrm{kN/cm}^2]}$$

$$A_\mathrm{s2}\ [\mathrm{cm}^2] = \rho_2 \cdot k_\mathrm{s2} \cdot \frac{M_\mathrm{Eds}\ [\mathrm{kNm}]}{d\ [\mathrm{cm}]}$$

(Bzgl. einer theoretisch erforderlichen Erhöhung von A_s2 – Berücksichtigung der Nettofläche der Betondruckzone – wird auf die Erläuterungen in „Einführung", Abschn. 6.1.6, Bild 12 verwiesen.)

Dimensionsgebundene Bemessungstafel (k_d-Verfahren); Rechteck mit Druckbewehrung
(Normalbeton der Festigkeit $\leq$ C 50/60 mit $\alpha = 0{,}85$; $\xi_\mathrm{lim} = 0{,}25$; Betonstahl BSt 500 und $\gamma_\mathrm{s} = 1{,}15$)

Tafel 2.1c / C12–C50

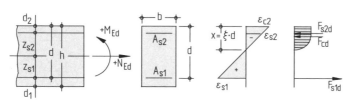

$$k_d = \frac{d \ [\text{cm}]}{\sqrt{M_{Eds} \ [\text{kNm}] \ / \ b \ [\text{m}]}} \qquad \text{mit} \quad M_{Eds} = M_{Ed} - N_{Ed} \cdot z_{s1}$$

Beiwerte k_{s1} und k_{s2}

$\xi = 0{,}45$ ($\varepsilon_{s1} = 4{,}3$ ‰, $\varepsilon_{c2} = -3{,}5$ ‰)

\multicolumn{10}{c}{k_d für Betonfestigkeitsklasse C ....}	k_{s1}	k_{s2}
12/15	16/20	20/25	25/30	30/37	35/45	40/50	45/55	50/60		
2,23	1,93	1,73	1,54	1,41	1,30	1,22	1,15	1,09	2,83	0
2,18	1,89	1,69	1,51	1,38	1,28	1,20	1,13	1,07	2,81	0,10
2,14	1,85	1,65	1,48	1,35	1,25	1,17	1,10	1,05	2,80	0,20
2,09	1,81	1,62	1,45	1,32	1,22	1,14	1,08	1,02	2,78	0,30
2,04	1,77	1,58	1,41	1,29	1,19	1,12	1,05	1,00	2,77	0,40
1,99	1,72	1,54	1,38	1,26	1,16	1,09	1,03	0,97	2,75	0,50
1,94	1,68	1,50	1,34	1,22	1,13	1,06	1,00	0,95	2,74	0,60
1,88	1,63	1,46	1,30	1,19	1,10	1,03	0,97	0,92	2,72	0,70
1,83	1,58	1,42	1,27	1,16	1,07	1,00	0,94	0,90	2,70	0,80
1,77	1,53	1,37	1,23	1,12	1,04	0,97	0,92	0,87	2,69	0,90
1,71	1,48	1,33	1,19	1,08	1,00	0,94	0,88	0,84	2,67	1,00
1,65	1,43	1,28	1,15	1,05	0,97	0,91	0,85	0,81	2,66	1,10
1,59	1,38	1,23	1,10	1,01	0,93	0,87	0,82	0,78	2,64	1,20
1,53	1,32	1,18	1,06	0,96	0,89	0,84	0,79	0,75	2,63	1,30
1,46	1,26	1,13	1,01	0,92	0,85	0,80	0,75	0,71	2,61	1,40

Beiwerte ρ_1 und ρ_2

d_2/d	\multicolumn{8}{c}{$\xi = 0{,}45$}		
	\multicolumn{6}{c}{ρ_1 für $k_{s1} =$}	ρ_2	ε_{s2}
	2,83	2,78	2,74	2,69	2,64	2,61		[‰]
0,06	1,00	1,00	1,00	1,00	1,00	1,00	1,00	-3,03
0,08	1,00	1,00	1,00	1,01	1,01	1,01	1,02	-2,88
0,10	1,00	1,00	1,01	1,01	1,02	1,02	1,04	-2,72
0,12	1,00	1,01	1,01	1,02	1,03	1,04	1,07	-2,57
0,14	1,00	1,01	1,02	1,03	1,04	1,05	1,09	-2,41
0,16	1,00	1,01	1,03	1,04	1,05	1,06	1,12	-2,26
0,18	1,00	1,02	1,03	1,05	1,07	1,08	1,19	-2,10
0,20	1,00	1,02	1,04	1,06	1,08	1,09	1,31	-1,94
0,22	1,00	1,02	1,04	1,07	1,09	1,11	1,46	-1,79
0,24	1,00	1,03	1,05	1,08	1,11	1,13	1,65	-1,63

$$A_{s1} \ [\text{cm}^2] = \rho_1 \cdot k_{s1} \cdot \frac{M_{Eds} \ [\text{kNm}]}{d \ [\text{cm}]} + \frac{N_{Ed} \ [\text{kN}]}{43{,}5 \ [\text{kN/cm}^2]}$$

$$A_{s2} \ [\text{cm}^2] = \rho_2 \cdot k_{s2} \cdot \frac{M_{Eds} \ [\text{kNm}]}{d \ [\text{cm}]}$$

(Bzgl. einer theoretisch erforderlichen Erhöhung von A_{s2} – Berücksichtigung der Nettofläche der Betondruckzone – wird auf die Erläuterungen in „Einführung", Abschn. 6.1.6, Bild 12 verwiesen.)

Dimensionsgebundene Bemessungstafel (k_d-Verfahren); Rechteck mit Druckbewehrung
(Normalbeton der Festigkeit ≤ C 50/60 mit $\alpha = 0{,}85$; $\xi_{lim} = 0{,}45$; Betonstahl BSt 500 und $\gamma_s = 1{,}15$)

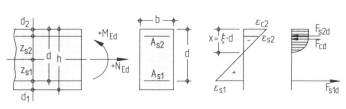

$$k_d = \frac{d \ [\text{cm}]}{\sqrt{M_{Eds} \ [\text{kNm}] / b \ [\text{m}]}} \qquad \text{mit} \quad M_{Eds} = M_{Ed} - N_{Ed} \cdot z_{s1}$$

k_d-Tafel
$\gamma_c = 1{,}5$

C 12/15 – C 50/60

Beiwerte k_{s1} und k_{s2}

$\xi = 0{,}617$ $\qquad (\varepsilon_{s1} = 2{,}17 \ \text{‰}, \ \varepsilon_{c2} = -3{,}5 \ \text{‰})$

k_d für Betonfestigkeitsklasse C									k_{s1}	k_{s2}
12/15	16/20	20/25	25/30	30/37	35/45	40/50	45/55	50/60		
1,99	1,72	1,54	1,38	1,26	1,17	1,09	1,03	0,98	3,09	0
1,95	1,69	1,51	1,35	1,23	1,14	1,07	1,01	0,95	3,07	0,10
1,91	1,65	1,48	1,32	1,21	1,12	1,04	0,98	0,93	3,04	0,20
1,86	1,61	1,44	1,29	1,18	1,09	1,02	0,96	0,91	3,01	0,30
1,82	1,58	1,41	1,26	1,15	1,07	1,00	0,94	0,89	2,99	0,40
1,78	1,54	1,38	1,23	1,12	1,04	0,97	0,92	0,87	2,96	0,50
1,73	1,50	1,34	1,20	1,09	1,01	0,95	0,89	0,85	2,94	0,60
1,68	1,46	1,30	1,17	1,06	0,98	0,92	0,87	0,82	2,91	0,70
1,63	1,41	1,26	1,13	1,03	0,96	0,89	0,84	0,80	2,88	0,80
1,58	1,37	1,23	1,10	1,00	0,93	0,87	0,82	0,78	2,86	0,90
1,53	1,33	1,19	1,06	0,97	0,90	0,84	0,79	0,75	2,83	1,00
1,48	1,28	1,14	1,02	0,93	0,86	0,81	0,76	0,72	2,80	1,10
1,42	1,23	1,10	0,98	0,90	0,83	0,78	0,73	0,70	2,78	1,20
1,36	1,18	1,06	0,94	0,86	0,80	0,75	0,70	0,67	2,75	1,30
1,30	1,13	1,01	0,90	0,82	0,76	0,71	0,67	0,64	2,72	1,40

Beiwerte ρ_1 und ρ_2

d_2/d	$\xi = 0{,}617$							
	ρ_1 für $k_{s1} =$						ρ_2	ε_{s2}
	3,09	3,02	2,94	2,86	2,78	2,72		[‰]
0,06	1,00	1,00	1,00	1,00	1,00	1,00	1,00	-3,16
0,08	1,00	1,00	1,00	1,01	1,01	1,01	1,02	-3,05
0,10	1,00	1,00	1,01	1,01	1,02	1,02	1,04	-2,93
0,12	1,00	1,01	1,01	1,02	1,03	1,04	1,07	-2,82
0,14	1,00	1,01	1,02	1,03	1,04	1,05	1,09	-2,71
0,16	1,00	1,01	1,02	1,04	1,05	1,06	1,12	-2,59
0,18	1,00	1,01	1,03	1,05	1,06	1,08	1,15	-2,48
0,20	1,00	1,02	1,04	1,06	1,08	1,09	1,18	-2,37
0,22	1,00	1,02	1,04	1,06	1,09	1,11	1,21	-2,25
0,24	1,00	1,02	1,05	1,07	1,10	1,12	1,26	-2,14

$$A_{s1} \ [\text{cm}^2] = \rho_1 \cdot k_{s1} \cdot \frac{M_{Eds} \ [\text{kNm}]}{d \ [\text{cm}]} + \frac{N_{Ed} \ [\text{kN}]}{43{,}5 \ [\text{kN/cm}^2]}$$

$$A_{s2} \ [\text{cm}^2] = \rho_2 \cdot k_{s2} \cdot \frac{M_{Eds} \ [\text{kNm}]}{d \ [\text{cm}]}$$

(Bzgl. einer theoretisch erforderlichen Erhöhung von A_{s2} – Berücksichtigung der Nettofläche der Betondruckzone – wird auf die Erläuterungen in „Einführung", Abschn. 6.1.6, Bild 12 verwiesen.)

Dimensionsgebundene Bemessungstafel (k_d-Verfahren); Rechteck mit Druckbewehrung
(Normalbeton der Festigkeit $\leq$ C 50/60 mit $\alpha = 0{,}85$; $\xi_{lim} = 0{,}617$; Betonstahl BSt 500 und $\gamma_s = 1{,}15$)

Tafel 2.2a / C12–C50

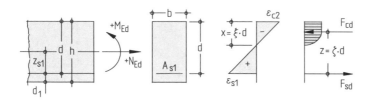

$$k_d = \frac{d \; [cm]}{\sqrt{M_{Eds} \; [kNm] / b \; [m]}} \qquad \text{mit} \quad M_{Eds} = M_{Ed} - N_{Ed} \cdot z_{s1}$$

k_d für Betonfestigkeitsklasse C									k_s	κ_s	ξ	ζ	ε_{c2} in ‰	ε_{s1} in ‰
12/15	16/20	20/25	25/30	30/37	35/45	40/50	45/55	50/60						
13,60	11,78	10,53	9,42	8,60	7,96	7,45	7,02	6,66	2,32	0,95	0,025	0,991	-0,64	25,00
7,50	6,49	5,81	5,19	4,74	4,39	4,11	3,87	3,67	2,34	0,95	0,048	0,983	-1,26	25,00
5,57	4,82	4,31	3,86	3,52	3,26	3,05	2,87	2,73	2,36	0,95	0,069	0,975	-1,84	25,00
4,68	4,05	3,63	3,24	2,96	2,74	2,56	2,42	2,29	2,38	0,95	0,087	0,966	-2,38	25,00
4,16	3,60	3,22	2,88	2,63	2,44	2,28	2,15	2,04	2,40	0,95	0,104	0,958	-2,89	25,00
3,80	3,29	2,95	2,63	2,40	2,23	2,08	1,96	1,86	2,42	0,95	0,120	0,950	-3,40	25,00
3,55	3,07	2,75	2,46	2,24	2,08	1,94	1,83	1,74	2,44	0,96	0,138	0,943	-3,50	21,87
3,34	2,90	2,59	2,32	2,12	1,96	1,83	1,73	1,64	2,46	0,96	0,156	0,935	-3,50	18,88
3,18	2,75	2,46	2,20	2,01	1,86	1,74	1,64	1,56	2,48	0,97	0,174	0,927	-3,50	16,56
3,04	2,63	2,35	2,11	1,92	1,78	1,66	1,57	1,49	2,50	0,97	0,192	0,920	-3,50	14,70
2,82	2,44	2,18	1,95	1,78	1,65	1,54	1,46	1,38	2,54	0,98	0,227	0,906	-3,50	11,91
2,65	2,30	2,05	1,84	1,68	1,55	1,45	1,37	1,30	2,58	0,98	0,261	0,891	-3,50	9,92
2,52	2,18	1,95	1,74	1,59	1,47	1,38	1,30	1,23	2,62	0,99	0,294	0,878	-3,50	8,42
2,41	2,09	1,87	1,67	1,52	1,41	1,32	1,24	1,18	2,66	0,99	0,325	0,865	-3,50	7,26
2,32	2,01	1,80	1,61	1,47	1,36	1,27	1,20	1,14	2,70	0,99	0,356	0,852	-3,50	6,33
2,25	1,95	1,74	1,56	1,42	1,32	1,23	1,16	1,10	2,74	0,99	0,386	0,839	-3,50	5,57
2,18	1,89	1,69	1,51	1,38	1,28	1,20	1,13	1,07	2,78	0,99	0,415	0,827	-3,50	4,93
2,13	1,84	1,65	1,47	1,34	1,25	1,16	1,10	1,04	2,82	1,00	0,443	0,816	-3,50	4,40
2,08	1,80	1,61	1,44	1,31	1,22	1,14	1,07	1,02	2,86	1,00	0,471	0,804	-3,50	3,94
2,04	1,76	1,58	1,41	1,29	1,19	1,12	1,05	1,00	2,90	1,00	0,497	0,793	-3,50	3,54
2,00	1,73	1,55	1,38	1,26	1,17	1,09	1,03	0,98	2,94	1,00	0,523	0,782	-3,50	3,19
1,97	1,70	1,52	1,36	1,24	1,15	1,08	1,01	0,96	2,98	1,00	0,549	0,772	-3,50	2,88
1,94	1,68	1,50	1,34	1,22	1,13	1,06	1,00	0,95	3,02	1,00	0,573	0,762	-3,50	2,61
1,91	1,65	1,48	1,32	1,21	1,12	1,05	0,99	0,94	3,06	1,00	0,597	0,752	-3,50	2,36
1,89	1,64	1,46	1,31	1,19	1,11	1,03	0,98	0,93	3,09	1,00	0,617	0,743	-3,50	2,17

$$A_{s1} \; [cm^2] = k_s \cdot \frac{M_{Eds} \; [kNm]}{d \; [cm]} + \frac{N_{Ed} \; [kN]}{43,5 \; [kN/cm^2]} \qquad \text{(horizontaler Ast der Spannungs-Dehnungs-Linie)}$$

alternativ:

$$A_{s1}{}^* = \kappa_s \cdot A_{s1} \qquad \text{(geneigter Ast der Spannungs-Dehnungs-Linie)}$$

Dimensionsgebundene Bemessungstafel (k_d-Verfahren); Rechteck ohne Druckbewehrung
(Normalbeton der Festigkeitsklassen ≤ C 50/60 mit $\alpha = 0,85$; Betonstahl BSt 500 und $\gamma_s = 1,15$)

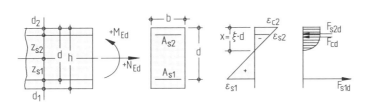

k_d–Tafel

$\gamma_c = 1{,}35$

(Fertigteile mit über-wachter Herstellung; DIN 1045-1, 5.3.3(7))

$$k_d = \frac{d\ [\text{cm}]}{\sqrt{M_{Eds}\ [\text{kNm}]\ /\ b\ [\text{m}]}} \qquad \text{mit}\ \ M_{Eds} = M_{Ed} - N_{Ed} \cdot z_{s1}$$

Beiwerte k_{s1} und k_{s2}

$\xi = 0{,}25$			(ε_{s1} = 10,5 ‰, ε_{c2} = −3,5 ‰)						k_{s1}	k_{s2}
k_d für Betonfestigkeitsklasse C										
12/15	16/20	20/25	25/30	30/37	35/45	40/50	45/55	50/60		
2,70	2,34	2,09	1,87	1,71	1,58	1,48	1,40	1,32	2,57	0
2,65	2,29	2,05	1,83	1,67	1,55	1,45	1,37	1,30	2,56	0,10
2,59	2,24	2,01	1,79	1,64	1,52	1,42	1,34	1,27	2,56	0,20
2,53	2,19	1,96	1,75	1,60	1,48	1,39	1,31	1,24	2,55	0,30
2,47	2,14	1,91	1,71	1,56	1,45	1,35	1,28	1,21	2,55	0,40
2,41	2,09	1,87	1,67	1,52	1,41	1,32	1,24	1,18	2,54	0,50
2,35	2,03	1,82	1,63	1,48	1,37	1,29	1,21	1,15	2,54	0,60
2,28	1,98	1,77	1,58	1,44	1,34	1,25	1,18	1,12	2,53	0,70
2,22	1,92	1,72	1,54	1,40	1,30	1,21	1,14	1,09	2,53	0,80
2,15	1,86	1,66	1,49	1,36	1,26	1,18	1,11	1,05	2,52	0,90
2,08	1,80	1,61	1,44	1,31	1,22	1,14	1,07	1,02	2,52	1,00
2,00	1,74	1,55	1,39	1,27	1,17	1,10	1,04	0,98	2,51	1,10
1,93	1,67	1,49	1,34	1,22	1,13	1,06	1,00	0,94	2,51	1,20
1,85	1,60	1,43	1,28	1,17	1,08	1,01	0,96	0,91	2,50	1,30
1,77	1,53	1,37	1,22	1,12	1,03	1,97	0,91	0,87	2,50	1,40

Beiwerte ρ_1 und ρ_2

d_2/d	$\xi = 0{,}25$					
	ρ_1 für k_{s1} =				ρ_2	ε_{s2} [‰]
	2,57	2,55	2,52	2,50		
0,06	1,00	1,00	1,00	1,00	1,00	-2,66
0,08	1,00	1,00	1,01	1,01	1,02	-2,38
0,10	1,00	1,01	1,02	1,02	1,08	-2,10
0,12	1,00	1,01	1,03	1,04	1,28	-1,82
0,14	1,00	1,01	1,04	1,05	1,54	-1,54
0,16	1,00	1,02	1,05	1,07	1,93	-1,26
0,18	1,00	1,02	1,06	1,08	2,54	-0,98
0,20	1,00	1,03	1,07	1,10	3,65	-0,70

$$A_{s1}\ [\text{cm}^2] = \rho_1 \cdot k_{s1} \cdot \frac{M_{Eds}\ [\text{kNm}]}{d\ [\text{cm}]} + \frac{N_{Ed}\ [\text{kN}]}{43{,}5\ [\text{kN/cm}^2]}$$

$$A_{s2}\ [\text{cm}^2] = \rho_2 \cdot k_{s2} \cdot \frac{M_{Eds}\ [\text{kNm}]}{d\ [\text{cm}]}$$

(Bzgl. einer theoretisch erforderlichen Erhöhung von A_{s2} – Berück-sichtigung der Nettofläche der Betondruckzone – wird auf die Er-läuterungen in „Einführung", Abschn. 6.1.6, Bild 12 verwiesen.)

Dimensionsgebundene Bemessungstafel (k_d-Verfahren); Rechteck mit Druckbewehrung
(Normalbeton der Festigkeit ≤ C 50/60 mit α = 0,85; ξ_{lim} = 0,25; Betonstahl BSt 500 und γ_s = 1,15)

Tafel 2.2c / C12–C50

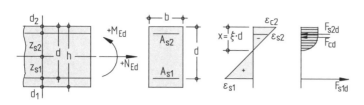

k_d – Tafel
$\gamma_c = 1{,}35$

(Fertigteile mit über-
wachter Herstellung;
DIN 1045-1, 5.3.3(7))

$$k_d = \frac{d \text{ [cm]}}{\sqrt{M_{Eds} \text{ [kNm] } / b \text{ [m]}}} \qquad \text{mit } M_{Eds} = M_{Ed} - N_{Ed} \cdot z_{s1}$$

Beiwerte k_{s1} und k_{s2}

$\xi = 0{,}45$				$(\varepsilon_{s1} = 4{,}3 \text{ ‰}, \varepsilon_{c2} = -3{,}5 \text{ ‰})$						
k_d für Betonfestigkeitsklasse C									k_{s1}	k_{s2}
12/15	16/20	20/25	25/30	30/37	35/45	40/50	45/55	50/60		
2,11	1,83	1,64	1,46	1,34	1,24	1,16	1,09	1,04	2,83	0
2,07	1,79	1,60	1,43	1,31	1,21	1,13	1,07	1,01	2,81	0,10
2,03	1,75	1,57	1,40	1,28	1,19	1,11	1,05	0,99	2,80	0,20
1,98	1,72	1,53	1,37	1,25	1,16	1,08	1,02	0,97	2,78	0,30
1,93	1,67	1,50	1,34	1,22	1,13	1,06	1,00	0,95	2,77	0,40
1,89	1,63	1,46	1,31	1,19	1,10	1,03	0,97	0,92	2,75	0,50
1,84	1,59	1,42	1,27	1,16	1,08	1,01	0,95	0,90	2,74	0,60
1,79	1,55	1,38	1,24	1,13	1,05	0,98	0,92	0,88	2,72	0,70
1,73	1,50	1,34	1,20	1,10	1,02	0,95	0,90	0,85	2,70	0,80
1,68	1,46	1,30	1,16	1,06	0,98	0,92	0,87	0,82	2,69	0,90
1,63	1,41	1,26	1,13	1,03	0,95	0,89	0,84	0,80	2,67	1,00
1,57	1,36	1,22	1,09	0,99	0,92	0,86	0,81	0,77	2,66	1,10
1,51	1,31	1,17	1,05	0,95	0,88	0,83	0,78	0,74	2,64	1,20
1,45	1,25	1,12	1,00	0,92	0,85	0,79	0,75	0,71	2,63	1,30
1,38	1,20	1,07	0,96	0,87	0,81	0,76	0,71	0,68	2,61	1,40

Beiwerte ρ_1 und ρ_2

d_2/d	$\xi = 0{,}45$							
	ρ_1 für k_{s1} =						ρ_2	ε_{s2}
	2,83	2,78	2,74	2,69	2,64	2,61		[‰]
0,06	1,00	1,00	1,00	1,00	1,00	1,00	1,00	-3,03
0,08	1,00	1,00	1,00	1,01	1,01	1,01	1,02	-2,88
0,10	1,00	1,00	1,01	1,01	1,02	1,02	1,04	-2,72
0,12	1,00	1,01	1,01	1,02	1,03	1,04	1,07	-2,57
0,14	1,00	1,01	1,02	1,03	1,04	1,05	1,09	-2,41
0,16	1,00	1,01	1,03	1,04	1,05	1,06	1,12	-2,26
0,18	1,00	1,02	1,03	1,05	1,07	1,08	1,19	-2,10
0,20	1,00	1,02	1,04	1,06	1,08	1,09	1,31	-1,94
0,22	1,00	1,02	1,04	1,07	1,09	1,11	1,46	-1,79
0,24	1,00	1,03	1,05	1,08	1,11	1,13	1,65	-1,63

$$A_{s1} \text{ [cm}^2] = \rho_1 \cdot k_{s1} \cdot \frac{M_{Eds} \text{ [kNm]}}{d \text{ [cm]}} + \frac{N_{Ed} \text{ [kN]}}{43{,}5 \text{ [kN/cm}^2]}$$

$$A_{s2} \text{ [cm}^2] = \rho_2 \cdot k_{s2} \cdot \frac{M_{Eds} \text{ [kNm]}}{d \text{ [cm]}}$$

(Bzgl. einer theoretisch erforderlichen Erhöhung von A_{s2} – Berücksichtigung der Nettofläche der Betondruckzone – wird auf die Erläuterungen in „Einführung", Abschn. 6.1.6, Bild 12 verwiesen.)

Dimensionsgebundene Bemessungstafel (k_d-Verfahren); Rechteck mit Druckbewehrung
(Normalbeton der Festigkeit ≤ C 50/60 mit $\alpha = 0{,}85$; $\xi_{lim} = 0{,}45$; Betonstahl BSt 500 und $\gamma_s = 1{,}15$)

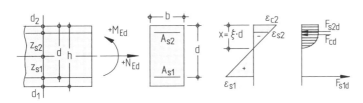

$$k_\mathrm{d}-\text{Tafel}$$

$$\gamma_\mathrm{c} = 1{,}35$$

(Fertigteile mit überwachter Herstellung; DIN 1045-1, 5.3.3(7))

$$k_\mathrm{d} = \frac{d \text{ [cm]}}{\sqrt{M_\mathrm{Eds} \text{ [kNm] } / b \text{ [m]}}} \qquad \text{mit } M_\mathrm{Eds} = M_\mathrm{Ed} - N_\mathrm{Ed} \cdot z_\mathrm{s1}$$

Beiwerte k_s1 und k_s2

$\xi = 0{,}617$ $\qquad (\varepsilon_\mathrm{s1} = 2{,}17\ ‰,\ \varepsilon_\mathrm{c2} = -3{,}5\ ‰)$

k_d für Betonfestigkeitsklasse C									k_s1	k_s2
12/15	16/20	20/25	25/30	30/37	35/45	40/50	45/55	50/60		
1,89	1,64	1,46	1,31	1,19	1,11	1,03	0,98	0,93	3,09	0
1,85	1,60	1,43	1,28	1,17	1,08	1,01	0,96	0,91	3,07	0,10
1,81	1,57	1,40	1,25	1,14	1,06	0,99	0,93	0,89	3,04	0,20
1,77	1,53	1,37	1,23	1,12	1,04	0,97	0,91	0,87	3,01	0,30
1,73	1,50	1,34	1,20	1,09	1,01	0,95	0,89	0,85	2,99	0,40
1,68	1,46	1,30	1,17	1,07	0,99	0,92	0,87	0,83	2,96	0,50
1,64	1,42	1,27	1,14	1,04	0,96	0,90	0,85	0,80	2,94	0,60
1,60	1,38	1,24	1,11	1,01	0,93	0,87	0,82	0,78	2,91	0,70
1,55	1,34	1,20	1,07	0,98	0,91	0,85	0,80	0,76	2,88	0,80
1,50	1,30	1,16	1,04	0,95	0,88	0,82	0,78	0,74	2,86	0,90
1,45	1,26	1,12	1,01	0,92	0,85	0,80	0,75	0,71	2,83	1,00
1,40	1,21	1,09	0,97	0,89	0,82	0,77	0,72	0,69	2,80	1,10
1,35	1,17	1,04	0,93	0,85	0,79	0,74	0,70	0,66	2,78	1,20
1,29	1,12	1,00	0,90	0,82	0,76	0,71	0,67	0,63	2,75	1,30
1,24	1,07	0,96	0,86	0,78	0,72	0,68	0,64	0,61	2,72	1,40

Beiwerte ρ_1 und ρ_2

d_2/d	$\xi = 0{,}617$							
	ρ_1 für k_s1 =						ρ_2	ε_s2 [‰]
	3,09	3,02	2,94	2,86	2,78	2,72		
0,06	1,00	1,00	1,00	1,00	1,00	1,00	1,00	-3,16
0,08	1,00	1,00	1,00	1,01	1,01	1,01	1,02	-3,05
0,10	1,00	1,00	1,01	1,01	1,02	1,02	1,04	-2,93
0,12	1,00	1,01	1,01	1,02	1,03	1,04	1,07	-2,82
0,14	1,00	1,01	1,02	1,03	1,04	1,05	1,09	-2,71
0,16	1,00	1,01	1,02	1,04	1,05	1,06	1,12	-2,59
0,18	1,00	1,01	1,03	1,05	1,06	1,08	1,15	-2,48
0,20	1,00	1,02	1,04	1,06	1,08	1,09	1,18	-2,37
0,22	1,00	1,02	1,04	1,06	1,09	1,11	1,21	-2,25
0,24	1,00	1,02	1,05	1,07	1,10	1,12	1,26	-2,14

$$A_\mathrm{s1} \text{ [cm}^2\text{]} = \rho_1 \cdot k_\mathrm{s1} \cdot \frac{M_\mathrm{Eds} \text{ [kNm]}}{d \text{ [cm]}} + \frac{N_\mathrm{Ed} \text{ [kN]}}{43{,}5 \text{ [kN/cm}^2\text{]}}$$

$$A_\mathrm{s2} \text{ [cm}^2\text{]} = \rho_2 \cdot k_\mathrm{s2} \cdot \frac{M_\mathrm{Eds} \text{ [kNm]}}{d \text{ [cm]}}$$

(Bzgl. einer theoretisch erforderlichen Erhöhung von A_s2 – Berücksichtigung der Nettofläche der Betondruckzone – wird auf die Erläuterungen in „Einführung", Abschn. 6.1.6, Bild 12 verwiesen.)

Dimensionsgebundene Bemessungstafel (k_d-Verfahren); Rechteck mit Druckbewehrung

(Normalbeton der Festigkeit ≤ C 50/60 mit $\alpha = 0{,}85$; $\xi_\mathrm{lim} = 0{,}617$; Betonstahl BSt 500 und $\gamma_\mathrm{s} = 1{,}15$)

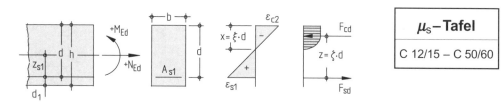

μ_s–Tafel

C 12/15 – C 50/60

$$\mu_{Eds} = \frac{M_{Eds}}{b \cdot d^2 \cdot f_{cd}}$$

mit $M_{Eds} = M_{Ed} - N_{Ed} \cdot z_{s1}$
$f_{cd} = \alpha \cdot f_{ck}/\gamma_c$

(i. Allg. gilt $\alpha = 0{,}85$)

μ_{Eds}	ω	$\xi = \dfrac{x}{d}$	$\zeta = \dfrac{z}{d}$	ε_{c2} in ‰	ε_{s1} in ‰	σ_{sd}[1] in MPa BSt 500	σ_{sd}*[2] in MPa BSt 500
0,01	0,0101	0,030	0,990	−0,77	25,00	435	457
0,02	0,0203	0,044	0,985	−1,15	25,00	435	457
0,03	0,0306	0,055	0,980	−1,46	25,00	435	457
0,04	0,0410	0,066	0,976	−1,76	25,00	435	457
0,05	0,0515	0,076	0,971	−2,06	25,00	435	457
0,06	0,0621	0,086	0,967	−2,37	25,00	435	457
0,07	0,0728	0,097	0,962	−2,68	25,00	435	457
0,08	0,0836	0,107	0,956	−3,01	25,00	435	457
0,09	0,0946	0,118	0,951	−3,35	25,00	435	457
0,10	0,1057	0,131	0,946	−3,50	23,29	435	455
0,11	0,1170	0,145	0,940	−3,50	20,71	435	452
0,12	0,1285	0,159	0,934	−3,50	18,55	435	450
0,13	0,1401	0,173	0,928	−3,50	16,73	435	449
0,14	0,1518	0,188	0,922	−3,50	15,16	435	447
0,15	0,1638	0,202	0,916	−3,50	13,80	435	446
0,16	0,1759	0,217	0,910	−3,50	12,61	435	445
0,17	0,1882	0,232	0,903	−3,50	11,56	435	444
0,18	0,2007	0,248	0,897	−3,50	10,62	435	443
0,19	0,2134	0,264	0,890	−3,50	9,78	435	442
0,20	0,2263	0,280	0,884	−3,50	9,02	435	441
0,21	0,2395	0,296	0,877	−3,50	8,33	435	441
0,22	0,2528	0,312	0,870	−3,50	7,71	435	440
0,23	0,2665	0,329	0,863	−3,50	7,13	435	440
0,24	0,2804	0,346	0,856	−3,50	6,60	435	439
0,25	0,2946	0,364	0,849	−3,50	6,12	435	439
0,26	0,3091	0,382	0,841	−3,50	5,67	435	438
0,27	0,3239	0,400	0,834	−3,50	5,25	435	438
0,28	0,3391	0,419	0,826	−3,50	4,86	435	437
0,29	0,3546	0,438	0,818	−3,50	4,49	435	437
0,30	0,3706	0,458	0,810	−3,50	4,15	435	437
0,31	0,3869	0,478	0,801	−3,50	3,82	435	436
0,32	0,4038	0,499	0,793	−3,50	3,52	435	436
0,33	0,4211	0,520	0,784	−3,50	3,23	435	436
0,34	0,4391	0,542	0,774	−3,50	2,95	435	436
0,35	0,4576	0,565	0,765	−3,50	2,69	435	435
0,36	0,4768	0,589	0,755	−3,50	2,44	435	435
0,37	0,4968	0,614	0,745	−3,50	2,20	435	435
0,38	0,5177	0,640	0,734	−3,50	1,97	395	395
0,39	0,5396	0,667	0,723	−3,50	1,75	350	350
0,40	0,5627	0,695	0,711	−3,50	1,54	307	307

unwirtschaft-
licher Bereich

[1] Begrenzung der Stahlspannung auf $f_{yd} = f_{yk} / \gamma_s$ (horizontaler Ast der σ-ε-Linie)
[2] Begrenzung der Stahlspannung auf $f_{td,cal} = f_{tk,cal}/\gamma_s$ (geneigter Ast der σ-ε-Linie)

$$A_{s1} = \frac{1}{\sigma_{sd}} (\omega \cdot b \cdot d \cdot f_{cd} + N_{Ed})$$

Bemessungstafel (μ_s-Tafel) für Rechteckquerschnitte ohne Druckbewehrung
(Normalbeton der Festigkeitsklassen $\leq$ C 50/60; Betonstahl BSt 500 und $\gamma_s = 1{,}15$)

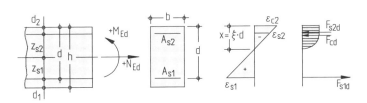

$$\mu_{Eds} = \frac{M_{Eds}}{b \cdot d^2 \cdot f_{cd}}$$

mit $M_{Eds} = M_{Ed} - N_{Ed} \cdot z_{s1}$
$f_{cd} = \alpha \cdot f_{ck}/\gamma_c$

(i. Allg. gilt $\alpha = 0,85$)

$\xi = 0,25$ ($\varepsilon_{s1} = 10,5$ ‰, $\varepsilon_{c2} = -3,5$ ‰)

d_2/d $\varepsilon_{s1}/\varepsilon_{s2}$	0,05		0,10		0,15		0,20	
	10,5 ‰	−2,80 ‰	10,5 ‰	−2,10 ‰	10,5 ‰	−1,40 ‰	10,5 ‰	−0,70 ‰
μ_{Eds}	ω_1	ω_2	ω_1	ω_2	ω_1	ω_2	ω_1	ω_2
0,19	0,212	0,009	0,212	0,010	0,213	0,016	0,213	0,034
0,20	0,222	0,020	0,223	0,021	0,224	0,034	0,226	0,072
0,21	0,233	0,030	0,234	0,033	0,236	0,052	0,238	0,111
0,22	0,243	0,041	0,245	0,044	0,248	0,071	0,251	0,150
0,23	0,254	0,051	0,256	0,056	0,260	0,089	0,263	0,189
0,24	0,264	0,062	0,268	0,067	0,271	0,107	0,276	0,228
0,25	0,275	0,072	0,279	0,079	0,283	0,125	0,288	0,267
0,26	0,285	0,083	0,290	0,090	0,295	0,144	0,301	0,305
0,27	0,296	0,093	0,301	0,102	0,307	0,162	0,313	0,344
0,28	0,306	0,104	0,312	0,113	0,318	0,180	0,326	0,383
0,29	0,317	0,114	0,323	0,125	0,330	0,199	0,338	0,422
0,30	0,327	0,125	0,334	0,136	0,342	0,217	0,351	0,461
0,31	0,338	0,135	0,345	0,148	0,354	0,235	0,363	0,499
0,32	0,348	0,146	0,356	0,159	0,366	0,253	0,376	0,538
0,33	0,359	0,156	0,368	0,171	0,377	0,272	0,388	0,577
0,34	0,369	0,167	0,379	0,182	0,389	0,290	0,401	0,616
0,35	0,380	0,178	0,390	0,194	0,401	0,308	0,413	0,655
0,36	0,390	0,188	0,401	0,206	0,413	0,326	0,426	0,694
0,37	0,401	0,199	0,412	0,217	0,424	0,345	0,438	0,732
0,38	0,412	0,209	0,423	0,229	0,436	0,363	0,451	0,771
0,39	0,422	0,220	0,434	0,240	0,448	0,381	0,463	0,810
0,40	0,433	0,230	0,445	0,252	0,460	0,399	0,476	0,849
0,41	0,443	0,241	0,456	0,263	0,471	0,418	0,488	0,888
0,42	0,454	0,251	0,468	0,275	0,483	0,436	0,501	0,926
0,43	0,464	0,262	0,479	0,286	0,495	0,454	0,513	0,965
0,44	0,475	0,272	0,490	0,298	0,507	0,473	0,526	1,004
0,45	0,485	0,283	0,501	0,309	0,518	0,491	0,538	1,043
0,46	0,496	0,293	0,512	0,321	0,530	0,509	0,551	1,082
0,47	0,506	0,304	0,523	0,332	0,542	0,527	0,563	1,121
0,48	0,517	0,314	0,534	0,344	0,554	0,546	0,576	1,159
0,49	0,527	0,325	0,545	0,355	0,566	0,564	0,588	1,198
0,50	0,538	0,335	0,556	0,367	0,577	0,582	0,601	1,237
0,51	0,548	0,346	0,568	0,378	0,589	0,600	0,613	1,276
0,52	0,559	0,356	0,579	0,390	0,601	0,619	0,626	1,315
0,53	0,569	0,367	0,590	0,401	0,613	0,637	0,638	1,354
0,54	0,580	0,378	0,601	0,413	0,624	0,655	0,651	1,392
0,55	0,590	0,388	0,612	0,424	0,636	0,673	0,663	1,431

$$A_{s1} = \frac{1}{f_{yd}} (\omega_1 \cdot b \cdot d \cdot f_{cd} + N_{Ed})$$

$$A_{s2} = \omega_2 \cdot b \cdot d \cdot \frac{f_{cd}}{f_{yd}}$$

(Bzgl. einer theoretisch erforderlichen Erhöhung von A_{s2} – Berücksichtigung der Nettofläche der Betondruckzone – wird auf die Erläuterungen in „Einführung", Abschn. 6.1.6, Bild 12 verwiesen.)

Bemessungstafel (μ_s-Tafel) für Rechteckquerschnitte mit Druckbewehrung

(Normalbeton der Festigkeitsklassen $\leq$ C 50/60; $\xi_{lim} = 0,25$; Betonstahl BSt 500 und $\gamma_s = 1,15$)

Tafel 3c / C12–C50

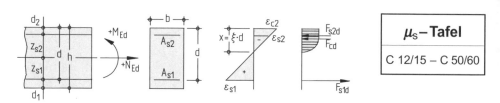

$$\mu_{Eds} = \frac{M_{Eds}}{b \cdot d^2 \cdot f_{cd}}$$

mit $M_{Eds} = M_{Ed} - N_{Ed} \cdot z_{s1}$
$f_{cd} = \alpha \cdot f_{ck}/\gamma_c$ (i. Allg. gilt $\alpha = 0{,}85$)

$\xi = 0{,}45$ ($\varepsilon_{s1} = 4{,}3$ ‰, $\varepsilon_{c2} = -3{,}5$ ‰)

d_2/d $\varepsilon_{s1}/\varepsilon_{s2}$	0,05 4,28 ‰	−3,11 ‰	0,10 4,28 ‰	−2,72 ‰	0,15 4,28 ‰	−2,33 ‰	0,20 4,28 ‰	−1,94 ‰
μ_{Eds}	ω_1	ω_2	ω_1	ω_2	ω_1	ω_2	ω_1	ω_2
0,30	0,368	0,004	0,369	0,004	0,369	0,005	0,369	0,005
0,31	0,379	0,015	0,380	0,015	0,381	0,016	0,382	0,019
0,32	0,389	0,025	0,391	0,027	0,392	0,028	0,394	0,033
0,33	0,400	0,036	0,402	0,038	0,404	0,040	0,407	0,047
0,34	0,410	0,046	0,413	0,049	0,416	0,052	0,419	0,061
0,35	0,421	0,057	0,424	0,060	0,428	0,063	0,432	0,075
0,36	0,432	0,067	0,435	0,071	0,439	0,075	0,444	0,089
0,37	0,442	0,078	0,446	0,082	0,451	0,087	0,457	0,103
0,38	0,453	0,088	0,458	0,093	0,463	0,099	0,469	0,117
0,39	0,463	0,099	0,469	0,104	0,475	0,110	0,482	0,131
0,40	0,474	0,109	0,480	0,115	0,487	0,122	0,494	0,145
0,41	0,484	0,120	0,491	0,127	0,498	0,134	0,507	0,159
0,42	0,495	0,130	0,502	0,138	0,510	0,146	0,519	0,173
0,43	0,505	0,141	0,513	0,149	0,522	0,158	0,532	0,187
0,44	0,516	0,151	0,524	0,160	0,534	0,169	0,544	0,201
0,45	0,526	0,162	0,535	0,171	0,545	0,181	0,557	0,215
0,46	0,537	0,173	0,546	0,182	0,557	0,193	0,569	0,229
0,47	0,547	0,183	0,558	0,193	0,569	0,205	0,582	0,243
0,48	0,558	0,194	0,569	0,204	0,581	0,216	0,594	0,257
0,49	0,568	0,204	0,580	0,215	0,592	0,228	0,607	0,271
0,50	0,579	0,215	0,591	0,227	0,604	0,240	0,619	0,285
0,51	0,589	0,225	0,602	0,238	0,616	0,252	0,632	0,299
0,52	0,600	0,236	0,613	0,249	0,628	0,263	0,644	0,313
0,53	0,610	0,246	0,624	0,260	0,639	0,275	0,657	0,327
0,54	0,621	0,257	0,635	0,271	0,651	0,287	0,669	0,341
0,55	0,632	0,267	0,646	0,282	0,663	0,299	0,682	0,355
0,56	0,642	0,278	0,658	0,293	0,675	0,310	0,694	0,369
0,57	0,653	0,288	0,669	0,304	0,687	0,322	0,707	0,383
0,58	0,663	0,299	0,680	0,315	0,698	0,334	0,719	0,397
0,59	0,674	0,309	0,691	0,327	0,710	0,346	0,732	0,411
0,60	0,684	0,320	0,702	0,338	0,722	0,358	0,744	0,425

$$A_{s1} = \frac{1}{f_{yd}} (\omega_1 \cdot b \cdot d \cdot f_{cd} + N_{Ed})$$

$$A_{s2} = \omega_2 \cdot b \cdot d \cdot \frac{f_{cd}}{f_{yd}}$$

(Bzgl. einer theoretisch erforderlichen Erhöhung von A_{s2} – Berücksichtigung der Nettofläche der Betondruckzone – wird auf die Erläuterungen in „Einführung", Abschn. 6.1.6, Bild 12 verwiesen.)

Bemessungstafel (μ_s-Tafel) für Rechteckquerschnitte mit Druckbewehrung

(Normalbeton der Festigkeitsklassen ≤ C 50/60; $\xi_{lim} = 0{,}45$; Betonstahl BSt 500 und $\gamma_s = 1{,}15$)

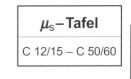

$$\mu_{Eds} = \frac{M_{Eds}}{b \cdot d^2 \cdot f_{cd}}$$

mit $M_{Eds} = M_{Ed} - N_{Ed} \cdot z_{s1}$

$f_{cd} = \alpha \cdot f_{ck}/\gamma_c$

(i. Allg. gilt $\alpha = 0,85$)

$\xi = 0,617$ ($\varepsilon_{s1} = 2,17$ ‰, $\varepsilon_{c2} = -3,5$ ‰)

d_2/d $\varepsilon_{s1}/\varepsilon_{s2}$	0,05		0,10		0,15		0,20	
	2,17 ‰	−3,22 ‰	2,17 ‰	−2,93 ‰	2,17 ‰	−2,65 ‰	2,17 ‰	−2,37 ‰
μ_{Eds}	ω_1	ω_2	ω_1	ω_2	ω_1	ω_2	ω_1	ω_2
0,38	0,509	0,009	0,509	0,010	0,510	0,010	0,510	0,011
0,39	0,519	0,020	0,520	0,021	0,521	0,022	0,523	0,023
0,40	0,530	0,030	0,531	0,032	0,533	0,034	0,535	0,036
0,41	0,540	0,041	0,542	0,043	0,545	0,046	0,548	0,048
0,42	0,551	0,051	0,554	0,054	0,557	0,057	0,560	0,061
0,43	0,561	0,062	0,565	0,065	0,569	0,069	0,573	0,073
0,44	0,572	0,072	0,576	0,076	0,580	0,081	0,585	0,086
0,45	0,582	0,083	0,587	0,088	0,592	0,093	0,598	0,098
0,46	0,593	0,093	0,598	0,099	0,604	0,104	0,610	0,111
0,47	0,603	0,104	0,609	0,110	0,616	0,116	0,623	0,123
0,48	0,614	0,114	0,620	0,121	0,627	0,128	0,635	0,136
0,49	0,624	0,125	0,631	0,132	0,639	0,140	0,648	0,148
0,50	0,635	0,136	0,642	0,143	0,651	0,151	0,660	0,161
0,51	0,645	0,146	0,654	0,154	0,663	0,163	0,673	0,173
0,52	0,656	0,157	0,665	0,165	0,674	0,175	0,685	0,186
0,53	0,666	0,167	0,676	0,176	0,686	0,187	0,698	0,198
0,54	0,677	0,178	0,687	0,188	0,698	0,199	0,710	0,211
0,55	0,688	0,188	0,698	0,199	0,710	0,210	0,723	0,223
0,56	0,698	0,199	0,709	0,210	0,721	0,222	0,735	0,236
0,57	0,709	0,209	0,720	0,221	0,733	0,234	0,748	0,248
0,58	0,719	0,220	0,731	0,232	0,745	0,246	0,760	0,261
0,59	0,730	0,230	0,742	0,243	0,757	0,257	0,773	0,273
0,60	0,740	0,241	0,754	0,254	0,769	0,269	0,785	0,286

$$A_{s1} = \frac{1}{f_{yd}} (\omega_1 \cdot b \cdot d \cdot f_{cd} + N_{Ed})$$

$$A_{s2} = \omega_2 \cdot b \cdot d \cdot \frac{f_{cd}}{f_{yd}}$$

(Bzgl. einer theoretisch erforderlichen Erhöhung von A_{s2} – Berücksichtigung der Nettofläche der Betondruckzone – wird auf die Erläuterungen in „Einführung", Abschn. 6.1.6, Bild 12 verwiesen.)

Bemessungstafel (μ_s-Tafel) für Rechteckquerschnitte mit Druckbewehrung

(Normalbeton der Festigkeitsklassen $\leq$ C 50/60; $\xi_{lim} = 0,617$; Betonstahl BSt 500 und $\gamma_s = 1,15$)

Tafel 4 / C12 – C 50

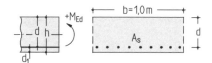

| Platten–Tafel |

Bemessungstafeln für den Platten-Vollstreifen

Die folgenden Tafeln sind zur direkten Bemessung von auf Biegung (ohne Längskraft) beanspruchten Platten geeignet. Eingangswert ist jeweils das maßgebende Bemessungsmoment M_{Ed} und die Nutzhöhe d der Platte; Ablesewert ist dann unmittelbar die erforderliche Biegezugbewehrung A_s. Bei der Spannungs-Dehungs-Linie des Betonstahls wurde der Anstieg der Stahlspannungen auf den Wert $f_{tk,cal}$ gemäß DIN 1045-1, Bild 27 berücksichtigt.

Insbesondere bei Platten kann die Mindestbewehrung zur Sicherstellung eines duktilen Bauteilverhaltens gemäß DIN 1045-1, 13.1.1 für die Bemessung maßgebend werden. Die Mindestbewehrung ist für das Rissmoment zu ermitteln, das mit dem Mittelwert der Zugfestigkeit f_{ctm} gemäß DIN 1045-1, Tab. 9 und 10 und der Stahlspannung $\sigma_s = f_{yk}$ bestimmt wird. Man erhält:

$$A_s = \frac{M_{cr}}{z \cdot f_{yk}} \qquad \text{mit} \quad M_{cr} = 0{,}1667 \cdot b \cdot h^2 \cdot f_{ctm}$$
$$z \approx 0{,}9\, d$$
$$f_{yk} = 500 \text{ N/mm}^2$$

Für Platten des üblichen Hochbaus beträgt der Schwerpunktabstand der Bewehrung d_1 vom Biegezugrand für die Umgebungsklasse XC1 etwa $d_1 = 2{,}5$ cm und für XC2 und 3 etwa $d_1 = 4{,}0$ cm. Hierfür und mit obigen Annahmen erhält man die in den beiden folgenden Diagrammen dargestellte Mindestbewehrung min A_s. In den nachfolgenden *Tafeln* wurde für die Kennzeichnung der Mindestbewehrung („grauer Bereich") jedoch einheitlich von $d_1 = 3$ cm ausgegangen.

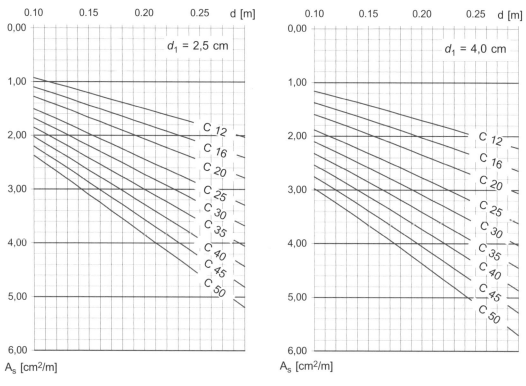

Bemessungstafel für Platten ohne Druckbewehrung – Mindestbewehrung
(Normalbeton C 12/15 bis C 50/60; Betonstahl BSt 500)

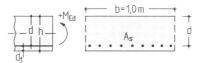

	Platten–Tafel
b = 1,0 m	$\gamma_c = 1,50$

$+M_{Ed}$ · d · h · d_1 · A_s · d

M_{Ed} kNm	\multicolumn{20}{c}{A_s in cm²/m für d in cm}
	10	11	12	13	14	15	16	17	18	19	20	21	22	23	24	25	26	27	28	29
2	0,45	0,41	0,37	0,34	0,32	0,30	0,28	0,26	0,25	0,23	0,22	0,21	0,20	0,19	0,18	0,18	0,17	0,16	0,16	0,15
4	0,91	0,82	0,75	0,69	0,64	0,60	0,56	0,52	0,49	0,47	0,44	0,42	0,40	0,39	0,37	0,35	0,34	0,33	0,32	0,31
6	1,38	1,24	1,13	1,04	0,96	0,90	0,84	0,79	0,74	0,70	0,67	0,64	0,61	0,58	0,56	0,53	0,51	0,49	0,47	0,46
8	1,90	1,69	1,53	1,40	1,30	1,20	1,13	1,06	1,00	0,94	0,89	0,85	0,81	0,77	0,74	0,71	0,68	0,66	0,63	0,61
10	2,44	2,16	1,94	1,77	1,63	1,52	1,41	1,33	1,25	1,18	1,12	1,07	1,02	0,97	0,93	0,89	0,86	0,82	0,79	0,77
12	3,01	2,66	2,38	2,16	1,97	1,83	1,71	1,60	1,51	1,42	1,35	1,28	1,22	1,17	1,12	1,07	1,03	0,99	0,95	0,92
14	3,61	3,18	2,84	2,57	2,34	2,15	2,00	1,88	1,77	1,67	1,58	1,50	1,43	1,37	1,31	1,25	1,20	1,16	1,12	1,08
16	4,24	3,71	3,31	2,98	2,72	2,49	2,31	2,16	2,03	1,91	1,81	1,72	1,64	1,57	1,50	1,44	1,38	1,33	1,28	1,23
18	4,91	4,27	3,79	3,41	3,10	2,85	2,63	2,44	2,29	2,16	2,05	1,94	1,85	1,76	1,69	1,62	1,55	1,49	1,44	1,39
20	5,62	4,85	4,29	3,85	3,50	3,20	2,96	2,74	2,56	2,41	2,28	2,17	2,06	1,97	1,88	1,80	1,73	1,66	1,60	1,55
22	6,39	5,47	4,81	4,31	3,90	3,57	3,29	3,05	2,84	2,67	2,52	2,39	2,27	2,17	2,07	1,99	1,91	1,83	1,77	1,70
24	7,24	6,12	5,35	4,77	4,32	3,94	3,63	3,36	3,13	2,93	2,76	2,62	2,49	2,37	2,27	2,17	2,08	2,00	1,93	1,86
26		6,81	5,91	5,25	4,74	4,32	3,98	3,68	3,43	3,20	3,01	2,85	2,71	2,58	2,46	2,36	2,26	2,17	2,09	2,02
28		7,55	6,50	5,75	5,18	4,71	4,33	4,01	3,73	3,48	3,27	3,08	2,92	2,79	2,66	2,55	2,44	2,35	2,26	2,18
30		8,36	7,12	6,27	5,62	5,11	4,69	4,33	4,03	3,76	3,53	3,32	3,14	2,99	2,86	2,73	2,62	2,52	2,42	2,34
32			7,78	6,81	6,08	5,52	5,05	4,67	4,33	4,05	3,79	3,57	3,37	3,20	3,06	2,92	2,80	2,69	2,59	2,50
34			8,48	7,37	6,56	5,93	5,43	5,00	4,65	4,33	4,06	3,82	3,61	3,42	3,26	3,11	2,99	2,87	2,76	2,66
36			9,23	7,95	7,05	6,36	5,81	5,35	4,96	4,63	4,33	4,08	3,85	3,64	3,46	3,31	3,17	3,04	2,93	2,82
38				8,57	7,56	6,80	6,19	5,70	5,28	4,92	4,61	4,33	4,09	3,87	3,67	3,50	3,35	3,22	3,09	2,98
40				9,22	8,08	7,25	6,59	6,05	5,60	5,22	4,88	4,59	4,33	4,10	3,88	3,70	3,54	3,39	3,26	3,14
42				9,91	8,63	7,71	6,99	6,42	5,93	5,52	5,16	4,85	4,57	4,33	4,10	3,90	3,72	3,57	3,43	3,31
44					9,21	8,19	7,41	6,79	6,27	5,83	5,45	5,12	4,82	4,56	4,32	4,11	3,92	3,75	3,60	3,47
46					9,81	8,68	7,84	7,16	6,61	6,14	5,73	5,38	5,07	4,79	4,54	4,32	4,11	3,93	3,78	3,63
48					10,4	9,19	8,27	7,55	6,95	6,45	6,02	5,65	5,32	5,03	4,77	4,53	4,31	4,12	3,95	3,80
50						9,72	8,72	7,94	7,30	6,77	6,32	5,92	5,58	5,27	4,99	4,74	4,52	4,31	4,13	3,97
55						11,2	9,90	8,96	8,21	7,59	7,07	6,62	6,22	5,87	5,56	5,28	5,03	4,80	4,58	4,39
60							11,2	10,0	9,16	8,44	7,84	7,33	6,88	6,49	6,14	5,83	5,55	5,29	5,05	4,84
65								11,2	10,2	9,33	8,64	8,06	7,56	7,12	6,73	6,39	6,07	5,79	5,53	5,29
70								12,5	11,2	10,3	9,47	8,82	8,26	7,77	7,34	6,95	6,61	6,30	6,01	5,75
75									12,4	11,2	10,3	9,60	8,97	8,43	7,95	7,53	7,15	6,81	6,50	6,22
80									13,6	12,3	11,2	10,4	9,71	9,11	8,58	8,12	7,71	7,33	7,00	6,69
85										13,4	12,2	11,3	10,5	9,80	9,23	8,72	8,27	7,87	7,50	7,17
90										14,6	13,2	12,1	11,3	10,5	9,88	9,33	8,84	8,41	8,01	7,65
95											14,3	13,0	12,1	11,3	10,6	10,0	9,43	8,95	8,53	8,14
100											15,4	14,0	12,9	12,0	11,3	10,6	10,0	9,51	9,06	8,64
110												16,1	14,7	13,6	12,7	11,9	11,3	10,7	10,1	9,66
120													16,7	15,4	14,3	13,3	12,5	11,9	11,3	10,7
130														17,2	15,9	14,8	13,9	13,1	12,4	11,8
140															17,7	16,4	15,3	14,4	13,6	12,9
150																18,1	16,8	15,8	14,9	14,1
160																	18,4	17,2	16,2	15,3
170																		20,2	18,7	17,6	16,5
180																			20,4	19,0	17,9
190																				20,6	19,2
200																					20,7

Im grau unterlegten Bereich ist die Mindestbewehrung unterschritten.

Unterhalb der gestrichelten Linie ist die Druckzonenhöhe $x/d > 0,25$.

Unterhalb der durchgezogenen, getreppten Linie ist die Druckzonenhöhe $x/d > 0,45$.

Unterhalb des angegebenen Zahlenbereichs sollte eine Bemessung mit Druckbewehrung erfolgen.

Bemessungstafel für Platten ohne Druckbewehrung

(Normalbeton C 12/15 mit $\alpha = 0,85$; Betonstahl BSt 500, ansteigender Ast der σ-ε-Linie und $\gamma_s = 1,15$)

Tafel 4.1b / C16

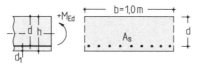

Platten–Tafel
$\gamma_c = 1{,}50$

b = 1,0 m · $+M_{Ed}$ · A_s · d · h · d_1

A_s in cm²/m für d in cm

M_{Ed} kNm	10	11	12	13	14	15	16	17	18	19	20	21	22	23	24	25	26	27	28	29
2	0,45	0,40	0,37	0,34	0,32	0,30	0,28	0,26	0,25	0,23	0,22	0,21	0,20	0,19	0,18	0,18	0,17	0,16	0,16	0,15
4	0,90	0,82	0,75	0,69	0,64	0,59	0,56	0,52	0,49	0,47	0,44	0,42	0,40	0,38	0,37	0,35	0,34	0,33	0,32	0,31
6	1,36	1,23	1,13	1,04	0,96	0,89	0,84	0,79	0,74	0,70	0,67	0,63	0,61	0,58	0,55	0,53	0,51	0,49	0,47	0,46
8	1,84	1,66	1,51	1,39	1,29	1,20	1,12	1,05	0,99	0,94	0,89	0,85	0,81	0,77	0,74	0,71	0,68	0,66	0,63	0,61
10	2,35	2,10	1,91	1,75	1,62	1,50	1,41	1,32	1,24	1,18	1,12	1,06	1,01	0,97	0,93	0,89	0,85	0,82	0,79	0,77
12	2,89	2,56	2,31	2,11	1,95	1,81	1,69	1,59	1,50	1,42	1,34	1,28	1,22	1,16	1,11	1,07	1,03	0,99	0,95	0,92
14	3,44	3,05	2,74	2,48	2,29	2,12	1,98	1,86	1,75	1,66	1,57	1,49	1,42	1,36	1,30	1,25	1,20	1,15	1,11	1,07
16	4,02	3,55	3,18	2,88	2,63	2,44	2,28	2,13	2,01	1,90	1,80	1,71	1,63	1,56	1,49	1,43	1,37	1,32	1,27	1,23
18	4,61	4,06	3,63	3,28	2,99	2,76	2,57	2,41	2,27	2,14	2,03	1,93	1,84	1,76	1,68	1,61	1,55	1,49	1,43	1,38
20	5,23	4,59	4,09	3,70	3,37	3,09	2,87	2,69	2,53	2,39	2,26	2,15	2,05	1,95	1,87	1,79	1,72	1,66	1,60	1,54
22	5,87	5,13	4,57	4,12	3,75	3,44	3,18	2,97	2,79	2,63	2,49	2,37	2,26	2,15	2,06	1,97	1,90	1,82	1,76	1,69
24	6,54	5,69	5,05	4,55	4,14	3,79	3,50	3,26	3,06	2,88	2,73	2,59	2,47	2,35	2,25	2,16	2,07	1,99	1,92	1,85
26	7,25	6,27	5,55	4,99	4,53	4,15	3,83	3,55	3,32	3,13	2,96	2,81	2,68	2,56	2,44	2,34	2,25	2,16	2,08	2,01
28	8,00	6,88	6,06	5,44	4,93	4,52	4,16	3,86	3,60	3,39	3,20	3,04	2,89	2,76	2,64	2,53	2,42	2,33	2,24	2,16
30	8,80	7,50	6,59	5,90	5,34	4,88	4,50	4,17	3,88	3,64	3,44	3,26	3,10	2,96	2,83	2,71	2,60	2,50	2,41	2,32
32	9,65	8,16	7,13	6,36	5,76	5,26	4,84	4,49	4,18	3,91	3,68	3,49	3,32	3,16	3,02	2,90	2,78	2,67	2,57	2,48
34		8,84	7,69	6,84	6,18	5,64	5,19	4,80	4,47	4,18	3,93	3,72	3,53	3,37	3,22	3,08	2,96	2,84	2,74	2,64
36		9,56	8,27	7,34	6,61	6,02	5,54	5,12	4,77	4,46	4,18	3,95	3,75	3,58	3,42	3,27	3,14	3,01	2,90	2,80
38		10,3	8,87	7,84	7,05	6,42	5,89	5,45	5,07	4,74	4,44	4,19	3,97	3,78	3,61	3,46	3,32	3,19	3,07	2,95
40		11,2	9,50	8,36	7,50	6,81	6,25	5,78	5,37	5,02	4,70	4,43	4,19	3,99	3,81	3,65	3,50	3,36	3,23	3,11
42			10,2	8,89	7,96	7,22	6,62	6,11	5,68	5,30	4,97	4,68	4,42	4,20	4,01	3,84	3,68	3,53	3,40	3,27
44			10,8	9,44	8,43	7,63	6,98	6,45	5,99	5,59	5,24	4,93	4,65	4,41	4,21	4,03	3,86	3,71	3,57	3,44
46			11,6	10,0	8,91	8,05	7,36	6,79	6,30	5,88	5,51	5,18	4,89	4,63	4,41	4,22	4,04	3,88	3,73	3,60
48			12,3	10,6	9,40	8,48	7,74	7,13	6,61	6,17	5,78	5,43	5,13	4,85	4,61	4,41	4,22	4,06	3,90	3,76
50				11,2	9,90	8,92	8,13	7,48	6,93	6,46	6,05	5,69	5,37	5,08	4,82	4,60	4,41	4,23	4,07	3,92
55				12,9	11,2	10,1	9,12	8,37	7,75	7,21	6,75	6,34	5,98	5,65	5,36	5,10	4,87	4,67	4,49	4,33
60					12,7	11,2	10,2	9,30	8,58	7,98	7,45	7,00	6,59	6,23	5,91	5,62	5,35	5,12	4,92	4,74
65					14,3	12,5	11,3	10,3	9,44	8,76	8,18	7,67	7,22	6,83	6,47	6,15	5,85	5,59	5,35	5,15
70						13,9	12,4	11,3	10,3	9,57	8,92	8,36	7,86	7,43	7,03	6,68	6,36	6,07	5,80	5,57
75						15,4	13,6	12,3	11,3	10,4	9,68	9,06	8,51	8,03	7,61	7,22	6,87	6,56	6,27	6,00
80							14,9	13,4	12,2	11,3	10,5	9,77	9,18	8,65	8,19	7,77	7,39	7,05	6,74	6,45
85							16,3	14,6	13,2	12,1	11,3	10,5	9,85	9,28	8,78	8,33	7,92	7,55	7,21	6,90
90								15,8	14,3	13,1	12,1	11,3	10,5	9,92	9,38	8,89	8,45	8,06	7,69	7,36
95								17,1	15,4	14,0	12,9	12,0	11,2	10,6	9,98	9,46	8,99	8,57	8,18	7,83
100									16,5	15,0	13,8	12,8	12,0	11,2	10,6	10,0	9,54	9,08	8,67	8,29
110										17,1	15,6	14,4	13,4	12,6	11,9	11,2	10,7	10,1	9,67	9,24
120										19,4	17,6	16,2	15,0	14,0	13,2	12,4	11,8	11,2	10,7	10,2
130											19,8	18,0	16,7	15,5	14,5	13,7	13,0	12,3	11,7	11,2
140												20,0	18,4	17,1	16,0	15,0	14,2	13,4	12,8	12,2
150													20,3	18,7	17,4	16,4	15,4	14,6	13,9	13,2
160													22,3	20,5	19,0	17,8	16,7	15,8	15,0	14,3
170														22,3	20,6	19,2	18,1	17,0	16,2	15,4
180															22,4	20,8	19,5	18,3	17,3	16,5
190															24,2	22,4	20,9	19,6	18,6	17,6
200																24,1	22,4	21,0	19,8	18,8
220																	25,7	24,0	22,5	21,2
240																		27,2	25,3	23,8
260																			28,5	26,6

Im grau unterlegten Bereich ist die Mindestbewehrung unterschritten.

Unterhalb der gestrichelten Linie ist die Druckzonenhöhe $x/d > 0{,}25$.

Unterhalb der durchgezogenen, getreppten Linie ist die Druckzonenhöhe $x/d > 0{,}45$.

Unterhalb des angegebenen Zahlenbereichs sollte eine Bemessung mit Druckbewehrung erfolgen.

Bemessungstafel für Platten ohne Druckbewehrung

(Normalbeton C 16/20 mit $\alpha = 0{,}85$; Betonstahl BSt 500, ansteigender Ast der σ-ε-Linie und $\gamma_s = 1{,}15$)

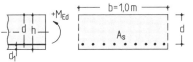

Platten–Tafel

$\gamma_c = 1{,}50$

C 20/25

$b = 1{,}0\,m$ · $+M_{Ed}$ · A_s

M_{Ed} kNm	A_s in cm²/m für d in cm																			
	10	11	12	13	14	15	16	17	18	19	20	21	22	23	24	25	26	27	28	29
6	1,36	1,23	1,12	1,03	0,96	0,89	0,83	0,78	0,74	0,70	0,67	0,63	0,60	0,58	0,55	0,53	0,51	0,49	0,47	0,46
8	1,82	1,65	1,50	1,38	1,28	1,19	1,12	1,05	0,99	0,94	0,89	0,85	0,81	0,77	0,74	0,71	0,68	0,66	0,63	0,61
10	2,30	2,07	1,89	1,74	1,61	1,50	1,40	1,32	1,24	1,17	1,11	1,06	1,01	0,97	0,93	0,89	0,85	0,82	0,79	0,76
12	2,81	2,51	2,28	2,10	1,94	1,80	1,68	1,58	1,49	1,41	1,34	1,27	1,21	1,16	1,11	1,07	1,03	0,99	0,95	0,92
14	3,34	2,97	2,68	2,46	2,27	2,11	1,97	1,85	1,74	1,65	1,57	1,49	1,42	1,36	1,30	1,25	1,20	1,15	1,11	1,07
16	3,89	3,45	3,09	2,82	2,61	2,42	2,26	2,12	2,00	1,89	1,79	1,70	1,63	1,55	1,49	1,43	1,37	1,32	1,27	1,23
18	4,44	3,94	3,53	3,20	2,95	2,73	2,55	2,39	2,25	2,13	2,02	1,92	1,83	1,75	1,67	1,61	1,54	1,48	1,43	1,38
20	5,02	4,44	3,97	3,60	3,29	3,05	2,85	2,67	2,51	2,37	2,25	2,14	2,04	1,95	1,86	1,79	1,72	1,65	1,59	1,54
22	5,61	4,95	4,42	4,00	3,65	3,37	3,14	2,94	2,77	2,62	2,48	2,36	2,25	2,14	2,05	1,97	1,89	1,82	1,75	1,69
24	6,22	5,47	4,88	4,41	4,02	3,70	3,44	3,22	3,03	2,86	2,71	2,58	2,45	2,34	2,24	2,15	2,06	1,99	1,91	1,85
26	6,85	6,00	5,35	4,83	4,40	4,04	3,74	3,50	3,29	3,11	2,94	2,80	2,66	2,54	2,43	2,33	2,24	2,15	2,07	2,00
28	7,50	6,55	5,83	5,26	4,78	4,39	4,06	3,78	3,56	3,35	3,18	3,02	2,87	2,74	2,62	2,51	2,41	2,32	2,24	2,16
30	8,18	7,12	6,32	5,69	5,17	4,74	4,38	4,07	3,82	3,60	3,41	3,24	3,08	2,94	2,81	2,70	2,59	2,49	2,40	2,31
35	10,0	8,59	7,58	6,80	6,17	5,65	5,20	4,82	4,50	4,23	4,00	3,80	3,61	3,45	3,30	3,16	3,03	2,91	2,81	2,71
40	12,1	10,2	8,92	7,95	7,19	6,57	6,05	5,61	5,22	4,88	4,60	4,36	4,15	3,96	3,78	3,62	3,47	3,34	3,22	3,10
45			12,0	10,3	9,17	8,26	7,53	6,92	6,40	5,96	5,57	5,23	4,93	4,69	4,47	4,27	4,09	3,92	3,77	3,63	3,50
50		13,9	11,9	10,5	9,37	8,52	7,81	7,22	6,71	6,27	5,88	5,54	5,24	4,99	4,76	4,56	4,37	4,20	4,04	3,89
55			13,5	11,8	10,5	9,54	8,73	8,06	7,48	6,98	6,55	6,16	5,81	5,52	5,26	5,03	4,82	4,63	4,46	4,29
60			15,4	13,3	11,8	10,6	9,68	8,91	8,27	7,71	7,22	6,79	6,41	6,06	5,77	5,51	5,28	5,07	4,88	4,70
65				14,8	13,0	11,7	10,7	9,79	9,07	8,45	7,91	7,43	7,01	6,63	6,29	6,00	5,74	5,51	5,30	5,10
70				16,5	14,4	12,9	11,7	10,7	9,89	9,20	8,61	8,09	7,62	7,21	6,84	6,50	6,21	5,95	5,72	5,51
75					15,8	14,1	12,7	11,6	10,7	9,97	9,32	8,75	8,24	7,79	7,39	7,02	6,69	6,40	6,15	5,92
80					17,4	15,3	13,8	12,6	11,6	10,8	10,0	9,42	8,87	8,38	7,95	7,55	7,19	6,87	6,58	6,33
85						16,7	14,9	13,6	12,5	11,6	10,8	10,1	9,51	8,98	8,51	8,08	7,70	7,34	7,03	6,75
90						18,1	16,1	14,6	13,4	12,4	11,5	10,8	10,2	9,58	9,08	8,62	8,21	7,83	7,48	7,18
95							17,3	15,6	14,3	13,2	12,3	11,5	10,8	10,2	9,65	9,17	8,72	8,32	7,95	7,61
100							18,7	16,7	15,3	14,1	13,1	12,2	11,5	10,8	10,2	9,71	9,24	8,81	8,42	8,06
110								19,1	17,3	15,9	14,7	13,7	12,8	12,1	11,4	10,8	10,3	9,82	9,38	8,97
120								21,7	19,5	17,7	16,4	15,2	14,2	13,4	12,6	12,0	11,4	10,8	10,4	9,90
130									21,8	19,8	18,1	16,8	15,7	14,7	13,9	13,1	12,5	11,9	11,3	10,8
140										21,9	20,0	18,5	17,2	16,1	15,2	14,3	13,6	12,9	12,3	11,8
150										24,3	22,0	20,2	18,8	17,5	16,5	15,6	14,7	14,0	13,4	12,8
160											24,1	22,1	20,4	19,0	17,8	16,8	15,9	15,1	14,4	13,7
170												24,0	22,1	20,6	19,2	18,1	17,1	16,2	15,5	14,7
180												26,1	23,9	22,1	20,7	19,4	18,3	17,4	16,5	15,8
190													25,8	23,9	22,2	20,8	19,6	18,6	17,6	16,8
200													27,9	25,6	23,7	22,2	20,9	19,8	18,8	17,8
220														29,4	27,1	25,2	23,6	22,3	21,1	20,0
240															30,8	28,4	26,5	24,9	23,5	22,3
260																32,0	29,6	27,7	26,1	24,6
280																	33,1	30,7	28,8	27,1
300																		34,0	31,7	29,8
320																			34,8	32,6
340																				35,5

Im grau unterlegten Bereich ist die Mindestbewehrung unterschritten.

Unterhalb der gestrichelten Linie ist die Druckzonenhöhe $x/d > 0{,}25$.

Unterhalb der durchgezogenen, getreppten Linie ist die Druckzonenhöhe $x/d > 0{,}45$.

Unterhalb des angegebenen Zahlenbereichs sollte eine Bemessung mit Druckbewehrung erfolgen.

Bemessungstafel für Platten ohne Druckbewehrung

(Normalbeton C 20/25 mit $\alpha = 0{,}85$; Betonstahl BSt 500, ansteigender Ast der σ-ε-Linie und $\gamma_s = 1{,}15$)

Tafel 4.1d / C25

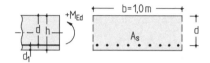

Platten-Tafel

$\gamma_c = 1{,}50$

M_{Ed} kNm	\multicolumn{20}{c}{A_s in cm²/m für d in cm}

M_{Ed} kNm	10	11	12	13	14	15	16	17	18	19	20	21	22	23	24	25	26	27	28	29
6	1,35	1,22	1,12	1,03	0,95	0,89	0,83	0,78	0,74	0,70	0,66	0,63	0,60	0,58	0,55	0,53	0,51	0,49	0,47	0,46
8	1,81	1,64	1,50	1,38	1,28	1,19	1,11	1,05	0,99	0,94	0,89	0,85	0,81	0,77	0,74	0,71	0,68	0,66	0,63	0,61
10	2,28	2,06	1,88	1,73	1,60	1,49	1,40	1,31	1,24	1,17	1,11	1,06	1,01	0,96	0,92	0,89	0,85	0,82	0,79	0,76
12	2,76	2,49	2,27	2,08	1,93	1,79	1,68	1,58	1,49	1,41	1,34	1,27	1,21	1,16	1,11	1,07	1,02	0,99	0,95	0,92
14	3,25	2,92	2,66	2,44	2,26	2,10	1,96	1,84	1,74	1,65	1,56	1,49	1,42	1,35	1,30	1,24	1,20	1,15	1,11	1,07
16	3,78	3,36	3,05	2,80	2,59	2,41	2,25	2,11	1,99	1,88	1,79	1,70	1,62	1,55	1,48	1,42	1,37	1,32	1,27	1,22
18	4,31	3,83	3,45	3,16	2,92	2,72	2,54	2,38	2,24	2,12	2,01	1,92	1,83	1,75	1,67	1,60	1,54	1,48	1,43	1,38
20	4,86	4,31	3,87	3,53	3,26	3,03	2,83	2,65	2,50	2,36	2,24	2,13	2,03	1,94	1,86	1,78	1,71	1,65	1,59	1,53
22	5,42	4,80	4,30	3,90	3,60	3,34	3,12	2,92	2,75	2,60	2,47	2,35	2,24	2,14	2,05	1,96	1,89	1,81	1,75	1,69
24	5,98	5,29	4,74	4,29	3,94	3,66	3,41	3,20	3,01	2,85	2,70	2,56	2,44	2,33	2,23	2,14	2,06	1,98	1,91	1,84
26	6,57	5,80	5,19	4,70	4,29	3,97	3,71	3,47	3,27	3,09	2,93	2,78	2,65	2,53	2,42	2,32	2,23	2,15	2,07	2,00
28	7,16	6,31	5,65	5,10	4,65	4,29	4,00	3,75	3,53	3,33	3,16	3,00	2,86	2,73	2,61	2,51	2,41	2,32	2,23	2,15
30	7,78	6,84	6,11	5,52	5,03	4,62	4,30	4,03	3,79	3,58	3,39	3,22	3,07	2,93	2,80	2,69	2,58	2,48	2,39	2,31
35	9,38	8,19	7,29	6,57	5,98	5,49	5,07	4,73	4,44	4,19	3,97	3,77	3,59	3,43	3,28	3,14	3,02	2,90	2,80	2,70
40	11,1	9,62	8,52	7,66	6,96	6,38	5,88	5,46	5,11	4,82	4,56	4,33	4,12	3,93	3,76	3,60	3,46	3,32	3,20	3,09
45	13,0	11,1	9,80	8,78	7,96	7,29	6,72	6,22	5,80	5,45	5,15	4,89	4,65	4,43	4,24	4,06	3,90	3,75	3,61	3,48
50	15,1	12,7	11,1	9,94	8,99	8,22	7,56	7,01	6,52	6,11	5,75	5,45	5,19	4,94	4,72	4,53	4,34	4,17	4,02	3,87
55		14,5	12,6	11,2	10,1	9,17	8,43	7,80	7,26	6,79	6,38	6,03	5,73	5,46	5,21	4,99	4,79	4,60	4,43	4,27
60		16,4	14,1	12,4	11,2	10,2	9,32	8,62	8,01	7,49	7,02	6,62	6,27	5,97	5,71	5,46	5,24	5,03	4,84	4,67
65			15,7	13,7	12,3	11,2	10,2	9,44	8,77	8,19	7,68	7,23	6,84	6,50	6,20	5,93	5,69	5,46	5,26	5,07
70			17,4	15,1	13,5	12,2	11,2	10,3	9,55	8,91	8,35	7,86	7,42	7,03	6,70	6,41	6,14	5,90	5,68	5,47
75			19,2	16,6	14,7	13,3	12,1	11,1	10,3	9,64	9,03	8,49	8,01	7,58	7,21	6,89	6,60	6,34	6,09	5,87
80				18,1	16,0	14,4	13,1	12,0	11,1	10,4	9,71	9,13	8,61	8,15	7,74	7,37	7,06	6,78	6,52	6,28
85				19,8	17,3	15,5	14,1	12,9	12,0	11,1	10,4	9,78	9,22	8,72	8,27	7,88	7,52	7,22	6,94	6,68
90					18,7	16,7	15,1	13,8	12,8	11,9	11,1	10,4	9,84	9,30	8,82	8,39	8,00	7,66	7,37	7,09
95					20,2	17,9	16,1	14,8	13,6	12,7	11,8	11,1	10,5	9,89	9,37	8,91	8,49	8,12	7,80	7,50
100					21,8	19,2	17,2	15,7	14,5	13,4	12,6	11,8	11,1	10,5	9,93	9,44	8,99	8,59	8,22	7,92
110						21,9	19,5	17,7	16,3	15,1	14,0	13,1	12,4	11,7	11,1	10,5	10,0	9,54	9,12	8,75
120							22,0	19,8	18,1	16,7	15,6	14,6	13,7	12,9	12,2	11,6	11,0	10,5	10,1	9,63
130							24,7	22,1	20,1	18,5	17,1	16,0	15,0	14,2	13,4	12,7	12,1	11,5	11,0	10,5
140								24,5	22,1	20,3	18,8	17,5	16,4	15,4	14,6	13,8	13,1	12,5	12,0	11,5
150								27,1	24,3	22,2	20,5	19,0	17,8	16,7	15,8	15,0	14,2	13,6	12,9	12,4
160									26,7	24,2	22,2	20,6	19,2	18,1	17,0	16,1	15,3	14,6	13,9	13,3
170									29,3	26,3	24,0	22,2	20,7	19,4	18,3	17,3	16,4	15,6	14,9	14,3
180										28,5	26,0	23,9	22,3	20,8	19,6	18,5	17,6	16,7	15,9	15,2
190										31,4	28,0	25,7	23,9	22,3	20,9	19,8	18,7	17,8	17,0	16,2
200											30,2	27,6	25,5	23,8	22,3	21,0	19,9	18,9	18,0	17,2
220												31,6	29,0	26,9	25,1	23,6	22,3	21,2	20,1	19,2
240													32,8	30,2	28,1	26,3	24,8	23,5	22,3	21,3
260														33,8	31,3	29,2	27,5	25,9	24,6	23,4
280															34,7	32,3	30,2	28,5	26,9	25,6
300															38,5	35,5	33,1	31,1	29,4	27,9
320																39,1	36,2	33,9	31,9	30,2
340																	39,6	36,8	34,6	32,7
360																		40,0	37,4	35,2
380																		43,3	40,4	37,9
400																			43,5	40,7
420																				43,7
440																				46,8

Im grau unterlegten Bereich ist die Mindestbewehrung unterschritten.

Unterhalb der gestrichelten Linie ist die Druckzonenhöhe $x/d > 0{,}25$.

Unterhalb der durchgezogenen, getreppten Linie ist die Druckzonenhöhe $x/d > 0{,}45$.

Unterhalb des angegebenen Zahlenbereichs sollte eine Bemessung mit Druckbewehrung erfolgen.

C 25/30

Bemessungstafel für Platten ohne Druckbewehrung

(Normalbeton C 25/30 mit $\alpha = 0{,}85$; Betonstahl BSt 500, ansteigender Ast der σ-ε-Linie und $\gamma_s = 1{,}15$)

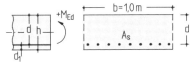

Platten–Tafel

$\gamma_c = 1{,}50$

C 30/37

M_{Ed} kNm	\multicolumn{20}{c}{A_s in cm²/m für d in cm}
	10	11	12	13	14	15	16	17	18	19	20	21	22	23	24	25	26	27	28	29
5	1,12	1,01	0,93	0,86	0,79	0,74	0,69	0,65	0,61	0,58	0,55	0,53	0,50	0,48	0,46	0,44	0,43	0,41	0,40	0,38
10	2,27	2,05	1,87	1,72	1,60	1,49	1,39	1,31	1,24	1,17	1,11	1,06	1,01	0,96	0,92	0,89	0,85	0,82	0,79	0,76
15	3,45	3,11	2,83	2,61	2,41	2,24	2,10	1,97	1,86	1,76	1,67	1,59	1,52	1,45	1,39	1,33	1,28	1,23	1,19	1,15
20	4,74	4,22	3,82	3,50	3,24	3,01	2,81	2,64	2,49	2,36	2,23	2,13	2,03	1,94	1,85	1,78	1,71	1,65	1,59	1,53
25	6,11	5,41	4,86	4,42	4,08	3,79	3,54	3,32	3,13	2,96	2,80	2,67	2,54	2,43	2,32	2,23	2,14	2,06	1,99	1,92
30	7,53	6,65	5,96	5,39	4,93	4,58	4,27	4,00	3,77	3,56	3,37	3,21	3,06	2,92	2,79	2,68	2,58	2,48	2,39	2,30
35	9,02	7,94	7,10	6,41	5,85	5,38	5,01	4,69	4,42	4,17	3,95	3,75	3,58	3,41	3,27	3,13	3,01	2,90	2,79	2,69
40	10,6	9,28	8,27	7,46	6,79	6,23	5,77	5,39	5,07	4,78	4,53	4,30	4,10	3,91	3,74	3,59	3,45	3,32	3,19	3,08
45	12,3	10,7	9,48	8,53	7,76	7,11	6,56	6,11	5,73	5,41	5,12	4,86	4,62	4,41	4,22	4,05	3,88	3,74	3,60	3,47
50	14,1	12,1	10,7	9,63	8,75	8,01	7,39	6,85	6,40	6,03	5,71	5,42	5,15	4,92	4,70	4,51	4,33	4,16	4,01	3,86
55	16,0	13,7	12,0	10,8	9,76	8,93	8,23	7,63	7,10	6,66	6,30	5,98	5,69	5,42	5,18	4,97	4,77	4,58	4,41	4,26
60	18,1	15,3	13,4	11,9	10,8	9,86	9,08	8,41	7,83	7,33	6,90	6,54	6,22	5,93	5,67	5,43	5,21	5,01	4,82	4,65
65		17,0	14,8	13,1	11,9	10,8	9,94	9,21	8,57	8,01	7,52	7,12	6,76	6,45	6,16	5,90	5,66	5,44	5,23	5,05
70		18,9	16,3	14,4	12,9	11,8	10,8	10,0	9,31	8,70	8,16	7,70	7,31	6,96	6,65	6,37	6,10	5,87	5,65	5,44
75		20,9	17,8	15,7	14,1	12,8	11,7	10,8	10,1	9,41	8,82	8,30	7,86	7,48	7,14	6,84	6,56	6,30	6,06	5,84
80			19,5	17,0	15,2	13,8	12,6	11,7	10,8	10,1	9,49	8,93	8,43	8,01	7,64	7,31	7,01	6,73	6,48	6,24
85			21,2	18,4	16,4	14,8	13,6	12,5	11,6	10,8	10,2	9,55	9,02	8,55	8,14	7,79	7,46	7,17	6,89	6,64
90			23,1	19,9	17,6	15,9	14,5	13,4	12,4	11,6	10,8	10,2	9,61	9,10	8,65	8,27	7,92	7,60	7,31	7,05
95				21,4	18,9	17,0	15,5	14,2	13,2	12,3	11,5	10,8	10,2	9,67	9,18	8,75	8,38	8,04	7,73	7,45
100				23,1	20,2	18,1	16,5	15,1	14,0	13,1	12,2	11,5	10,8	10,2	9,71	9,25	8,84	8,49	8,16	7,85
110					23,0	20,5	18,5	17,0	15,7	14,6	13,6	12,8	12,1	11,4	10,8	10,3	9,80	9,38	9,01	8,67
120					26,1	23,0	20,7	18,9	17,4	16,1	15,1	14,1	13,3	12,6	11,9	11,3	10,8	10,3	9,87	9,50
130						25,7	23,0	20,9	19,2	17,7	16,5	15,5	14,6	13,8	13,1	12,4	11,8	11,3	10,8	10,3
140						28,7	25,4	22,9	21,0	19,4	18,1	16,9	15,9	15,0	14,2	13,5	12,8	12,2	11,7	11,2
150							28,0	25,1	22,9	21,1	19,6	18,3	17,2	16,2	15,4	14,6	13,9	13,2	12,6	12,1
160							30,8	27,4	24,9	22,9	21,2	19,8	18,6	17,5	16,5	15,7	14,9	14,2	13,6	13,0
170								29,9	27,0	24,7	22,8	21,3	19,9	18,8	17,7	16,8	16,0	15,2	14,6	13,9
180								32,5	29,2	26,6	24,5	22,8	21,4	20,0	19,0	18,0	17,1	16,3	15,5	14,9
190									31,5	28,6	26,3	24,4	22,8	21,4	20,2	19,1	18,2	17,3	16,5	15,8
200									34,0	30,7	28,1	26,0	24,3	22,8	21,5	20,3	19,3	18,3	17,5	16,7
220										35,2	32,0	29,4	27,3	25,6	24,1	22,7	21,5	20,5	19,5	18,7
240											36,2	33,1	30,6	28,5	26,8	25,2	23,9	22,7	21,6	20,6
260												37,0	34,0	31,6	29,6	27,8	26,3	24,9	23,7	22,6
280													37,8	34,9	32,5	30,5	28,8	27,2	25,9	24,7
300													41,8	38,4	35,6	33,3	31,3	29,6	28,1	26,8
320														42,1	38,9	36,3	34,0	32,1	30,4	28,9
340															42,4	39,4	36,8	34,7	32,8	31,1
360															46,2	42,6	39,8	37,3	35,2	33,4
380																46,1	42,8	40,1	37,8	35,8
400																	46,1	43,0	40,4	38,2
420																	49,6	46,1	43,2	40,7
440																		49,3	46,0	43,3
460																		53,3	49,0	46,0
480																			52,2	48,8
500																				51,8
520																				54,9

Im grau unterlegten Bereich ist die Mindestbewehrung unterschritten.

Unterhalb der gestrichelten Linie ist die Druckzonenhöhe $x/d > 0{,}25$.

Unterhalb der durchgezogenen, getreppten Linie ist die Druckzonenhöhe $x/d > 0{,}45$.

Unterhalb des angegebenen Zahlenbereichs sollte eine Bemessung mit Druckbewehrung erfolgen.

Bemessungstafel für Platten ohne Druckbewehrung

(Normalbeton C 30/37 mit $\alpha = 0{,}85$; Betonstahl BSt 500, ansteigender Ast der σ-ε-Linie und $\gamma_s = 1{,}15$)

Tafel 4.1f / C35

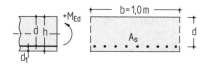

	Platten–Tafel
	$\gamma_c = 1,50$

M_{Ed} kNm	10	11	12	13	14	15	16	17	18	19	20	21	22	23	24	25	26	27	28	29
									A_s in cm²/m für d in cm											
5	1,12	1,01	0,93	0,85	0,79	0,74	0,69	0,65	0,61	0,58	0,55	0,53	0,50	0,48	0,46	0,44	0,43	0,41	0,40	0,38
10	2,26	2,04	1,87	1,72	1,59	1,49	1,39	1,31	1,23	1,17	1,11	1,06	1,01	0,96	0,92	0,89	0,85	0,82	0,79	0,76
15	3,43	3,09	2,82	2,60	2,40	2,24	2,10	1,97	1,86	1,76	1,67	1,59	1,51	1,45	1,39	1,33	1,28	1,23	1,19	1,14
20	4,65	4,17	3,80	3,49	3,22	3,00	2,81	2,64	2,48	2,35	2,23	2,12	2,02	1,93	1,85	1,78	1,71	1,64	1,58	1,53
25	5,98	5,31	4,79	4,39	4,06	3,77	3,52	3,31	3,12	2,95	2,80	2,66	2,54	2,42	2,32	2,23	2,14	2,06	1,98	1,91
30	7,36	6,52	5,85	5,31	4,90	4,55	4,25	3,98	3,75	3,55	3,36	3,20	3,05	2,91	2,79	2,68	2,57	2,47	2,38	2,30
35	8,79	7,76	6,95	6,29	5,76	5,34	4,98	4,67	4,40	4,15	3,94	3,74	3,57	3,41	3,26	3,13	3,00	2,89	2,79	2,69
40	10,3	9,05	8,09	7,31	6,66	6,14	5,72	5,36	5,04	4,76	4,51	4,29	4,09	3,90	3,73	3,58	3,44	3,31	3,19	3,08
45	11,8	10,4	9,25	8,35	7,61	6,98	6,47	6,06	5,69	5,38	5,09	4,84	4,61	4,40	4,21	4,04	3,88	3,73	3,59	3,46
50	13,5	11,8	10,5	9,41	8,57	7,86	7,25	6,76	6,35	5,99	5,68	5,39	5,13	4,90	4,69	4,49	4,31	4,15	4,00	3,85
55	15,2	13,2	11,7	10,5	9,54	8,75	8,07	7,49	7,02	6,62	6,26	5,95	5,66	5,40	5,16	4,95	4,75	4,57	4,40	4,25
60	17,0	14,7	12,9	11,6	10,5	9,65	8,90	8,25	7,70	7,25	6,86	6,50	6,19	5,90	5,65	5,41	5,19	4,99	4,81	4,64
65	19,0	16,2	14,3	12,8	11,6	10,6	9,74	9,03	8,41	7,88	7,45	7,07	6,72	6,41	6,13	5,87	5,63	5,42	5,22	5,03
70	21,1	17,8	15,6	13,9	12,6	11,5	10,6	9,81	9,13	8,55	8,05	7,63	7,26	6,92	6,61	6,34	6,08	5,84	5,63	5,42
75		19,6	17,0	15,1	13,7	12,5	11,5	10,6	9,87	9,23	8,67	8,21	7,80	7,43	7,10	6,80	6,53	6,27	6,04	5,82
80		21,4	18,5	16,4	14,7	13,4	12,3	11,4	10,6	9,92	9,31	8,79	8,34	7,95	7,59	7,27	6,97	6,70	6,45	6,22
85		23,3	20,0	17,6	15,8	14,4	13,2	12,2	11,4	10,6	9,96	9,39	8,89	8,47	8,09	7,74	7,42	7,13	6,86	6,61
90			21,6	19,0	17,0	15,4	14,1	13,1	12,1	11,3	10,6	10,0	9,46	8,99	8,58	8,21	7,87	7,56	7,28	7,01
95			23,3	20,3	18,1	16,4	15,1	13,9	12,9	12,0	11,3	10,6	10,0	9,52	9,08	8,69	8,33	8,00	7,69	7,41
100			25,0	21,7	19,3	17,5	16,0	14,7	13,7	12,8	12,0	11,3	10,6	10,1	9,58	9,16	8,78	8,43	8,11	7,81
110				24,7	21,8	19,6	17,9	16,5	15,3	14,2	13,3	12,5	11,8	11,2	10,6	10,1	9,70	9,31	8,95	8,62
120				28,0	24,5	21,9	19,9	18,3	16,9	15,7	14,7	13,8	13,0	12,3	11,7	11,1	10,6	10,2	9,80	9,44
130					27,3	24,3	22,0	20,1	18,6	17,3	16,1	15,1	14,3	13,5	12,8	12,2	11,6	11,1	10,7	10,3
140					30,5	26,8	24,1	22,0	20,3	18,8	17,6	16,5	15,5	14,7	13,9	13,2	12,6	12,0	11,5	11,1
150						29,5	26,4	24,0	22,0	20,4	19,0	17,9	16,8	15,9	15,0	14,3	13,6	13,0	12,4	11,9
160						32,4	28,8	26,0	23,9	22,1	20,6	19,2	18,1	17,1	16,2	15,4	14,6	14,0	13,3	12,8
170							31,3	28,2	25,8	23,8	22,1	20,7	19,4	18,3	17,3	16,5	15,7	14,9	14,3	13,7
180							34,0	30,4	27,7	25,5	23,7	22,1	20,7	19,6	18,5	17,6	16,7	15,9	15,2	14,6
190								32,8	29,7	27,3	25,3	23,6	22,1	20,8	19,7	18,7	17,8	16,9	16,2	15,5
200								35,3	31,8	29,1	26,9	25,1	23,5	22,1	20,9	19,8	18,8	17,9	17,1	16,4
220									36,4	33,0	30,4	28,2	26,3	24,8	23,4	22,1	21,0	20,0	19,1	18,3
240										37,2	34,0	31,5	29,3	27,5	25,9	24,5	23,2	22,1	21,1	20,2
260										41,9	38,0	34,9	32,4	30,3	28,5	26,9	25,5	24,2	23,1	22,1
280											42,2	38,6	35,7	33,3	31,2	29,4	27,8	26,4	25,2	24,0
300												42,5	39,1	36,4	34,0	32,0	30,2	28,7	27,3	26,0
320												46,8	42,8	39,6	36,9	34,7	32,7	31,0	29,5	28,1
340													46,7	43,0	40,0	37,4	35,3	33,4	31,7	30,2
360														46,6	43,2	40,3	37,9	35,8	34,0	32,3
380														50,5	46,5	43,3	40,6	38,3	36,3	34,5
400															50,1	46,5	43,4	40,9	38,7	36,7
420															53,9	49,7	46,4	43,6	41,1	39,0
440																53,2	49,5	46,3	43,7	41,3
460																57,5	52,7	49,2	46,3	43,7
480																	56,1	52,2	49,0	46,2
500																		55,3	51,8	48,8
520																		58,6	54,7	51,4
540																			57,7	54,1
560																			60,9	57,0
580																				59,9
600																				63,0

Im grau unterlegten Bereich ist die Mindestbewehrung unterschritten.

Unterhalb der gestrichelten Linie ist die Druckzonenhöhe $x/d > 0,25$.

Unterhalb der durchgezogenen, getreppten Linie ist die Druckzonenhöhe $x/d > 0,45$.

Unterhalb des angegebenen Zahlenbereichs sollte eine Bemessung mit Druckbewehrung erfolgen.

Bemessungstafel für Platten ohne Druckbewehrung

(Normalbeton C 35/45 mit $\alpha = 0,85$; Betonstahl BSt 500, ansteigender Ast der $\sigma\text{-}\varepsilon$-Linie und $\gamma_s = 1,15$)

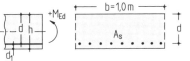

Platten–Tafel

$\gamma_c = 1{,}50$

C 40/50

M_{Ed} kNm	\multicolumn{20}{c}{A_s in cm²/m für d in cm}
	10	11	12	13	14	15	16	17	18	19	20	21	22	23	24	25	26	27	28	29
5	1,11	1,01	0,93	0,85	0,79	0,74	0,69	0,65	0,61	0,58	0,55	0,53	0,50	0,48	0,46	0,44	0,43	0,41	0,40	0,38
10	2,25	2,04	1,86	1,72	1,59	1,48	1,39	1,31	1,23	1,17	1,11	1,05	1,01	0,96	0,92	0,89	0,85	0,82	0,79	0,76
15	3,41	3,08	2,81	2,59	2,40	2,23	2,09	1,97	1,85	1,76	1,67	1,59	1,51	1,45	1,39	1,33	1,28	1,23	1,19	1,14
20	4,60	4,15	3,78	3,47	3,22	2,99	2,80	2,63	2,48	2,35	2,23	2,12	2,02	1,93	1,85	1,78	1,71	1,64	1,58	1,53
25	5,88	5,24	4,76	4,37	4,04	3,76	3,51	3,30	3,11	2,94	2,79	2,66	2,53	2,42	2,32	2,22	2,14	2,06	1,98	1,91
30	7,22	6,41	5,77	5,28	4,88	4,53	4,23	3,97	3,74	3,54	3,36	3,19	3,05	2,91	2,79	2,67	2,57	2,47	2,38	2,30
35	8,61	7,62	6,84	6,21	5,72	5,31	4,96	4,65	4,38	4,14	3,93	3,73	3,58	3,40	3,26	3,12	3,00	2,89	2,78	2,68
40	10,0	8,87	7,95	7,19	6,58	6,10	5,69	5,34	5,02	4,75	4,50	4,28	4,08	3,89	3,73	3,57	3,43	3,30	3,18	3,07
45	11,5	10,2	9,08	8,21	7,48	6,90	6,43	6,03	5,67	5,36	5,07	4,82	4,59	4,39	4,20	4,03	3,87	3,72	3,59	3,46
50	13,1	11,5	10,2	9,24	8,42	7,74	7,18	6,72	6,32	5,97	5,65	5,37	5,12	4,88	4,67	4,48	4,30	4,14	3,99	3,85
60	16,4	14,2	12,6	11,4	10,4	9,49	8,75	8,14	7,64	7,21	6,82	6,48	6,17	5,88	5,63	5,39	5,18	4,98	4,80	4,63
70	20,0	17,2	15,2	13,6	12,3	11,3	10,4	9,65	9,00	8,46	8,00	7,59	7,23	6,89	6,59	6,31	6,06	5,83	5,61	5,41
80	24,1	20,4	17,8	15,9	14,4	13,2	12,1	11,2	10,4	9,77	9,20	8,72	8,30	7,91	7,56	7,24	6,95	6,68	6,43	6,20
90		23,9	20,7	18,3	16,5	15,1	13,8	12,8	11,9	11,1	10,5	9,87	9,38	8,94	8,54	8,17	7,84	7,54	7,25	6,99
100		27,9	23,7	20,9	18,8	17,0	15,6	14,4	13,4	12,5	11,8	11,1	10,5	9,98	9,53	9,11	8,74	8,40	8,09	7,79
110			27,1	23,6	21,1	19,1	17,5	16,1	15,0	14,0	13,1	12,3	11,6	11,0	10,5	10,1	9,65	9,27	8,91	8,59
120			30,8	26,5	23,5	21,2	19,4	17,8	16,5	15,4	14,5	13,6	12,8	12,1	11,5	11,0	10,6	10,1	9,75	9,39
130				29,6	26,1	23,4	21,3	19,6	18,1	16,9	15,8	14,9	14,0	13,3	12,6	12,0	11,5	11,0	10,6	10,2
140				33,1	28,8	25,7	23,3	21,4	19,8	18,4	17,2	16,2	15,3	14,4	13,7	13,0	12,4	11,9	11,4	11,0
150					31,7	28,1	25,4	23,2	21,5	19,9	18,6	17,5	16,5	15,6	14,8	14,1	13,4	12,8	12,3	11,8
160					34,8	30,7	27,6	25,2	23,2	21,5	20,1	18,8	17,7	16,8	15,9	15,1	14,4	13,7	13,2	12,7
170						33,3	29,8	27,1	24,9	23,1	21,6	20,2	19,0	18,0	17,0	16,2	15,5	14,7	14,1	13,5
180						36,2	32,2	29,2	26,8	24,7	23,1	21,6	20,3	19,2	18,2	17,2	16,4	15,7	15,0	14,4
190							34,7	31,3	28,6	26,4	24,6	23,0	21,6	20,4	19,3	18,3	17,5	16,6	15,9	15,2
200							37,3	33,5	30,5	28,1	26,1	24,4	22,9	21,6	20,5	19,4	18,5	17,6	16,9	16,1
220								38,2	34,6	31,7	29,4	27,4	25,7	24,2	22,8	21,7	20,6	19,6	18,8	18,0
240								43,4	38,9	35,5	32,7	30,4	28,5	26,8	25,3	23,9	22,8	21,7	20,7	19,8
260									43,6	39,5	36,3	33,6	31,4	29,4	27,8	26,3	24,9	23,8	22,7	21,7
280										43,8	40,0	36,9	34,4	32,2	30,3	28,7	27,2	25,9	24,7	23,6
300										48,5	44,0	40,4	37,5	35,1	33,0	31,1	29,5	28,0	26,7	25,5
320											48,3	44,1	40,8	38,0	35,7	33,6	31,8	30,2	28,8	27,5
340												48,0	44,2	41,1	38,5	36,2	34,2	32,5	30,9	29,5
360												52,2	47,8	44,3	41,4	38,9	36,7	34,8	33,1	31,5
380													51,6	47,6	44,4	41,6	39,2	37,1	35,3	33,6
400													55,7	51,2	47,5	44,4	41,8	39,5	37,5	35,7
420														54,9	50,7	47,4	44,5	42,0	39,8	37,8
440														58,8	54,2	50,4	47,2	44,5	42,1	40,0
460															57,8	53,6	50,1	47,1	44,5	42,3
480															61,6	56,9	53,0	49,8	47,0	44,6
500																60,3	56,1	52,5	49,5	46,9
550																	64,3	59,9	56,2	53,0
600																		68,0	63,4	59,5
650																			71,3	66,5
700																				74,3

Im grau unterlegten Bereich ist die Mindestbewehrung unterschritten.

Unterhalb der gestrichelten Linie ist die Druckzonenhöhe $x/d > 0{,}25$.

Unterhalb der durchgezogenen, getreppten Linie ist die Druckzonenhöhe $x/d > 0{,}45$.

Unterhalb des angegebenen Zahlenbereichs sollte eine Bemessung mit Druckbewehrung erfolgen.

Bemessungstafel für Platten ohne Druckbewehrung

(Normalbeton C 40/50 mit $\alpha = 0{,}85$; Betonstahl BSt 500, ansteigender Ast der $\sigma\text{-}\varepsilon$-Linie und $\gamma_s = 1{,}15$)

Tafel 4.1h / C45

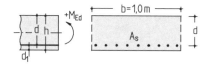

$+M_{Ed}$; b = 1,0 m ; A_s

Platten–Tafel
$\gamma_c = 1,50$

C 45/55

A_s in cm²/m für d in cm

M_{Ed} kNm	10	11	12	13	14	15	16	17	18	19	20	21	22	23	24	25	26	27	28	29
5	1,11	1,01	0,92	0,85	0,79	0,74	0,69	0,65	0,61	0,58	0,55	0,53	0,50	0,48	0,46	0,44	0,43	0,41	0,40	0,38
10	2,24	2,03	1,86	1,71	1,59	1,48	1,39	1,31	1,23	1,17	1,11	1,05	1,01	0,96	0,92	0,89	0,85	0,82	0,79	0,76
15	3,40	3,07	2,81	2,59	2,39	2,23	2,09	1,96	1,85	1,75	1,67	1,59	1,51	1,45	1,38	1,33	1,28	1,23	1,19	1,14
20	4,58	4,13	3,77	3,46	3,21	2,99	2,79	2,63	2,48	2,34	2,22	2,12	2,02	1,93	1,85	1,77	1,71	1,64	1,58	1,53
25	5,80	5,21	4,74	4,35	4,03	3,75	3,51	3,29	3,10	2,94	2,79	2,65	2,53	2,42	2,32	2,22	2,14	2,05	1,98	1,91
30	7,11	6,32	5,73	5,26	4,86	4,52	4,22	3,96	3,74	3,53	3,35	3,19	3,04	2,91	2,78	2,67	2,57	2,47	2,38	2,30
35	8,47	7,51	6,75	6,17	5,69	5,29	4,94	4,64	4,37	4,13	3,92	3,73	3,55	3,40	3,25	3,12	3,00	2,88	2,78	2,68
40	9,86	8,73	7,83	7,11	6,54	6,07	5,67	5,32	5,01	4,73	4,49	4,27	4,07	3,89	3,72	3,57	3,43	3,30	3,18	3,07
45	11,3	9,98	8,94	8,09	7,40	6,87	6,40	6,00	5,65	5,34	5,06	4,81	4,59	4,38	4,19	4,02	3,86	3,72	3,58	3,45
50	12,8	11,3	10,1	9,11	8,30	7,66	7,14	6,69	6,30	5,95	5,64	5,36	5,10	4,88	4,67	4,47	4,30	4,13	3,98	3,84
60	15,9	13,9	12,4	11,2	10,2	9,35	8,65	8,09	7,60	7,18	6,80	6,46	6,15	5,87	5,61	5,38	5,17	4,97	4,79	4,62
70	19,3	16,7	14,8	13,3	12,1	11,1	10,3	9,53	8,93	8,42	7,97	7,56	7,20	6,87	6,57	6,30	6,05	5,82	5,60	5,40
80	23,0	19,7	17,4	15,6	14,1	12,9	11,9	11,1	10,3	9,68	9,15	8,68	8,26	7,88	7,54	7,22	6,93	6,66	6,41	6,19
90	27,1	22,9	20,1	17,9	16,2	14,8	13,6	12,6	11,7	11,0	10,4	9,82	9,33	8,90	8,50	8,15	7,82	7,51	7,23	6,97
100		26,4	22,9	20,3	18,3	16,7	15,4	14,2	13,2	12,4	11,6	11,0	10,4	9,93	9,48	9,08	8,71	8,37	8,05	7,77
110		30,3	25,9	22,9	20,5	18,7	17,1	15,8	14,7	13,8	12,9	12,2	11,5	11,0	10,5	10,0	9,61	9,23	8,88	8,56
120			29,2	25,5	22,8	20,7	19,0	17,5	16,3	15,2	14,2	13,4	12,7	12,0	11,5	11,0	10,5	10,1	9,71	9,36
130			32,7	28,3	25,2	22,8	20,8	19,2	17,8	16,6	15,6	14,7	13,8	13,1	12,5	11,9	11,4	11,0	10,6	10,2
140				31,4	27,7	24,9	22,7	20,9	19,4	18,1	16,9	15,9	15,0	14,2	13,5	12,9	12,3	11,9	11,4	11,0
150				34,6	30,3	27,2	24,7	22,7	21,0	19,6	18,3	17,2	16,2	15,4	14,6	13,9	13,3	12,7	12,2	11,8
160				38,5	33,1	29,5	26,8	24,5	22,7	21,1	19,7	18,5	17,5	16,5	15,7	14,9	14,2	13,6	13,1	12,6
170					36,0	31,9	28,8	26,4	24,4	22,6	21,1	19,9	18,7	17,7	16,8	15,9	15,2	14,5	14,0	13,4
180					39,2	34,5	31,0	28,3	26,1	24,2	22,6	21,2	20,0	18,9	17,9	17,0	16,2	15,5	14,8	14,3
190						37,2	33,3	30,3	27,8	25,8	24,1	22,6	21,2	20,1	19,0	18,1	17,2	16,4	15,7	15,1
200						40,0	35,6	32,3	29,6	27,4	25,6	23,9	22,5	21,3	20,1	19,1	18,2	17,4	16,6	15,9
220							40,6	36,6	33,4	30,8	28,6	26,8	25,1	23,7	22,4	21,3	20,3	19,3	18,5	17,7
240							46,2	41,1	37,3	34,3	31,8	29,7	27,8	26,2	24,8	23,5	22,4	21,3	20,4	19,5
260								46,1	41,6	38,0	35,1	32,7	30,6	28,8	27,2	25,8	24,5	23,4	22,3	21,3
280									46,1	41,9	38,6	35,8	33,5	31,4	29,7	28,1	26,7	25,4	24,3	23,2
300									51,0	46,0	42,2	39,0	36,4	34,2	32,2	30,4	28,9	27,5	26,2	25,1
320										50,4	46,0	42,4	39,4	36,9	34,8	32,9	31,2	29,6	28,3	27,0
340										55,2	50,0	45,9	42,6	39,8	37,4	35,3	33,5	31,8	30,3	28,9
360											54,3	49,6	45,9	42,8	40,1	37,8	35,8	34,0	32,4	30,9
380												53,5	49,3	45,8	42,9	40,4	38,2	36,2	34,5	32,9
400												57,7	52,9	49,0	45,8	43,0	40,6	38,5	36,6	34,9
420													56,6	52,3	48,8	45,8	43,2	40,9	38,8	37,0
440													60,6	55,8	51,8	48,5	45,7	43,2	41,1	39,1
460														59,4	55,0	51,4	48,3	45,7	43,3	41,2
480														63,2	58,4	54,4	51,0	48,2	45,6	43,4
500														67,6	61,8	57,5	53,8	50,7	48,0	45,6
550																65,7	61,2	57,4	54,1	51,3
600																	69,2	64,5	60,6	57,3
650																		72,3	67,6	63,6
700																			75,1	70,4
750																				77,7

Im grau unterlegten Bereich ist die Mindestbewehrung unterschritten.

Unterhalb der gestrichelten Linie ist die Druckzonenhöhe $x/d > 0,25$.

Unterhalb der durchgezogenen, getreppten Linie ist die Druckzonenhöhe $x/d > 0,45$.

Unterhalb des angegebenen Zahlenbereichs sollte eine Bemessung mit Druckbewehrung erfolgen.

Bemessungstafel für Platten ohne Druckbewehrung

(Normalbeton C 45/55 mit $\alpha = 0,85$; Betonstahl BSt 500, ansteigender Ast der σ-ε-Linie und $\gamma_s = 1,15$)

Platten–Tafel
$\gamma_c = 1{,}50$

C 50/60

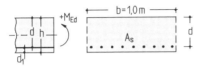

$b = 1{,}0\,\text{m}$ · $+M_{Ed}$ · A_s · d · h · d_1

A_s in cm²/m für d in cm

M_{Ed} kNm	10	11	12	13	14	15	16	17	18	19	20	21	22	23	24	25	26	27	28	29
5	1,11	1,01	0,92	0,85	0,79	0,74	0,69	0,65	0,61	0,58	0,55	0,53	0,50	0,48	0,46	0,44	0,43	0,41	0,40	0,38
10	2,24	2,03	1,86	1,71	1,59	1,48	1,39	1,30	1,23	1,16	1,11	1,05	1,01	0,96	0,92	0,89	0,85	0,82	0,79	0,76
15	3,39	3,07	2,80	2,58	2,39	2,23	2,09	1,96	1,85	1,75	1,66	1,58	1,51	1,44	1,38	1,33	1,28	1,23	1,19	1,14
20	4,56	4,12	3,76	3,46	3,20	2,98	2,79	2,62	2,47	2,34	2,22	2,12	2,02	1,93	1,85	1,77	1,70	1,64	1,58	1,53
25	5,75	5,19	4,72	4,34	4,02	3,74	3,50	3,29	3,10	2,93	2,78	2,65	2,53	2,42	2,31	2,22	2,13	2,05	1,98	1,91
30	7,02	6,27	5,71	5,24	4,84	4,51	4,21	3,96	3,73	3,53	3,35	3,19	3,04	2,90	2,78	2,67	2,56	2,47	2,38	2,29
35	8,35	7,42	6,70	6,14	5,68	5,28	4,93	4,63	4,36	4,13	3,91	3,72	3,55	3,39	3,25	3,11	2,99	2,88	2,78	2,68
40	9,71	8,61	7,74	7,06	6,52	6,05	5,65	5,30	5,00	4,72	4,48	4,26	4,06	3,88	3,72	3,57	3,42	3,30	3,18	3,07
45	11,1	9,84	8,82	8,00	7,37	6,84	6,38	5,99	5,64	5,33	5,05	4,80	4,58	4,37	4,19	4,02	3,86	3,71	3,58	3,45
50	12,6	11,1	9,93	8,99	8,22	7,63	7,12	6,67	6,28	5,93	5,62	5,35	5,10	4,87	4,66	4,47	4,29	4,13	3,98	3,84
60	15,6	13,7	12,2	11,0	10,1	9,25	8,60	8,08	7,58	7,15	6,78	6,44	6,13	5,86	5,61	5,37	5,16	4,97	4,78	4,62
70	18,8	16,4	14,6	13,1	12,0	11,0	10,1	9,46	8,89	8,39	7,94	7,54	7,18	6,85	6,56	6,28	6,04	5,81	5,59	5,39
80	22,2	19,2	17,0	15,3	13,9	12,8	11,8	10,9	10,2	9,63	9,11	8,65	8,24	7,86	7,51	7,20	6,91	6,65	6,40	6,18
90	26,0	22,3	19,6	17,6	15,9	14,6	13,4	12,5	11,6	10,9	10,3	9,77	9,30	8,87	8,48	8,12	7,80	7,50	7,22	6,96
100	30,2	25,5	22,3	19,9	18,0	16,4	15,1	14,0	13,1	12,2	11,5	10,9	10,4	9,89	9,45	9,05	8,68	8,35	8,04	7,75
110		29,0	25,1	22,3	20,1	18,3	16,9	15,6	14,5	13,6	12,8	12,1	11,5	10,9	10,4	9,98	9,58	9,20	8,86	8,54
120		32,8	28,1	24,8	22,3	20,3	18,6	17,2	16,0	15,0	14,1	13,2	12,5	12,0	11,4	10,9	10,5	10,1	9,69	9,33
130			31,3	27,5	24,6	22,3	20,4	18,9	17,6	16,4	15,4	14,5	13,7	13,0	12,4	11,9	11,4	10,9	10,5	10,1
140			34,7	30,2	26,9	24,4	22,3	20,6	19,1	17,8	16,7	15,7	14,8	14,1	13,4	12,8	12,3	11,8	11,4	10,9
150			38,5	33,1	29,4	26,5	24,2	22,3	20,7	19,3	18,1	17,0	16,0	15,2	14,4	13,8	13,2	12,7	12,2	11,7
160				36,2	31,9	28,7	26,1	24,0	22,3	20,8	19,4	18,3	17,2	16,3	15,5	14,7	14,1	13,6	13,0	12,6
170				39,6	34,6	31,0	28,1	25,8	23,9	22,3	20,8	19,6	18,5	17,5	16,6	15,8	15,1	14,4	13,9	13,4
180					37,4	33,3	30,2	27,7	25,6	23,8	22,2	20,9	19,7	18,6	17,6	16,8	16,0	15,3	14,7	14,2
190					40,4	35,8	32,3	29,5	27,2	25,3	23,7	22,2	20,9	19,8	18,8	17,8	17,0	16,2	15,6	15,0
200					43,5	38,3	34,5	31,4	29,0	26,9	25,1	23,5	22,2	21,0	19,9	18,9	18,0	17,2	16,5	15,8
220						43,8	39,0	35,4	32,5	30,1	28,1	26,3	24,7	23,4	22,1	21,0	20,0	19,1	18,3	17,5
240							44,0	39,6	36,2	33,5	31,1	29,1	27,4	25,8	24,4	23,2	22,1	21,1	20,1	19,3
260							49,4	44,1	40,1	36,9	34,3	32,0	30,0	28,3	26,8	25,4	24,2	23,0	22,0	21,1
280								49,0	44,3	40,6	37,5	35,0	32,8	30,9	29,2	27,6	26,3	25,1	23,9	22,9
300								54,2	48,6	44,4	40,9	38,0	35,6	33,5	31,6	29,9	28,4	27,1	25,9	24,8
320									53,3	48,3	44,4	41,2	38,5	36,1	34,1	32,3	30,6	29,2	27,8	26,6
340									58,6	52,6	48,1	44,5	41,5	38,9	36,6	34,6	32,9	31,3	29,8	28,5
360										57,1	52,0	47,9	44,5	41,7	39,2	37,0	35,1	33,4	31,9	30,4
380										62,8	56,0	51,4	47,7	44,6	41,9	39,5	37,4	35,6	33,9	32,4
400											60,3	55,1	51,0	47,5	44,6	42,0	39,8	37,8	36,0	34,4
420											65,3	59,0	54,4	50,6	47,4	44,6	42,2	40,0	38,1	36,4
440												63,1	57,9	53,7	50,2	47,2	44,6	42,3	40,2	38,4
460												67,5	61,7	57,0	53,2	49,9	47,1	44,6	42,4	40,4
480													65,5	60,4	56,2	52,7	49,6	47,0	44,6	42,5
500													70,0	64,0	59,4	55,5	52,2	49,4	46,9	44,6
550														73,5	67,7	63,0	59,0	55,6	52,7	50,0
600															77,0	71,1	66,3	62,2	58,7	55,7
650																80,0	74,1	69,2	65,2	61,6
700																	82,6	76,8	71,9	67,8
750																		85,0	79,2	74,4
800																			87,1	81,4
850																				88,9

Im grau unterlegten Bereich ist die Mindestbewehrung unterschritten.

Unterhalb der gestrichelten Linie ist die Druckzonenhöhe $x/d > 0{,}25$.

Unterhalb der durchgezogenen, getreppten Linie ist die Druckzonenhöhe $x/d > 0{,}45$.

Unterhalb des angegebenen Zahlenbereichs sollte eine Bemessung mit Druckbewehrung erfolgen.

Bemessungstafel für Platten ohne Druckbewehrung

(Normalbeton C 50/60 mit $\alpha = 0{,}85$; Betonstahl BSt 500, ansteigender Ast der σ-ε-Linie und $\gamma_s = 1{,}15$)

Tafel 4.2a / C12

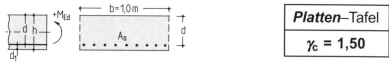

Platten–Tafel
$\gamma_c = 1,50$

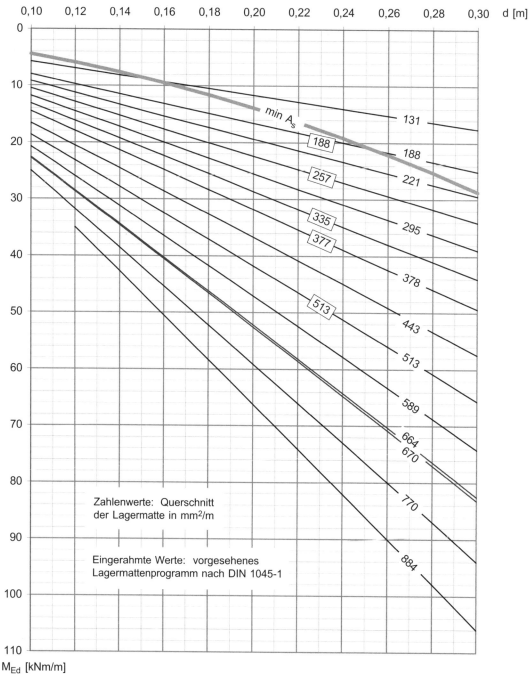

Zahlenwerte: Querschnitt
der Lagermatte in mm²/m

Eingerahmte Werte: vorgesehenes
Lagermattenprogramm nach DIN 1045-1

M_{Ed} [kNm/m]

Bemessungstafel für Platten ohne Druckbewehrung bei Bewehrung mit Lagermatten
(Normalbeton C 12/15 mit $\alpha = 0,85$; Betonstahl BSt 500, ansteigender Ast der σ-ε-Linie und $\gamma_s = 1,15$)

Platten–Tafel
$\gamma_c = 1,50$

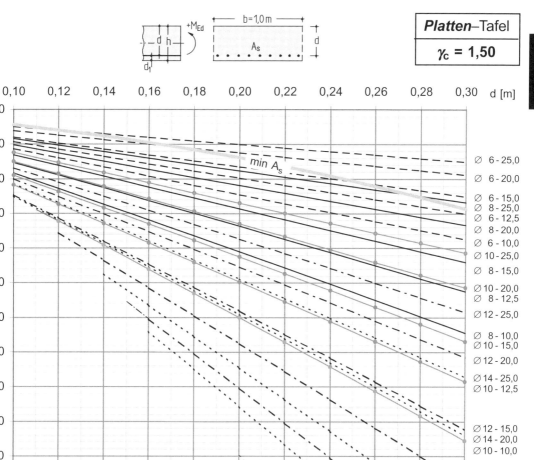

0,10 0,12 0,14 0,16 0,18 0,20 0,22 0,24 0,26 0,28 0,30 d [m]

min A_s

∅ 6 - 25,0
∅ 6 - 20,0
∅ 6 - 15,0
∅ 8 - 25,0
∅ 6 - 12,5
∅ 8 - 20,0
∅ 6 - 10,0
∅ 10 - 25,0
∅ 8 - 15,0
∅ 10 - 20,0
∅ 8 - 12,5
∅ 12 - 25,0
∅ 8 - 10,0
∅ 10 - 15,0
∅ 12 - 20,0
∅ 14 - 25,0
∅ 10 - 12,5
∅ 12 - 15,0
∅ 14 - 20,0
∅ 10 - 10,0
∅ 12 - 12,5
∅ 14 - 15,0
∅ 12 - 10,0
∅ 14 - 12,5
∅ 14 - 10,0

M_{Ed} [kNm/m]

Bemessungstafel für Platten ohne Druckbewehrung bei Bewehrung mit Stabstahl
(Normalbeton C 12/15 mit $\alpha = 0,85$; Betonstahl BSt 500, ansteigender Ast der σ-ε-Linie und $\gamma_s = 1,15$)

Tafel 4.2c / C20

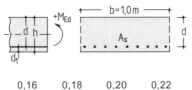

Platten–Tafel
$\gamma_c = 1{,}50$

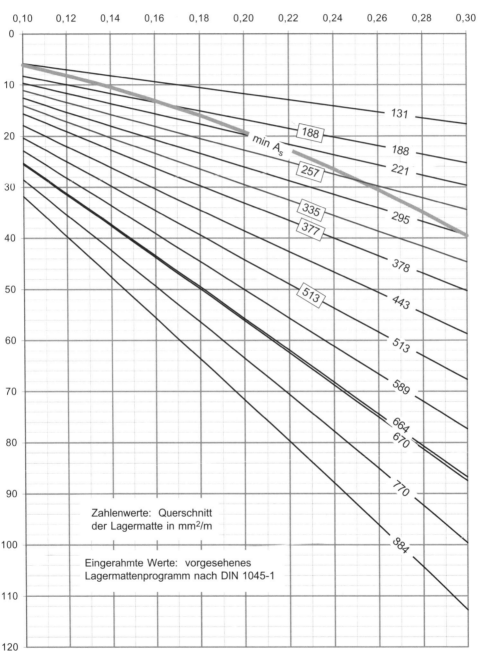

Zahlenwerte: Querschnitt
der Lagermatte in mm²/m

Eingerahmte Werte: vorgesehenes
Lagermattenprogramm nach DIN 1045-1

M_{Ed} [kNm/m]

Bemessungstafel für Platten ohne Druckbewehrung bei Bewehrung mit Lagermatten
(Normalbeton C 20/25 mit $\alpha = 0{,}85$; Betonstahl BSt 500, ansteigender Ast der σ-ε-Linie und $\gamma_s = 1{,}15$)

Platten–Tafel

$\gamma_c = 1,50$

C 20/25

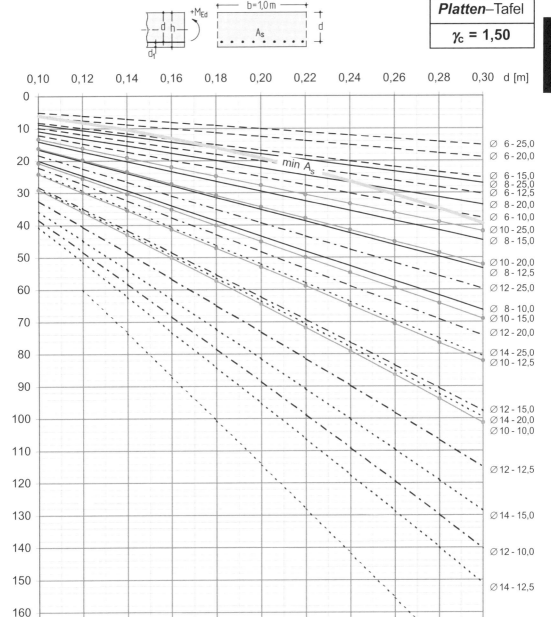

M_{Ed} [kNm/m]

Bemessungstafel für Platten ohne Druckbewehrung bei Bewehrung mit Stabstahl

(Normalbeton C 20/25 mit $\alpha = 0,85$; Betonstahl BSt 500, ansteigender Ast der σ-ε-Linie und $\gamma_s = 1,15$)

Tafel 4.2e / C30

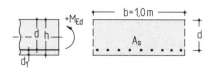

Platten–Tafel
$\gamma_c = 1,50$

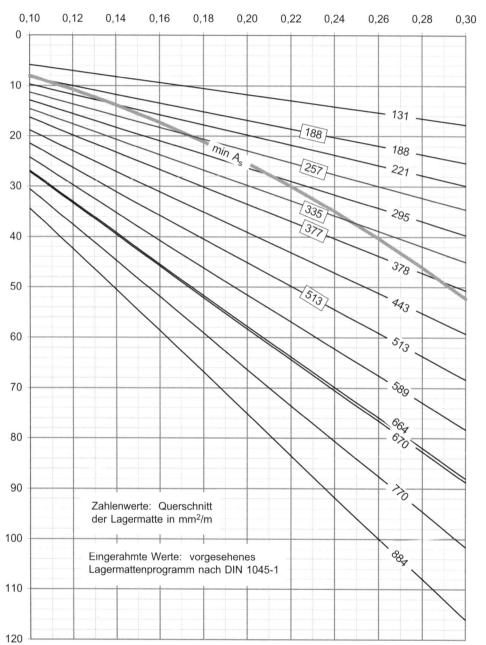

d [m]

0,10 0,12 0,14 0,16 0,18 0,20 0,22 0,24 0,26 0,28 0,30

131

188

188

min A_s

257

221

335

295

377

378

513

443

513

589

664

670

Zahlenwerte: Querschnitt
der Lagermatte in mm²/m

770

Eingerahmte Werte: vorgesehenes
Lagermattenprogramm nach DIN 1045-1

884

M_{Ed} [kNm/m]

Bemessungstafel für Platten ohne Druckbewehrung bei Bewehrung mit Lagermatten
(Normalbeton C 30/37 mit $\alpha = 0,85$; Betonstahl BSt 500, ansteigender Ast der σ-ε-Linie und $\gamma_s = 1,15$)

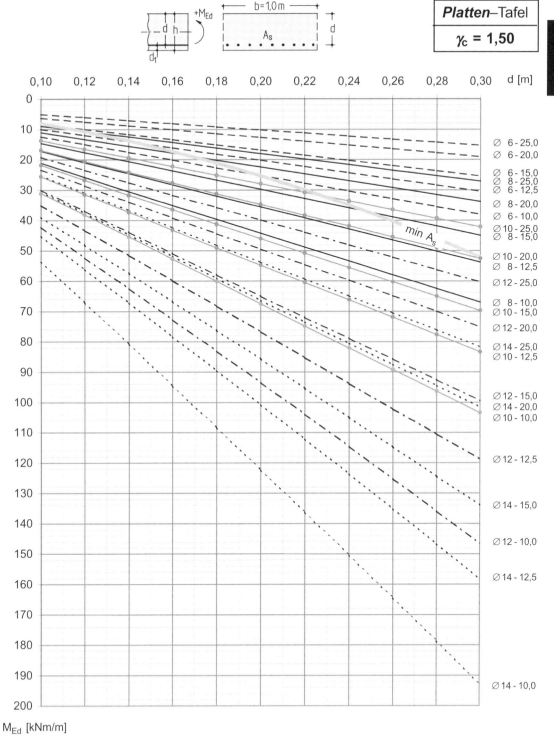

Platten–Tafel

$\gamma_c = 1,50$

C 30/37

Bemessungstafel für Platten ohne Druckbewehrung bei Bewehrung mit Stabstahl
(Normalbeton C 30/37 mit α = 0,85; Betonstahl BSt 500, ansteigender Ast der σ-ε-Linie und γ_s = 1,15)

Tafel 4.2g / C40

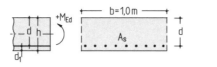

Platten–Tafel

$\gamma_c = 1{,}50$

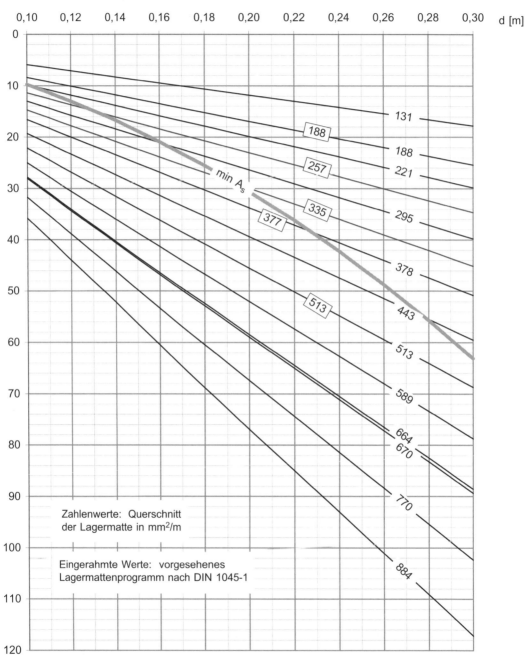

Zahlenwerte: Querschnitt der Lagermatte in mm²/m

Eingerahmte Werte: vorgesehenes Lagermattenprogramm nach DIN 1045-1

M_{Ed} [kNm/m]

Bemessungstafel für Platten ohne Druckbewehrung bei Bewehrung mit Lagermatten
(Normalbeton C 40/50 mit $\alpha = 0{,}85$; Betonstahl BSt 500, ansteigender Ast der σ-ε-Linie und $\gamma_s = 1{,}15$)

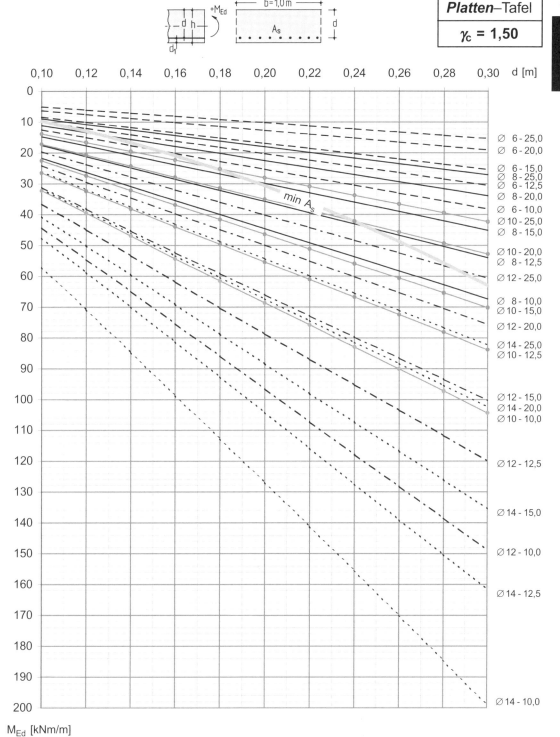

Platten–Tafel
$\gamma_c = 1{,}50$

C 40/50

M_{Ed} [kNm/m]

Bemessungstafel für Platten ohne Druckbewehrung bei Bewehrung mit Stabstahl

(Normalbeton C 40/50 mit $\alpha = 0{,}85$; Betonstahl BSt 500, ansteigender Ast der σ-ε-Linie und $\gamma_s = 1{,}15$)

Tafel 4.2i / C50

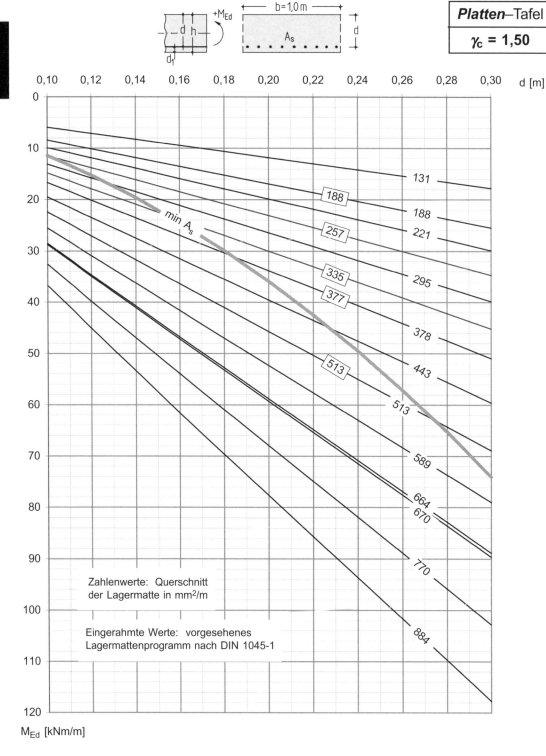

Platten–Tafel
$\gamma_c = 1,50$

M_{Ed} [kNm/m]

Zahlenwerte: Querschnitt
der Lagermatte in mm²/m

Eingerahmte Werte: vorgesehenes
Lagermattenprogramm nach DIN 1045-1

Bemessungstafel für Platten ohne Druckbewehrung bei Bewehrung mit Lagermatten
(Normalbeton C 50/60 mit $\alpha = 0,85$; Betonstahl BSt 500, ansteigender Ast der σ-ε-Linie und $\gamma_s = 1,15$)

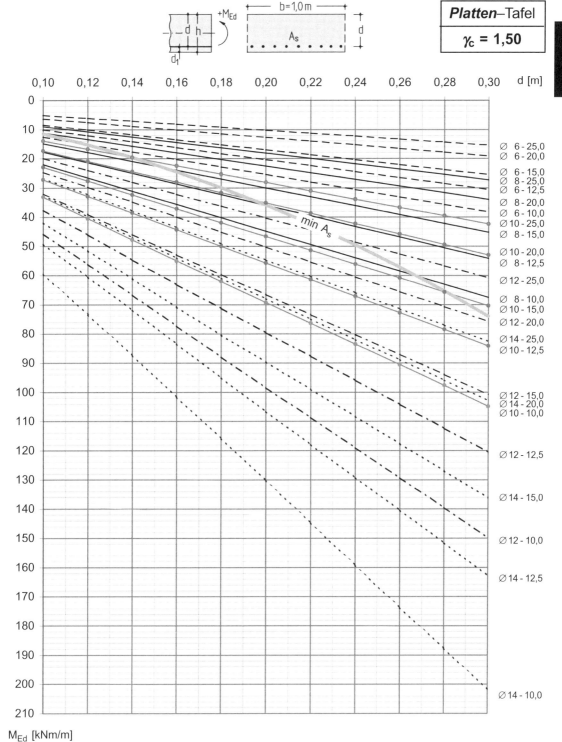

Platten–Tafel

$\gamma_c = 1,50$

C 50/60

b = 1,0 m

$+M_{Ed}$

d h

d_1

A_s

d

d [m]

$\varnothing$ 6 - 25,0
$\varnothing$ 6 - 20,0
$\varnothing$ 6 - 15,0
$\varnothing$ 8 - 25,0
$\varnothing$ 6 - 12,5
$\varnothing$ 8 - 20,0
$\varnothing$ 6 - 10,0
$\varnothing$ 10 - 25,0
$\varnothing$ 8 - 15,0
$\varnothing$ 10 - 20,0
$\varnothing$ 8 - 12,5
$\varnothing$ 12 - 25,0
$\varnothing$ 8 - 10,0
$\varnothing$ 10 - 15,0
$\varnothing$ 12 - 20,0
$\varnothing$ 14 - 25,0
$\varnothing$ 10 - 12,5
$\varnothing$ 12 - 15,0
$\varnothing$ 14 - 20,0
$\varnothing$ 10 - 10,0
$\varnothing$ 12 - 12,5
$\varnothing$ 14 - 15,0
$\varnothing$ 12 - 10,0
$\varnothing$ 14 - 12,5
$\varnothing$ 14 - 10,0

min A_s

M_{Ed} [kNm/m]

Bemessungstafel für Platten ohne Druckbewehrung bei Bewehrung mit Stabstahl

(Normalbeton C 50/60 mit α = 0,85; Betonstahl BSt 500, ansteigender Ast der σ-ε-Linie und γ_s = 1,15)

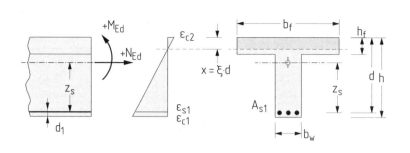

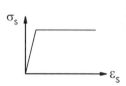

$$\mu_{Eds} = \frac{M_{Eds}}{b_f \cdot d^2 \cdot f_{cd}} \quad \text{mit } M_{Eds} = M_{Ed} - N_{Ed} \cdot z_s$$

$$A_{s1} = \frac{1}{f_{yd}}\left(\omega_1 \cdot b_f \cdot d \cdot f_{cd} + N_{Ed}\right)$$

h_f/d=0,05	ω_1-Werte für b_f/b_w =					h_f/d=0,10	ω_1-Werte für b_f/b_w =				
μ_{Eds}	1	2	3	5	≥ 10	μ_{Eds}	1	2	3	5	≥ 10
0,01	0,0101	0,0101	0,0101	0,0101	0,0101	0,01	0,0101	0,0101	0,0101	0,0101	0,0101
0,02	0,0203	0,0203	0,0203	0,0203	0,0203	0,02	0,0203	0,0203	0,0203	0,0203	0,0203
0,03	0,0306	0,0306	0,0306	0,0306	0,0306	0,03	0,0306	0,0306	0,0306	0,0306	0,0306
0,04	0,0410	0,0410	0,0410	0,0409	0,0409	0,04	0,0410	0,0410	0,0410	0,0410	0,0410
0,05	0,0515	0,0514	0,0514	0,0514	0,0514	0,05	0,0515	0,0515	0,0515	0,0515	0,0515
0,06	0,0621	0,0621	0,0622	0,0624	0,0629	0,06	0,0621	0,0621	0,0621	0,0621	0,0621
0,07	0,0728	0,0731	0,0735	0,0742	0,0767	0,07	0,0728	0,0728	0,0728	0,0728	0,0728
0,08	0,0836	0,0844	0,0852	0,0871		0,08	0,0836	0,0836	0,0836	0,0836	0,0836
0,09	0,0946	0,0961	0,0976	0,1014		0,09	0,0946	0,0946	0,0946	0,0946	0,0945
0,10	0,1057	0,1082	0,1107			0,10	0,1057	0,1058	0,1058	0,1059	0,1060
0,11	0,1170	0,1206	0,1246			0,11	0,1170	0,1173	0,1175	0,1179	0,1192
0,12	0,1285	0,1336	0,1396			0,12	0,1285	0,1292	0,1298	0,1311	
0,13	0,1401	0,1470				0,13	0,1401	0,1415	0,1427	0,1459	
0,14	0,1519	0,1611				0,14	0,1518	0,1542	0,1565		
0,15	0,1638	0,1757				0,15	0,1638	0,1674	0,1712		
0,16	0,1759	0,1912				0,16	0,1759	0,1812			
0,17	0,1882					0,17	0,1882	0,1955			
0,18	0,2007					0,18	0,2007	0,2106			
0,19	0,2134					0,19	0,2134	0,2266			
0,20	0,2263					0,20	0,2263				
0,21	0,2395					0,21	0,2395				
0,22	0,2529					0,22	0,2529				
0,23	0,2665					0,23	0,2665				
0,24	0,2804		unterhalb dieser Linie gilt:			0,24	0,2804				
0,25	0,2946		$\xi = x/d > 0{,}45$			0,25	0,2946				
0,26	0,3091					0,26	0,3091				
0,27	0,3240					0,27	0,3240				
0,28	0,3391					0,28	0,3391				
0,29	0,3546					0,29	0,3546				
0,30	0,3706					0,30	0,3706				
0,31	0,3870					0,31	0,3870				
0,32	0,4038					0,32	0,4038				
0,33	0,4212					0,33	0,4212				
0,34	0,4391					0,34	0,4391				
0,35	0,4577					0,35	0,4577				
0,36	0,4769					0,36	0,4769				
0,37	0,4969					0,37	0,4969				

Bemessungstafeln mit dimensionslosen Beiwerten für den Plattenbalkenquerschnitt

$h_f/d=0,15$	ω_1-Werte für $b_f/b_w =$				
μ_{Eds}	1	2	3	5	≥ 10
0,01	0,0101	0,0101	0,0101	0,0101	0,0101
0,02	0,0203	0,0203	0,0203	0,0203	0,0203
0,03	0,0306	0,0306	0,0306	0,0306	0,0306
0,04	0,0410	0,0410	0,0410	0,0410	0,0410
0,05	0,0515	0,0515	0,0515	0,0515	0,0515
0,06	0,0621	0,0621	0,0621	0,0621	0,0621
0,07	0,0728	0,0728	0,0728	0,0728	0,0728
0,08	0,0836	0,0836	0,0836	0,0836	0,0836
0,09	0,0946	0,0946	0,0946	0,0946	0,0946
0,10	0,1057	0,1057	0,1057	0,1057	0,1057
0,11	0,1170	0,1170	0,1170	0,1170	0,1170
0,12	0,1285	0,1285	0,1285	0,1285	0,1285
0,13	0,1401	0,1400	0,1400	0,1400	0,1400
0,14	0,1518	0,1519	0,1519	0,1519	0,1518
0,15	0,1638	0,1641	0,1642	0,1644	0,1652
0,16	0,1759	0,1766	0,1771	0,1783	
0,17	0,1882	0,1897	0,1909		
0,18	0,2007	0,2032	0,2056		
0,19	0,2134	0,2174	0,2215		
0,20	0,2263	0,2323			
0,21	0,2395	0,2479			
0,22	0,2529				
0,23	0,2665		unterhalb dieser Linie gilt:		
0,24	0,2804		$\xi = x/d > 0,45$		
0,25	0,2946				
0,26	0,3091		s. Tabelle für $h_f/d=0,05$		
...	...				
0,37	0,4969				

$h_f/d=0,20$	ω_1-Werte für $b_f/b_w =$				
μ_{Eds}	1	2	3	5	≥ 10
0,01	0,0101	0,0101	0,0101	0,0101	0,0101
0,02	0,0203	0,0203	0,0203	0,0203	0,0203
0,03	0,0306	0,0306	0,0306	0,0306	0,0306
0,04	0,0410	0,0410	0,0410	0,0410	0,0410
0,05	0,0515	0,0515	0,0515	0,0515	0,0515
0,06	0,0621	0,0621	0,0621	0,0621	0,0621
0,07	0,0728	0,0728	0,0728	0,0728	0,0728
0,08	0,0836	0,0836	0,0836	0,0836	0,0836
0,09	0,0946	0,0946	0,0946	0,0946	0,0946
0,10	0,1057	0,1057	0,1057	0,1057	0,1057
0,11	0,1170	0,1170	0,1170	0,1170	0,1170
0,12	0,1285	0,1285	0,1285	0,1285	0,1285
0,13	0,1401	0,1401	0,1401	0,1401	0,1401
0,14	0,1519	0,1519	0,1519	0,1519	0,1519
0,15	0,1638	0,1638	0,1638	0,1638	0,1638
0,16	0,1759	0,1759	0,1758	0,1758	0,1758
0,17	0,1882	0,1881	0,1881	0,1880	0,1880
0,18	0,2007	0,2007	0,2007	0,2006	0,2006
0,19	0,2134	0,2137	0,2139	0,2141	0,2149
0,20	0,2263	0,2272	0,2278	0,2290	
0,21	0,2395	0,2413	0,2427		
0,22	0,2529	0,2560	0,2589		
0,23	0,2665	0,2715			
0,24	0,2804	0,2879			
0,25	0,2946				
0,26	0,3091		s. Tabelle für $h_f/d=0,05$		
...	...				
0,37	0,4969				

$h_f/d=0,30$	ω_1-Werte für $b_f/b_w =$				
μ_{Eds}	1	2	3	5	≥ 10
0,01	0,0101	0,0101	0,0101	0,0101	0,0101
0,02	0,0203	0,0203	0,0203	0,0203	0,0203
0,03	0,0306	0,0306	0,0306	0,0306	0,0306
0,04	0,0410	0,0410	0,0410	0,0410	0,0410
0,05	0,0515	0,0515	0,0515	0,0515	0,0515
0,06	0,0621	0,0621	0,0621	0,0621	0,0621
0,07	0,0728	0,0728	0,0728	0,0728	0,0728
0,08	0,0836	0,0836	0,0836	0,0836	0,0836
0,09	0,0946	0,0946	0,0946	0,0946	0,0946
0,10	0,1057	0,1057	0,1057	0,1057	0,1057
0,11	0,1170	0,1170	0,1170	0,1170	0,1170
0,12	0,1285	0,1285	0,1285	0,1285	0,1285
0,13	0,1401	0,1401	0,1401	0,1401	0,1401
0,14	0,1519	0,1519	0,1519	0,1519	0,1519
0,15	0,1638	0,1638	0,1638	0,1638	0,1638
0,16	0,1759	0,1759	0,1759	0,1759	0,1759
0,17	0,1882	0,1882	0,1882	0,1882	0,1882
0,18	0,2007	0,2007	0,2007	0,2007	0,2007
0,19	0,2134	0,2134	0,2134	0,2134	0,2134
0,20	0,2263	0,2263	0,2263	0,2263	0,2263
0,21	0,2395	0,2395	0,2395	0,2395	0,2395
0,22	0,2529	0,2528	0,2528	0,2528	0,2528
0,23	0,2665	0,2664	0,2663	0,2663	0,2662
0,24	0,2804	0,2802	0,2801	0,2800	0,2798
0,25	0,2946	0,2945	0,2944	0,2942	0,2940
0,26	0,3091	0,3095	0,3095	0,3095	
0,27	0,3239	0,3251	0,3256		
0,28	0,3391	0,3416			
0,29	0,3546				
0,30	0,3706				
0,31	0,3870				
0,32	0,4038		s. Tabelle für $h_f/d=0,05$		
0,33	0,4212				
...	...				
0,37	0,4969				

$h_f/d=0,40$	ω_1-Werte für $b_f/b_w =$				
μ_{Eds}	1	2	3	5	≥ 10
0,01	0,0101	0,0101	0,0101	0,0101	0,0101
0,02	0,0203	0,0203	0,0203	0,0203	0,0203
0,03	0,0306	0,0306	0,0306	0,0306	0,0306
0,04	0,0410	0,0410	0,0410	0,0410	0,0410
0,05	0,0515	0,0515	0,0515	0,0515	0,0515
0,06	0,0621	0,0621	0,0621	0,0621	0,0621
0,07	0,0728	0,0728	0,0728	0,0728	0,0728
0,08	0,0836	0,0836	0,0836	0,0836	0,0836
0,09	0,0946	0,0946	0,0946	0,0946	0,0946
0,10	0,1057	0,1057	0,1057	0,1057	0,1057
0,11	0,1170	0,1170	0,1170	0,1170	0,1170
0,12	0,1285	0,1285	0,1285	0,1285	0,1285
0,13	0,1401	0,1401	0,1401	0,1401	0,1401
0,14	0,1518	0,1518	0,1518	0,1518	0,1518
0,15	0,1638	0,1638	0,1638	0,1638	0,1638
0,16	0,1759	0,1759	0,1759	0,1759	0,1759
0,17	0,1882	0,1882	0,1882	0,1882	0,1882
0,18	0,2007	0,2007	0,2007	0,2007	0,2007
0,19	0,2134	0,2134	0,2134	0,2134	0,2134
0,20	0,2263	0,2263	0,2263	0,2263	0,2263
0,21	0,2395	0,2395	0,2395	0,2395	0,2395
0,22	0,2529	0,2529	0,2529	0,2529	0,2529
0,23	0,2665	0,2665	0,2665	0,2665	0,2665
0,24	0,2805	0,2805	0,2805	0,2805	0,2805
0,25	0,2946	0,2946	0,2946	0,2946	0,2946
0,26	0,3093	0,3093	0,3093	0,3093	0,3093
0,27	0,3239	0,3239	0,3239	0,3239	0,3239
0,28	0,3391	0,3390	0,3390	0,3390	0,3389
0,29	0,3546	0,3544	0,3543	0,3542	0,3541
0,30	0,3706	0,3701	0,3699	0,3697	0,3695
0,31	0,3870	0,3867	0,3864	0,3861	0,3856
0,32	0,4038	0,4041	0,4039		
0,33	0,4212				
...	...		s. Tabelle für $h_f/d=0,05$		
0,37	0,4969				

Bemessungstafeln mit dimensionslosen Beiwerten für den Plattenbalkenquerschnitt

Tafel 6.1a / C12–C50

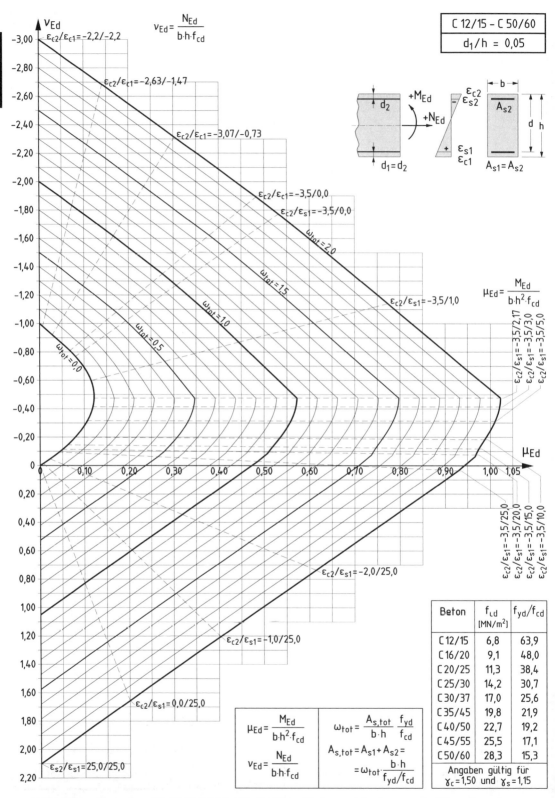

Interaktionsdiagramm für Rechteckquerschnitte mit symmetrischer zweiseitiger Bewehrung

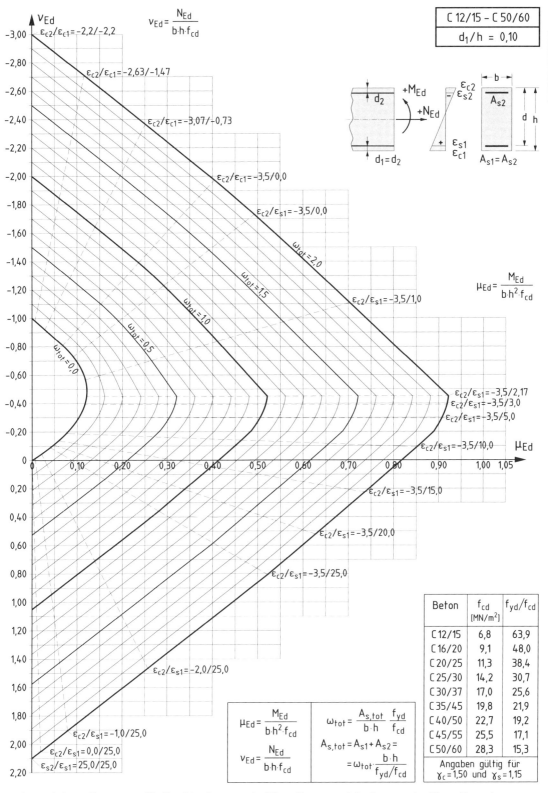

Interaktionsdiagramm für Rechteckquerschnitte mit symmetrischer zweiseitiger Bewehrung

Beton	f_{cd} [MN/m²]	f_{yd}/f_{cd}
C 12/15	6,8	63,9
C 16/20	9,1	48,0
C 20/25	11,3	38,4
C 25/30	14,2	30,7
C 30/37	17,0	25,6
C 35/45	19,8	21,9
C 40/50	22,7	19,2
C 45/55	25,5	17,1
C 50/60	28,3	15,3
Angaben gültig für $\gamma_c = 1{,}50$ und $\gamma_s = 1{,}15$		

$$\mu_{Ed} = \frac{M_{Ed}}{b \cdot h^2 \cdot f_{cd}}$$

$$v_{Ed} = \frac{N_{Ed}}{b \cdot h \cdot f_{cd}}$$

$$\omega_{tot} = \frac{A_{s,tot}}{b \cdot h} \cdot \frac{f_{yd}}{f_{cd}}$$

$$A_{s,tot} = A_{s1} + A_{s2} = \omega_{tot} \cdot \frac{b \cdot h}{f_{yd}/f_{cd}}$$

Tafel 6.1c / C12–C50

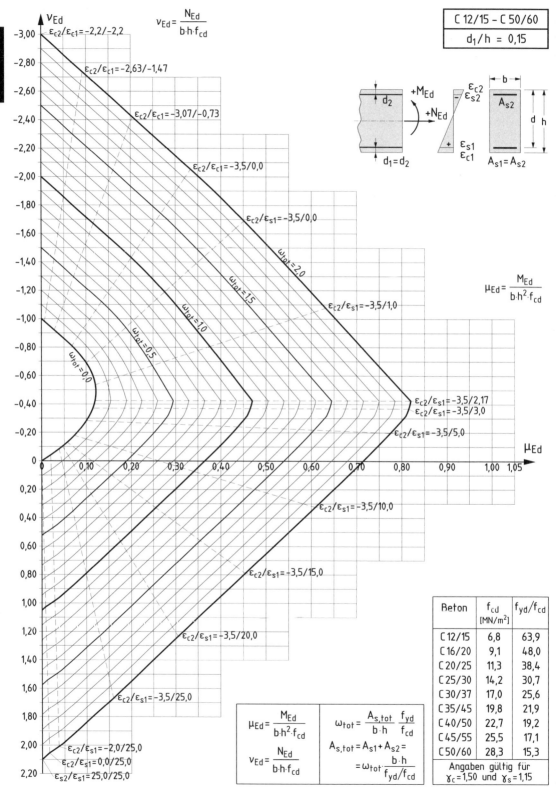

Interaktionsdiagramm für Rechteckquerschnitte mit symmetrischer zweiseitiger Bewehrung

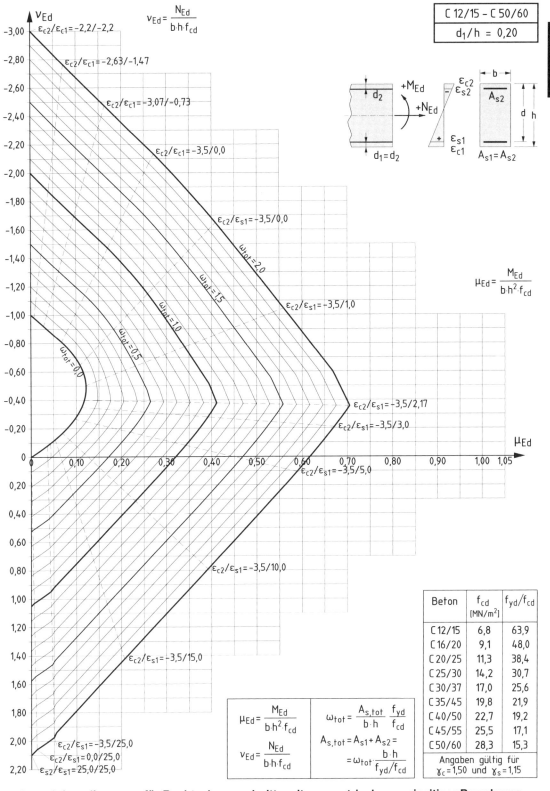

Interaktionsdiagramm für Rechteckquerschnitte mit symmetrischer zweiseitiger Bewehrung

$$\mu_{Ed} = \frac{M_{Ed}}{b \cdot h^2 \cdot f_{cd}} \qquad \omega_{tot} = \frac{A_{s,tot}}{b \cdot h} \cdot \frac{f_{yd}}{f_{cd}}$$

$$\nu_{Ed} = \frac{N_{Ed}}{b \cdot h \cdot f_{cd}} \qquad A_{s,tot} = A_{s1} + A_{s2} = $$

$$ = \omega_{tot} \cdot \frac{b \cdot h}{f_{yd}/f_{cd}}$$

Beton	f_{cd} [MN/m²]	f_{yd}/f_{cd}
C 12/15	6,8	63,9
C 16/20	9,1	48,0
C 20/25	11,3	38,4
C 25/30	14,2	30,7
C 30/37	17,0	25,6
C 35/45	19,8	21,9
C 40/50	22,7	19,2
C 45/55	25,5	17,1
C 50/60	28,3	15,3
Angaben gültig für $\gamma_c = 1,50$ und $\gamma_s = 1,15$		

Tafel 6.1e / C12–C50

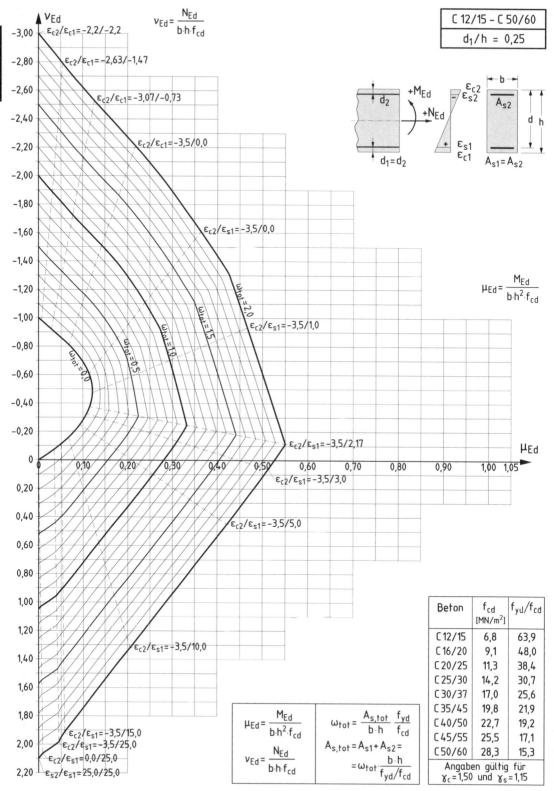

Beton	f_{cd} [MN/m²]	f_{yd}/f_{cd}
C 12/15	6,8	63,9
C 16/20	9,1	48,0
C 20/25	11,3	38,4
C 25/30	14,2	30,7
C 30/37	17,0	25,6
C 35/45	19,8	21,9
C 40/50	22,7	19,2
C 45/55	25,5	17,1
C 50/60	28,3	15,3
Angaben gültig für $\gamma_c=1,50$ und $\gamma_s=1,15$		

$$\mu_{Ed}=\frac{M_{Ed}}{b\cdot h^2\cdot f_{cd}}$$

$$\omega_{tot}=\frac{A_{s,tot}}{b\cdot h}\cdot\frac{f_{yd}}{f_{cd}}$$

$$A_{s,tot}=A_{s1}+A_{s2}=\omega_{tot}\cdot\frac{b\cdot h}{f_{yd}/f_{cd}}$$

$$\nu_{Ed}=\frac{N_{Ed}}{b\cdot h\cdot f_{cd}}$$

Interaktionsdiagramm für Rechteckquerschnitte mit symmetrischer zweiseitiger Bewehrung

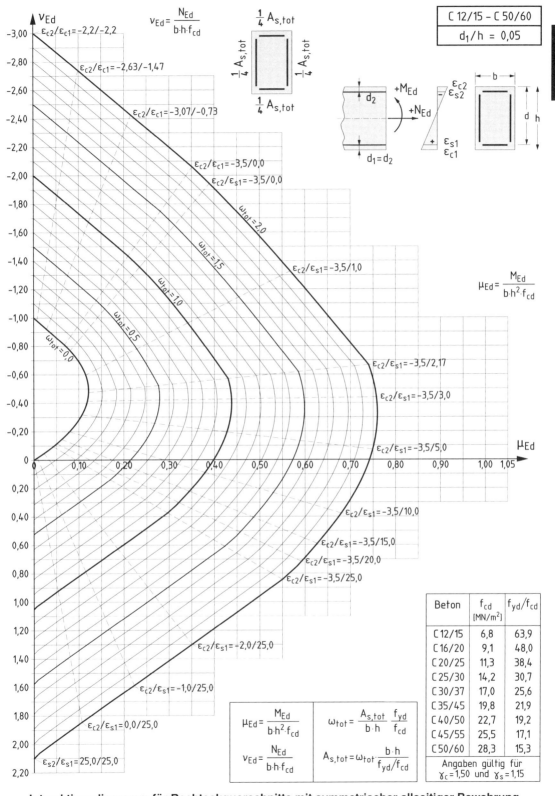

Interaktionsdiagramm für Rechteckquerschnitte mit symmetrischer allseitiger Bewehrung

Tafel 6.2b / C12–C50

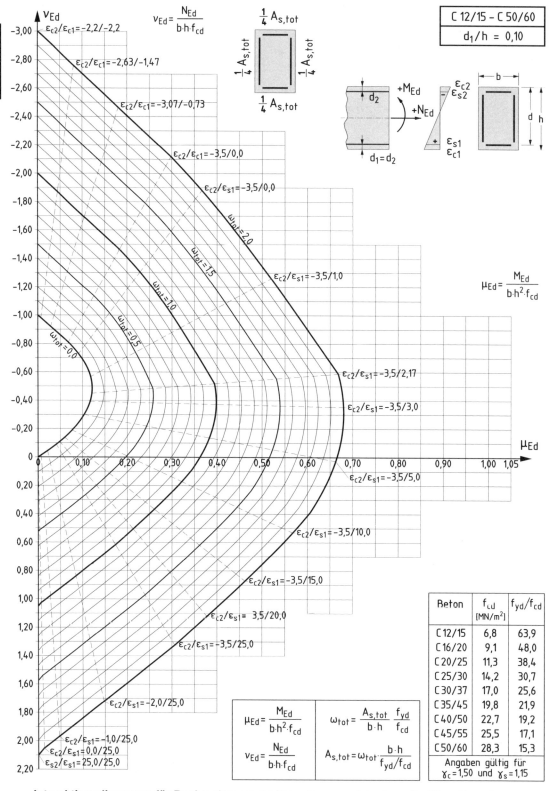

Interaktionsdiagramm für Rechteckquerschnitte mit symmetrischer allseitiger Bewehrung

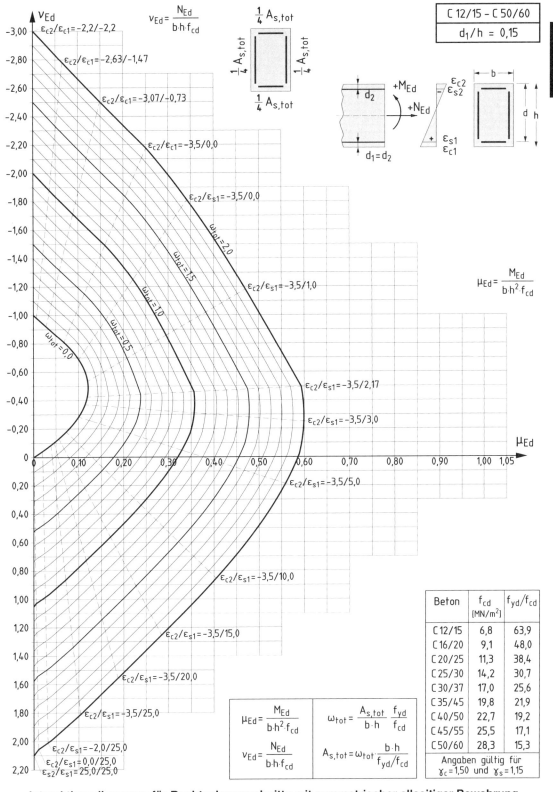

Interaktionsdiagramm für Rechteckquerschnitte mit symmetrischer allseitiger Bewehrung

Beton	f_{cd} [MN/m²]	f_{yd}/f_{cd}
C 12/15	6,8	63,9
C 16/20	9,1	48,0
C 20/25	11,3	38,4
C 25/30	14,2	30,7
C 30/37	17,0	25,6
C 35/45	19,8	21,9
C 40/50	22,7	19,2
C 45/55	25,5	17,1
C 50/60	28,3	15,3
Angaben gültig für $\gamma_c = 1,50$ und $\gamma_s = 1,15$		

$$\mu_{Ed} = \frac{M_{Ed}}{b \cdot h^2 \cdot f_{cd}} \qquad \omega_{tot} = \frac{A_{s,tot}}{b \cdot h} \cdot \frac{f_{yd}}{f_{cd}}$$

$$\nu_{Ed} = \frac{N_{Ed}}{b \cdot h \cdot f_{cd}} \qquad A_{s,tot} = \omega_{tot} \cdot \frac{b \cdot h}{f_{yd}/f_{cd}}$$

Tafel 6.2d / C12–C50

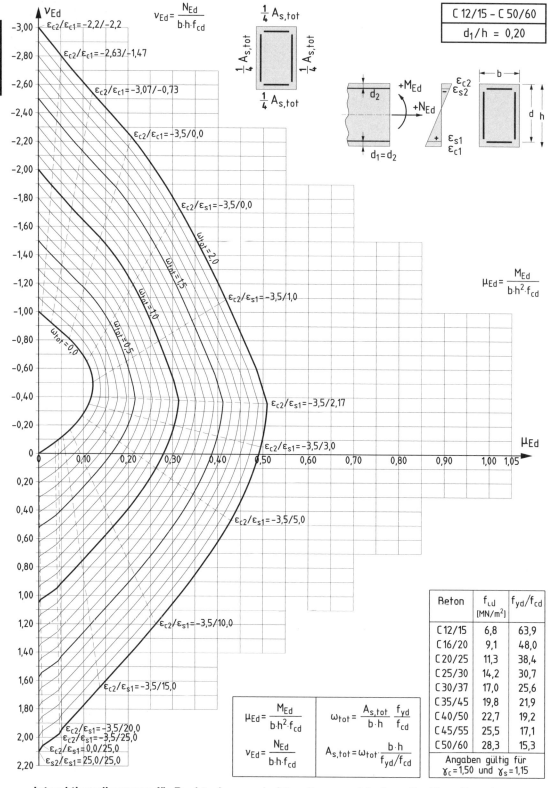

Interaktionsdiagramm für Rechteckquerschnitte mit symmetrischer allseitiger Bewehrung

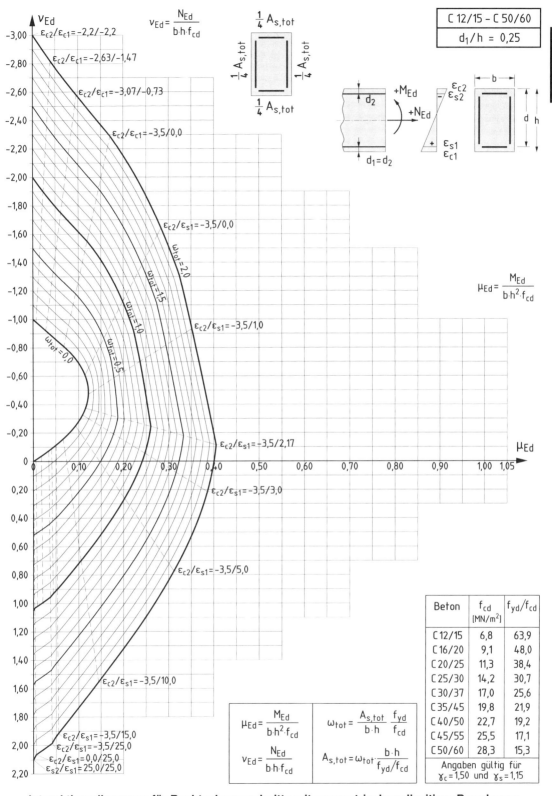

Interaktionsdiagramm für Rechteckquerschnitte mit symmetrischer allseitiger Bewehrung

Tafel 6.3a / C12–C50

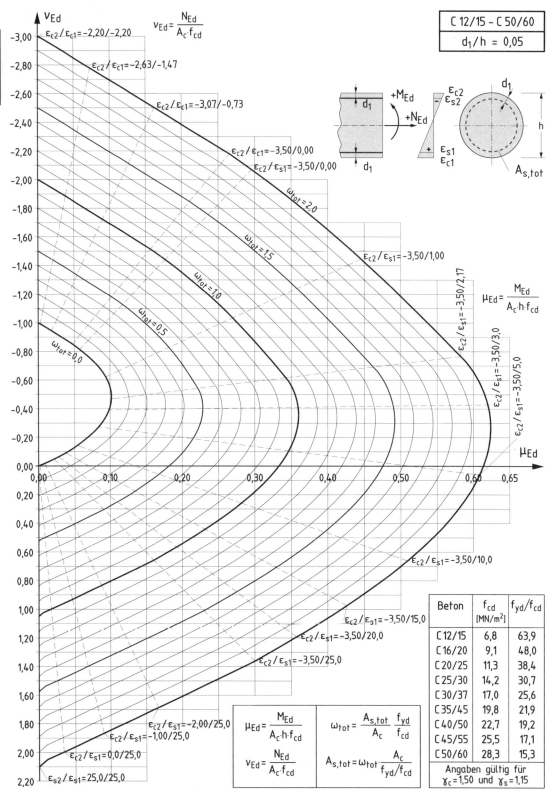

$$v_{Ed} = \frac{N_{Ed}}{A_c \cdot f_{cd}}$$

$$\varepsilon_{c2}/\varepsilon_{c1}=-2,20/-2,20$$

$$\varepsilon_{c2}/\varepsilon_{c1}=-2,63/-1,47$$

$$\varepsilon_{c2}/\varepsilon_{c1}=-3,07/-0,73$$

$$\varepsilon_{c2}/\varepsilon_{c1}=-3,50/0,00$$

$$\varepsilon_{c2}/\varepsilon_{s1}=-3,50/0,00$$

$$\omega_{tot}=2,0$$

$$\omega_{tot}=1,5$$

$$\omega_{tot}=1,0$$

$$\omega_{tot}=0,5$$

$$\omega_{tot}=0,0$$

$$\varepsilon_{c2}/\varepsilon_{s1}=-3,50/1,00$$

$$\varepsilon_{c2}/\varepsilon_{s1}=-3,50/2,17$$

$$\varepsilon_{c2}/\varepsilon_{s1}=-3,50/3,0$$

$$\varepsilon_{c2}/\varepsilon_{s1}=-3,50/5,0$$

$$\mu_{Ed} = \frac{M_{Ed}}{A_c \cdot h \cdot f_{cd}}$$

$$\varepsilon_{c2}/\varepsilon_{s1}=-3,50/10,0$$

$$\varepsilon_{c2}/\varepsilon_{s1}=-3,50/15,0$$

$$\varepsilon_{c2}/\varepsilon_{s1}=-3,50/20,0$$

$$\varepsilon_{c2}/\varepsilon_{s1}=-3,50/25,0$$

$$\varepsilon_{c2}/\varepsilon_{s1}=-2,00/25,0$$

$$\varepsilon_{c2}/\varepsilon_{s1}=-1,00/25,0$$

$$\varepsilon_{c2}/\varepsilon_{s1}=0,0/25,0$$

$$\varepsilon_{s2}/\varepsilon_{s1}=25,0/25,0$$

C 12/15 – C 50/60

$$d_1/h = 0,05$$

$$\mu_{Ed} = \frac{M_{Ed}}{A_c \cdot h \cdot f_{cd}} \qquad \omega_{tot} = \frac{A_{s,tot}}{A_c} \cdot \frac{f_{yd}}{f_{cd}}$$

$$v_{Ed} = \frac{N_{Ed}}{A_c \cdot f_{cd}} \qquad A_{s,tot} = \omega_{tot} \cdot \frac{A_c}{f_{yd}/f_{cd}}$$

Beton	f_{cd} [MN/m²]	f_{yd}/f_{cd}
C 12/15	6,8	63,9
C 16/20	9,1	48,0
C 20/25	11,3	38,4
C 25/30	14,2	30,7
C 30/37	17,0	25,6
C 35/45	19,8	21,9
C 40/50	22,7	19,2
C 45/55	25,5	17,1
C 50/60	28,3	15,3
Angaben gültig für $\gamma_c=1,50$ und $\gamma_s=1,15$		

Interaktionsdiagramm für Kreisquerschnitte

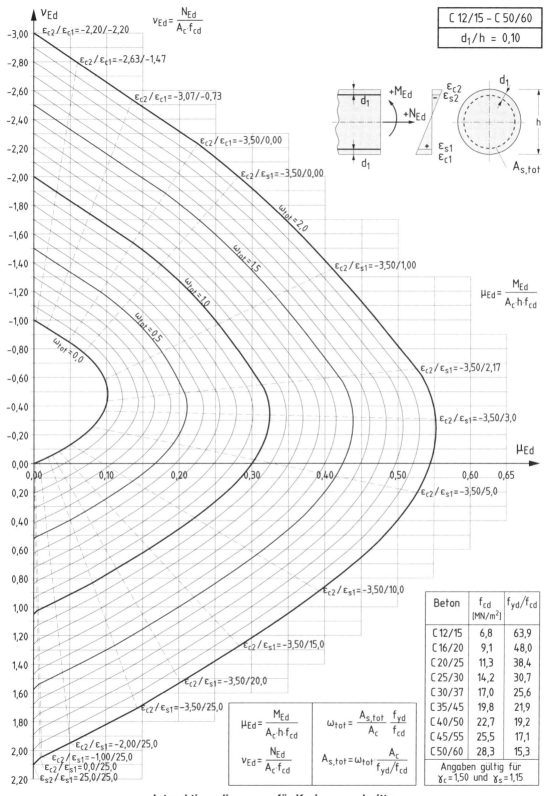

$$v_{Ed} = \frac{N_{Ed}}{A_c \cdot f_{cd}}$$

$$\mu_{Ed} = \frac{M_{Ed}}{A_c \cdot h \cdot f_{cd}}$$

C 12/15 – C 50/60

$d_1/h = 0{,}10$

C 12/15 – C 50/60

Beton	f_{cd} [MN/m²]	f_{yd}/f_{cd}
C 12/15	6,8	63,9
C 16/20	9,1	48,0
C 20/25	11,3	38,4
C 25/30	14,2	30,7
C 30/37	17,0	25,6
C 35/45	19,8	21,9
C 40/50	22,7	19,2
C 45/55	25,5	17,1
C 50/60	28,3	15,3
Angaben gültig für $\gamma_c = 1{,}50$ und $\gamma_s = 1{,}15$		

$$\mu_{Ed} = \frac{M_{Ed}}{A_c \cdot h \cdot f_{cd}} \qquad \omega_{tot} = \frac{A_{s,tot}}{A_c} \cdot \frac{f_{yd}}{f_{cd}}$$

$$v_{Ed} = \frac{N_{Ed}}{A_c \cdot f_{cd}} \qquad A_{s,tot} = \omega_{tot} \cdot \frac{A_c}{f_{yd}/f_{cd}}$$

Interaktionsdiagramm für Kreisquerschnitte

Tafel 6.3c / C12–C50

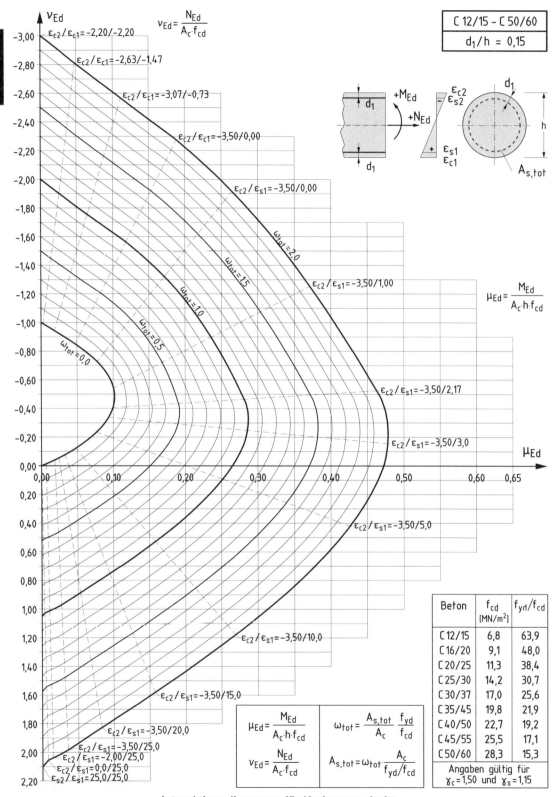

Interaktionsdiagramm für Kreisquerschnitte

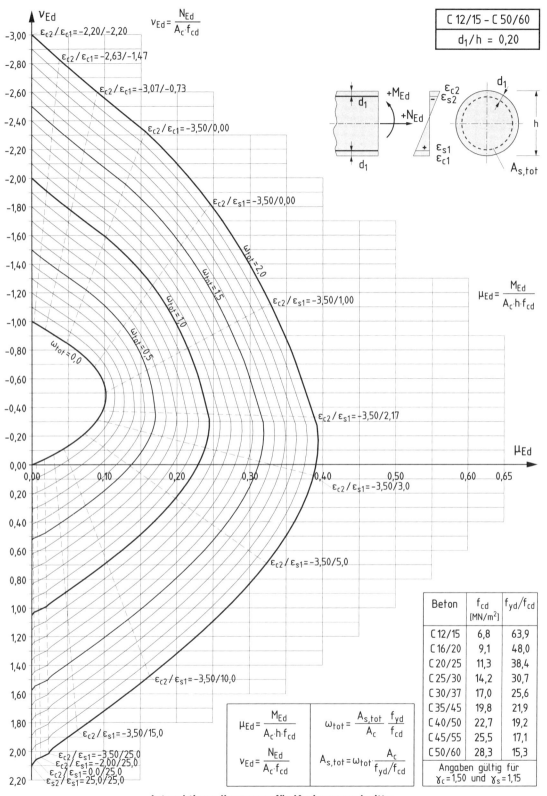

C 12/15 – C 50/60
$d_1/h = 0,20$

$$v_{Ed} = \frac{N_{Ed}}{A_c \cdot f_{cd}}$$

$$\mu_{Ed} = \frac{M_{Ed}}{A_c \cdot h \cdot f_{cd}}$$

Beton	f_{cd} [MN/m²]	f_{yd}/f_{cd}
C 12/15	6,8	63,9
C 16/20	9,1	48,0
C 20/25	11,3	38,4
C 25/30	14,2	30,7
C 30/37	17,0	25,6
C 35/45	19,8	21,9
C 40/50	22,7	19,2
C 45/55	25,5	17,1
C 50/60	28,3	15,3
Angaben gültig für $\gamma_c = 1,50$ und $\gamma_s = 1,15$		

$$\mu_{Ed} = \frac{M_{Ed}}{A_c \cdot h \cdot f_{cd}}$$

$$v_{Ed} = \frac{N_{Ed}}{A_c \cdot f_{cd}}$$

$$\omega_{tot} = \frac{A_{s,tot}}{A_c} \cdot \frac{f_{yd}}{f_{cd}}$$

$$A_{s,tot} = \omega_{tot} \cdot \frac{A_c}{f_{yd}/f_{cd}}$$

Interaktionsdiagramm für Kreisquerschnitte

Tafel 6.3e / C12–C50

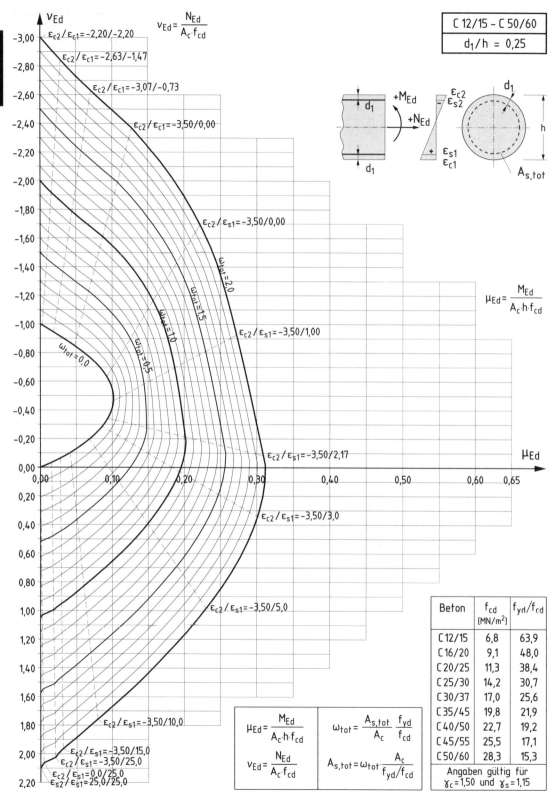

$$v_{Ed} = \frac{N_{Ed}}{A_c \cdot f_{cd}}$$

C 12/15 - C 50/60
$d_1/h = 0,25$

$$\mu_{Ed} = \frac{M_{Ed}}{A_c \cdot h \cdot f_{cd}}$$

$\varepsilon_{c2}/\varepsilon_{c1} = -2,20/-2,20$
$\varepsilon_{c2}/\varepsilon_{c1} = -2,63/-1,47$
$\varepsilon_{c2}/\varepsilon_{c1} = -3,07/-0,73$
$\varepsilon_{c2}/\varepsilon_{c1} = -3,50/0,00$
$\varepsilon_{c2}/\varepsilon_{s1} = -3,50/0,00$
$\varepsilon_{c2}/\varepsilon_{s1} = -3,50/1,00$
$\varepsilon_{c2}/\varepsilon_{s1} = -3,50/2,17$
$\varepsilon_{c2}/\varepsilon_{s1} = -3,50/3,0$
$\varepsilon_{c2}/\varepsilon_{s1} = -3,50/5,0$
$\varepsilon_{c2}/\varepsilon_{s1} = -3,50/10,0$
$\varepsilon_{c2}/\varepsilon_{s1} = -3,50/15,0$
$\varepsilon_{c2}/\varepsilon_{s1} = -3,50/25,0$
$\varepsilon_{c2}/\varepsilon_{s1} = 0,0/25,0$
$\varepsilon_{s2}/\varepsilon_{s1} = 25,0/25,0$

$\omega_{tot} = 0,0$
$\omega_{tot} = 0,5$
$\omega_{tot} = 1,0$
$\omega_{tot} = 1,5$
$\omega_{tot} = 2,0$

$$\mu_{Ed} = \frac{M_{Ed}}{A_c \cdot h \cdot f_{cd}} \qquad \omega_{tot} = \frac{A_{s,tot}}{A_c} \cdot \frac{f_{yd}}{f_{cd}}$$

$$v_{Ed} = \frac{N_{Ed}}{A_c \cdot f_{cd}} \qquad A_{s,tot} = \omega_{tot} \cdot \frac{A_c}{f_{yd}/f_{cd}}$$

Beton	f_{cd} [MN/m²]	f_{yd}/f_{cd}
C 12/15	6,8	63,9
C 16/20	9,1	48,0
C 20/25	11,3	38,4
C 25/30	14,2	30,7
C 30/37	17,0	25,6
C 35/45	19,8	21,9
C 40/50	22,7	19,2
C 45/55	25,5	17,1
C 50/60	28,3	15,3
Angaben gültig für $\gamma_c = 1,50$ und $\gamma_s = 1,15$		

Interaktionsdiagramm für Kreisquerschnitte

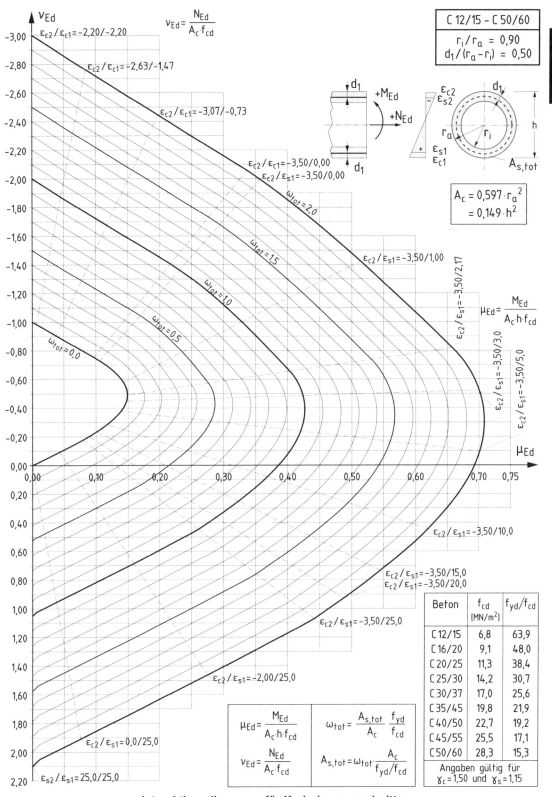

Interaktionsdiagramm für Kreisringquerschnitte

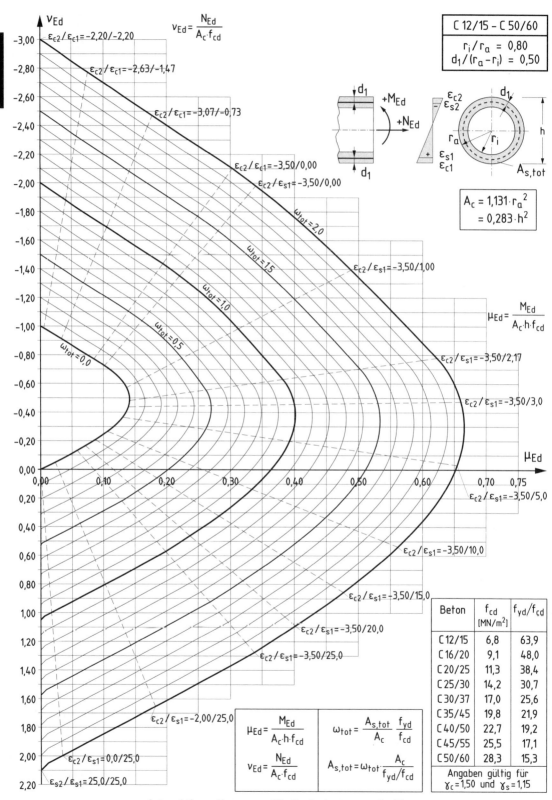

Interaktionsdiagramm für Kreisringquerschnitte

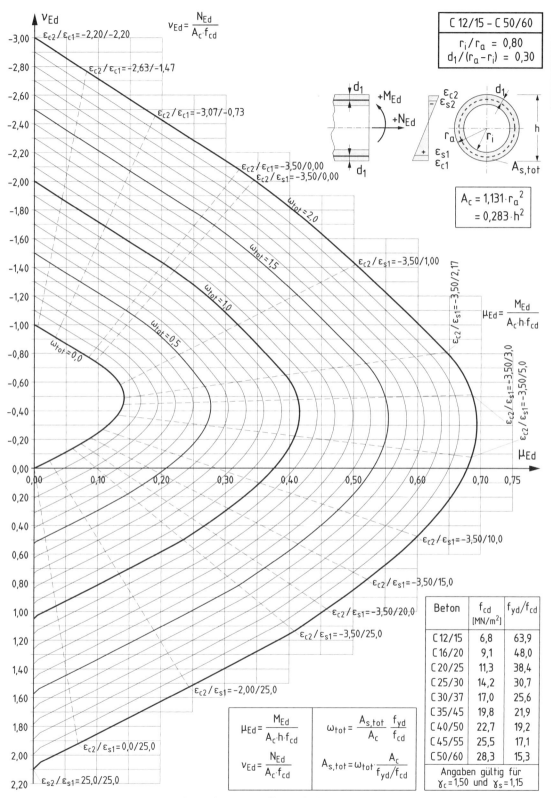

Interaktionsdiagramm für Kreisringquerschnitte

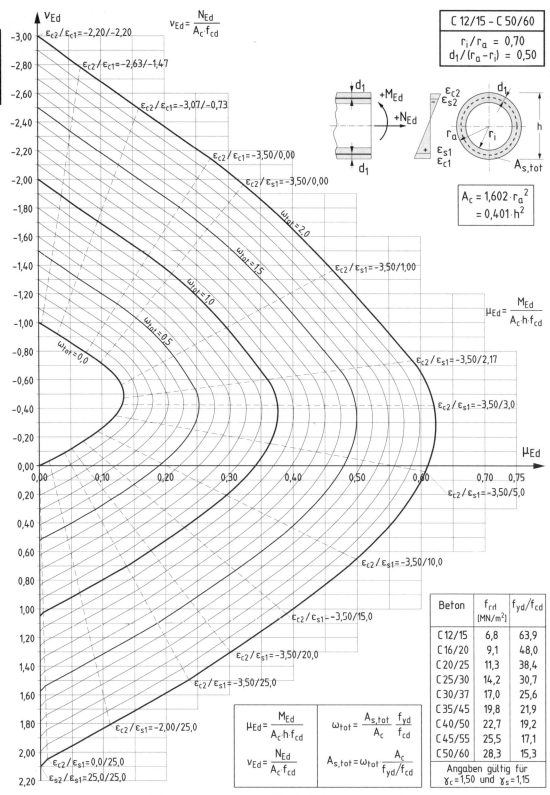

Interaktionsdiagramm für Kreisringquerschnitte

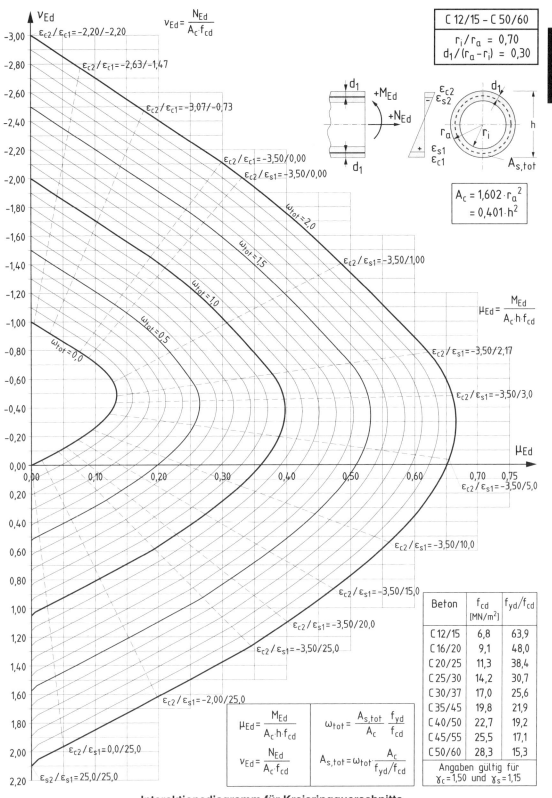

Interaktionsdiagramm für Kreisringquerschnitte

Beton	f_{cd} [MN/m²]	f_{yd}/f_{cd}
C 12/15	6,8	63,9
C 16/20	9,1	48,0
C 20/25	11,3	38,4
C 25/30	14,2	30,7
C 30/37	17,0	25,6
C 35/45	19,8	21,9
C 40/50	22,7	19,2
C 45/55	25,5	17,1
C 50/60	28,3	15,3
Angaben gültig für $\gamma_c = 1,50$ und $\gamma_s = 1,15$		

$$\mu_{Ed} = \frac{M_{Ed}}{A_c \cdot h \cdot f_{cd}}$$

$$\nu_{Ed} = \frac{N_{Ed}}{A_c \cdot f_{cd}}$$

$$\omega_{tot} = \frac{A_{s,tot}}{A_c} \cdot \frac{f_{yd}}{f_{cd}}$$

$$A_{s,tot} = \omega_{tot} \cdot \frac{A_c}{f_{yd}/f_{cd}}$$

C 12/15 – C 50/60

77

Tafel 7.1a / C12–C50

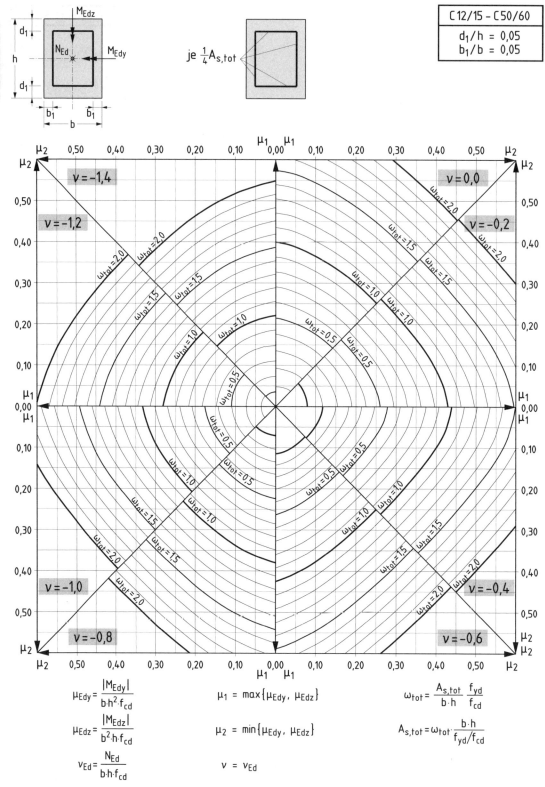

$$\mu_{Edy} = \frac{|M_{Edy}|}{b \cdot h^2 \cdot f_{cd}}$$

$$\mu_{Edz} = \frac{|M_{Edz}|}{b^2 \cdot h \cdot f_{cd}}$$

$$\nu_{Ed} = \frac{N_{Ed}}{b \cdot h \cdot f_{cd}}$$

$$\mu_1 = \max\{\mu_{Edy},\, \mu_{Edz}\}$$

$$\mu_2 = \min\{\mu_{Edy},\, \mu_{Edz}\}$$

$$\nu = \nu_{Ed}$$

$$\omega_{tot} = \frac{A_{s,tot}}{b \cdot h} \cdot \frac{f_{yd}}{f_{cd}}$$

$$A_{s,tot} = \omega_{tot} \cdot \frac{b \cdot h}{f_{yd}/f_{cd}}$$

Interaktionsdiagramm für schiefe Biegung mit Längsdruckkraft

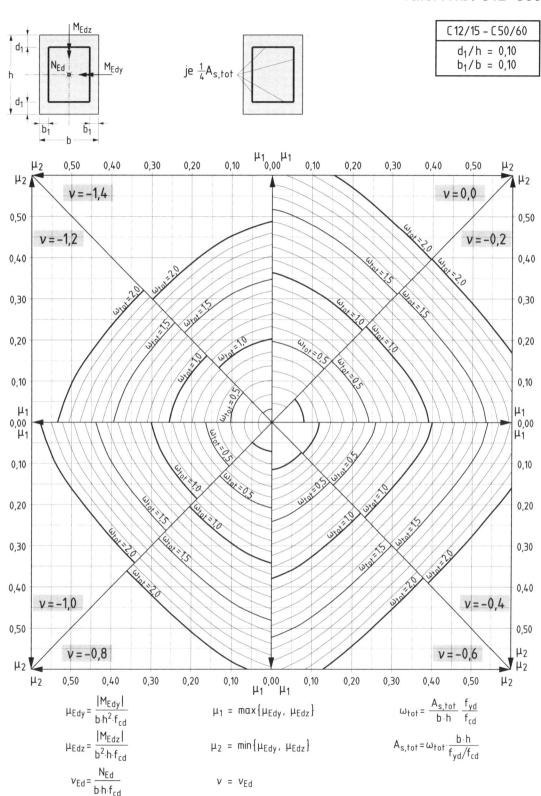

$$\mu_{Edy} = \frac{|M_{Edy}|}{b \cdot h^2 \cdot f_{cd}}$$

$$\mu_{Edz} = \frac{|M_{Edz}|}{b^2 \cdot h \cdot f_{cd}}$$

$$\nu_{Ed} = \frac{N_{Ed}}{b \cdot h \cdot f_{cd}}$$

$$\mu_1 = \max\{\mu_{Edy}, \mu_{Edz}\}$$

$$\mu_2 = \min\{\mu_{Edy}, \mu_{Edz}\}$$

$$\nu = \nu_{Ed}$$

$$\omega_{tot} = \frac{A_{s,tot}}{b \cdot h} \cdot \frac{f_{yd}}{f_{cd}}$$

$$A_{s,tot} = \omega_{tot} \cdot \frac{b \cdot h}{f_{yd}/f_{cd}}$$

Interaktionsdiagramm für schiefe Biegung mit Längsdruckkraft

79

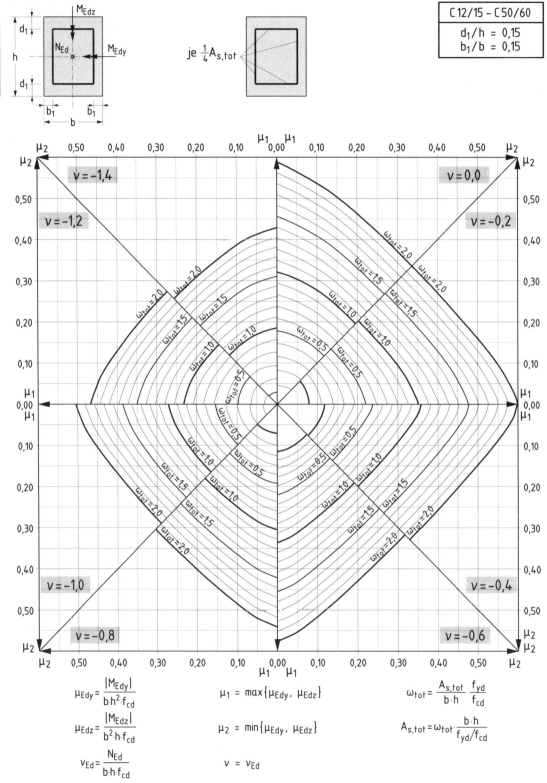

$$\mu_{Edy} = \frac{|M_{Edy}|}{b \cdot h^2 \cdot f_{cd}} \qquad \mu_1 = \max\{\mu_{Edy}, \mu_{Edz}\} \qquad \omega_{tot} = \frac{A_{s,tot}}{b \cdot h} \cdot \frac{f_{yd}}{f_{cd}}$$

$$\mu_{Edz} = \frac{|M_{Edz}|}{b^2 \cdot h \cdot f_{cd}} \qquad \mu_2 = \min\{\mu_{Edy}, \mu_{Edz}\} \qquad A_{s,tot} = \omega_{tot} \cdot \frac{b \cdot h}{f_{yd}/f_{cd}}$$

$$\nu_{Ed} = \frac{N_{Ed}}{b \cdot h \cdot f_{cd}} \qquad \nu = \nu_{Ed}$$

Interaktionsdiagramm für schiefe Biegung mit Längsdruckkraft

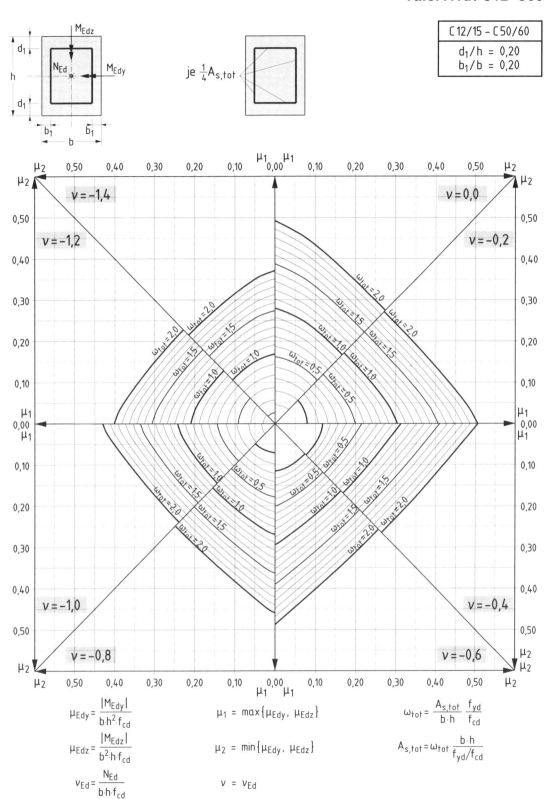

$$\mu_{Edy} = \frac{|M_{Edy}|}{b \cdot h^2 \cdot f_{cd}}$$

$$\mu_{Edz} = \frac{|M_{Edz}|}{b^2 \cdot h \cdot f_{cd}}$$

$$\nu_{Ed} = \frac{N_{Ed}}{b \cdot h \cdot f_{cd}}$$

$$\mu_1 = \max\{\mu_{Edy}, \mu_{Edz}\}$$

$$\mu_2 = \min\{\mu_{Edy}, \mu_{Edz}\}$$

$$\nu = \nu_{Ed}$$

$$\omega_{tot} = \frac{A_{s,tot}}{b \cdot h} \cdot \frac{f_{yd}}{f_{cd}}$$

$$A_{s,tot} = \omega_{tot} \cdot \frac{b \cdot h}{f_{yd}/f_{cd}}$$

Interaktionsdiagramm für schiefe Biegung mit Längsdruckkraft

Tafel 7.1e/ C12–C50

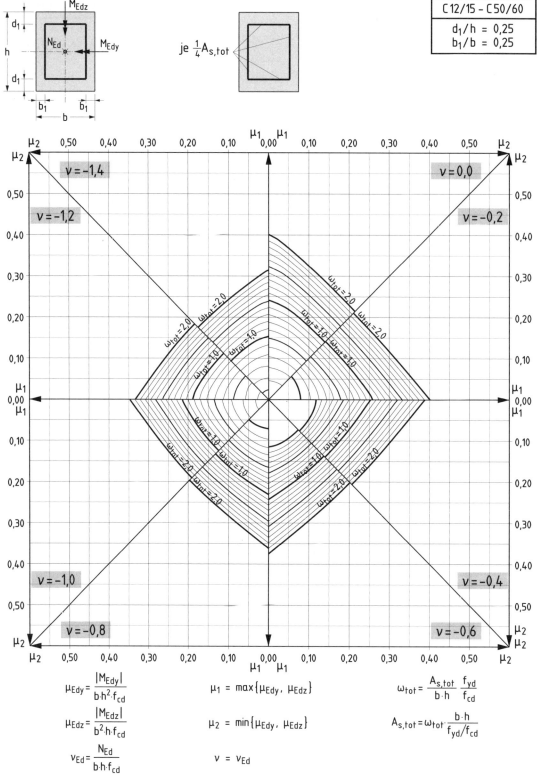

$$\mu_{Edy} = \frac{|M_{Edy}|}{b \cdot h^2 \cdot f_{cd}}$$

$$\mu_{Edz} = \frac{|M_{Edz}|}{b^2 \cdot h \cdot f_{cd}}$$

$$\nu_{Ed} = \frac{N_{Ed}}{b \cdot h \cdot f_{cd}}$$

$$\mu_1 = \max\{\mu_{Edy}, \mu_{Edz}\}$$

$$\mu_2 = \min\{\mu_{Edy}, \mu_{Edz}\}$$

$$\nu = \nu_{Ed}$$

$$\omega_{tot} = \frac{A_{s,tot}}{b \cdot h} \cdot \frac{f_{yd}}{f_{cd}}$$

$$A_{s,tot} = \omega_{tot} \cdot \frac{b \cdot h}{f_{yd}/f_{cd}}$$

Interaktionsdiagramm für schiefe Biegung mit Längsdruckkraft

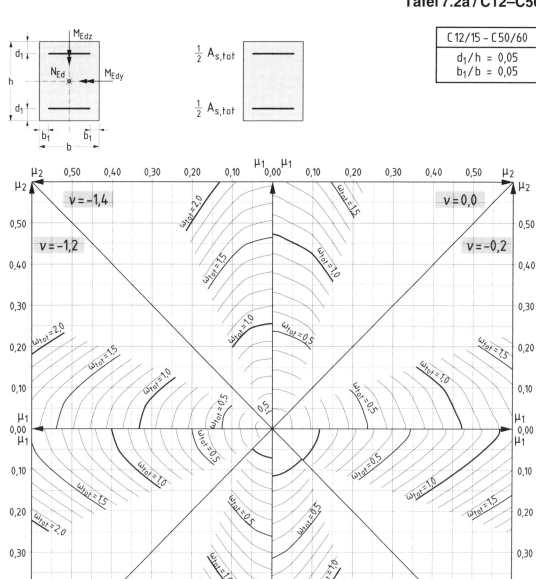

$$\mu_{Edy} = \frac{|M_{Edy}|}{b \cdot h^2 \cdot f_{cd}} \longrightarrow \mu_1 = \mu_{Edy}$$

$$\mu_{Edz} = \frac{|M_{Edz}|}{b^2 \cdot h \cdot f_{cd}} \longrightarrow \mu_2 = \mu_{Edz}$$

$$\nu_{Ed} = \frac{N_{Ed}}{b \cdot h \cdot f_{cd}} \longrightarrow \nu = \nu_{Ed}$$

$$\omega_{tot} = \frac{A_{s,tot}}{b \cdot h} \cdot \frac{f_{yd}}{f_{cd}}$$

$$A_{s,tot} = \omega_{tot} \cdot \frac{b \cdot h}{f_{yd}/f_{cd}}$$

Interaktionsdiagramm für schiefe Biegung mit Längsdruckkraft

Tafel 7.2b / C12–C50

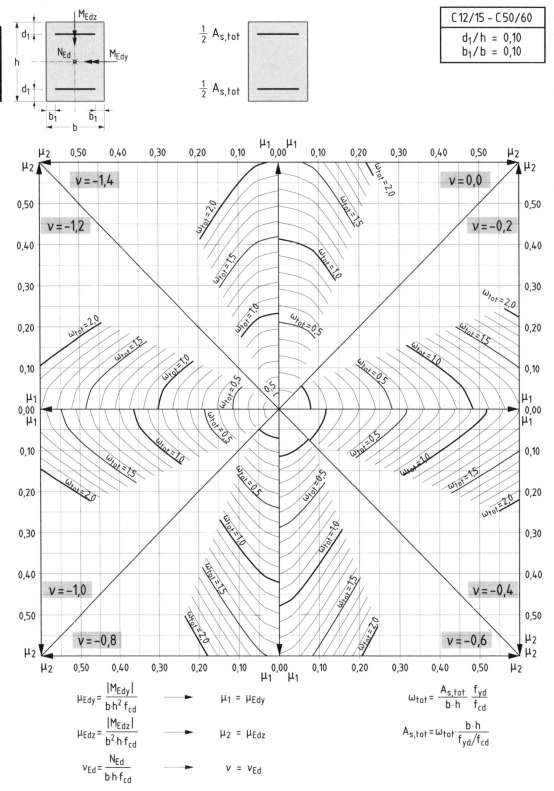

$$C\,12/15 - C\,50/60$$
$$d_1/h = 0{,}10$$
$$b_1/b = 0{,}10$$

$$\mu_{Edy} = \frac{|M_{Edy}|}{b \cdot h^2 \cdot f_{cd}} \longrightarrow \mu_1 = \mu_{Edy}$$

$$\mu_{Edz} = \frac{|M_{Edz}|}{b^2 \cdot h \cdot f_{cd}} \longrightarrow \mu_2 = \mu_{Edz}$$

$$\nu_{Ed} = \frac{N_{Ed}}{b \cdot h \cdot f_{cd}} \longrightarrow \nu = \nu_{Ed}$$

$$\omega_{tot} = \frac{A_{s,tot}}{b \cdot h} \cdot \frac{f_{yd}}{f_{cd}}$$

$$A_{s,tot} = \omega_{tot} \cdot \frac{b \cdot h}{f_{yd}/f_{cd}}$$

Interaktionsdiagramm für schiefe Biegung mit Längsdruckkraft

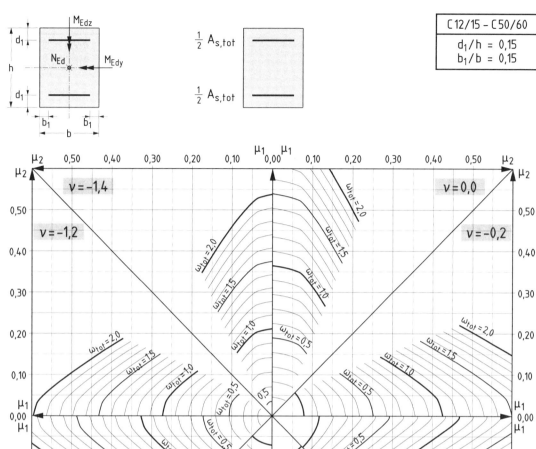

$$\mu_{Edy} = \frac{|M_{Edy}|}{b \cdot h^2 \cdot f_{cd}} \quad \longrightarrow \quad \mu_1 = \mu_{Edy} \qquad \omega_{tot} = \frac{A_{s,tot}}{b \cdot h} \cdot \frac{f_{yd}}{f_{cd}}$$

$$\mu_{Edz} = \frac{|M_{Edz}|}{b^2 \cdot h \cdot f_{cd}} \quad \longrightarrow \quad \mu_2 = \mu_{Edz} \qquad A_{s,tot} = \omega_{tot} \cdot \frac{b \cdot h}{f_{yd}/f_{cd}}$$

$$\nu_{Ed} = \frac{N_{Ed}}{b \cdot h \cdot f_{cd}} \quad \longrightarrow \quad \nu = \nu_{Ed}$$

Interaktionsdiagramm für schiefe Biegung mit Längsdruckkraft

Tafel 7.2d / C12–C50

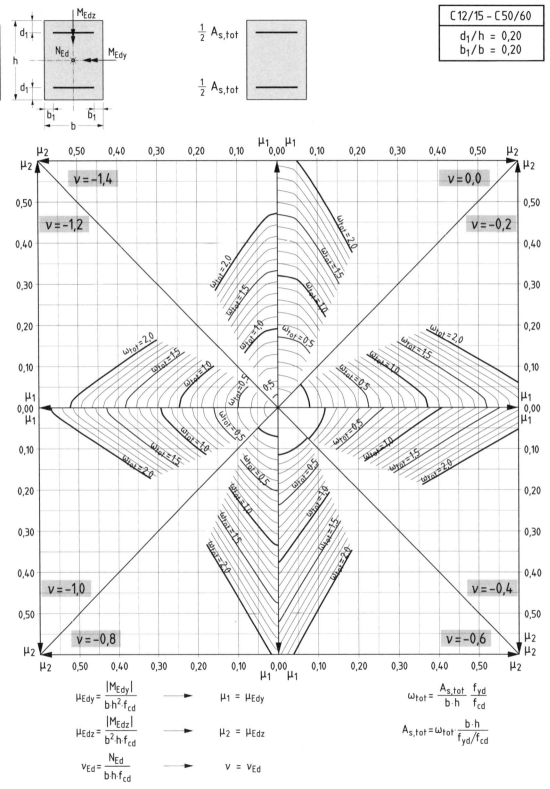

$$\mu_{Edy} = \frac{|M_{Edy}|}{b \cdot h^2 \cdot f_{cd}} \quad \longrightarrow \quad \mu_1 = \mu_{Edy}$$

$$\mu_{Edz} = \frac{|M_{Edz}|}{b^2 \cdot h \cdot f_{cd}} \quad \longrightarrow \quad \mu_2 = \mu_{Edz}$$

$$\nu_{Ed} = \frac{N_{Ed}}{b \cdot h \cdot f_{cd}} \quad \longrightarrow \quad \nu = \nu_{Ed}$$

$$\omega_{tot} = \frac{A_{s,tot}}{b \cdot h} \frac{f_{yd}}{f_{cd}}$$

$$A_{s,tot} = \omega_{tot} \cdot \frac{b \cdot h}{f_{yd}/f_{cd}}$$

Interaktionsdiagramm für schiefe Biegung mit Längsdruckkraft

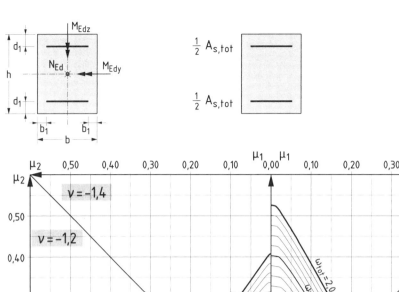

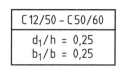

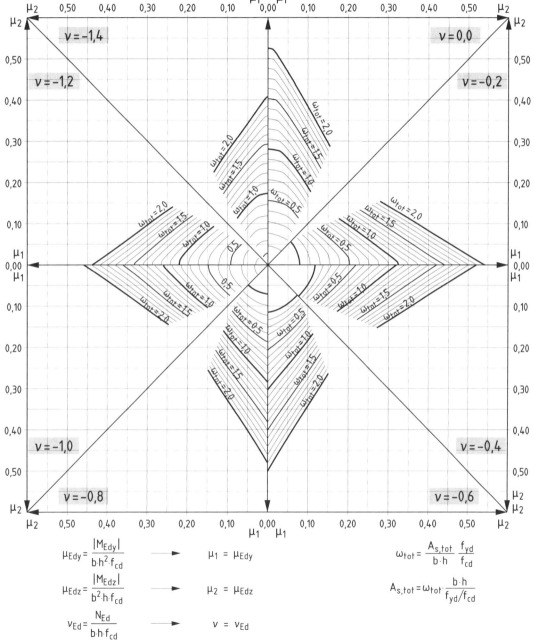

$$\mu_{Edy} = \frac{|M_{Edy}|}{b \cdot h^2 \cdot f_{cd}} \quad \longrightarrow \quad \mu_1 = \mu_{Edy} \qquad\qquad \omega_{tot} = \frac{A_{s,tot}}{b \cdot h} \cdot \frac{f_{yd}}{f_{cd}}$$

$$\mu_{Edz} = \frac{|M_{Edz}|}{b^2 \cdot h \cdot f_{cd}} \quad \longrightarrow \quad \mu_2 = \mu_{Edz} \qquad\qquad A_{s,tot} = \omega_{tot} \cdot \frac{b \cdot h}{f_{yd}/f_{cd}}$$

$$\nu_{Ed} = \frac{N_{Ed}}{b \cdot h \cdot f_{cd}} \quad \longrightarrow \quad \nu = \nu_{Ed}$$

Interaktionsdiagramm für schiefe Biegung mit Längsdruckkraft

87

Tafel 7.3a / C12–C50

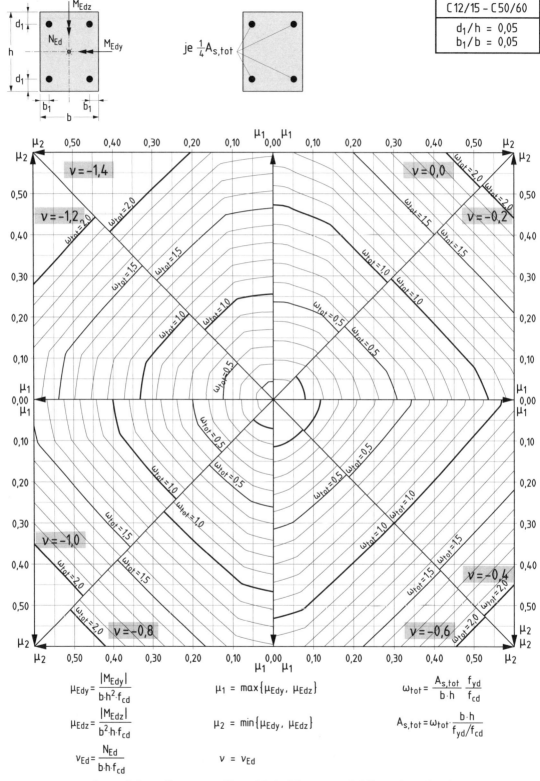

$$\mu_{Edy} = \frac{|M_{Edy}|}{b \cdot h^2 \cdot f_{cd}}$$

$$\mu_{Edz} = \frac{|M_{Edz}|}{b^2 \cdot h \cdot f_{cd}}$$

$$\nu_{Ed} = \frac{N_{Ed}}{b \cdot h \cdot f_{cd}}$$

$$\mu_1 = \max\{\mu_{Edy}, \mu_{Edz}\}$$

$$\mu_2 = \min\{\mu_{Edy}, \mu_{Edz}\}$$

$$\nu = \nu_{Ed}$$

$$\omega_{tot} = \frac{A_{s,tot}}{b \cdot h} \cdot \frac{f_{yd}}{f_{cd}}$$

$$A_{s,tot} = \omega_{tot} \cdot \frac{b \cdot h}{f_{yd}/f_{cd}}$$

Interaktionsdiagramm für schiefe Biegung mit Längsdruckkraft

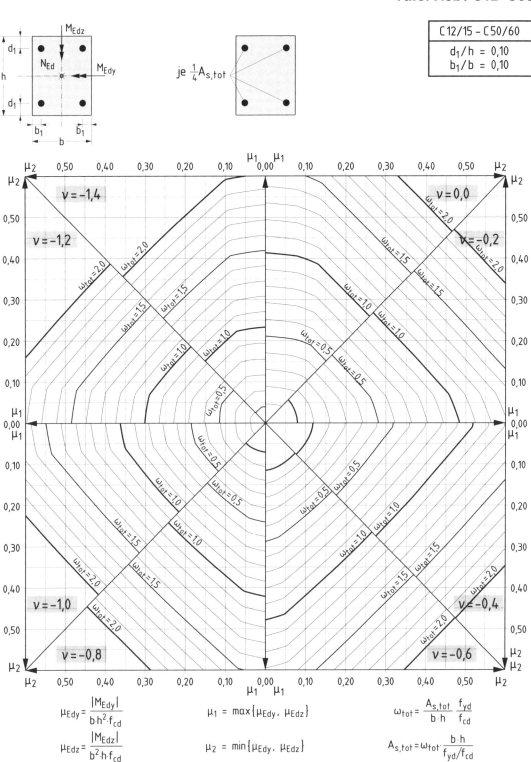

$$\mu_{Edy} = \frac{|M_{Edy}|}{b \cdot h^2 \cdot f_{cd}} \qquad \mu_1 = \max\{\mu_{Edy}, \mu_{Edz}\} \qquad \omega_{tot} = \frac{A_{s,tot}}{b \cdot h} \cdot \frac{f_{yd}}{f_{cd}}$$

$$\mu_{Edz} = \frac{|M_{Edz}|}{b^2 \cdot h \cdot f_{cd}} \qquad \mu_2 = \min\{\mu_{Edy}, \mu_{Edz}\} \qquad A_{s,tot} = \omega_{tot} \cdot \frac{b \cdot h}{f_{yd}/f_{cd}}$$

$$\nu_{Ed} = \frac{N_{Ed}}{b \cdot h \cdot f_{cd}} \qquad \nu = \nu_{Ed}$$

Interaktionsdiagramm für schiefe Biegung mit Längsdruckkraft

Tafel 7.3c / C12–C50

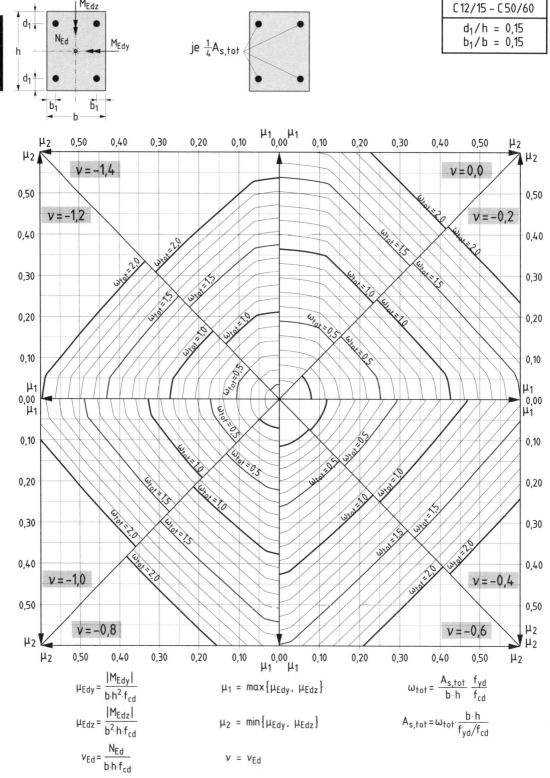

je $\frac{1}{4}A_{s,tot}$

$$C\,12/15 - C\,50/60$$

d_1/h	$= 0{,}15$
b_1/b	$= 0{,}15$

$$\mu_{Edy} = \frac{|M_{Edy}|}{b \cdot h^2 \cdot f_{cd}}$$

$$\mu_{Edz} = \frac{|M_{Edz}|}{b^2 \cdot h \cdot f_{cd}}$$

$$\nu_{Ed} = \frac{N_{Ed}}{b \cdot h \cdot f_{cd}}$$

$$\mu_1 = \max\{\mu_{Edy}, \mu_{Edz}\}$$

$$\mu_2 = \min\{\mu_{Edy}, \mu_{Edz}\}$$

$$\nu = \nu_{Ed}$$

$$\omega_{tot} = \frac{A_{s,tot}}{b \cdot h} \frac{f_{yd}}{f_{cd}}$$

$$A_{s,tot} = \omega_{tot} \cdot \frac{b \cdot h}{f_{yd}/f_{cd}}$$

Interaktionsdiagramm für schiefe Biegung mit Längsdruckkraft

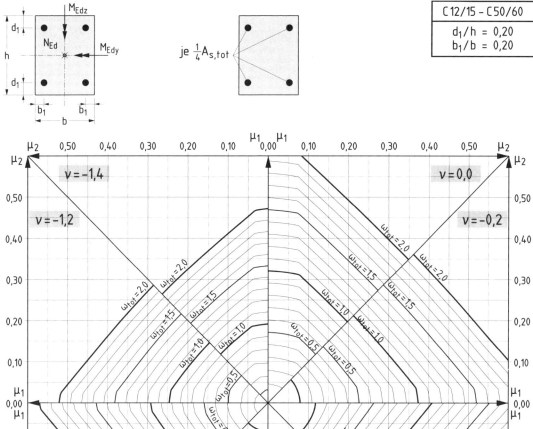

$$\mu_{Edy} = \frac{|M_{Edy}|}{b \cdot h^2 \cdot f_{cd}} \qquad \mu_1 = \max\{\mu_{Edy}, \mu_{Edz}\} \qquad \omega_{tot} = \frac{A_{s,tot}}{b \cdot h} \cdot \frac{f_{yd}}{f_{cd}}$$

$$\mu_{Edz} = \frac{|M_{Edz}|}{b^2 \cdot h \cdot f_{cd}} \qquad \mu_2 = \min\{\mu_{Edy}, \mu_{Edz}\} \qquad A_{s,tot} = \omega_{tot} \cdot \frac{b \cdot h}{f_{yd}/f_{cd}}$$

$$\nu_{Ed} = \frac{N_{Ed}}{b \cdot h \cdot f_{cd}} \qquad \nu = \nu_{Ed}$$

Interaktionsdiagramm für schiefe Biegung mit Längsdruckkraft

Tafel 7.3e / C12–C50

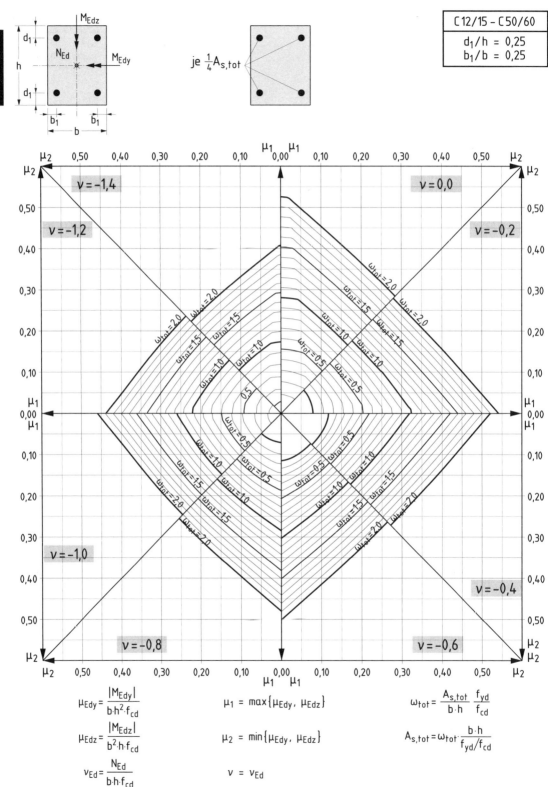

$$\mu_{Edy} = \frac{|M_{Edy}|}{b \cdot h^2 \cdot f_{cd}}$$

$$\mu_{Edz} = \frac{|M_{Edz}|}{b^2 \cdot h \cdot f_{cd}}$$

$$\nu_{Ed} = \frac{N_{Ed}}{b \cdot h \cdot f_{cd}}$$

$$\mu_1 = \max\{\mu_{Edy}, \mu_{Edz}\}$$

$$\mu_2 = \min\{\mu_{Edy}, \mu_{Edz}\}$$

$$\nu = \nu_{Ed}$$

$$\omega_{tot} = \frac{A_{s,tot}}{b \cdot h} \frac{f_{yd}}{f_{cd}}$$

$$A_{s,tot} = \omega_{tot} \cdot \frac{b \cdot h}{f_{yd}/f_{cd}}$$

Interaktionsdiagramm für schiefe Biegung mit Längsdruckkraft

Stütze
$e_{tot} = 0$

C 12/15 – C 50/60

Betonanteil F_{cd} (in MN)

C 12/15

Rechteck

$h \backslash b$	20	25	30	40	50	60	70	80
20	0,272	0,340	0,408	0,544	0,680	0,816	0,952	1,088
25		0,425	0,510	0,680	0,850	1,020	1,190	1,360
30			0,612	0,816	1,020	1,224	1,428	1,632
40				1,088	1,360	1,632	1,904	2,176
50					1,700	2,040	2,380	2,720
60						2,448	2,856	3,264
70							3,332	3,808
80								4,352

Kreis

D	
20	0,214
25	0,334
30	0,481
40	0,855
50	1,335
60	1,923
70	2,617
80	3,418

Kreisring

$D \backslash r_i/r_a$	0,9	0,7
20	0,041	0,109
25	0,063	0,170
30	0,091	0,245
40	0,162	0,436
50	0,254	0,681
60	0,365	0,981
70	0,497	1,335
80	0,649	1,743

C 16/20

Rechteck

$h \backslash b$	20	25	30	40	50	60	70	80
20	0,363	0,453	0,544	0,725	0,907	1,088	1,269	1,451
25		0,567	0,680	0,907	1,133	1,360	1,587	1,813
30			0,816	1,088	1,360	1,632	1,904	2,176
40				1,451	1,813	2,176	2,539	2,901
50					2,267	2,720	3,173	3,627
60						3,264	3,808	4,352
70							4,443	5,077
80								5,803

Kreis

D	
20	0,285
25	0,445
30	0,641
40	1,139
50	1,780
60	2,564
70	3,489
80	4,557

Kreisring

$D \backslash r_i/r_a$	0,9	0,7
20	0,054	0,145
25	0,085	0,227
30	0,122	0,327
40	0,216	0,581
50	0,338	0,908
60	0,487	1,307
70	0,663	1,780
80	0,866	2,324

C 20/25

Rechteck

$h \backslash b$	20	25	30	40	50	60	70	80
20	0,453	0,567	0,680	0,907	1,133	1,360	1,587	1,813
25		0,708	0,850	1,133	1,417	1,700	1,983	2,267
30			1,020	1,360	1,700	2,040	2,380	2,720
40				1,813	2,267	2,720	3,173	3,627
50					2,833	3,400	3,967	4,533
60						4,080	4,760	5,440
70							5,553	6,347
80								7,253

Kreis

D	
20	0,356
25	0,556
30	0,801
40	1,424
50	2,225
60	3,204
70	4,362
80	5,697

Kreisring

$D \backslash r_i/r_a$	0,9	0,7
20	0,068	0,182
25	0,106	0,284
30	0,152	0,409
40	0,271	0,726
50	0,423	1,135
60	0,609	1,634
70	0,829	2,224
80	1,082	2,905

Stahlanteil F_{sd} (in MN)

BSt 500

$d \backslash n$	4	6	8	10	12	14	16	18	20
12	0,197	0,295	0,393	0,492	0,590	0,688	0,787	0,885	0,983
14	0,268	0,402	0,535	0,669	0,803	0,937	1,071	1,205	1,339
16	0,350	0,525	0,699	0,874	1,049	1,224	1,399	1,574	1,748
20	0,546	0,820	1,093	1,366	1,639	1,912	2,185	2,459	2,732
25	0,854	1,281	1,707	2,134	2,561	2,988	3,415	3,842	4,268
28	1,071	1,606	2,142	2,677	3,213	3,748	4,283	4,819	5,354

Abminderungsfaktor β

Beton	β
C 12/15	0,984
C 16/20	0,979
C 20/25	0,974

Gesamttragfähigkeit

$$|N_{Rd}| = F_{cd} + \beta \cdot F_{sd} \approx F_{cd} + F_{sd}$$

Aufnehmbare Längsdruckkraft $|N_{Rd}|$ für C 12/15, C 16/20 und C 20/25 (mit $\alpha = 0,85$) **und BSt 500 S**

C 12/15 – C 50/60

Stütze
$e_{tot} = 0$

Betonanteil F_{cd} (in MN)

C 25/30

Rechteck

$h\backslash b$	20	25	30	40	50	60	70	80
20	0,567	0,708	0,850	1,133	1,417	1,700	1,983	2,267
25		0,885	1,063	1,417	1,771	2,125	2,479	2,833
30			1,275	1,700	2,125	2,550	2,975	3,400
40				2,267	2,833	3,400	3,967	4,533
50					3,542	4,250	4,958	5,667
60						5,100	5,950	6,800
70							6,942	7,933
80								9,067

Kreis

D	
20	0,445
25	0,695
30	1,001
40	1,780
50	2,782
60	4,006
70	5,452
80	7,121

Kreisring

$D\,\backslash\,r_i/r_a$	0,9	0,7
20	0,085	0,227
25	0,132	0,355
30	0,190	0,511
40	0,338	0,908
50	0,529	1,419
60	0,761	2,043
70	1,036	2,781
80	1,353	3,632

C 30/37

Rechteck

$h\backslash b$	20	25	30	40	50	60	70	80
20	0,680	0,850	1,020	1,360	1,700	2,040	2,380	2,720
25		1,063	1,275	1,700	2,125	2,550	2,975	3,400
30			1,530	2,040	2,550	3,060	3,570	4,080
40				2,720	3,400	4,080	4,760	5,440
50					4,250	5,100	5,950	6,800
60						6,120	7,140	8,160
70							8,330	9,520
80								10,88

Kreis

D	
20	0,534
25	0,835
30	1,202
40	2,136
50	3,338
60	4,807
70	6,542
80	8,545

Kreisring

$D\,\backslash\,r_i/r_a$	0,9	0,7
20	0,101	0,272
25	0,159	0,426
30	0,228	0,613
40	0,406	1,090
50	0,634	1,702
60	0,913	2,451
70	1,243	3,337
80	1,624	4,358

C 35/45

Rechteck

$h\backslash b$	20	25	30	40	50	60	70	80
20	0,793	0,992	1,190	1,587	1,983	2,380	2,777	3,173
25		1,240	1,488	1,983	2,479	2,975	3,471	3,967
30			1,785	2,380	2,975	3,570	4,165	4,760
40				3,173	3,967	4,760	5,553	6,347
50					4,958	5,950	6,942	7,933
60						7,140	8,330	9,520
70							9,718	11,11
80								12,69

Kreis

D	
20	0,623
25	0,974
30	1,402
40	2,492
50	3,894
60	5,608
70	7,633
80	9,969

Kreisring

$D\,\backslash\,r_i/r_a$	0,9	0,7
20	0,118	0,318
25	0,185	0,497
30	0,266	0,715
40	0,474	1,271
50	0,740	1,986
60	1,065	2,860
70	1,450	3,893
80	1,894	5,084

Stahlanteil F_{sd} (in MN)

BSt 500

$d\backslash n$	4	6	8	10	12	14	16	18	20
12	0,197	0,295	0,393	0,492	0,590	0,688	0,787	0,885	0,983
14	0,268	0,402	0,535	0,669	0,803	0,937	1,071	1,205	1,339
16	0,350	0,525	0,699	0,874	1,049	1,224	1,399	1,574	1,748
20	0,546	0,820	1,093	1,366	1,639	1,912	2,185	2,459	2,732
25	0,854	1,281	1,707	2,134	2,561	2,988	3,415	3,842	4,268
28	1,071	1,606	2,142	2,677	3,213	3,748	4,283	4,819	5,354

Abminderungsfaktor β

Beton	β
C 25/30	0,967
C 30/37	0,961
C 35/45	0,954

Gesamttragfähigkeit

$$|N_{Rd}| = F_{cd} + \beta \cdot F_{sd} \approx F_{cd} + F_{sd}$$

Aufnehmbare Längsdruckkraft $|N_{Rd}|$ für C 25/30, C 30/37 und C 35/45 (mit $\alpha = 0,85$) **und BSt 500 S**

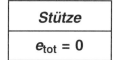

Stütze
$e_{tot} = 0$

C 12/15 – C 50/60

Betonanteil F_{cd} (in MN)

C 40/50

Rechteck

$h \backslash b$	20	25	30	40	50	60	70	80
20	0,907	1,133	1,360	1,813	2,267	2,720	3,173	3,627
25		1,417	1,700	2,267	2,833	3,400	3,967	4,533
30			2,040	2,720	3,400	4,080	4,760	5,440
40				3,627	4,533	5,440	6,347	7,253
50					5,667	6,800	7,933	9,067
60						8,160	9,520	10,88
70							11,11	12,69
80								14,51

Kreis

D	
20	0,712
25	1,113
30	1,602
40	2,848
50	4,451
60	6,409
70	8,723
80	11,39

Kreisring

$D \backslash r_i/r_a$	0,9	0,7
20	0,135	0,363
25	0,211	0,567
30	0,304	0,817
40	0,541	1,453
50	0,846	2,270
60	1,218	3,269
70	1,657	4,449
80	2,165	5,811

C 45/55

$h \backslash b$	20	25	30	40	50	60	70	80
20	1,020	1,275	1,530	2,040	2,550	3,060	3,570	4,080
25		1,594	1,913	2,550	3,188	3,825	4,463	5,100
30			2,295	3,060	3,825	4,590	5,355	6,120
40				4,080	5,100	6,120	7,140	8,160
50					6,375	7,650	8,925	10,20
60						9,180	10,71	12,24
70							12,50	14,28
80								16,32

D	
20	0,801
25	1,252
30	1,802
40	3,204
50	5,007
60	7,210
70	9,814
80	12,82

$D \backslash r_i/r_a$	0,9	0,7
20	0,152	0,409
25	0,238	0,638
30	0,342	0,919
40	0,609	1,634
50	0,951	2,554
60	1,370	3,677
70	1,865	5,005
80	2,435	6,537

C 50/60

$h \backslash b$	20	25	30	40	50	60	70	80
20	1,133	1,417	1,700	2,267	2,833	3,400	3,967	4,533
25		1,771	2,125	2,833	3,542	4,250	4,958	5,667
30			2,550	3,400	4,250	5,100	5,950	6,800
40				4,533	5,667	6,800	7,933	9,067
50					7,083	8,500	9,917	11,33
60						10,20	11,90	13,60
70							13,88	15,87
80								18,13

D	
20	0,890
25	1,391
30	2,003
40	3,560
50	5,563
60	8,011
70	10,90
80	14,24

$D \backslash r_i/r_a$	0,9	0,7
20	0,169	0,454
25	0,264	0,709
30	0,381	1,021
40	0,676	1,816
50	1,057	2,837
60	1,522	4,086
70	2,072	5,561
80	2,706	7,263

Stahlanteil F_{sd} (in MN)

BSt 500

$d \backslash n$	4	6	8	10	12	14	16	18	20
12	0,197	0,295	0,393	0,492	0,590	0,688	0,787	0,885	0,983
14	0,268	0,402	0,535	0,669	0,803	0,937	1,071	1,205	1,339
16	0,350	0,525	0,699	0,874	1,049	1,224	1,399	1,574	1,748
20	0,546	0,820	1,093	1,366	1,639	1,912	2,185	2,459	2,732
25	0,854	1,281	1,707	2,134	2,561	2,988	3,415	3,842	4,268
28	1,071	1,606	2,142	2,677	3,213	3,748	4,283	4,819	5,354

Abminderungsfaktor β

Beton	β
C 40/50	0,948
C 45/55	0,941
C 50/60	0,935

Gesamttragfähigkeit $|N_{Rd}| = F_{cd} + \beta \cdot F_{sd} \approx F_{cd} + F_{sd}$

Aufnehmbare Längsdruckkraft $|N_{Rd}|$ für C 40/50, C 45/55 und C 50/60 (mit $\alpha = 0,85$) **und BSt 500 S**

Tafel 8.2a / C12–C50

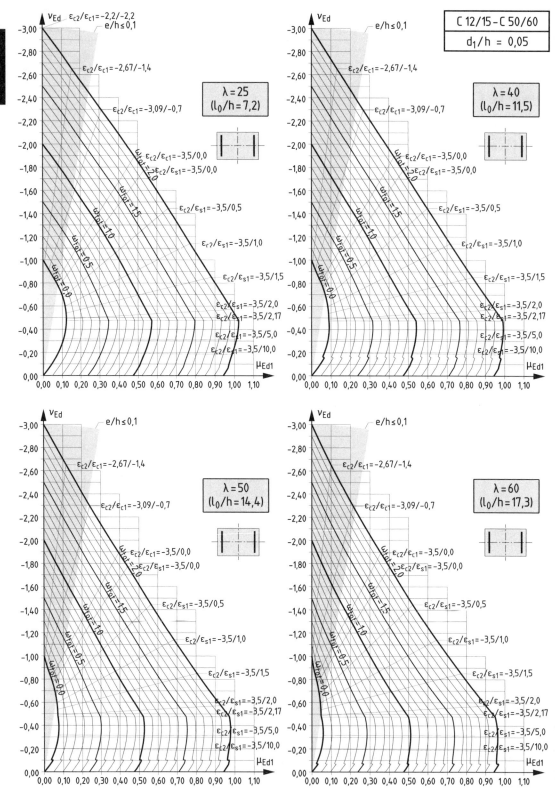

Bemessungsdiagramm nach dem Modellstützenverfahren

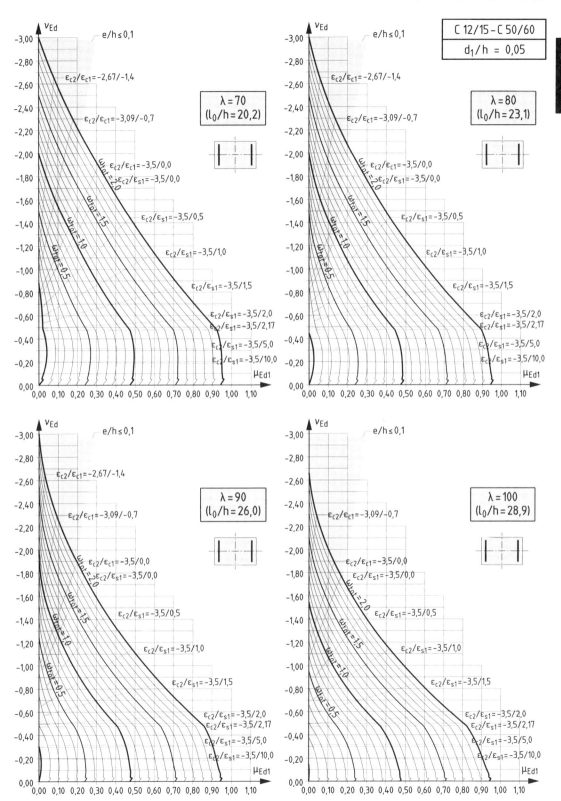

$$\boxed{\begin{array}{c} C\ 12/15 - C\ 50/60 \\ \hline d_1/h = 0{,}05 \end{array}}$$

Bemessungsdiagramm nach dem Modellstützenverfahren

Tafel 8.2c / C12–C50

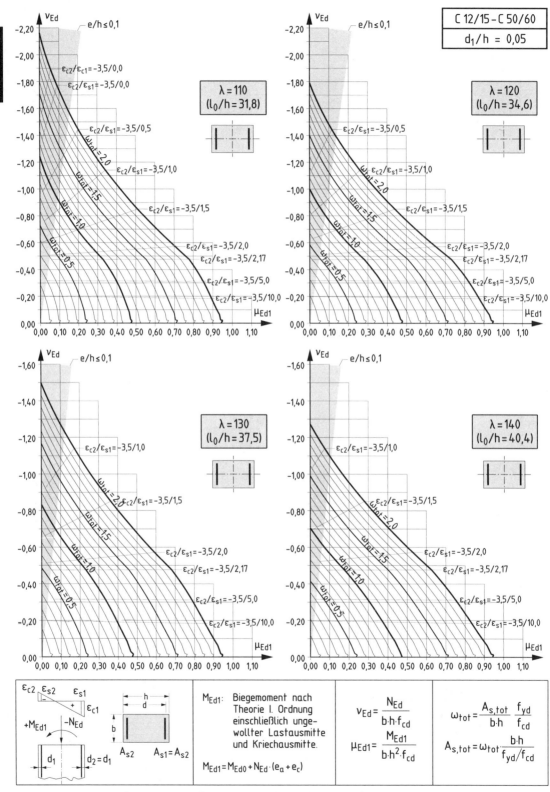

Bemessungsdiagramm nach dem Modellstützenverfahren

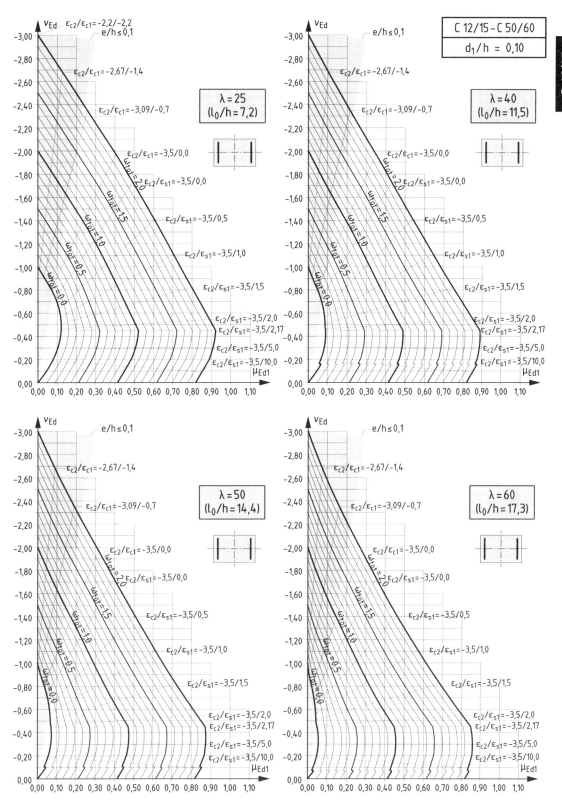

Bemessungsdiagramm nach dem Modellstützenverfahren

Tafel 8.2e / C12–C50

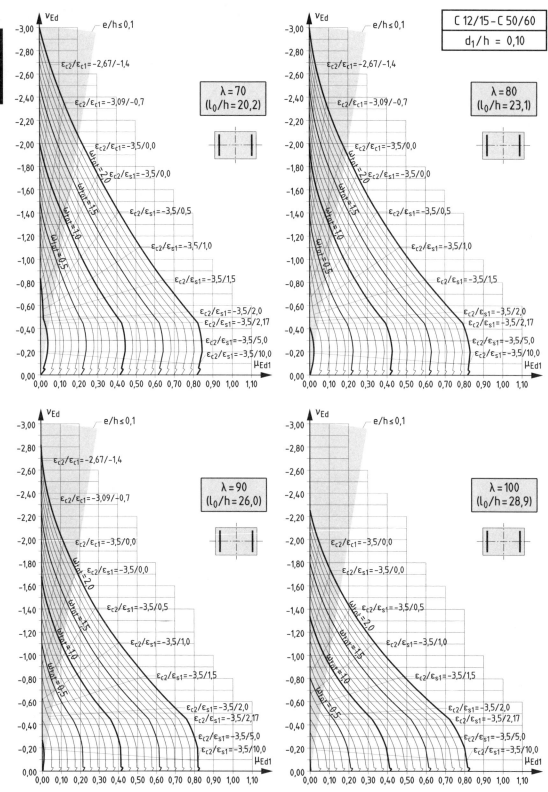

Bemessungsdiagramm nach dem Modellstützenverfahren

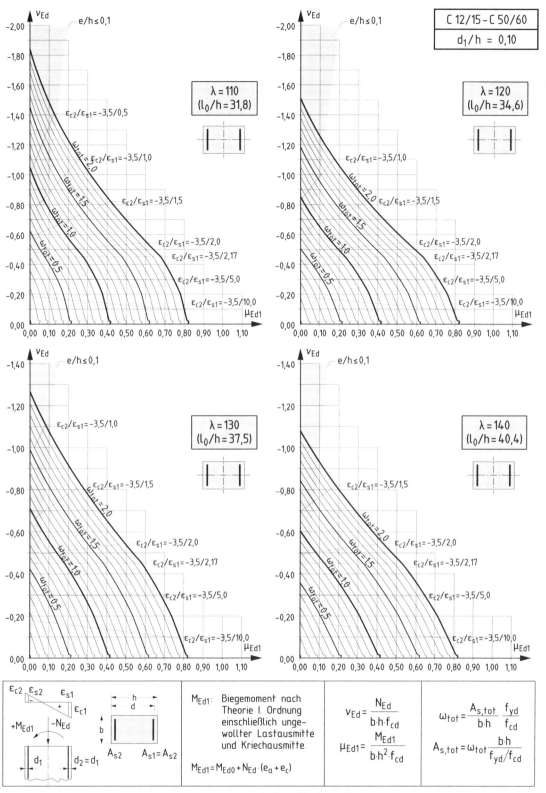

Bemessungsdiagramm nach dem Modellstützenverfahren

Tafel 8.2g / C12–C50

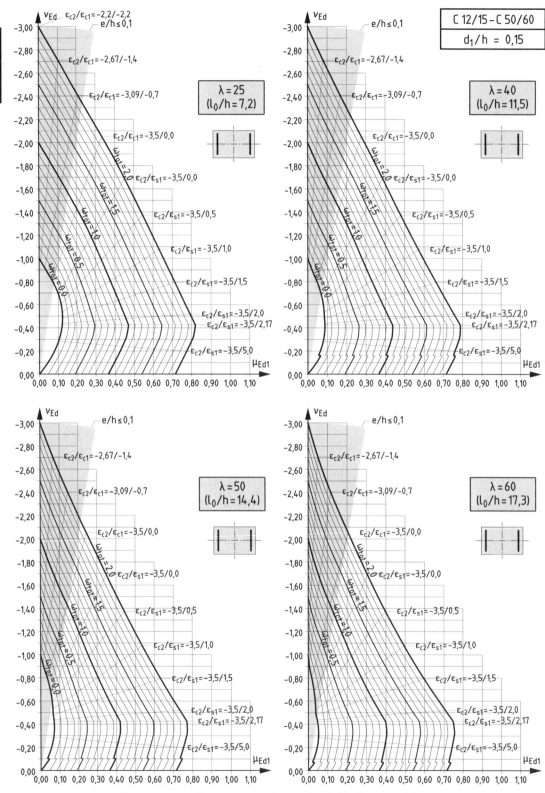

Bemessungsdiagramm nach dem Modellstützenverfahren

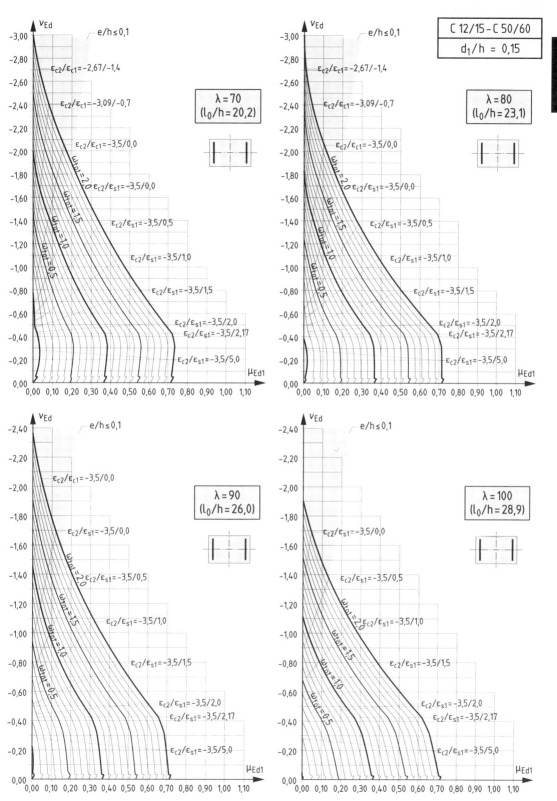

Bemessungsdiagramm nach dem Modellstützenverfahren

Tafel 8.2i / C12–C50

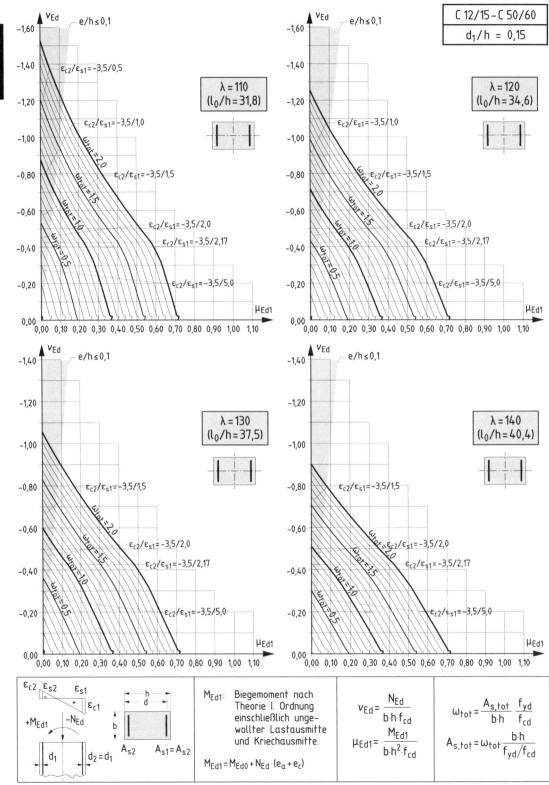

Bemessungsdiagramm nach dem Modellstützenverfahren

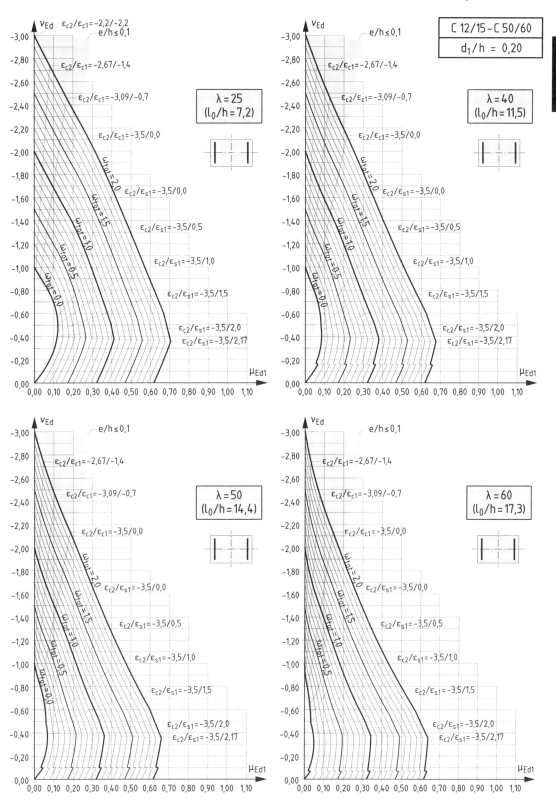

Bemessungsdiagramm nach dem Modellstützenverfahren

Tafel 8.2k / C12–C50

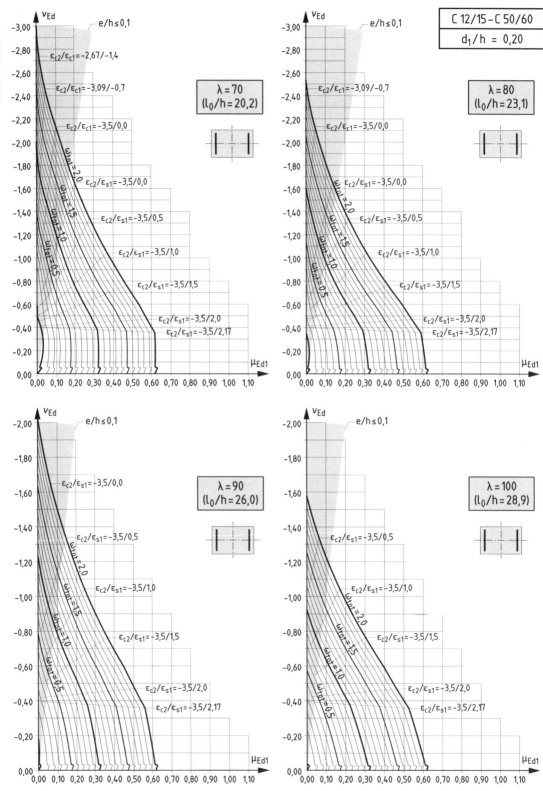

Bemessungsdiagramm nach dem Modellstützenverfahren

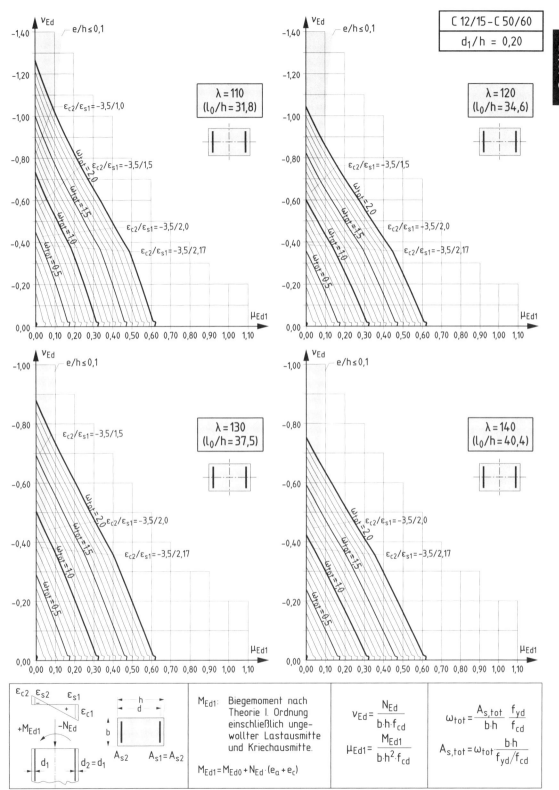

Bemessungsdiagramm nach dem Modellstützenverfahren

Tafel 8.2m / C12–C50

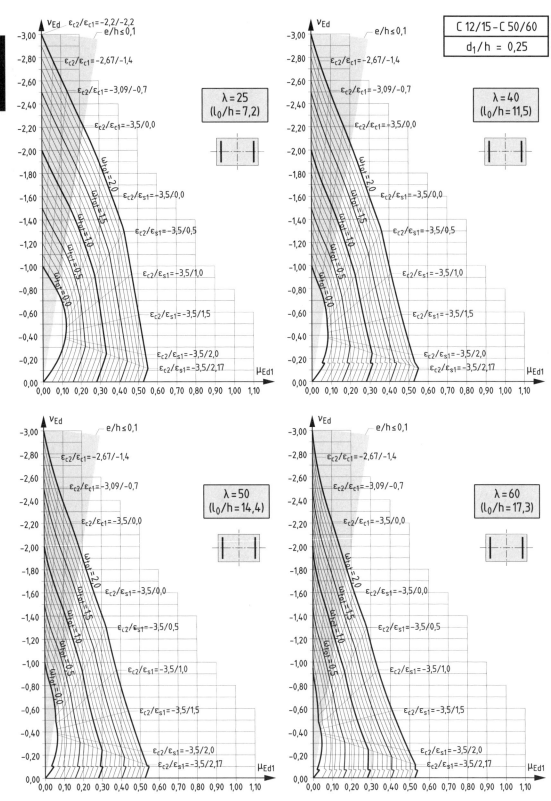

Bemessungsdiagramm nach dem Modellstützenverfahren

C 12/15 – C 50/60

$$C\ 12/15 - C\ 50/60$$
$$d_1/h\ =\ 0,25$$

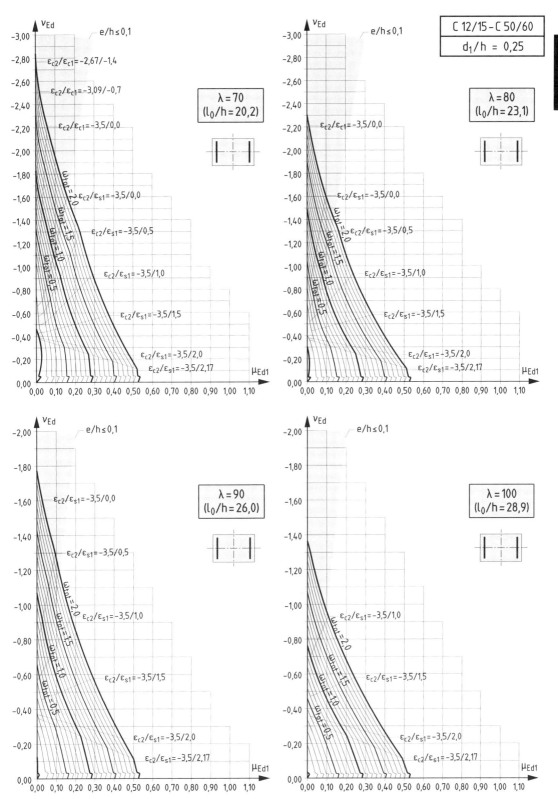

$\lambda = 70$
$(l_0/h = 20,2)$

$\lambda = 80$
$(l_0/h = 23,1)$

$\lambda = 90$
$(l_0/h = 26,0)$

$\lambda = 100$
$(l_0/h = 28,9)$

Bemessungsdiagramm nach dem Modellstützenverfahren

Tafel 8.2o / C12–C50

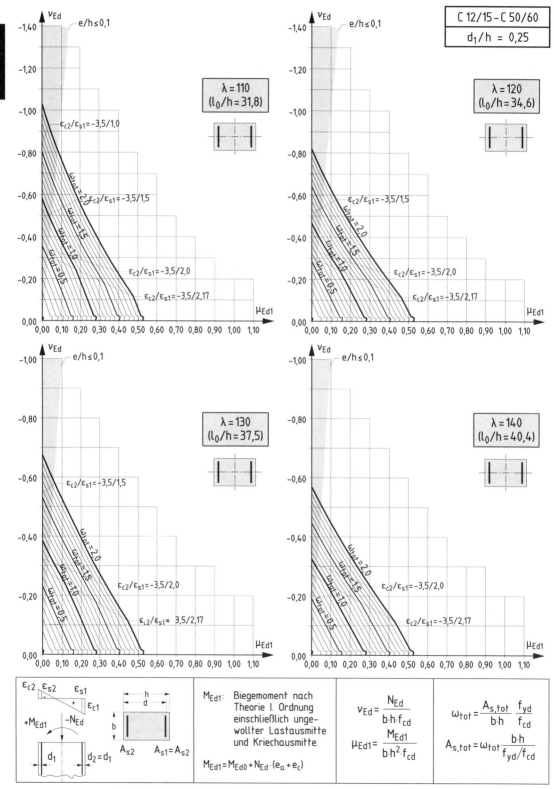

Bemessungsdiagramm nach dem Modellstützenverfahren

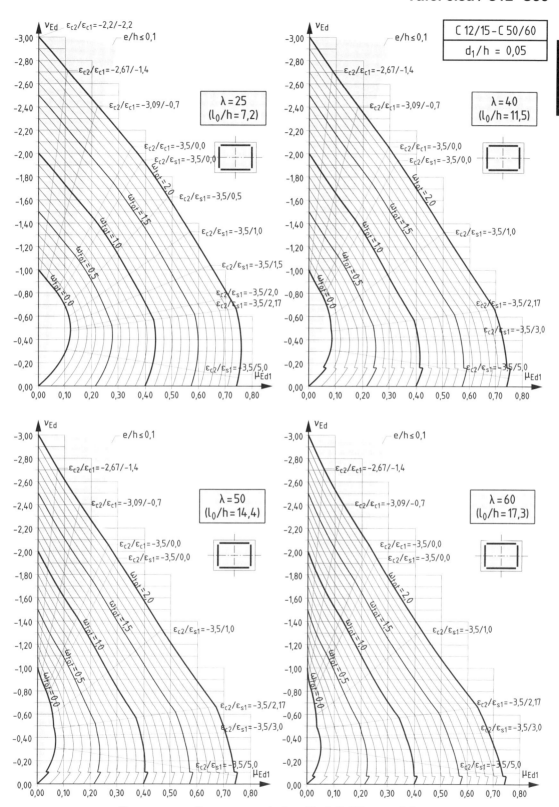

Bemessungsdiagramm nach dem Modellstützenverfahren

Tafel 8.3b / C12–C50

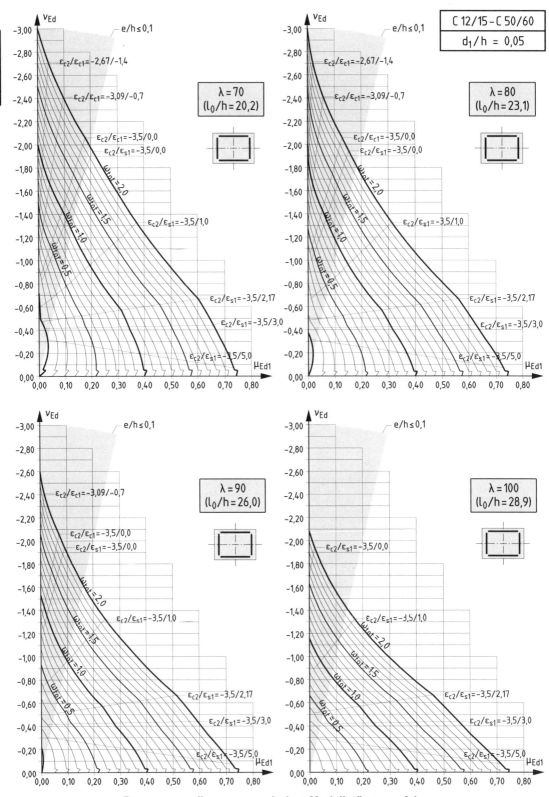

Bemessungsdiagramm nach dem Modellstützenverfahren

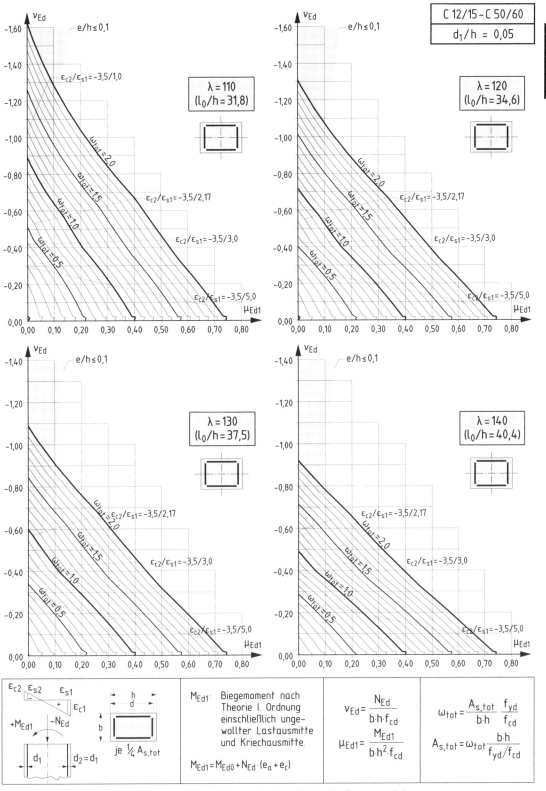

Bemessungsdiagramm nach dem Modellstützenverfahren

Tafel 8.3d / C12–C50

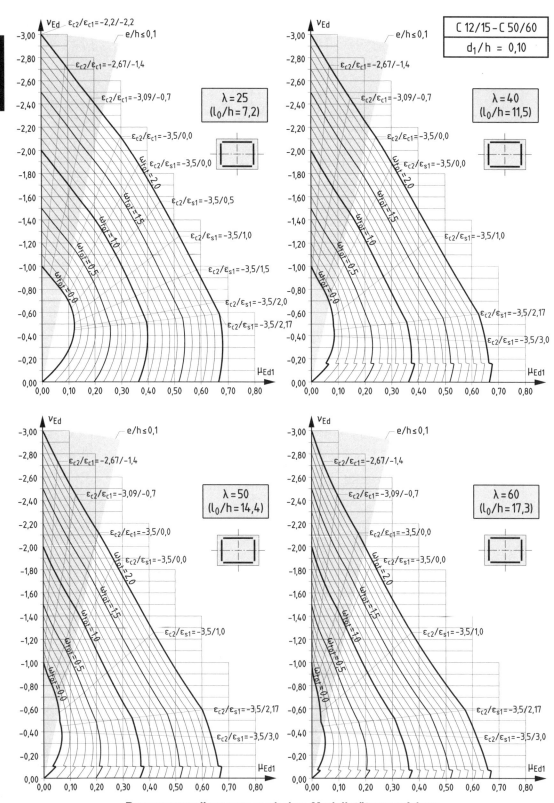

Bemessungsdiagramm nach dem Modellstützenverfahren

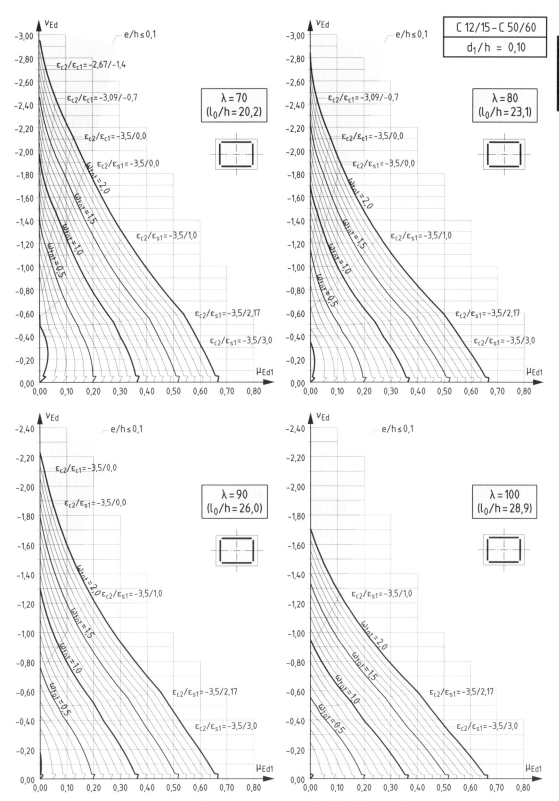

Bemessungsdiagramm nach dem Modellstützenverfahren

Tafel 8.3f / C12–C50

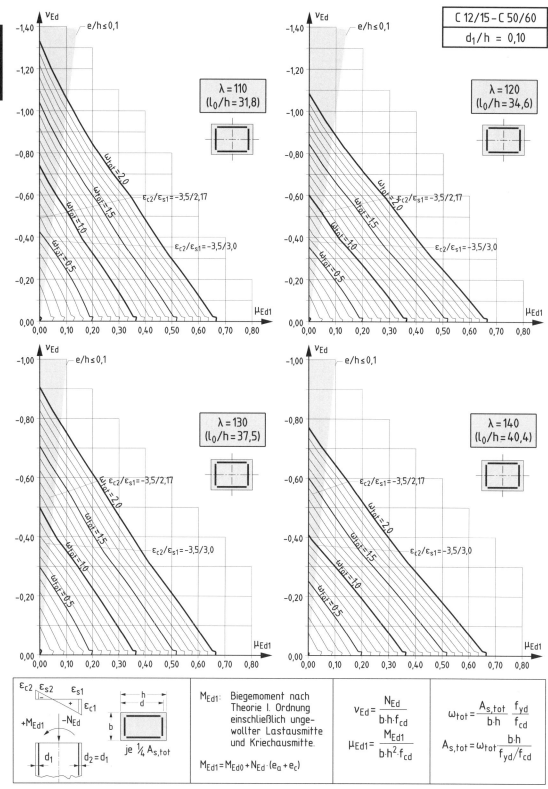

Bemessungsdiagramm nach dem Modellstützenverfahren

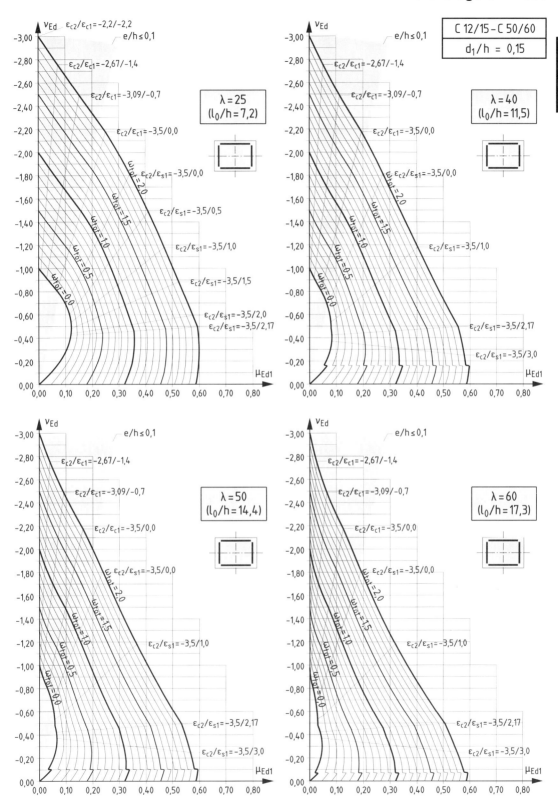

Bemessungsdiagramm nach dem Modellstützenverfahren

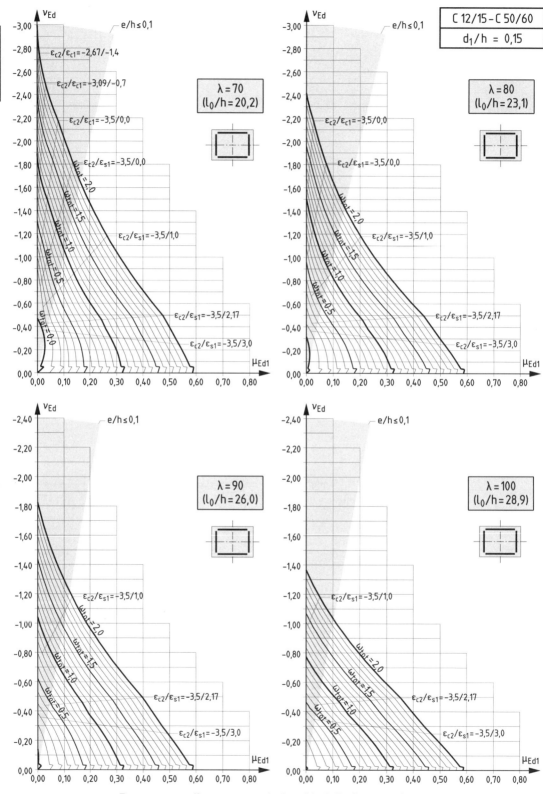

Bemessungsdiagramm nach dem Modellstützenverfahren

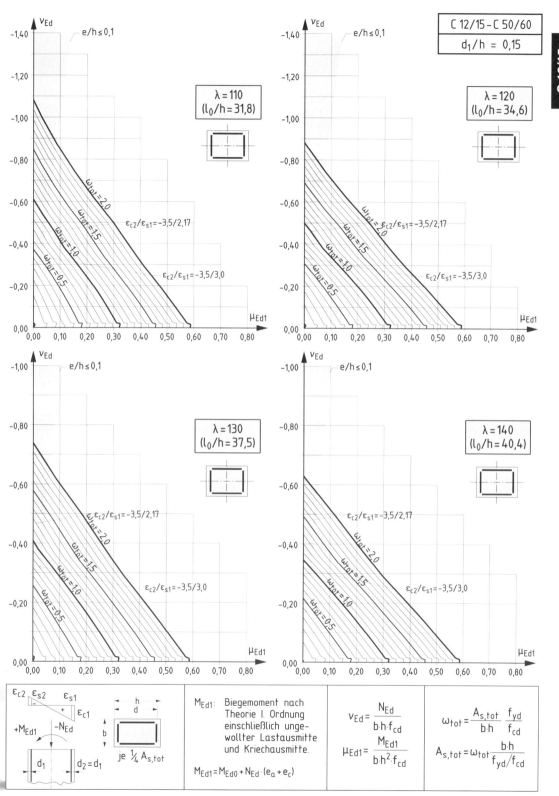

Bemessungsdiagramm nach dem Modellstützenverfahren

Tafel 8.3j / C12–C50

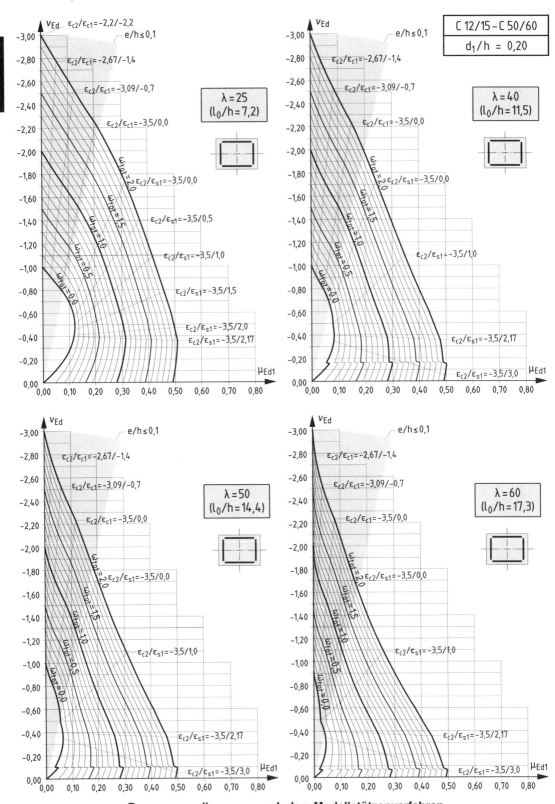

Bemessungsdiagramm nach dem Modellstützenverfahren

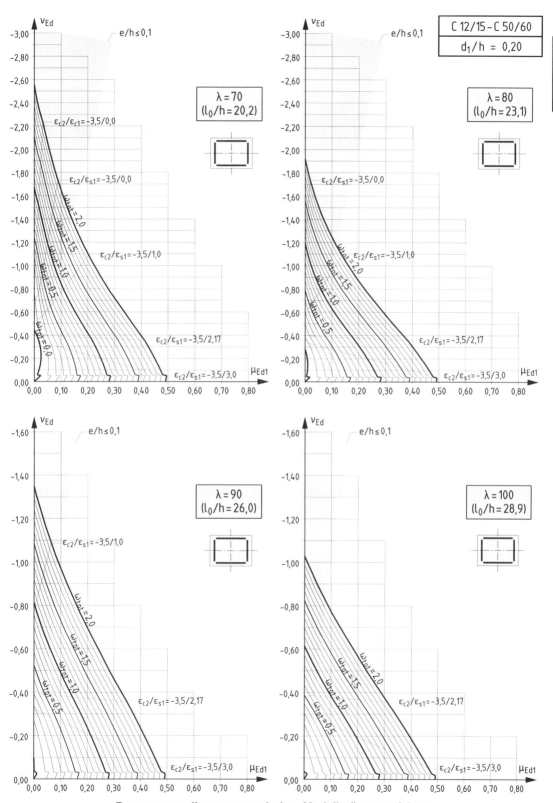

C 12/15 – C 50/60
$d_1/h = 0,20$

C 12/15 – C 50/60

Bemessungsdiagramm nach dem Modellstützenverfahren

Tafel 8.3l / C12–C50

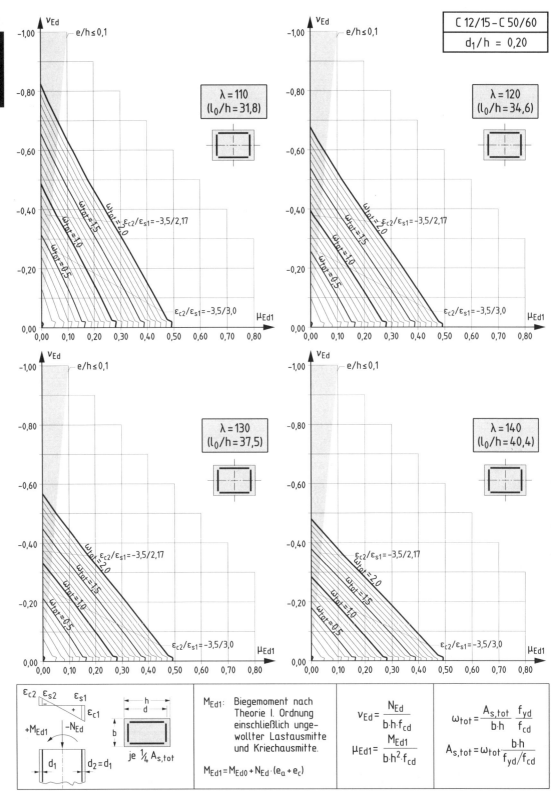

Bemessungsdiagramm nach dem Modellstützenverfahren

$$\frac{C\ 12/15 - C\ 50/60}{d_1/h\ =\ 0,25}$$

C 12/15 – C 50/60

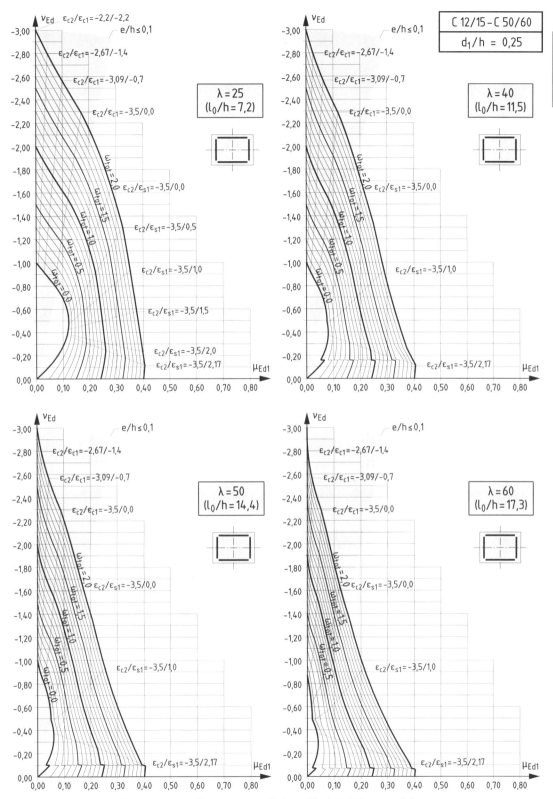

Bemessungsdiagramm nach dem Modellstützenverfahren

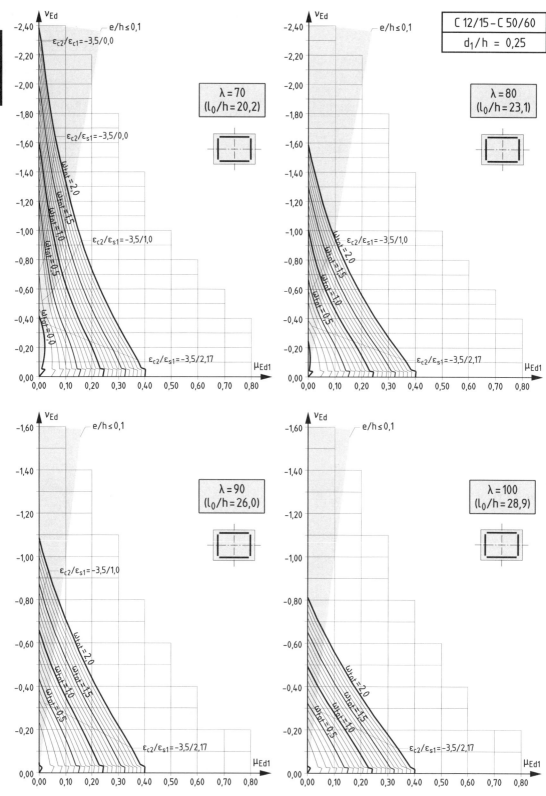

Bemessungsdiagramm nach dem Modellstützenverfahren

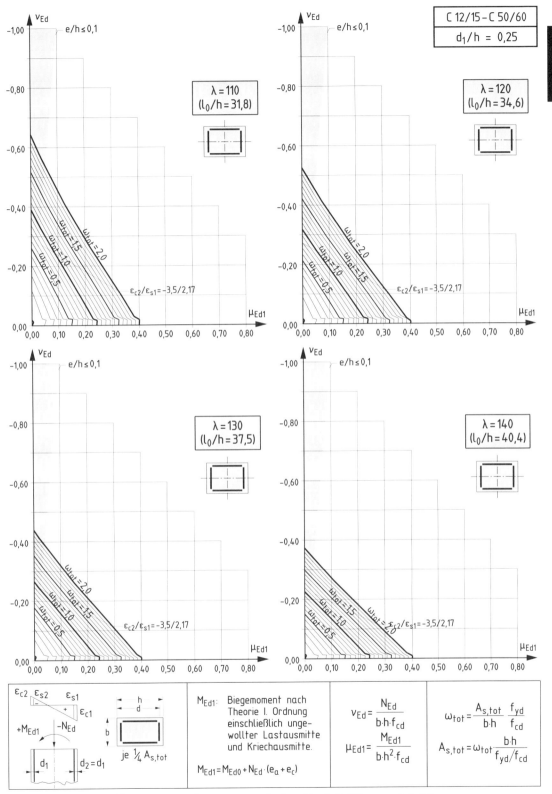

Bemessungsdiagramm nach dem Modellstützenverfahren

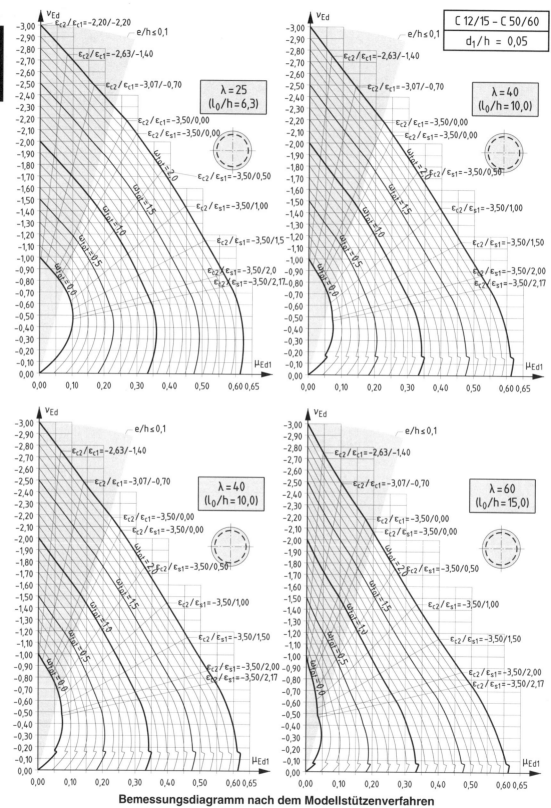

Bemessungsdiagramm nach dem Modellstützenverfahren

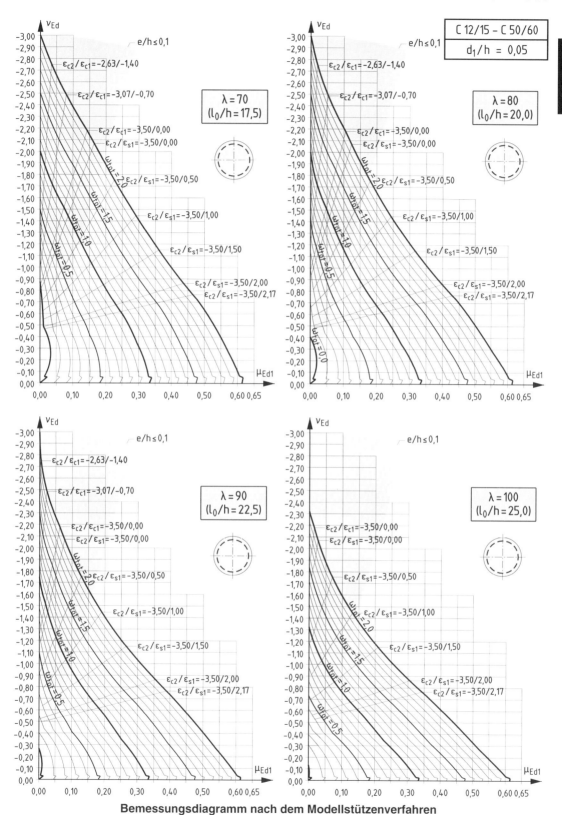

Bemessungsdiagramm nach dem Modellstützenverfahren

Tafel 8.4c / C12–C50

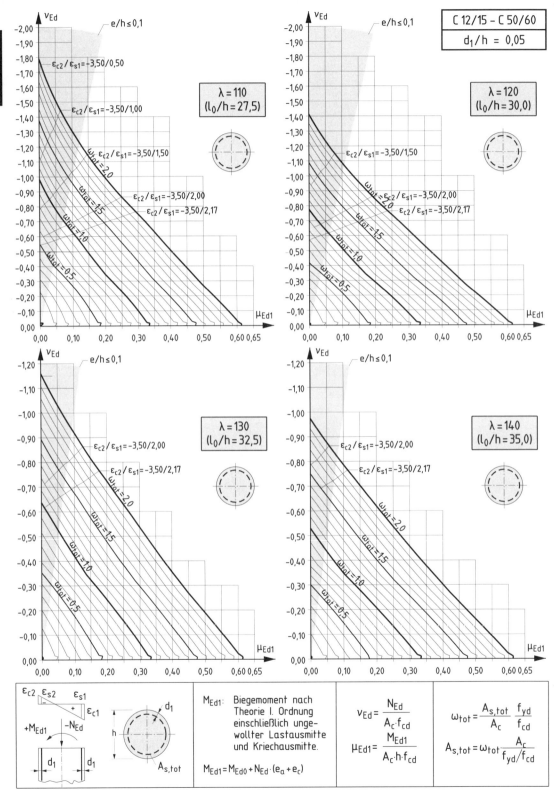

Bemessungsdiagramm nach dem Modellstützenverfahren

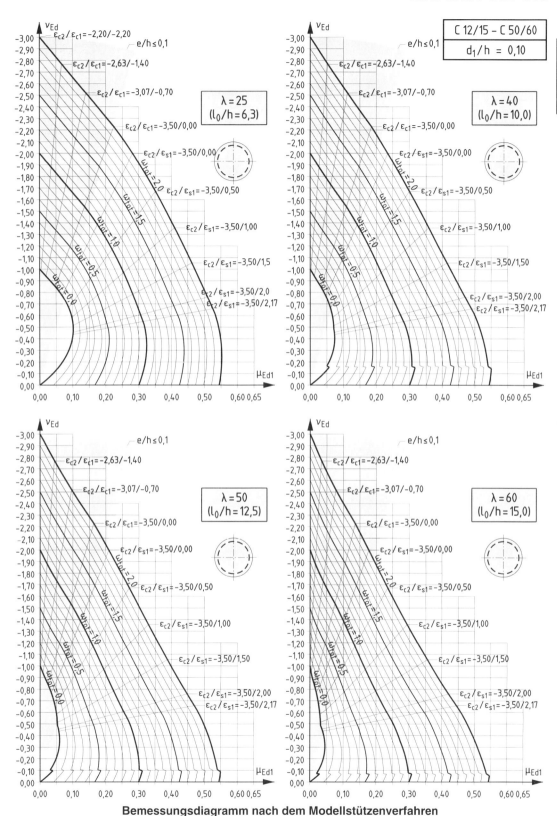

Bemessungsdiagramm nach dem Modellstützenverfahren

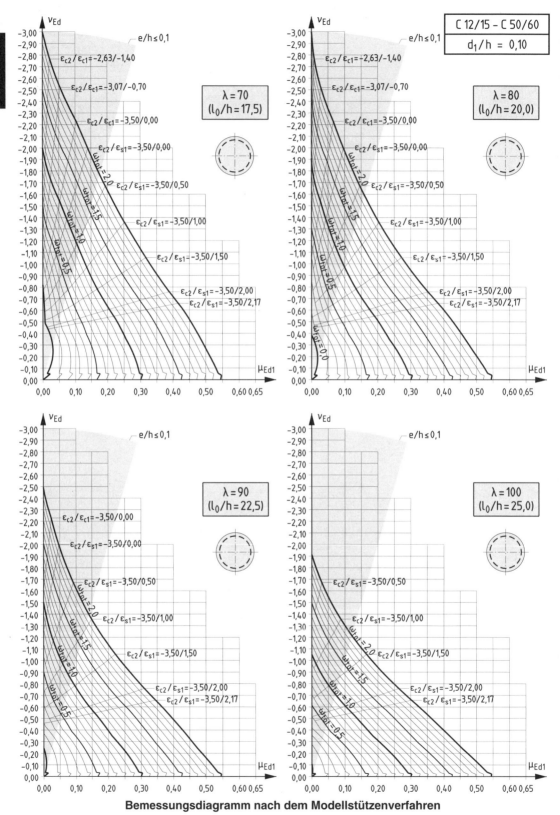

Bemessungsdiagramm nach dem Modellstützenverfahren

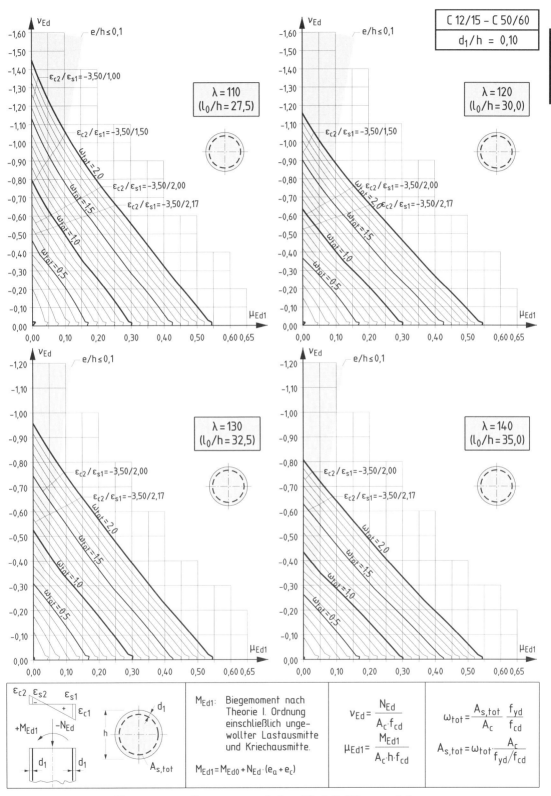

Bemessungsdiagramm nach dem Modellstützenverfahren

Tafel 8.4g / C12–C50

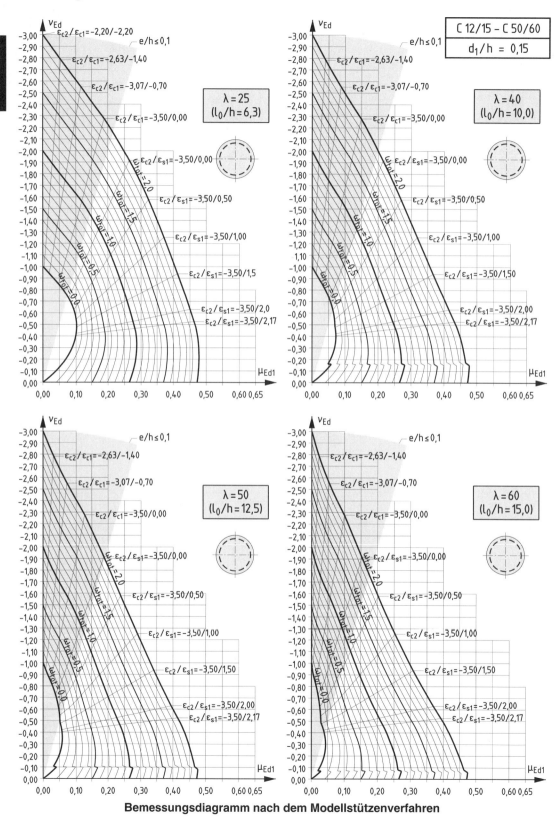

Bemessungsdiagramm nach dem Modellstützenverfahren

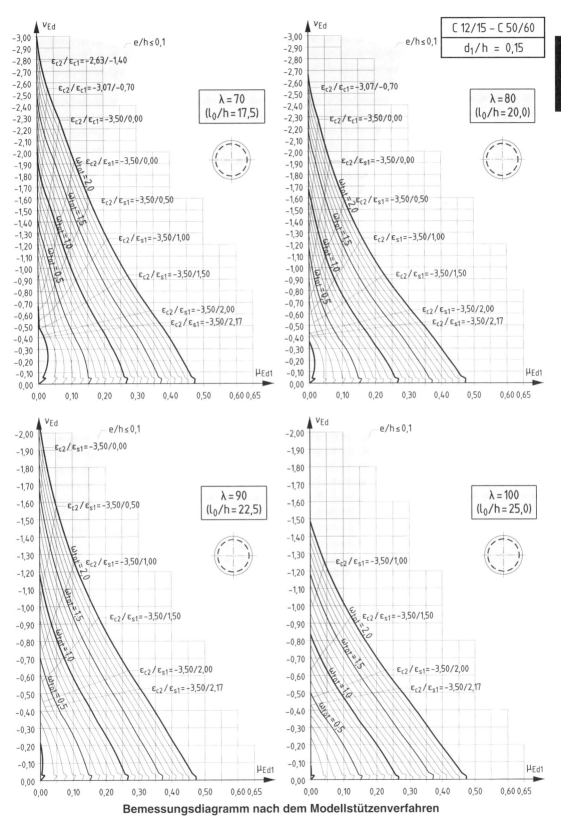

Bemessungsdiagramm nach dem Modellstützenverfahren

Tafel 8.4i / C12–C50

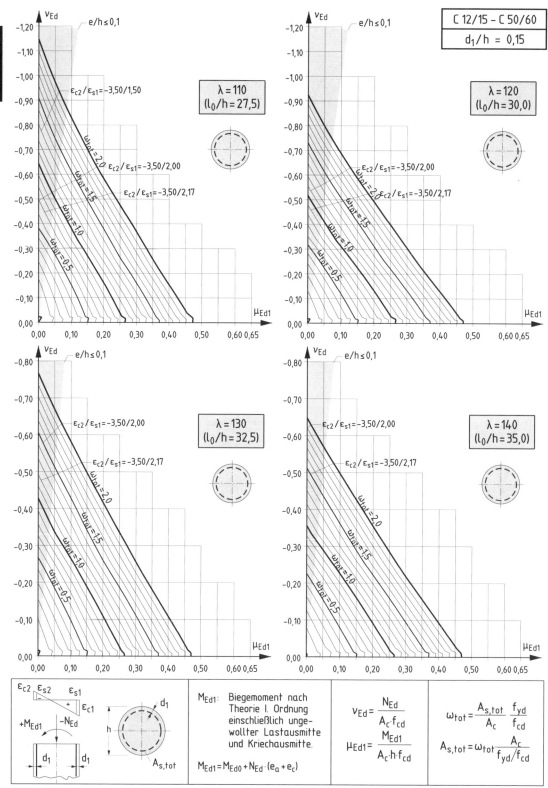

Bemessungsdiagramm nach dem Modellstützenverfahren

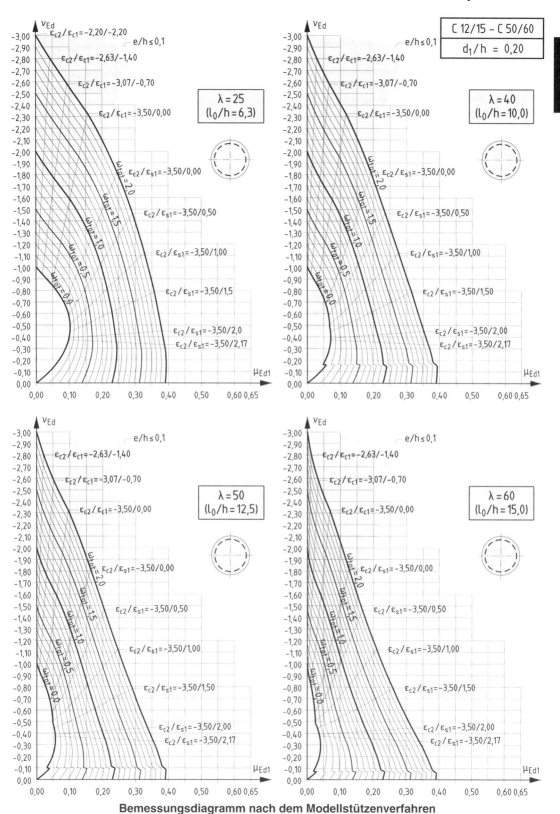

Bemessungsdiagramm nach dem Modellstützenverfahren

Tafel 8.4k / C12–C50

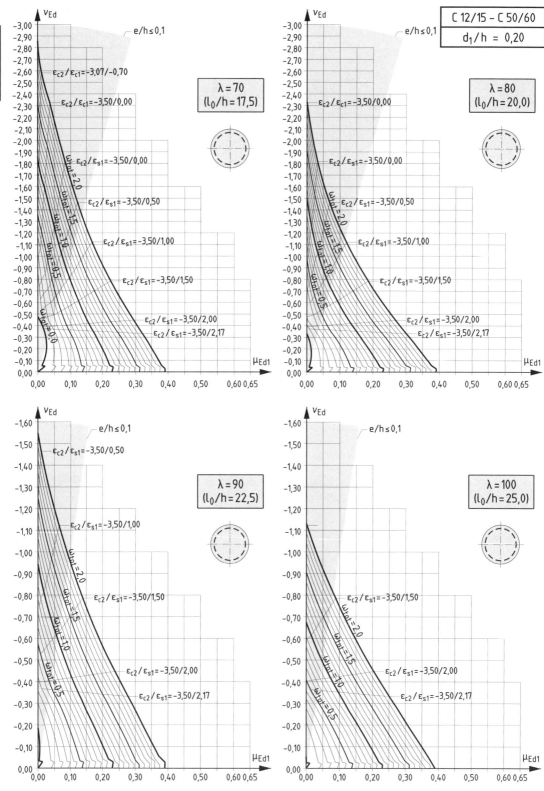

Bemessungsdiagramm nach dem Modellstützenverfahren

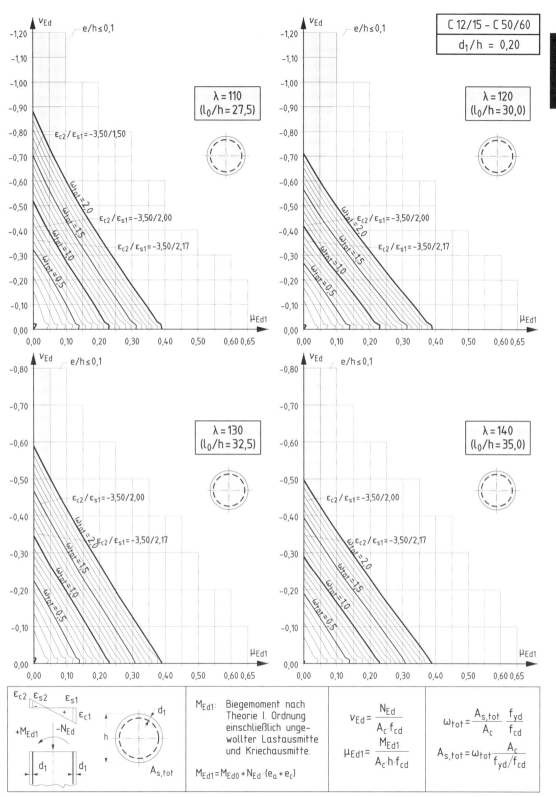

Bemessungsdiagramm nach dem Modellstützenverfahren

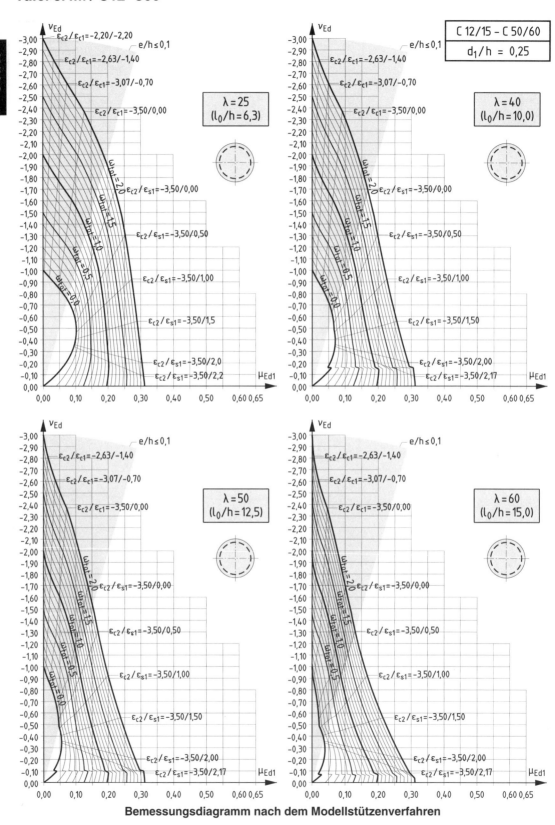

Bemessungsdiagramm nach dem Modellstützenverfahren

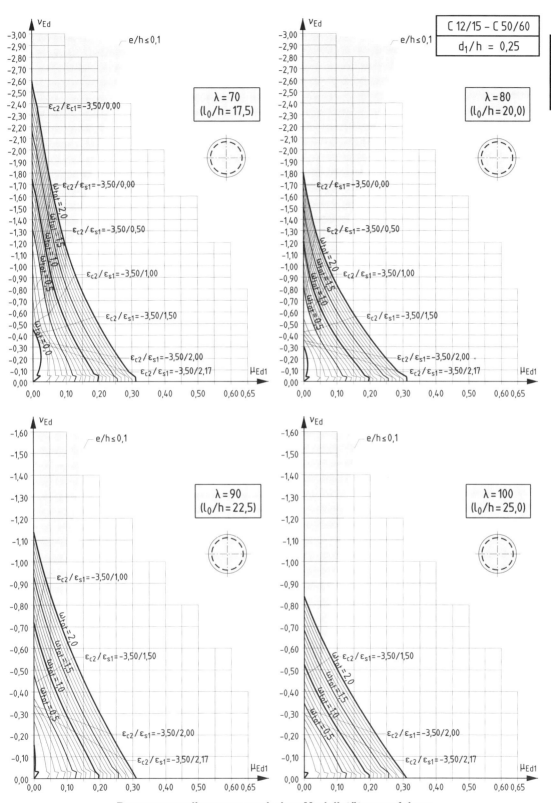

Bemessungsdiagramm nach dem Modellstützenverfahren

Tafel 8.4o / C12–C50

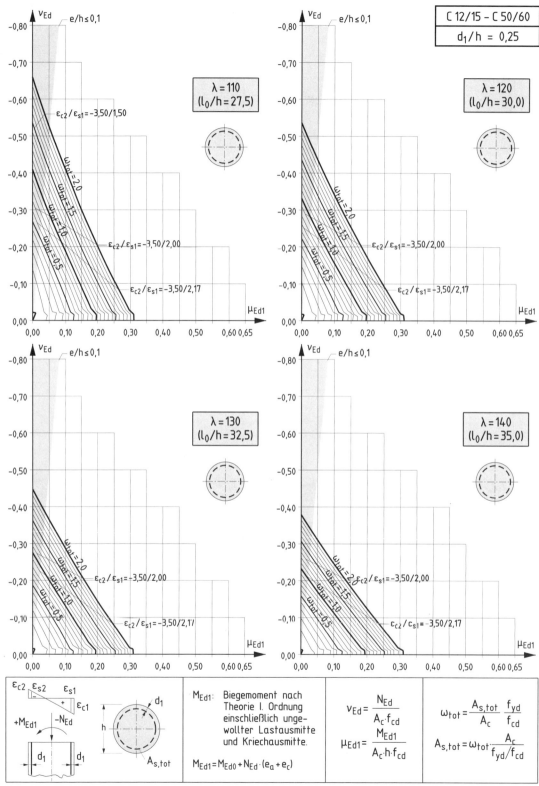

Bemessungsdiagramm nach dem Modellstützenverfahren

Bemessungstafeln C 55/67

Fortsetzung nächste Seite

C 55/67

Darstellung	Beschreibung		Tafel	Seite
$je \frac{1}{4} A_{s,tot}$ ... M_{Edz} ... N_{Ed} ... M_{Edy} ... $b_1/b=d_1/h$ ... b_1 b b_1 ... d_1 h d_1	Interaktionsdiagramme für schiefe Biegung mit Längsdruck für allseitig symmetrisch bewehrte Rechteckquerschnitte	$d_1/h = 0,10$	7.1a / C55	160
		$d_1/h = 0,20$	7.1b / C55	161
A_{s2} ... M_{Edz} ... N_{Ed} ... M_{Edy} ... $A_{s1}=A_{s2}$ ... b ... d_1 h d_1	Interaktionsdiagramme für schiefe Biegung mit Längsdruck für zweiseitig symmetrisch bewehrte Rechteckquerschnitte	$d_1/h = 0,10$	7.2a / C55	162
		$d_1/h = 0,20$	7.2b / C55	163
$je \frac{1}{4} A_{s,tot}$ ... M_{Edz} ... N_{Ed} ... M_{Edy} ... $b_1/b=d_1/h$ ... b_1 b b_1 ... d_1 h d_1	Interaktionsdiagramme für schiefe Biegung mit Längsdruck für symmetrisch eckbewehrte Rechteckquerschnitte	$d_1/h = 0,10$	7.3a / C55	164
		$d_1/h = 0,20$	7.3b / C55	165
	Stütze ohne Knickgefahr (aufnehmbare Längsdruckkraft)		8.1 / C55	166

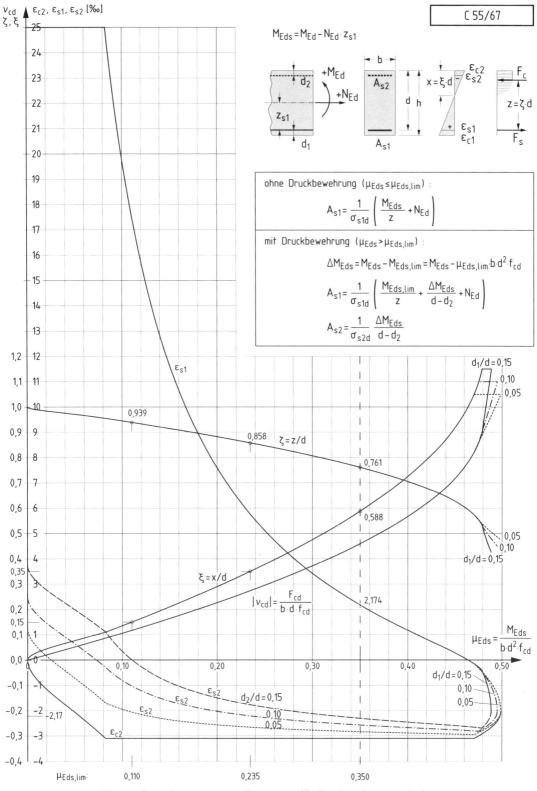

Allgemeines Bemessungsdiagramm für Rechteckquerschnitte

Tafel 2.1a / C55

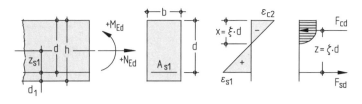

$$k_d = \frac{d \text{ [cm]}}{\sqrt{M_{Eds} \text{ [kNm]} / b \text{ [m]}}} \qquad \text{mit } M_{Eds} = M_{Ed} - N_{Ed} \cdot z_{s1}$$

Beton C 55/67						
k_d	k_s	κ_s	ξ	ζ	ε_{c2} in ‰	ε_{s1} in ‰
6,77	2,32	0,95	0,025	0,991	-0,64	25,00
3,73	2,34	0,95	0,048	0,983	-1,26	25,00
2,76	2,36	0,95	0,069	0,975	-1,85	25,00
2,33	2,38	0,95	0,087	0,966	-2,38	25,00
2,06	2,40	0,95	0,104	0,958	-2,90	25,00
1,89	2,42	0,96	0,122	0,950	-3,10	22,29
1,76	2,44	0,96	0,141	0,943	-3,10	18,84
1,66	2,46	0,97	0,160	0,935	-3,10	16,26
1,58	2,48	0,97	0,179	0,927	-3,10	14,25
1,51	2,50	0,98	0,197	0,920	-3,10	12,64
1,40	2,54	0,98	0,233	0,906	-3,10	10,22
1,32	2,58	0,99	0,267	0,891	-3,10	8,50
1,25	2,62	0,99	0,301	0,878	-3,10	7,21
1,20	2,66	0,99	0,333	0,865	-3,10	6,20
1,16	2,70	0,99	0,365	0,852	-3,10	5,40
1,12	2,74	0,99	0,395	0,839	-3,10	4,74
1,09	2,78	1,00	0,425	0,827	-3,10	4,19
1,06	2,82	1,00	0,454	0,816	-3,10	3,73
1,03	2,86	1,00	0,482	0,804	-3,10	3,33
1,01	2,90	1,00	0,509	0,793	-3,10	2,98
0,99	2,94	1,00	0,536	0,782	-3,10	2,68
0,98	2,98	1,00	0,562	0,772	-3,10	2,42
0,96	3,02	1,00	0,588	0,761	-3,10	2,17

$$A_{s1} \text{ [cm}^2] = k_s \cdot \frac{M_{Eds} \text{ [kNm]}}{d \text{ [cm]}} + \frac{N_{Ed} \text{ [kN]}}{43,5 \text{ [kN/cm}^2]} \qquad \text{(horizontaler Ast der Spannungs-Dehnungs-Linie)}$$

alternativ:

$$A_{s1}{}^* = \kappa_s \cdot A_{s1} \qquad \text{(geneigter Ast der Spannungs-Dehnungs-Linie)}$$

Dimensionsgebundene Bemessungstafel (k_d-Verfahren); Rechteck ohne Druckbewehrung
(Hochfester Normalbeton C 55/67 mit $\alpha = 0,85$; Betonstahl BSt 500 und $\gamma_s = 1,15$)

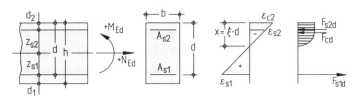

$$k_d = \frac{d \text{ [cm]}}{\sqrt{M_{Eds} \text{ [kNm]} / b \text{ [m]}}}$$

mit $M_{Eds} = M_{Ed} - N_{Ed} \cdot z_{s1}$

Beiwerte k_{s1} und k_{s2}

$\xi = 0{,}15$ $(\varepsilon_{s1}/\varepsilon_{c2} = 17{,}6 / {-}3{,}1 \text{ [\textperthousand]})$

k_d	k_{s1}	k_{s2}
1,72	2,45	0
1,68	2,45	0,10
1,64	2,45	0,20
1,61	2,45	0,30
1,57	2,45	0,40
1,53	2,45	0,50
1,49	2,45	0,60
1,45	2,45	0,70
1,41	2,45	0,80
1,36	2,45	0,90
1,32	2,45	1,00
1,27	2,45	1,10
1,23	2,45	1,20
1,18	2,45	1,30
1,12	2,45	1,40

$\xi = 0{,}35$ $(\varepsilon_{s1}/\varepsilon_{c2} = 5{,}76 / {-}3{,}1 \text{ [\textperthousand]})$

k_d	k_{s1}	k_{s2}
1,18	2,68	0
1,15	2,67	0,10
1,13	2,66	0,20
1,10	2,65	0,30
1,08	2,64	0,40
1,05	2,63	0,50
1,02	2,62	0,60
0,99	2,61	0,70
0,96	2,60	0,80
0,93	2,60	0,90
0,90	2,59	1,00
0,87	2,58	1,10
0,84	2,57	1,20
0,80	2,56	1,30
0,77	2,55	1,40

$\xi = 0{,}588$ $(\varepsilon_{s1}/\varepsilon_{c2} = 2{,}17 / {-}3{,}1 \text{ [\textperthousand]})$

k_d	k_{s1}	k_{s2}
0,96	3,02	0
0,94	3,00	0,10
0,92	2,97	0,20
0,90	2,95	0,30
0,88	2,93	0,40
0,86	2,90	0,50
0,84	2,88	0,60
0,81	2,86	0,70
0,79	2,83	0,80
0,77	2,81	0,90
0,74	2,79	1,00
0,71	2,76	1,10
0,69	2,74	1,20
0,66	2,72	1,30
0,63	2,69	1,40

Beiwerte ρ_1 und ρ_2

d_2/d	$\xi = 0{,}15$			$\xi = 0{,}35$					$\xi = 0{,}588$					
	ρ_1 für $k_{s1}=$ 2,45	ρ_2	$-\varepsilon_{s2}$ [‰]	ρ_1 für $k_{s1} =$ 2,68	2,62	2,55	ρ_2	$-\varepsilon_{s2}$ [‰]	ρ_1 für $k_{s1} =$ 3,02	2,90	2,79	2,69	ρ_2	$-\varepsilon_{s2}$ [‰]
0,06	1,00	1,17	1,86	1,00	1,00	1,00	1,00	2,57	1,00	1,00	1,00	1,00	1,00	2,78
0,08	1,01	1,54	1,45	1,00	1,01	1,01	1,02	2,39	1,00	1,00	1,01	1,01	1,02	2,68
0,10	1,03	2,20	1,03	1,00	1,01	1,02	1,04	2,21	1,00	1,01	1,02	1,02	1,04	2,57
0,12	1,04	3,75	0,62	1,00	1,02	1,04	1,14	2,04	1,00	1,01	1,02	1,04	1,07	2,47
0,14				1,00	1,02	1,05	1,28	1,86	1,00	1,02	1,03	1,05	1,09	2,36
0,16				1,00	1,03	1,07	1,45	1,68	1,00	1,02	1,04	1,06	1,12	2,26
0,18				1,00	1,03	1,08	1,66	1,51	1,00	1,03	1,05	1,08	1,16	2,15
0,20				1,00	1,04	1,10	1,92	1,33	1,00	1,03	1,06	1,09	1,25	2,05
0,22				1,00	1,05	1,11	2,28	1,15	1,00	1,04	1,07	1,11	1,35	1,94
0,24				1,00	1,06	1,13	2,76	0,97	1,00	1,04	1,09	1,12	1,47	1,83

$$A_{s1} \text{ [cm}^2\text{]} = \rho_1 \cdot k_{s1} \cdot \frac{M_{Eds} \text{ [kNm]}}{d \text{ [cm]}} + \frac{N_{Ed} \text{ [kN]}}{43{,}5 \text{ [kN/cm}^2\text{]}}$$

$$A_{s2} \text{ [cm}^2\text{]} = \rho_2 \cdot k_{s2} \cdot \frac{M_{Eds} \text{ [kNm]}}{d \text{ [cm]}}$$

(Wegen der erf. Erhöhung von A_{s2} – Berücksichtigung der Nettofläche der Betondruckzone – wird auf „Einführung", Abschn. 6.1.6, Bild 12 verwiesen.)

Dimensionsgebundene Bemessungstafel (k_d-Verfahren), Rechteck mit Druckbewehrung

(Hochfester Normalbeton C 55/67 mit $\alpha = 0{,}85$; $\xi_{lim} = 0{,}15 / 0{,}35 / 0{,}588$; Betonstahl BSt 500 und $\gamma_s = 1{,}15$)

Tafel 2.2a / C55

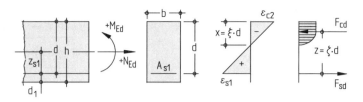

$$k_d = \frac{d \text{ [cm]}}{\sqrt{M_{Eds} \text{ [kNm] } / b \text{ [m]}}}$$

mit $M_{Eds} = M_{Ed} - N_{Ed} \cdot z_{s1}$

Beton C 55/67						
k_d	k_s	κ_s	ξ	ζ	ε_{c2} in ‰	ε_{s1} in ‰
6,42	2,32	0,95	0,025	0,991	-0,64	25,00
3,54	2,34	0,95	0,048	0,983	-1,26	25,00
2,62	2,36	0,95	0,069	0,975	-1,85	25,00
2,21	2,38	0,95	0,087	0,966	-2,38	25,00
1,96	2,40	0,95	0,104	0,958	-2,90	25,00
1,79	2,42	0,96	0,122	0,950	-3,10	22,29
1,67	2,44	0,96	0,141	0,943	-3,10	18,84
1,58	2,46	0,97	0,160	0,935	-3,10	16,26
1,50	2,48	0,97	0,179	0,927	-3,10	14,25
1,44	2,50	0,98	0,197	0,920	-3,10	12,64
1,33	2,54	0,98	0,233	0,906	-3,10	10,22
1,25	2,58	0,99	0,267	0,891	-3,10	8,50
1,19	2,62	0,99	0,301	0,878	-3,10	7,21
1,14	2,66	0,99	0,333	0,865	-3,10	6,20
1,10	2,70	0,99	0,365	0,852	-3,10	5,40
1,06	2,74	0,99	0,395	0,839	-3,10	4,74
1,03	2,78	1,00	0,425	0,827	-3,10	4,19
1,00	2,82	1,00	0,454	0,816	-3,10	3,73
0,98	2,86	1,00	0,482	0,804	-3,10	3,33
0,96	2,90	1,00	0,509	0,793	-3,10	2,98
0,94	2,94	1,00	0,536	0,782	-3,10	2,68
0,93	2,98	1,00	0,562	0,772	-3,10	2,42
0,91	3,02	1,00	0,588	0,761	-3,10	2,17

$$A_{s1} \text{ [cm}^2\text{]} = k_s \cdot \frac{M_{Eds} \text{ [kNm]}}{d \text{ [cm]}} + \frac{N_{Ed} \text{ [kN]}}{43,5 \text{ [kN/cm}^2\text{]}}$$ (horizontaler Ast der Spannungs-Dehnungs-Linie)

alternativ:

$$A_{s1}^* = \kappa_s \cdot A_{s1}$$ (geneigter Ast der Spannungs-Dehnungs-Linie)

Dimensionsgebundene Bemessungstafel (k_d-Verfahren); Rechteck ohne Druckbewehrung
(Hochfester Normalbeton C 55/67 mit α = 0,85; Betonstahl BSt 500 und γ_s = 1,15)

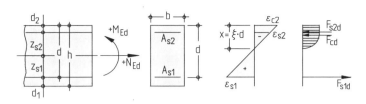

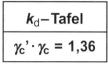

k_d–Tafel
$\gamma_c' \cdot \gamma_c = 1{,}36$

(Fertigteile mit über-
wachter Herstellung;
DIN 1045-1, 5.3.3(7))

$$k_d = \frac{d \ [cm]}{\sqrt{M_{Eds} \ [kNm] \, / \, b \ [m]}} \qquad \text{mit} \quad M_{Eds} = M_{Ed} - N_{Ed} \cdot z_{s1}$$

Beiwerte k_{s1} und k_{s2}

$\xi = 0{,}15$ ($\varepsilon_{s1}/\varepsilon_{c2} = 17{,}6 \, / \, -3{,}1 \ [‰]$)　　$\xi = 0{,}35$ ($\varepsilon_{s1}/\varepsilon_{c2} = 5{,}76 \, / \, -3{,}1 \ [‰]$)　　$\xi = 0{,}588$ ($\varepsilon_{s1}/\varepsilon_{c2} = 2{,}17 \, / \, -3{,}1 \ [‰]$)

k_d	k_{s1}	k_{s2}
1,63	2,45	0
1,59	2,45	0,10
1,56	2,45	0,20
1,53	2,45	0,30
1,49	2,45	0,40
1,45	2,45	0,50
1,41	2,45	0,60
1,38	2,45	0,70
1,34	2,45	0,80
1,29	2,45	0,90
1,25	2,45	1,00
1,21	2,45	1,10
1,16	2,45	1,20
1,11	2,45	1,30
1,07	2,45	1,40

k_d	k_{s1}	k_{s2}
1,12	2,68	0
1,09	2,67	0,10
1,07	2,66	0,20
1,04	2,65	0,30
1,02	2,64	0,40
0,99	2,63	0,50
0,97	2,62	0,60
0,94	2,61	0,70
0,92	2,60	0,80
0,89	2,60	0,90
0,86	2,59	1,00
0,83	2,58	1,10
0,80	2,57	1,20
0,76	2,56	1,30
0,73	2,55	1,40

k_d	k_{s1}	k_{s2}
0,91	3,02	0
0,89	3,00	0,10
0,88	2,97	0,20
0,86	2,95	0,30
0,84	2,93	0,40
0,82	2,90	0,50
0,79	2,88	0,60
0,77	2,86	0,70
0,75	2,83	0,80
0,73	2,81	0,90
0,70	2,79	1,00
0,68	2,76	1,10
0,65	2,74	1,20
0,63	2,72	1,30
0,60	2,69	1,40

Beiwerte ρ_1 und ρ_2

d_2/d	$\xi = 0{,}15$			$\xi = 0{,}35$					$\xi = 0{,}588$					
	ρ_1 für $k_{s1}=$	ρ_2	$-\varepsilon_{s2}$	ρ_1 für $k_{s1} =$			ρ_2	$-\varepsilon_{s2}$	ρ_1 für $k_{s1} =$				ρ_2	$-\varepsilon_{s2}$
	2,45		[‰]	2,68	2,62	2,55		[‰]	3,02	2,90	2,79	2,69		[‰]
0,06	1,00	1,17	1,86	1,00	1,00	1,00	1,00	2,57	1,00	1,00	1,00	1,00	1,00	2,78
0,08	1,01	1,54	1,45	1,00	1,01	1,01	1,02	2,39	1,00	1,00	1,01	1,01	1,02	2,68
0,10	1,03	2,20	1,03	1,00	1,01	1,02	1,04	2,21	1,00	1,01	1,02	1,02	1,04	2,57
0,12	1,04	3,75	0,62	1,00	1,02	1,04	1,14	2,04	1,00	1,01	1,02	1,04	1,07	2,47
0,14				1,00	1,02	1,05	1,28	1,86	1,00	1,02	1,03	1,05	1,09	2,36
0,16				1,00	1,03	1,07	1,45	1,68	1,00	1,02	1,04	1,06	1,12	2,26
0,18				1,00	1,04	1,08	1,66	1,51	1,00	1,03	1,05	1,08	1,16	2,15
0,20				1,00	1,04	1,10	1,92	1,33	1,00	1,03	1,06	1,09	1,25	2,05
0,22				1,00	1,05	1,11	2,28	1,15	1,00	1,04	1,07	1,11	1,35	1,94
0,24				1,00	1,06	1,13	2,76	0,97	1,00	1,04	1,09	1,12	1,47	1,83

$$A_{s1} \ [cm^2] = \rho_1 \cdot k_{s1} \cdot \frac{M_{Eds} \ [kNm]}{d \ [cm]} + \frac{N_{Ed} \ [kN]}{43{,}5 \ [kN/cm^2]}$$

$$A_{s2} \ [cm^2] = \rho_2 \cdot k_{s2} \cdot \frac{M_{Eds} \ [kNm]}{d \ [cm]}$$

(Wegen der erf. Erhöhung von A_{s2} – Berücksichtigung der Nettofläche der Betondruckzone – wird auf „Einführung", Abschn. 6.1.6, Bild 12 verwiesen.)

Dimensionsgebundene Bemessungstafel (k_d-Verfahren), Rechteck mit Druckbewehrung
(Hochfester Normalbeton C 55/67 mit $\alpha = 0{,}85$; $\xi_{lim} = 0{,}15 \, / \, 0{,}35 \, / \, 0{,}588$; Betonstahl BSt 500 und $\gamma_s = 1{,}15$)

Tafel 3a / C55

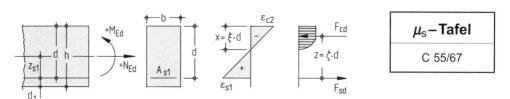

$$\mu_{Eds} = \frac{M_{Eds}}{b \cdot d^2 \cdot f_{cd}} \qquad \text{mit } M_{Eds} = M_{Ed} - N_{Ed} \cdot z_{s1}$$
$$f_{cd} = \alpha \cdot f_{ck}/\gamma_c \qquad \text{(i. Allg. gilt } \alpha = 0{,}85)$$

μ_{Eds}	ω	$\xi = \dfrac{x}{d}$	$\zeta = \dfrac{z}{d}$	ε_{c2} in ‰	ε_{s1} in ‰	$\sigma_{sd}{}^{1)}$ in MPa BSt 500	$\sigma_{sd}{}^{2)}$ in MPa BSt 500
0,01	0,0101	0,030	0,990	−0,78	25,00	435	457
0,02	0,0203	0,044	0,984	−1,15	25,00	435	457
0,03	0,0306	0,056	0,980	−1,47	25,00	435	457
0,04	0,0410	0,066	0,976	−1,77	25,00	435	457
0,05	0,0515	0,076	0,971	−2,07	25,00	435	457
0,06	0,0621	0,087	0,966	−2,38	25,00	435	457
0,07	0,0728	0,097	0,962	−2,69	25,00	435	457
0,08	0,0836	0,108	0,956	−3,02	25,00	435	457
0,09	0,0947	0,121	0,951	−3,10	22,50	435	454
0,10	0,1058	0,135	0,945	−3,10	19,80	435	452
0,11	0,1171	0,150	0,939	−3,10	17,59	435	450
0,12	0,1286	0,164	0,933	−3,10	15,75	435	448
0,13	0,1402	0,179	0,927	−3,10	14,18	435	446
0,14	0,1520	0,194	0,921	−3,10	12,84	435	445
0,15	0,1640	0,210	0,915	−3,10	11,68	435	444
0,16	0,1761	0,225	0,909	−3,10	10,66	435	443
0,17	0,1885	0,241	0,902	−3,10	9,76	435	442
0,18	0,2010	0,257	0,896	−3,10	8,96	435	441
0,19	0,2137	0,273	0,889	−3,10	8,24	435	441
0,20	0,2267	0,290	0,882	−3,10	7,59	435	440
0,21	0,2399	0,307	0,875	−3,10	7,00	435	439
0,22	0,2533	0,324	0,868	−3,10	6,47	435	439
0,23	0,2671	0,342	0,861	−3,10	5,97	435	438
0,24	0,2810	0,360	0,854	−3,10	5,52	435	438
0,25	0,2953	0,378	0,847	−3,10	5,11	435	438
0,26	0,3099	0,396	0,839	−3,10	4,72	435	437
0,27	0,3248	0,415	0,831	−3,10	4,36	435	437
0,28	0,3401	0,435	0,823	−3,10	4,03	435	437
0,29	0,3557	0,455	0,815	−3,10	3,71	435	436
0,30	0,3718	0,476	0,807	−3,10	3,42	435	436
0,31	0,3883	0,497	0,798	−3,10	3,14	435	436
0,32	0,4054	0,519	0,789	−3,10	2,88	435	435
0,33	0,4229	0,541	0,780	−3,10	2,63	435	435
0,34	0,4411	0,564	0,771	−3,10	2,39	435	435
0,35	0,4599	0,588	0,761	−3,10	2,17	434	434
0,36	0,4794	0,613	0,751	−3,10	1,96	391	391
0,37	0,4997	0,639	0,740	−3,10	1,75	350	350
0,38	0,5210	0,667	0,729	−3,10	1,55	310	310
0,39	0,5434	0,695	0,718	−3,10	1,36	272	272
0,40	0,5670	0,725	0,705	−3,10	1,17	235	235

unwirtschaft-licher Bereich

1) Begrenzung der Stahlspannung auf $f_{yd} = f_{yk} / \gamma_s$ (horizontaler Ast der σ-ε-Linie)
2) Begrenzung der Stahlspannung auf $f_{td,cal} = f_{tk,cal}/ \gamma_s$ (geneigter Ast der σ-ε-Linie)

$$A_{s1} = \frac{1}{\sigma_{sd}} (\omega \cdot b \cdot d \cdot f_{cd} + N_{Ed})$$

Bemessungstafel (μ_s-Tafeln) für Rechteckquerschnitte ohne Druckbewehrung

(Normalbeton der Festigkeitsklassen C 55/67; Betonstahl BSt 500 und $\gamma_s = 1{,}15$)

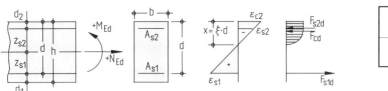

$$\boxed{\mu_s-\text{Tafel}}$$

$$\text{C 55/67}$$

$$\mu_{Eds} = \frac{M_{Eds}}{b \cdot d^2 \cdot f_{cd}} \qquad \text{mit } M_{Eds} = M_{Ed} - N_{Ed} \cdot z_{s1}$$
$$f_{cd} = \alpha \cdot f_{ck}/\gamma_c \qquad \text{(i. Allg. gilt } \alpha = 0,85)$$

$$\xi = 0,15 \quad (\varepsilon_{s1} = 17,6\ \text{‰}, \quad \varepsilon_{c2} = -3,10\ \text{‰})$$

| d_2/d | 0,05 | | 0,10 | | 0,15 | | 0,20 | |
| $\varepsilon_{s1}/\varepsilon_{s2}$ | 17,6 ‰ | −2,07 ‰ | 17,6 ‰ | −1,03 ‰ | | | | |
μ_{Eds}	ω_1	ω_2	ω_1	ω_2	ω_1	ω_2	ω_1	ω_2
0,12	0,128	0,011	0,128	0,023				
0,13	0,138	0,022	0,139	0,046				
0,14	0,149	0,033	0,150	0,070				
0,15	0,159	0,044	0,162	0,093				
0,16	0,170	0,055	0,173	0,117				
0,17	0,180	0,066	0,184	0,140				
0,18	0,191	0,077	0,195	0,163				
0,19	0,201	0,088	0,206	0,187				
0,20	0,212	0,100	0,217	0,210				
0,21	0,222	0,111	0,228	0,233				
0,22	0,233	0,122	0,239	0,257				
0,23	0,243	0,133	0,250	0,280				
0,24	0,254	0,144	0,262	0,304				
0,25	0,265	0,155	0,273	0,327				
0,26	0,275	0,166	0,284	0,350				
0,27	0,286	0,177	0,295	0,374				
0,28	0,296	0,188	0,306	0,397				
0,29	0,307	0,199	0,317	0,420				
0,30	0,317	0,210	0,328	0,444				
0,31	0,328	0,221	0,339	0,467				
0,32	0,338	0,232	0,350	0,491				
0,33	0,349	0,243	0,362	0,514				
0,34	0,359	0,255	0,373	0,537				
0,35	0,370	0,266	0,384	0,561				
0,36	0,380	0,277	0,395	0,584				
0,37	0,391	0,288	0,406	0,607				
0,38	0,401	0,299	0,417	0,631				
0,39	0,412	0,310	0,428	0,654				
0,40	0,422	0,321	0,439	0,678				
0,41	0,433	0,332	0,450	0,701				
0,42	0,443	0,343	0,462	0,724				
0,43	0,454	0,354	0,473	0,748				
0,44	0,465	0,365	0,484	0,771				
0,45	0,475	0,376	0,495	0,794				
0,46	0,486	0,387	0,506	0,818				
0,47	0,496	0,398	0,517	0,841				
0,48	0,507	0,410	0,528	0,865				
0,49	0,517	0,421	0,539	0,888				
0,50	0,528	0,432	0,550	0,911				

Bei einem bezogenen Randabstand $d_2/d = 0,15$ liegt die obere Bewehrung im Dehnungsnullpunkt. Eine Bemessung mit „Druckbewehrung" ist nicht möglich.

Bei einem bezogenen Randabstand $d_2/d = 0,20$ liegt die obere Bewehrung in der Zugzone. Eine Bemessung mit „Druckbewehrung" ist daher nicht möglich.

$$A_{s1} = \frac{1}{f_{yd}} (\omega_1 \cdot b \cdot d \cdot f_{cd} + N_{Ed})$$

$$A_{s2} = \omega_2 \cdot b \cdot d \cdot \frac{f_{cd}}{f_{yd}}$$

(Wegen der erf. Erhöhung von A_{s2} – Berücksichtigung der Nettofläche der Betondruckzone – wird auf „Einführung", Abschn. 6.1.6, Bild 12 verwiesen.)

Bemessungstafel (μ_s-Tafeln) für Rechteckquerschnitte mit Druckbewehrung

(Normalbeton der Festigkeitsklassen C 55/67; $\xi_{lim} = 0,15$; Betonstahl BSt 500 und $\gamma_s = 1,15$)

Tafel 3c / C55

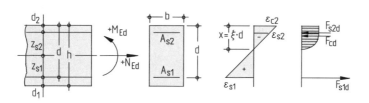

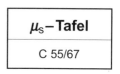
$$\mu_{Eds} = \frac{M_{Eds}}{b \cdot d^2 \cdot f_{cd}}$$

mit $M_{Eds} = M_{Ed} - N_{Ed} \cdot z_{s1}$

$f_{cd} = \alpha \cdot f_{ck}/\gamma_c$ (i. Allg.,gilt $\alpha = 0{,}85$)

$\xi = 0{,}35$ ($\varepsilon_{s1} = 5{,}76$ ‰, $\varepsilon_{c2} = -3{,}10$ ‰)

d_2/d $\varepsilon_{s1}/\varepsilon_{s2}$	0,05		0,10		0,15		0,20	
	5,76 ‰	−2,66 ‰	5,76 ‰	−2,21 ‰	5,76 ‰	−1,77 ‰	5,76 ‰	−1,33 ‰
μ_{Eds}	ω_1	ω_2	ω_1	ω_2	ω_1	ω_2	ω_1	ω_2
0,24	0,279	0,006	0,279	0,006	0,280	0,008	0,280	0,011
0,25	0,290	0,016	0,291	0,017	0,292	0,022	0,293	0,031
0,26	0,300	0,027	0,302	0,028	0,303	0,037	0,305	0,052
0,27	0,311	0,037	0,313	0,039	0,315	0,051	0,318	0,072
0,28	0,321	0,048	0,324	0,050	0,327	0,065	0,330	0,093
0,29	0,332	0,058	0,335	0,061	0,339	0,080	0,343	0,113
0,30	0,342	0,069	0,346	0,073	0,350	0,094	0,355	0,134
0,31	0,353	0,079	0,357	0,084	0,362	0,109	0,368	0,154
0,32	0,363	0,090	0,368	0,095	0,374	0,123	0,380	0,174
0,33	0,374	0,100	0,379	0,106	0,386	0,138	0,393	0,195
0,34	0,384	0,111	0,391	0,117	0,397	0,152	0,405	0,215
0,35	0,395	0,121	0,402	0,128	0,409	0,166	0,418	0,236
0,36	0,405	0,132	0,413	0,139	0,421	0,181	0,430	0,256
0,37	0,416	0,142	0,424	0,150	0,433	0,195	0,443	0,277
0,38	0,427	0,153	0,435	0,161	0,445	0,210	0,455	0,297
0,39	0,437	0,163	0,446	0,173	0,456	0,224	0,468	0,318
0,40	0,448	0,174	0,457	0,184	0,468	0,239	0,480	0,338
0,41	0,458	0,185	0,468	0,195	0,480	0,253	0,493	0,359
0,42	0,469	0,195	0,479	0,206	0,492	0,268	0,505	0,379
0,43	0,479	0,206	0,491	0,217	0,503	0,282	0,518	0,399
0,44	0,490	0,216	0,502	0,228	0,515	0,296	0,530	0,420
0,45	0,500	0,227	0,513	0,239	0,527	0,311	0,543	0,440
0,46	0,511	0,237	0,524	0,250	0,539	0,325	0,555	0,461
0,47	0,521	0,248	0,535	0,261	0,550	0,340	0,568	0,481
0,48	0,532	0,258	0,546	0,273	0,562	0,354	0,580	0,502
0,49	0,542	0,269	0,557	0,284	0,574	0,369	0,593	0,522
0,50	0,553	0,279	0,568	0,295	0,586	0,383	0,605	0,543
0,51	0,563	0,290	0,579	0,306	0,597	0,397	0,618	0,563
0,52	0,574	0,300	0,591	0,317	0,609	0,412	0,630	0,584
0,53	0,584	0,311	0,602	0,328	0,621	0,426	0,643	0,604
0,54	0,595	0,321	0,613	0,339	0,633	0,441	0,655	0,624
0,55	0,605	0,332	0,624	0,350	0,645	0,455	0,668	0,645
0,56	0,616	0,342	0,635	0,361	0,656	0,470	0,680	0,665
0,57	0,627	0,353	0,646	0,373	0,668	0,484	0,693	0,686
0,58	0,637	0,363	0,657	0,384	0,680	0,499	0,705	0,706
0,59	0,648	0,374	0,668	0,395	0,692	0,513	0,718	0,727
0,60	0,658	0,385	0,679	0,406	0,703	0,527	0,730	0,747

$$A_{s1} = \frac{1}{f_{yd}} (\omega_1 \cdot b \cdot d \cdot f_{cd} + N_{Ed})$$

$$A_{s2} = \omega_2 \cdot b \cdot d \cdot \frac{f_{cd}}{f_{yd}}$$

(Wegen der erf. Erhöhung von A_{s2} – Berücksichtigung der Nettofläche der Betondruckzone – wird auf „Einführung", Abschn. 6.1.6, Bild 12 verwiesen.)

Bemessungstafel (μ_s-Tafeln) für Rechteckquerschnitte mit Druckbewehrung

(Normalbeton der Festigkeitsklassen C 55/67; $\xi_{lim} = 0{,}35$; Betonstahl BSt 500 und $\gamma_s = 1{,}15$)

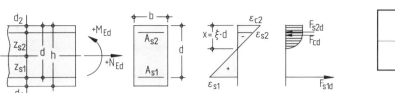

$$\mu_\text{Eds} = \frac{M_\text{Eds}}{b \cdot d^2 \cdot f_\text{cd}}$$

mit $M_\text{Eds} = M_\text{Ed} - N_\text{Ed} \cdot z_\text{s1}$

$f_\text{cd} = \alpha \cdot f_\text{ck}/\gamma_\text{c}$

(i. Allg. gilt $\alpha = 0{,}85$)

$\xi = 0{,}588$ ($\varepsilon_\text{s1} = 2{,}17$ ‰, $\varepsilon_\text{c2} = -3{,}10$ ‰)

| d_2/d | 0,05 | | 0,10 | | 0,15 | | 0,20 | |
| $\varepsilon_\text{s1}/\varepsilon_\text{s2}$ | 2,17 ‰ | −2,84 ‰ | 2,17 ‰ | −2,57 ‰ | 2,17 ‰ | −2,31 ‰ | 2,17 ‰ | −2,05 ‰ |
μ_Eds	ω_1	ω_2	ω_1	ω_2	ω_1	ω_2	ω_1	ω_2
0,36	0,470	0,011	0,471	0,011	0,471	0,012	0,472	0,014
0,37	0,481	0,021	0,482	0,022	0,483	0,024	0,485	0,027
0,38	0,491	0,032	0,493	0,034	0,495	0,036	0,497	0,040
0,39	0,502	0,042	0,504	0,045	0,507	0,047	0,510	0,053
0,40	0,512	0,053	0,515	0,056	0,519	0,059	0,522	0,067
0,41	0,523	0,063	0,526	0,067	0,530	0,071	0,535	0,080
0,42	0,533	0,074	0,537	0,078	0,542	0,083	0,547	0,093
0,43	0,544	0,084	0,549	0,089	0,554	0,094	0,560	0,107
0,44	0,554	0,095	0,560	0,100	0,566	0,106	0,572	0,120
0,45	0,565	0,105	0,571	0,111	0,577	0,118	0,585	0,133
0,46	0,575	0,116	0,582	0,122	0,589	0,130	0,597	0,146
0,47	0,586	0,127	0,593	0,134	0,601	0,141	0,610	0,160
0,48	0,597	0,137	0,604	0,145	0,613	0,153	0,622	0,173
0,49	0,607	0,148	0,615	0,156	0,624	0,165	0,635	0,186
0,50	0,618	0,158	0,626	0,167	0,636	0,177	0,647	0,200
0,51	0,628	0,169	0,637	0,178	0,648	0,188	0,660	0,213
0,52	0,639	0,179	0,649	0,189	0,660	0,200	0,672	0,226
0,53	0,649	0,190	0,660	0,200	0,671	0,212	0,685	0,239
0,54	0,660	0,200	0,671	0,211	0,683	0,224	0,697	0,253
0,55	0,670	0,211	0,682	0,222	0,695	0,236	0,710	0,266
0,56	0,681	0,221	0,693	0,234	0,707	0,247	0,722	0,279
0,57	0,691	0,232	0,704	0,245	0,719	0,259	0,735	0,293
0,58	0,702	0,242	0,715	0,256	0,730	0,271	0,747	0,306
0,59	0,712	0,253	0,726	0,267	0,742	0,283	0,760	0,319
0,60	0,723	0,263	0,737	0,278	0,754	0,294	0,772	0,332

$$A_\text{s1} = \frac{1}{f_\text{yd}} (\omega_1 \cdot b \cdot d \cdot f_\text{cd} + N_\text{Ed})$$

$$A_\text{s2} = \omega_2 \cdot b \cdot d \cdot \frac{f_\text{cd}}{f_\text{yd}}$$

(Wegen der erf. Erhöhung von A_s2 – Berücksichtigung der Nettofläche der Betondruckzone – wird auf „Einführung", Abschn. 6.1.6, Bild 12 verwiesen.)

Bemessungstafel (μ_s-Tafeln) für Rechteckquerschnitte mit Druckbewehrung
(Normalbeton der Festigkeitsklassen C 55/67; $\xi_\text{lim} = 0{,}588$; Betonstahl BSt 500 und $\gamma_\text{s} = 1{,}15$)

Tafel 5a / C55

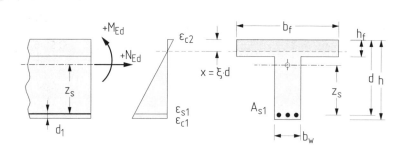

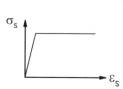

$$\mu_{Eds} = \frac{M_{Eds}}{b_f \cdot d^2 \cdot f_{cd}} \qquad \text{mit } M_{Eds} = M_{Ed} - N_{Ed} \cdot z_s$$

$$A_{s1} = \frac{1}{f_{yd}}\left(\omega_1 \cdot b_f \cdot d \cdot f_{cd} + N_{Ed}\right)$$

$h_f/d = 0{,}05$

μ_{Eds}	ω_1-Werte für $b_f/b_w =$ 1	2	3	5	≥ 10
0,01	0,0101	0,0101	0,0101	0,0101	0,0101
0,02	0,0203	0,0203	0,0203	0,0203	0,0203
0,03	0,0306	0,0306	0,0306	0,0306	0,0306
0,04	0,0410	0,0410	0,0410	0,0409	0,0409
0,05	0,0515	0,0514	0,0514	0,0514	0,0514
0,06	0,0621	0,0621	0,0622	0,0624	0,0629
0,07	0,0728	0,0731	0,0735	0,0742	0,0767
0,08	0,0836	0,0844	0,0852	0,0871	
0,09	0,0947	0,0961	0,0976	0,1014	
0,10	0,1058	0,1082	0,1107		
0,11	0,1171	0,1206	0,1246		
0,12	0,1286	0,1336	0,1396		
0,13	0,1402	0,1470			
0,14	0,1520	0,1611			
0,15	0,1640	0,1758			
0,16	0,1761	0,1912			
0,17	0,1885				
0,18	0,2010				
0,19	0,2137				
0,20	0,2267				
0,21	0,2399				
0,22	0,2533				
0,23	0,2671				
0,24	0,2810				
0,25	0,2953				
0,26	0,3099				
0,27	0,3248				
0,28	0,3401				
0,29	0,3558				
0,30	0,3718				
0,31	0,3884				
0,32	0,4054				
0,33	0,4230				
0,34	0,4411				
0,35	0,4607				

unterhalb dieser Linie gilt: $\xi = x/d > 0{,}35$

$h_f/d = 0{,}10$

μ_{Eds}	ω_1-Werte für $b_f/b_w =$ 1	2	3	5	≥ 10
0,01	0,0101	0,0101	0,0101	0,0101	0,0101
0,02	0,0203	0,0203	0,0203	0,0203	0,0203
0,03	0,0306	0,0306	0,0306	0,0306	0,0306
0,04	0,0410	0,0410	0,0410	0,0410	0,0410
0,05	0,0515	0,0515	0,0515	0,0515	0,0515
0,06	0,0621	0,0621	0,0621	0,0621	0,0621
0,07	0,0728	0,0728	0,0728	0,0728	0,0728
0,08	0,0836	0,0836	0,0836	0,0836	0,0836
0,09	0,0947	0,0946	0,0946	0,0946	0,0946
0,10	0,1058	0,1058	0,1058	0,1059	0,1060
0,11	0,1171	0,1173	0,1175	0,1179	0,1192
0,12	0,1286	0,1292	0,1298	0,1311	
0,13	0,1402	0,1415	0,1427	0,1459	
0,14	0,1520	0,1542	0,1565		
0,15	0,1640	0,1674	0,1712		
0,16	0,1761	0,1812			
0,17	0,1885	0,1955			
0,18	0,2010	0,2106			
0,19	0,2137	0,2266			
0,20	0,2267				
0,21	0,2399				
0,22	0,2533				
0,23	0,2671				
0,24	0,2810				
0,25	0,2953				
0,26	0,3099				
0,27	0,3248				
0,28	0,3401				
0,29	0,3558				
0,30	0,3718				
0,31	0,3884				
0,32	0,4054				
0,33	0,4230				
0,34	0,4411				
0,35	0,4607				

Bemessungstafeln mit dimensionslosen Beiwerten für den Plattenbalkenquerschnitt

C 55/67

C 55/67

$h_f/d=0{,}15$	ω_1-Werte für $b_f/b_w =$				
μ_{Eds}	1	2	3	5	≥ 10
0,01	0,0101	0,0101	0,0101	0,0101	0,0101
0,02	0,0203	0,0203	0,0203	0,0203	0,0203
0,03	0,0306	0,0306	0,0306	0,0306	0,0306
0,04	0,0410	0,0410	0,0410	0,0410	0,0410
0,05	0,0515	0,0515	0,0515	0,0515	0,0515
0,06	0,0621	0,0621	0,0621	0,0621	0,0621
0,07	0,0728	0,0728	0,0728	0,0728	0,0728
0,08	0,0836	0,0836	0,0836	0,0836	0,0836
0,09	0,0947	0,0947	0,0947	0,0947	0,0947
0,10	0,1058	0,1058	0,1058	0,1058	0,1058
0,11	0,1171	0,1171	0,1171	0,1171	0,1171
0,12	0,1286	0,1286	0,1286	0,1285	0,1285
0,13	0,1402	0,1401	0,1401	0,1401	0,1400
0,14	0,1520	0,1519	0,1519	0,1519	0,1518
0,15	0,1640	0,1641	0,1642	0,1644	0,1652
0,16	0,1761	0,1766	0,1771	0,1783	
0,17	0,1885	0,1897	0,1909	0,1939	
0,18	0,2010	0,2032	0,2056		
0,19	0,2137	0,2174	0,2215		
0,20	0,2267	0,2323			
0,21	0,2399	0,2479			
0,22	0,2533	0,3404			
0,23	0,2671				
0,24	0,2810				
0,25	0,2953				
0,26	0,3099				
...	...	► s. Tabelle für $h_f/d=0{,}05$			
0,35	0,4607				

$h_f/d=0{,}20$	ω_1-Werte für $b_f/b_w =$				
μ_{Eds}	1	2	3	5	≥ 10
0,01	0,0101	0,0101	0,0101	0,0101	0,0101
0,02	0,0203	0,0203	0,0203	0,0203	0,0203
0,03	0,0306	0,0306	0,0306	0,0306	0,0306
0,04	0,0410	0,0410	0,0410	0,0410	0,0410
0,05	0,0515	0,0515	0,0515	0,0515	0,0515
0,06	0,0621	0,0621	0,0621	0,0621	0,0621
0,07	0,0728	0,0728	0,0728	0,0728	0,0728
0,08	0,0836	0,0836	0,0836	0,0836	0,0836
0,09	0,0947	0,0947	0,0947	0,0947	0,0947
0,10	0,1058	0,1058	0,1058	0,1058	0,1058
0,11	0,1171	0,1171	0,1171	0,1171	0,1171
0,12	0,1286	0,1286	0,1286	0,1286	0,1286
0,13	0,1402	0,1402	0,1402	0,1402	0,1402
0,14	0,1520	0,1520	0,1520	0,1520	0,1520
0,15	0,1640	0,1640	0,1639	0,1639	0,1639
0,16	0,1761	0,1760	0,1760	0,1760	0,1759
0,17	0,1885	0,1883	0,1882	0,1881	0,1880
0,18	0,2010	0,2008	0,2007	0,2006	0,2006
0,19	0,2137	0,2137	0,2139	0,2141	0,2149
0,20	0,2267	0,2272	0,2278	0,2290	
0,21	0,2399	0,2413	0,2427		
0,22	0,2533	0,2560	0,2589		
0,23	0,2671	0,2715			
0,24	0,2810	0,2879			
0,25	0,2953				
0,26	0,3099				
...	...	► s. Tabelle für $h_f/d=0{,}05$			
0,35	0,4607				

$h_f/d=0{,}30$	ω_1-Werte für $b_f/b_w =$				
μ_{Eds}	1	2	3	5	≥ 10
0,01	0,0101	0,0101	0,0101	0,0101	0,0101
0,02	0,0203	0,0203	0,0203	0,0203	0,0203
0,03	0,0306	0,0306	0,0306	0,0306	0,0306
0,04	0,0410	0,0410	0,0410	0,0410	0,0410
0,05	0,0515	0,0515	0,0515	0,0515	0,0515
0,06	0,0621	0,0621	0,0621	0,0621	0,0621
0,07	0,0728	0,0728	0,0728	0,0728	0,0728
0,08	0,0836	0,0836	0,0836	0,0836	0,0836
0,09	0,0947	0,0947	0,0947	0,0947	0,0947
0,10	0,1058	0,1058	0,1058	0,1058	0,1058
0,11	0,1171	0,1171	0,1171	0,1171	0,1171
0,12	0,1286	0,1286	0,1286	0,1286	0,1286
0,13	0,1402	0,1402	0,1402	0,1402	0,1402
0,14	0,1520	0,1520	0,1520	0,1520	0,1520
0,15	0,1640	0,1640	0,1640	0,1640	0,1640
0,16	0,1761	0,1761	0,1761	0,1761	0,1761
0,17	0,1885	0,1885	0,1885	0,1885	0,1885
0,18	0,2010	0,2010	0,2010	0,2010	0,2010
0,19	0,2137	0,2138	0,2138	0,2138	0,2138
0,20	0,2267	0,2267	0,2267	0,2267	0,2267
0,21	0,2399	0,2399	0,2399	0,2399	0,2399
0,22	0,2533	0,2533	0,2532	0,2532	0,2532
0,23	0,2671	0,2668	0,2667	0,2666	0,2665
0,24	0,2810	0,2807	0,2805	0,2803	0,2800
0,25	0,2953	0,2949	0,2946	0,2943	0,2940
0,26	0,3099	0,3095	0,3095	0,3095	
0,27	0,3248	0,3251	0,3256		
0,28	0,3401	0,3416			
0,29	0,3558	0,3591			
0,30	0,3718				
0,31	0,3884				
0,32	0,4054				
0,33	0,4230				
0,34	0,4411				
0,35	0,4607				

$h_f/d=0{,}40$	ω_1-Werte für $b_f/b_w =$				
μ_{Eds}	1	2	3	5	≥ 10
0,01	0,0101	0,0101	0,0101	0,0101	0,0101
0,02	0,0203	0,0203	0,0203	0,0203	0,0203
0,03	0,0306	0,0306	0,0306	0,0306	0,0306
0,04	0,0410	0,0410	0,0410	0,0410	0,0410
0,05	0,0515	0,0515	0,0515	0,0515	0,0515
0,06	0,0621	0,0621	0,0621	0,0621	0,0621
0,07	0,0728	0,0728	0,0728	0,0728	0,0728
0,08	0,0836	0,0836	0,0836	0,0836	0,0836
0,09	0,0947	0,0947	0,0947	0,0947	0,0947
0,10	0,1058	0,1058	0,1058	0,1058	0,1058
0,11	0,1171	0,1171	0,1171	0,1171	0,1171
0,12	0,1286	0,1286	0,1286	0,1286	0,1286
0,13	0,1402	0,1402	0,1402	0,1402	0,1402
0,14	0,1520	0,1520	0,1520	0,1520	0,1520
0,15	0,1640	0,1640	0,1640	0,1640	0,1640
0,16	0,1761	0,1761	0,1761	0,1761	0,1761
0,17	0,1885	0,1885	0,1885	0,1885	0,1885
0,18	0,2010	0,2010	0,2010	0,2010	0,2010
0,19	0,2137	0,2138	0,2138	0,2138	0,2138
0,20	0,2267	0,2267	0,2267	0,2267	0,2267
0,21	0,2399	0,2400	0,2400	0,2400	0,2400
0,22	0,2533	0,2534	0,2534	0,2534	0,2534
0,23	0,2671	0,2672	0,2672	0,2672	0,2672
0,24	0,2810	0,2811	0,2811	0,2811	0,2811
0,25	0,2953	0,2955	0,2955	0,2955	0,2955
0,26	0,3099	0,3100	0,3100	0,3100	0,3100
0,27	0,3248	0,3248	0,3247	0,3247	0,3247
0,28	0,3401	0,3399	0,3398	0,3397	0,3396
0,29	0,3558	0,3553	0,3551	0,3549	0,3547
0,30	0,3718	0,3711	0,3707	0,3704	0,3700
0,31	0,3884	0,3875	0,3869	0,3864	0,3857
0,32	0,4054	0,4045	0,4040		
0,33	0,4230				
0,34	0,4411				
0,35	0,4607				

Bemessungstafeln mit dimensionslosen Beiwerten für den Plattenbalkenquerschnitt

Tafel 6.1a / C55

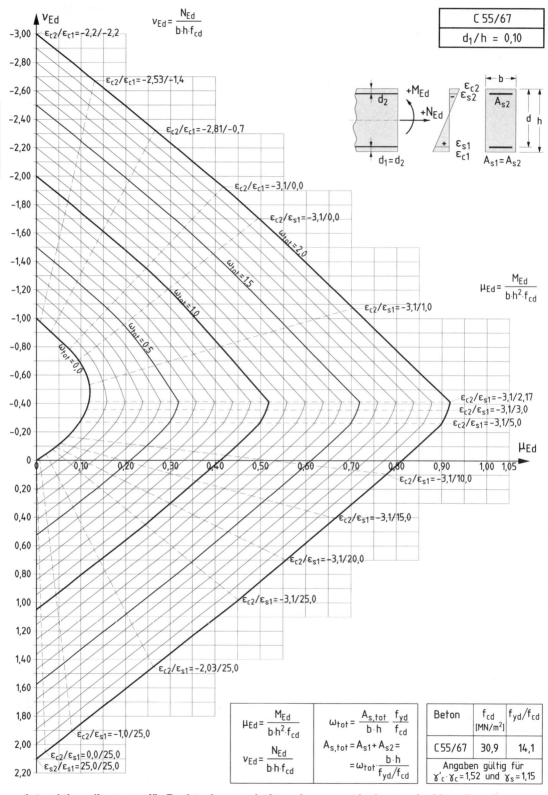

Interaktionsdiagramm für Rechteckquerschnitte mit symmetrischer zweiseitiger Bewehrung

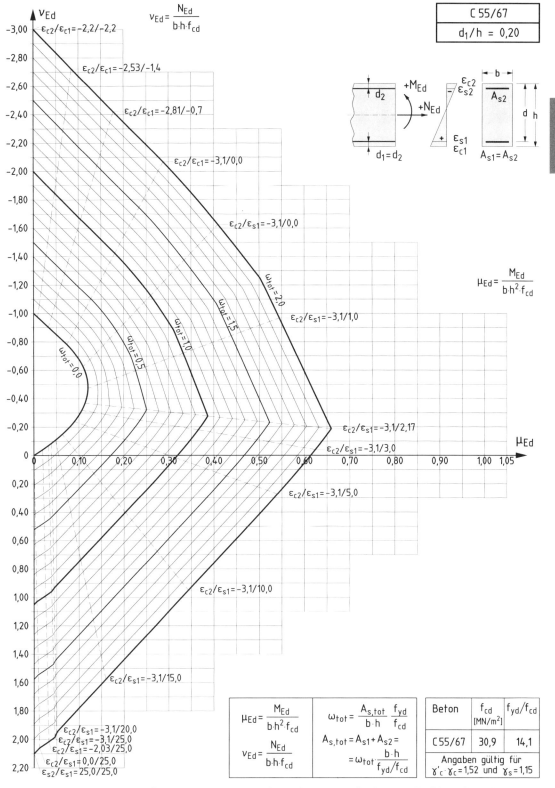

$$\nu_{Ed} = \frac{N_{Ed}}{b \cdot h \cdot f_{cd}}$$

$$\mu_{Ed} = \frac{M_{Ed}}{b \cdot h^2 \cdot f_{cd}}$$

C 55/67
$d_1 / h = 0,20$

C 55/67

$\varepsilon_{c2}/\varepsilon_{c1} = -2,2/-2,2$
$\varepsilon_{c2}/\varepsilon_{c1} = -2,53/-1,4$
$\varepsilon_{c2}/\varepsilon_{c1} = -2,81/-0,7$
$\varepsilon_{c2}/\varepsilon_{c1} = -3,1/0,0$
$\varepsilon_{c2}/\varepsilon_{s1} = -3,1/0,0$
$\varepsilon_{c2}/\varepsilon_{s1} = -3,1/1,0$
$\varepsilon_{c2}/\varepsilon_{s1} = -3,1/2,17$
$\varepsilon_{c2}/\varepsilon_{s1} = -3,1/3,0$
$\varepsilon_{c2}/\varepsilon_{s1} = -3,1/5,0$
$\varepsilon_{c2}/\varepsilon_{s1} = -3,1/10,0$
$\varepsilon_{c2}/\varepsilon_{s1} = -3,1/15,0$
$\varepsilon_{c2}/\varepsilon_{s1} = -3,1/20,0$
$\varepsilon_{c2}/\varepsilon_{s1} = -3,1/25,0$
$\varepsilon_{c2}/\varepsilon_{s1} = -2,03/25,0$
$\varepsilon_{c2}/\varepsilon_{s1} = 0,0/25,0$
$\varepsilon_{s2}/\varepsilon_{s1} = 25,0/25,0$

$\omega_{tot} = 0,0$
$\omega_{tot} = 0,5$
$\omega_{tot} = 1,0$
$\omega_{tot} = 1,5$
$\omega_{tot} = 2,0$

$\mu_{Ed} = \dfrac{M_{Ed}}{b \cdot h^2 \cdot f_{cd}}$	$\omega_{tot} = \dfrac{A_{s,tot}}{b \cdot h} \dfrac{f_{yd}}{f_{cd}}$	
$\nu_{Ed} = \dfrac{N_{Ed}}{b \cdot h \cdot f_{cd}}$	$A_{s,tot} = A_{s1} + A_{s2} =$ $= \omega_{tot} \cdot \dfrac{b \cdot h}{f_{yd}/f_{cd}}$	

Beton	f_{cd} [MN/m²]	f_{yd}/f_{cd}
C55/67	30,9	14,1
Angaben gültig für $\gamma'_c \cdot \gamma_c = 1,52$ und $\gamma_s = 1,15$		

Interaktionsdiagramm für Rechteckquerschnitte mit symmetrischer zweiseitiger Bewehrung

Tafel 6.2a / C55

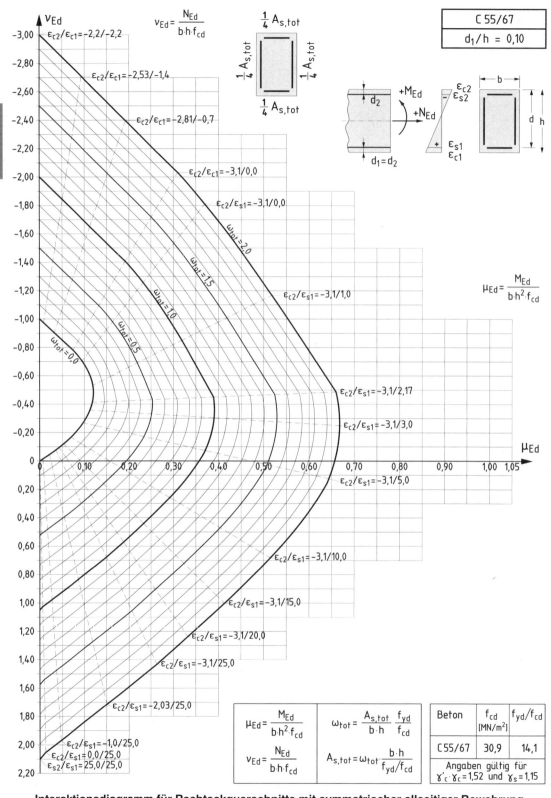

C 55/67

$d_1/h = 0,10$

$$\nu_{Ed} = \frac{N_{Ed}}{b \cdot h \cdot f_{cd}}$$

$$\mu_{Ed} = \frac{M_{Ed}}{b \cdot h^2 \cdot f_{cd}}$$

$\frac{1}{4} A_{s,tot}$

	$\mu_{Ed} = \frac{M_{Ed}}{b \cdot h^2 \cdot f_{cd}}$	$\omega_{tot} = \frac{A_{s,tot}}{b \cdot h} \cdot \frac{f_{yd}}{f_{cd}}$	Beton	f_{cd} [MN/m²]	f_{yd}/f_{cd}
	$\nu_{Ed} = \frac{N_{Ed}}{b \cdot h \cdot f_{cd}}$	$A_{s,tot} = \omega_{tot} \cdot \frac{b \cdot h}{f_{yd}/f_{cd}}$	C55/67	30,9	14,1
			Angaben gültig für $\gamma'_c \cdot \gamma_c = 1{,}52$ und $\gamma_s = 1{,}15$		

Interaktionsdiagramm für Rechteckquerschnitte mit symmetrischer allseitiger Bewehrung

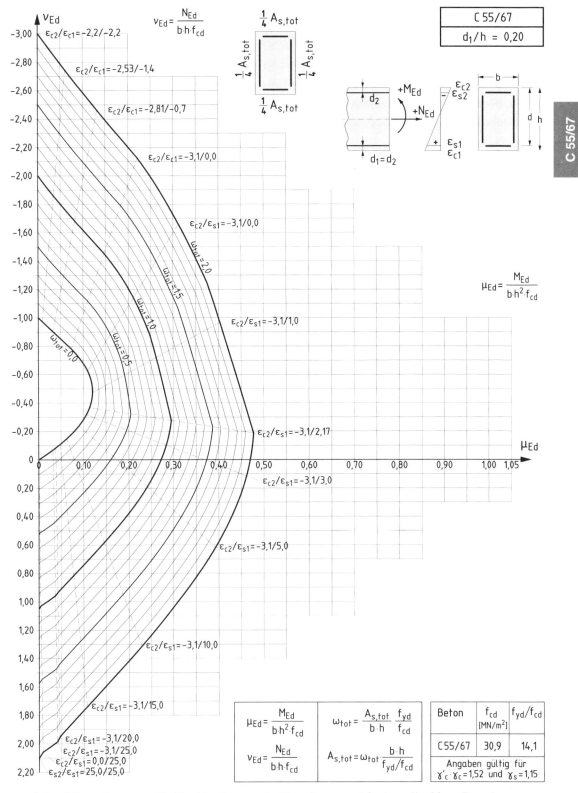

Interaktionsdiagramm für Rechteckquerschnitte mit symmetrischer allseitiger Bewehrung

Tafel 6.3a / C55

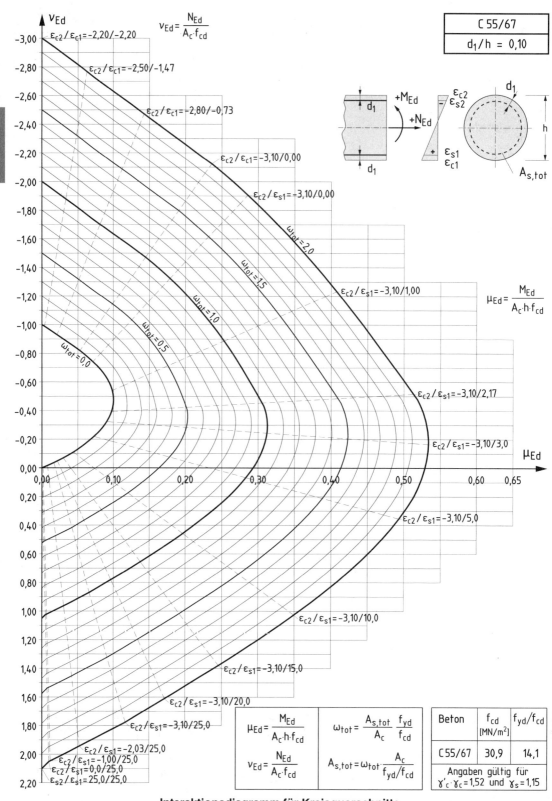

Interaktionsdiagramm für Kreisquerschnitte

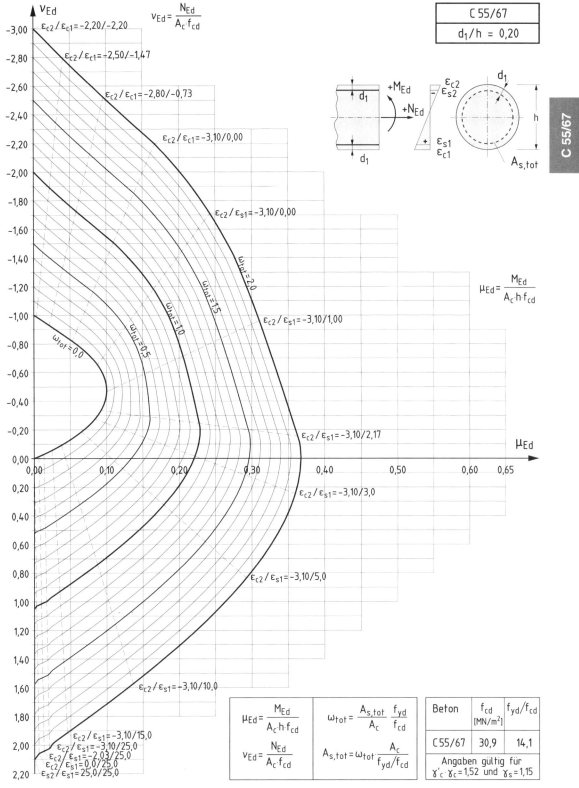

Interaktionsdiagramm für Kreisquerschnitte

Tafel 7.1a / C55

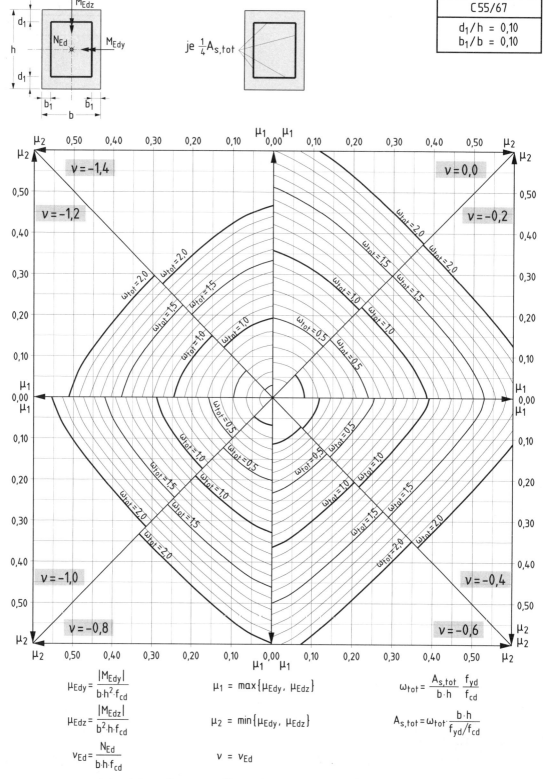

$$\mu_{Edy} = \frac{|M_{Edy}|}{b \cdot h^2 \cdot f_{cd}}$$

$$\mu_{Edz} = \frac{|M_{Edz}|}{b^2 \cdot h \cdot f_{cd}}$$

$$\nu_{Ed} = \frac{N_{Ed}}{b \cdot h \cdot f_{cd}}$$

$$\mu_1 = \max\{\mu_{Edy}, \mu_{Edz}\}$$

$$\mu_2 = \min\{\mu_{Edy}, \mu_{Edz}\}$$

$$\nu = \nu_{Ed}$$

$$\omega_{tot} = \frac{A_{s,tot}}{b \cdot h} \frac{f_{yd}}{f_{cd}}$$

$$A_{s,tot} = \omega_{tot} \cdot \frac{b \cdot h}{f_{yd}/f_{cd}}$$

Interaktionsdiagramm für schiefe Biegung mit Längsdruckkraft

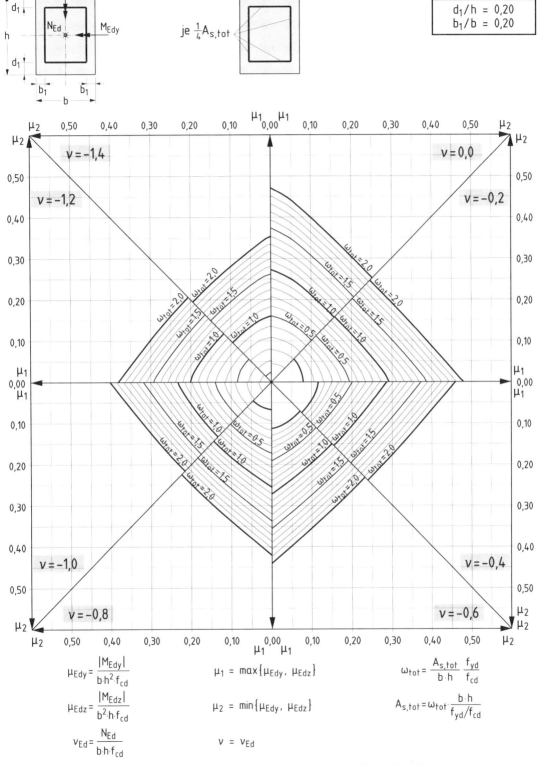

$$\mu_{Edy} = \frac{|M_{Edy}|}{b \cdot h^2 \cdot f_{cd}}$$

$$\mu_{Edz} = \frac{|M_{Edz}|}{b^2 \cdot h \cdot f_{cd}}$$

$$\nu_{Ed} = \frac{N_{Ed}}{b \cdot h \cdot f_{cd}}$$

$$\mu_1 = \max\{\mu_{Edy}, \mu_{Edz}\}$$

$$\mu_2 = \min\{\mu_{Edy}, \mu_{Edz}\}$$

$$\nu = \nu_{Ed}$$

$$\omega_{tot} = \frac{A_{s,tot}}{b \cdot h} \cdot \frac{f_{yd}}{f_{cd}}$$

$$A_{s,tot} = \omega_{tot} \cdot \frac{b \cdot h}{f_{yd}/f_{cd}}$$

Interaktionsdiagramm für schiefe Biegung mit Längsdruckkraft

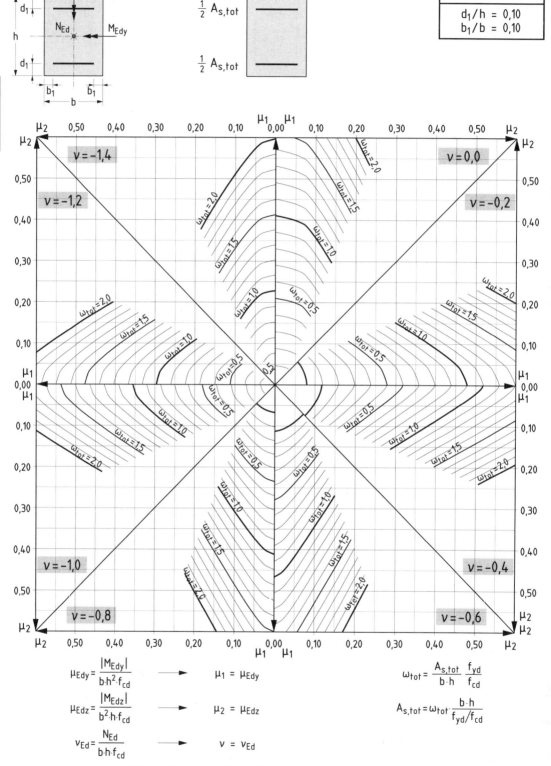

$$\mu_{Edy} = \frac{|M_{Edy}|}{b \cdot h^2 \cdot f_{cd}} \longrightarrow \mu_1 = \mu_{Edy} \qquad \omega_{tot} = \frac{A_{s,tot}}{b \cdot h} \cdot \frac{f_{yd}}{f_{cd}}$$

$$\mu_{Edz} = \frac{|M_{Edz}|}{b^2 \cdot h \cdot f_{cd}} \longrightarrow \mu_2 = \mu_{Edz} \qquad A_{s,tot} = \omega_{tot} \cdot \frac{b \cdot h}{f_{yd}/f_{cd}}$$

$$\nu_{Ed} = \frac{N_{Ed}}{b \cdot h \cdot f_{cd}} \longrightarrow \nu = \nu_{Ed}$$

Interaktionsdiagramm für schiefe Biegung mit Längsdruckkraft

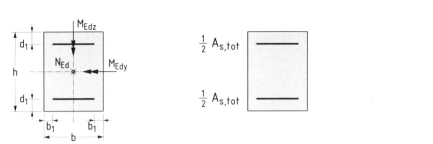

C55/67
$d_1/h = 0{,}20$
$b_1/b = 0{,}20$

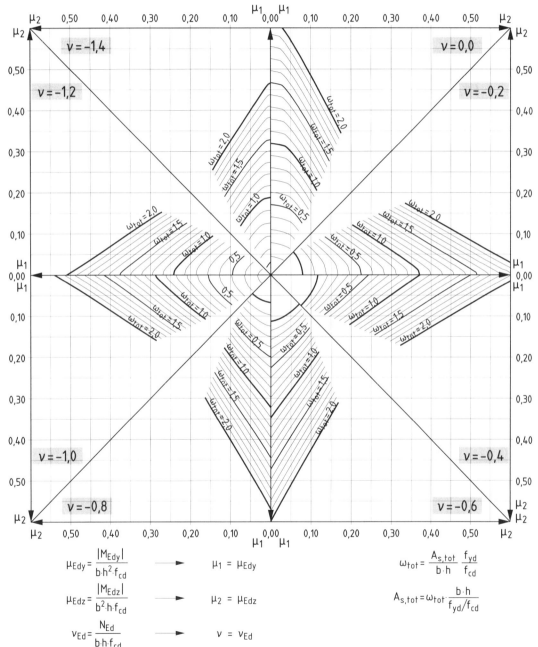

$$\mu_{Edy} = \frac{|M_{Edy}|}{b \cdot h^2 \cdot f_{cd}} \quad \longrightarrow \quad \mu_1 = \mu_{Edy}$$

$$\mu_{Edz} = \frac{|M_{Edz}|}{b^2 \cdot h \cdot f_{cd}} \quad \longrightarrow \quad \mu_2 = \mu_{Edz}$$

$$\nu_{Ed} = \frac{N_{Ed}}{b \cdot h \cdot f_{cd}} \quad \longrightarrow \quad \nu = \nu_{Ed}$$

$$\omega_{tot} = \frac{A_{s,tot}}{b \cdot h} \cdot \frac{f_{yd}}{f_{cd}}$$

$$A_{s,tot} = \omega_{tot} \cdot \frac{b \cdot h}{f_{yd}/f_{cd}}$$

Interaktionsdiagramm für schiefe Biegung mit Längsdruckkraft

Tafel 7.3a / C55

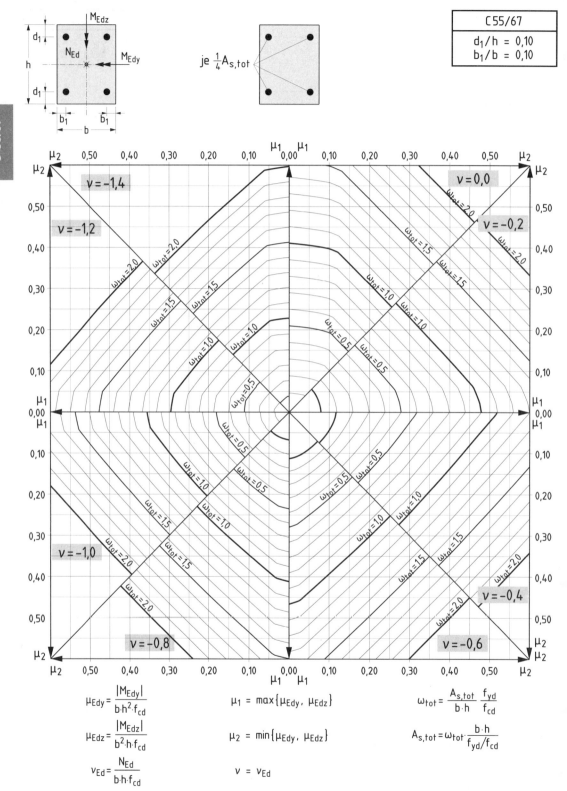

$$\mu_{Edy} = \frac{|M_{Edy}|}{b \cdot h^2 \cdot f_{cd}}$$

$$\mu_{Edz} = \frac{|M_{Edz}|}{b^2 \cdot h \cdot f_{cd}}$$

$$\nu_{Ed} = \frac{N_{Ed}}{b \cdot h \cdot f_{cd}}$$

$$\mu_1 = \max\{\mu_{Edy}, \mu_{Edz}\}$$

$$\mu_2 = \min\{\mu_{Edy}, \mu_{Edz}\}$$

$$\nu = \nu_{Ed}$$

$$\omega_{tot} = \frac{A_{s,tot}}{b \cdot h} \cdot \frac{f_{yd}}{f_{cd}}$$

$$A_{s,tot} = \omega_{tot} \cdot \frac{b \cdot h}{f_{yd}/f_{cd}}$$

Interaktionsdiagramm für schiefe Biegung mit Längsdruckkraft

164

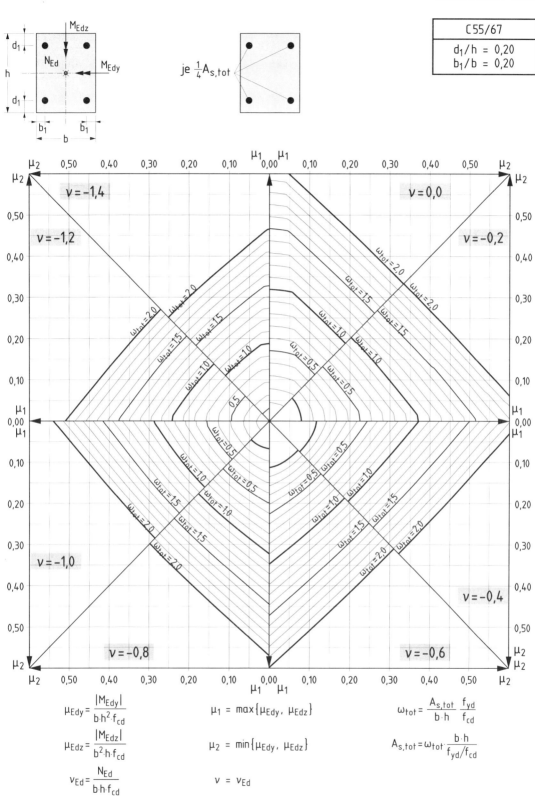

$$\mu_{Edy} = \frac{|M_{Edy}|}{b \cdot h^2 \cdot f_{cd}}$$

$$\mu_1 = \max\{\mu_{Edy},\ \mu_{Edz}\}$$

$$\omega_{tot} = \frac{A_{s,tot}}{b \cdot h} \cdot \frac{f_{yd}}{f_{cd}}$$

$$\mu_{Edz} = \frac{|M_{Edz}|}{b^2 \cdot h \cdot f_{cd}}$$

$$\mu_2 = \min\{\mu_{Edy},\ \mu_{Edz}\}$$

$$A_{s,tot} = \omega_{tot} \cdot \frac{b \cdot h}{f_{yd}/f_{cd}}$$

$$\nu_{Ed} = \frac{N_{Ed}}{b \cdot h \cdot f_{cd}}$$

$$\nu = \nu_{Ed}$$

Interaktionsdiagramm für schiefe Biegung mit Längsdruckkraft

Tafel 8.1 / C55

Stütze
$e_{tot} = 0$

Betonanteil F_{cd} (in MN)

Rechteck

$h \backslash b$	20	25	30	40	50	60	70	80
20	1,234	1,543	1,851	2,468	3,086	3,703	4,320	4,937
25		1,928	2,314	3,086	3,857	4,628	5,400	6,171
30			2,777	3,703	4,628	5,554	6,480	7,405
40				4,937	6,171	7,405	8,639	9,874
50					7,714	9,257	10,80	12,34
60						11,11	12,96	14,81
70							15,12	17,28
80								19,75

Kreis

D	
20	0,969
25	1,515
30	2,181
40	3,877
50	6,058
60	8,724
70	11,87
80	15,51

Kreisring

$D \backslash r_i/r_a$	0,9	0,7
20	0,184	0,494
25	0,288	0,772
30	0,414	1,112
40	0,737	1,977
50	1,151	3,090
60	1,658	4,449
70	2,256	6,056
80	2,947	7,910

Stahlanteil F_{sd} (in MN)

BSt 500

$d \backslash n$	4	6	8	10	12	14	16	18	20
12	0,197	0,295	0,393	0,492	0,590	0,688	0,787	0,885	0,983
14	0,268	0,402	0,535	0,669	0,803	0,937	1,071	1,205	1,339
16	0,350	0,525	0,699	0,874	1,049	1,224	1,399	1,574	1,748
20	0,546	0,820	1,093	1,366	1,639	1,912	2,185	2,459	2,732
25	0,854	1,281	1,707	2,134	2,561	2,988	3,415	3,842	4,268
28	1,071	1,606	2,142	2,677	3,213	3,748	4,283	4,819	5,354

Abminderungsfaktor β

Beton	β
C 55/67	0,929

Gesamttragfähigkeit

$$|N_{Rd}| = F_{cd} + \beta \cdot F_{sd}$$

Aufnehmbare Längsdruckkraft $|N_{Rd}|$ für C 55/67 (mit $\alpha = 0,85$) **und BSt 500 S bei mittiger Belastung**

Bemessungstafeln C 60/75

C 60/75

Fortsetzung nächste Seite

167

Darstellung	Beschreibung		Tafel	Seite
$je \frac{1}{4} A_{s,tot}$ M_{Edz} N_{Ed} M_{Edy} d_1 h b_1 b b_1 $b_1/b = d_1/h$	Interaktionsdiagramme für schiefe Biegung mit Längsdruck für allseitig symmetrisch bewehrte Rechteckquerschnitte	$d_1/h = 0,10$	7.1a / C60	188
		$d_1/h = 0,20$	7.1b / C60	189
A_{s2} M_{Edz} N_{Ed} M_{Edy} $A_{s1} = A_{s2}$ d_1 h b d_1	Interaktionsdiagramme für schiefe Biegung mit Längsdruck für zwei-seitig symmetrisch be-wehrte Rechteckquer-schnitte	$d_1/h = 0,10$	7.2a / C60	190
		$d_1/h = 0,20$	7.2b / C60	191
$je \frac{1}{4} A_{s,tot}$ M_{Edz} N_{Ed} M_{Edy} d_1 h b_1 b b_1 $b_1/b = d_1/h$	Interaktionsdiagramme für schiefe Biegung mit Längsdruck für sym-metrisch eckbewehrte Rechteckquerschnitte	$d_1/h = 0,10$	7.3a / C60	192
		$d_1/h = 0,20$	7.3b / C60	193
	Stütze ohne Knickgefahr (aufnehmbare Längsdruckkraft)		8.1 / C60	194
N_{Ed} H_{Ed} $+M_{Ed1}$ $-N_{Ed}$ $d_1 = d_2$ h d_2 Schlankheiten λ: 25 / 40 / 50 / 60 70 / 80 / 90 / 100 110 / 120 / 130 / 140	Modellstützenverfahren (Knicksicherheitsnachweis)			
		$d_1/h = 0,10$	8.2a / C60	195
		$d_1/h = 0,20$	8.2d / C60	198
		$d_1/h = 0,10$	8.3a / C60	201
		$d_1/h = 0,20$	8.3d / C60	204
		$d_1/h = 0,10$	8.4a / C60	207
		$d_1/h = 0,20$	8.4d / C60	210

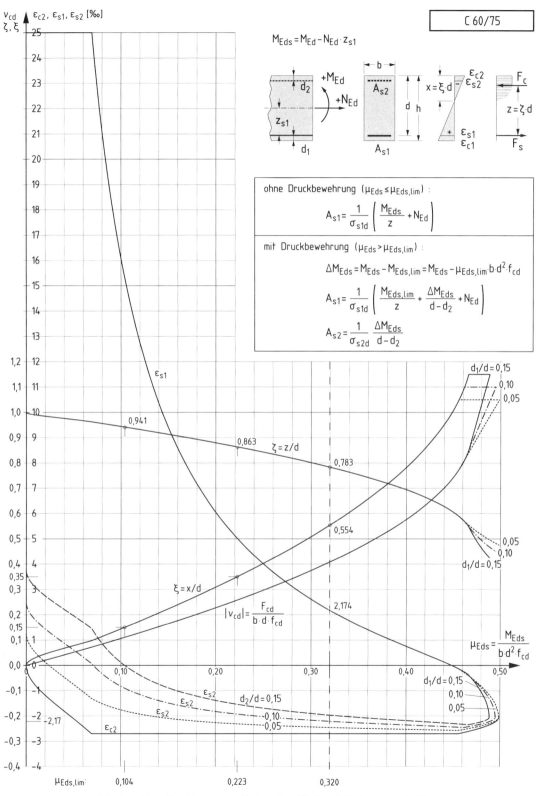

$M_{Eds} = M_{Ed} - N_{Ed} \cdot z_{s1}$

ohne Druckbewehrung $(\mu_{Eds} \le \mu_{Eds,lim})$:

$$A_{s1} = \frac{1}{\sigma_{s1d}} \left(\frac{M_{Eds}}{z} + N_{Ed} \right)$$

mit Druckbewehrung $(\mu_{Eds} > \mu_{Eds,lim})$:

$$\Delta M_{Eds} = M_{Eds} - M_{Eds,lim} = M_{Eds} - \mu_{Eds,lim} \cdot b \cdot d^2 \cdot f_{cd}$$

$$A_{s1} = \frac{1}{\sigma_{s1d}} \left(\frac{M_{Eds,lim}}{z} + \frac{\Delta M_{Eds}}{d - d_2} + N_{Ed} \right)$$

$$A_{s2} = \frac{1}{\sigma_{s2d}} \frac{\Delta M_{Eds}}{d - d_2}$$

Allgemeines Bemessungsdiagramm für Rechteckquerschnitte

Tafel 2.1a / C60

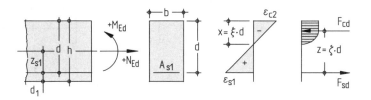

$$k_d = \frac{d \, [\text{cm}]}{\sqrt{M_{Eds} \, [\text{kNm}] / b \, [\text{m}]}} \qquad \text{mit} \quad M_{Eds} = M_{Ed} - N_{Ed} \cdot z_{s1}$$

Beton C 60/75						
k_d	k_s	κ_s	ξ	ζ	ε_{c2} in ‰	ε_{s1} in ‰
6,67	2,32	0,95	0,025	0,991	-0,65	25,00
3,64	2,34	0,95	0,048	0,983	-1,27	25,00
2,68	2,36	0,95	0,069	0,975	-1,86	25,00
2,24	2,38	0,95	0,088	0,966	-2,41	25,00
2,00	2,40	0,96	0,106	0,958	-2,70	22,66
1,84	2,42	0,97	0,127	0,950	-2,70	18,61
1,72	2,44	0,97	0,147	0,943	-2,70	15,72
1,62	2,46	0,98	0,166	0,935	-2,70	13,55
1,54	2,48	0,98	0,185	0,927	-2,70	11,86
1,47	2,50	0,98	0,204	0,920	-2,70	10,51
1,37	2,54	0,99	0,241	0,906	-2,70	8,48
1,28	2,58	0,99	0,277	0,891	-2,70	7,04
1,22	2,62	0,99	0,312	0,878	-2,70	5,95
1,17	2,66	0,99	0,346	0,865	-2,70	5,11
1,12	2,70	1,00	0,379	0,852	-2,70	4,43
1,09	2,74	1,00	0,410	0,839	-2,70	3,88
1,06	2,78	1,00	0,441	0,827	-2,70	3,42
1,03	2,82	1,00	0,471	0,816	-2,70	3,03
1,01	2,86	1,00	0,500	0,804	-2,70	2,70
0,99	2,90	1,00	0,529	0,793	-2,70	2,41
0,97	2,94	1,00	0,554	0,783	-2,70	2,17

$$A_{s1} \, [\text{cm}^2] = k_s \cdot \frac{M_{Eds} \, [\text{kNm}]}{d \, [\text{cm}]} + \frac{N_{Ed} \, [\text{kN}]}{43,5 \, [\text{kN/cm}^2]} \qquad \text{(horizontaler Ast der Spannungs-Dehnungs-Linie)}$$

alternativ:

$$A_{s1}^* = \kappa_s \cdot A_{s1} \qquad \text{(geneigter Ast der Spannungs-Dehnungs-Linie)}$$

Dimensionsgebundene Bemessungstafel (k_d-Verfahren); Rechteck ohne Druckbewehrung
(Hochfester Normalbeton C 60/75 mit $\alpha = 0,85$; Betonstahl BSt 500 und $\gamma_s = 1,15$)

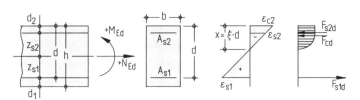

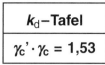

$$k_d = \frac{d\,[\text{cm}]}{\sqrt{M_{Eds}\,[\text{kNm}]\,/\,b\,[\text{m}]}} \qquad \text{mit}\quad M_{Eds} = M_{Ed} - N_{Ed}\cdot z_{s1}$$

C 60/75

Beiwerte k_{s1} und k_{s2}

$\xi = 0{,}15$ $(\varepsilon_{s1}/\varepsilon_{c2} = 15{,}3\,/\,{-2{,}7}\,[\text{‰}])$ $\xi = 0{,}35$ $(\varepsilon_{s1}/\varepsilon_{c2} = 5{,}01\,/\,{-2{,}7}\,[\text{‰}])$ $\xi = 0{,}554$ $(\varepsilon_{s1}/\varepsilon_{c2} = 2{,}17\,/\,{-2{,}7}\,[\text{‰}])$

k_d	k_{s1}	k_{s2}	k_d	k_{s1}	k_{s2}	k_d	k_{s1}	k_{s2}
1,70	2,45	0	1,16	2,67	0	0,97	2,94	0
1,66	2,45	0,10	1,14	2,66	0,10	0,95	2,92	0,10
1,63	2,45	0,20	1,11	2,65	0,20	0,93	2,90	0,20
1,59	2,45	0,30	1,09	2,64	0,30	0,91	2,88	0,30
1,55	2,45	0,40	1,06	2,63	0,40	0,89	2,86	0,40
1,52	2,45	0,50	1,04	2,62	0,50	0,86	2,84	0,50
1,48	2,45	0,60	1,01	2,61	0,60	0,84	2,82	0,60
1,44	2,45	0,70	0,98	2,60	0,70	0,82	2,80	0,70
1,39	2,45	0,80	0,95	2,59	0,80	0,80	2,78	0,80
1,35	2,45	0,90	0,92	2,59	0,90	0,77	2,76	0,90
1,31	2,45	1,00	0,89	2,58	1,00	0,75	2,74	1,00
1,26	2,45	1,10	0,86	2,57	1,10	0,72	2,72	1,10
1,21	2,45	1,20	0,83	2,56	1,20	0,69	2,70	1,20
1,16	2,45	1,30	0,80	2,55	1,30	0,66	2,68	1,30
1,11	2,45	1,40	0,76	2,54	1,40	0,63	2,66	1,40

Beiwerte ρ_1 und ρ_2

d_2/d	$\xi = 0{,}15$			$\xi = 0{,}35$					$\xi = 0{,}554$					
	ρ_1 für $k_{s1}=$	ρ_2	$-\varepsilon_{s2}$	ρ_1 für $k_{s1} =$			ρ_2	$-\varepsilon_{s2}$	ρ_1 für $k_{s1} =$				ρ_2	$-\varepsilon_{s2}$
	2,45		[‰]	2,67	2,60	2,54		[‰]	2,94	2,84	2,74	2,66		[‰]
0,06	1,00	1,34	1,62	1,00	1,00	1,00	1,00	2,24	1,00	1,00	1,00	1,00	1,00	2,41
0,08	1,01	1,76	1,26	1,00	1,01	1,01	1,07	2,08	1,00	1,00	1,01	1,01	1,02	2,31
0,10	1,03	2,52	0,90	1,00	1,01	1,02	1,18	1,93	1,00	1,01	1,02	1,02	1,04	2,21
0,12	1,04	4,30	0,54	1,00	1,02	1,04	1,31	1,77	1,00	1,01	1,03	1,04	1,10	2,12
0,14				1,00	1,03	1,05	1,47	1,62	1,00	1,02	1,03	1,05	1,18	2,02
0,16				1,00	1,03	1,07	1,66	1,47	1,00	1,02	1,04	1,06	1,27	1,92
0,18				1,00	1,04	1,08	1,90	1,31	1,00	1,03	1,05	1,08	1,37	1,82
0,20				1,00	1,05	1,10	2,21	1,16	1,00	1,03	1,06	1,09	1,48	1,73
0,22				1,00	1,06	1,11	2,61	1,00	1,00	1,04	1,08	1,11	1,61	1,63
0,24				1,00	1,06	1,13	3,17	0,85	1,00	1,04	1,09	1,13	1,76	1,53

$$A_{s1}\,[\text{cm}^2] = \rho_1 \cdot k_{s1} \cdot \frac{M_{Eds}\,[\text{kNm}]}{d\,[\text{cm}]} + \frac{N_{Ed}\,[\text{kN}]}{43{,}5\,[\text{kN/cm}^2]}$$

$$A_{s2}\,[\text{cm}^2] = \rho_2 \cdot k_{s2} \cdot \frac{M_{Eds}\,[\text{kNm}]}{d\,[\text{cm}]}$$

(Wegen der erf. Erhöhung von A_{s2} – Berücksichtigung der Nettofläche der Betondruckzone – wird auf „Einführung", Abschn. 6.1.6, Bild 12 verwiesen.)

Dimensionsgebundene Bemessungstafel (k_d-Verfahren); Rechteck mit Druckbewehrung
(Hochfester Normalbeton C 60/75 mit $\alpha = 0{,}85$; $\xi_{lim} = 0{,}15\,/\,0{,}35\,/\,0{,}554$; Betonstahl BSt 500 und $\gamma_s = 1{,}15$)

Tafel 2.2a / C60

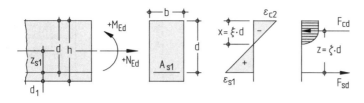

$$k_d = \frac{d \,[\text{cm}]}{\sqrt{M_{Eds} \,[\text{kNm}] / b \,[\text{m}]}} \qquad \text{mit} \quad M_{Eds} = M_{Ed} - N_{Ed} \cdot z_{s1}$$

Beton C 60/75

k_d	k_s	κ_s	ξ	ζ	ε_{c2} in ‰	ε_{s1} in ‰
6,33	2,32	0,95	0,025	0,991	-0,65	25,00
3,45	2,34	0,95	0,048	0,983	-1,27	25,00
2,54	2,36	0,95	0,069	0,975	-1,86	25,00
2,12	2,38	0,95	0,088	0,966	-2,41	25,00
1,90	2,40	0,96	0,106	0,958	-2,70	22,66
1,75	2,42	0,97	0,127	0,950	-2,70	18,61
1,63	2,44	0,97	0,147	0,943	-2,70	15,72
1,54	2,46	0,98	0,166	0,935	-2,70	13,55
1,46	2,48	0,98	0,185	0,927	-2,70	11,86
1,40	2,50	0,98	0,204	0,920	-2,70	10,51
1,30	2,54	0,99	0,241	0,906	-2,70	8,48
1,22	2,58	0,99	0,277	0,891	-2,70	7,04
1,16	2,62	0,99	0,312	0,878	-2,70	5,95
1,11	2,66	0,99	0,346	0,865	-2,70	5,11
1,07	2,70	1,00	0,379	0,852	-2,70	4,43
1,03	2,74	1,00	0,410	0,839	-2,70	3,88
1,00	2,78	1,00	0,441	0,827	-2,70	3,42
0,98	2,82	1,00	0,471	0,816	-2,70	3,03
0,95	2,86	1,00	0,500	0,804	-2,70	2,70
0,94	2,90	1,00	0,529	0,793	-2,70	2,41
0,92	2,94	1,00	0,554	0,783	-2,70	2,17

$$A_{s1} \,[\text{cm}^2] = k_s \cdot \frac{M_{Eds} \,[\text{kNm}]}{d \,[\text{cm}]} + \frac{N_{Ed} \,[\text{kN}]}{43{,}5 \,[\text{kN/cm}^2]} \qquad \text{(horizontaler Ast der Spannungs-Dehnungs-Linie)}$$

alternativ:

$$A_{s1}{}^* = \kappa_s \cdot A_{s1} \qquad\qquad\qquad \text{(geneigter Ast der Spannungs-Dehnungs-Linie)}$$

Dimensionsgebundene Bemessungstafel (k_d-Verfahren); Rechteck ohne Druckbewehrung
(Hochfester Normalbeton C 60/75 mit $\alpha = 0{,}85$; Betonstahl BSt 500 und $\gamma_s = 1{,}15$)

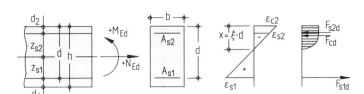

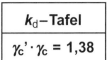

$$k_\mathrm{d}\text{–Tafel}$$

$$\gamma_\mathrm{c}{'} \cdot \gamma_\mathrm{c} = 1{,}38$$

(Fertigteile mit über-
wachter Herstellung;
DIN 1045-1, 5.3.3(7))

$$k_\mathrm{d} = \frac{d\ [\mathrm{cm}]}{\sqrt{M_\mathrm{Eds}\ [\mathrm{kNm}] / b\ [\mathrm{m}]}} \qquad \text{mit}\ \ M_\mathrm{Eds} = M_\mathrm{Ed} - N_\mathrm{Ed} \cdot z_\mathrm{s1}$$

Beiwerte k_s1 und k_s2

$\xi = 0{,}15$ $(\varepsilon_\mathrm{s1}/\varepsilon_\mathrm{c2} = 15{,}3\ /\ -2{,}7\ [\text{‰}])$ $\xi = 0{,}35$ $(\varepsilon_\mathrm{s1}/\varepsilon_\mathrm{c2} = 5{,}01\ /\ -2{,}7\ [\text{‰}])$ $\xi = 0{,}554$ $(\varepsilon_\mathrm{s1}/\varepsilon_\mathrm{c2} = 2{,}17\ /\ -2{,}7\ [\text{‰}])$

k_d	k_s1	k_s2
1,61	2,45	0
1,58	2,45	0,10
1,54	2,45	0,20
1,51	2,45	0,30
1,47	2,45	0,40
1,44	2,45	0,50
1,40	2,45	0,60
1,36	2,45	0,70
1,32	2,45	0,80
1,28	2,45	0,90
1,24	2,45	1,00
1,20	2,45	1,10
1,15	2,45	1,20
1,10	2,45	1,30
1,05	2,45	1,40

k_d	k_s1	k_s2
1,10	2,67	0
1,08	2,66	0,10
1,06	2,65	0,20
1,03	2,64	0,30
1,01	2,63	0,40
0,98	2,62	0,50
0,96	2,61	0,60
0,93	2,60	0,70
0,90	2,59	0,80
0,88	2,59	0,90
0,85	2,58	1,00
0,82	2,57	1,10
0,79	2,56	1,20
0,75	2,55	1,30
0,72	2,54	1,40

k_d	k_s1	k_s2
0,92	2,94	0
0,90	2,92	0,10
0,88	2,90	0,20
0,86	2,88	0,30
0,84	2,86	0,40
0,82	2,84	0,50
0,80	2,82	0,60
0,78	2,80	0,70
0,75	2,78	0,80
0,73	2,76	0,90
0,71	2,74	1,00
0,68	2,72	1,10
0,66	2,70	1,20
0,63	2,68	1,30
0,60	2,66	1,40

Beiwerte ρ_1 und ρ_2

d_2/d	$\xi = 0{,}15$				$\xi = 0{,}35$					$\xi = 0{,}554$					
	ρ_1 für $k_\mathrm{s1}=$	ρ_2	$-\varepsilon_\mathrm{s2}$		ρ_1 für $k_\mathrm{s1} =$			ρ_2	$-\varepsilon_\mathrm{s2}$	ρ_1 für $k_\mathrm{s1} =$				ρ_2	$-\varepsilon_\mathrm{s2}$
	2,45		[‰]		2,67	2,60	2,54		[‰]	2,94	2,84	2,74	2,66		[‰]
0,06	1,00	1,34	1,62		1,00	1,00	1,00	1,00	2,24	1,00	1,00	1,00	1,00	1,00	2,41
0,08	1,01	1,76	1,26		1,00	1,01	1,01	1,07	2,08	1,00	1,00	1,01	1,01	1,02	2,31
0,10	1,03	2,52	0,90		1,00	1,01	1,02	1,18	1,93	1,00	1,01	1,02	1,02	1,04	2,21
0,12	1,04	4,30	0,54		1,00	1,02	1,04	1,31	1,77	1,00	1,01	1,03	1,04	1,10	2,12
0,14					1,00	1,03	1,05	1,47	1,62	1,00	1,02	1,03	1,05	1,18	2,02
0,16					1,00	1,03	1,07	1,66	1,47	1,00	1,02	1,04	1,06	1,27	1,92
0,18					1,00	1,04	1,08	1,90	1,31	1,00	1,03	1,05	1,08	1,37	1,82
0,20					1,00	1,05	1,10	2,21	1,16	1,00	1,03	1,06	1,09	1,48	1,73
0,22					1,00	1,06	1,11	2,61	1,00	1,00	1,04	1,08	1,11	1,61	1,63
0,24					1,00	1,06	1,13	3,17	0,85	1,00	1,04	1,09	1,13	1,76	1,53

$$A_\mathrm{s1}\ [\mathrm{cm}^2] = \rho_1 \cdot k_\mathrm{s1} \cdot \frac{M_\mathrm{Eds}\ [\mathrm{kNm}]}{d\ [\mathrm{cm}]} + \frac{N_\mathrm{Ed}\ [\mathrm{kN}]}{43{,}5\ [\mathrm{kN/cm}^2]}$$

$$A_\mathrm{s2}\ [\mathrm{cm}^2] = \rho_2 \cdot k_\mathrm{s2} \cdot \frac{M_\mathrm{Eds}\ [\mathrm{kNm}]}{d\ [\mathrm{cm}]}$$

(Wegen der erf. Erhöhung von A_s2 – Berücksichtigung der Nettofläche der Betondruckzone – wird auf „Einführung", Abschn. 6.1.6, Bild 12 verwiesen.)

Dimensionsgebundene Bemessungstafel (k_d-Verfahren); Rechteck mit Druckbewehrung
(Hochfester Normalbeton C 60/75 mit $\alpha = 0{,}85$; $\xi_\mathrm{lim} = 0{,}15\ /\ 0{,}35\ /\ 0{,}554$; Betonstahl BSt 500 und $\gamma_\mathrm{s} = 1{,}15$)

Tafel 3a / C60

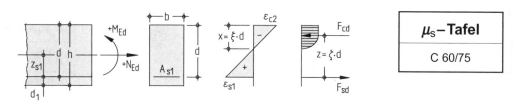

$$\mu_{Eds} = \frac{M_{Eds}}{b \cdot d^2 \cdot f_{cd}}$$

mit $M_{Eds} = M_{Ed} - N_{Ed} \cdot z_{s1}$

$f_{cd} = \alpha \cdot f_{ck}/\gamma_c$

(i. Allg. gilt $\alpha = 0{,}85$)

μ_{Eds}	ω	$\xi = \dfrac{x}{d}$	$\zeta = \dfrac{z}{d}$	ε_{c2} in ‰	ε_{s1} in ‰	σ_{sd}[1] in MPa BSt 500	σ_{sd}[2] in MPa BSt 500
0,01	0,0101	0,031	0,989	−0,80	25,00	435	457
0,02	0,0203	0,045	0,984	−1,18	25,00	435	457
0,03	0,0306	0,057	0,980	−1,51	25,00	435	457
0,04	0,0410	0,067	0,975	−1,81	25,00	435	457
0,05	0,0515	0,078	0,971	−2,11	25,00	435	457
0,06	0,0621	0,088	0,966	−2,41	25,00	435	457
0,07	0,0728	0,099	0,961	−2,70	24,63	435	456
0,08	0,0837	0,114	0,956	−2,70	21,07	435	453
0,09	0,0948	0,129	0,950	−2,70	18,30	435	450
0,10	0,1060	0,144	0,944	−2,70	16,08	435	448
0,11	0,1173	0,159	0,938	−2,70	14,26	435	446
0,12	0,1288	0,175	0,932	−2,70	12,75	435	445
0,13	0,1405	0,191	0,925	−2,70	11,46	435	444
0,14	0,1523	0,207	0,919	−2,70	10,36	435	443
0,15	0,1643	0,223	0,913	−2,70	9,41	435	442
0,16	0,1766	0,240	0,906	−2,70	8,57	435	441
0,17	0,1890	0,256	0,900	−2,70	7,83	435	440
0,18	0,2016	0,274	0,893	−2,70	7,17	435	440
0,19	0,2144	0,291	0,886	−2,70	6,58	435	439
0,20	0,2275	0,309	0,879	−2,70	6,05	435	439
0,21	0,2408	0,327	0,872	−2,70	5,56	435	438
0,22	0,2544	0,345	0,865	−2,70	5,12	435	438
0,23	0,2682	0,364	0,858	−2,70	4,72	435	437
0,24	0,2823	0,383	0,850	−2,70	4,35	435	437
0,25	0,2968	0,403	0,842	−2,70	4,00	435	437
0,26	0,3116	0,423	0,835	−2,70	3,69	435	436
0,27	0,3267	0,443	0,827	−2,70	3,39	435	436
0,28	0,3422	0,464	0,818	−2,70	3,11	435	436
0,29	0,3581	0,486	0,810	−2,70	2,86	435	435
0,30	0,3745	0,508	0,801	−2,70	2,61	435	435
0,31	0,3913	0,531	0,792	−2,70	2,38	435	435
0,32	0,4087	0,555	0,783	−2,70	2,17	434	434
0,33	0,4267	0,579	0,773	−2,70	1,96	393	393
0,34	0,4453	0,604	0,764	−2,70	1,77	354	354
0,35	0,4647	0,631	0,753	−2,70	1,58	316	316
0,36	0,4848	0,658	0,743	−2,70	1,40	281	281
0,37	0,5059	0,687	0,731	−2,70	1,23	247	247
0,38	0,5281	0,717	0,720	−2,70	1,07	214	214
0,39	0,5515	0,748	0,707	−2,70	0,91	182	182
0,40	0,5765	0,782	0,694	−2,70	0,75	150	150

unwirtschaftlicher Bereich

[1] Begrenzung der Stahlspannung auf $f_{yd} = f_{yk} / \gamma_s$ (horizontaler Ast der σ-ε-Linie)

[2] Begrenzung der Stahlspannung auf $f_{td,cal} = f_{tk,cal} / \gamma_s$ (geneigter Ast der σ-ε-Linie)

$$A_{s1} = \frac{1}{\sigma_{sd}} (\omega \cdot b \cdot d \cdot f_{cd} + N_{Ed})$$

Bemessungstafel (μ_s-Tafel) für Rechteckquerschnitte ohne Druckbewehrung

(Normalbeton der Festigkeitsklassen C 60/75; Betonstahl BSt 500 und $\gamma_s = 1{,}15$)

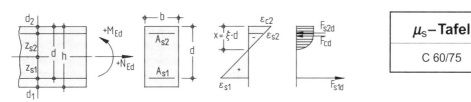

μ_s–Tafel

C 60/75

$$\mu_{Eds} = \frac{M_{Eds}}{b \cdot d^2 \cdot f_{cd}}$$

mit $M_{Eds} = M_{Ed} - N_{Ed} \cdot z_{s1}$

$f_{cd} = \alpha \cdot f_{ck}/\gamma_c$

(i. Allg. gilt $\alpha = 0{,}85$)

$\xi = 0{,}15$ $(\varepsilon_{s1} = 15{,}3$ ‰, $\varepsilon_{c2} = -2{,}70$ ‰$)$

| d_2/d | 0,05 | | 0,10 | | 0,15 | | 0,20 | |
| $\varepsilon_{s1}/\varepsilon_{s2}$ | 15,3 ‰ | −1,80 ‰ | 15,3 ‰ | −0,90 ‰ | | | | |
μ_{Eds}	ω_1	ω_2	ω_1	ω_2	ω_1	ω_2	ω_1	ω_2
0,11	0,117	0,008	0,117	0,016				
0,12	0,127	0,020	0,128	0,043				
0,13	0,138	0,033	0,139	0,070				
0,14	0,148	0,046	0,150	0,096				
0,15	0,159	0,058	0,162	0,123				
0,16	0,169	0,071	0,173	0,150				
0,17	0,180	0,084	0,184	0,177				
0,18	0,190	0,097	0,195	0,204				
0,19	0,201	0,109	0,206	0,231				
0,20	0,212	0,122	0,217	0,258				
0,21	0,222	0,135	0,228	0,284				
0,22	0,233	0,147	0,239	0,311				
0,23	0,243	0,160	0,250	0,338				
0,24	0,254	0,173	0,262	0,365				
0,25	0,264	0,186	0,273	0,392				
0,26	0,275	0,198	0,284	0,419				
0,27	0,285	0,211	0,295	0,445				
0,28	0,296	0,224	0,306	0,472				
0,29	0,306	0,236	0,317	0,499				
0,30	0,317	0,249	0,328	0,526				
0,31	0,327	0,262	0,339	0,553				
0,32	0,338	0,275	0,350	0,580				
0,33	0,348	0,287	0,362	0,606				
0,34	0,359	0,300	0,373	0,633				
0,35	0,369	0,313	0,384	0,660				
0,36	0,380	0,325	0,395	0,687				
0,37	0,390	0,338	0,406	0,714				
0,38	0,401	0,351	0,417	0,741				
0,39	0,412	0,364	0,428	0,767				
0,40	0,422	0,376	0,439	0,794				
0,41	0,433	0,389	0,450	0,821				
0,42	0,443	0,402	0,462	0,848				
0,43	0,454	0,414	0,473	0,875				
0,44	0,464	0,427	0,484	0,902				
0,45	0,475	0,440	0,495	0,928				
0,46	0,485	0,453	0,506	0,955				
0,47	0,496	0,465	0,517	0,982				
0,48	0,506	0,478	0,528	1,009				
0,49	0,517	0,491	0,539	1,036				
0,50	0,527	0,503	0,550	1,063				

Bei einem bezogenen Randabstand $d_2/d = 0{,}15$ liegt die obere Bewehrung im Dehnungsnullpunkt. Eine Bemessung mit „Druckbewehrung" ist nicht möglich.

Bei einem bezogenen Randabstand $d_2/d = 0{,}20$ liegt die obere Bewehrung in der Zugzone. Eine Bemessung mit „Druckbewehrung" ist daher nicht möglich.

$$A_{s1} = \frac{1}{f_{yd}} \left(\omega_1 \cdot b \cdot d \cdot f_{cd} + N_{Ed} \right)$$

$$A_{s2} = \omega_2 \cdot b \cdot d \cdot \frac{f_{cd}}{f_{yd}}$$

(Wegen der erf. Erhöhung von A_{s2} – Berücksichtigung der Nettofläche der Betondruckzone – wird auf „Einführung", Abschn. 6.1.6, Bild 12 verwiesen.)

Bemessungstafel (μ_s-Tafel) für Rechteckquerschnitte mit Druckbewehrung

(Normalbeton der Festigkeitsklassen C 60/75; $\xi_{lim} = 0{,}15$; Betonstahl BSt 500 und $\gamma_s = 1{,}15$)

Tafel 3c / C60

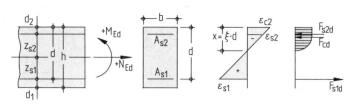

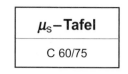

$$\mu_{Eds} = \frac{M_{Eds}}{b \cdot d^2 \cdot f_{cd}}$$

mit $M_{Eds} = M_{Ed} - N_{Ed} \cdot z_{s1}$
$f_{cd} = \alpha \cdot f_{ck}/\gamma_c$

(i. Allg. gilt $\alpha = 0{,}85$)

$\xi = 0{,}35$ ($\varepsilon_{s1} = 5{,}01$ ‰, $\varepsilon_{c2} = -2{,}70$ ‰)

d_2/d $\varepsilon_{s1}/\varepsilon_{s2}$	0,05 5,01 ‰	−2,31 ‰	0,10 5,01 ‰	−1,93 ‰	0,15 5,01 ‰	−1,54 ‰	0,20 5,01 ‰	−1,16 ‰
μ_{Eds}	ω_1	ω_2	ω_1	ω_2	ω_1	ω_2	ω_1	ω_2
0,23	0,266	0,008	0,266	0,009	0,267	0,012	0,267	0,017
0,24	0,276	0,018	0,277	0,022	0,278	0,029	0,280	0,041
0,25	0,287	0,029	0,288	0,034	0,290	0,045	0,292	0,064
0,26	0,297	0,039	0,299	0,047	0,302	0,062	0,305	0,088
0,27	0,308	0,050	0,311	0,059	0,314	0,079	0,317	0,111
0,28	0,318	0,060	0,322	0,072	0,325	0,095	0,330	0,135
0,29	0,329	0,071	0,333	0,084	0,337	0,112	0,342	0,158
0,30	0,339	0,081	0,344	0,097	0,349	0,128	0,355	0,182
0,31	0,350	0,092	0,355	0,109	0,361	0,145	0,367	0,205
0,32	0,360	0,103	0,366	0,122	0,373	0,161	0,380	0,229
0,33	0,371	0,113	0,377	0,135	0,384	0,178	0,392	0,252
0,34	0,381	0,124	0,388	0,147	0,396	0,195	0,405	0,276
0,35	0,392	0,134	0,399	0,160	0,408	0,211	0,417	0,299
0,36	0,403	0,145	0,411	0,172	0,420	0,228	0,430	0,323
0,37	0,413	0,155	0,422	0,185	0,431	0,244	0,442	0,346
0,38	0,424	0,166	0,433	0,197	0,443	0,261	0,455	0,370
0,39	0,434	0,176	0,444	0,210	0,455	0,278	0,467	0,393
0,40	0,445	0,187	0,455	0,222	0,467	0,294	0,480	0,417
0,41	0,455	0,197	0,466	0,235	0,478	0,311	0,492	0,440
0,42	0,466	0,208	0,477	0,247	0,490	0,327	0,505	0,464
0,43	0,476	0,218	0,488	0,260	0,502	0,344	0,517	0,487
0,44	0,487	0,229	0,499	0,272	0,514	0,360	0,530	0,511
0,45	0,497	0,239	0,511	0,285	0,525	0,377	0,542	0,534
0,46	0,508	0,250	0,522	0,297	0,537	0,394	0,555	0,558
0,47	0,518	0,260	0,533	0,310	0,549	0,410	0,567	0,581
0,48	0,529	0,271	0,544	0,322	0,561	0,427	0,580	0,604
0,49	0,539	0,281	0,555	0,335	0,573	0,443	0,592	0,628
0,50	0,550	0,292	0,566	0,347	0,584	0,460	0,605	0,651
0,51	0,560	0,303	0,577	0,360	0,596	0,476	0,617	0,675
0,52	0,571	0,313	0,588	0,372	0,608	0,493	0,630	0,698
0,53	0,582	0,324	0,599	0,385	0,620	0,510	0,642	0,722
0,54	0,592	0,334	0,611	0,398	0,631	0,526	0,655	0,745
0,55	0,603	0,345	0,622	0,410	0,643	0,543	0,667	0,769
0,56	0,613	0,355	0,633	0,423	0,655	0,559	0,680	0,792
0,57	0,624	0,366	0,644	0,435	0,667	0,576	0,692	0,816
0,58	0,634	0,376	0,655	0,448	0,678	0,592	0,705	0,839
0,59	0,645	0,387	0,666	0,460	0,690	0,609	0,717	0,863
0,60	0,655	0,397	0,677	0,473	0,702	0,626	0,730	0,886

$$A_{s1} = \frac{1}{f_{yd}} (\omega_1 \cdot b \cdot d \cdot f_{cd} + N_{Ed})$$

$$A_{s2} = \omega_2 \cdot b \cdot d \cdot \frac{f_{cd}}{f_{yd}}$$

(Wegen der erf. Erhöhung von A_{s2} – Berücksichtigung der Nettofläche der Betondruckzone – wird auf „Einführung", Abschn. 6.1.6, Bild 12 verwiesen.)

Bemessungstafel (μ_s-Tafeln) für Rechteckquerschnitte mit Druckbewehrung
(Normalbeton der Festigkeitsklassen C 60/75; $\xi_{lim} = 0{,}35$; Betonstahl BSt 500 und $\gamma_s = 1{,}15$)

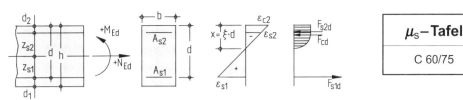

$$\mu_s\text{-Tafel}$$

$$C\ 60/75$$

$$\mu_{Eds} = \frac{M_{Eds}}{b \cdot d^2 \cdot f_{cd}}$$

mit $M_{Eds} = M_{Ed} - N_{Ed} \cdot z_{s1}$

$f_{cd} = \alpha \cdot f_{ck}/\gamma_c$ (i. Allg. gilt $\alpha = 0{,}85$)

$\xi = 0{,}554$ ($\varepsilon_{s1} = 2{,}17$ ‰, $\varepsilon_{c2} = -2{,}70$ ‰)

| d_2/d | 0,05 | | 0,10 | | 0,15 | | 0,20 | |
| $\varepsilon_{s1}/\varepsilon_{s2}$ | 2,17 ‰ | −2,46 ‰ | 2,17 ‰ | −2,21 ‰ | 2,17 ‰ | −1,97 ‰ | 2,17 ‰ | −1,73 ‰ |
μ_{Eds}	ω_1	ω_2	ω_1	ω_2	ω_1	ω_2	ω_1	ω_2
0,33	0,419	0,011	0,420	0,011	0,420	0,013	0,421	0,016
0,34	0,430	0,021	0,431	0,023	0,432	0,026	0,434	0,032
0,35	0,440	0,032	0,442	0,034	0,444	0,039	0,446	0,048
0,36	0,451	0,042	0,453	0,045	0,456	0,052	0,459	0,063
0,37	0,461	0,053	0,464	0,056	0,467	0,065	0,471	0,079
0,38	0,472	0,063	0,475	0,067	0,479	0,078	0,484	0,095
0,39	0,482	0,074	0,486	0,078	0,491	0,091	0,496	0,111
0,40	0,493	0,084	0,497	0,089	0,503	0,104	0,509	0,126
0,41	0,503	0,095	0,509	0,100	0,514	0,117	0,521	0,142
0,42	0,514	0,105	0,520	0,111	0,526	0,130	0,534	0,158
0,43	0,524	0,116	0,531	0,123	0,538	0,143	0,546	0,174
0,44	0,535	0,127	0,542	0,134	0,550	0,156	0,559	0,189
0,45	0,545	0,137	0,553	0,145	0,561	0,169	0,571	0,205
0,46	0,556	0,148	0,564	0,156	0,573	0,182	0,584	0,221
0,47	0,566	0,158	0,575	0,167	0,585	0,195	0,596	0,237
0,48	0,577	0,169	0,586	0,178	0,597	0,208	0,609	0,252
0,49	0,587	0,179	0,597	0,189	0,609	0,221	0,621	0,268
0,50	0,598	0,190	0,609	0,200	0,620	0,234	0,634	0,284
0,51	0,609	0,200	0,620	0,211	0,632	0,247	0,646	0,300
0,52	0,619	0,211	0,631	0,223	0,644	0,260	0,659	0,315
0,53	0,630	0,221	0,642	0,234	0,656	0,273	0,671	0,331
0,54	0,640	0,232	0,653	0,245	0,667	0,286	0,684	0,347
0,55	0,651	0,242	0,664	0,256	0,679	0,299	0,696	0,363
0,56	0,661	0,253	0,675	0,267	0,691	0,312	0,709	0,378
0,57	0,672	0,263	0,686	0,278	0,703	0,325	0,721	0,394
0,58	0,682	0,274	0,697	0,289	0,714	0,338	0,734	0,410
0,59	0,693	0,284	0,709	0,300	0,726	0,351	0,746	0,426
0,60	0,703	0,295	0,720	0,311	0,738	0,364	0,759	0,441

$$A_{s1} = \frac{1}{f_{yd}}(\omega_1 \cdot b \cdot d \cdot f_{cd} + N_{Ed})$$

$$A_{s2} = \omega_2 \cdot b \cdot d \cdot \frac{f_{cd}}{f_{yd}}$$

(Wegen der erf. Erhöhung von A_{s2} – Berücksichtigung der Nettofläche der Betondruckzone – wird auf „Einführung", Abschn. 6.1.6, Bild 12 verwiesen.)

Bemessungstafel (μ_s-Tafeln) für Rechteckquerschnitte mit Druckbewehrung
(Normalbeton der Festigkeitsklassen C 60/75; $\xi_{lim} = 0{,}554$; Betonstahl BSt 500 und $\gamma_s = 1{,}15$)

Tafel 5a / C60

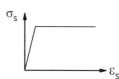

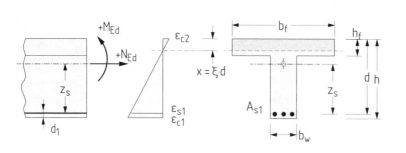

$$\mu_{Eds} = \frac{M_{Eds}}{b_f \cdot d^2 \cdot f_{cd}} \quad \text{mit } M_{Eds} = M_{Ed} - N_{Ed} \cdot z_s$$

$$A_{s1} = \frac{1}{f_{yd}}(\omega_1 \cdot b_f \cdot d \cdot f_{cd} + N_{Ed})$$

$h_f/d=0,05$	ω_1-Werte für $b_f/b_w =$				
μ_{Eds}	1	2	3	5	≥ 10
0,01	0,0101	0,0101	0,0101	0,0101	0,0101
0,02	0,0203	0,0203	0,0203	0,0203	0,0203
0,03	0,0306	0,0306	0,0306	0,0306	0,0306
0,04	0,0410	0,0410	0,0410	0,0409	0,0409
0,05	0,0515	0,0514	0,0514	0,0514	0,0514
0,06	0,0621	0,0621	0,0622	0,0624	0,0629
0,07	0,0728	0,0731	0,0735	0,0742	0,0768
0,08	0,0837	0,0845	0,0853	0,0872	
0,09	0,0948	0,0962	0,0977	0,1016	
0,10	0,1060	0,1082	0,1108		
0,11	0,1173	0,1207	0,1248		
0,12	0,1288	0,1337	0,1398		
0,13	0,1405	0,1472			
0,14	0,1523	0,1613			
0,15	0,1643	0,1760			
0,16	0,1766	0,1916			
0,17	0,1890				
0,18	0,2016				
0,19	0,2144				
0,20	0,2275				
0,21	0,2408				
0,22	0,2544				
0,23	0,2682				
0,24	0,2823				
0,25	0,2968				
0,26	0,3116				
0,27	0,3267				
0,28	0,3422				
0,29	0,3581				
0,30	0,3745				
0,31	0,3913				
0,32	0,4098				

unterhalb dieser Linie gilt:
$\xi = x/d > 0,35$

$h_f/d=0,10$	ω_1-Werte für $b_f/b_w =$				
μ_{Eds}	1	2	3	5	≥ 10
0,01	0,0101	0,0101	0,0101	0,0101	0,0101
0,02	0,0203	0,0203	0,0203	0,0203	0,0203
0,03	0,0306	0,0306	0,0306	0,0306	0,0306
0,04	0,0410	0,0410	0,0410	0,0410	0,0410
0,05	0,0515	0,0515	0,0515	0,0515	0,0515
0,06	0,0621	0,0621	0,0621	0,0621	0,0621
0,07	0,0728	0,0728	0,0728	0,0728	0,0728
0,08	0,0837	0,0837	0,0837	0,0837	0,0837
0,09	0,0948	0,0947	0,0947	0,0947	0,0946
0,10	0,1060	0,1059	0,1059	0,1059	0,1060
0,11	0,1173	0,1174	0,1176	0,1180	0,1193
0,12	0,1288	0,1293	0,1298	0,1312	
0,13	0,1405	0,1415	0,1428	0,1460	
0,14	0,1523	0,1543	0,1566		
0,15	0,1643	0,1675	0,1714		
0,16	0,1766	0,1813			
0,17	0,1890	0,1958			
0,18	0,2016	0,2109			
0,19	0,2144	0,2336			
0,20	0,2275				
0,21	0,2408				
0,22	0,2544				
0,23	0,2682				
0,24	0,2823				
0,25	0,2968				
0,26	0,3116				
0,27	0,3267				
0,28	0,3422				
0,29	0,3581				
0,30	0,3745				
0,31	0,3913				
0,32	0,4098				

Bemessungstafeln mit dimensionslosen Beiwerten für den Plattenbalkenquerschnitt

$h_f/d=0,15$ μ_{Eds}	ω_1-Werte für $b_f/b_w =$ 1	2	3	5	≥ 10
0,01	0,0101	0,0101	0,0101	0,0101	0,0101
0,02	0,0203	0,0203	0,0203	0,0203	0,0203
0,03	0,0306	0,0306	0,0306	0,0306	0,0306
0,04	0,0410	0,0410	0,0410	0,0410	0,0410
0,05	0,0515	0,0515	0,0515	0,0515	0,0515
0,06	0,0621	0,0621	0,0621	0,0621	0,0621
0,07	0,0728	0,0728	0,0728	0,0728	0,0728
0,08	0,0837	0,0837	0,0837	0,0837	0,0837
0,09	0,0948	0,0948	0,0948	0,0948	0,0948
0,10	0,1060	0,1060	0,1060	0,1060	0,1060
0,11	0,1173	0,1173	0,1173	0,1173	0,1173
0,12	0,1288	0,1287	0,1287	0,1287	0,1287
0,13	0,1405	0,1404	0,1403	0,1402	0,1401
0,14	0,1523	0,1522	0,1521	0,1521	0,1519
0,15	0,1643	0,1644	0,1644	0,1645	0,1653
0,16	0,1766	0,1769	0,1772	0,1784	
0,17	0,1890	0,1898	0,1910	0,1941	
0,18	0,2016	0,2034	0,2058		
0,19	0,2144	0,2176	0,2218		
0,20	0,2275	0,2325			
0,21	0,2408	0,2483			
0,22	0,2544				
0,23	0,2682				
0,24	0,2823				
0,25	0,2968				
0,26	0,3116				
...	...	▶ s. Tabelle für $h_f/d=0,05$			
0,32	0,4098				

$h_f/d=0,20$ μ_{Eds}	ω_1-Werte für $b_f/b_w =$ 1	2	3	5	≥ 10
0,01	0,0101	0,0101	0,0101	0,0101	0,0101
0,02	0,0203	0,0203	0,0203	0,0203	0,0203
0,03	0,0306	0,0306	0,0306	0,0306	0,0306
0,04	0,0410	0,0410	0,0410	0,0410	0,0410
0,05	0,0515	0,0515	0,0515	0,0515	0,0515
0,06	0,0621	0,0621	0,0621	0,0621	0,0621
0,07	0,0728	0,0728	0,0728	0,0728	0,0728
0,08	0,0837	0,0837	0,0837	0,0837	0,0837
0,09	0,0948	0,0948	0,0948	0,0948	0,0948
0,10	0,1060	0,1060	0,1060	0,1060	0,1060
0,11	0,1173	0,1173	0,1173	0,1173	0,1173
0,12	0,1288	0,1288	0,1288	0,1288	0,1288
0,13	0,1405	0,1405	0,1405	0,1405	0,1405
0,14	0,1523	0,1523	0,1523	0,1523	0,1523
0,15	0,1643	0,1643	0,1642	0,1642	0,1642
0,16	0,1766	0,1764	0,1763	0,1762	0,1762
0,17	0,1890	0,1887	0,1886	0,1885	0,1883
0,18	0,2016	0,2014	0,2012	0,2010	0,2008
0,19	0,2144	0,2143	0,2143	0,2144	0,2150
0,20	0,2275	0,2277	0,2281	0,2292	
0,21	0,2408	0,2417	0,2429		
0,22	0,2544	0,2562	0,2592		
0,23	0,2682	0,2718			
0,24	0,2823	0,2883			
0,25	0,2968				
0,26	0,3116				
...	...	▶ s. Tabelle für $h_f/d=0,05$			
0,32	0,4098				

$h_f/d=0,30$ μ_{Eds}	ω_1-Werte für $b_f/b_w =$ 1	2	3	5	≥ 10
0,01	0,0101	0,0101	0,0101	0,0101	0,0101
0,02	0,0203	0,0203	0,0203	0,0203	0,0203
0,03	0,0306	0,0306	0,0306	0,0306	0,0306
0,04	0,0410	0,0410	0,0410	0,0410	0,0410
0,05	0,0515	0,0515	0,0515	0,0515	0,0515
0,06	0,0621	0,0621	0,0621	0,0621	0,0621
0,07	0,0728	0,0728	0,0728	0,0728	0,0728
0,08	0,0837	0,0837	0,0837	0,0837	0,0837
0,09	0,0948	0,0948	0,0948	0,0948	0,0948
0,10	0,1060	0,1060	0,1060	0,1060	0,1060
0,11	0,1173	0,1173	0,1173	0,1173	0,1173
0,12	0,1288	0,1288	0,1288	0,1288	0,1288
0,13	0,1405	0,1405	0,1405	0,1405	0,1405
0,14	0,1523	0,1523	0,1523	0,1523	0,1523
0,15	0,1643	0,1644	0,1644	0,1644	0,1644
0,16	0,1766	0,1766	0,1766	0,1766	0,1766
0,17	0,1890	0,1890	0,1890	0,1890	0,1890
0,18	0,2016	0,2016	0,2016	0,2016	0,2016
0,19	0,2144	0,2145	0,2145	0,2145	0,2145
0,20	0,2275	0,2275	0,2275	0,2275	0,2275
0,21	0,2408	0,2407	0,2406	0,2406	0,2406
0,22	0,2544	0,2541	0,2540	0,2539	0,2538
0,23	0,2682	0,2678	0,2675	0,2673	0,2671
0,24	0,2823	0,2818	0,2814	0,2811	0,2806
0,25	0,2968	0,2962	0,2958	0,2953	0,2947
0,26	0,3116	0,3111	0,3108	0,3105	
0,27	0,3267	0,3266	0,3267		
0,28	0,3422	0,3430			
0,29	0,3581				
0,30	0,3745				
0,31	0,3913				
0,32	0,4098				

$h_f/d=0,40$ μ_{Eds}	ω_1-Werte für $b_f/b_w =$ 1	2	3	5	≥ 10
0,01	0,0101	0,0101	0,0101	0,0101	0,0101
0,02	0,0203	0,0203	0,0203	0,0203	0,0203
0,03	0,0306	0,0306	0,0306	0,0306	0,0306
0,04	0,0410	0,0410	0,0410	0,0410	0,0410
0,05	0,0515	0,0515	0,0515	0,0515	0,0515
0,06	0,0621	0,0621	0,0621	0,0621	0,0621
0,07	0,0728	0,0728	0,0728	0,0728	0,0728
0,08	0,0837	0,0837	0,0837	0,0837	0,0837
0,09	0,0948	0,0948	0,0948	0,0948	0,0948
0,10	0,1060	0,1060	0,1060	0,1060	0,1060
0,11	0,1173	0,1173	0,1173	0,1173	0,1173
0,12	0,1288	0,1288	0,1288	0,1288	0,1288
0,13	0,1405	0,1405	0,1405	0,1405	0,1405
0,14	0,1523	0,1523	0,1523	0,1523	0,1523
0,15	0,1643	0,1644	0,1644	0,1644	0,1644
0,16	0,1766	0,1766	0,1766	0,1766	0,1766
0,17	0,1890	0,1890	0,1890	0,1890	0,1890
0,18	0,2016	0,2016	0,2016	0,2016	0,2016
0,19	0,2144	0,2145	0,2145	0,2145	0,2145
0,20	0,2275	0,2275	0,2275	0,2275	0,2275
0,21	0,2408	0,2409	0,2409	0,2409	0,2409
0,22	0,2544	0,2544	0,2544	0,2544	0,2544
0,23	0,2682	0,2684	0,2684	0,2684	0,2684
0,24	0,2823	0,2826	0,2826	0,2826	0,2826
0,25	0,2968	0,2968	0,2968	0,2968	0,2968
0,26	0,3116	0,3115	0,3114	0,3114	0,3114
0,27	0,3267	0,3264	0,3262	0,3261	0,3260
0,28	0,3422	0,3416	0,3413	0,3411	0,3408
0,29	0,3581	0,3572	0,3567	0,3563	0,3558
0,30	0,3745	0,3733	0,3727		
0,31	0,3913				
0,32	0,4098				

Bemessungstafeln mit dimensionslosen Beiwerten für den Plattenbalkenquerschnitt

Tafel 6.1a / C60

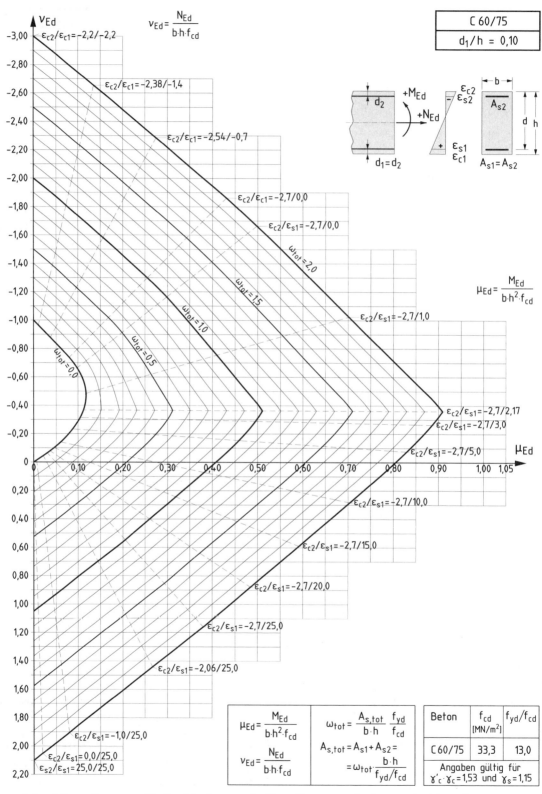

Interaktionsdiagramm für Rechteckquerschnitte mit symmetrischer zweiseitiger Bewehrung

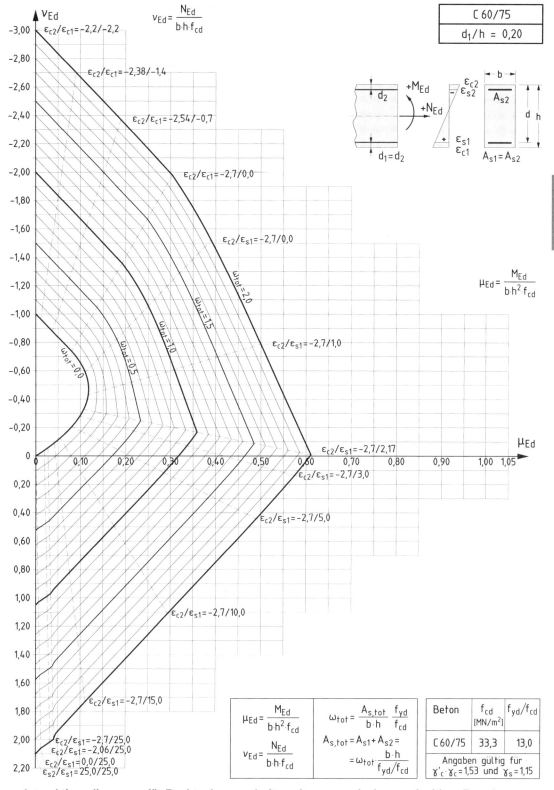

Interaktionsdiagramm für Rechteckquerschnitte mit symmetrischer zweiseitiger Bewehrung

Tafel 6.2a / C60

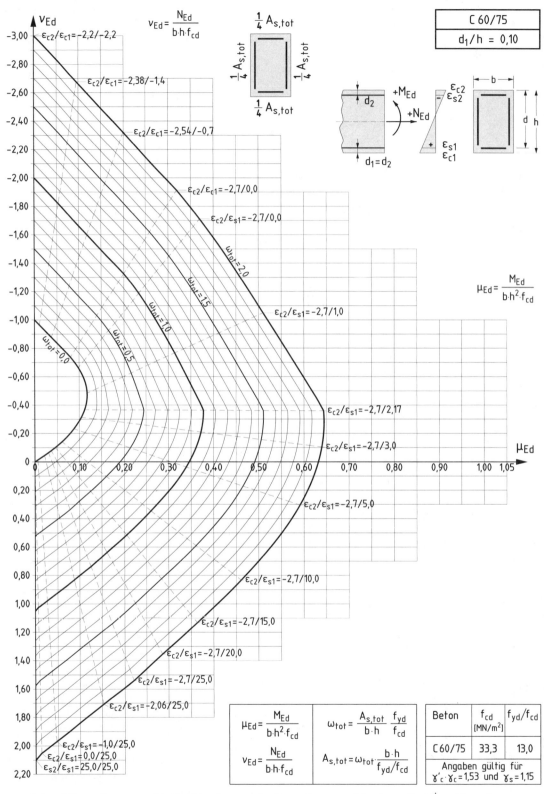

$$v_{Ed} = \frac{N_{Ed}}{b \cdot h \cdot f_{cd}}$$

$$\mu_{Ed} = \frac{M_{Ed}}{b \cdot h^2 \cdot f_{cd}}$$

C 60/75

$d_1/h = 0,10$

$\mu_{Ed} = \dfrac{M_{Ed}}{b \cdot h^2 \cdot f_{cd}}$	$\omega_{tot} = \dfrac{A_{s,tot}}{b \cdot h} \cdot \dfrac{f_{yd}}{f_{cd}}$
$v_{Ed} = \dfrac{N_{Ed}}{b \cdot h \cdot f_{cd}}$	$A_{s,tot} = \omega_{tot} \cdot \dfrac{b \cdot h}{f_{yd}/f_{cd}}$

Beton	f_{cd} [MN/m²]	f_{yd}/f_{cd}
C 60/75	33,3	13,0
Angaben gültig für $\gamma'_c \cdot \gamma_c = 1,53$ und $\gamma_s = 1,15$		

Interaktionsdiagramm für Rechteckquerschnitte mit symmetrischer allseitiger Bewehrung

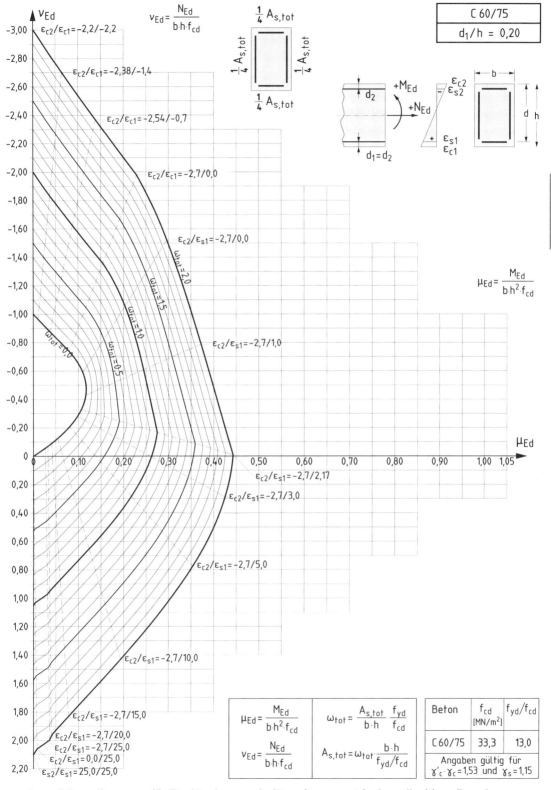

Interaktionsdiagramm für Rechteckquerschnitte mit symmetrischer allseitiger Bewehrung

Tafel 6.3a / C60

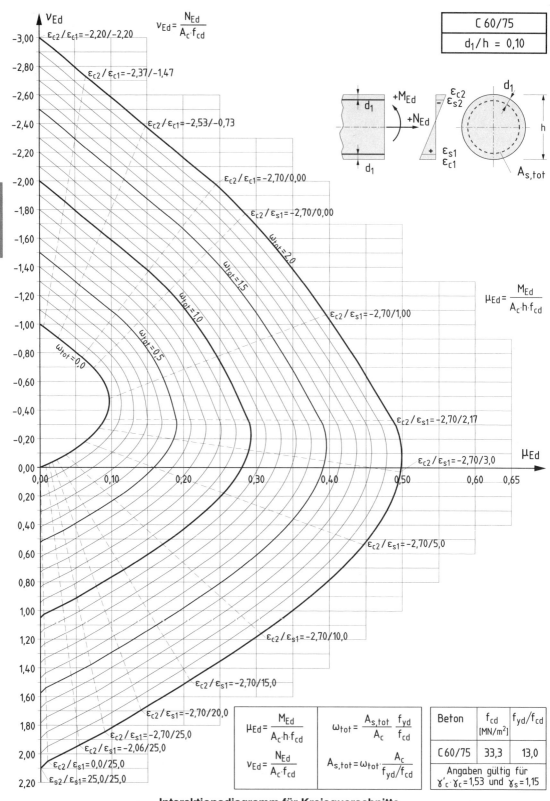

Interaktionsdiagramm für Kreisquerschnitte

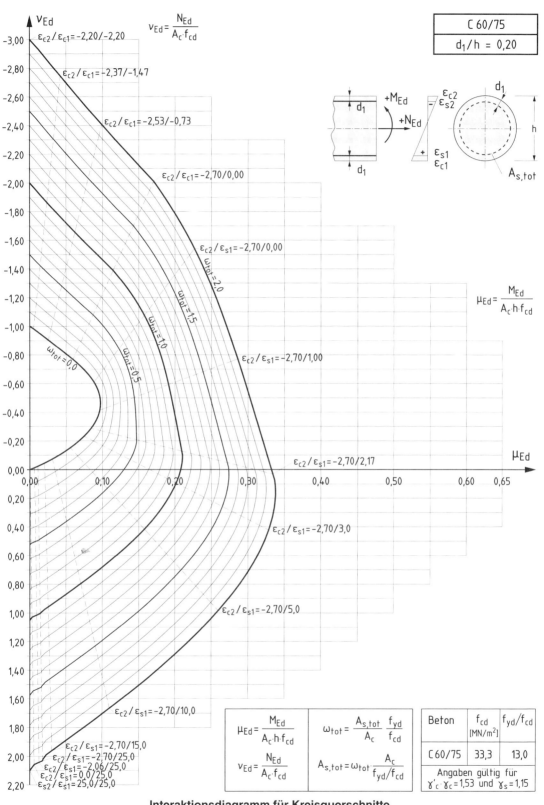

C 60/75
$d_1 / h = 0,20$

$$\nu_{Ed} = \frac{N_{Ed}}{A_c \cdot f_{cd}}$$

$$\mu_{Ed} = \frac{M_{Ed}}{A_c \cdot h \cdot f_{cd}}$$

$$\mu_{Ed} = \frac{M_{Ed}}{A_c \cdot h \cdot f_{cd}} \qquad \omega_{tot} = \frac{A_{s,tot}}{A_c} \cdot \frac{f_{yd}}{f_{cd}}$$

$$\nu_{Ed} = \frac{N_{Ed}}{A_c \cdot f_{cd}} \qquad A_{s,tot} = \omega_{tot} \cdot \frac{A_c}{f_{yd}/f_{cd}}$$

Beton	f_{cd} [MN/m²]	f_{yd}/f_{cd}
C 60/75	33,3	13,0
Angaben gültig für $\gamma'_c \cdot \gamma_c = 1,53$ und $\gamma_s = 1,15$		

Interaktionsdiagramm für Kreisquerschnitte

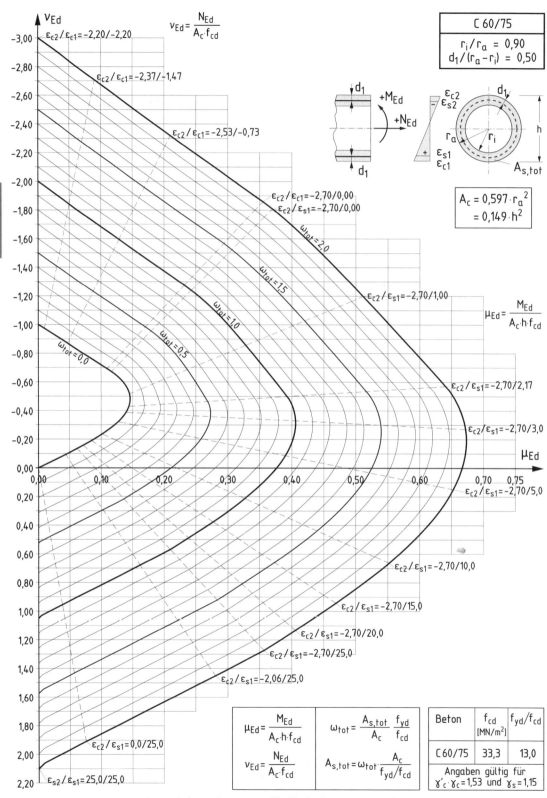

Interaktionsdiagramm für Kreisringquerschnitte

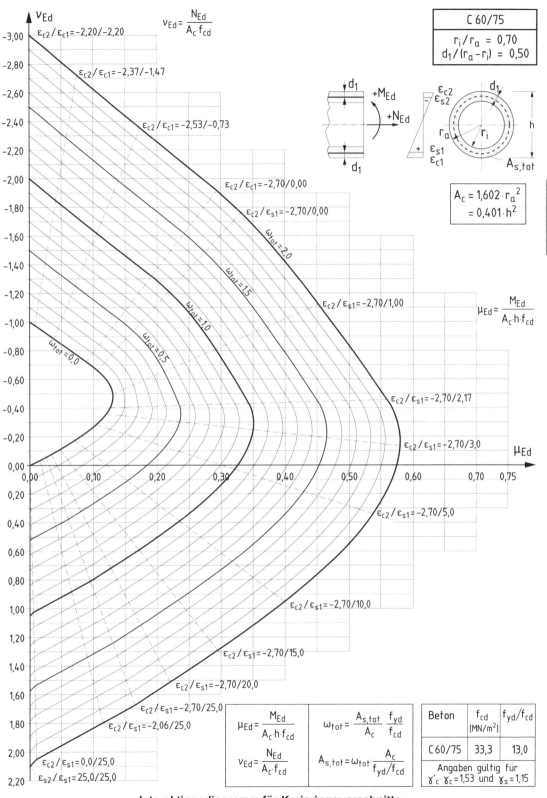

$$v_{Ed} = \frac{N_{Ed}}{A_c \cdot f_{cd}}$$

$$\mu_{Ed} = \frac{M_{Ed}}{A_c \cdot h \cdot f_{cd}}$$

C 60/75
$r_i / r_a = 0{,}70$
$d_1 / (r_a - r_i) = 0{,}50$

$$A_c = 1{,}602 \cdot r_a^2 = 0{,}401 \cdot h^2$$

C 60/75

$\varepsilon_{c2}/\varepsilon_{c1} = -2{,}20/-2{,}20$
$\varepsilon_{c2}/\varepsilon_{c1} = -2{,}37/-1{,}47$
$\varepsilon_{c2}/\varepsilon_{c1} = -2{,}53/-0{,}73$
$\varepsilon_{c2}/\varepsilon_{c1} = -2{,}70/0{,}00$
$\varepsilon_{c2}/\varepsilon_{s1} = -2{,}70/0{,}00$
$\varepsilon_{c2}/\varepsilon_{s1} = -2{,}70/1{,}00$
$\varepsilon_{c2}/\varepsilon_{s1} = -2{,}70/2{,}17$
$\varepsilon_{c2}/\varepsilon_{s1} = -2{,}70/3{,}0$
$\varepsilon_{c2}/\varepsilon_{s1} = -2{,}70/5{,}0$
$\varepsilon_{c2}/\varepsilon_{s1} = -2{,}70/10{,}0$
$\varepsilon_{c2}/\varepsilon_{s1} = -2{,}70/15{,}0$
$\varepsilon_{c2}/\varepsilon_{s1} = -2{,}70/20{,}0$
$\varepsilon_{c2}/\varepsilon_{s1} = -2{,}70/25{,}0$
$\varepsilon_{c2}/\varepsilon_{s1} = -2{,}06/25{,}0$
$\varepsilon_{c2}/\varepsilon_{s1} = 0{,}0/25{,}0$
$\varepsilon_{s2}/\varepsilon_{s1} = 25{,}0/25{,}0$

$\omega_{tot} = 0{,}0$
$\omega_{tot} = 0{,}5$
$\omega_{tot} = 1{,}0$
$\omega_{tot} = 1{,}5$
$\omega_{tot} = 2{,}0$

$$\mu_{Ed} = \frac{M_{Ed}}{A_c \cdot h \cdot f_{cd}}$$

$$\omega_{tot} = \frac{A_{s,tot}}{A_c} \cdot \frac{f_{yd}}{f_{cd}}$$

$$v_{Ed} = \frac{N_{Ed}}{A_c \cdot f_{cd}}$$

$$A_{s,tot} = \omega_{tot} \cdot \frac{A_c}{f_{yd}/f_{cd}}$$

Beton	f_{cd} [MN/m²]	f_{yd}/f_{cd}
C 60/75	33,3	13,0
Angaben gültig für $\gamma'_c \cdot \gamma_c = 1{,}53$ und $\gamma_s = 1{,}15$		

Interaktionsdiagramm für Kreisringquerschnitte

Tafel 7.1a / C60

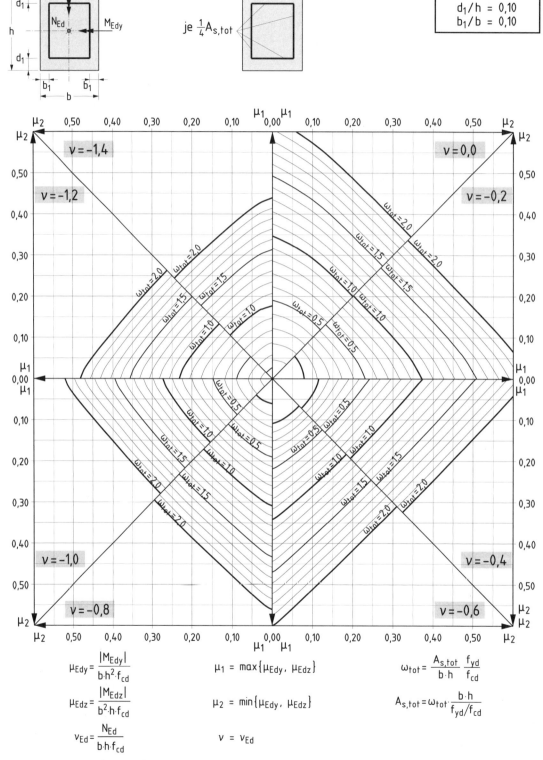

$$\mu_{Edy} = \frac{|M_{Edy}|}{b \cdot h^2 \cdot f_{cd}}$$

$$\mu_{Edz} = \frac{|M_{Edz}|}{b^2 \cdot h \cdot f_{cd}}$$

$$\nu_{Ed} = \frac{N_{Ed}}{b \cdot h \cdot f_{cd}}$$

$$\mu_1 = \max\{\mu_{Edy}, \mu_{Edz}\}$$

$$\mu_2 = \min\{\mu_{Edy}, \mu_{Edz}\}$$

$$\nu = \nu_{Ed}$$

$$\omega_{tot} = \frac{A_{s,tot}}{b \cdot h} \cdot \frac{f_{yd}}{f_{cd}}$$

$$A_{s,tot} = \omega_{tot} \cdot \frac{b \cdot h}{f_{yd}/f_{cd}}$$

Interaktionsdiagramm für schiefe Biegung mit Längsdruckkraft

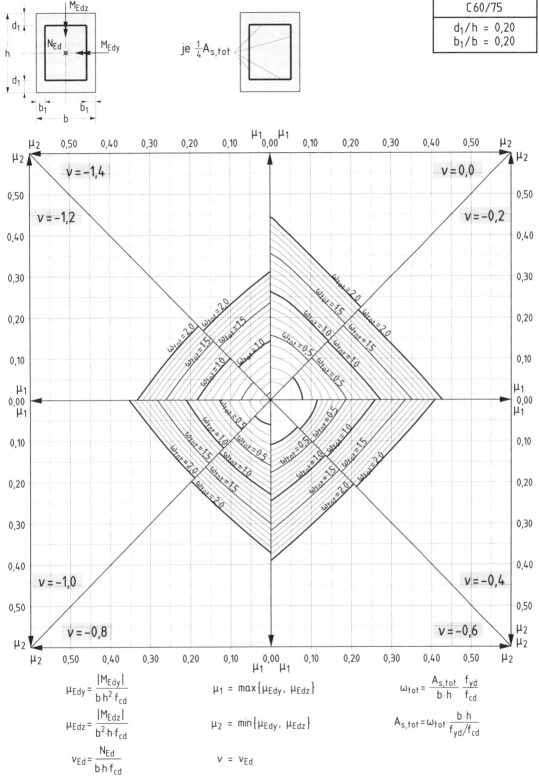

$$\mu_{Edy} = \frac{|M_{Edy}|}{b \cdot h^2 \cdot f_{cd}}$$

$$\mu_1 = \max\{\mu_{Edy}, \mu_{Edz}\}$$

$$\omega_{tot} = \frac{A_{s,tot}}{b \cdot h} \cdot \frac{f_{yd}}{f_{cd}}$$

$$\mu_{Edz} = \frac{|M_{Edz}|}{b^2 \cdot h \cdot f_{cd}}$$

$$\mu_2 = \min\{\mu_{Edy}, \mu_{Edz}\}$$

$$A_{s,tot} = \omega_{tot} \cdot \frac{b \cdot h}{f_{yd}/f_{cd}}$$

$$\nu_{Ed} = \frac{N_{Ed}}{b \cdot h \cdot f_{cd}}$$

$$\nu = \nu_{Ed}$$

Interaktionsdiagramm für schiefe Biegung mit Längsdruckkraft

189

Tafel 7.2a / C60

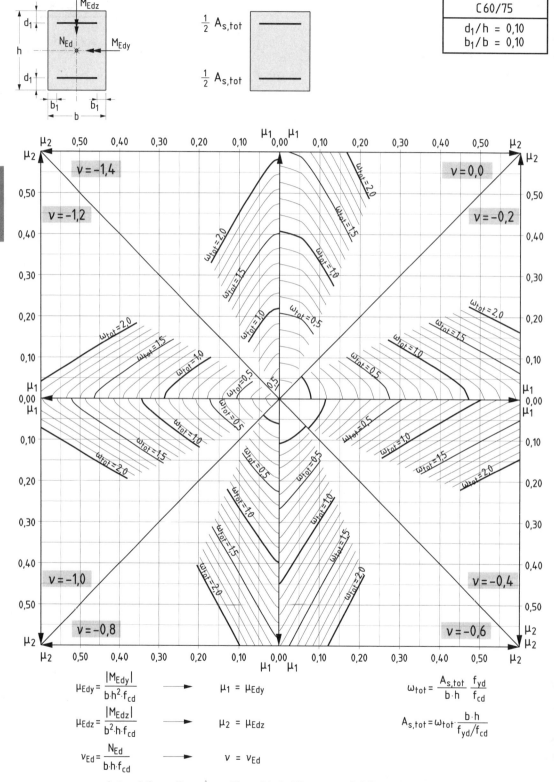

$\mu_{Edy} = \dfrac{|M_{Edy}|}{b \cdot h^2 \cdot f_{cd}}$ $\longrightarrow$ $\mu_1 = \mu_{Edy}$ $\omega_{tot} = \dfrac{A_{s,tot}}{b \cdot h} \dfrac{f_{yd}}{f_{cd}}$

$\mu_{Edz} = \dfrac{|M_{Edz}|}{b^2 \cdot h \cdot f_{cd}}$ $\longrightarrow$ $\mu_2 = \mu_{Edz}$ $A_{s,tot} = \omega_{tot} \cdot \dfrac{b \cdot h}{f_{yd}/f_{cd}}$

$\nu_{Ed} = \dfrac{N_{Ed}}{b \cdot h \cdot f_{cd}}$ $\longrightarrow$ $\nu = \nu_{Ed}$

Interaktionsdiagramm für schiefe Biegung mit Längsdruckkraft

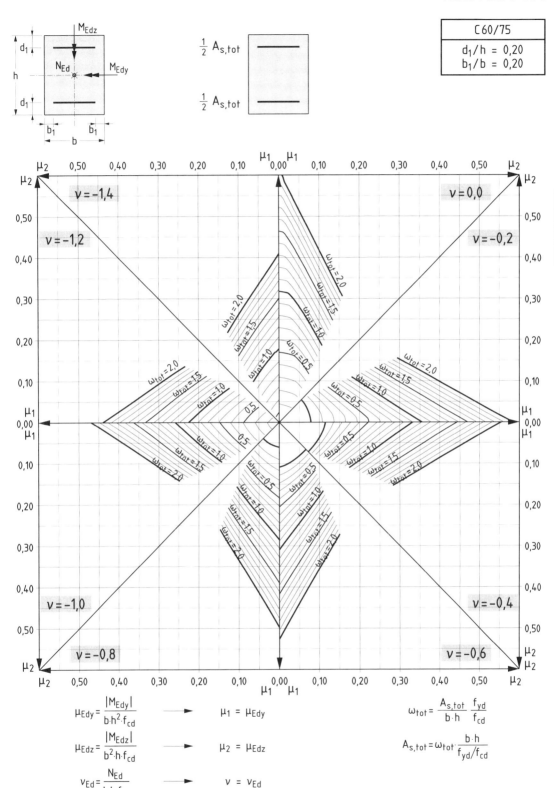

$$\mu_{Edy} = \frac{|M_{Edy}|}{b \cdot h^2 \cdot f_{cd}} \longrightarrow \mu_1 = \mu_{Edy}$$

$$\mu_{Edz} = \frac{|M_{Edz}|}{b^2 \cdot h \cdot f_{cd}} \longrightarrow \mu_2 = \mu_{Edz}$$

$$\nu_{Ed} = \frac{N_{Ed}}{b \cdot h \cdot f_{cd}} \longrightarrow \nu = \nu_{Ed}$$

$$\omega_{tot} = \frac{A_{s,tot}}{b \cdot h} \cdot \frac{f_{yd}}{f_{cd}}$$

$$A_{s,tot} = \omega_{tot} \cdot \frac{b \cdot h}{f_{yd}/f_{cd}}$$

Interaktionsdiagramm für schiefe Biegung mit Längsdruckkraft

191

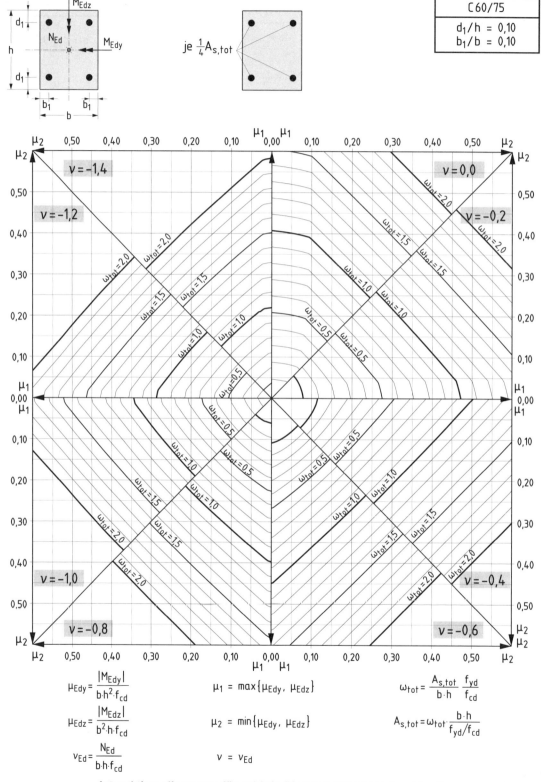

Interaktionsdiagramm für schiefe Biegung mit Längsdruckkraft

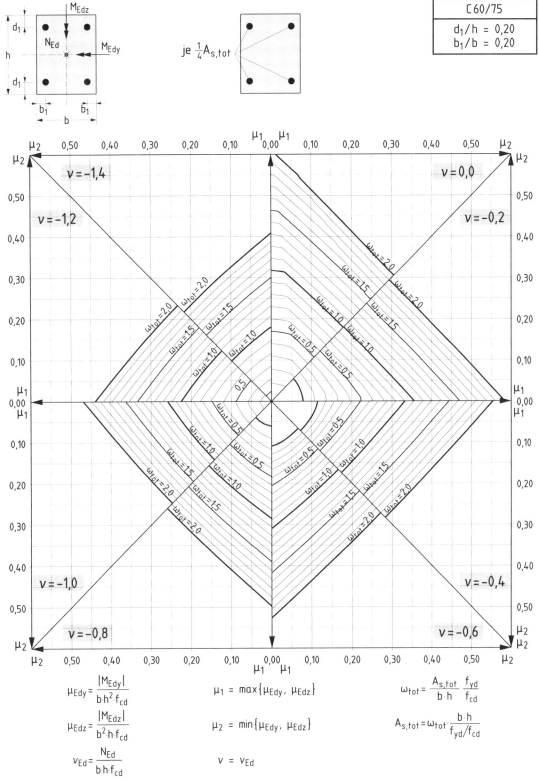

$$\mu_{Edy} = \frac{|M_{Edy}|}{b \cdot h^2 \cdot f_{cd}}$$

$$\mu_1 = \max\{\mu_{Edy}, \mu_{Edz}\}$$

$$\omega_{tot} = \frac{A_{s,tot}}{b \cdot h} \cdot \frac{f_{yd}}{f_{cd}}$$

$$\mu_{Edz} = \frac{|M_{Edz}|}{b^2 \cdot h \cdot f_{cd}}$$

$$\mu_2 = \min\{\mu_{Edy}, \mu_{Edz}\}$$

$$A_{s,tot} = \omega_{tot} \cdot \frac{b \cdot h}{f_{yd}/f_{cd}}$$

$$\nu_{Ed} = \frac{N_{Ed}}{b \cdot h \cdot f_{cd}}$$

$$\nu = \nu_{Ed}$$

Interaktionsdiagramm für schiefe Biegung mit Längsdruckkraft

193

Tafel 8.1 / C60

Stütze
$e_{tot} = 0$

Betonanteil F_{cd} (in MN)

C 60/75 (side label)

Rechteck

$h\backslash b$	20	25	30	40	50	60	70	80
20	1,333	1,666	1,999	2,666	3,332	3,998	4,665	5,331
25		2,083	2,499	3,332	4,165	4,998	5,831	6,664
30			2,999	3,998	4,998	5,998	6,997	7,997
40				5,331	6,664	7,997	9,330	10,66
50					8,330	9,996	11,66	13,33
60						12,00	13,99	15,99
70							16,33	18,66
80								21,32

Kreis

D	
20	1,047
25	1,636
30	2,355
40	4,187
50	6,542
60	9,421
70	12,82
80	16,75

Kreisring

$D\backslash r_i/r_a$	0,9	0,7
20	0,199	0,534
25	0,311	0,834
30	0,447	1,201
40	0,796	2,135
50	1,243	3,337
60	1,790	4,805
70	2,436	6,540
80	3,182	8,542

Stahlanteil F_{sd} (in MN)

BSt 500 (side label)

$d\backslash n$	4	6	8	10	12	14	16	18	20
12	0,197	0,295	0,393	0,492	0,590	0,688	0,787	0,885	0,983
14	0,268	0,402	0,535	0,669	0,803	0,937	1,071	1,205	1,339
16	0,350	0,525	0,699	0,874	1,049	1,224	1,399	1,574	1,748
20	0,546	0,820	1,093	1,366	1,639	1,912	2,185	2,459	2,732
25	0,854	1,281	1,707	2,134	2,561	2,988	3,415	3,842	4,268
28	1,071	1,606	2,142	2,677	3,213	3,748	4,283	4,819	5,354

Abminderungsfaktor β

Beton	β
C 60/75	0,923

Gesamttragfähigkeit $|N_{Rd}| = F_{cd} + \beta \cdot F_{sd}$

Aufnehmbare Längsdruckkraft $|N_{Rd}|$ für C 60/75 (mit $\alpha = 0{,}85$) **und BSt 500 S bei mittiger Belastung**

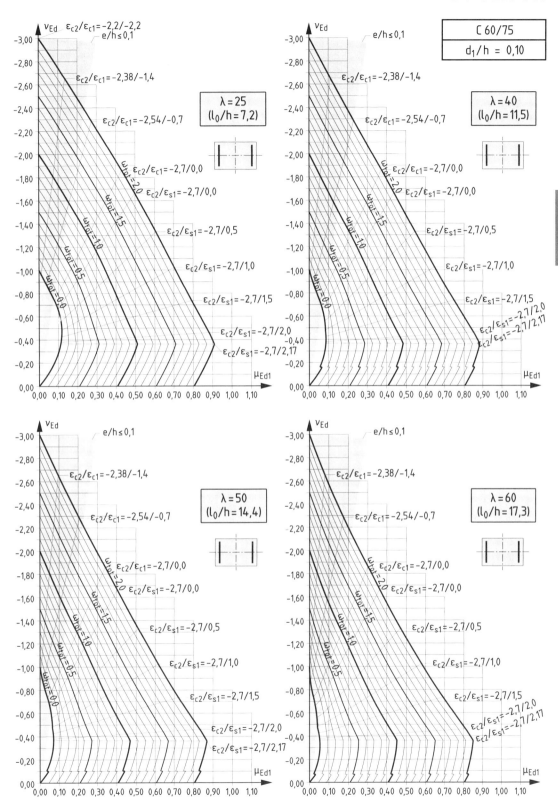

Bemessungsdiagramm nach dem Modellstützenverfahren

Tafel 8.2b / C60

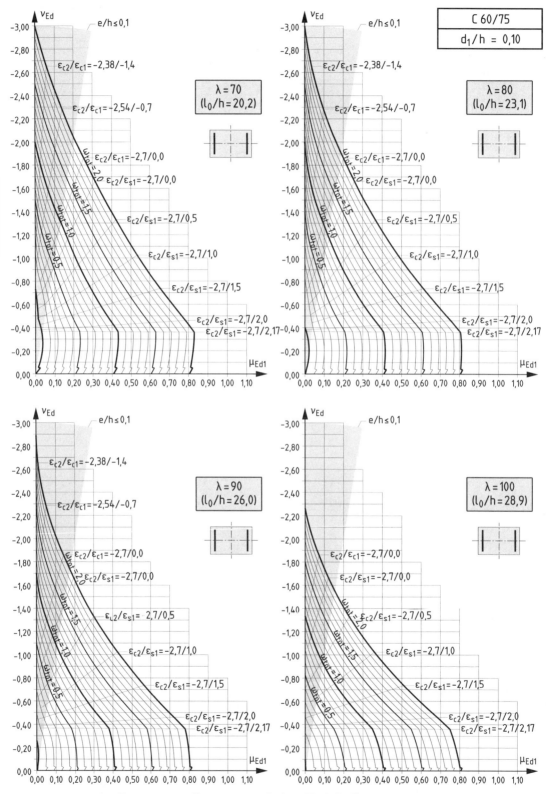

Bemessungsdiagramm nach dem Modellstützenverfahren

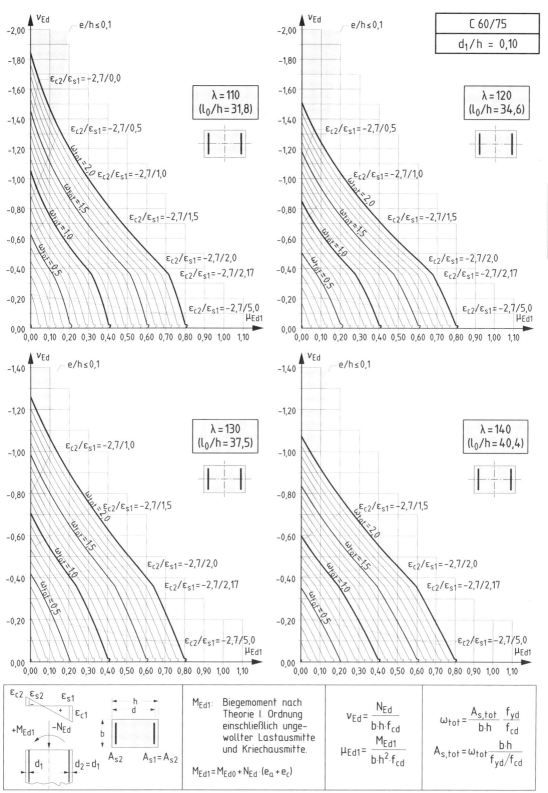

Bemessungsdiagramm nach dem Modellstützenverfahren

Tafel 8.2d / C60

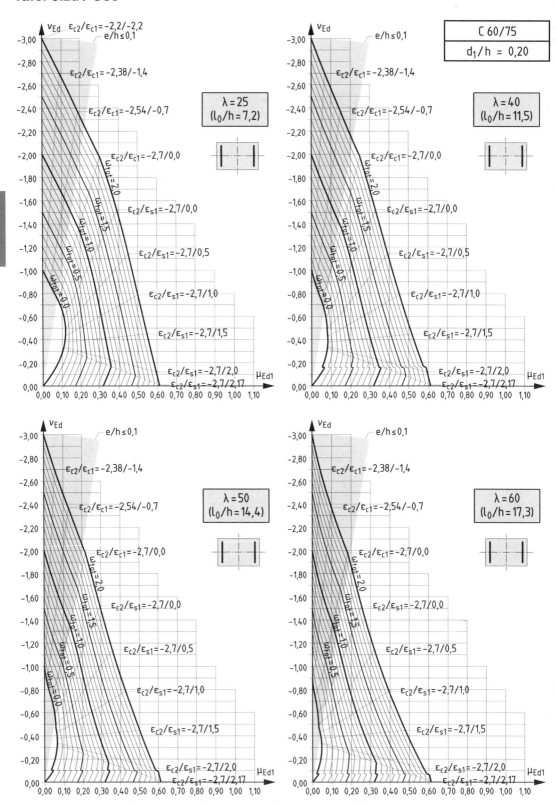

Bemessungsdiagramm nach dem Modellstützenverfahren

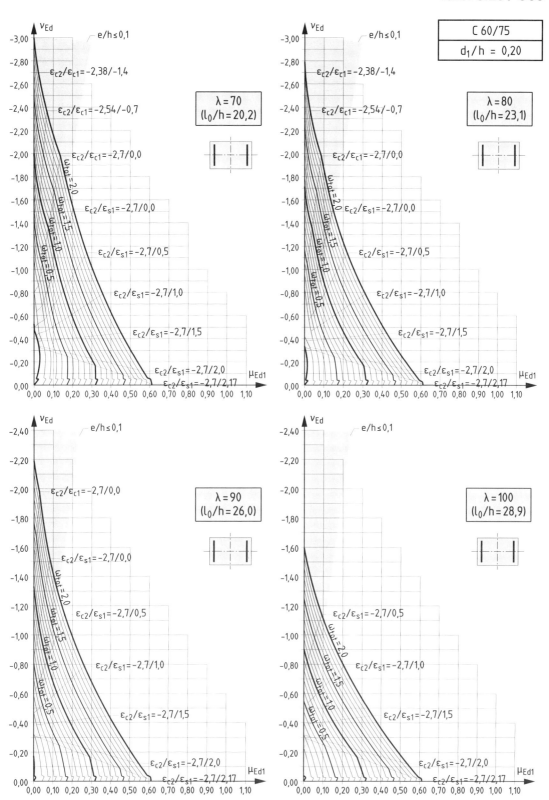

Bemessungsdiagramm nach dem Modellstützenverfahren

Tafel 8.2f / C60

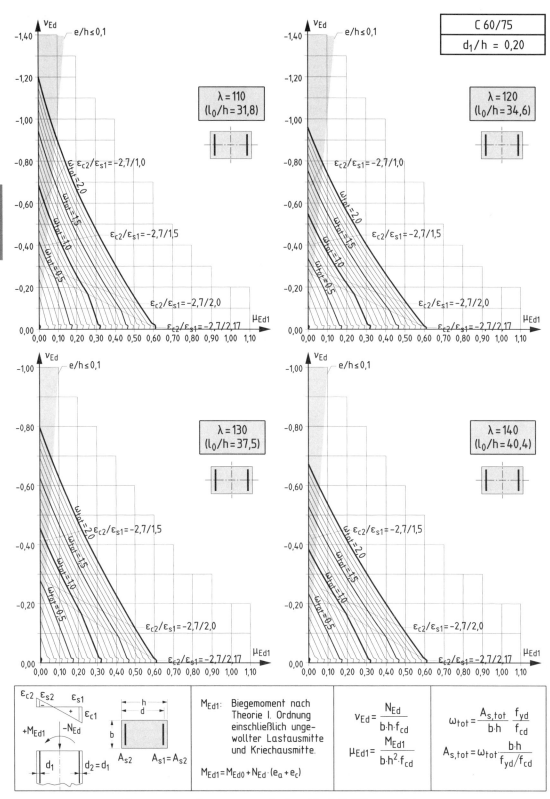

C 60/75

$d_1/h = 0{,}20$

$\lambda = 110$
$(l_0/h = 31{,}8)$

$\lambda = 120$
$(l_0/h = 34{,}6)$

$\lambda = 130$
$(l_0/h = 37{,}5)$

$\lambda = 140$
$(l_0/h = 40{,}4)$

M_{Ed1}: Biegemoment nach Theorie I. Ordnung einschließlich unge-wollter Lastausmitte und Kriechausmitte.

$M_{Ed1} = M_{Ed0} + N_{Ed} \cdot (e_a + e_c)$

$$\nu_{Ed} = \frac{N_{Ed}}{b \cdot h \cdot f_{cd}}$$

$$\mu_{Ed1} = \frac{M_{Ed1}}{b \cdot h^2 \cdot f_{cd}}$$

$$\omega_{tot} = \frac{A_{s,tot}}{b \cdot h} \frac{f_{yd}}{f_{cd}}$$

$$A_{s,tot} = \omega_{tot} \cdot \frac{b \cdot h}{f_{yd}/f_{cd}}$$

Bemessungsdiagramm nach dem Modellstützenverfahren

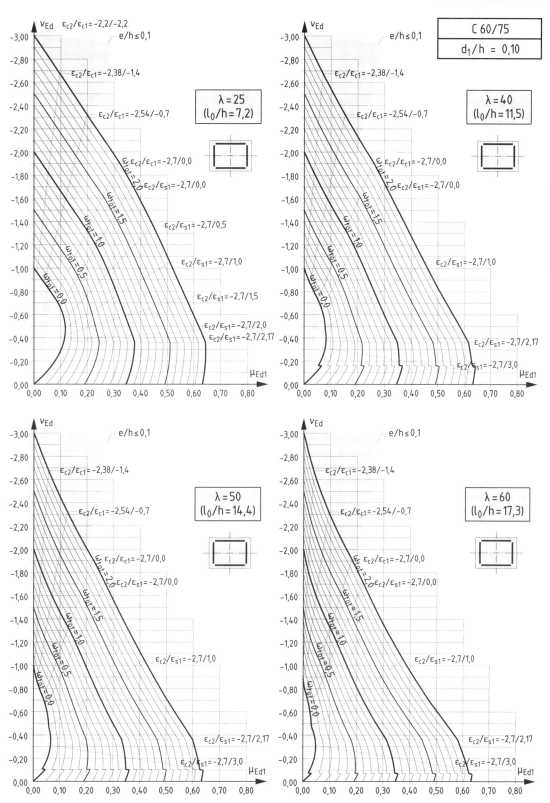

Bemessungsdiagramm nach dem Modellstützenverfahren

Tafel 8.3b / C60

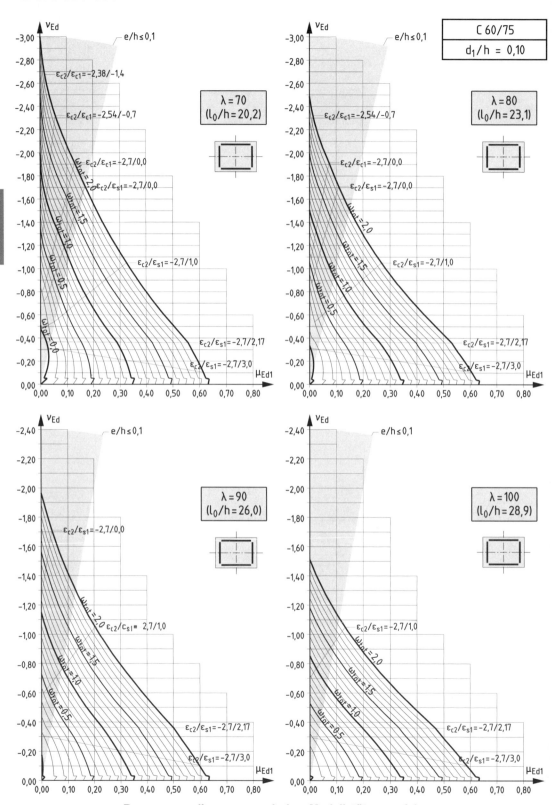

Bemessungsdiagramm nach dem Modellstützenverfahren

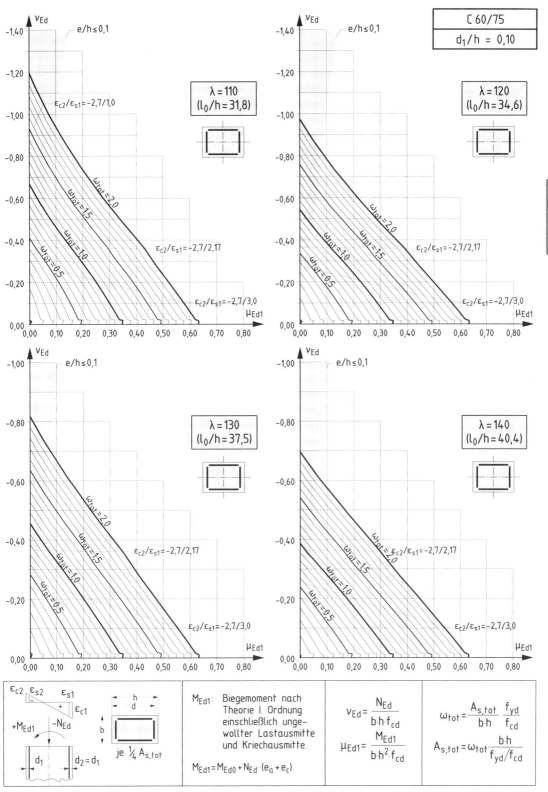

Bemessungsdiagramm nach dem Modellstützenverfahren

203

Tafel 8.3d / C60

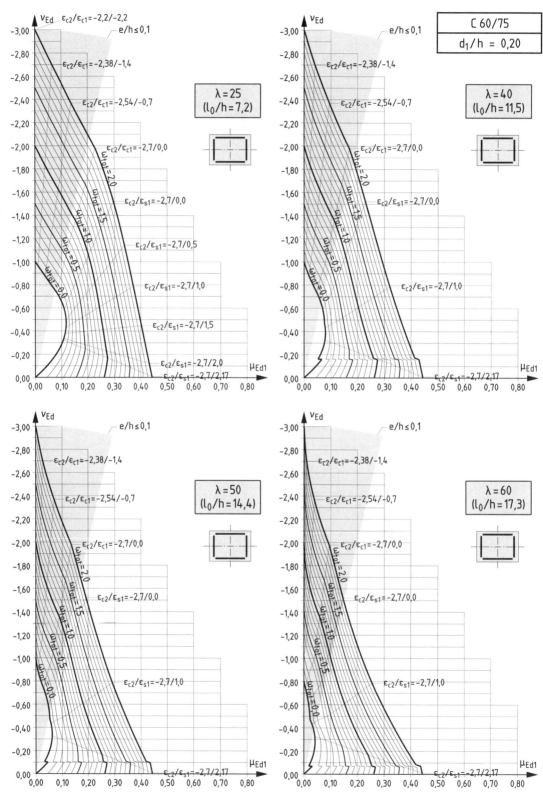

Bemessungsdiagramm nach dem Modellstützenverfahren

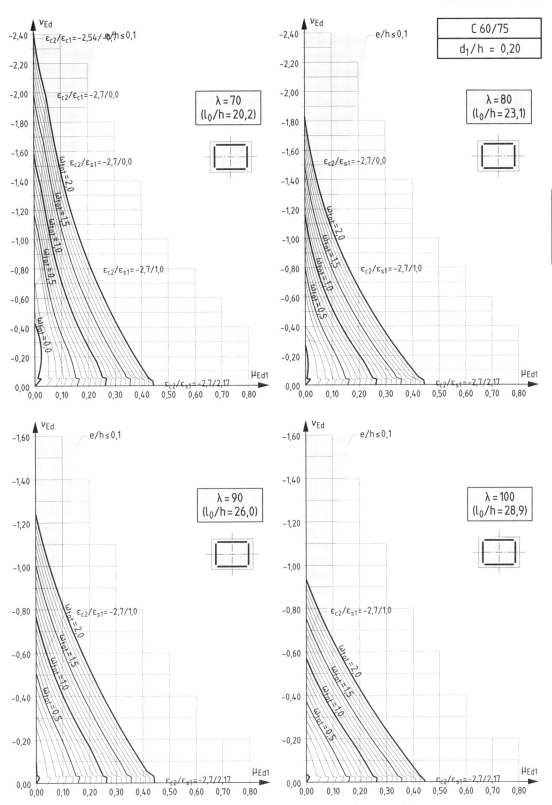

Bemessungsdiagramm nach dem Modellstützenverfahren

Tafel 8.3f / C60

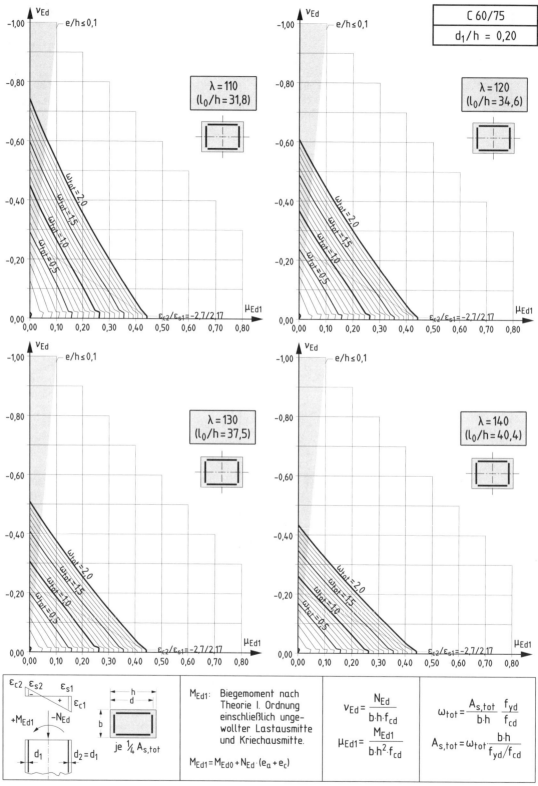

Bemessungsdiagramm nach dem Modellstützenverfahren

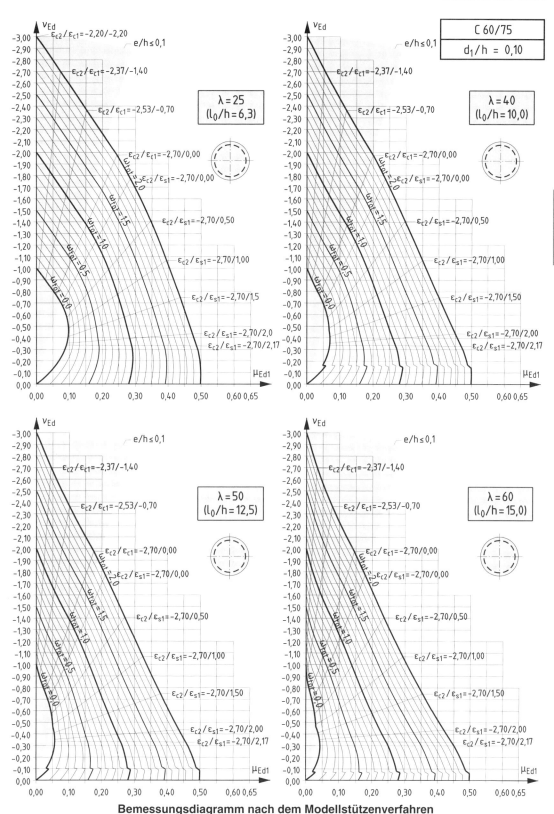

Bemessungsdiagramm nach dem Modellstützenverfahren

Tafel 8.4b / C60

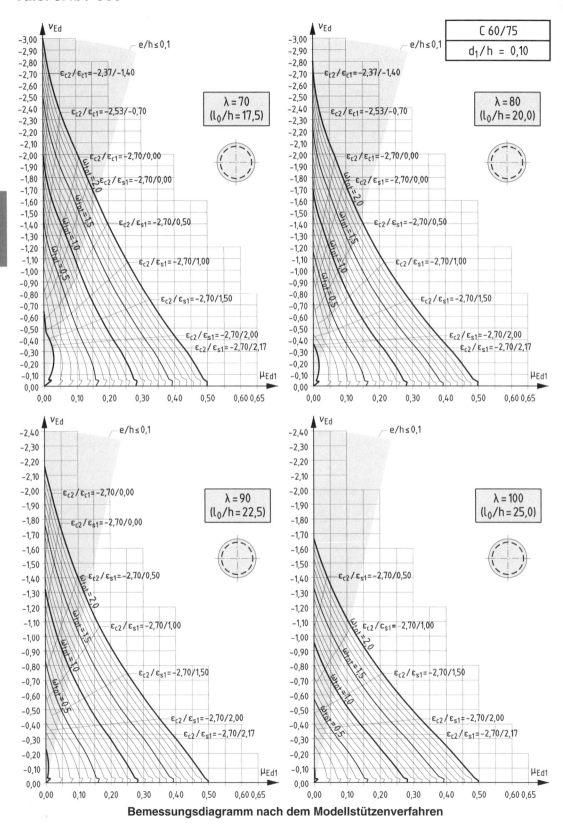

C 60/75
$d_1 / h = 0,10$

λ = 70
($l_0/h = 17,5$)

λ = 80
($l_0/h = 20,0$)

λ = 90
($l_0/h = 22,5$)

λ = 100
($l_0/h = 25,0$)

Bemessungsdiagramm nach dem Modellstützenverfahren

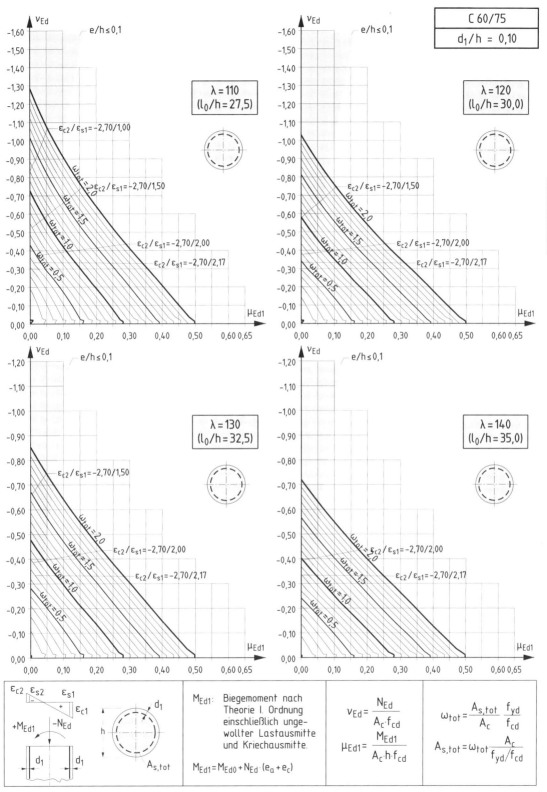

Bemessungsdiagramm nach dem Modellstützenverfahren

209

Tafel 8.4d / C60

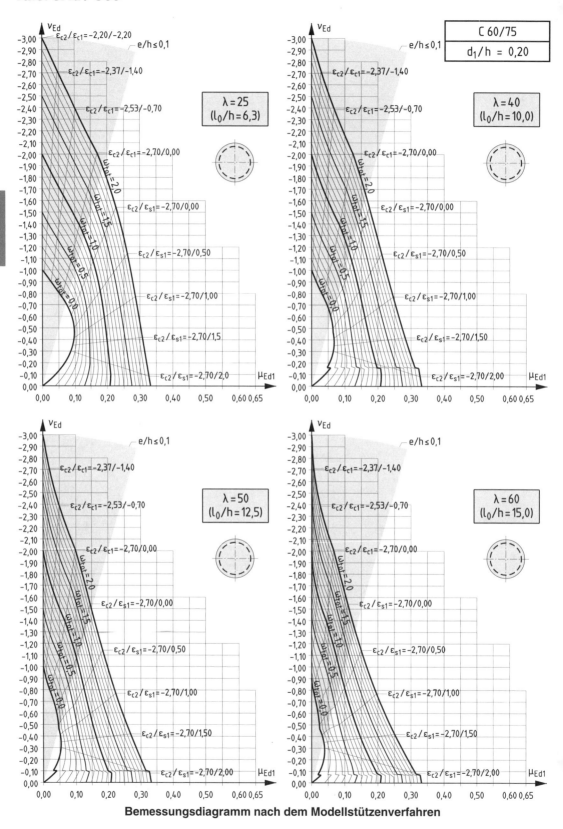

C 60/75

C 60/75
$d_1/h = 0{,}20$

$\lambda = 25$
$(l_0/h = 6{,}3)$

$\lambda = 40$
$(l_0/h = 10{,}0)$

$\lambda = 50$
$(l_0/h = 12{,}5)$

$\lambda = 60$
$(l_0/h = 15{,}0)$

Bemessungsdiagramm nach dem Modellstützenverfahren

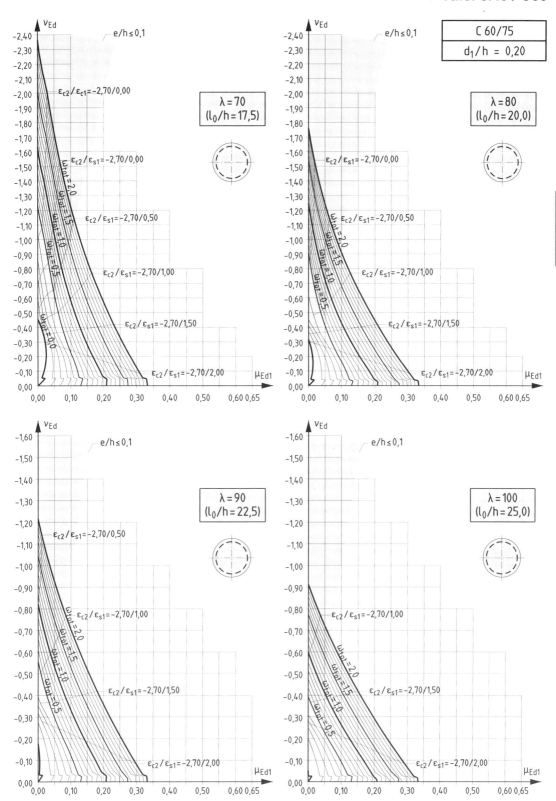

Bemessungsdiagramm nach dem Modellstützenverfahren

Tafel 8.4f / C60

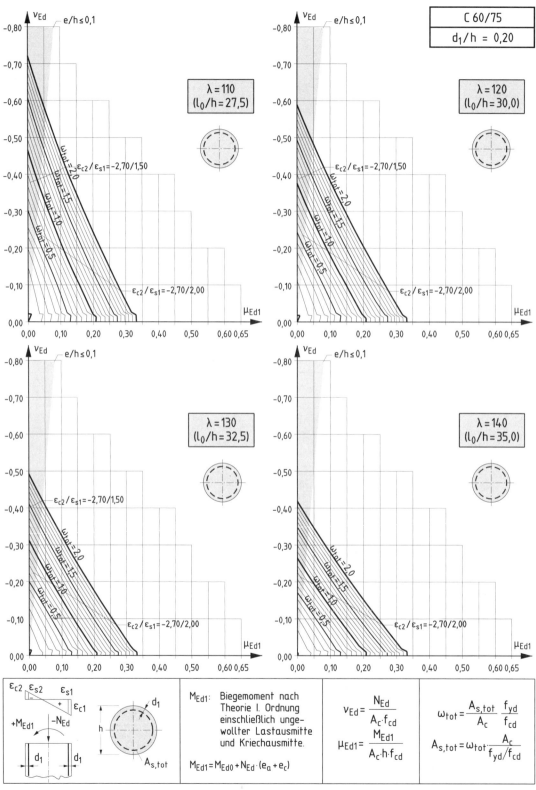

C 60/75

$d_1 / h = 0,20$

$\lambda = 110$
$(l_0/h = 27,5)$

$\lambda = 120$
$(l_0/h = 30,0)$

$\lambda = 130$
$(l_0/h = 32,5)$

$\lambda = 140$
$(l_0/h = 35,0)$

M_{Ed1}: Biegemoment nach Theorie I. Ordnung einschließlich ungewollter Lastausmitte und Kriechausmitte.

$M_{Ed1} = M_{Ed0} + N_{Ed} \cdot (e_a + e_c)$

$$\nu_{Ed} = \frac{N_{Ed}}{A_c \cdot f_{cd}}$$

$$\mu_{Ed1} = \frac{M_{Ed1}}{A_c \cdot h \cdot f_{cd}}$$

$$\omega_{tot} = \frac{A_{s,tot}}{A_c} \frac{f_{yd}}{f_{cd}}$$

$$A_{s,tot} = \omega_{tot} \cdot \frac{A_c}{f_{yd}/f_{cd}}$$

Bemessungsdiagramm nach dem Modellstützenverfahren

Bemessungstafeln C 70/85

Fortsetzung nächste Seite

C 70/85

Darstellung	Beschreibung		Tafel	Seite
je $\frac{1}{4}A_{s,tot}$ M_{Edz} d_1 h N_{Ed} M_{Edy} b_1 b b_1 d_1 $b_1/b = d_1/h$	Interaktionsdiagramme für schiefe Biegung mit Längsdruck für allseitig symmetrisch bewehrte Rechteckquerschnitte	$d_1/h = 0{,}10$	7.1a / C70	232
		$d_1/h = 0{,}20$	7.1b / C70	233
M_{Edz} d_1 A_{s2} h N_{Ed} M_{Edy} $A_{s1} = A_{s2}$ b d_1	Interaktionsdiagramme für schiefe Biegung mit Längsdruck für zweiseitig symmetrisch bewehrte Rechteckquerschnitte	$d_1/h = 0{,}10$	7.2a / C70	234
		$d_1/h = 0{,}20$	7.2b / C70	235
je $\frac{1}{4}A_{s,tot}$ M_{Edz} d_1 h N_{Ed} M_{Edy} b_1 b b_1 d_1 $b_1/b = d_1/h$	Interaktionsdiagramme für schiefe Biegung mit Längsdruck für symmetrisch eckbewehrte Rechteckquerschnitte	$d_1/h = 0{,}10$	7.3a / C70	236
		$d_1/h = 0{,}20$	7.3b / C70	237
	Stütze ohne Knickgefahr (aufnehmbare Längsdruckkraft)		8.1 / C70	238

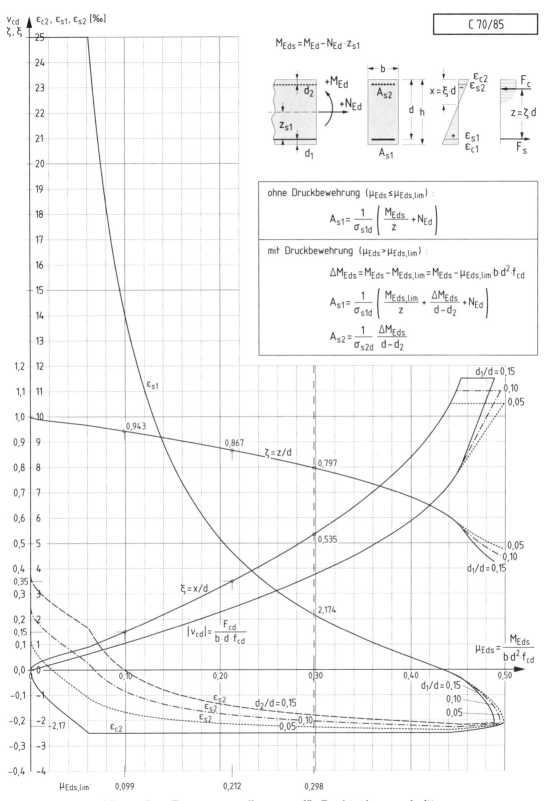

C 70/85

$$M_{Eds} = M_{Ed} - N_{Ed} \cdot z_{s1}$$

ohne Druckbewehrung ($\mu_{Eds} \leq \mu_{Eds,lim}$) :

$$A_{s1} = \frac{1}{\sigma_{s1d}} \left(\frac{M_{Eds}}{z} + N_{Ed} \right)$$

mit Druckbewehrung ($\mu_{Eds} > \mu_{Eds,lim}$) :

$$\Delta M_{Eds} = M_{Eds} - M_{Eds,lim} = M_{Eds} - \mu_{Eds,lim} \cdot b \cdot d^2 \cdot f_{cd}$$

$$A_{s1} = \frac{1}{\sigma_{s1d}} \left(\frac{M_{Eds,lim}}{z} + \frac{\Delta M_{Eds}}{d - d_2} + N_{Ed} \right)$$

$$A_{s2} = \frac{1}{\sigma_{s2d}} \frac{\Delta M_{Eds}}{d - d_2}$$

Allgemeines Bemessungsdiagramm für Rechteckquerschnitte

Tafel 2.1a / C70

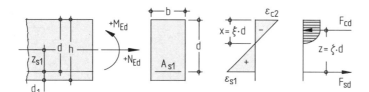

$$k_d = \frac{d \ [cm]}{\sqrt{M_{Eds} \ [kNm] \ / \ b \ [m]}} \qquad \text{mit} \quad M_{Eds} = M_{Ed} - N_{Ed} \cdot z_{s1}$$

Beton C 70/85						
k_d	k_s	κ_s	ξ	ζ	ε_{c2} in ‰	ε_{s1} in ‰
6,42	2,32	0,95	0,025	0,991	-0,65	25,00
3,47	2,34	0,95	0,049	0,983	-1,28	25,00
2,53	2,36	0,95	0,070	0,975	-1,88	25,00
2,10	2,38	0,95	0,089	0,966	-2,44	25,00
1,89	2,40	0,96	0,110	0,958	-2,50	20,33
1,74	2,42	0,97	0,130	0,950	-2,50	16,68
1,62	2,44	0,98	0,151	0,943	-2,50	14,08
1,53	2,46	0,98	0,171	0,935	-2,50	12,12
1,46	2,48	0,98	0,191	0,927	-2,50	10,60
1,39	2,50	0,98	0,210	0,920	-2,50	9,39
1,29	2,54	0,99	0,248	0,906	-2,50	7,57
1,22	2,58	0,99	0,285	0,891	-2,50	6,26
1,15	2,62	0,99	0,321	0,878	-2,50	5,29
1,10	2,66	1,00	0,356	0,865	-2,50	4,53
1,06	2,70	1,00	0,389	0,852	-2,50	3,92
1,03	2,74	1,00	0,422	0,839	-2,50	3,42
1,00	2,78	1,00	0,454	0,827	-2,50	3,01
0,97	2,82	1,00	0,485	0,816	-2,50	2,66
0,95	2,86	1,00	0,515	0,804	-2,50	2,36
0,94	2,89	1,00	0,535	0,797	-2,50	2,17

$$A_{s1} \ [cm^2] = k_s \cdot \frac{M_{Eds} \ [kNm]}{d \ [cm]} + \frac{N_{Ed} \ [kN]}{43,5 \ [kN/cm^2]} \qquad \text{(horizontaler Ast der Spannungs-Dehnungs-Linie)}$$

alternativ:

$$A_{s1}^* = \kappa_s \cdot A_{s1} \qquad \text{(geneigter Ast der Spannungs-Dehnungs-Linie)}$$

Dimensionsgebundene Bemessungstafel (k_d-Verfahren), Rechteck ohne Druckbewehrung
(Hochfester Normalbeton C 70/85 mit $\alpha = 0,85$; Betonstahl BSt 500 und $\gamma_s = 1,15$)

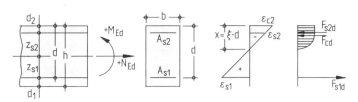

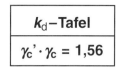

k_d–Tafel
$\gamma_c' \cdot \gamma_c = 1{,}56$

$$k_d = \frac{d\ [\text{cm}]}{\sqrt{M_{Eds}\ [\text{kNm}] / b\ [\text{m}]}} \qquad \text{mit}\quad M_{Eds} = M_{Ed} - N_{Ed} \cdot z_{s1}$$

Beiwerte k_{s1} und k_{s2}

$\xi = 0{,}15$ $(\varepsilon_{s1}/\varepsilon_{c2} = 14{,}2 / -2{,}5\ [‰])$ **$\xi = 0{,}35$** $(\varepsilon_{s1}/\varepsilon_{c2} = 4{,}64 / -2{,}5\ [‰])$ **$\xi = 0{,}535$** $(\varepsilon_{s1}/\varepsilon_{c2} = 2{,}17 / -2{,}5\ [‰])$

k_d	k_{s1}	k_{s2}
1,63	2,44	0
1,60	2,44	0,10
1,56	2,44	0,20
1,53	2,44	0,30
1,49	2,44	0,40
1,45	2,44	0,50
1,42	2,44	0,60
1,38	2,44	0,70
1,34	2,44	0,80
1,30	2,44	0,90
1,25	2,44	1,00
1,21	2,44	1,10
1,16	2,44	1,20
1,12	2,44	1,30
1,07	2,44	1,40

k_d	k_{s1}	k_{s2}
1,11	2,65	0
1,09	2,65	0,10
1,07	2,64	0,20
1,04	2,63	0,30
1,02	2,62	0,40
0,99	2,61	0,50
0,97	2,60	0,60
0,94	2,59	0,70
0,91	2,59	0,80
0,88	2,58	0,90
0,86	2,57	1,00
0,83	2,56	1,10
0,79	2,55	1,20
0,76	2,54	1,30
0,73	2,54	1,40

k_d	k_{s1}	k_{s2}
0,94	2,89	0
0,92	2,87	0,10
0,90	2,85	0,20
0,88	2,83	0,30
0,86	2,82	0,40
0,84	2,80	0,50
0,82	2,78	0,60
0,79	2,76	0,70
0,77	2,74	0,80
0,75	2,73	0,90
0,72	2,71	1,00
0,70	2,69	1,10
0,67	2,67	1,20
0,64	2,65	1,30
0,61	2,64	1,40

Beiwerte ρ_1 und ρ_2

d_2/d	$\xi = 0{,}15$			$\xi = 0{,}35$					$\xi = 0{,}535$					
	ρ_1 für $k_{s1}=$	ρ_2	$-\varepsilon_{s2}$	ρ_1 für $k_{s1} =$			ρ_2	$-\varepsilon_{s2}$	ρ_1 für $k_{s1} =$				ρ_2	$-\varepsilon_{s2}$
	2,44		[‰]	2,65	2,59	2,54		[‰]	2,89	2,80	2,71	2,64		[‰]
0,06	1,00	1,45	1,50	1,00	1,00	1,00	1,05	2,07	1,00	1,00	1,00	1,00	1,00	2,22
0,08	1,01	1,90	1,17	1,00	1,01	1,01	1,15	1,93	1,00	1,00	1,01	1,01	1,05	2,13
0,10	1,03	2,73	0,83	1,00	1,01	1,03	1,27	1,79	1,00	1,01	1,02	1,02	1,12	2,03
0,12				1,00	1,02	1,04	1,41	1,64	1,00	1,01	1,03	1,04	1,20	1,94
0,14				1,00	1,03	1,05	1,58	1,50	1,00	1,02	1,03	1,05	1,29	1,85
0,16				1,00	1,04	1,07	1,79	1,36	1,00	1,02	1,04	1,06	1,39	1,75
0,18				1,00	1,04	1,08	2,05	1,21	1,00	1,03	1,05	1,08	1,50	1,66
0,20				1,00	1,05	1,10	2,38	1,07	1,00	1,03	1,07	1,09	1,63	1,57
0,22				1,00	1,06	1,11	2,82	0,93	1,00	1,04	1,08	1,11	1,78	1,47
0,24									1,00	1,04	1,09	1,13	1,95	1,38

$$A_{s1}\ [\text{cm}^2] = \rho_1 \cdot k_{s1} \cdot \frac{M_{Eds}\ [\text{kNm}]}{d\ [\text{cm}]} + \frac{N_{Ed}\ [\text{kN}]}{43{,}5\ [\text{kN/cm}^2]}$$

$$A_{s2}\ [\text{cm}^2] = \rho_2 \cdot k_{s2} \cdot \frac{M_{Eds}\ [\text{kNm}]}{d\ [\text{cm}]}$$

(Wegen der erf. Erhöhung von A_{s2} – Berücksichtigung der Nettofläche der Betondruckzone – wird auf „Einführung", Abschn. 6.1.6, Bild 12 verwiesen.)

Dimensionsgebundene Bemessungstafel (k_d-Verfahren); Rechteck mit Druckbewehrung

(Hochfester Normalbeton C 70/85 mit $\alpha = 0{,}85$; $\xi_{lim} = 0{,}15 / 0{,}35 / 0{,}535$; Betonstahl BSt 500 und $\gamma_s = 1{,}15$)

Tafel 2.2a / C70

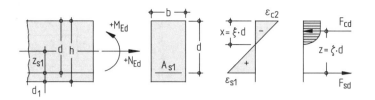

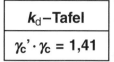

k_d–Tafel

$\gamma_\mathrm{c}' \cdot \gamma_\mathrm{c} = 1{,}41$

(Fertigteile mit über-wachter Herstellung; DIN 1045-1, 5.3.3(7))

$$k_\mathrm{d} = \frac{d\ [\mathrm{cm}]}{\sqrt{M_{\mathrm{Eds}}\ [\mathrm{kNm}]\ /\ b\ [\mathrm{m}]}} \qquad \text{mit}\ \ M_{\mathrm{Eds}} = M_{\mathrm{Ed}} - N_{\mathrm{Ed}} \cdot z_{\mathrm{s1}}$$

Beton C 70/85

k_d	k_s	κ_s	ξ	ζ	ε_{c2} in ‰	ε_{s1} in ‰
6,09	2,32	0,95	0,025	0,991	-0,65	25,00
3,29	2,34	0,95	0,049	0,983	-1,28	25,00
2,40	2,36	0,95	0,070	0,975	-1,88	25,00
2,00	2,38	0,95	0,089	0,966	-2,44	25,00
1,79	2,40	0,96	0,110	0,958	-2,50	20,33
1,65	2,42	0,97	0,130	0,950	-2,50	16,68
1,54	2,44	0,98	0,151	0,943	-2,50	14,08
1,45	2,46	0,98	0,171	0,935	-2,50	12,12
1,38	2,48	0,98	0,191	0,927	-2,50	10,60
1,32	2,50	0,98	0,210	0,920	-2,50	9,39
1,23	2,54	0,99	0,248	0,906	-2,50	7,57
1,15	2,58	0,99	0,285	0,891	-2,50	6,26
1,10	2,62	0,99	0,321	0,878	-2,50	5,29
1,05	2,66	1,00	0,356	0,865	-2,50	4,53
1,01	2,70	1,00	0,389	0,852	-2,50	3,92
0,98	2,74	1,00	0,422	0,839	-2,50	3,42
0,95	2,78	1,00	0,454	0,827	-2,50	3,01
0,92	2,82	1,00	0,485	0,816	-2,50	2,66
0,90	2,86	1,00	0,515	0,804	-2,50	2,36
0,89	2,89	1,00	0,535	0,797	-2,50	2,17

$$A_{\mathrm{s1}}\ [\mathrm{cm}^2] = k_\mathrm{s} \cdot \frac{M_{\mathrm{Eds}}\ [\mathrm{kNm}]}{d\ [\mathrm{cm}]} + \frac{N_{\mathrm{Ed}}\ [\mathrm{kN}]}{43{,}5\ [\mathrm{kN/cm}^2]} \qquad \text{(horizontaler Ast der Spannungs-Dehnungs-Linie)}$$

alternativ:

$$A_{\mathrm{s1}}^{\ *} = \kappa_\mathrm{s} \cdot A_{\mathrm{s1}} \qquad \text{(geneigter Ast der Spannungs-Dehnungs-Linie)}$$

Dimensionsgebundene Bemessungstafel (k_d-Verfahren), Rechteck ohne Druckbewehrung
(Hochfester Normalbeton C 70/85 mit $\alpha = 0{,}85$; Betonstahl BSt 500 und $\gamma_\mathrm{s} = 1{,}15$)

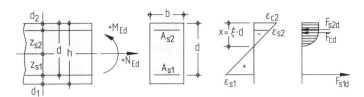

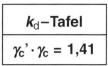

$$k_d = \frac{d \,[\text{cm}]}{\sqrt{M_{Eds}\,[\text{kNm}] / b\,[\text{m}]}} \qquad \text{mit } M_{Eds} = M_{Ed} - N_{Ed} \cdot z_{s1}$$

Beiwerte k_{s1} und k_{s2}

$\xi = 0{,}15$ $(\varepsilon_{s1}/\varepsilon_{c2} = 14{,}2 / -2{,}5\,[\text{‰}])$ $\xi = 0{,}35$ $(\varepsilon_{s1}/\varepsilon_{c2} = 4{,}64 / -2{,}5\,[\text{‰}])$ $\xi = 0{,}535$ $(\varepsilon_{s1}/\varepsilon_{c2} = 2{,}17 / -2{,}5\,[\text{‰}])$

k_d	k_{s1}	k_{s2}
1,55	2,44	0
1,51	2,44	0,10
1,48	2,44	0,20
1,45	2,44	0,30
1,41	2,44	0,40
1,38	2,44	0,50
1,34	2,44	0,60
1,31	2,44	0,70
1,27	2,44	0,80
1,23	2,44	0,90
1,19	2,44	1,00
1,15	2,44	1,10
1,10	2,44	1,20
1,06	2,44	1,30
1,01	2,44	1,40

k_d	k_{s1}	k_{s2}
1,06	2,65	0
1,03	2,65	0,10
1,01	2,64	0,20
0,99	2,63	0,30
0,97	2,62	0,40
0,94	2,61	0,50
0,92	2,60	0,60
0,89	2,59	0,70
0,87	2,59	0,80
0,84	2,58	0,90
0,81	2,57	1,00
0,78	2,56	1,10
0,75	2,55	1,20
0,72	2,54	1,30
0,69	2,54	1,40

k_d	k_{s1}	k_{s2}
0,89	2,89	0
0,87	2,87	0,10
0,85	2,85	0,20
0,83	2,83	0,30
0,81	2,82	0,40
0,79	2,80	0,50
0,77	2,78	0,60
0,75	2,76	0,70
0,73	2,74	0,80
0,71	2,73	0,90
0,68	2,71	1,00
0,66	2,69	1,10
0,64	2,67	1,20
0,61	2,65	1,30
0,58	2,64	1,40

C 70/85

Beiwerte ρ_1 und ρ_2

d_2/d	$\xi = 0{,}15$			$\xi = 0{,}35$					$\xi = 0{,}535$					
	ρ_1 für $k_{s1}=$	ρ_2	$-\varepsilon_{s2}$	ρ_1 für $k_{s1} =$			ρ_2	$-\varepsilon_{s2}$	ρ_1 für $k_{s1} =$				ρ_2	$-\varepsilon_{s2}$
	2,44		[‰]	2,65	2,59	2,54		[‰]	2,89	2,80	2,71	2,64		[‰]
0,06	1,00	1,45	1,50	1,00	1,00	1,00	1,05	2,07	1,00	1,00	1,00	1,00	1,00	2,22
0,08	1,01	1,90	1,17	1,00	1,01	1,01	1,15	1,93	1,00	1,00	1,01	1,01	1,05	2,13
0,10	1,03	2,73	0,83	1,00	1,01	1,03	1,27	1,79	1,00	1,01	1,02	1,02	1,12	2,03
0,12				1,00	1,02	1,04	1,41	1,64	1,00	1,01	1,03	1,04	1,20	1,94
0,14				1,00	1,03	1,05	1,58	1,50	1,00	1,02	1,03	1,05	1,29	1,85
0,16				1,00	1,04	1,07	1,79	1,36	1,00	1,02	1,04	1,06	1,39	1,75
0,18				1,00	1,04	1,08	2,05	1,21	1,00	1,03	1,05	1,08	1,50	1,66
0,20				1,00	1,05	1,10	2,38	1,07	1,00	1,03	1,07	1,09	1,63	1,57
0,22				1,00	1,06	1,11	2,82	0,93	1,00	1,04	1,08	1,11	1,78	1,47
0,24									1,00	1,04	1,09	1,13	1,95	1,38

$$A_{s1}\,[\text{cm}^2] = \rho_1 \cdot k_{s1} \cdot \frac{M_{Eds}\,[\text{kNm}]}{d\,[\text{cm}]} + \frac{N_{Ed}\,[\text{kN}]}{43{,}5\,[\text{kN/cm}^2]}$$

$$A_{s2}\,[\text{cm}^2] = \rho_2 \cdot k_{s2} \cdot \frac{M_{Eds}\,[\text{kNm}]}{d\,[\text{cm}]}$$

(Wegen der erf. Erhöhung von A_{s2} – Berücksichtigung der Nettofläche der Betondruckzone – wird auf „Einführung", Abschn. 6.1.6, Bild 12 verwiesen.)

Dimensionsgebundene Bemessungstafel (k_d-Verfahren), Rechteck mit Druckbewehrung

(Hochfester Normalbeton C 70/85 mit $\alpha = 0{,}85$; $\xi_{lim} = 0{,}15 / 0{,}35 / 0{,}535$; Betonstahl BSt 500 und $\gamma_s = 1{,}15$)

Tafel 3a / C70

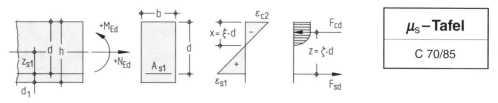

$$\mu_{Eds} = \frac{M_{Eds}}{b \cdot d^2 \cdot f_{cd}}$$

mit $M_{Eds} = M_{Ed} - N_{Ed} \cdot z_{s1}$
$f_{cd} = \alpha \cdot f_{ck}/\gamma_c$

(i. Allg. gilt $\alpha = 0{,}85$)

μ_{Eds}	ω	$\xi = \dfrac{x}{d}$	$\zeta = \dfrac{z}{d}$	ε_{c2} in ‰	ε_{s1} in ‰	$\sigma_{sd}{}^{1)}$ in MPa BSt 500	$\sigma_{sd}{}^{2)}$ in MPa BSt 500
0,01	0,0101	0,032	0,989	−0,83	25,00	435	457
0,02	0,0203	0,046	0,984	−1,22	25,00	435	457
0,03	0,0306	0,058	0,979	−1,55	25,00	435	457
0,04	0,0410	0,069	0,975	−1,85	25,00	435	457
0,05	0,0515	0,079	0,971	−2,15	25,00	435	457
0,06	0,0621	0,089	0,966	−2,46	25,00	435	457
0,07	0,0729	0,104	0,960	−2,50	21,51	435	453
0,08	0,0838	0,120	0,954	−2,50	18,38	435	450
0,09	0,0949	0,136	0,948	−2,50	15,94	435	448
0,10	0,1061	0,152	0,942	−2,50	13,99	435	446
0,11	0,1175	0,168	0,936	−2,50	12,39	435	445
0,12	0,1291	0,184	0,930	−2,50	11,06	435	443
0,13	0,1408	0,201	0,923	−2,50	9,93	435	442
0,14	0,1527	0,218	0,917	−2,50	8,96	435	441
0,15	0,1648	0,235	0,910	−2,50	8,12	435	440
0,16	0,1770	0,253	0,904	−2,50	7,39	435	440
0,17	0,1895	0,271	0,897	−2,50	6,73	435	439
0,18	0,2022	0,289	0,890	−2,50	6,15	435	439
0,19	0,2152	0,307	0,883	−2,50	5,63	435	438
0,20	0,2283	0,326	0,876	−2,50	5,16	435	438
0,21	0,2418	0,345	0,869	−2,50	4,74	435	437
0,22	0,2555	0,365	0,861	−2,50	4,35	435	437
0,23	0,2695	0,385	0,854	−2,50	3,99	435	437
0,24	0,2838	0,405	0,846	−2,50	3,67	435	436
0,25	0,2984	0,426	0,838	−2,50	3,37	435	436
0,26	0,3134	0,448	0,830	−2,50	3,08	435	436
0,27	0,3287	0,470	0,821	−2,50	2,82	435	435
0,28	0,3445	0,492	0,813	−2,50	2,58	435	435
0,29	0,3607	0,515	0,804	−2,50	2,35	435	435
0,30	0,3774	0,539	0,795	−2,50	2,14	427	427
0,31	0,3946	0,564	0,786	−2,50	1,93	387	387
0,32	0,4125	0,589	0,776	−2,50	1,74	349	349
0,33	0,4309	0,616	0,766	−2,50	1,56	312	312
0,34	0,4501	0,643	0,755	−2,50	1,39	278	278
0,35	0,4701	0,672	0,744	−2,50	1,22	245	245
0,36	0,4911	0,702	0,733	−2,50	1,06	213	213
0,37	0,5131	0,733	0,721	−2,50	0,91	182	182
0,38	0,5364	0,766	0,708	−2,50	0,76	153	153
0,39	0,5611	0,802	0,695	−2,50	0,62	124	124
0,40	0,5878	0,840	0,681	−2,50	0,48	96	96

unwirtschaftlicher Bereich

[1] Begrenzung der Stahlspannung auf $f_{yd} = f_{yk}/\gamma_s$ (horizontaler Ast der σ-ε-Linie)
[2] Begrenzung der Stahlspannung auf $f_{td,cal} = f_{tk,cal}/\gamma_s$ (geneigter Ast der σ-ε-Linie)

$$A_{s1} = \frac{1}{\sigma_{sd}} (\omega \cdot b \cdot d \cdot f_{cd} + N_{Ed})$$

Bemessungstafel (μ_s-Tafel) für Rechteckquerschnitte ohne Druckbewehrung

(Normalbeton der Festigkeitsklassen C 70/85; Betonstahl BSt 500 und $\gamma_s = 1{,}15$)

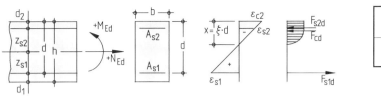

$$\mu_{Eds} = \frac{M_{Eds}}{b \cdot d^2 \cdot f_{cd}}$$

mit $M_{Eds} = M_{Ed} - N_{Ed} \cdot z_{s1}$
$f_{cd} = \alpha \cdot f_{ck}/\gamma_c$

(i. Allg. gilt $\alpha = 0{,}85$)

$\xi = 0{,}15$ ($\varepsilon_{s1} = 14{,}2$ ‰, $\varepsilon_{c2} = -2{,}50$ ‰)

d_2/d $\varepsilon_{s1}/\varepsilon_{s2}$	0,05 14,2 ‰	 −1,67 ‰	0,10 14,2 ‰	 −0,83 ‰	0,15		0,20	
μ_{Eds}	ω_1	ω_2	ω_1	ω_2	ω_1	ω_2	ω_1	ω_2
0,10	0,106	0,001	0,106	0,003				
0,11	0,117	0,015	0,117	0,032				
0,12	0,127	0,029	0,128	0,061				
0,13	0,138	0,043	0,139	0,090				
0,14	0,148	0,056	0,151	0,119				
0,15	0,159	0,070	0,162	0,148				
0,16	0,169	0,084	0,173	0,177				
0,17	0,180	0,097	0,184	0,206				
0,18	0,190	0,111	0,195	0,235				
0,19	0,201	0,125	0,206	0,264				
0,20	0,211	0,139	0,217	0,293				
0,21	0,222	0,152	0,228	0,322				
0,22	0,232	0,166	0,239	0,351				
0,23	0,243	0,180	0,251	0,380				
0,24	0,253	0,194	0,262	0,409				
0,25	0,264	0,207	0,273	0,438				
0,26	0,274	0,221	0,284	0,467				
0,27	0,285	0,235	0,295	0,496				
0,28	0,296	0,249	0,306	0,525				
0,29	0,306	0,262	0,317	0,554				
0,30	0,317	0,276	0,328	0,583				
0,31	0,327	0,290	0,339	0,612				
0,32	0,338	0,303	0,351	0,641				
0,33	0,348	0,317	0,362	0,670				
0,34	0,359	0,331	0,373	0,699				
0,35	0,369	0,345	0,384	0,728				
0,36	0,380	0,358	0,395	0,756				
0,37	0,390	0,372	0,406	0,785				
0,38	0,401	0,386	0,417	0,814				
0,39	0,411	0,400	0,428	0,843				
0,40	0,422	0,413	0,439	0,872				
0,41	0,432	0,427	0,451	0,901				
0,42	0,443	0,441	0,462	0,930				
0,43	0,453	0,454	0,473	0,959				
0,44	0,464	0,468	0,484	0,988				
0,45	0,474	0,482	0,495	1,017				
0,46	0,485	0,496	0,506	1,046				
0,47	0,496	0,509	0,517	1,075				
0,48	0,506	0,523	0,528	1,104				

Spalte 0,15: *Bei einem bezogenen Randabstand $d_2/d = 0{,}15$ liegt die obere Bewehrung im Dehnungsnullpunkt. Eine Bemessung mit „Druckbewehrung" ist nicht möglich.*

Spalte 0,20: *Bei einem bezogenen Randabstand $d_2/d = 0{,}20$ liegt die obere Bewehrung in der Zugzone. Eine Bemessung mit „Druckbewehrung" ist daher nicht möglich.*

$$A_{s1} = \frac{1}{f_{yd}} (\omega_1 \cdot b \cdot d \cdot f_{cd} + N_{Ed})$$

$$A_{s2} = \omega_2 \cdot b \cdot d \cdot \frac{f_{cd}}{f_{yd}}$$

(Wegen der ert. Erhöhung von A_{s2} – Berücksichtigung der Nettofläche der Betondruckzone – wird auf „Einführung", Abschn. 6.1.6, Bild 12 verwiesen.)

Bemessungstafel (μ_s-Tafel) für Rechteckquerschnitte mit Druckbewehrung

(Normalbeton der Festigkeitsklassen C 70/85; $\xi_{lim} = 0{,}15$; Betonstahl BSt 500 und $\gamma_s = 1{,}15$)

Tafel 3c / C70

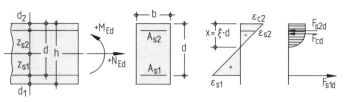

$$\mu_{Eds} = \frac{M_{Eds}}{b \cdot d^2 \cdot f_{cd}}$$

mit $M_{Eds} = M_{Ed} - N_{Ed} \cdot z_{s1}$

$f_{cd} = \alpha \cdot f_{ck}/\gamma_c$

(i. Allg. gilt $\alpha = 0{,}85$)

$\xi = 0{,}35$ ($\varepsilon_{s1} = 4{,}64$ ‰, $\varepsilon_{c2} = -2{,}50$ ‰)

d_2/d	0,05		0,10		0,15		0,20	
$\varepsilon_{s1}/\varepsilon_{s2}$	4,64 ‰	−2,14 ‰	4,64 ‰	−1,79 ‰	4,64 ‰	−1,43 ‰	4,64 ‰	−1,07 ‰
μ_{Eds}	ω_1	ω_2	ω_1	ω_2	ω_1	ω_2	ω_1	ω_2
0,22	0,253	0,008	0,253	0,010	0,254	0,014	0,255	0,019
0,23	0,264	0,019	0,265	0,024	0,266	0,032	0,267	0,045
0,24	0,274	0,029	0,276	0,037	0,277	0,049	0,280	0,070
0,25	0,285	0,040	0,287	0,051	0,289	0,067	0,292	0,095
0,26	0,295	0,051	0,298	0,064	0,301	0,085	0,305	0,121
0,27	0,306	0,062	0,309	0,078	0,313	0,103	0,317	0,146
0,28	0,316	0,072	0,320	0,091	0,325	0,121	0,330	0,172
0,29	0,327	0,083	0,331	0,105	0,336	0,139	0,342	0,197
0,30	0,337	0,094	0,342	0,119	0,348	0,157	0,355	0,222
0,31	0,348	0,104	0,353	0,132	0,360	0,175	0,367	0,248
0,32	0,358	0,115	0,365	0,146	0,372	0,193	0,380	0,273
0,33	0,369	0,126	0,376	0,159	0,383	0,211	0,392	0,298
0,34	0,379	0,136	0,387	0,173	0,395	0,228	0,405	0,324
0,35	0,390	0,147	0,398	0,186	0,407	0,246	0,417	0,349
0,36	0,400	0,158	0,409	0,200	0,419	0,264	0,430	0,374
0,37	0,411	0,168	0,420	0,213	0,430	0,282	0,442	0,400
0,38	0,421	0,179	0,431	0,227	0,442	0,300	0,455	0,425
0,39	0,432	0,190	0,442	0,240	0,454	0,318	0,467	0,450
0,40	0,442	0,200	0,453	0,254	0,466	0,336	0,480	0,476
0,41	0,453	0,211	0,465	0,267	0,477	0,354	0,492	0,501
0,42	0,464	0,222	0,476	0,281	0,489	0,372	0,505	0,527
0,43	0,474	0,232	0,487	0,294	0,501	0,390	0,517	0,552
0,44	0,485	0,243	0,498	0,308	0,513	0,408	0,530	0,577
0,45	0,495	0,254	0,509	0,321	0,525	0,425	0,542	0,603
0,46	0,506	0,264	0,520	0,335	0,536	0,443	0,555	0,628
0,47	0,516	0,275	0,531	0,348	0,548	0,461	0,567	0,653
0,48	0,527	0,286	0,542	0,362	0,560	0,479	0,580	0,679
0,49	0,537	0,296	0,553	0,376	0,572	0,497	0,592	0,704
0,50	0,548	0,307	0,565	0,389	0,583	0,515	0,605	0,729
0,51	0,558	0,318	0,576	0,403	0,595	0,533	0,617	0,755
0,52	0,569	0,329	0,587	0,416	0,607	0,551	0,630	0,780
0,53	0,579	0,339	0,598	0,430	0,619	0,569	0,642	0,806
0,54	0,590	0,350	0,609	0,443	0,630	0,587	0,655	0,831
0,55	0,600	0,361	0,620	0,457	0,642	0,604	0,667	0,856
0,56	0,611	0,371	0,631	0,470	0,654	0,622	0,680	0,882
0,57	0,621	0,382	0,642	0,484	0,666	0,640	0,692	0,907
0,58	0,632	0,393	0,653	0,497	0,677	0,658	0,705	0,932
0,59	0,642	0,403	0,665	0,511	0,689	0,676	0,717	0,958
0,60	0,653	0,414	0,676	0,524	0,701	0,694	0,730	0,983

$$A_{s1} = \frac{1}{f_{yd}} (\omega_1 \cdot b \cdot d \cdot f_{cd} + N_{Ed})$$

$$A_{s2} = \omega_2 \cdot b \cdot d \cdot \frac{f_{cd}}{f_{yd}}$$

(Wegen der erf. Erhöhung von A_{s2} – Berücksichtigung der Nettofläche der Betondruckzone – wird auf „Einführung", Abschn. 6.1.6, Bild 12 verwiesen.)

Bemessungstafel (μ_s-Tafel) für Rechteckquerschnitte mit Druckbewehrung

(Normalbeton der Festigkeitsklassen C 70/85; $\xi_{lim} = 0{,}35$; Betonstahl BSt 500 und $\gamma_s = 1{,}15$)

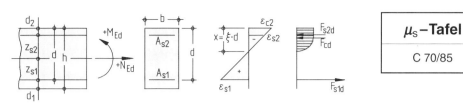

$$\mu_{Eds} = \frac{M_{Eds}}{b \cdot d^2 \cdot f_{cd}}$$

mit $M_{Eds} = M_{Ed} - N_{Ed} \cdot z_{s1}$

$f_{cd} = \alpha \cdot f_{ck}/\gamma_c$

(i. Allg. gilt $\alpha = 0{,}85$)

$\xi = 0{,}535$ ($\varepsilon_{s1} = 2{,}17$ ‰, $\varepsilon_{c2} = -2{,}50$ ‰)

d_2/d $\varepsilon_{s1}/\varepsilon_{s2}$	0,05 2,17 ‰	−2,27 ‰	0,10 2,17 ‰	−2,03 ‰	0,15 2,17 ‰	−1,80 ‰	0,20 2,17 ‰	−1,57 ‰
μ_{Eds}	ω_1	ω_2	ω_1	ω_2	ω_1	ω_2	ω_1	ω_2
0,30	0,376	0,002	0,376	0,002	0,377	0,003	0,377	0,003
0,31	0,387	0,012	0,388	0,014	0,388	0,017	0,389	0,020
0,32	0,397	0,023	0,399	0,026	0,400	0,031	0,402	0,038
0,33	0,408	0,034	0,410	0,038	0,412	0,045	0,414	0,055
0,34	0,418	0,044	0,421	0,050	0,424	0,059	0,427	0,073
0,35	0,429	0,054	0,432	0,062	0,435	0,074	0,439	0,090
0,36	0,439	0,065	0,443	0,073	0,447	0,088	0,452	0,107
0,37	0,450	0,076	0,454	0,085	0,459	0,102	0,464	0,125
0,38	0,460	0,086	0,465	0,097	0,471	0,116	0,477	0,142
0,39	0,471	0,097	0,476	0,109	0,482	0,130	0,489	0,159
0,40	0,482	0,107	0,488	0,121	0,494	0,145	0,502	0,177
0,41	0,492	0,118	0,499	0,133	0,506	0,159	0,514	0,194
0,42	0,503	0,128	0,510	0,145	0,518	0,173	0,527	0,211
0,43	0,513	0,139	0,521	0,157	0,529	0,187	0,539	0,229
0,44	0,524	0,149	0,532	0,168	0,541	0,202	0,552	0,246
0,45	0,534	0,160	0,543	0,180	0,553	0,216	0,564	0,263
0,46	0,545	0,170	0,554	0,192	0,565	0,230	0,577	0,281
0,47	0,555	0,181	0,565	0,204	0,577	0,244	0,589	0,298
0,48	0,566	0,191	0,576	0,216	0,588	0,258	0,602	0,316
0,49	0,576	0,202	0,588	0,228	0,600	0,273	0,614	0,333
0,50	0,587	0,212	0,599	0,240	0,612	0,287	0,627	0,350
0,51	0,597	0,223	0,610	0,252	0,624	0,301	0,639	0,368
0,52	0,608	0,233	0,621	0,264	0,635	0,315	0,652	0,385
0,53	0,618	0,244	0,632	0,275	0,647	0,330	0,664	0,402
0,54	0,629	0,254	0,643	0,287	0,659	0,344	0,677	0,420
0,55	0,639	0,265	0,654	0,299	0,671	0,358	0,689	0,437
0,56	0,650	0,276	0,665	0,311	0,682	0,372	0,702	0,454
0,57	0,660	0,286	0,676	0,323	0,694	0,386	0,714	0,472
0,58	0,671	0,297	0,688	0,335	0,706	0,401	0,727	0,489
0,59	0,682	0,307	0,699	0,347	0,718	0,415	0,739	0,507
0,60	0,692	0,318	0,710	0,359	0,729	0,429	0,752	0,524

$$A_{s1} = \frac{1}{f_{yd}} (\omega_1 \cdot b \cdot d \cdot f_{cd} + N_{Ed})$$

$$A_{s2} = \omega_2 \cdot b \cdot d \cdot \frac{f_{cd}}{f_{yd}}$$

(Wegen der erf. Erhöhung von A_{s2} – Berücksichtigung der Nettofläche der Betondruckzone – wird auf „Einführung", Abschn. 6.1.6, Bild 12 verwiesen.)

Bemessungstafel (μ_s-Tafel) für Rechteckquerschnitte mit Druckbewehrung
(Normalbeton der Festigkeitsklassen C 70/85; $\xi_{lim} = 0{,}535$; Betonstahl BSt 500 und $\gamma_s = 1{,}15$)

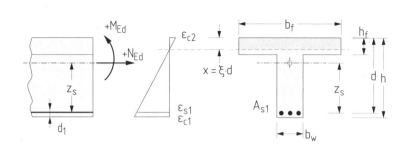

$$\mu_{Eds} = \frac{M_{Eds}}{b_f \cdot d^2 \cdot f_{cd}} \qquad \text{mit} \quad M_{Eds} = M_{Ed} - N_{Ed} \cdot z_s$$

$$A_{s1} = \frac{1}{f_{yd}}\left(\omega_1 \cdot b_f \cdot d \cdot f_{cd} + N_{Ed}\right)$$

$h_f/d=0{,}05$	ω_1-Werte für $b_f/b_w =$				
μ_{Eds}	1	2	3	5	≥ 10
0,01	0,0101	0,0101	0,0101	0,0101	0,0101
0,02	0,0203	0,0204	0,0204	0,0204	0,0204
0,03	0,0306	0,0306	0,0306	0,0306	0,0306
0,04	0,0410	0,0410	0,0410	0,0410	0,0409
0,05	0,0515	0,0515	0,0514	0,0514	0,0514
0,06	0,0621	0,0622	0,0622	0,0624	0,0629
0,07	0,0729	0,0732	0,0735	0,0743	0,0768
0,08	0,0838	0,0845	0,0853	0,0872	
0,09	0,0949	0,0962	0,0978	0,1017	
0,10	0,1061	0,1083	0,1109		
0,11	0,1175	0,1208	0,1250		
0,12	0,1291	0,1338	0,1401		
0,13	0,1408	0,1474			
0,14	0,1527	0,1615			
0,15	0,1648	0,1764			
0,16	0,1770	0,1934			
0,17	0,1895				
0,18	0,2022				
0,19	0,2152				
0,20	0,2283				
0,21	0,2418				
0,22	0,2555				
0,23	0,2695				
0,24	0,2838				
0,25	0,2984				
0,26	0,3134				
0,27	0,3288				
0,28	0,3445				
0,29	0,3607				

unterhalb dieser Linie gilt: $\xi = x/d > 0{,}35$

$h_f/d=0{,}10$	ω_1-Werte für $b_f/b_w =$				
μ_{Eds}	1	2	3	5	≥ 10
0,01	0,0101	0,0101	0,0101	0,0101	0,0101
0,02	0,0203	0,0203	0,0203	0,0203	0,0203
0,03	0,0306	0,0306	0,0306	0,0306	0,0306
0,04	0,0410	0,0410	0,0410	0,0410	0,0410
0,05	0,0515	0,0515	0,0515	0,0515	0,0515
0,06	0,0621	0,0621	0,0621	0,0621	0,0621
0,07	0,0729	0,0729	0,0729	0,0729	0,0729
0,08	0,0838	0,0838	0,0838	0,0837	0,0837
0,09	0,0949	0,0948	0,0948	0,0947	0,0947
0,10	0,1061	0,1061	0,1061	0,1061	0,1061
0,11	0,1175	0,1176	0,1178	0,1181	0,1193
0,12	0,1291	0,1295	0,1300	0,1313	
0,13	0,1408	0,1418	0,1429	0,1462	
0,14	0,1527	0,1544	0,1568		
0,15	0,1648	0,1677	0,1716		
0,16	0,1770	0,1815			
0,17	0,1895	0,1960			
0,18	0,2022	0,2113			
0,19	0,2152				
0,20	0,2283				
0,21	0,2418				
0,22	0,2555				
0,23	0,2695				
0,24	0,2838				
0,25	0,2984				
0,26	0,3134				
0,27	0,3288				
0,28	0,3445				
0,29	0,3607				

Bemessungstafeln mit dimensionslosen Beiwerten für den Plattenbalkenquerschnitt

C 70/85

$h_f/d=0{,}15$	ω_1-Werte für $b_f/b_w =$				
μ_{Eds}	1	2	3	5	≥ 10
0,01	0,0101	0,0101	0,0101	0,0101	0,0101
0,02	0,0203	0,0203	0,0203	0,0203	0,0203
0,03	0,0306	0,0306	0,0306	0,0306	0,0306
0,04	0,0410	0,0410	0,0410	0,0410	0,0410
0,05	0,0515	0,0515	0,0515	0,0515	0,0515
0,06	0,0621	0,0621	0,0621	0,0621	0,0621
0,07	0,0729	0,0729	0,0729	0,0729	0,0729
0,08	0,0838	0,0838	0,0838	0,0838	0,0838
0,09	0,0949	0,0949	0,0949	0,0949	0,0949
0,10	0,1061	0,1061	0,1061	0,1061	0,1061
0,11	0,1175	0,1175	0,1175	0,1174	0,1174
0,12	0,1291	0,1289	0,1289	0,1288	0,1288
0,13	0,1408	0,1406	0,1405	0,1404	0,1403
0,14	0,1527	0,1525	0,1525	0,1524	0,1522
0,15	0,1648	0,1648	0,1648	0,1650	0,1655
0,16	0,1770	0,1774	0,1778	0,1787	
0,17	0,1895	0,1904	0,1914		
0,18	0,2022	0,2040	0,2061		
0,19	0,2152	0,2181	0,2242		
0,20	0,2283	0,2329			
0,21	0,2418	0,2486			
0,22	0,2555				
0,23	0,2695				
0,24	0,2838				
0,25	0,2984				
0,26	0,3134				
0,27	0,3288				
0,28	0,3445				
0,29	0,3607				

$h_f/d=0{,}20$	ω_1-Werte für $b_f/b_w =$				
μ_{Eds}	1	2	3	5	≥ 10
0,01	0,0101	0,0101	0,0101	0,0101	0,0101
0,02	0,0203	0,0203	0,0203	0,0203	0,0203
0,03	0,0306	0,0306	0,0306	0,0306	0,0306
0,04	0,0410	0,0410	0,0410	0,0410	0,0410
0,05	0,0515	0,0515	0,0515	0,0515	0,0515
0,06	0,0621	0,0621	0,0621	0,0621	0,0621
0,07	0,0729	0,0729	0,0729	0,0729	0,0729
0,08	0,0838	0,0838	0,0838	0,0838	0,0838
0,09	0,0949	0,0949	0,0949	0,0949	0,0949
0,10	0,1061	0,1061	0,1061	0,1061	0,1061
0,11	0,1175	0,1175	0,1175	0,1175	0,1175
0,12	0,1291	0,1291	0,1291	0,1291	0,1291
0,13	0,1408	0,1408	0,1408	0,1408	0,1408
0,14	0,1527	0,1526	0,1526	0,1526	0,1526
0,15	0,1648	0,1646	0,1646	0,1645	0,1644
0,16	0,1770	0,1768	0,1767	0,1765	0,1764
0,17	0,1895	0,1892	0,1891	0,1888	0,1886
0,18	0,2022	0,2020	0,2018	0,2016	0,2013
0,19	0,2152	0,2151	0,2151	0,2151	
0,20	0,2283	0,2287	0,2290	0,2300	
0,21	0,2418	0,2428	0,2439		
0,22	0,2555	0,2575			
0,23	0,2695	0,2730			
0,24	0,2838				
0,25	0,2984				
0,26	0,3134				
0,27	0,3288				
0,28	0,3445				
0,29	0,3607				

$h_f/d=0{,}30$	ω_1-Werte für $b_f/b_w =$				
μ_{Eds}	1	2	3	5	≥ 10
0,01	0,0101	0,0101	0,0101	0,0101	0,0101
0,02	0,0203	0,0203	0,0203	0,0203	0,0203
0,03	0,0306	0,0306	0,0306	0,0306	0,0306
0,04	0,0410	0,0410	0,0410	0,0410	0,0410
0,05	0,0515	0,0515	0,0515	0,0515	0,0515
0,06	0,0621	0,0621	0,0621	0,0621	0,0621
0,07	0,0729	0,0729	0,0729	0,0729	0,0729
0,08	0,0838	0,0838	0,0838	0,0838	0,0838
0,09	0,0949	0,0949	0,0949	0,0949	0,0949
0,10	0,1061	0,1061	0,1061	0,1061	0,1061
0,11	0,1175	0,1175	0,1175	0,1175	0,1175
0,12	0,1291	0,1291	0,1291	0,1291	0,1291
0,13	0,1408	0,1408	0,1408	0,1408	0,1408
0,14	0,1527	0,1527	0,1527	0,1527	0,1527
0,15	0,1648	0,1648	0,1648	0,1648	0,1648
0,16	0,1770	0,1771	0,1771	0,1771	0,1771
0,17	0,1895	0,1895	0,1895	0,1895	0,1895
0,18	0,2022	0,2023	0,2023	0,2023	0,2023
0,19	0,2152	0,2152	0,2151	0,2151	0,2151
0,20	0,2283	0,2282	0,2282	0,2282	0,2281
0,21	0,2418	0,2415	0,2414	0,2413	0,2412
0,22	0,2555	0,2550	0,2548	0,2546	0,2544
0,23	0,2695	0,2688	0,2685	0,2681	0,2677
0,24	0,2838	0,2830	0,2826	0,2820	0,2814
0,25	0,2984	0,2977	0,2972	0,2966	
0,26	0,3134	0,3129			
0,27	0,3288				
0,28	0,3445				
0,29	0,3607				

$h_f/d=0{,}40$	ω_1-Werte für $b_f/b_w =$				
μ_{Eds}	1	2	3	5	≥ 10
0,01	0,0101	0,0101	0,0101	0,0101	0,0101
0,02	0,0203	0,0203	0,0203	0,0203	0,0203
0,03	0,0306	0,0306	0,0306	0,0306	0,0306
0,04	0,0410	0,0410	0,0410	0,0410	0,0410
0,05	0,0515	0,0515	0,0515	0,0515	0,0515
0,06	0,0621	0,0621	0,0621	0,0621	0,0621
0,07	0,0729	0,0729	0,0729	0,0729	0,0729
0,08	0,0838	0,0838	0,0838	0,0838	0,0838
0,09	0,0949	0,0949	0,0949	0,0949	0,0949
0,10	0,1061	0,1061	0,1061	0,1061	0,1061
0,11	0,1175	0,1175	0,1175	0,1175	0,1175
0,12	0,1291	0,1291	0,1291	0,1291	0,1291
0,13	0,1408	0,1408	0,1408	0,1408	0,1408
0,14	0,1527	0,1527	0,1527	0,1527	0,1527
0,15	0,1648	0,1648	0,1648	0,1648	0,1648
0,16	0,1770	0,1771	0,1771	0,1771	0,1771
0,17	0,1895	0,1895	0,1895	0,1895	0,1895
0,18	0,2022	0,2023	0,2023	0,2023	0,2023
0,19	0,2152	0,2152	0,2152	0,2152	0,2152
0,20	0,2283	0,2285	0,2285	0,2285	0,2285
0,21	0,2418	0,2418	0,2418	0,2418	0,2418
0,22	0,2555	0,2557	0,2557	0,2557	0,2557
0,23	0,2695	0,2697	0,2697	0,2697	0,2697
0,24	0,2838	0,2838	0,2838	0,2838	0,2838
0,25	0,2984	0,2983	0,2982	0,2982	0,2982
0,26	0,3134	0,3130	0,3129	0,3128	0,3127
0,27	0,3288	0,3281	0,3278	0,3275	0,3272
0,28	0,3445	0,3435	0,3430	0,3425	0,3420
0,29	0,3607				

Bemessungstafeln mit dimensionslosen Beiwerten für den Plattenbalkenquerschnitt

C 70/85

Tafel 6.1a / C70

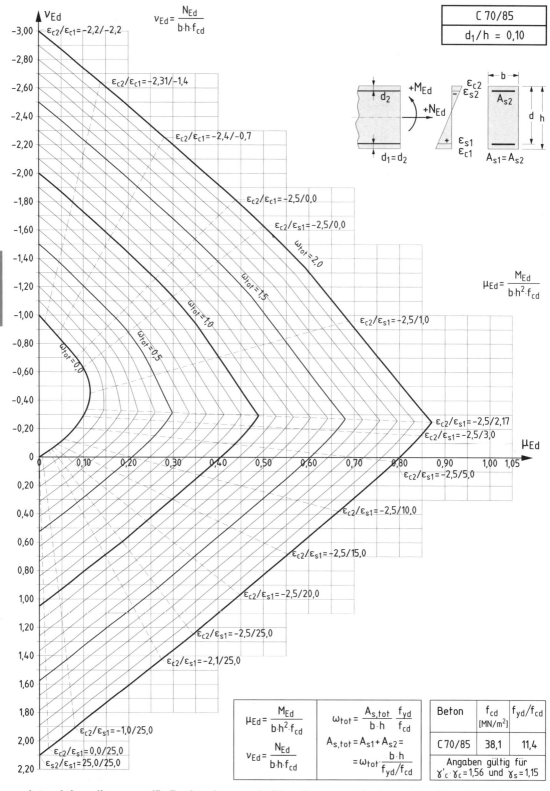

Interaktionsdiagramm für Rechteckquerschnitte mit symmetrischer zweiseitiger Bewehrung

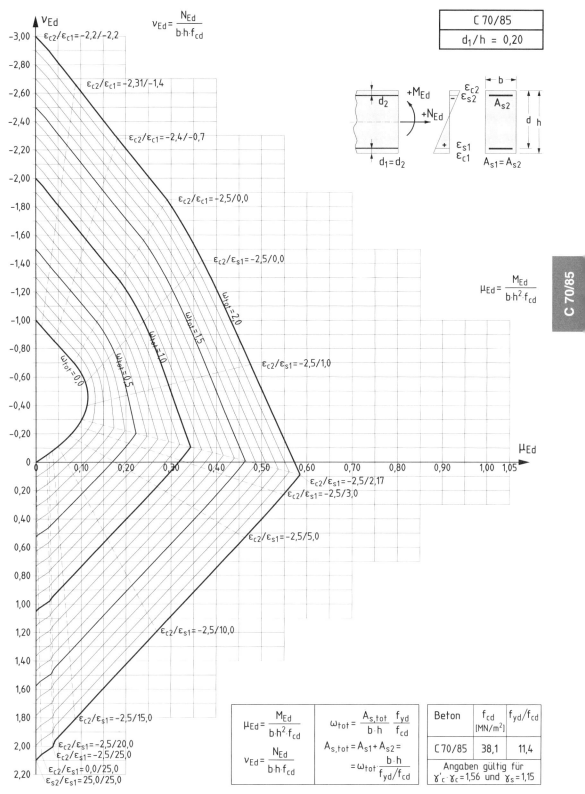

Interaktionsdiagramm für Rechteckquerschnitte mit symmetrischer zweiseitiger Bewehrung

Tafel 6.2a / C70

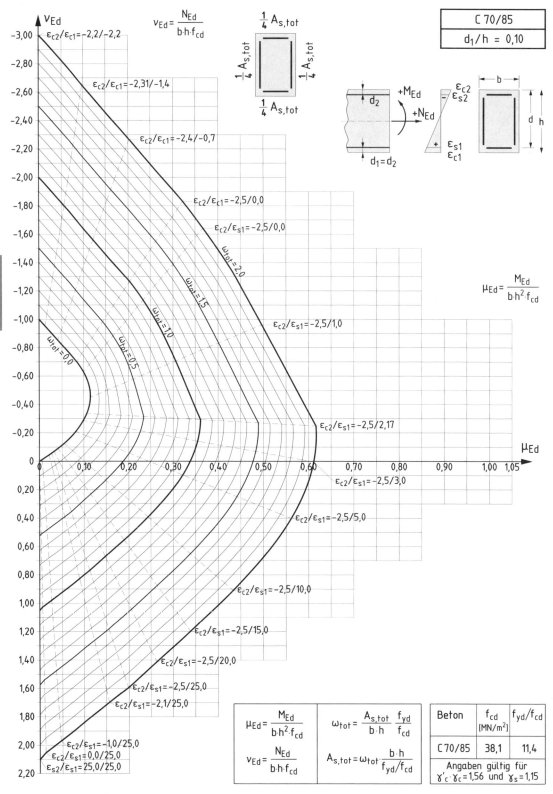

Interaktionsdiagramm für Rechteckquerschnitte mit symmetrischer allseitiger Bewehrung

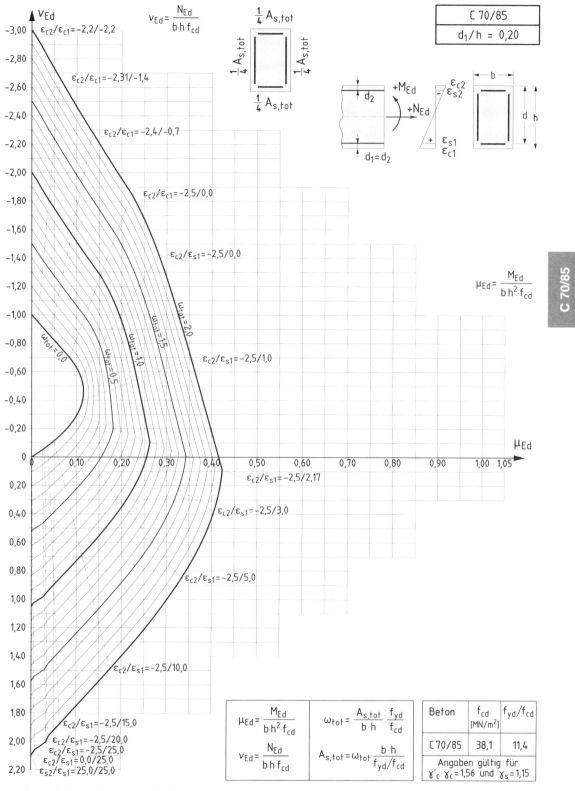

Interaktionsdiagramm für Rechteckquerschnitte mit symmetrischer allseitiger Bewehrung

Tafel 6.3a / C70

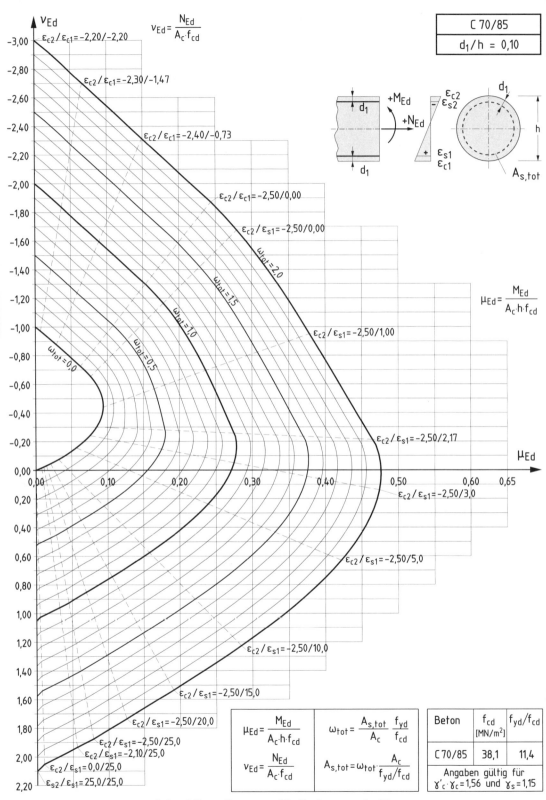

Interaktionsdiagramm für Kreisquerschnitte

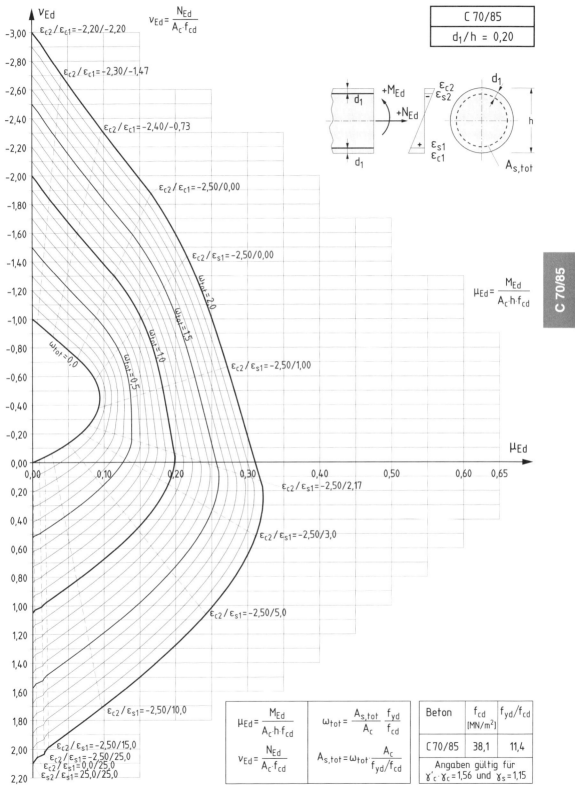

$$v_{Ed} = \frac{N_{Ed}}{A_c \cdot f_{cd}}$$

$\varepsilon_{c2}/\varepsilon_{c1} = -2,20/-2,20$

$\varepsilon_{c2}/\varepsilon_{c1} = -2,30/-1,47$

$\varepsilon_{c2}/\varepsilon_{c1} = -2,40/-0,73$

$\varepsilon_{c2}/\varepsilon_{c1} = -2,50/0,00$

$\varepsilon_{c2}/\varepsilon_{s1} = -2,50/0,00$

$\omega_{tot} = 2,0$

$\omega_{tot} = 1,5$

$\omega_{tot} = 1,0$

$\omega_{tot} = 0,5$

$\omega_{tot} = 0,0$

$\varepsilon_{c2}/\varepsilon_{s1} = -2,50/1,00$

$\mu_{Ed} = \frac{M_{Ed}}{A_c \cdot h \cdot f_{cd}}$

$\varepsilon_{c2}/\varepsilon_{s1} = -2,50/2,17$

$\varepsilon_{c2}/\varepsilon_{s1} = -2,50/3,0$

$\varepsilon_{c2}/\varepsilon_{s1} = -2,50/5,0$

$\varepsilon_{c2}/\varepsilon_{s1} = -2,50/10,0$

$\varepsilon_{c2}/\varepsilon_{s1} = -2,50/15,0$
$\varepsilon_{c2}/\varepsilon_{s1} = -2,50/25,0$
$\varepsilon_{c2}/\varepsilon_{s1} = 0,0/25,0$
$\varepsilon_{s2}/\varepsilon_{s1} = 25,0/25,0$

$+M_{Ed}$
$+N_{Ed}$

ε_{c2}
ε_{s2}
ε_{s1}
ε_{c1}

d_1
h
$A_{s,tot}$

$\mu_{Ed} = \dfrac{M_{Ed}}{A_c \cdot h \cdot f_{cd}}$	$\omega_{tot} = \dfrac{A_{s,tot}}{A_c} \cdot \dfrac{f_{yd}}{f_{cd}}$
$v_{Ed} = \dfrac{N_{Ed}}{A_c \cdot f_{cd}}$	$A_{s,tot} = \omega_{tot} \cdot \dfrac{A_c}{f_{yd}/f_{cd}}$

Beton	f_{cd} [MN/m²]	f_{yd}/f_{cd}
C 70/85	38,1	11,4
Angaben gültig für $\gamma'_c \cdot \gamma_c = 1,56$ und $\gamma_s = 1,15$		

Interaktionsdiagramm für Kreisquerschnitte

231

Tafel 7.1a / C70

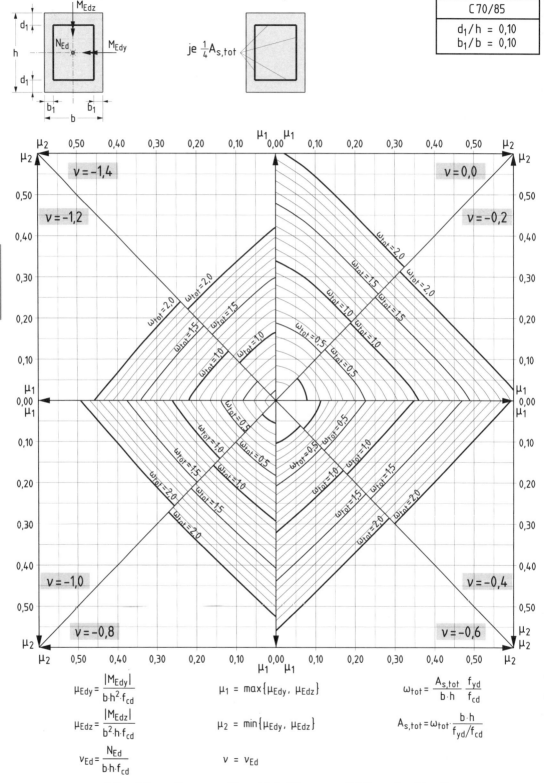

$$\mu_{Edy} = \frac{|M_{Edy}|}{b \cdot h^2 \cdot f_{cd}}$$

$$\mu_{Edz} = \frac{|M_{Edz}|}{b^2 \cdot h \cdot f_{cd}}$$

$$\nu_{Ed} = \frac{N_{Ed}}{b \cdot h \cdot f_{cd}}$$

$$\mu_1 = \max\{\mu_{Edy}, \mu_{Edz}\}$$

$$\mu_2 = \min\{\mu_{Edy}, \mu_{Edz}\}$$

$$\nu = \nu_{Ed}$$

$$\omega_{tot} = \frac{A_{s,tot}}{b \cdot h} \frac{f_{yd}}{f_{cd}}$$

$$A_{s,tot} = \omega_{tot} \cdot \frac{b \cdot h}{f_{yd}/f_{cd}}$$

Interaktionsdiagramm für schiefe Biegung mit Längsdruckkraft

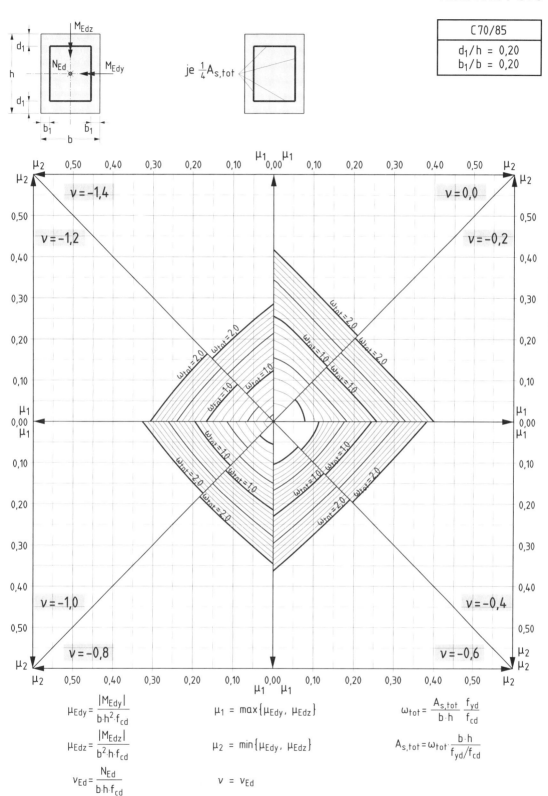

C 70/85
$d_1/h = 0{,}20$
$b_1/b = 0{,}20$

$je\ \frac{1}{4}A_{s,tot}$

$v = -1{,}4$

$v = 0{,}0$

$v = -1{,}2$

$v = -0{,}2$

$v = -1{,}0$

$v = -0{,}4$

$v = -0{,}8$

$v = -0{,}6$

C 70/85

$$\mu_{Edy} = \frac{|M_{Edy}|}{b \cdot h^2 \cdot f_{cd}}$$

$$\mu_{Edz} = \frac{|M_{Edz}|}{b^2 \cdot h \cdot f_{cd}}$$

$$v_{Ed} = \frac{N_{Ed}}{b \cdot h \cdot f_{cd}}$$

$$\mu_1 = \max\{\mu_{Edy}, \mu_{Edz}\}$$

$$\mu_2 = \min\{\mu_{Edy}, \mu_{Edz}\}$$

$$v = v_{Ed}$$

$$\omega_{tot} = \frac{A_{s,tot}}{b \cdot h} \cdot \frac{f_{yd}}{f_{cd}}$$

$$A_{s,tot} = \omega_{tot} \cdot \frac{b \cdot h}{f_{yd}/f_{cd}}$$

Interaktionsdiagramm für schiefe Biegung mit Längsdruckkraft

Tafel 7.2a / C70

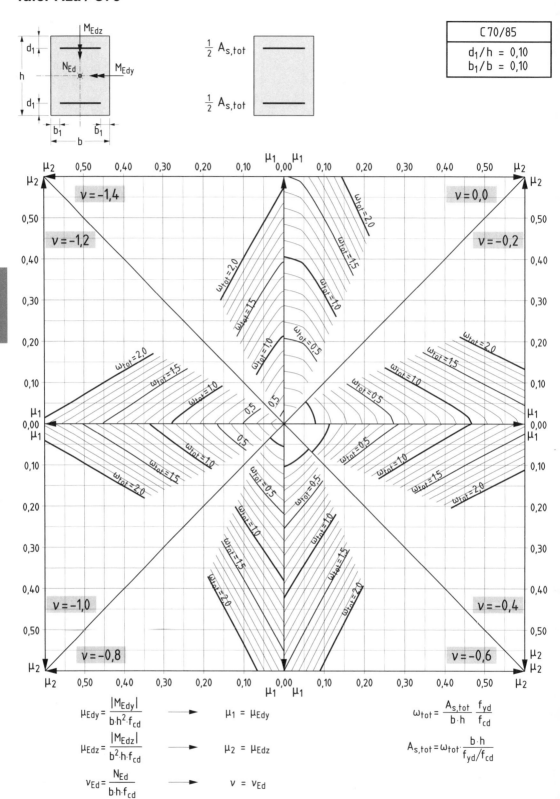

$$\mu_{Edy} = \frac{|M_{Edy}|}{b \cdot h^2 \cdot f_{cd}} \longrightarrow \mu_1 = \mu_{Edy}$$

$$\mu_{Edz} = \frac{|M_{Edz}|}{b^2 \cdot h \cdot f_{cd}} \longrightarrow \mu_2 = \mu_{Edz}$$

$$\nu_{Ed} = \frac{N_{Ed}}{b \cdot h \cdot f_{cd}} \longrightarrow \nu = \nu_{Ed}$$

$$\omega_{tot} = \frac{A_{s,tot}}{b \cdot h} \cdot \frac{f_{yd}}{f_{cd}}$$

$$A_{s,tot} = \omega_{tot} \cdot \frac{b \cdot h}{f_{yd}/f_{cd}}$$

Interaktionsdiagramm für schiefe Biegung mit Längsdruckkraft

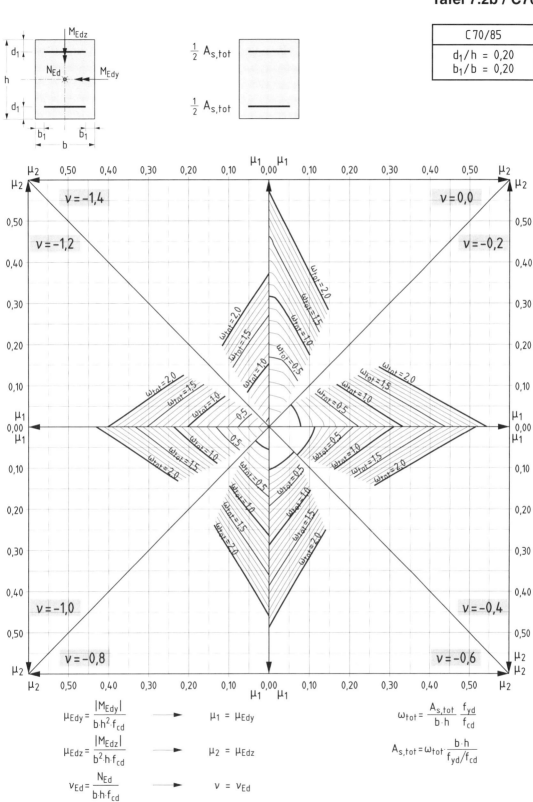

C 70/85

C 70/85	
d_1/h	= 0,20
b_1/b	= 0,20

$$\mu_{Edy} = \frac{|M_{Edy}|}{b \cdot h^2 \cdot f_{cd}} \longrightarrow \mu_1 = \mu_{Edy}$$

$$\mu_{Edz} = \frac{|M_{Edz}|}{b^2 \cdot h \cdot f_{cd}} \longrightarrow \mu_2 = \mu_{Edz}$$

$$\nu_{Ed} = \frac{N_{Ed}}{b \cdot h \cdot f_{cd}} \longrightarrow \nu = \nu_{Ed}$$

$$\omega_{tot} = \frac{A_{s,tot}}{b \cdot h} \frac{f_{yd}}{f_{cd}}$$

$$A_{s,tot} = \omega_{tot} \cdot \frac{b \cdot h}{f_{yd}/f_{cd}}$$

Interaktionsdiagramm für schiefe Biegung mit Längsdruckkraft

235

Tafel 7.3a / C70

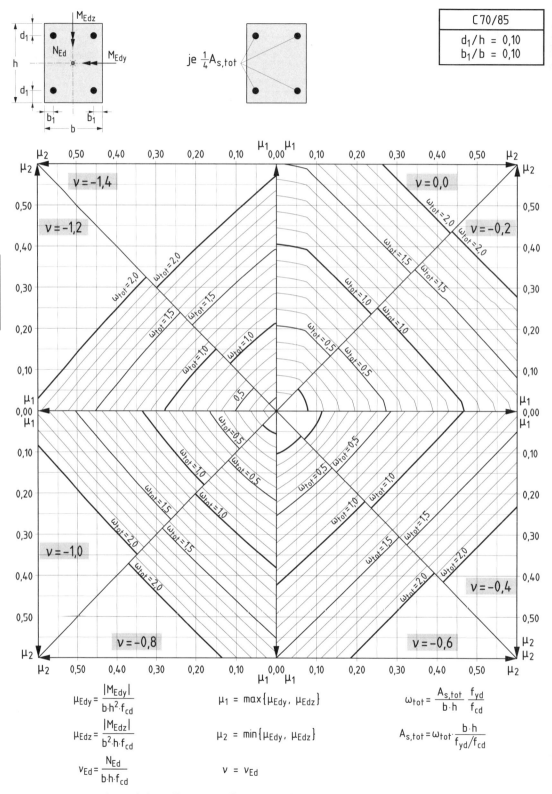

$$\mu_{Edy} = \frac{|M_{Edy}|}{b \cdot h^2 \cdot f_{cd}}$$

$$\mu_{Edz} = \frac{|M_{Edz}|}{b^2 \cdot h \cdot f_{cd}}$$

$$\nu_{Ed} = \frac{N_{Ed}}{b \cdot h \cdot f_{cd}}$$

$$\mu_1 = \max\{\mu_{Edy}, \mu_{Edz}\}$$

$$\mu_2 = \min\{\mu_{Edy}, \mu_{Edz}\}$$

$$\nu = \nu_{Ed}$$

$$\omega_{tot} = \frac{A_{s,tot}}{b \cdot h} \frac{f_{yd}}{f_{cd}}$$

$$A_{s,tot} = \omega_{tot} \cdot \frac{b \cdot h}{f_{yd}/f_{cd}}$$

Interaktionsdiagramm für schiefe Biegung mit Längsdruckkraft

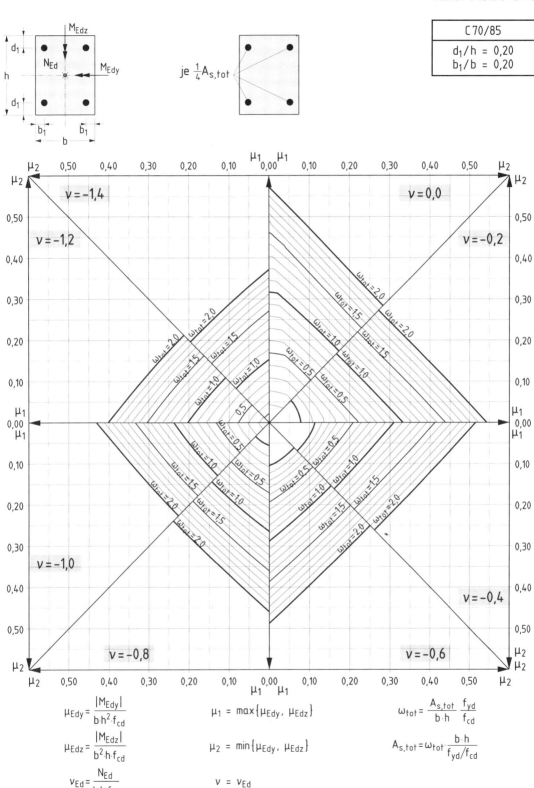

$$\mu_{Edy} = \frac{|M_{Edy}|}{b \cdot h^2 \cdot f_{cd}}$$

$$\mu_1 = max\{\mu_{Edy}, \mu_{Edz}\}$$

$$\omega_{tot} = \frac{A_{s,tot}}{b \cdot h} \cdot \frac{f_{yd}}{f_{cd}}$$

$$\mu_{Edz} = \frac{|M_{Edz}|}{b^2 \cdot h \cdot f_{cd}}$$

$$\mu_2 = min\{\mu_{Edy}, \mu_{Edz}\}$$

$$A_{s,tot} = \omega_{tot} \cdot \frac{b \cdot h}{f_{yd}/f_{cd}}$$

$$\nu_{Ed} = \frac{N_{Ed}}{b \cdot h \cdot f_{cd}}$$

$$\nu = \nu_{Ed}$$

Interaktionsdiagramm für schiefe Biegung mit Längsdruckkraft

Stütze
$e_{tot} = 0$

Betonanteil F_{cd} (in MN)

Rechteck

	$h \backslash b$	20	25	30	40	50	60	70	80
C 70/85	20	1,523	1,904	2,285	3,046	3,808	4,570	5,331	6,093
	25		2,380	2,856	3,808	4,760	5,712	6,664	7,616
	30			3,427	4,570	5,712	6,854	7,997	9,139
	40				6,093	7,616	9,139	10,66	12,19
	50					9,520	11,42	13,33	15,23
	60						13,71	15,99	18,28
	70							18,66	21,32
	80								24,37

Kreis

D	
20	1,196
25	1,869
30	2,692
40	4,785
50	7,477
60	10,77
70	14,65
80	19,14

Kreisring

$D \backslash r_i/r_a$	0,9	0,7
20	0,227	0,610
25	0,355	0,953
30	0,511	1,373
40	0,909	2,440
50	1,421	3,813
60	2,046	5,491
70	2,784	7,474
80	3,637	9,762

Stahlanteil F_{sd} (in MN)

	$d \backslash n$	4	6	8	10	12	14	16	18	20
BSt 500	12	0,197	0,295	0,393	0,492	0,590	0,688	0,787	0,885	0,983
	14	0,268	0,402	0,535	0,669	0,803	0,937	1,071	1,205	1,339
	16	0,350	0,525	0,699	0,874	1,049	1,224	1,399	1,574	1,748
	20	0,546	0,820	1,093	1,366	1,639	1,912	2,185	2,459	2,732
	25	0,854	1,281	1,707	2,134	2,561	2,988	3,415	3,842	4,268
	28	1,071	1,606	2,142	2,677	3,213	3,748	4,283	4,819	5,354

Abminderungsfaktor β

Beton	β
C 70/85	0,912

Gesamttragfähigkeit

$$|N_{Rd}| = F_{cd} + \beta \cdot F_{sd}$$

Aufnehmbare Längsdruckkraft $|N_{Rd}|$ für C 70/85 (mit $\alpha = 0,85$) **und BSt 500 S bei mittiger Belastung**

Bemessungstafeln C 80/95

Darstellung	Beschreibung		Tafel	Seite
	Allgemeines Bemessungsdiagramm		1 / C80	241
	k_d-Tafeln		2.1 / C80	242
	k_d-Tafeln für $\gamma_c = 1{,}35$		2.2 / C80	244
	μ_s-Tafeln		3 / C80	246
	μ_s-Tafel für den Plattenbalken-querschnitt		5 / C80	250
	Interaktionsdiagramme zur Biegebemessung beidseitig symmetrisch bewehrter Rechteck-querschnitte	$d_1/h = 0{,}10$	6.1a / C80	252
		$d_1/h = 0{,}20$	6.1b / C80	253
	Interaktionsdiagramme zur Biegebemessung allseitig symmetrisch bewehrter Rechteck-querschnitte	$d_1/h = 0{,}10$	6.2a / C80	254
		$d_1/h = 0{,}20$	6.2b / C80	255
	Interaktionsdiagramme für umfangsbewehrte Kreisquerschnitte	$d_1/h = 0{,}10$	6.3a / C80	256
		$d_1/h = 0{,}20$	6.3b / C80	257
	Interaktionsdiagramme für umfangsbewehrte Kreisringquerschnitte			
	$r_i/r_a = 0{,}90$ $\quad d_1/(r_a-r_i) = 0{,}50$		6.4a / C80	258
	$r_i/r_a = 0{,}70$ $\quad d_1/(r_a-r_i) = 0{,}50$		6.4b / C80	259

Fortsetzung nächste Seite

C 80/95

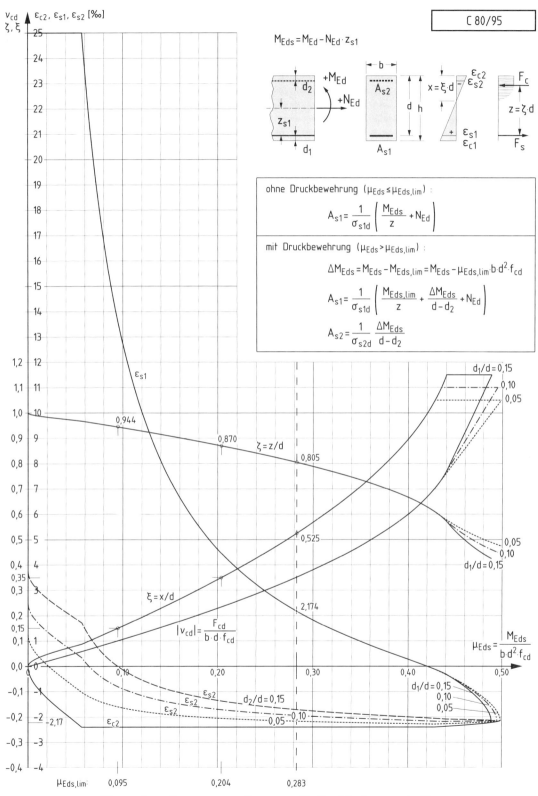

C 80/95

$$M_{Eds} = M_{Ed} - N_{Ed} \cdot z_{s1}$$

ohne Druckbewehrung ($\mu_{Eds} \leq \mu_{Eds,lim}$) :

$$A_{s1} = \frac{1}{\sigma_{s1d}} \left(\frac{M_{Eds}}{z} + N_{Ed} \right)$$

mit Druckbewehrung ($\mu_{Eds} > \mu_{Eds,lim}$) :

$$\Delta M_{Eds} = M_{Eds} - M_{Eds,lim} = M_{Eds} - \mu_{Eds,lim} \cdot b \cdot d^2 \cdot f_{cd}$$

$$A_{s1} = \frac{1}{\sigma_{s1d}} \left(\frac{M_{Eds,lim}}{z} + \frac{\Delta M_{Eds}}{d - d_2} + N_{Ed} \right)$$

$$A_{s2} = \frac{1}{\sigma_{s2d}} \frac{\Delta M_{Eds}}{d - d_2}$$

C 80/95

Allgemeines Bemessungsdiagramm für Rechteckquerschnitte

Tafel 2.1a / C80

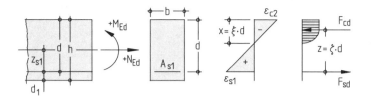

$$k_d = \frac{d\,[cm]}{\sqrt{M_{Eds}\,[kNm]\,/\,b\,[m]}} \qquad \text{mit}\quad M_{Eds} = M_{Ed} - N_{Ed} \cdot z_{s1}$$

k_d	k_s	κ_s	ξ	ζ	ε_{c2} in ‰	ε_{s1} in ‰
6,24	2,32	0,95	0,025	0,991	-0,65	25,00
3,34	2,34	0,95	0,049	0,983	-1,29	25,00
2,41	2,36	0,95	0,071	0,975	-1,90	25,00
2,00	2,38	0,95	0,090	0,966	-2,40	24,19
1,81	2,40	0,96	0,112	0,958	-2,40	19,04
1,66	2,42	0,97	0,133	0,950	-2,40	15,62
1,55	2,44	0,98	0,154	0,943	-2,40	13,17
1,47	2,46	0,98	0,175	0,935	-2,40	11,34
1,39	2,48	0,98	0,195	0,927	-2,40	9,91
1,33	2,50	0,99	0,215	0,920	-2,40	8,77
1,24	2,54	0,99	0,254	0,906	-2,40	7,06
1,16	2,58	0,99	0,292	0,891	-2,40	5,83
1,10	2,62	0,99	0,328	0,878	-2,40	4,92
1,06	2,66	1,00	0,364	0,865	-2,40	4,20
1,02	2,70	1,00	0,398	0,852	-2,40	3,63
0,98	2,74	1,00	0,431	0,839	-2,40	3,16
0,96	2,78	1,00	0,464	0,827	-2,40	2,78
0,93	2,82	1,00	0,495	0,816	-2,40	2,45
0,91	2,86	1,00	0,525	0,805	-2,40	2,17

Beton C 80/95

$$A_{s1}\,[cm^2] = k_s \cdot \frac{M_{Eds}\,[kNm]}{d\,[cm]} + \frac{N_{Ed}\,[kN]}{43,5\,[kN/cm^2]} \qquad \text{(horizontaler Ast der Spannungs-Dehnungs-Linie)}$$

alternativ:

$$A_{s1}^{\ast} = \kappa_s \cdot A_{s1} \qquad \text{(geneigter Ast der Spannungs-Dehnungs-Linie)}$$

Dimensionsgebundene Bemessungstafel (k_d-Verfahren), Rechteck ohne Druckbewehrung
(Hochfester Normalbeton C 80/95 mit $\alpha = 0,85$; Betonstahl BSt 500 und $\gamma_s = 1,15$)

C 80/95

242

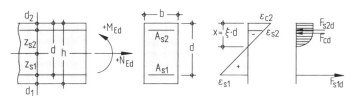

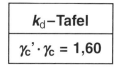

k_d–Tafel
$\gamma_c{}' \cdot \gamma_c = 1{,}60$

$$k_d = \frac{d\ [\text{cm}]}{\sqrt{M_{Eds}\ [\text{kNm}]\ /\ b\ [\text{m}]}} \qquad \text{mit}\quad M_{Eds} = M_{Ed} - N_{Ed} \cdot z_{s1}$$

Beiwerte k_{s1} und k_{s2}

$\xi = 0{,}15$ ($\varepsilon_{s1}/\varepsilon_{c2} = 13{,}6\ /\ -2{,}4\ [\text{‰}]$)

k_d	k_{s1}	k_{s2}
1,57	2,44	0
1,54	2,44	0,10
1,51	2,44	0,20
1,47	2,44	0,30
1,44	2,44	0,40
1,40	2,44	0,50
1,37	2,44	0,60
1,33	2,44	0,70
1,29	2,44	0,80
1,25	2,44	0,90
1,21	2,44	1,00
1,17	2,44	1,10
1,12	2,44	1,20
1,08	2,44	1,30
1,03	2,44	1,40

$\xi = 0{,}35$ ($\varepsilon_{s1}/\varepsilon_{c2} = 4{,}46\ /\ -2{,}4\ [\text{‰}]$)

k_d	k_{s1}	k_{s2}
1,07	2,65	0
1,05	2,64	0,10
1,03	2,63	0,20
1,01	2,62	0,30
0,98	2,61	0,40
0,96	2,60	0,50
0,93	2,60	0,60
0,91	2,59	0,70
0,88	2,58	0,80
0,85	2,57	0,90
0,83	2,56	1,00
0,80	2,56	1,10
0,77	2,55	1,20
0,74	2,54	1,30
0,70	2,53	1,40

$\xi = 0{,}525$ ($\varepsilon_{s1}/\varepsilon_{c2} = 2{,}17\ /\ -2{,}4\ [\text{‰}]$)

k_d	k_{s1}	k_{s2}
0,91	2,86	0
0,89	2,84	0,10
0,87	2,83	0,20
0,85	2,81	0,30
0,83	2,79	0,40
0,81	2,77	0,50
0,79	2,76	0,60
0,77	2,74	0,70
0,75	2,72	0,80
0,72	2,71	0,90
0,70	2,69	1,00
0,68	2,67	1,10
0,65	2,66	1,20
0,62	2,64	1,30
0,60	2,62	1,40

Beiwerte ρ_1 und ρ_2

d_2/d	$\xi = 0{,}15$			$\xi = 0{,}35$					$\xi = 0{,}525$					
	ρ_1 für $k_{s1}=$	ρ_2	$-\varepsilon_{s2}$	ρ_1 für $k_{s1}=$			ρ_2	$-\varepsilon_{s2}$	ρ_1 für $k_{s1}=$				ρ_2	$-\varepsilon_{s2}$
	2,44		[‰]	2,65	2,59	2,53		[‰]	2,86	2,77	2,69	2,62		[‰]
0,06	1,00	1,51	1,44	1,00	1,00	1,00	1,09	1,99	1,00	1,00	1,00	1,00	1,02	2,13
0,08	1,01	1,98	1,12	1,00	1,01	1,01	1,20	1,85	1,00	1,00	1,01	1,01	1,09	2,03
0,10	1,03	2,83	0,80	1,00	1,01	1,03	1,32	1,71	1,00	1,01	1,02	1,02	1,17	1,94
0,12				1,00	1,02	1,04	1,47	1,58	1,00	1,01	1,03	1,04	1,25	1,85
0,14				1,00	1,03	1,05	1,65	1,44	1,00	1,02	1,04	1,05	1,35	1,76
0,16				1,00	1,03	1,07	1,87	1,30	1,00	1,02	1,04	1,06	1,46	1,67
0,18				1,00	1,04	1,08	2,14	1,17	1,00	1,03	1,05	1,08	1,58	1,58
0,20				1,00	1,05	1,10	2,48	1,03	1,00	1,03	1,07	1,09	1,72	1,49
0,22				1,00	1,06	1,11	2,94	0,89	1,00	1,04	1,08	1,11	1,88	1,39
0,24									1,00	1,04	1,09	1,13	2,07	1,30

$$A_{s1}\ [\text{cm}^2] = \rho_1 \cdot k_{s1} \cdot \frac{M_{Eds}\ [\text{kNm}]}{d\ [\text{cm}]} + \frac{N_{Ed}\ [\text{kN}]}{43{,}5\ [\text{kN/cm}^2]}$$

$$A_{s2}\ [\text{cm}^2] = \rho_2 \cdot k_{s2} \cdot \frac{M_{Eds}\ [\text{kNm}]}{d\ [\text{cm}]}$$

(Wegen der erf. Erhöhung von A_{s2} – Berücksichtigung der Nettofläche der Betondruckzone – wird auf „Einführung", Abschn. 6.1.6, Bild 12 verwiesen.)

Dimensionsgebundene Bemessungstafel (k_d-Verfahren); Rechteck mit Druckbewehrung

(Hochfester Normalbeton C 80/95 mit $\alpha = 0{,}85$; $\xi_{lim} = 0{,}15\ /\ 0{,}35\ /\ 0{,}525$; Betonstahl BSt 500 und $\gamma_s = 1{,}15$)

Tafel 2.2a / C80

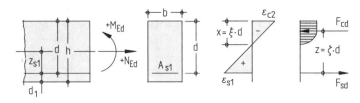

$$k_d = \frac{d \ [\text{cm}]}{\sqrt{M_{Eds} \ [\text{kNm}] \ / \ b \ [\text{m}]}}$$

mit $M_{Eds} = M_{Ed} - N_{Ed} \cdot z_{s1}$

k_d-Tafel

$$\gamma_c' \cdot \gamma_c = 1,44$$

(Fertigteile mit über-
wachter Herstellung;
DIN 1045-1, 5.3.3(7))

Beton C 80/95

k_d	k_s	κ_s	ξ	ζ	ε_{c2} in ‰	ε_{s1} in ‰
5,92	2,32	0,95	0,025	0,991	-0,65	25,00
3,17	2,34	0,95	0,049	0,983	-1,29	25,00
2,29	2,36	0,95	0,071	0,975	-1,90	25,00
1,90	2,38	0,95	0,090	0,966	-2,40	24,18
1,72	2,40	0,96	0,112	0,958	-2,40	19,04
1,58	2,42	0,97	0,133	0,950	-2,40	15,62
1,47	2,44	0,98	0,154	0,943	-2,40	13,17
1,39	2,46	0,98	0,175	0,935	-2,40	11,34
1,32	2,48	0,98	0,195	0,927	-2,40	9,91
1,26	2,50	0,99	0,215	0,920	-2,40	8,77
1,17	2,54	0,99	0,254	0,906	-2,40	7,06
1,10	2,58	0,99	0,292	0,891	-2,40	5,83
1,05	2,62	0,99	0,328	0,878	-2,40	4,92
1,00	2,66	1,00	0,364	0,865	-2,40	4,20
0,96	2,70	1,00	0,398	0,852	-2,40	3,63
0,93	2,74	1,00	0,431	0,839	-2,40	3,16
0,91	2,78	1,00	0,464	0,827	-2,40	2,78
0,88	2,82	1,00	0,495	0,816	-2,40	2,45
0,86	2,86	1,00	0,525	0,805	-2,40	2,17

C 80/95

$$A_{s1} \ [\text{cm}^2] = k_s \cdot \frac{M_{Eds} \ [\text{kNm}]}{d \ [\text{cm}]} + \frac{N_{Ed} \ [\text{kN}]}{43,5 \ [\text{kN/cm}^2]}$$

(horizontaler Ast der Spannungs-Dehnungs-Linie)

alternativ:

$$A_{s1}^* = \kappa_s \cdot A_{s1}$$

(geneigter Ast der Spannungs-Dehnungs-Linie)

Dimensionsgebundene Bemessungstafel (k_d-Verfahren), Rechteck ohne Druckbewehrung
(Hochfester Normalbeton C 80/95 mit $\alpha = 0,85$; Betonstahl BSt 500 und $\gamma_s = 1,15$)

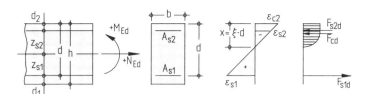

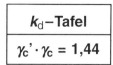

$$k_d = \frac{d \text{ [cm]}}{\sqrt{M_{Eds} \text{ [kNm]} / b \text{ [m]}}} \qquad \text{mit} \quad M_{Eds} = M_{Ed} - N_{Ed} \cdot z_{s1}$$

Beiwerte k_{s1} und k_{s2}

$\xi = 0{,}15$ ($\varepsilon_{s1}/\varepsilon_{c2} = 13{,}6 / -2{,}4$ [‰])　　$\xi = 0{,}35$ ($\varepsilon_{s1}/\varepsilon_{c2} = 4{,}46 / -2{,}4$ [‰])　　$\xi = 0{,}525$ ($\varepsilon_{s1}/\varepsilon_{c2} = 2{,}17 / -2{,}4$ [‰])

k_d	k_{s1}	k_{s2}
1,49	2,44	0
1,46	2,44	0,10
1,43	2,44	0,20
1,40	2,44	0,30
1,37	2,44	0,40
1,33	2,44	0,50
1,30	2,44	0,60
1,26	2,44	0,70
1,22	2,44	0,80
1,19	2,44	0,90
1,15	2,44	1,00
1,11	2,44	1,10
1,07	2,44	1,20
1,02	2,44	1,30
0,98	2,44	1,40

k_d	k_{s1}	k_{s2}
1,02	2,65	0
1,00	2,64	0,10
0,98	2,63	0,20
0,95	2,62	0,30
0,93	2,61	0,40
0,91	2,60	0,50
0,88	2,60	0,60
0,86	2,59	0,70
0,84	2,58	0,80
0,81	2,57	0,90
0,78	2,56	1,00
0,76	2,56	1,10
0,73	2,55	1,20
0,70	2,54	1,30
0,67	2,53	1,40

k_d	k_{s1}	k_{s2}
0,86	2,86	0
0,85	2,84	0,10
0,83	2,83	0,20
0,81	2,81	0,30
0,79	2,79	0,40
0,77	2,77	0,50
0,75	2,76	0,60
0,73	2,74	0,70
0,71	2,72	0,80
0,69	2,71	0,90
0,67	2,69	1,00
0,64	2,67	1,10
0,62	2,66	1,20
0,59	2,64	1,30
0,57	2,62	1,40

Beiwerte ρ_1 und ρ_2

d_2/d	$\xi = 0{,}15$			$\xi = 0{,}35$					$\xi = 0{,}525$					
	ρ_1 für $k_{s1}=$	ρ_2	$-\varepsilon_{s2}$	ρ_1 für $k_{s1}=$			ρ_2	$-\varepsilon_{s2}$	ρ_1 für $k_{s1}=$				ρ_2	$-\varepsilon_{s2}$
	2,44		[‰]	2,65	2,59	2,53		[‰]	2,86	2,77	2,69	2,62		[‰]
0,06	1,00	1,51	1,44	1,00	1,00	1,00	1,09	1,99	1,00	1,00	1,00	1,00	1,02	2,13
0,08	1,01	1,98	1,12	1,00	1,01	1,01	1,20	1,85	1,00	1,00	1,01	1,01	1,09	2,03
0,10	1,03	2,83	0,80	1,00	1,01	1,03	1,32	1,71	1,00	1,01	1,02	1,02	1,17	1,94
0,12				1,00	1,02	1,04	1,47	1,58	1,00	1,01	1,03	1,04	1,25	1,85
0,14				1,00	1,03	1,05	1,65	1,44	1,00	1,02	1,04	1,05	1,35	1,76
0,16				1,00	1,03	1,07	1,87	1,30	1,00	1,02	1,04	1,06	1,46	1,67
0,18				1,00	1,04	1,08	2,14	1,17	1,00	1,03	1,05	1,08	1,58	1,58
0,20				1,00	1,05	1,10	2,48	1,03	1,00	1,03	1,07	1,09	1,72	1,49
0,22				1,00	1,06	1,11	2,94	0,89	1,00	1,04	1,08	1,11	1,88	1,39
0,24									1,00	1,04	1,09	1,13	2,07	1,30

$$A_{s1} \text{ [cm}^2\text{]} = \rho_1 \cdot k_{s1} \cdot \frac{M_{Eds} \text{ [kNm]}}{d \text{ [cm]}} + \frac{N_{Ed} \text{ [kN]}}{43{,}5 \text{ [kN/cm}^2\text{]}}$$

$$A_{s2} \text{ [cm}^2\text{]} = \rho_2 \cdot k_{s2} \cdot \frac{M_{Eds} \text{ [kNm]}}{d \text{ [cm]}}$$

(Wegen der erf. Erhöhung von A_{s2} – Berücksichtigung der Nettofläche der Betondruckzone – wird auf „Einführung", Abschn. 6.1.6, Bild 12 verwiesen.)

Dimensionsgebundene Bemessungstafel (k_d-Verfahren); Rechteck mit Druckbewehrung

(Hochfester Normalbeton C 80/95 mit $\alpha = 0{,}85$; $\xi_{lim} = 0{,}15 / 0{,}35 / 0{,}525$; Betonstahl BSt 500 und $\gamma_s = 1{,}15$)

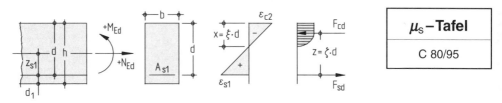

$$\mu_{Eds} = \frac{M_{Eds}}{b \cdot d^2 \cdot f_{cd}}$$

mit $M_{Eds} = M_{Ed} - N_{Ed} \cdot z_{s1}$

$f_{cd} = \alpha \cdot f_{ck}/\gamma_c$ (i. Allg. gilt $\alpha = 0{,}85$)

μ_{Eds}	ω	$\xi = \dfrac{x}{d}$	$\zeta = \dfrac{z}{d}$	ε_{c2} in ‰	ε_{s1} in ‰	σ_{sd}[1] in MPa BSt 500	σ_{sd}[2] in MPa BSt 500
0,01	0,0101	0,033	0,989	−0,85	25,00	435	457
0,02	0,0203	0,048	0,983	−1,25	25,00	435	457
0,03	0,0306	0,060	0,979	−1,59	25,00	435	457
0,04	0,0410	0,070	0,975	−1,89	25,00	435	457
0,05	0,0515	0,081	0,970	−2,19	25,00	435	457
0,06	0,0622	0,093	0,965	−2,40	23,46	435	455
0,07	0,0730	0,109	0,959	−2,40	19,63	435	451
0,08	0,0839	0,125	0,953	−2,40	16,76	435	449
0,09	0,0950	0,142	0,947	−2,40	14,52	435	447
0,10	0,1063	0,159	0,941	−2,40	12,72	435	445
0,11	0,1177	0,176	0,935	−2,40	11,26	435	443
0,12	0,1293	0,193	0,928	−2,40	10,03	435	442
0,13	0,1411	0,211	0,922	−2,40	9,00	435	441
0,14	0,1530	0,228	0,915	−2,40	8,11	435	440
0,15	0,1652	0,247	0,908	−2,40	7,33	435	440
0,16	0,1775	0,265	0,901	−2,40	6,66	435	439
0,17	0,1901	0,284	0,894	−2,40	6,06	435	439
0,18	0,2029	0,303	0,887	−2,40	5,52	435	438
0,19	0,2159	0,322	0,880	−2,40	5,05	435	438
0,20	0,2292	0,342	0,873	−2,40	4,61	435	437
0,21	0,2428	0,362	0,865	−2,40	4,22	435	437
0,22	0,2566	0,383	0,857	−2,40	3,86	435	436
0,23	0,2707	0,404	0,850	−2,40	3,54	435	436
0,24	0,2852	0,426	0,841	−2,40	3,24	435	436
0,25	0,3000	0,448	0,833	−2,40	2,96	435	436
0,26	0,3152	0,471	0,825	−2,40	2,70	435	435
0,27	0,3308	0,494	0,816	−2,40	2,46	435	435
0,28	0,3469	0,518	0,807	−2,40	2,23	435	435
0,29	0,3634	0,543	0,798	−2,40	2,02	405	405
0,30	0,3805	0,568	0,789	−2,40	1,83	365	365
0,31	0,3981	0,594	0,779	−2,40	1,64	328	328
0,32	0,4164	0,622	0,769	−2,40	1,46	292	292
0,33	0,4354	0,650	0,758	−2,40	1,29	258	258
0,34	0,4551	0,680	0,747	−2,40	1,13	226	226
0,35	0,4759	0,711	0,736	−2,40	0,98	196	196

unwirtschaft-
licher Bereich

[1] Begrenzung der Stahlspannung auf $f_{yd} = f_{yk} / \gamma_s$ (horizontaler Ast der σ-ε-Linie)
[2] Begrenzung der Stahlspannung auf $f_{td,cal} = f_{tk,cal}/ \gamma_s$ (geneigter Ast der σ-ε-Linie)

$$A_{s1} = \frac{1}{\sigma_{sd}} (\omega \cdot b \cdot d \cdot f_{cd} + N_{Ed})$$

Bemessungstafel (μ_s-Tafel) für Rechteckquerschnitte ohne Druckbewehrung

(Normalbeton der Festigkeitsklassen C 80/95; Betonstahl BSt 500 und $\gamma_s = 1{,}15$)

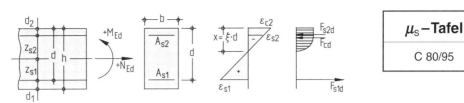

$$\mu_{Eds} = \frac{M_{Eds}}{b \cdot d^2 \cdot f_{cd}}$$

mit $M_{Eds} = M_{Ed} - N_{Ed} \cdot z_{s1}$

$f_{cd} = \alpha \cdot f_{ck}/\gamma_c$ (i. Allg. gilt $\alpha = 0,85$)

$\xi = 0,15$ ($\varepsilon_{s1} = 13,6$ ‰, $\varepsilon_{c2} = -2,40$ ‰)

d_2/d $\varepsilon_{s1}/\varepsilon_{s2}$	0,05 13,6 ‰	−1,60 ‰	0,10 13,6 ‰	−0,80 ‰	0,15		0,20	
μ_{Eds}	ω_1	ω_2	ω_1	ω_2	ω_1	ω_2	ω_1	ω_2
0,10	0,106	0,007	0,106	0,016				
0,11	0,116	0,022	0,117	0,046				
0,12	0,127	0,036	0,128	0,076				
0,13	0,137	0,050	0,140	0,106				
0,14	0,148	0,065	0,151	0,136				
0,15	0,159	0,079	0,162	0,167				
0,16	0,169	0,093	0,173	0,197				
0,17	0,180	0,107	0,184	0,227				
0,18	0,190	0,122	0,195	0,257				
0,19	0,201	0,136	0,206	0,287				
0,20	0,211	0,150	0,217	0,317				
0,21	0,222	0,165	0,228	0,348				
0,22	0,232	0,179	0,240	0,378				
0,23	0,243	0,193	0,251	0,408				
0,24	0,253	0,208	0,262	0,438				
0,25	0,264	0,222	0,273	0,468				
0,26	0,274	0,236	0,284	0,499				
0,27	0,285	0,250	0,295	0,529				
0,28	0,295	0,265	0,306	0,559				
0,29	0,306	0,279	0,317	0,589				
0,30	0,316	0,293	0,328	0,619				
0,31	0,327	0,308	0,340	0,650				
0,32	0,337	0,322	0,351	0,680				
0,33	0,348	0,336	0,362	0,710				
0,34	0,359	0,351	0,373	0,740				
0,35	0,369	0,365	0,384	0,770				
0,36	0,380	0,379	0,395	0,801				
0,37	0,390	0,394	0,406	0,831				
0,38	0,401	0,408	0,417	0,861				
0,39	0,411	0,422	0,428	0,891				
0,40	0,422	0,436	0,440	0,921				
0,41	0,432	0,451	0,451	0,952				
0,42	0,443	0,465	0,462	0,982				
0,43	0,453	0,479	0,473	1,012				
0,44	0,464	0,494	0,484	1,042				
0,45	0,474	0,508	0,495	1,072				
0,46	0,485	0,522	0,506	1,102				
0,47	0,495	0,537	0,517	1,133				

Für Spalte 0,15: Bei einem bezogenen Randabstand $d_2/d = 0,15$ liegt die obere Bewehrung im Dehnungsnullpunkt. Eine Bemessung mit „Druckbewehrung" ist nicht möglich.

Für Spalte 0,20: Bei einem bezogenen Randabstand $d_2/d = 0,20$ liegt die obere Bewehrung in der Zugzone. Eine Bemessung mit „Druckbewehrung" ist daher nicht möglich.

$$A_{s1} = \frac{1}{f_{yd}} (\omega_1 \cdot b \cdot d \cdot f_{cd} + N_{Ed})$$

$$A_{s2} = \omega_2 \cdot b \cdot d \cdot \frac{f_{cd}}{f_{yd}}$$

(Wegen der erf. Erhöhung von A_{s2} – Berücksichtigung der Nettofläche der Betondruckzone – wird auf „Einführung", Abschn. 6.1.6, Bild 12 verwiesen.)

Bemessungstafel (μ_s-Tafel) für Rechteckquerschnitte mit Druckbewehrung

(Normalbeton der Festigkeitsklassen C 80/95; $\xi_{lim} = 0,15$; Betonstahl BSt 500 und $\gamma_s = 1,15$)

Tafel 3c / C80

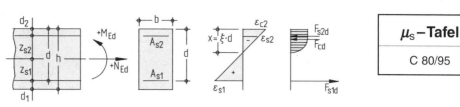

$$\mu_{Eds} = \frac{M_{Eds}}{b \cdot d^2 \cdot f_{cd}}$$

mit $M_{Eds} = M_{Ed} - N_{Ed} \cdot z_{s1}$

$f_{cd} = \alpha \cdot f_{ck}/\gamma_c$ (i. Allg. gilt $\alpha = 0{,}85$)

$\xi = 0{,}35$ ($\varepsilon_{s1} = 4{,}46$ ‰, $\varepsilon_{c2} = -2{,}40$ ‰)

| d_2/d | 0,05 | | 0,10 | | 0,15 | | 0,20 | |
| $\varepsilon_{s1}/\varepsilon_{s2}$ | 4,46 ‰ | −2,06 ‰ | 4,46 ‰ | −1,71 ‰ | 4,46 ‰ | −1,37 ‰ | 4,46 ‰ | −1,03 ‰ |
μ_{Eds}	ω_1	ω_2	ω_1	ω_2	ω_1	ω_2	ω_1	ω_2
0,21	0,241	0,007	0,241	0,009	0,242	0,011	0,242	0,016
0,22	0,251	0,018	0,252	0,023	0,253	0,030	0,255	0,043
0,23	0,262	0,029	0,263	0,037	0,265	0,049	0,267	0,069
0,24	0,272	0,040	0,275	0,051	0,277	0,067	0,280	0,095
0,25	0,283	0,051	0,286	0,065	0,289	0,086	0,292	0,122
0,26	0,293	0,062	0,297	0,079	0,300	0,105	0,305	0,148
0,27	0,304	0,074	0,308	0,093	0,312	0,123	0,317	0,175
0,28	0,315	0,085	0,319	0,107	0,324	0,142	0,330	0,201
0,29	0,325	0,096	0,330	0,121	0,336	0,161	0,342	0,228
0,30	0,336	0,107	0,341	0,135	0,348	0,179	0,355	0,254
0,31	0,346	0,118	0,352	0,150	0,359	0,198	0,367	0,280
0,32	0,357	0,129	0,363	0,164	0,371	0,217	0,380	0,307
0,33	0,367	0,140	0,375	0,178	0,383	0,235	0,392	0,333
0,34	0,378	0,151	0,386	0,192	0,395	0,254	0,405	0,360
0,35	0,388	0,163	0,397	0,206	0,406	0,273	0,417	0,386
0,36	0,399	0,174	0,408	0,220	0,418	0,291	0,430	0,412
0,37	0,409	0,185	0,419	0,234	0,430	0,310	0,442	0,439
0,38	0,420	0,196	0,430	0,248	0,442	0,328	0,455	0,465
0,39	0,430	0,207	0,441	0,262	0,453	0,347	0,467	0,492
0,40	0,441	0,218	0,452	0,276	0,465	0,366	0,480	0,518
0,41	0,451	0,229	0,463	0,290	0,477	0,384	0,492	0,545
0,42	0,462	0,240	0,475	0,305	0,489	0,403	0,505	0,571
0,43	0,472	0,252	0,486	0,319	0,500	0,422	0,517	0,597
0,44	0,483	0,263	0,497	0,333	0,512	0,440	0,530	0,624
0,45	0,493	0,274	0,508	0,347	0,524	0,459	0,542	0,650
0,46	0,504	0,285	0,519	0,361	0,536	0,478	0,555	0,677
0,47	0,515	0,296	0,530	0,375	0,548	0,496	0,567	0,703
0,48	0,525	0,307	0,541	0,389	0,559	0,515	0,580	0,730
0,49	0,536	0,318	0,552	0,403	0,571	0,534	0,592	0,756
0,50	0,546	0,329	0,563	0,417	0,583	0,552	0,605	0,782
0,51	0,557	0,341	0,575	0,431	0,595	0,571	0,617	0,809
0,52	0,567	0,352	0,586	0,445	0,606	0,590	0,630	0,835
0,53	0,578	0,363	0,597	0,460	0,618	0,608	0,642	0,862
0,54	0,588	0,374	0,608	0,474	0,630	0,627	0,655	0,888
0,55	0,599	0,385	0,619	0,488	0,642	0,645	0,667	0,914
0,56	0,609	0,396	0,630	0,502	0,653	0,664	0,680	0,941
0,57	0,620	0,407	0,641	0,516	0,665	0,683	0,692	0,967
0,58	0,630	0,418	0,652	0,530	0,677	0,701	0,705	0,994
0,59	0,641	0,430	0,663	0,544	0,689	0,720	0,717	1,020
0,60	0,651	0,441	0,675	0,558	0,700	0,739	0,730	1,047

$$A_{s1} = \frac{1}{f_{yd}} (\omega_1 \cdot b \cdot d \cdot f_{cd} + N_{Ed})$$

$$A_{s2} = \omega_2 \cdot b \cdot d \cdot \frac{f_{cd}}{f_{yd}}$$

(Wegen der erf. Erhöhung von A_{s2} – Berücksichtigung der Nettofläche der Betondruckzone – wird auf „Einführung", Abschn. 6.1.6, Bild 12 verwiesen.)

Bemessungstafel (μ_s-Tafel) für Rechteckquerschnitte mit Druckbewehrung

(Normalbeton der Festigkeitsklassen C 80/95; $\xi_{lim} = 0{,}35$; Betonstahl BSt 500 und $\gamma_s = 1{,}15$)

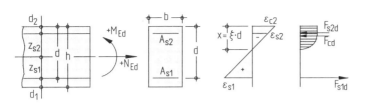

$$\mu_{Eds} = \frac{M_{Eds}}{b \cdot d^2 \cdot f_{cd}}$$

mit $M_{Eds} = M_{Ed} - N_{Ed} \cdot z_{s1}$
$f_{cd} = \alpha \cdot f_{ck}/\gamma_c$

(i. Allg. gilt $\alpha = 0,85$)

$\xi = 0,525$ ($\varepsilon_{s1} = 2,17$ ‰, $\varepsilon_{c2} = -2,40$ ‰)

d_2/d $\varepsilon_{s1}/\varepsilon_{s2}$	0,05 2,17 ‰	-2,17 ‰	0,10 2,17 ‰	-1,94 ‰	0,15 2,17 ‰	-1,71 ‰	0,20 2,17 ‰	-1,49 ‰
μ_{Eds}	ω_1	ω_2	ω_1	ω_2	ω_1	ω_2	ω_1	ω_2
0,29	0,359	0,008	0,359	0,009	0,360	0,011	0,360	0,013
0,30	0,370	0,018	0,371	0,021	0,372	0,026	0,373	0,032
0,31	0,380	0,029	0,382	0,034	0,383	0,041	0,385	0,050
0,32	0,391	0,039	0,393	0,046	0,395	0,056	0,398	0,068
0,33	0,401	0,050	0,404	0,059	0,407	0,070	0,410	0,086
0,34	0,412	0,060	0,415	0,071	0,419	0,085	0,423	0,105
0,35	0,422	0,071	0,426	0,084	0,431	0,100	0,435	0,123
0,36	0,433	0,081	0,437	0,096	0,442	0,115	0,448	0,141
0,37	0,443	0,092	0,448	0,108	0,454	0,130	0,460	0,160
0,38	0,454	0,102	0,459	0,121	0,466	0,145	0,473	0,178
0,39	0,464	0,113	0,471	0,133	0,478	0,160	0,485	0,196
0,40	0,475	0,124	0,482	0,146	0,489	0,175	0,498	0,214
0,41	0,485	0,134	0,493	0,158	0,501	0,190	0,510	0,233
0,42	0,496	0,145	0,504	0,171	0,513	0,205	0,523	0,251
0,43	0,506	0,155	0,515	0,183	0,525	0,220	0,535	0,269
0,44	0,517	0,166	0,526	0,195	0,536	0,235	0,548	0,288
0,45	0,527	0,176	0,537	0,208	0,548	0,250	0,560	0,306
0,46	0,538	0,187	0,548	0,220	0,560	0,264	0,573	0,324
0,47	0,549	0,197	0,559	0,233	0,572	0,279	0,585	0,343
0,48	0,559	0,208	0,571	0,245	0,583	0,294	0,598	0,361
0,49	0,570	0,218	0,582	0,258	0,595	0,309	0,610	0,379
0,50	0,580	0,229	0,593	0,270	0,607	0,324	0,623	0,397
0,51	0,591	0,239	0,604	0,283	0,619	0,339	0,635	0,416
0,52	0,601	0,250	0,615	0,295	0,631	0,354	0,648	0,434
0,53	0,612	0,261	0,626	0,307	0,642	0,369	0,660	0,452
0,54	0,622	0,271	0,637	0,320	0,654	0,384	0,673	0,471
0,55	0,633	0,282	0,648	0,332	0,666	0,399	0,685	0,489
0,56	0,643	0,292	0,659	0,345	0,678	0,414	0,698	0,507
0,57	0,654	0,303	0,671	0,357	0,689	0,429	0,710	0,526
0,58	0,664	0,313	0,682	0,370	0,701	0,444	0,723	0,544
0,59	0,675	0,324	0,693	0,382	0,713	0,458	0,735	0,562
0,60	0,685	0,334	0,704	0,394	0,725	0,473	0,748	0,580

$$A_{s1} = \frac{1}{f_{yd}} (\omega_1 \cdot b \cdot d \cdot f_{cd} + N_{Ed})$$

$$A_{s2} = \omega_2 \cdot b \cdot d \cdot \frac{f_{cd}}{f_{yd}}$$

(Wegen der erf. Erhöhung von A_{s2} – Berücksichtigung der Nettofläche der Betondruckzone – wird auf „Einführung", Abschn. 6.1.6, Bild 12 verwiesen.)

Bemessungstafel (μ_s-Tafel) für Rechteckquerschnitte mit Druckbewehrung
(Normalbeton der Festigkeitsklassen C 80/95; $\xi_{lim} = 0,525$; Betonstahl BSt 500 und $\gamma_s = 1,15$)

Tafel 5a / C80

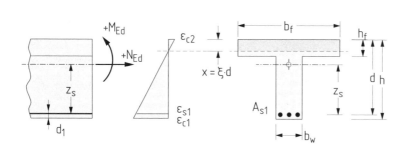

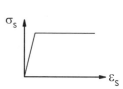

$$\mu_{Eds} = \frac{M_{Eds}}{b_f \cdot d^2 \cdot f_{cd}} \qquad \text{mit } M_{Eds} = M_{Ed} - N_{Ed} \cdot z_s$$

$$A_{s1} = \frac{1}{f_{yd}}\left(\omega_1 \cdot b_f \cdot d \cdot f_{cd} + N_{Ed}\right)$$

$h_f/d=0{,}05$	\multicolumn{5}{c}{ω_1-Werte für $b_f/b_w =$}	$h_f/d=0{,}10$	\multicolumn{5}{c}{ω_1-Werte für $b_f/b_w =$}
μ_{Eds}	1	2	3	5	≥ 10	μ_{Eds}	1	2	3	5	≥ 10
0,01	0,0101	0,0101	0,0101	0,0101	0,0101	0,01	0,0101	0,0101	0,0101	0,0101	0,0101
0,02	0,0203	0,0204	0,0204	0,0204	0,0204	0,02	0,0203	0,0203	0,0203	0,0203	0,0203
0,03	0,0306	0,0307	0,0307	0,0306	0,0306	0,03	0,0306	0,0307	0,0307	0,0307	0,0307
0,04	0,0410	0,0410	0,0410	0,0410	0,0409	0,04	0,0410	0,0410	0,0410	0,0410	0,0410
0,05	0,0515	0,0515	0,0515	0,0514	0,0514	0,05	0,0515	0,0515	0,0515	0,0515	0,0515
0,06	0,0621	0,0622	0,0623	0,0625	0,0630	0,06	0,0621	0,0621	0,0621	0,0621	0,0621
0,07	0,0730	0,0733	0,0736	0,0743	0,0769	0,07	0,0730	0,0729	0,0729	0,0729	0,0729
0,08	0,0839	0,0846	0,0854	0,0873		0,08	0,0839	0,0839	0,0838	0,0838	0,0838
0,09	0,0950	0,0963	0,0978	0,1019		0,09	0,0950	0,0949	0,0949	0,0948	0,0948
0,10	0,1063	0,1084	0,1111			0,10	0,1063	0,1063	0,1062	0,1062	0,1063
0,11	0,1177	0,1210	0,1252			0,11	0,1177	0,1179	0,1180	0,1184	0,1195
0,12	0,1293	0,1340	0,1403			0,12	0,1293	0,1298	0,1303	0,1316	
0,13	0,1411	0,1476				0,13	0,1411	0,1421	0,1433	0,1464	
0,14	0,1530	0,1618				0,14	0,1530	0,1549	0,1571		
0,15	0,1652	0,1767				0,15	0,1652	0,1682	0,1719		
0,16	0,1775					0,16	0,1775	0,1820			
0,17	0,1901					0,17	0,1901	0,1965			
0,18	0,2029					0,18	0,2029	0,2117			
0,19	0,2159					0,19	0,2159				
0,20	0,2292					0,20	0,2292				
0,21	0,2428					0,21	0,2428				
0,22	0,2566					0,22	0,2566				
0,23	0,2708					0,23	0,2708				
0,24	0,2852					0,24	0,2852				
0,25	0,3000					0,25	0,3000				
0,26	0,3153					0,26	0,3153				
0,27	0,3309					0,27	0,3309				
0,28	0,3469					0,28	0,3469				

unterhalb dieser Linie gilt:
$\xi = x/d > 0{,}35$

Bemessungstafeln mit dimensionslosen Beiwerten für den Plattenbalkenquerschnitt

C 80/95

$h_f/d=0,15$	ω_1-Werte für $b_f/b_w =$				
μ_{Eds}	1	2	3	5	≥ 10
0,01	0,0101	0,0101	0,0101	0,0101	0,0101
0,02	0,0203	0,0203	0,0203	0,0203	0,0203
0,03	0,0306	0,0307	0,0307	0,0307	0,0307
0,04	0,0410	0,0410	0,0410	0,0410	0,0410
0,05	0,0515	0,0515	0,0515	0,0515	0,0515
0,06	0,0621	0,0621	0,0621	0,0621	0,0621
0,07	0,0730	0,0730	0,0730	0,0730	0,0730
0,08	0,0839	0,0839	0,0839	0,0839	0,0839
0,09	0,0950	0,0950	0,0950	0,0950	0,0950
0,10	0,1063	0,1063	0,1063	0,1063	0,1063
0,11	0,1177	0,1176	0,1176	0,1176	0,1175
0,12	0,1293	0,1292	0,1291	0,1290	0,1289
0,13	0,1411	0,1409	0,1408	0,1406	0,1405
0,14	0,1530	0,1529	0,1528	0,1527	0,1525
0,15	0,1652	0,1652	0,1653	0,1654	0,1660
0,16	0,1775	0,1779	0,1784	0,1794	
0,17	0,1901	0,1911	0,1922		
0,18	0,2029	0,2048	0,2071		
0,19	0,2159	0,2191			
0,20	0,2292	0,2342			
0,21	0,2428	0,2509			
0,22	0,2566				
0,23	0,2708				
0,24	0,2852				
0,25	0,3000				
0,26	0,3153				
0,27	0,3309				...
0,28	0,3469				

$h_f/d=0,20$	ω_1-Werte für $b_f/b_w =$				
μ_{Eds}	1	2	3	5	≥ 10
0,01	0,0101	0,0101	0,0101	0,0101	0,0101
0,02	0,0203	0,0203	0,0203	0,0203	0,0203
0,03	0,0306	0,0307	0,0307	0,0307	0,0307
0,04	0,0410	0,0410	0,0410	0,0410	0,0410
0,05	0,0515	0,0515	0,0515	0,0515	0,0515
0,06	0,0621	0,0621	0,0621	0,0621	0,0621
0,07	0,0730	0,0730	0,0730	0,0730	0,0730
0,08	0,0839	0,0839	0,0839	0,0839	0,0839
0,09	0,0950	0,0950	0,0950	0,0950	0,0950
0,10	0,1063	0,1063	0,1063	0,1063	0,1063
0,11	0,1177	0,1177	0,1177	0,1177	0,1177
0,12	0,1293	0,1293	0,1293	0,1293	0,1293
0,13	0,1411	0,1410	0,1410	0,1410	0,1410
0,14	0,1530	0,1529	0,1529	0,1528	0,1528
0,15	0,1652	0,1650	0,1649	0,1648	0,1647
0,16	0,1775	0,1772	0,1770	0,1769	0,1766
0,17	0,1901	0,1897	0,1895	0,1893	0,1889
0,18	0,2029	0,2026	0,2024	0,2022	0,2019
0,19	0,2159	0,2159	0,2159	0,2160	
0,20	0,2292	0,2296	0,2301		
0,21	0,2428	0,2439	0,2453		
0,22	0,2566	0,2590			
0,23	0,2708				
0,24	0,2852				
0,25	0,3000				
0,26	0,3153				
0,27	0,3309				
0,28	0,3469				

$h_f/d=0,30$	ω_1-Werte für $b_f/b_w =$				
μ_{Eds}	1	2	3	5	≥ 10
0,01	0,0101	0,0101	0,0101	0,0101	0,0101
0,02	0,0203	0,0203	0,0203	0,0203	0,0203
0,03	0,0306	0,0307	0,0307	0,0307	0,0307
0,04	0,0410	0,0410	0,0410	0,0410	0,0410
0,05	0,0515	0,0515	0,0515	0,0515	0,0515
0,06	0,0621	0,0621	0,0621	0,0621	0,0621
0,07	0,0730	0,0730	0,0730	0,0730	0,0730
0,08	0,0839	0,0839	0,0839	0,0839	0,0839
0,09	0,0950	0,0950	0,0950	0,0950	0,0950
0,10	0,1063	0,1063	0,1063	0,1063	0,1063
0,11	0,1177	0,1177	0,1177	0,1177	0,1177
0,12	0,1293	0,1293	0,1293	0,1293	0,1293
0,13	0,1411	0,1411	0,1411	0,1411	0,1411
0,14	0,1530	0,1530	0,1530	0,1530	0,1530
0,15	0,1652	0,1652	0,1652	0,1652	0,1652
0,16	0,1775	0,1775	0,1775	0,1775	0,1775
0,17	0,1901	0,1902	0,1902	0,1902	0,1902
0,18	0,2029	0,2029	0,2029	0,2029	0,2029
0,19	0,2159	0,2158	0,2158	0,2158	0,2158
0,20	0,2292	0,2290	0,2289	0,2288	0,2287
0,21	0,2428	0,2423	0,2421	0,2419	0,2418
0,22	0,2566	0,2560	0,2556	0,2553	0,2549
0,23	0,2708	0,2699	0,2695	0,2689	0,2683
0,24	0,2852	0,2843	0,2838	0,2831	
0,25	0,3000	0,2992			
0,26	0,3153				
0,27	0,3309				
0,28	0,3469				

$h_f/d=0,40$	ω_1-Werte für $b_f/b_w =$				
μ_{Eds}	1	2	3	5	≥ 10
0,01	0,0101	0,0101	0,0101	0,0101	0,0101
0,02	0,0203	0,0203	0,0203	0,0203	0,0203
0,03	0,0306	0,0307	0,0307	0,0307	0,0307
0,04	0,0410	0,0410	0,0410	0,0410	0,0410
0,05	0,0515	0,0515	0,0515	0,0515	0,0515
0,06	0,0621	0,0621	0,0621	0,0621	0,0621
0,07	0,0730	0,0730	0,0730	0,0730	0,0730
0,08	0,0839	0,0839	0,0839	0,0839	0,0839
0,09	0,0950	0,0950	0,0950	0,0950	0,0950
0,10	0,1063	0,1063	0,1063	0,1063	0,1063
0,11	0,1177	0,1177	0,1177	0,1177	0,1177
0,12	0,1293	0,1293	0,1293	0,1293	0,1293
0,13	0,1411	0,1411	0,1411	0,1411	0,1411
0,14	0,1530	0,1530	0,1530	0,1530	0,1530
0,15	0,1652	0,1652	0,1652	0,1652	0,1652
0,16	0,1775	0,1775	0,1775	0,1775	0,1775
0,17	0,1901	0,1902	0,1902	0,1902	0,1902
0,18	0,2029	0,2029	0,2029	0,2029	0,2029
0,19	0,2159	0,2161	0,2161	0,2161	0,2161
0,20	0,2292	0,2292	0,2292	0,2292	0,2292
0,21	0,2428	0,2430	0,2430	0,2430	0,2430
0,22	0,2566	0,2568	0,2568	0,2568	0,2568
0,23	0,2708	0,2707	0,2707	0,2707	0,2707
0,24	0,2852	0,2851	0,2851	0,2850	0,2850
0,25	0,3000	0,2997	0,2996	0,2994	0,2993
0,26	0,3153	0,3146	0,3143	0,3140	0,3138
0,27	0,3309	0,3298	0,3293	0,3288	
0,28	0,3469				

Bemessungstafeln mit dimensionslosen Beiwerten für den Plattenbalkenquerschnitt

C 80/95

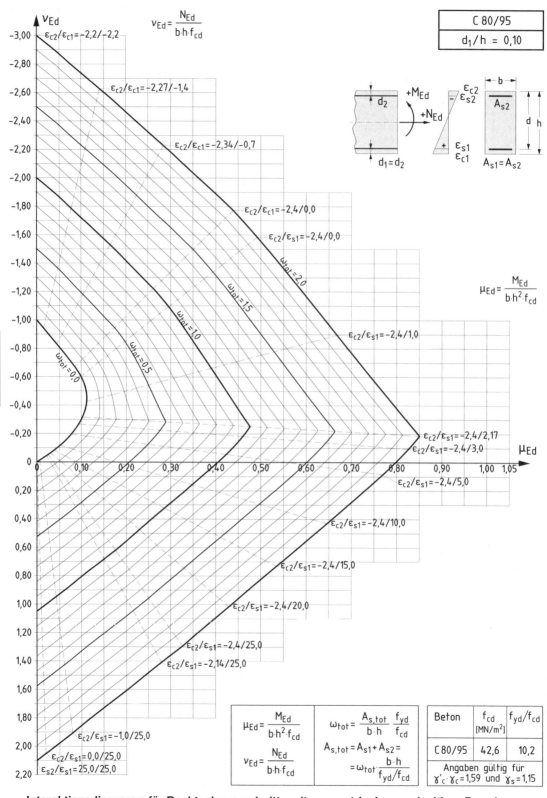

Interaktionsdiagramm für Rechteckquerschnitte mit symmetrischer zweiseitiger Bewehrung

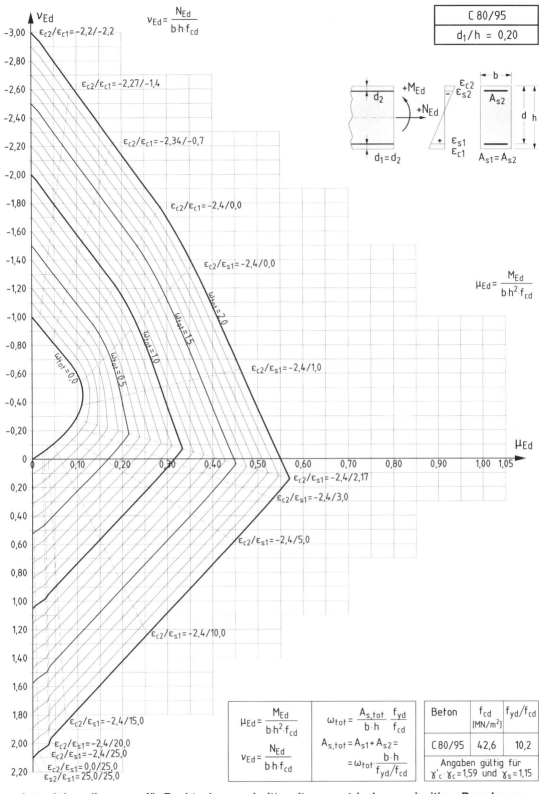

Interaktionsdiagramm für Rechteckquerschnitte mit symmetrischer zweiseitiger Bewehrung

Tafel 6.2a / C80

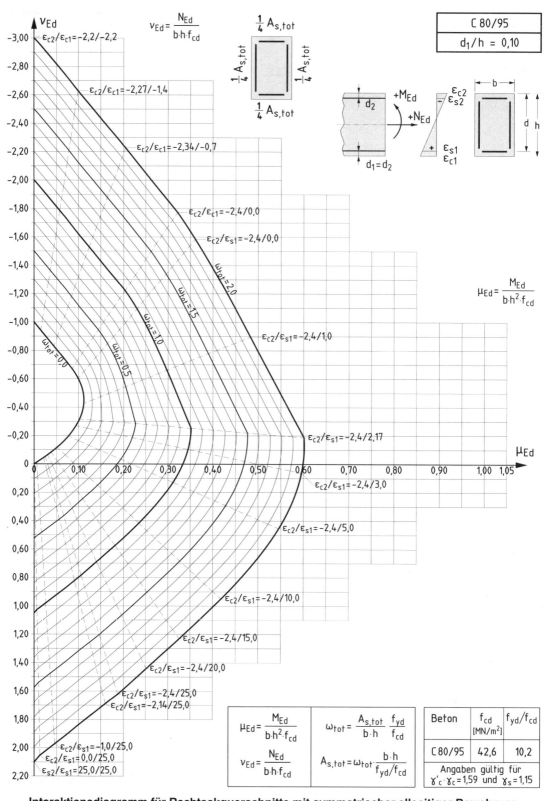

Interaktionsdiagramm für Rechteckquerschnitte mit symmetrischer allseitiger Bewehrung

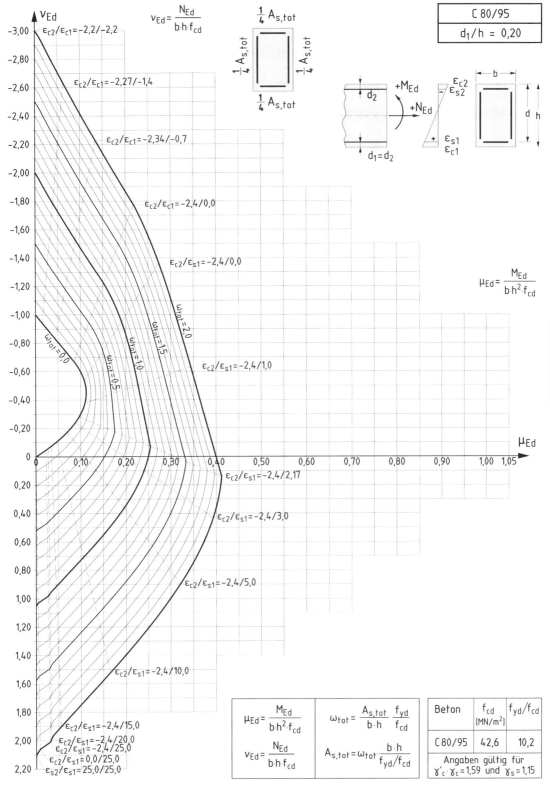

Interaktionsdiagramm für Rechteckquerschnitte mit symmetrischer allseitiger Bewehrung

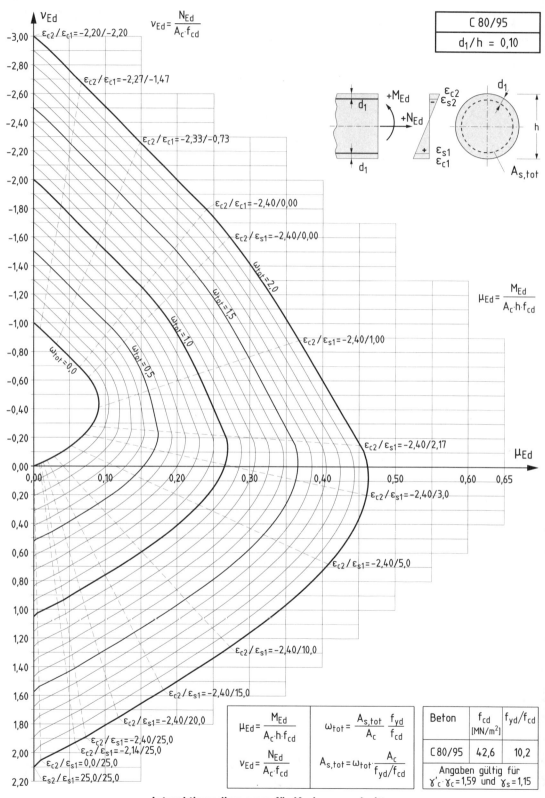

Interaktionsdiagramm für Kreisquerschnitte

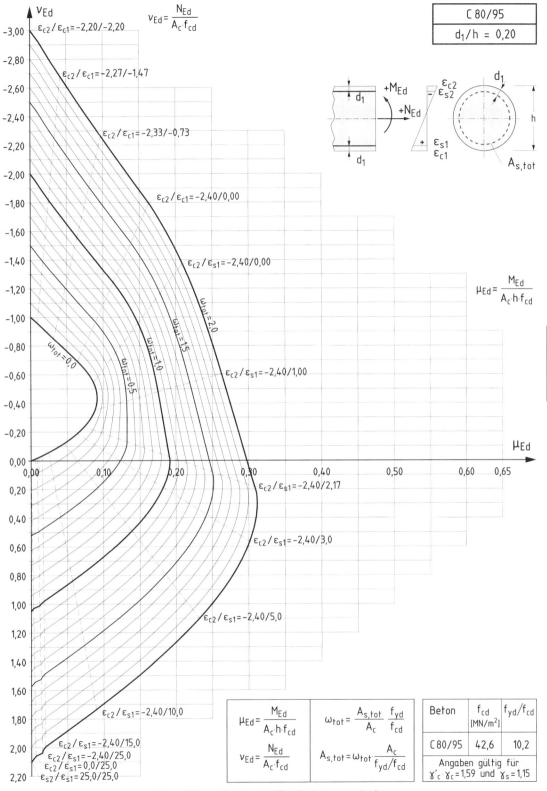

Interaktionsdiagramm für Kreisquerschnitte

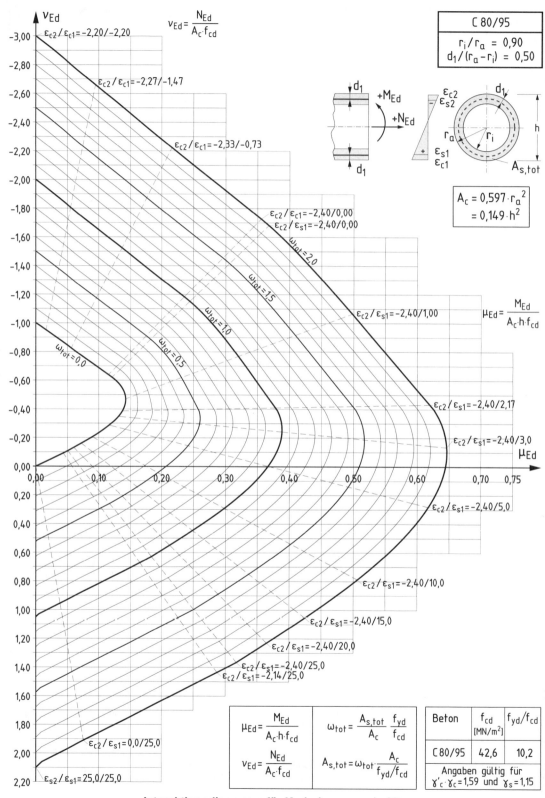

Interaktionsdiagramm für Kreisringquerschnitte

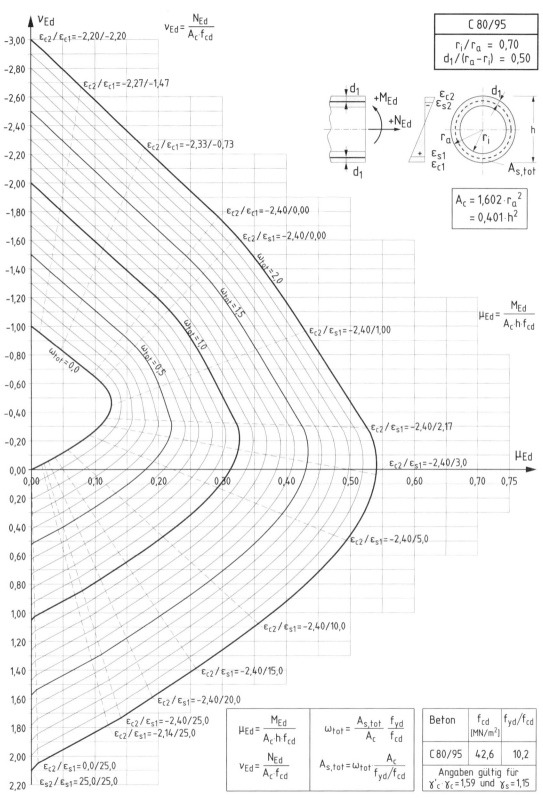

Interaktionsdiagramm für Kreisringquerschnitte

Tafel 7.1a / C80

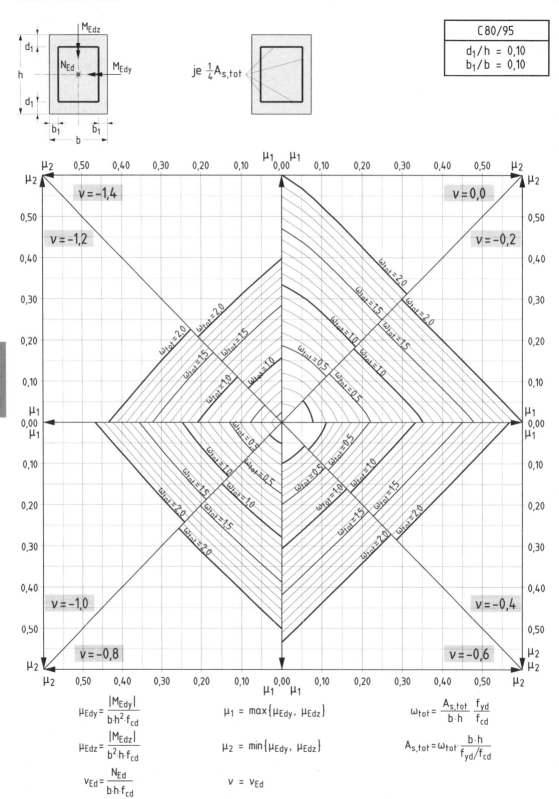

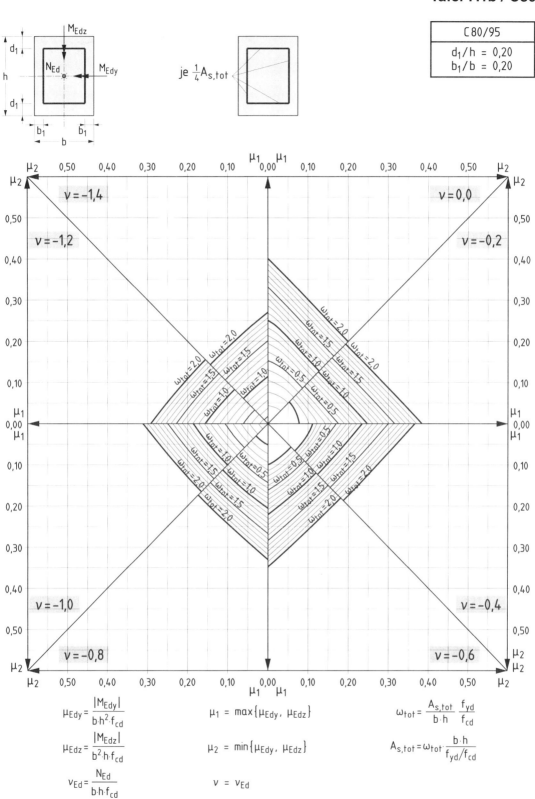

$$\mu_{Edy} = \frac{|M_{Edy}|}{b \cdot h^2 \cdot f_{cd}}$$

$$\mu_1 = \max\{\mu_{Edy}, \mu_{Edz}\}$$

$$\omega_{tot} = \frac{A_{s,tot}}{b \cdot h} \cdot \frac{f_{yd}}{f_{cd}}$$

$$\mu_{Edz} = \frac{|M_{Edz}|}{b^2 \cdot h \cdot f_{cd}}$$

$$\mu_2 = \min\{\mu_{Edy}, \mu_{Edz}\}$$

$$A_{s,tot} = \omega_{tot} \cdot \frac{b \cdot h}{f_{yd}/f_{cd}}$$

$$\nu_{Ed} = \frac{N_{Ed}}{b \cdot h \cdot f_{cd}}$$

$$\nu = \nu_{Ed}$$

Interaktionsdiagramm für schiefe Biegung mit Längsdruckkraft

Tafel 7.2a / C80

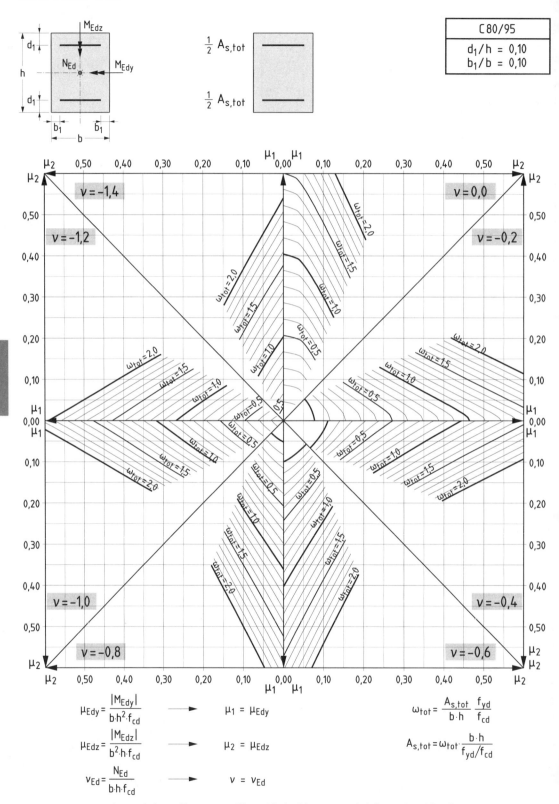

$$\mu_{Edy} = \frac{|M_{Edy}|}{b \cdot h^2 \cdot f_{cd}} \longrightarrow \mu_1 = \mu_{Edy}$$

$$\mu_{Edz} = \frac{|M_{Edz}|}{b^2 \cdot h \cdot f_{cd}} \longrightarrow \mu_2 = \mu_{Edz}$$

$$\nu_{Ed} = \frac{N_{Ed}}{b \cdot h \cdot f_{cd}} \longrightarrow \nu = \nu_{Ed}$$

$$\omega_{tot} = \frac{A_{s,tot}}{b \cdot h} \frac{f_{yd}}{f_{cd}}$$

$$A_{s,tot} = \omega_{tot} \cdot \frac{b \cdot h}{f_{yd}/f_{cd}}$$

Interaktionsdiagramm für schiefe Biegung mit Längsdruckkraft

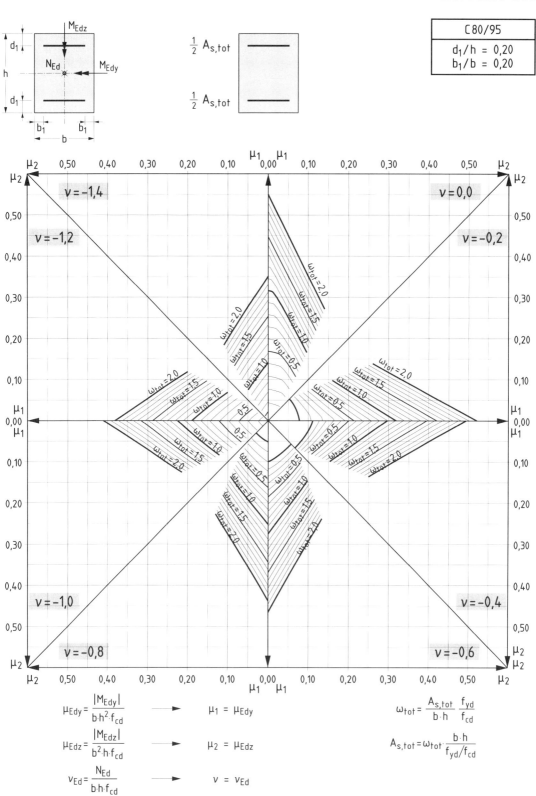

$$\mu_{Edy} = \frac{|M_{Edy}|}{b \cdot h^2 \cdot f_{cd}} \longrightarrow \mu_1 = \mu_{Edy} \qquad \omega_{tot} = \frac{A_{s,tot}}{b \cdot h} \cdot \frac{f_{yd}}{f_{cd}}$$

$$\mu_{Edz} = \frac{|M_{Edz}|}{b^2 \cdot h \cdot f_{cd}} \longrightarrow \mu_2 = \mu_{Edz} \qquad A_{s,tot} = \omega_{tot} \cdot \frac{b \cdot h}{f_{yd}/f_{cd}}$$

$$\nu_{Ed} = \frac{N_{Ed}}{b \cdot h \cdot f_{cd}} \longrightarrow \nu = \nu_{Ed}$$

Interaktionsdiagramm für schiefe Biegung mit Längsdruckkraft

Tafel 7.3a / C80

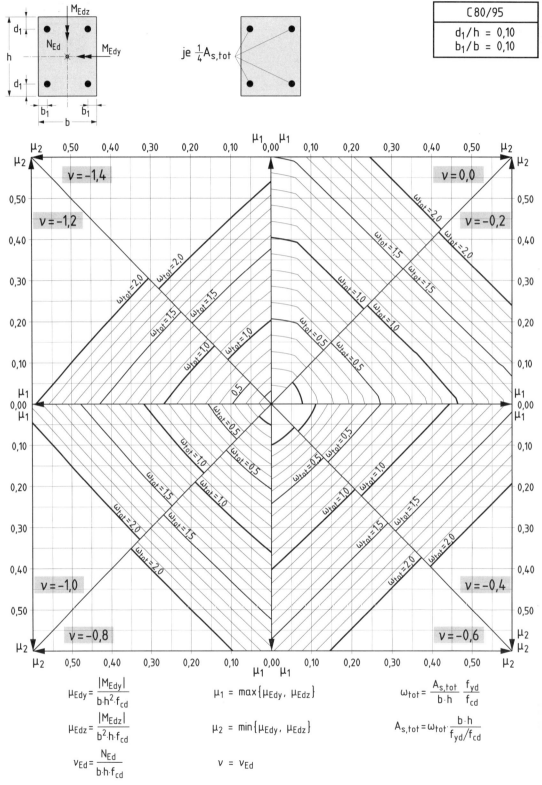

C 80/95	
d_1/h = 0,10	
b_1/b = 0,10	

C 80/95

je $\frac{1}{4}A_{s,tot}$

$\nu = -1,4$ $\qquad$ $\nu = 0,0$

$\nu = -1,2$ $\qquad$ $\nu = -0,2$

$\nu = -1,0$ $\qquad$ $\nu = -0,4$

$\nu = -0,8$ $\qquad$ $\nu = -0,6$

$$\mu_{Edy} = \frac{|M_{Edy}|}{b \cdot h^2 \cdot f_{cd}}$$

$$\mu_{Edz} = \frac{|M_{Edz}|}{b^2 \cdot h \cdot f_{cd}}$$

$$\nu_{Ed} = \frac{N_{Ed}}{b \cdot h \cdot f_{cd}}$$

$$\mu_1 = \max\{\mu_{Edy},\ \mu_{Edz}\}$$

$$\mu_2 = \min\{\mu_{Edy},\ \mu_{Edz}\}$$

$$\nu = \nu_{Ed}$$

$$\omega_{tot} = \frac{A_{s,tot}}{b \cdot h} \frac{f_{yd}}{f_{cd}}$$

$$A_{s,tot} = \omega_{tot} \cdot \frac{b \cdot h}{f_{yd}/f_{cd}}$$

Interaktionsdiagramm für schiefe Biegung mit Längsdruckkraft

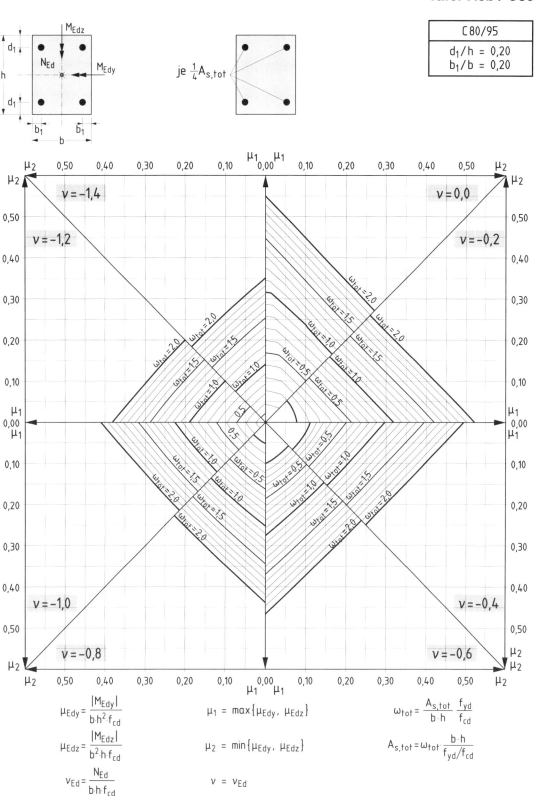

$$\mu_{Edy} = \frac{|M_{Edy}|}{b \cdot h^2 \cdot f_{cd}}$$

$$\mu_{Edz} = \frac{|M_{Edz}|}{b^2 \cdot h \cdot f_{cd}}$$

$$\nu_{Ed} = \frac{N_{Ed}}{b \cdot h \cdot f_{cd}}$$

$$\mu_1 = \max\{\mu_{Edy}, \mu_{Edz}\}$$

$$\mu_2 = \min\{\mu_{Edy}, \mu_{Edz}\}$$

$$\nu = \nu_{Ed}$$

$$\omega_{tot} = \frac{A_{s,tot}}{b \cdot h} \cdot \frac{f_{yd}}{f_{cd}}$$

$$A_{s,tot} = \omega_{tot} \cdot \frac{b \cdot h}{f_{yd}/f_{cd}}$$

Interaktionsdiagramm für schiefe Biegung mit Längsdruckkraft

Tafel 8.1 / C80

Stütze
$e_{tot} = 0$

Betonanteil F_{cd} (in MN)

Rechteck

$h\backslash b$	20	25	30	40	50	60	70	80
20	1,705	2,131	2,557	3,409	4,261	5,114	5,966	6,818
25		2,663	3,196	4,261	5,327	6,392	7,457	8,523
30			3,835	5,114	6,392	7,670	8,949	10,23
40				6,818	8,523	10,23	11,93	13,64
50					10,65	12,78	14,91	17,05
60						15,34	17,90	20,45
70							20,88	23,86
80								27,27

Kreis

D	
20	1,339
25	2,092
30	3,012
40	5,355
50	8,367
60	12,05
70	16,40
80	21,42

Kreisring

$D\backslash r_i/r_a$	0,9	0,7
20	0,254	0,683
25	0,397	1,067
30	0,572	1,536
40	1,017	2,731
50	1,590	4,267
60	2,289	6,145
70	3,116	8,364
80	4,070	10,92

C 80/95

Stahlanteil F_{sd} (in MN)

BSt 500

$d\backslash n$	4	6	8	10	12	14	16	18	20
12	0,197	0,295	0,393	0,492	0,590	0,688	0,787	0,885	0,983
14	0,268	0,402	0,535	0,669	0,803	0,937	1,071	1,205	1,339
16	0,350	0,525	0,699	0,874	1,049	1,224	1,399	1,574	1,748
20	0,546	0,820	1,093	1,366	1,639	1,912	2,185	2,459	2,732
25	0,854	1,281	1,707	2,134	2,561	2,988	3,415	3,842	4,268
28	1,071	1,606	2,142	2,677	3,213	3,748	4,283	4,819	5,354

Abminderungsfaktor β

Beton	β
C 80/95	0,902

Gesamttragfähigkeit $|N_{Rd}| = F_{cd} + \beta \cdot F_{sd}$

Aufnehmbare Längsdruckkraft $|N_{Rd}|$ (mit $\alpha = 0{,}85$) **für C 80/95 und BSt 500 S bei mittiger Belastung**

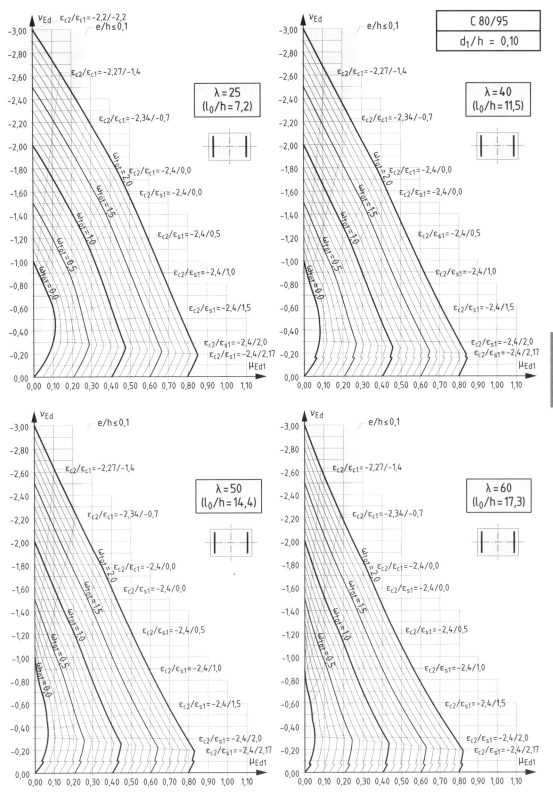

Bemessungsdiagramm nach dem Modellstützenverfahren

Tafel 8.2b / C80

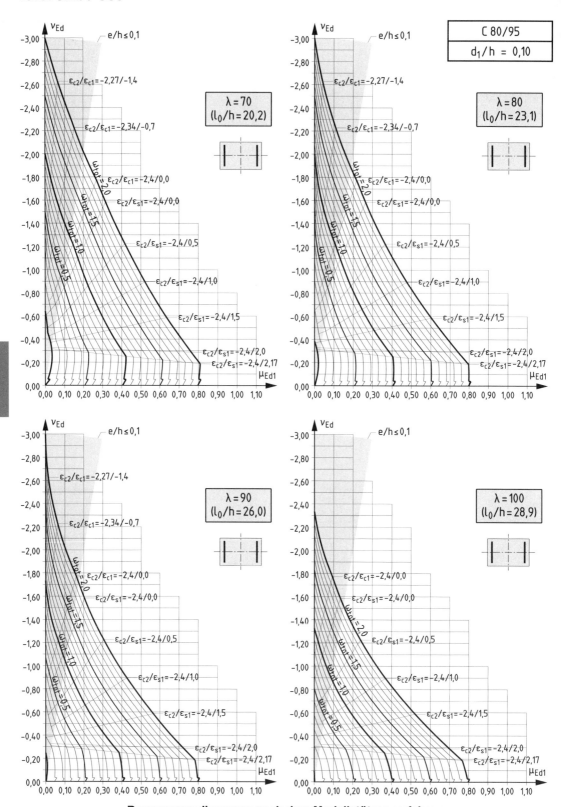

Bemessungsdiagramm nach dem Modellstützenverfahren

C 80/95

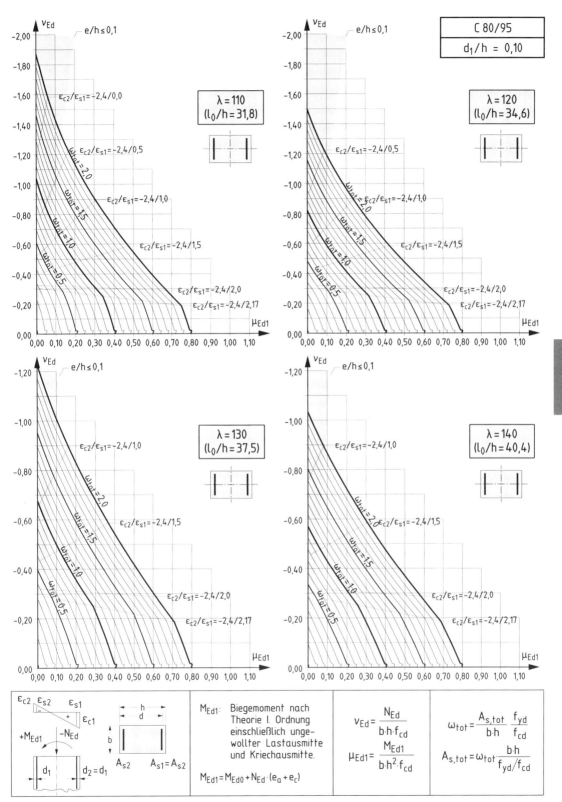

Bemessungsdiagramm nach dem Modellstützenverfahren

Tafel 8.2d / C80

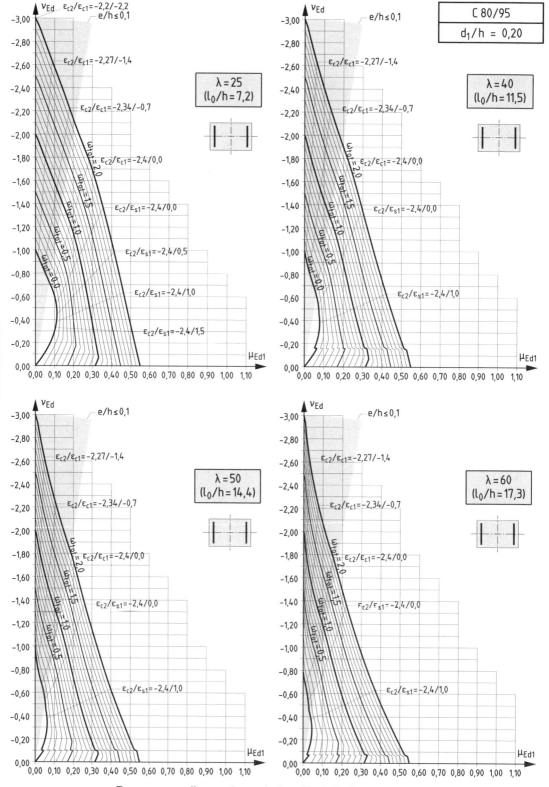

C 80/95

$d_1/h = 0,20$

Bemessungsdiagramm nach dem Modellstützenverfahren

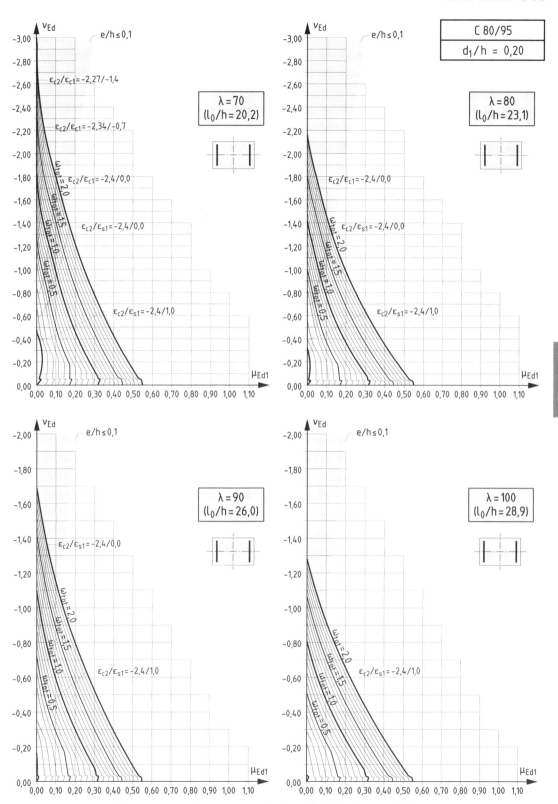

Bemessungsdiagramm nach dem Modellstützenverfahren

271

Tafel 8.2f / C80

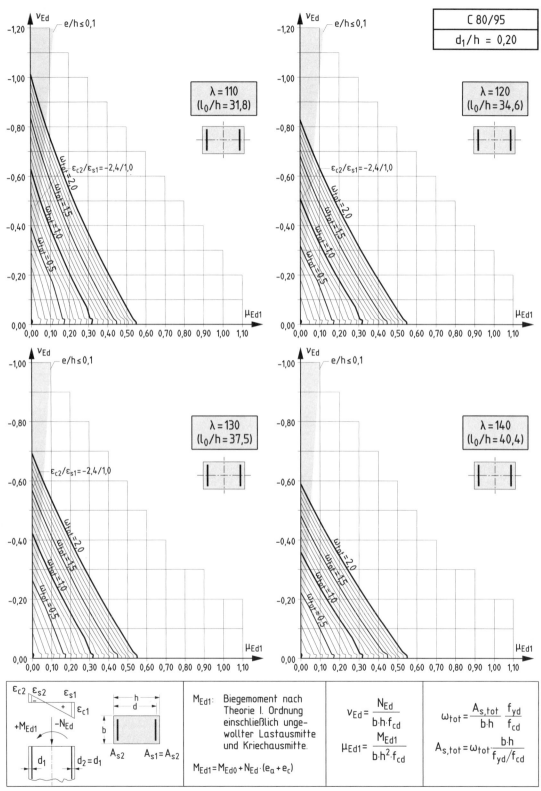

Bemessungsdiagramm nach dem Modellstützenverfahren

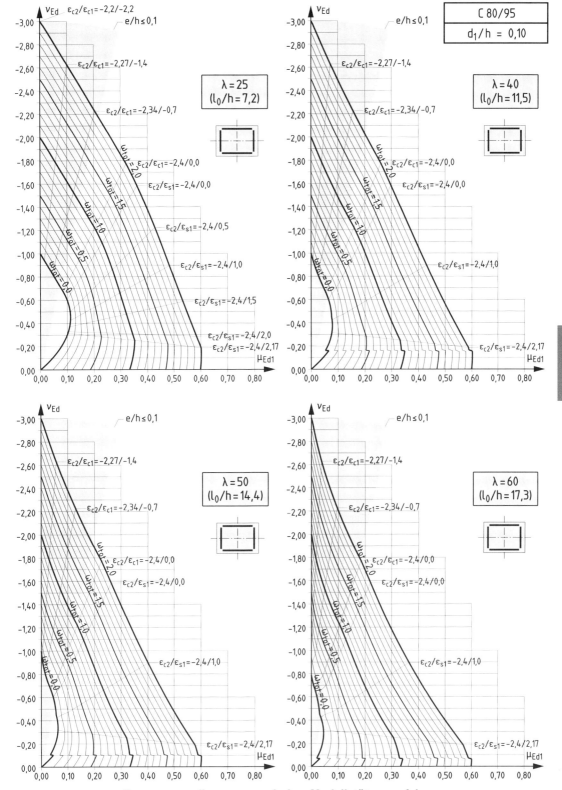

Bemessungsdiagramm nach dem Modellstützenverfahren

273

Tafel 8.3b / C80

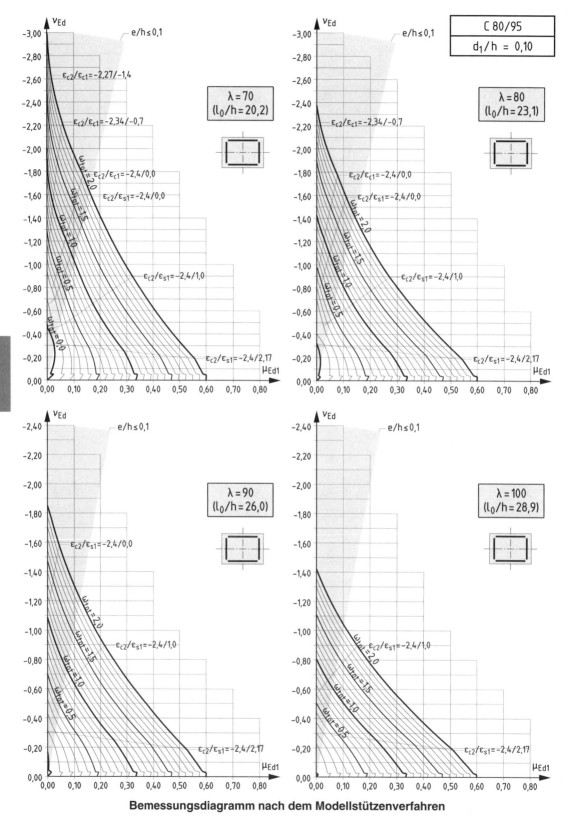

Bemessungsdiagramm nach dem Modellstützenverfahren

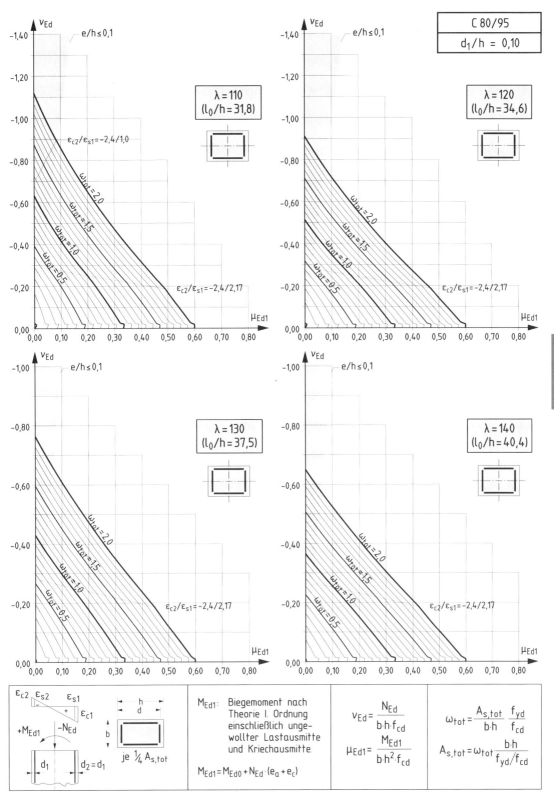

$$C\ 80/95$$
$$d_1/h = 0,10$$

C 80/95

$$\lambda = 110$$
$$(l_0/h = 31,8)$$

$$\lambda = 120$$
$$(l_0/h = 34,6)$$

$$\lambda = 130$$
$$(l_0/h = 37,5)$$

$$\lambda = 140$$
$$(l_0/h = 40,4)$$

M_{Ed1}: Biegemoment nach Theorie I. Ordnung einschließlich ungewollter Lastausmitte und Kriechausmitte.

$$M_{Ed1} = M_{Ed0} + N_{Ed} \cdot (e_a + e_c)$$

je ¼ $A_{s,tot}$

$$\nu_{Ed} = \frac{N_{Ed}}{b \cdot h \cdot f_{cd}}$$

$$\mu_{Ed1} = \frac{M_{Ed1}}{b \cdot h^2 \cdot f_{cd}}$$

$$\omega_{tot} = \frac{A_{s,tot}}{b \cdot h} \cdot \frac{f_{yd}}{f_{cd}}$$

$$A_{s,tot} = \omega_{tot} \cdot \frac{b \cdot h}{f_{yd}/f_{cd}}$$

Bemessungsdiagramm nach dem Modellstützenverfahren

Tafel 8.3d / C80

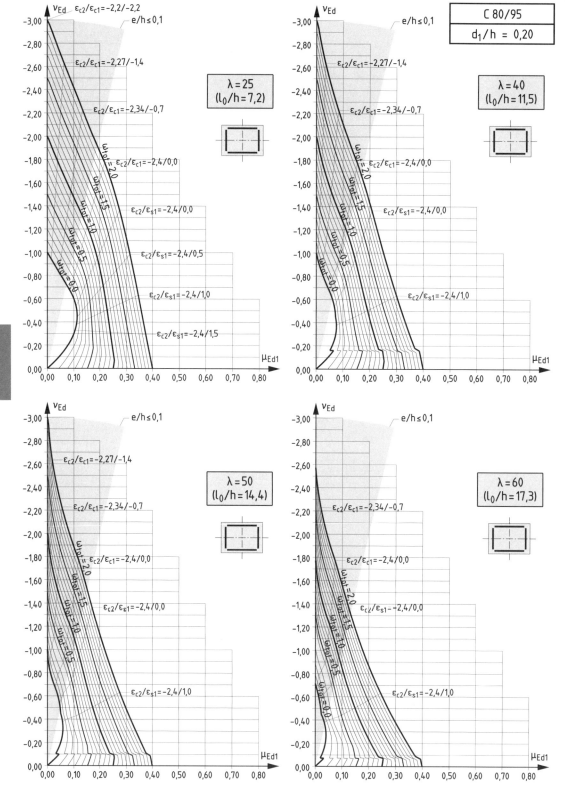

Bemessungsdiagramm nach dem Modellstützenverfahren

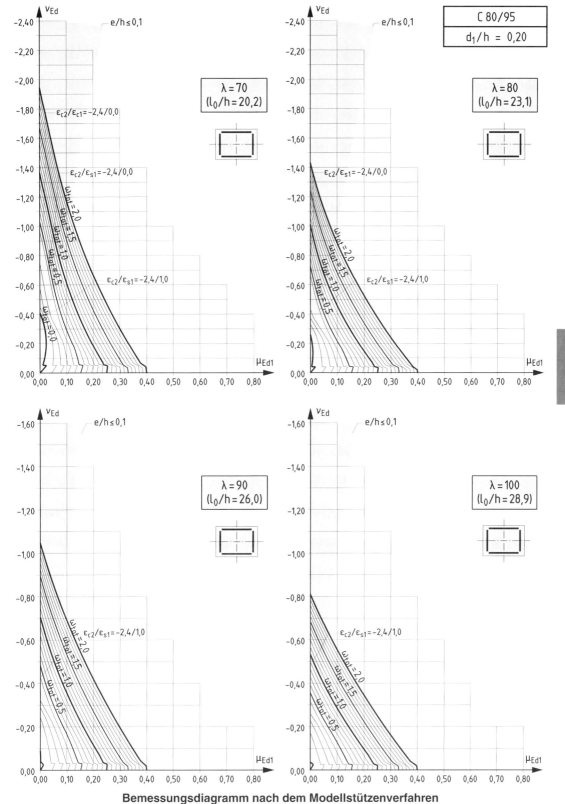

$$C\ 80/95$$
$$d_1/h\ =\ 0,20$$

Bemessungsdiagramm nach dem Modellstützenverfahren

Tafel 8.3f / C80

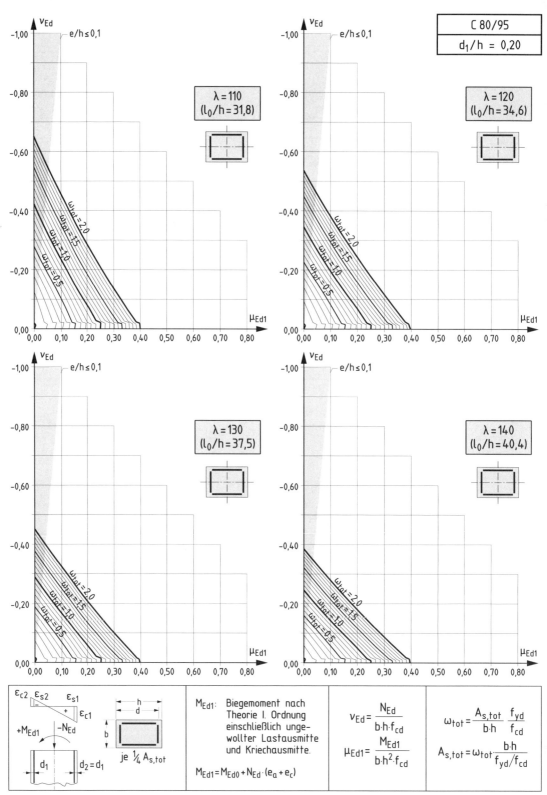

C 80/95

$$C\ 80/95$$
$$d_1/h = 0,20$$

$\lambda = 110$
$(l_0/h = 31,8)$

$\lambda = 120$
$(l_0/h = 34,6)$

$\lambda = 130$
$(l_0/h = 37,5)$

$\lambda = 140$
$(l_0/h = 40,4)$

M_{Ed1}: Biegemoment nach Theorie I. Ordnung einschließlich ungewollter Lastausmitte und Kriechausmitte.

$$M_{Ed1} = M_{Ed0} + N_{Ed} \cdot (e_a + e_c)$$

$$\nu_{Ed} = \frac{N_{Ed}}{b \cdot h \cdot f_{cd}}$$

$$\mu_{Ed1} = \frac{M_{Ed1}}{b \cdot h^2 \cdot f_{cd}}$$

$$\omega_{tot} = \frac{A_{s,tot}}{b \cdot h} \frac{f_{yd}}{f_{cd}}$$

$$A_{s,tot} = \omega_{tot} \cdot \frac{b \cdot h}{f_{yd}/f_{cd}}$$

je ¼ $A_{s,tot}$

Bemessungsdiagramm nach dem Modellstützenverfahren

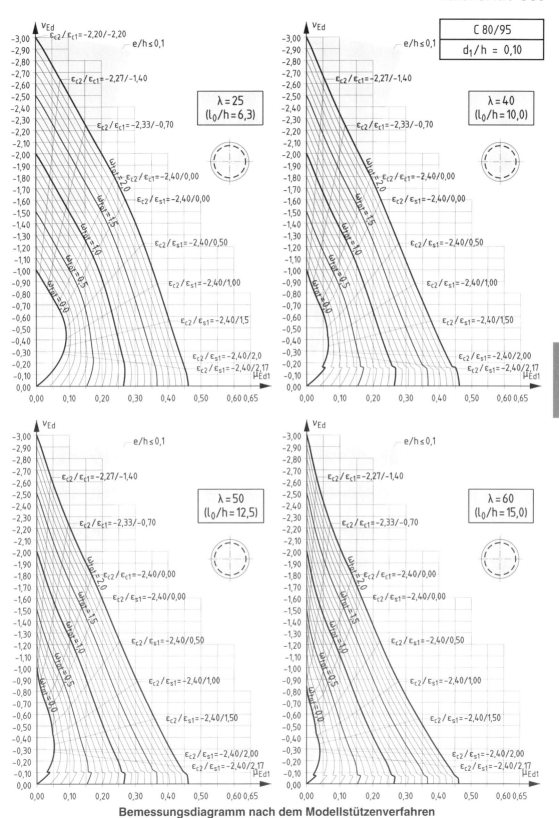

Bemessungsdiagramm nach dem Modellstützenverfahren

Tafel 8.4b / C80

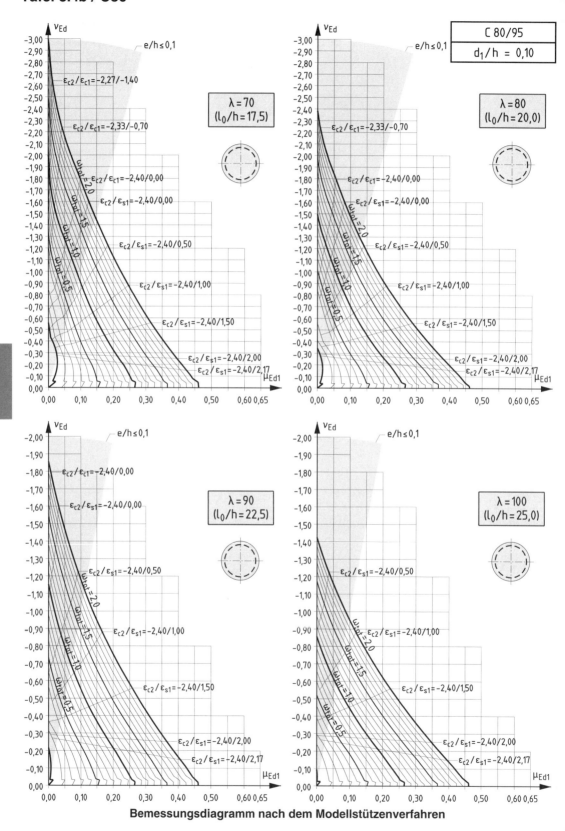

C 80/95
$d_1/h = 0,10$

$\lambda = 70$
$(l_0/h = 17,5)$

$\lambda = 80$
$(l_0/h = 20,0)$

$\lambda = 90$
$(l_0/h = 22,5)$

$\lambda = 100$
$(l_0/h = 25,0)$

Bemessungsdiagramm nach dem Modellstützenverfahren

C 80/95

Tafel 8.4c / C80

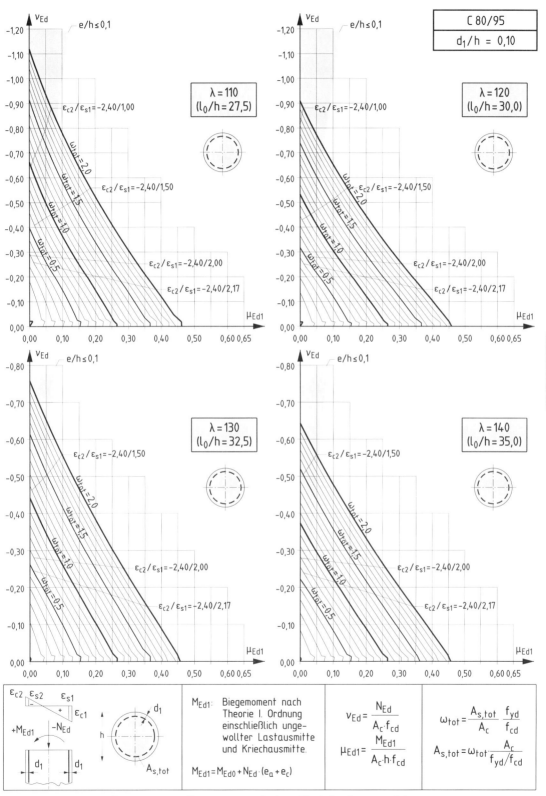

C 80/95
$d_1/h = 0,10$

$\lambda = 110$ ($l_0/h = 27,5$)

$\lambda = 120$ ($l_0/h = 30,0$)

$\lambda = 130$ ($l_0/h = 32,5$)

$\lambda = 140$ ($l_0/h = 35,0$)

C 80/95

M_{Ed1}: Biegemoment nach Theorie I. Ordnung einschließlich ungewollter Lastausmitte und Kriechausmitte.

$M_{Ed1} = M_{Ed0} + N_{Ed} \cdot (e_a + e_c)$

$$\nu_{Ed} = \frac{N_{Ed}}{A_c \cdot f_{cd}}$$

$$\mu_{Ed1} = \frac{M_{Ed1}}{A_c \cdot h \cdot f_{cd}}$$

$$\omega_{tot} = \frac{A_{s,tot}}{A_c} \cdot \frac{f_{yd}}{f_{cd}}$$

$$A_{s,tot} = \omega_{tot} \cdot \frac{A_c}{f_{yd}/f_{cd}}$$

Bemessungsdiagramm nach dem Modellstützenverfahren

281

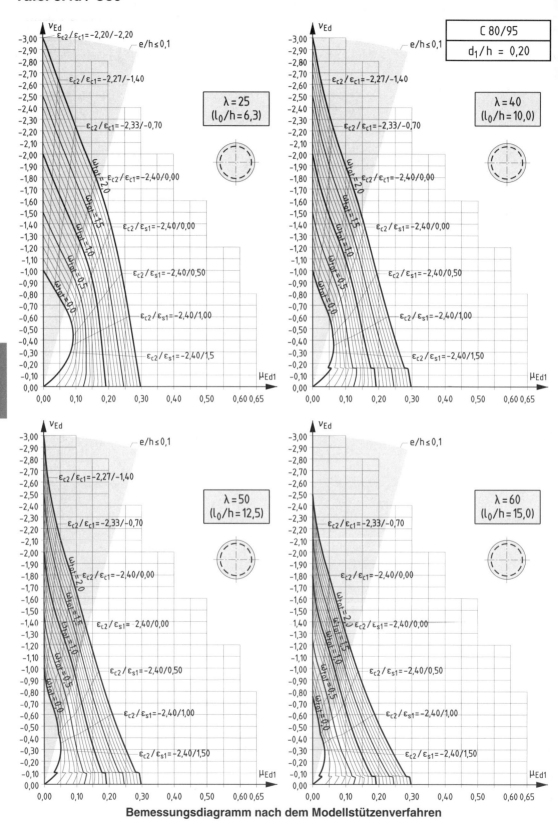

Bemessungsdiagramm nach dem Modellstützenverfahren

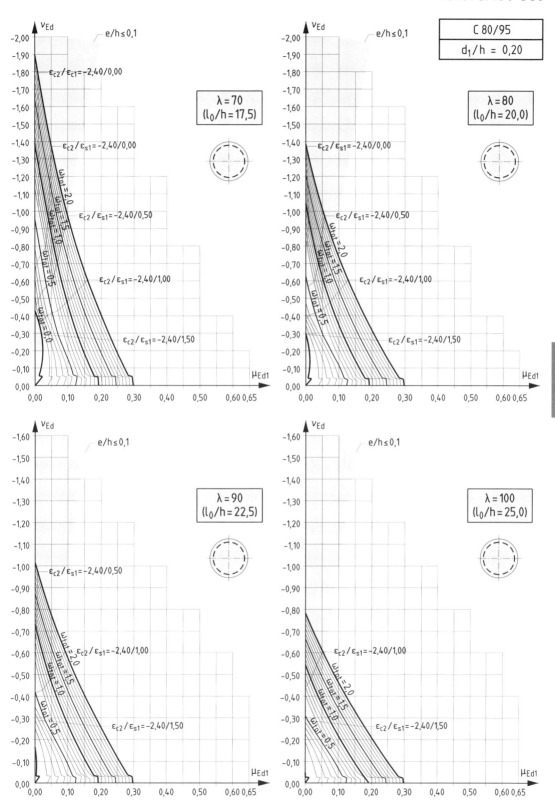

Bemessungsdiagramm nach dem Modellstützenverfahren

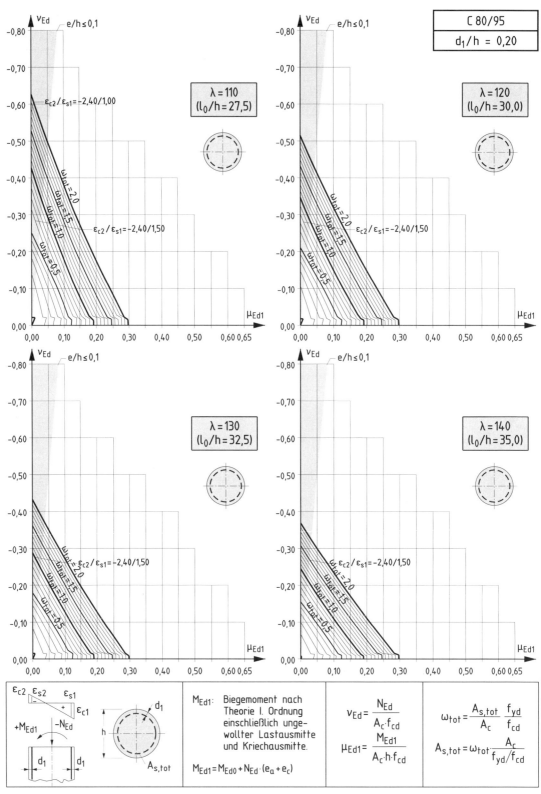

Bemessungsdiagramm nach dem Modellstützenverfahren

Bemessungstafeln C 90/105

Darstellung	Beschreibung		Tafel	Seite
	Allgemeines Bemessungsdiagramm		1 / C90	287
	k_d-Tafeln		2.1 / C90	288
	k_d-Tafeln für $\gamma_c = 1{,}35$		2.2 / C90	290
	μ_s-Tafeln		3 / C90	292
	μ_s-Tafel für den Plattenbalken-querschnitt		5 / C90	296
	Interaktionsdiagramme zur Biegebemessung beidseitig symmetrisch bewehrter Rechteck-querschnitte	$d_1/h = 0{,}10$	6.1a / C90	298
		$d_1/h = 0{,}20$	6.1b / C90	299
	Interaktionsdiagramme zur Biegebemessung allseitig symmetrisch bewehrter Rechteck-querschnitte	$d_1/h = 0{,}10$	6.2a / C90	300
		$d_1/h = 0{,}20$	6.2b / C90	301
	Interaktionsdiagramme für umfangsbewehrte Kreisquerschnitte	$d_1/h = 0{,}10$	6.3a / C90	302
		$d_1/h = 0{,}20$	6.3b / C90	303

Fortsetzung nächste Seite

Darstellung	Beschreibung		Tafel	Seite
$je \frac{1}{4} A_{s,tot}$ M_{Edz} d_1 N_{Ed} M_{Edy} h $b_1/b=d_1/h$ b_1 b b_1 d_1	Interaktionsdiagramme für schiefe Biegung mit Längsdruck für allseitig symmetrisch bewehrte Rechteckquerschnitte	$d_1/h = 0{,}10$ $d_1/h = 0{,}20$	7.1a / C90 7.1b / C90	304 305
M_{Edz} d_1 A_{s2} N_{Ed} M_{Edy} h $A_{s1}=A_{s2}$ b d_1	Interaktionsdiagramme für schiefe Biegung mit Längsdruck für zwei-seitig symmetrisch be-wehrte Rechteckquer-schnitte	$d_1/h = 0{,}10$ $d_1/h = 0{,}20$	7.2a / C90 7.2b / C90	306 307
$je \frac{1}{4} A_{s,tot}$ M_{Edz} d_1 N_{Ed} M_{Edy} h $b_1/b=d_1/h$ b_1 b b_1 d_1	Interaktionsdiagramme für schiefe Biegung mit Längsdruck für sym-metrisch eckbewehrte Rechteckquerschnitte	$d_1/h = 0{,}10$ $d_1/h = 0{,}20$	7.3a / C90 7.3b / C90	308 309
	Stütze ohne Knickgefahr (aufnehmbare Längsdruckkraft)		8.1 / C90	310

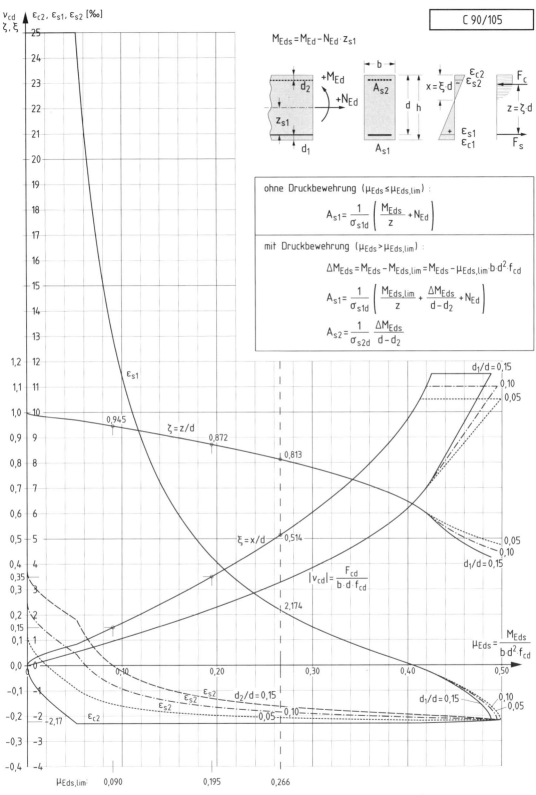

Allgemeines Bemessungsdiagramm für Rechteckquerschnitte

Tafel 2.1a / C90

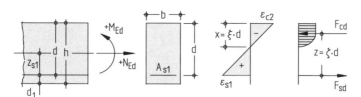

$$k_d = \frac{d\ [cm]}{\sqrt{M_{Eds}\ [kNm]\ /\ b\ [m]}} \qquad \text{mit}\quad M_{Eds} = M_{Ed} - N_{Ed} \cdot z_{s1}$$

Beton C 90/105						
k_d	k_s	κ_s	ξ	ζ	ε_{c2} in ‰	ε_{s1} in ‰
6,12	2,32	0,95	0,025	0,991	-0,65	25,00
3,24	2,34	0,95	0,049	0,983	-1,30	25,00
2,32	2,36	0,95	0,071	0,975	-1,92	25,00
1,94	2,38	0,96	0,092	0,966	-2,30	22,64
1,74	2,40	0,97	0,114	0,958	-2,30	17,82
1,61	2,42	0,97	0,136	0,950	-2,30	14,60
1,50	2,44	0,98	0,157	0,943	-2,30	12,31
1,42	2,46	0,98	0,178	0,935	-2,30	10,59
1,35	2,48	0,99	0,199	0,927	-2,30	9,25
1,29	2,50	0,99	0,219	0,920	-2,30	8,18
1,19	2,54	0,99	0,259	0,906	-2,30	6,57
1,12	2,58	0,99	0,298	0,891	-2,30	5,42
1,07	2,62	1,00	0,335	0,878	-2,30	4,56
1,02	2,66	1,00	0,371	0,865	-2,30	3,90
0,98	2,70	1,00	0,406	0,852	-2,30	3,36
0,95	2,74	1,00	0,441	0,839	-2,30	2,92
0,92	2,78	1,00	0,474	0,827	-2,30	2,56
0,90	2,82	1,00	0,506	0,816	-2,30	2,25
0,895	2,83	1,00	0,514	0,813	-2,30	2,17

$$A_{s1}\ [cm^2] = k_s \cdot \frac{M_{Eds}\ [kNm]}{d\ [cm]} + \frac{N_{Ed}\ [kN]}{43,5\ [kN/cm^2]} \qquad \text{(horizontaler Ast der Spannungs-Dehnungs-Linie)}$$

alternativ:

$$A_{s1}^* = \kappa_s \cdot A_{s1} \qquad \text{(geneigter Ast der Spannungs-Dehnungs-Linie)}$$

Dimensionsgebundene Bemessungstafel (k_d-Verfahren), Rechteck ohne Druckbewehrung
(Hochfester Normalbeton C 90/105 mit $\alpha = 0,85$; Betonstahl BSt 500 und $\gamma_s = 1,15$)

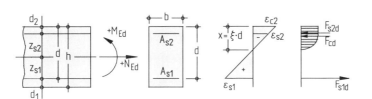

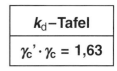
$$k_d = \frac{d\,[\text{cm}]}{\sqrt{M_{Eds}\,[\text{kNm}] / b\,[\text{m}]}} \qquad \text{mit } M_{Eds} = M_{Ed} - N_{Ed} \cdot z_{s1}$$

Beiwerte k_{s1} und k_{s2}

$\xi = 0{,}15$ $(\varepsilon_{s1}/\varepsilon_{c2} = 13{,}0 / -2{,}3\,[\text{‰}])$ **$\xi = 0{,}35$** $(\varepsilon_{s1}/\varepsilon_{c2} = 4{,}27 / -2{,}3\,[\text{‰}])$ **$\xi = 0{,}514$** $(\varepsilon_{s1}/\varepsilon_{c2} = 2{,}17 / -2{,}3\,[\text{‰}])$

k_d	k_{s1}	k_{s2}		k_d	k_{s1}	k_{s2}		k_d	k_{s1}	k_{s2}
1,54	2,44	0		1,05	2,64	0		0,90	2,83	0
1,50	2,44	0,10		1,03	2,63	0,10		0,88	2,82	0,10
1,47	2,44	0,20		1,00	2,62	0,20		0,86	2,80	0,20
1,44	2,44	0,30		0,98	2,61	0,30		0,84	2,78	0,30
1,41	2,44	0,40		0,96	2,61	0,40		0,82	2,77	0,40
1,37	2,44	0,50		0,93	2,60	0,50		0,80	2,75	0,50
1,33	2,44	0,60		0,91	2,59	0,60		0,78	2,74	0,60
1,30	2,44	0,70		0,88	2,58	0,70		0,76	2,72	0,70
1,26	2,44	0,80		0,86	2,57	0,80		0,73	2,71	0,80
1,22	2,44	0,90		0,83	2,57	0,90		0,71	2,69	0,90
1,18	2,44	1,00		0,81	2,56	1,00		0,69	2,67	1,00
1,14	2,44	1,10		0,78	2,55	1,10		0,66	2,66	1,10
1,10	2,44	1,20		0,75	2,54	1,20		0,64	2,64	1,20
1,05	2,44	1,30		0,72	2,54	1,30		0,61	2,63	1,30
1,01	2,44	1,40		0,69	2,53	1,40		0,59	2,61	1,40

C 90/105

Beiwerte ρ_1 und ρ_2

d_2/d	$\xi = 0{,}15$			$\xi = 0{,}35$					$\xi = 0{,}514$					
	ρ_1 für $k_{s1}=$	ρ_2	$-\varepsilon_{s2}$	ρ_1 für $k_{s1} =$			ρ_2	$-\varepsilon_{s2}$	ρ_1 für $k_{s1} =$				ρ_2	$-\varepsilon_{s2}$
	2,44		[‰]	2,64	2,58	2,53		[‰]	2,83	2,75	2,67	2,61		[‰]
0,06	1,00	1,58	1,38	1,00	1,00	1,00	1,14	1,91	1,00	1,00	1,00	1,00	1,07	2,03
0,08	1,01	2,07	1,07	1,00	1,01	1,01	1,25	1,77	1,00	1,00	1,01	1,01	1,14	1,94
0,10	1,03	2,96	0,77	1,00	1,01	1,03	1,38	1,64	1,00	1,01	1,02	1,02	1,23	1,85
0,12				1,00	1,02	1,04	1,54	1,51	1,00	1,01	1,03	1,04	1,32	1,76
0,14				1,00	1,03	1,05	1,72	1,38	1,00	1,02	1,04	1,05	1,42	1,67
0,16				1,00	1,04	1,07	1,95	1,25	1,00	1,02	1,05	1,06	1,54	1,58
0,18				1,00	1,05	1,08	2,23	1,12	1,00	1,03	1,06	1,08	1,67	1,49
0,20				1,00	1,05	1,10	2,59	0,99	1,00	1,03	1,07	1,09	1,82	1,41
0,22									1,00	1,04	1,08	1,11	1,99	1,32
0,24									1,00	1,04	1,09	1,13	2,19	1,23

$$A_{s1}\,[\text{cm}^2] = \rho_1 \cdot k_{s1} \cdot \frac{M_{Eds}\,[\text{kNm}]}{d\,[\text{cm}]} + \frac{N_{Ed}\,[\text{kN}]}{43{,}5\,[\text{kN/cm}^2]}$$

$$A_{s2}\,[\text{cm}^2] = \rho_2 \cdot k_{s2} \cdot \frac{M_{Eds}\,[\text{kNm}]}{d\,[\text{cm}]}$$

(Wegen der erf. Erhöhung von A_{s2} – Berücksichtigung der Nettofläche der Betondruckzone – wird auf „Einführung", Abschn. 6.1.6, Bild 12 verwiesen.)

Dimensionsgebundene Bemessungstafel (k_d-Verfahren); Rechteck mit Druckbewehrung

(Hochfester Normalbeton C 90/105 mit $\alpha = 0{,}85$; $\xi_{\text{lim}} = 0{,}15 / 0{,}35 / 0{,}514$; Betonstahl BSt 500 und $\gamma_s = 1{,}15$)

Tafel 2.2a / C90

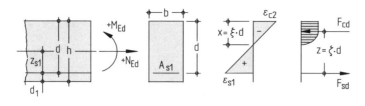

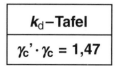

k_d-Tafel

$\gamma_c' \cdot \gamma_c = 1,47$

(Fertigteile mit über-wachter Herstellung; DIN 1045-1, 5.3.3(7))

$$k_d = \frac{d \, [cm]}{\sqrt{M_{Eds} \, [kNm] \, / \, b \, [m]}} \qquad \text{mit} \quad M_{Eds} = M_{Ed} - N_{Ed} \cdot z_{s1}$$

Beton C 90/105						
k_d	k_s	κ_s	ξ	ζ	ε_{c2} in ‰	ε_{s1} in ‰
5,81	2,32	0,95	0,025	0,991	-0,65	25,00
3,08	2,34	0,95	0,049	0,983	-1,30	25,00
2,20	2,36	0,95	0,071	0,975	-1,92	25,00
1,84	2,38	0,96	0,092	0,966	-2,30	22,64
1,66	2,40	0,97	0,114	0,958	-2,30	17,82
1,53	2,42	0,97	0,136	0,950	-2,30	14,61
1,42	2,44	0,98	0,157	0,943	-2,30	12,31
1,34	2,46	0,98	0,178	0,935	-2,30	10,59
1,28	2,48	0,99	0,199	0,927	-2,30	9,25
1,22	2,50	0,99	0,219	0,920	-2,30	8,18
1,13	2,54	0,99	0,259	0,906	-2,30	6,57
1,07	2,58	0,99	0,298	0,891	-2,30	5,42
1,01	2,62	1,00	0,335	0,878	-2,30	4,56
0,97	2,66	1,00	0,371	0,865	-2,30	3,90
0,93	2,70	1,00	0,406	0,852	-2,30	3,36
0,90	2,74	1,00	0,441	0,839	-2,30	2,92
0,88	2,78	1,00	0,474	0,827	-2,30	2,56
0,85	2,82	1,00	0,506	0,816	-2,30	2,25
0,85	2,83	1,00	0,514	0,813	-2,30	2,17

$$A_{s1} \, [cm^2] = k_s \cdot \frac{M_{Eds} \, [kNm]}{d \, [cm]} + \frac{N_{Ed} \, [kN]}{43,5 \, [kN/cm^2]} \qquad \text{(horizontaler Ast der Spannungs-Dehnungs-Linie)}$$

alternativ:

$$A_{s1}^* = \kappa_s \cdot A_{s1} \qquad \text{(geneigter Ast der Spannungs-Dehnungs-Linie)}$$

Dimensionsgebundene Bemessungstafel (k_d-Verfahren), Rechteck ohne Druckbewehrung
(Hochfester Normalbeton C 90/105 mit $\alpha = 0,85$; Betonstahl BSt 500 und $\gamma_s = 1,15$)

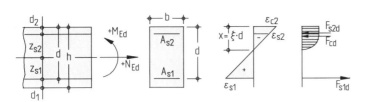

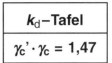
$$k_\mathrm{d} = \frac{d\ [\mathrm{cm}]}{\sqrt{M_\mathrm{Eds}\ [\mathrm{kNm}]\ /\ b\ [\mathrm{m}]}} \qquad \text{mit}\quad M_\mathrm{Eds} = M_\mathrm{Ed} - N_\mathrm{Ed} \cdot z_\mathrm{s1}$$

Beiwerte k_s1 und k_s2

$\xi = 0{,}15$ $(\varepsilon_\mathrm{s1}/\varepsilon_\mathrm{c2} = 13{,}0\ /\ -2{,}3\ [‰])$

k_d	k_s1	k_s2
1,46	2,44	0
1,43	2,44	0,10
1,40	2,44	0,20
1,37	2,44	0,30
1,33	2,44	0,40
1,30	2,44	0,50
1,27	2,44	0,60
1,23	2,44	0,70
1,20	2,44	0,80
1,16	2,44	0,90
1,12	2,44	1,00
1,08	2,44	1,10
1,04	2,44	1,20
1,00	2,44	1,30
0,95	2,44	1,40

$\xi = 0{,}35$ $(\varepsilon_\mathrm{s1}/\varepsilon_\mathrm{c2} = 4{,}27\ /\ -2{,}3\ [‰])$

k_d	k_s1	k_s2
0,99	2,64	0
0,97	2,63	0,10
0,95	2,62	0,20
0,93	2,61	0,30
0,91	2,61	0,40
0,89	2,60	0,50
0,86	2,59	0,60
0,84	2,58	0,70
0,82	2,57	0,80
0,79	2,57	0,90
0,76	2,56	1,00
0,74	2,55	1,10
0,71	2,54	1,20
0,68	2,54	1,30
0,65	2,53	1,40

$\xi = 0{,}514$ $(\varepsilon_\mathrm{s1}/\varepsilon_\mathrm{c2} = 2{,}17\ /\ -2{,}3\ [‰])$

k_d	k_s1	k_s2
0,85	2,83	0
0,83	2,82	0,10
0,81	2,80	0,20
0,80	2,78	0,30
0,78	2,77	0,40
0,76	2,75	0,50
0,74	2,74	0,60
0,72	2,72	0,70
0,70	2,71	0,80
0,68	2,69	0,90
0,65	2,67	1,00
0,63	2,66	1,10
0,61	2,64	1,20
0,58	2,63	1,30
0,56	2,61	1,40

Beiwerte ρ_1 und ρ_2

d_2/d	$\xi = 0{,}15$			$\xi = 0{,}35$					$\xi = 0{,}514$					
	ρ_1 für $k_\mathrm{s1}=$	ρ_2	$-\varepsilon_\mathrm{s2}$	ρ_1 für $k_\mathrm{s1} =$			ρ_2	$-\varepsilon_\mathrm{s2}$	ρ_1 für $k_\mathrm{s1} =$				ρ_2	$-\varepsilon_\mathrm{s2}$
	2,44		[‰]	2,64	2,58	2,53		[‰]	2,83	2,75	2,67	2,61		[‰]
0,06	1,00	1,58	1,38	1,00	1,00	1,00	1,14	1,91	1,00	1,00	1,00	1,00	1,07	2,03
0,08	1,01	2,07	1,07	1,00	1,01	1,01	1,25	1,77	1,00	1,00	1,01	1,01	1,14	1,94
0,10	1,03	2,96	0,77	1,00	1,01	1,03	1,38	1,64	1,00	1,01	1,02	1,02	1,23	1,85
0,12				1,00	1,02	1,04	1,54	1,51	1,00	1,01	1,03	1,04	1,32	1,76
0,14				1,00	1,03	1,05	1,72	1,38	1,00	1,02	1,04	1,05	1,42	1,67
0,16				1,00	1,04	1,07	1,95	1,25	1,00	1,02	1,05	1,06	1,54	1,58
0,18				1,00	1,05	1,08	2,23	1,12	1,00	1,03	1,06	1,08	1,67	1,49
0,20				1,00	1,05	1,10	2,59	0,99	1,00	1,03	1,07	1,09	1,82	1,41
0,22									1,00	1,04	1,08	1,11	1,99	1,32
0,24									1,00	1,04	1,09	1,13	2,19	1,23

$$A_\mathrm{s1}\ [\mathrm{cm}^2] = \rho_1 \cdot k_\mathrm{s1} \cdot \frac{M_\mathrm{Eds}\ [\mathrm{kNm}]}{d\ [\mathrm{cm}]} + \frac{N_\mathrm{Ed}\ [\mathrm{kN}]}{43{,}5\ [\mathrm{kN/cm}^2]}$$

$$A_\mathrm{s2}\ [\mathrm{cm}^2] = \rho_2 \cdot k_\mathrm{s2} \cdot \frac{M_\mathrm{Eds}\ [\mathrm{kNm}]}{d\ [\mathrm{cm}]}$$

(Wegen der erf. Erhöhung von A_s2 – Berücksichtigung der Nettofläche der Betondruckzone – wird auf „Einführung", Abschn. 6.1.6, Bild 12 verwiesen.)

Dimensionsgebundene Bemessungstafel (k_d-Verfahren); Rechteck mit Druckbewehrung

(Hochfester Normalbeton C 90/105 mit $\alpha = 0{,}85$, $\xi_\mathrm{lim} = 0{,}15\ /\ 0{,}35\ /\ 0{,}514$; Betonstahl BSt 500 und $\gamma_\mathrm{s} = 1{,}15$)

C 90/105

Tafel 3a / C90

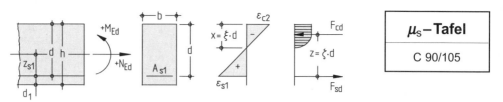

$$\mu_{Eds} = \frac{M_{Eds}}{b \cdot d^2 \cdot f_{cd}}$$

mit $M_{Eds} = M_{Ed} - N_{Ed} \cdot z_{s1}$
$f_{cd} = \alpha \cdot f_{ck}/\gamma_c$

(i. Allg. gilt $\alpha = 0,85$)

μ_{Eds}	ω	$\xi = \frac{x}{d}$	$\zeta = \frac{z}{d}$	ε_{c2} in ‰	ε_{s1} in ‰	σ_{sd}[1] in MPa BSt 500	σ_{sd}[2] in MPa BSt 500
0,01	0,0101	0,034	0,988	−0,88	25,00	435	457
0,02	0,0203	0,049	0,983	−1,29	25,00	435	457
0,03	0,0307	0,061	0,979	−1,63	25,00	435	457
0,04	0,0411	0,072	0,974	−1,94	25,00	435	457
0,05	0,0515	0,082	0,970	−2,24	25,00	435	457
0,06	0,0622	0,098	0,964	−2,30	21,25	435	453
0,07	0,0731	0,115	0,958	−2,30	17,76	435	450
0,08	0,0840	0,132	0,952	−2,30	15,14	435	447
0,09	0,0952	0,149	0,946	−2,30	13,10	435	445
0,10	0,1065	0,167	0,939	−2,30	11,46	435	444
0,11	0,1180	0,185	0,933	−2,30	10,12	435	442
0,12	0,1296	0,203	0,926	−2,30	9,01	435	441
0,13	0,1414	0,222	0,919	−2,30	8,06	435	440
0,14	0,1535	0,241	0,912	−2,30	7,25	435	440
0,15	0,1657	0,260	0,905	−2,30	6,54	435	439
0,16	0,1782	0,280	0,898	−2,30	5,93	435	438
0,17	0,1908	0,300	0,891	−2,30	5,38	435	438
0,18	0,2038	0,320	0,883	−2,30	4,89	435	437
0,19	0,2169	0,340	0,876	−2,30	4,46	435	437
0,20	0,2304	0,362	0,868	−2,30	4,06	435	437
0,21	0,2441	0,383	0,860	−2,30	3,70	435	436
0,22	0,2581	0,405	0,852	−2,30	3,38	435	436
0,23	0,2725	0,428	0,844	−2,30	3,08	435	436
0,24	0,2872	0,451	0,836	−2,30	2,80	435	435
0,25	0,3023	0,474	0,827	−2,30	2,55	435	435
0,26	0,3178	0,499	0,818	−2,30	2,31	435	435
0,27	0,3337	0,524	0,809	−2,30	2,09	418	418
0,28	0,3501	0,550	0,800	−2,30	1,89	377	377
0,29	0,3671	0,576	0,790	−2,30	1,69	338	338
0,30	0,3846	0,604	0,780	−2,30	1,51	302	302
0,31	0,4028	0,632	0,770	−2,30	1,34	268	268
0,32	0,4218	0,662	0,759	−2,30	1,17	235	235
0,33	0,4415	0,693	0,747	−2,30	1,02	204	204
0,34	0,4622	0,725	0,736	−2,30	0,87	174	174
0,35	0,4840	0,760	0,723	−2,30	0,73	146	146

unwirtschaftlicher Bereich

[1] Begrenzung der Stahlspannung auf $f_{yd} = f_{yk} / \gamma_s$ (horizontaler Ast der σ-ε-Linie)
[2] Begrenzung der Stahlspannung auf $f_{td,cal} = f_{tk,cal}/\gamma_s$ (geneigter Ast der σ-ε-Linie)

$$A_{s1} = \frac{1}{\sigma_{sd}} (\omega \cdot b \cdot d \cdot f_{cd} + N_{Ed})$$

Bemessungstafel (μ_s-Tafel) für Rechteckquerschnitte ohne Druckbewehrung

(Normalbeton der Festigkeitsklassen C 90/105; Betonstahl BSt 500 und $\gamma_s = 1,15$)

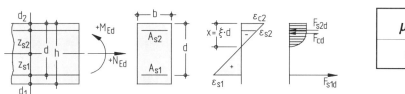

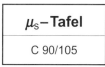

$$\mu_{Eds} = \frac{M_{Eds}}{b \cdot d^2 \cdot f_{cd}} \qquad \text{mit } M_{Eds} = M_{Ed} - N_{Ed} \cdot z_{s1}$$

$$f_{cd} = \alpha \cdot f_{ck}/\gamma_c \qquad \text{(i. Allg. gilt } \alpha = 0{,}85\text{)}$$

$\xi = 0{,}15$ ($\varepsilon_{s1} = 13{,}0$ ‰, $\varepsilon_{c2} = -2{,}30$ ‰)

d_2/d $\varepsilon_{s1}/\varepsilon_{s2}$	0,05 13,0 ‰	−1,53 ‰	0,10 13,0 ‰	−0,77 ‰	0,15		0,20	
μ_{Eds}	ω_1	ω_2	ω_1	ω_2	ω_1	ω_2	ω_1	ω_2
0,10	0,106	0,014	0,106	0,030				
0,11	0,116	0,029	0,117	0,062				
0,12	0,127	0,044	0,129	0,093				
0,13	0,137	0,059	0,140	0,125				
0,14	0,148	0,074	0,151	0,156				
0,15	0,158	0,089	0,162	0,188				
0,16	0,169	0,104	0,173	0,219				
0,17	0,179	0,119	0,184	0,251				
0,18	0,190	0,134	0,195	0,282				
0,19	0,200	0,149	0,206	0,314				
0,20	0,211	0,164	0,217	0,345				
0,21	0,222	0,179	0,229	0,377				
0,22	0,232	0,193	0,240	0,408				
0,23	0,243	0,208	0,251	0,440				
0,24	0,253	0,223	0,262	0,472				
0,25	0,264	0,238	0,273	0,503				
0,26	0,274	0,253	0,284	0,535				
0,27	0,285	0,268	0,295	0,566				
0,28	0,295	0,283	0,306	0,598				
0,29	0,306	0,298	0,317	0,629				
0,30	0,316	0,313	0,329	0,661				
0,31	0,327	0,328	0,340	0,692				
0,32	0,337	0,343	0,351	0,724				
0,33	0,348	0,358	0,362	0,755				
0,34	0,358	0,373	0,373	0,787				
0,35	0,369	0,388	0,384	0,818				
0,36	0,379	0,402	0,395	0,850				
0,37	0,390	0,417	0,406	0,881				
0,38	0,400	0,432	0,417	0,913				
0,39	0,411	0,447	0,429	0,944				
0,40	0,422	0,462	0,440	0,976				
0,41	0,432	0,477	0,451	1,007				
0,42	0,443	0,492	0,462	1,039				
0,43	0,453	0,507	0,473	1,070				
0,44	0,464	0,522	0,484	1,102				
0,45	0,474	0,537	0,495	1,133				
0,46	0,485	0,552	0,506	1,165				
0,47	0,495	0,567	0,517	1,196				

Bei einem bezogenen Randabstand d_2/d = 0,15 liegt die obere Bewehrung im Dehnungsnullpunkt. Eine Bemessung mit „Druckbewehrung" ist nicht möglich.

Bei einem bezogenen Randabstand d_2/d = 0,20 liegt die obere Bewehrung in der Zugzone. Eine Bemessung mit „Druckbewehrung" ist daher nicht möglich.

C 90/105

$$A_{s1} = \frac{1}{f_{yd}} (\omega_1 \cdot b \cdot d \cdot f_{cd} + N_{Ed})$$

$$A_{s2} = \omega_2 \cdot b \cdot d \cdot \frac{f_{cd}}{f_{yd}}$$

(Wegen der erf. Erhöhung von A_{s2} – Berücksichtigung der Nettofläche der Betondruckzone – wird auf „Einführung", Abschn. 6.1.6, Bild 12 verwiesen.)

Bemessungstafel (μ_s-Tafel) für Rechteckquerschnitte mit Druckbewehrung
(Normalbeton der Festigkeitsklassen C 90/105; ξ_{lim} = 0,15; Betonstahl BSt 500 und γ_s = 1,15)

Tafel 3c / C90

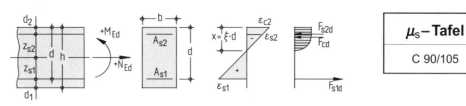

$$\mu_s-\text{Tafel}$$

$$C\ 90/105$$

$$\mu_{Eds} = \frac{M_{Eds}}{b \cdot d^2 \cdot f_{cd}}$$

mit $M_{Eds} = M_{Ed} - N_{Ed} \cdot z_{s1}$

$f_{cd} = \alpha \cdot f_{ck}/\gamma_c$ (i. Allg. gilt $\alpha = 0{,}85$)

$\xi = 0{,}35$ ($\varepsilon_{s1} = 4{,}27$ ‰, $\varepsilon_{c2} = -2{,}30$ ‰)

d_2/d $\varepsilon_{s1}/\varepsilon_{s2}$	0,05 4,27 ‰	−1,97 ‰	0,10 4,27 ‰	−1,64 ‰	0,15 4,27 ‰	−1,31 ‰	0,20 4,27 ‰	−0,99 ‰
μ_{Eds}	ω_1	ω_2	ω_1	ω_2	ω_1	ω_2	ω_1	ω_2
0,20	0,229	0,006	0,229	0,008	0,229	0,011	0,230	0,015
0,21	0,239	0,018	0,240	0,023	0,241	0,030	0,242	0,043
0,22	0,250	0,030	0,251	0,037	0,253	0,050	0,255	0,070
0,23	0,260	0,041	0,262	0,052	0,265	0,069	0,267	0,098
0,24	0,271	0,053	0,273	0,067	0,276	0,088	0,280	0,125
0,25	0,281	0,064	0,285	0,082	0,288	0,108	0,292	0,153
0,26	0,292	0,076	0,296	0,096	0,300	0,127	0,305	0,180
0,27	0,302	0,088	0,307	0,111	0,312	0,147	0,317	0,208
0,28	0,313	0,099	0,318	0,126	0,324	0,166	0,330	0,236
0,29	0,323	0,111	0,329	0,140	0,335	0,186	0,342	0,263
0,30	0,334	0,122	0,340	0,155	0,347	0,205	0,355	0,291
0,31	0,345	0,134	0,351	0,170	0,359	0,225	0,367	0,318
0,32	0,355	0,146	0,362	0,184	0,371	0,244	0,380	0,346
0,33	0,366	0,157	0,373	0,199	0,382	0,264	0,392	0,373
0,34	0,376	0,169	0,385	0,214	0,394	0,283	0,405	0,401
0,35	0,387	0,180	0,396	0,229	0,406	0,303	0,417	0,429
0,36	0,397	0,192	0,407	0,243	0,418	0,322	0,430	0,456
0,37	0,408	0,204	0,418	0,258	0,429	0,341	0,442	0,484
0,38	0,418	0,215	0,429	0,273	0,441	0,361	0,455	0,511
0,39	0,429	0,227	0,440	0,287	0,453	0,380	0,467	0,539
0,40	0,439	0,238	0,451	0,302	0,465	0,400	0,480	0,566
0,41	0,450	0,250	0,462	0,317	0,476	0,419	0,492	0,594
0,42	0,460	0,262	0,473	0,331	0,488	0,439	0,505	0,622
0,43	0,471	0,273	0,485	0,346	0,500	0,458	0,517	0,649
0,44	0,481	0,285	0,496	0,361	0,512	0,478	0,530	0,677
0,45	0,492	0,297	0,507	0,376	0,524	0,497	0,542	0,704
0,46	0,502	0,308	0,518	0,390	0,535	0,517	0,555	0,732
0,47	0,513	0,320	0,529	0,405	0,547	0,536	0,567	0,759
0,48	0,523	0,331	0,540	0,420	0,559	0,555	0,580	0,787
0,49	0,534	0,343	0,551	0,434	0,571	0,575	0,592	0,814
0,50	0,545	0,355	0,562	0,449	0,582	0,594	0,605	0,842
0,51	0,555	0,366	0,573	0,464	0,594	0,614	0,617	0,870
0,52	0,566	0,378	0,585	0,479	0,606	0,633	0,630	0,897
0,53	0,576	0,389	0,596	0,493	0,618	0,653	0,642	0,925
0,54	0,587	0,401	0,607	0,508	0,629	0,672	0,655	0,952
0,55	0,597	0,413	0,618	0,523	0,641	0,692	0,667	0,980
0,56	0,608	0,424	0,629	0,537	0,653	0,711	0,680	1,007
0,57	0,618	0,436	0,640	0,552	0,665	0,731	0,692	1,035
0,58	0,629	0,447	0,651	0,567	0,676	0,750	0,705	1,063
0,59	0,639	0,459	0,662	0,581	0,688	0,770	0,717	1,090
0,60	0,650	0,471	0,673	0,596	0,700	0,789	0,730	1,118

$$A_{s1} = \frac{1}{f_{yd}} (\omega_1 \cdot b \cdot d \cdot f_{cd} + N_{Ed})$$

$$A_{s2} = \omega_2 \cdot b \cdot d \cdot \frac{f_{cd}}{f_{yd}}$$

(Wegen der erf. Erhöhung von A_{s2} – Berücksichtigung der Nettofläche der Betondruckzone – wird auf „Einführung", Abschn. 6.1.6, Bild 12 verwiesen.)

Bemessungstafel (μ_s-Tafel) für Rechteckquerschnitte mit Druckbewehrung

(Normalbeton der Festigkeitsklassen C 90/105; $\xi_{lim} = 0{,}35$; Betonstahl BSt 500 und $\gamma_s = 1{,}15$)

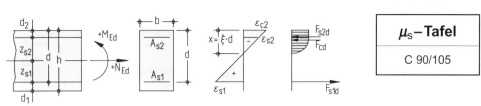

$$\mu_{Eds} = \frac{M_{Eds}}{b \cdot d^2 \cdot f_{cd}}$$

mit $M_{Eds} = M_{Ed} - N_{Ed} \cdot z_{s1}$

$f_{cd} = \alpha \cdot f_{ck}/\gamma_c$

(i. Allg. gilt $\alpha = 0,85$)

$\xi = 0,514$ ($\varepsilon_{s1} = 2,17$ ‰, $\varepsilon_{c2} = -2,30$ ‰)

d_2/d $\varepsilon_{s1}/\varepsilon_{s2}$	0,05		0,10		0,15		0,20	
	2,17 ‰	−2,08 ‰	2,17 ‰	−1,85 ‰	2,17 ‰	−1,63 ‰	2,17 ‰	−1,41 ‰
μ_{Eds}	ω_1	ω_2	ω_1	ω_2	ω_1	ω_2	ω_1	ω_2
0,27	0,332	0,004	0,332	0,005	0,332	0,006	0,332	0,007
0,28	0,342	0,015	0,343	0,018	0,344	0,022	0,345	0,027
0,29	0,353	0,026	0,354	0,031	0,356	0,037	0,357	0,046
0,30	0,363	0,037	0,365	0,044	0,367	0,053	0,370	0,065
0,31	0,374	0,048	0,376	0,057	0,379	0,069	0,382	0,085
0,32	0,384	0,059	0,387	0,070	0,391	0,085	0,395	0,104
0,33	0,395	0,070	0,398	0,083	0,403	0,100	0,407	0,123
0,34	0,405	0,081	0,410	0,096	0,414	0,116	0,420	0,143
0,35	0,416	0,092	0,421	0,109	0,426	0,132	0,432	0,162
0,36	0,426	0,103	0,432	0,122	0,438	0,147	0,445	0,181
0,37	0,437	0,114	0,443	0,135	0,450	0,163	0,457	0,201
0,38	0,447	0,125	0,454	0,148	0,461	0,179	0,470	0,220
0,39	0,458	0,136	0,465	0,161	0,473	0,194	0,482	0,239
0,40	0,468	0,148	0,476	0,174	0,485	0,210	0,495	0,259
0,41	0,479	0,159	0,487	0,188	0,497	0,226	0,507	0,278
0,42	0,489	0,170	0,498	0,201	0,509	0,242	0,520	0,297
0,43	0,500	0,181	0,510	0,214	0,520	0,257	0,532	0,317
0,44	0,511	0,192	0,521	0,227	0,532	0,273	0,545	0,336
0,45	0,521	0,203	0,532	0,240	0,544	0,289	0,557	0,355
0,46	0,532	0,214	0,543	0,253	0,556	0,304	0,570	0,375
0,47	0,542	0,225	0,554	0,266	0,567	0,320	0,582	0,394
0,48	0,553	0,236	0,565	0,279	0,579	0,336	0,595	0,414
0,49	0,563	0,247	0,576	0,292	0,591	0,351	0,607	0,433
0,50	0,574	0,258	0,587	0,305	0,603	0,367	0,620	0,452
0,51	0,584	0,269	0,598	0,318	0,614	0,383	0,632	0,472
0,52	0,595	0,280	0,610	0,331	0,626	0,399	0,645	0,491
0,53	0,605	0,291	0,621	0,344	0,638	0,414	0,657	0,510
0,54	0,616	0,302	0,632	0,357	0,650	0,430	0,670	0,530
0,55	0,626	0,313	0,643	0,370	0,661	0,446	0,682	0,549
0,56	0,637	0,324	0,654	0,383	0,673	0,461	0,695	0,568
0,57	0,647	0,335	0,665	0,396	0,685	0,477	0,707	0,588
0,58	0,658	0,346	0,676	0,409	0,697	0,493	0,720	0,607
0,59	0,668	0,357	0,687	0,422	0,709	0,508	0,732	0,626
0,60	0,679	0,368	0,698	0,435	0,720	0,524	0,745	0,646

$$A_{s1} = \frac{1}{f_{yd}} (\omega_1 \cdot b \cdot d \cdot f_{cd} + N_{Ed})$$

$$A_{s2} = \omega_2 \cdot b \cdot d \cdot \frac{f_{cd}}{f_{yd}}$$

(Wegen der erf. Erhöhung von A_{s2} – Berücksichtigung der Nettofläche der Betondruckzone – wird auf „Einführung", Abschn. 6.1.6, Bild 12 verwiesen.)

Bemessungstafel (μ_s-Tafel) für Rechteckquerschnitte mit Druckbewehrung

(Normalbeton der Festigkeitsklassen C 90/105; $\xi_{lim} = 0,514$; Betonstahl BSt 500 und $\gamma_s = 1,15$)

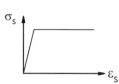

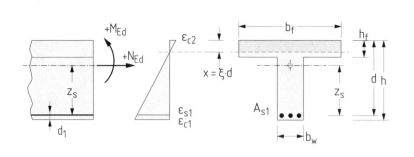

$$\mu_{Eds} = \frac{M_{Eds}}{b_f \cdot d^2 \cdot f_{cd}} \qquad \text{mit } M_{Eds} = M_{Ed} - N_{Ed} \cdot z_s$$

$$A_{s1} = \frac{1}{f_{yd}}\left(\omega_1 \cdot b_f \cdot d \cdot f_{cd} + N_{Ed}\right)$$

$h_f/d=0,05$	ω_1-Werte für $b_f/b_w =$				
μ_{Eds}	1	2	3	5	≥ 10
0,01	0,0101	0,0101	0,0101	0,0101	0,0101
0,02	0,0203	0,0204	0,0204	0,0204	0,0204
0,03	0,0307	0,0307	0,0307	0,0307	0,0307
0,04	0,0411	0,0410	0,0410	0,0410	0,0409
0,05	0,0515	0,0515	0,0515	0,0515	0,0515
0,06	0,0622	0,0623	0,0624	0,0626	0,0631
0,07	0,0731	0,0734	0,0737	0,0745	0,0770
0,08	0,0840	0,0848	0,0856	0,0875	
0,09	0,0952	0,0965	0,0981	0,1021	
0,10	0,1065	0,1087	0,1113		
0,11	0,1180	0,1213	0,1254		
0,12	0,1296	0,1344	0,1407		
0,13	0,1415	0,1480			
0,14	0,1535	0,1622			
0,15	0,1657	0,1772			
0,16	0,1782				
0,17	0,1908				
0,18	0,2038				
0,19	0,2170				
0,20	0,2304				
0,21	0,2441		unterhalb dieser Linie gilt:		
0,22	0,2581		$\xi = x/d > 0,35$		
0,23	0,2725				
0,24	0,2872				
0,25	0,3023				
0,26	0,3178				

$h_f/d=0,10$	ω_1-Werte für $b_f/b_w =$				
μ_{Eds}	1	2	3	5	≥ 10
0,01	0,0101	0,0101	0,0101	0,0101	0,0101
0,02	0,0203	0,0203	0,0203	0,0203	0,0203
0,03	0,0307	0,0307	0,0307	0,0307	0,0307
0,04	0,0411	0,0411	0,0411	0,0411	0,0411
0,05	0,0515	0,0515	0,0515	0,0515	0,0515
0,06	0,0622	0,0622	0,0622	0,0622	0,0622
0,07	0,0731	0,0730	0,0730	0,0730	0,0730
0,08	0,0840	0,0840	0,0839	0,0839	0,0839
0,09	0,0952	0,0951	0,0950	0,0950	0,0949
0,10	0,1065	0,1065	0,1065	0,1065	0,1065
0,11	0,1180	0,1182	0,1184	0,1188	0,1200
0,12	0,1296	0,1302	0,1308	0,1322	
0,13	0,1415	0,1426	0,1440		
0,14	0,1535	0,1556	0,1580		
0,15	0,1657	0,1690	0,1730		
0,16	0,1782	0,1830			
0,17	0,1908	0,1977			
0,18	0,2038	0,2131			
0,19	0,2170				
0,20	0,2304				
0,21	0,2441				
0,22	0,2581				
0,23	0,2725				
0,24	0,2872				
0,25	0,3023				
0,26	0,3178				

Bemessungstafeln mit dimensionslosen Beiwerten für den Plattenbalkenquerschnitt

$h_f/d=0{,}15$	\multicolumn{5}{c}{ω_1-Werte für $b_f/b_w =$}
μ_{Eds}	1	2	3	5	≥ 10
0,01	0,0101	0,0101	0,0101	0,0101	0,0101
0,02	0,0203	0,0203	0,0203	0,0203	0,0203
0,03	0,0307	0,0307	0,0307	0,0307	0,0307
0,04	0,0411	0,0411	0,0411	0,0411	0,0411
0,05	0,0515	0,0515	0,0515	0,0515	0,0515
0,06	0,0622	0,0622	0,0622	0,0622	0,0622
0,07	0,0731	0,0731	0,0731	0,0731	0,0731
0,08	0,0840	0,0840	0,0840	0,0840	0,0840
0,09	0,0952	0,0952	0,0952	0,0952	0,0952
0,10	0,1065	0,1065	0,1064	0,1064	0,1064
0,11	0,1180	0,1179	0,1178	0,1177	0,1177
0,12	0,1296	0,1294	0,1293	0,1292	0,1291
0,13	0,1415	0,1412	0,1411	0,1409	0,1407
0,14	0,1535	0,1534	0,1533	0,1532	0,1530
0,15	0,1657	0,1658	0,1659	0,1662	
0,16	0,1782	0,1787	0,1792	0,1805	
0,17	0,1908	0,1921	0,1934		
0,18	0,2038	0,2060			
0,19	0,2170	0,2206			
0,20	0,2304	0,2359			
0,21	0,2441				
0,22	0,2581				
0,23	0,2725				
0,24	0,2872				
0,25	0,3023				
0,26	0,3178				

$h_f/d=0{,}20$	\multicolumn{5}{c}{ω_1-Werte für $b_f/b_w =$}
μ_{Eds}	1	2	3	5	≥ 10
0,01	0,0101	0,0101	0,0101	0,0101	0,0101
0,02	0,0203	0,0203	0,0203	0,0203	0,0203
0,03	0,0307	0,0307	0,0307	0,0307	0,0307
0,04	0,0411	0,0411	0,0411	0,0411	0,0411
0,05	0,0515	0,0515	0,0515	0,0515	0,0515
0,06	0,0622	0,0622	0,0622	0,0622	0,0622
0,07	0,0731	0,0731	0,0731	0,0731	0,0731
0,08	0,0840	0,0840	0,0840	0,0840	0,0840
0,09	0,0952	0,0952	0,0952	0,0952	0,0952
0,10	0,1065	0,1065	0,1065	0,1065	0,1065
0,11	0,1180	0,1180	0,1180	0,1180	0,1180
0,12	0,1296	0,1296	0,1296	0,1296	0,1296
0,13	0,1415	0,1414	0,1414	0,1413	0,1413
0,14	0,1535	0,1533	0,1532	0,1532	0,1531
0,15	0,1657	0,1654	0,1653	0,1651	0,1650
0,16	0,1782	0,1778	0,1776	0,1773	0,1770
0,17	0,1908	0,1905	0,1902	0,1899	0,1894
0,18	0,2038	0,2035	0,2033	0,2031	
0,19	0,2170	0,2170	0,2171		
0,20	0,2304	0,2310	0,2317		
0,21	0,2441	0,2456			
0,22	0,2581				
0,23	0,2725				
0,24	0,2872				
0,25	0,3023				
0,26	0,3178				

$h_f/d=0{,}30$	\multicolumn{5}{c}{ω_1-Werte für $b_f/b_w =$}
μ_{Eds}	1	2	3	5	≥ 10
0,01	0,0101	0,0101	0,0101	0,0101	0,0101
0,02	0,0203	0,0203	0,0203	0,0203	0,0203
0,03	0,0307	0,0307	0,0307	0,0307	0,0307
0,04	0,0411	0,0411	0,0411	0,0411	0,0411
0,05	0,0515	0,0515	0,0515	0,0515	0,0515
0,06	0,0622	0,0622	0,0622	0,0622	0,0622
0,07	0,0731	0,0731	0,0731	0,0731	0,0731
0,08	0,0840	0,0840	0,0840	0,0840	0,0840
0,09	0,0952	0,0952	0,0952	0,0952	0,0952
0,10	0,1065	0,1065	0,1065	0,1065	0,1065
0,11	0,1180	0,1180	0,1180	0,1180	0,1180
0,12	0,1296	0,1296	0,1296	0,1296	0,1296
0,13	0,1415	0,1414	0,1414	0,1414	0,1414
0,14	0,1535	0,1535	0,1535	0,1535	0,1535
0,15	0,1657	0,1658	0,1658	0,1658	0,1658
0,16	0,1782	0,1782	0,1782	0,1782	0,1782
0,17	0,1908	0,1908	0,1908	0,1908	0,1908
0,18	0,2038	0,2037	0,2037	0,2037	0,2036
0,19	0,2170	0,2167	0,2166	0,2166	0,2165
0,20	0,2304	0,2299	0,2298	0,2296	0,2294
0,21	0,2441	0,2434	0,2431	0,2428	0,2425
0,22	0,2581	0,2573	0,2568	0,2563	0,2557
0,23	0,2725	0,2715	0,2709	0,2701	
0,24	0,2872	0,2862			
0,25	0,3023				
0,26	0,3178				

$h_f/d=0{,}40$	\multicolumn{5}{c}{ω_1-Werte für $b_f/b_w =$}
μ_{Eds}	1	2	3	5	≥ 10
0,01	0,0101	0,0101	0,0101	0,0101	0,0101
0,02	0,0203	0,0203	0,0203	0,0203	0,0203
0,03	0,0307	0,0307	0,0307	0,0307	0,0307
0,04	0,0411	0,0411	0,0411	0,0411	0,0411
0,05	0,0515	0,0515	0,0515	0,0515	0,0515
0,06	0,0622	0,0622	0,0622	0,0622	0,0622
0,07	0,0731	0,0731	0,0731	0,0731	0,0731
0,08	0,0840	0,0840	0,0840	0,0840	0,0840
0,09	0,0952	0,0952	0,0952	0,0952	0,0952
0,10	0,1065	0,1065	0,1065	0,1065	0,1065
0,11	0,1180	0,1180	0,1180	0,1180	0,1180
0,12	0,1296	0,1296	0,1296	0,1296	0,1296
0,13	0,1415	0,1415	0,1415	0,1415	0,1415
0,14	0,1535	0,1535	0,1535	0,1535	0,1535
0,15	0,1657	0,1657	0,1657	0,1657	0,1657
0,16	0,1782	0,1782	0,1782	0,1782	0,1782
0,17	0,1908	0,1908	0,1908	0,1908	0,1908
0,18	0,2038	0,2039	0,2039	0,2039	0,2039
0,19	0,2170	0,2169	0,2169	0,2169	0,2169
0,20	0,2304	0,2306	0,2306	0,2306	0,2306
0,21	0,2441	0,2443	0,2443	0,2443	0,2443
0,22	0,2581	0,2581	0,2581	0,2581	0,2581
0,23	0,2725	0,2724	0,2723	0,2723	0,2723
0,24	0,2872	0,2868	0,2867	0,2866	0,2865
0,25	0,3023	0,3016	0,3013	0,3010	0,3007
0,26	0,3178	0,3167			

C 90/105

Bemessungstafeln mit dimensionslosen Beiwerten für den Plattenbalkenquerschnitt

Tafel 6.1a / C90

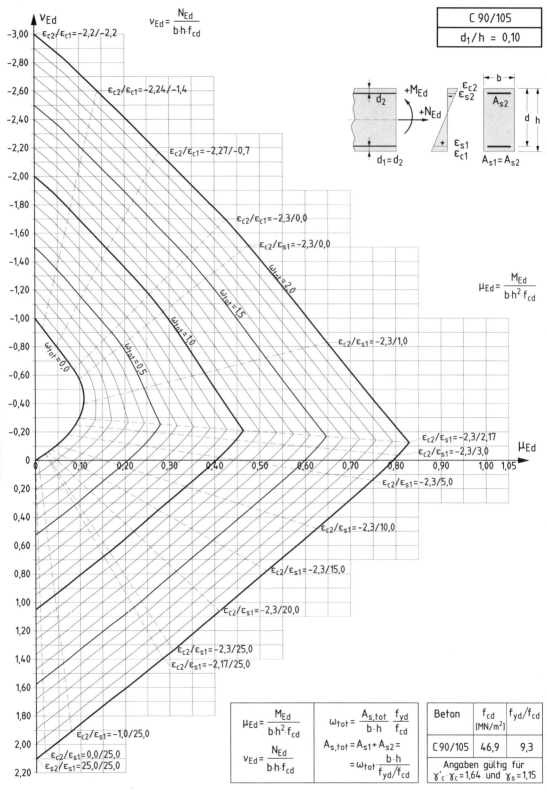

Interaktionsdiagramm für Rechteckquerschnitte mit symmetrischer zweiseitiger Bewehrung

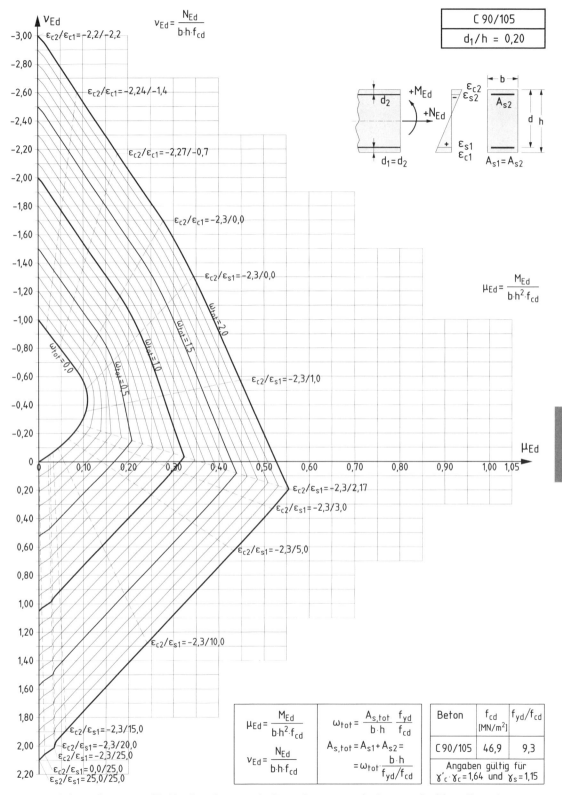

Interaktionsdiagramm für Rechteckquerschnitte mit symmetrischer zweiseitiger Bewehrung

Tafel 6.2a / C90

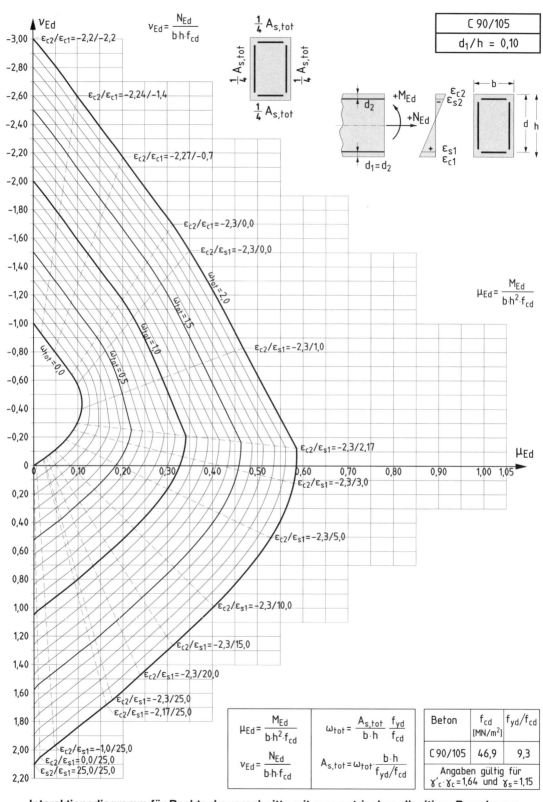

Interaktionsdiagramm für Rechteckquerschnitte mit symmetrischer allseitiger Bewehrung

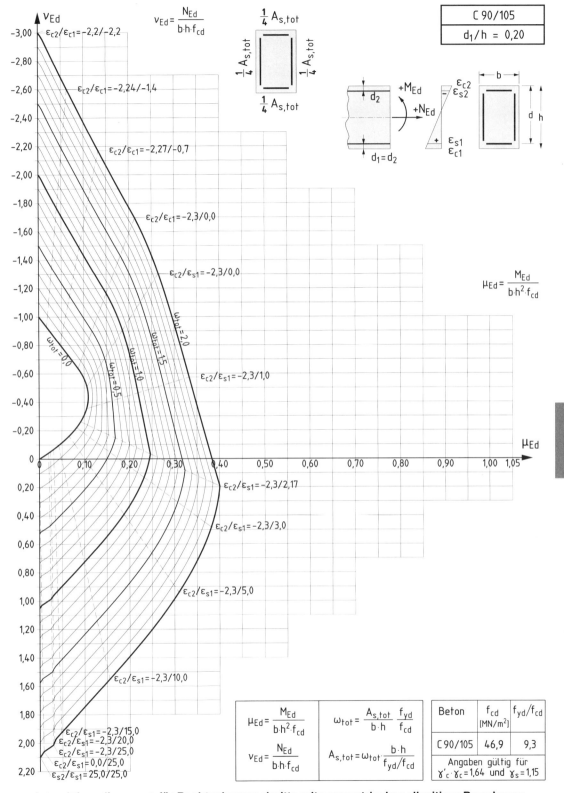

Interaktionsdiagramm für Rechteckquerschnitte mit symmetrischer allseitiger Bewehrung

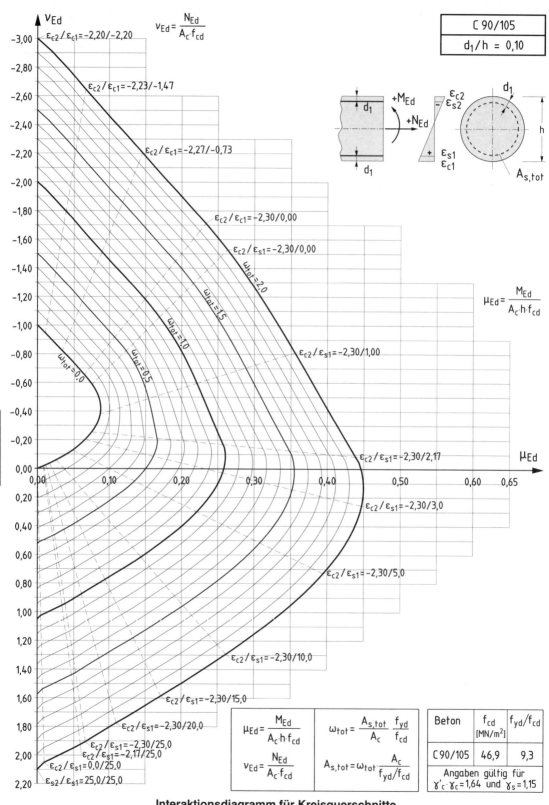

Interaktionsdiagramm für Kreisquerschnitte

The diagram shows:

$$\nu_{Ed} = \frac{N_{Ed}}{A_c \cdot f_{cd}}$$

$$\mu_{Ed} = \frac{M_{Ed}}{A_c \cdot h \cdot f_{cd}}$$

C 90/105

$d_1/h = 0,10$

Curve labels:
- $\varepsilon_{c2}/\varepsilon_{c1} = -2,20/-2,20$
- $\varepsilon_{c2}/\varepsilon_{c1} = -2,23/-1,47$
- $\varepsilon_{c2}/\varepsilon_{c1} = -2,27/-0,73$
- $\varepsilon_{c2}/\varepsilon_{c1} = -2,30/0,00$
- $\varepsilon_{c2}/\varepsilon_{s1} = -2,30/0,00$
- $\varepsilon_{c2}/\varepsilon_{s1} = -2,30/1,00$
- $\varepsilon_{c2}/\varepsilon_{s1} = -2,30/2,17$
- $\varepsilon_{c2}/\varepsilon_{s1} = -2,30/3,0$
- $\varepsilon_{c2}/\varepsilon_{s1} = -2,30/5,0$
- $\varepsilon_{c2}/\varepsilon_{s1} = -2,30/10,0$
- $\varepsilon_{c2}/\varepsilon_{s1} = -2,30/15,0$
- $\varepsilon_{c2}/\varepsilon_{s1} = -2,30/20,0$
- $\varepsilon_{c2}/\varepsilon_{s1} = -2,30/25,0$
- $\varepsilon_{c2}/\varepsilon_{s1} = -2,17/25,0$
- $\varepsilon_{c2}/\varepsilon_{s1} = 0,0/25,0$
- $\varepsilon_{s2}/\varepsilon_{s1} = 25,0/25,0$
- $\omega_{tot} = 0,0$
- $\omega_{tot} = 0,5$
- $\omega_{tot} = 1,0$
- $\omega_{tot} = 1,5$
- $\omega_{tot} = 2,0$

$$\mu_{Ed} = \frac{M_{Ed}}{A_c \cdot h \cdot f_{cd}}$$

$$\omega_{tot} = \frac{A_{s,tot}}{A_c} \cdot \frac{f_{yd}}{f_{cd}}$$

$$\nu_{Ed} = \frac{N_{Ed}}{A_c \cdot f_{cd}}$$

$$A_{s,tot} = \omega_{tot} \cdot \frac{A_c}{f_{yd}/f_{cd}}$$

Beton	f_{cd} [MN/m²]	f_{yd}/f_{cd}
C 90/105	46,9	9,3
Angaben gültig für $\gamma'_c \cdot \gamma_c = 1,64$ und $\gamma_s = 1,15$		

C 90/105

C 90/105
$d_1/h = 0,20$

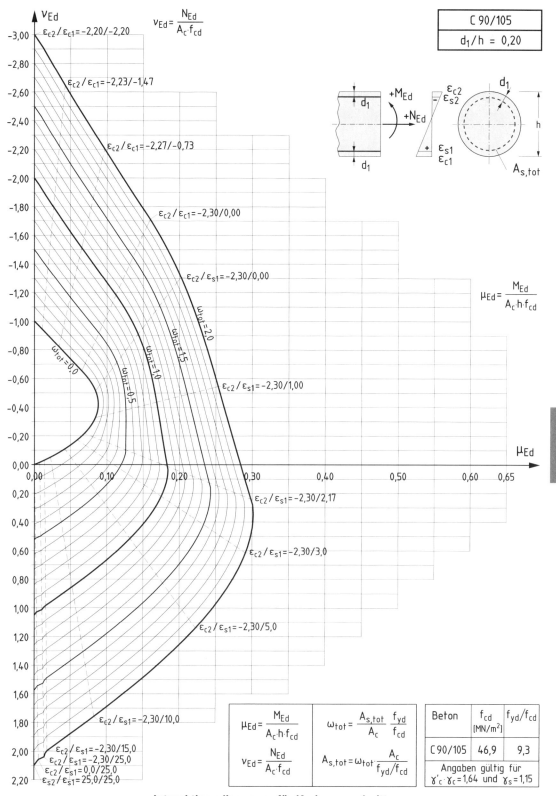

$$v_{Ed} = \frac{N_{Ed}}{A_c \cdot f_{cd}}$$

$$\mu_{Ed} = \frac{M_{Ed}}{A_c \cdot h \cdot f_{cd}}$$

$\varepsilon_{c2}/\varepsilon_{c1} = -2,20/-2,20$

$\varepsilon_{c2}/\varepsilon_{c1} = -2,23/-1,47$

$\varepsilon_{c2}/\varepsilon_{c1} = -2,27/-0,73$

$\varepsilon_{c2}/\varepsilon_{c1} = -2,30/0,00$

$\varepsilon_{c2}/\varepsilon_{s1} = -2,30/0,00$

$\varepsilon_{c2}/\varepsilon_{s1} = -2,30/1,00$

$\omega_{tot} = 0,0$

$\omega_{tot} = 0,5$

$\omega_{tot} = 1,0$

$\omega_{tot} = 1,5$

$\omega_{tot} = 2,0$

$\varepsilon_{c2}/\varepsilon_{s1} = -2,30/2,17$

$\varepsilon_{c2}/\varepsilon_{s1} = -2,30/3,0$

$\varepsilon_{c2}/\varepsilon_{s1} = -2,30/5,0$

$\varepsilon_{c2}/\varepsilon_{s1} = -2,30/10,0$

$\varepsilon_{c2}/\varepsilon_{s1} = -2,30/15,0$
$\varepsilon_{c2}/\varepsilon_{s1} = -2,30/25,0$
$\varepsilon_{c2}/\varepsilon_{s1} = 0,0/25,0$
$\varepsilon_{s2}/\varepsilon_{s1} = 25,0/25,0$

$\mu_{Ed} = \dfrac{M_{Ed}}{A_c \cdot h \cdot f_{cd}}$	$\omega_{tot} = \dfrac{A_{s,tot}}{A_c} \cdot \dfrac{f_{yd}}{f_{cd}}$
$v_{Ed} = \dfrac{N_{Ed}}{A_c \cdot f_{cd}}$	$A_{s,tot} = \omega_{tot} \cdot \dfrac{A_c}{f_{yd}/f_{cd}}$

Beton	f_{cd} [MN/m^2]	f_{yd}/f_{cd}
C90/105	46,9	9,3
Angaben gültig für $\gamma'_c \cdot \gamma_c = 1,64$ und $\gamma_s = 1,15$		

Interaktionsdiagramm für Kreisquerschnitte

C 90/105

Tafel 7.1a / C90

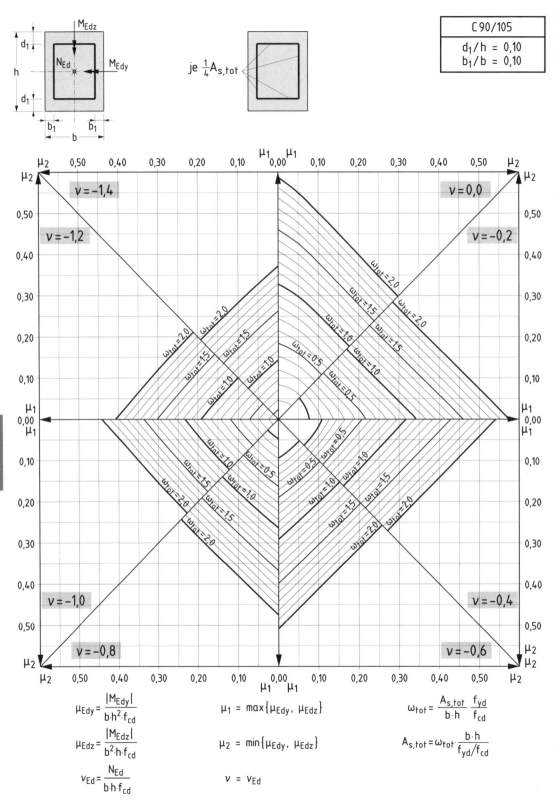

je $\frac{1}{4} A_{s,tot}$

C 90/105
$d_1 / h = 0{,}10$
$b_1 / b = 0{,}10$

$\mu_{Edy} = \dfrac{|M_{Edy}|}{b \cdot h^2 \cdot f_{cd}}$

$\mu_{Edz} = \dfrac{|M_{Edz}|}{b^2 \cdot h \cdot f_{cd}}$

$\nu_{Ed} = \dfrac{N_{Ed}}{b \cdot h \cdot f_{cd}}$

$\mu_1 = \max\{\mu_{Edy}, \mu_{Edz}\}$

$\mu_2 = \min\{\mu_{Edy}, \mu_{Edz}\}$

$\nu = \nu_{Ed}$

$\omega_{tot} = \dfrac{A_{s,tot}}{b \cdot h} \dfrac{f_{yd}}{f_{cd}}$

$A_{s,tot} = \omega_{tot} \cdot \dfrac{b \cdot h}{f_{yd}/f_{cd}}$

Interaktionsdiagramm für schiefe Biegung mit Längsdruckkraft

C 90/105

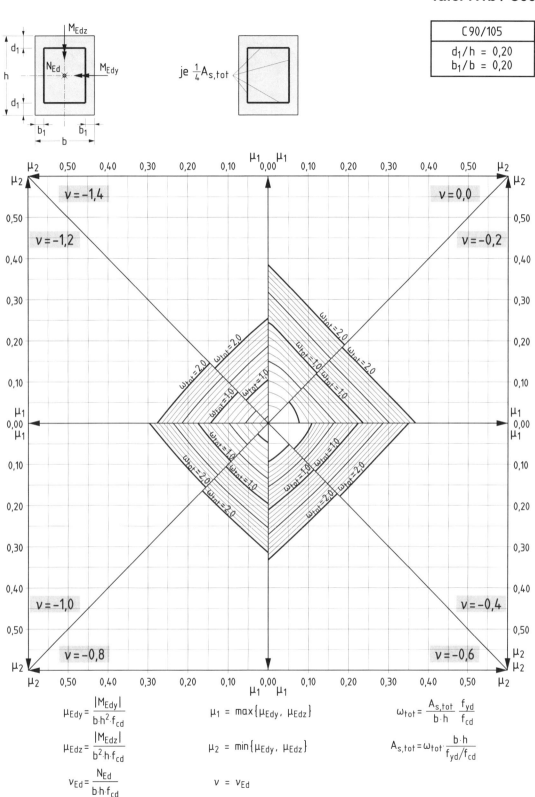

$$\mu_{Edy} = \frac{|M_{Edy}|}{b \cdot h^2 \cdot f_{cd}}$$

$$\mu_{Edz} = \frac{|M_{Edz}|}{b^2 \cdot h \cdot f_{cd}}$$

$$\nu_{Ed} = \frac{N_{Ed}}{b \cdot h \cdot f_{cd}}$$

$$\mu_1 = max\{\mu_{Edy}, \mu_{Edz}\}$$

$$\mu_2 = min\{\mu_{Edy}, \mu_{Edz}\}$$

$$\nu = \nu_{Ed}$$

$$\omega_{tot} = \frac{A_{s,tot}}{b \cdot h} \cdot \frac{f_{yd}}{f_{cd}}$$

$$A_{s,tot} = \omega_{tot} \cdot \frac{b \cdot h}{f_{yd}/f_{cd}}$$

Interaktionsdiagramm für schiefe Biegung mit Längsdruckkraft

305

Tafel 7.2a / C90

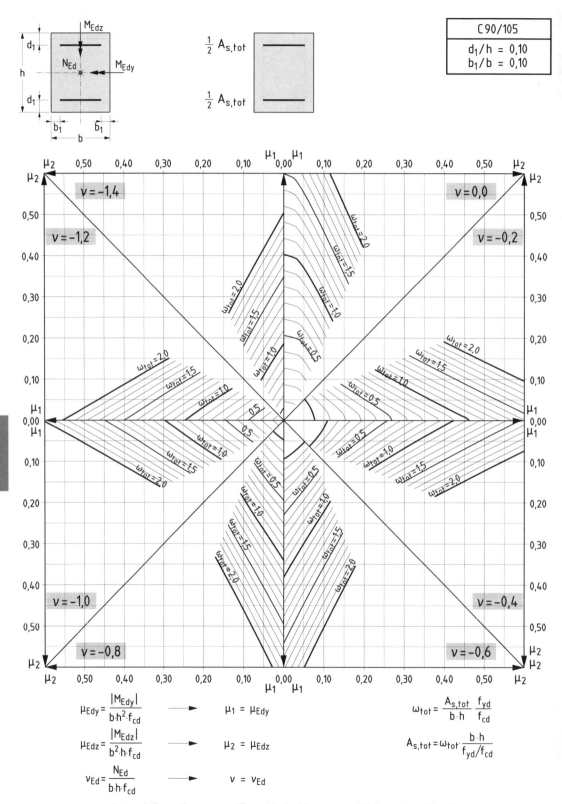

$$\mu_{Edy} = \frac{|M_{Edy}|}{b \cdot h^2 \cdot f_{cd}} \longrightarrow \mu_1 = \mu_{Edy} \qquad \omega_{tot} = \frac{A_{s,tot}}{b \cdot h} \frac{f_{yd}}{f_{cd}}$$

$$\mu_{Edz} = \frac{|M_{Edz}|}{b^2 \cdot h \cdot f_{cd}} \longrightarrow \mu_2 = \mu_{Edz} \qquad A_{s,tot} = \omega_{tot} \cdot \frac{b \cdot h}{f_{yd}/f_{cd}}$$

$$\nu_{Ed} = \frac{N_{Ed}}{b \cdot h \cdot f_{cd}} \longrightarrow \nu = \nu_{Ed}$$

Interaktionsdiagramm für schiefe Biegung mit Längsdruckkraft

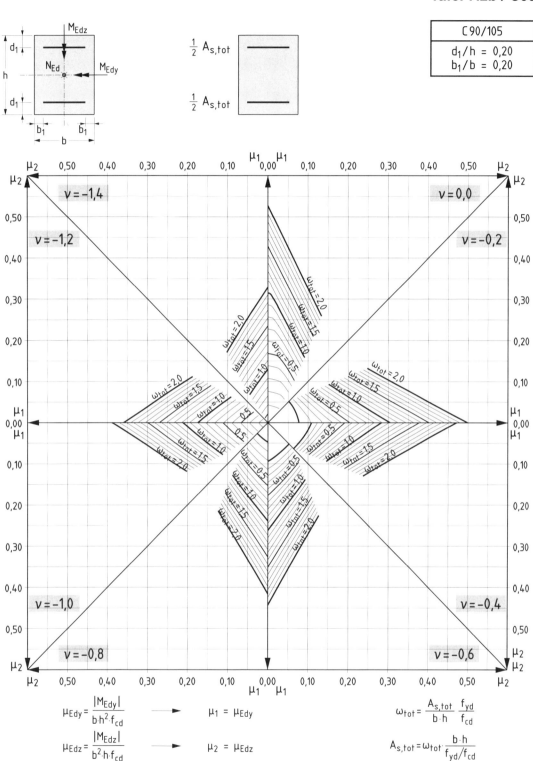

C90/105
$d_1/h = 0,20$
$b_1/b = 0,20$

C 90/105

$$\mu_{Edy} = \frac{|M_{Edy}|}{b \cdot h^2 \cdot f_{cd}} \longrightarrow \mu_1 = \mu_{Edy}$$

$$\mu_{Edz} = \frac{|M_{Edz}|}{b^2 \cdot h \cdot f_{cd}} \longrightarrow \mu_2 = \mu_{Edz}$$

$$\nu_{Ed} = \frac{N_{Ed}}{b \cdot h \cdot f_{cd}} \longrightarrow \nu = \nu_{Ed}$$

$$\omega_{tot} = \frac{A_{s,tot}}{b \cdot h} \frac{f_{yd}}{f_{cd}}$$

$$A_{s,tot} = \omega_{tot} \cdot \frac{b \cdot h}{f_{yd}/f_{cd}}$$

Interaktionsdiagramm für schiefe Biegung mit Längsdruckkraft

Tafel 7.3a / C90

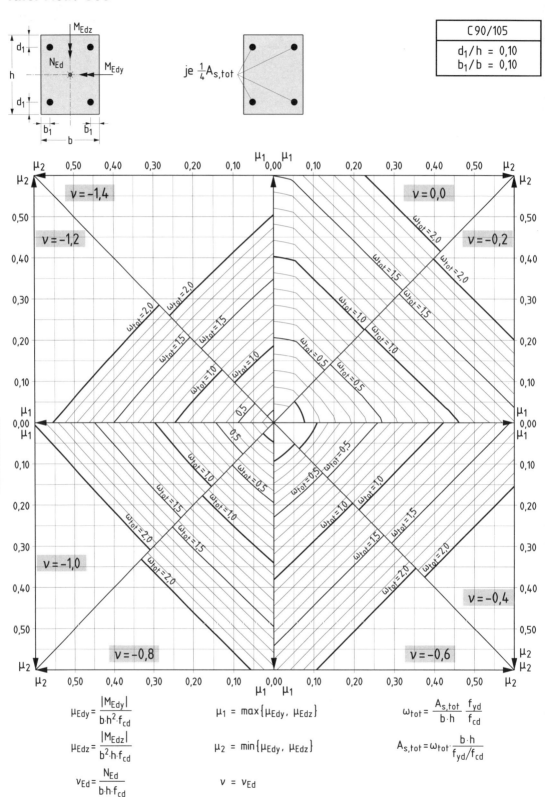

C90/105

$d_1/h = 0{,}10$
$b_1/b = 0{,}10$

je $\frac{1}{4}A_{s,tot}$

$$\mu_{Edy} = \frac{|M_{Edy}|}{b \cdot h^2 \cdot f_{cd}}$$

$$\mu_{Edz} = \frac{|M_{Edz}|}{b^2 \cdot h \cdot f_{cd}}$$

$$\nu_{Ed} = \frac{N_{Ed}}{b \cdot h \cdot f_{cd}}$$

$$\mu_1 = \max\{\mu_{Edy}, \mu_{Edz}\}$$

$$\mu_2 = \min\{\mu_{Edy}, \mu_{Edz}\}$$

$$\nu = \nu_{Ed}$$

$$\omega_{tot} = \frac{A_{s,tot}}{b \cdot h} \frac{f_{yd}}{f_{cd}}$$

$$A_{s,tot} = \omega_{tot} \cdot \frac{b \cdot h}{f_{yd}/f_{cd}}$$

Interaktionsdiagramm für schiefe Biegung mit Längsdruckkraft

C 90/105

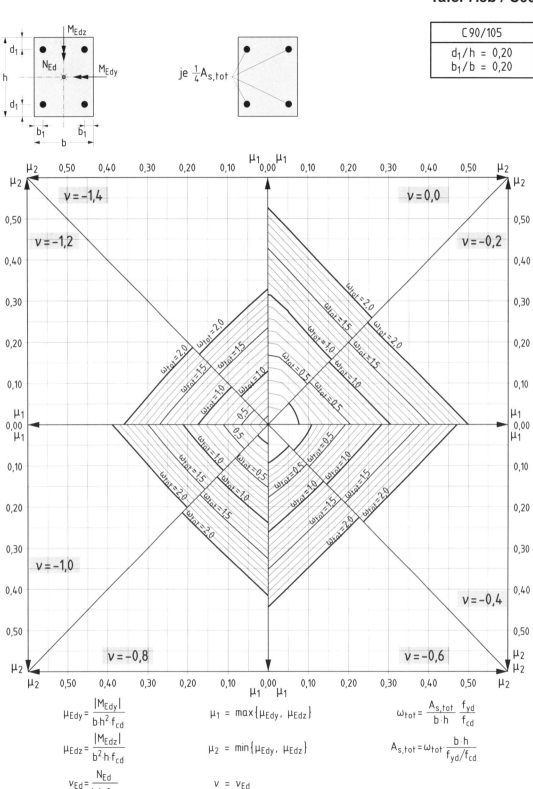

$$\mu_{Edy} = \frac{|M_{Edy}|}{b \cdot h^2 \cdot f_{cd}}$$

$$\mu_{Edz} = \frac{|M_{Edz}|}{b^2 \cdot h \cdot f_{cd}}$$

$$\nu_{Ed} = \frac{N_{Ed}}{b \cdot h \cdot f_{cd}}$$

$$\mu_1 = \max\{\mu_{Edy}, \mu_{Edz}\}$$

$$\mu_2 = \min\{\mu_{Edy}, \mu_{Edz}\}$$

$$\nu = \nu_{Ed}$$

$$\omega_{tot} = \frac{A_{s,tot}}{b \cdot h} \cdot \frac{f_{yd}}{f_{cd}}$$

$$A_{s,tot} = \omega_{tot} \cdot \frac{b \cdot h}{f_{yd}/f_{cd}}$$

Interaktionsdiagramm für schiefe Biegung mit Längsdruckkraft

Tafel 8.1 / C90

Stütze
$e_{tot} = 0$

Betonanteil F_{cd} (in MN)

Rechteck

$h\backslash b$	20	25	30	40	50	60	70	80
20	1,877	2,346	2,815	3,754	4,692	5,630	6,569	7,507
25		2,933	3,519	4,692	5,865	7,038	8,211	9,384
30			4,223	5,630	7,038	8,446	9,853	11,26
40				7,507	9,384	11,26	13,14	15,01
50					11,73	14,08	16,42	18,77
60						16,89	19,71	22,52
70							22,99	26,28
80								30,03

Kreis

D	
20	1,474
25	2,303
30	3,317
40	5,896
50	9,213
60	13,27
70	18,06
80	23,58

Kreisring

$D\backslash r_i/r_a$	0,9	0,7
20	0,280	0,752
25	0,438	1,175
30	0,630	1,691
40	1,120	3,007
50	1,750	4,698
60	2,521	6,766
70	3,431	9,209
80	4,481	12,03

Stahlanteil F_{sd} (in MN)

$d\backslash n$	4	6	8	10	12	14	16	18	20
12	0,197	0,295	0,393	0,492	0,590	0,688	0,787	0,885	0,983
14	0,268	0,402	0,535	0,669	0,803	0,937	1,071	1,205	1,339
16	0,350	0,525	0,699	0,874	1,049	1,224	1,399	1,574	1,748
20	0,546	0,820	1,093	1,366	1,639	1,912	2,185	2,459	2,732
25	0,854	1,281	1,707	2,134	2,561	2,988	3,415	3,842	4,268
28	1,071	1,606	2,142	2,677	3,213	3,748	4,283	4,819	5,354

Abminderungsfaktor β

Beton	β
C 90/105	0,892

Gesamttragfähigkeit $\boxed{|N_{Rd}| = F_{cd} + \beta \cdot F_{sd}}$

Aufnehmbare Längsdruckkraft $|N_{Rd}|$ **für C 90/105** (mit $\alpha = 0,85$) **und BSt 500 S bei mittiger Belastung**

Bemessungstafeln C 100/115

Darstellung	Beschreibung		Tafel	Seite
	Allgemeines Bemessungsdiagramm		1 / C100	313
	k_d-Tafeln		2.1 / C100	314
	k_d-Tafeln für $\gamma_c = 1{,}35$		2.2 / C100	316
	μ_s-Tafeln		3 / C100	318
	μ_s-Tafel für den Plattenbalken-querschnitt		5 / C100	322
	Interaktionsdiagramme zur Biegebemessung beidseitig symmetrisch bewehrter Rechteck-querschnitte	$d_1/h = 0{,}10$	6.1a / C100	324
		$d_1/h = 0{,}20$	6.1b / C100	325
	Interaktionsdiagramme zur Biegebemessung allseitig symmetrisch bewehrter Rechteck-querschnitte	$d_1/h = 0{,}10$	6.2a / C100	326
		$d_1/h = 0{,}20$	6.2b / C100	327
	Interaktionsdiagramme für umfangsbewehrte Kreisquerschnitte	$d_1/h = 0{,}10$	6.3a / C100	328
		$d_1/h = 0{,}20$	6.3b / C100	329
	Interaktionsdiagramme für umfangsbewehrte Kreisringquerschnitte			
		$r_i/r_a = 0{,}90$ $\quad d_1/(r_a-r_i) = 0{,}50$	6.4a / C100	330
		$r_i/r_a = 0{,}70$ $\quad d_1/(r_a-r_i) = 0{,}50$	6.4b / C100	331

Fortsetzung nächste Seite

C 100/115

Darstellung	Beschreibung		Tafel	Seite
$je \frac{1}{4} A_{s,tot}$ M_{Edz} N_{Ed} M_{Edy} d_1 h b_1 b b_1 d_1 $b_1/b = d_1/h$	Interaktionsdiagramme für schiefe Biegung mit Längsdruck für allseitig symmetrisch bewehrte Rechteckquerschnitte	$d_1/h = 0{,}10$ $d_1/h = 0{,}20$	7.1a / C100 7.1b / C100	332 333
A_{s2} M_{Edz} N_{Ed} M_{Edy} $A_{s1} = A_{s2}$ d_1 h b d_1	Interaktionsdiagramme für schiefe Biegung mit Längsdruck für zwei-seitig symmetrisch be-wehrte Rechteckquer-schnitte	$d_1/h = 0{,}10$ $d_1/h = 0{,}20$	7.2a / C100 7.2b / C100	334 335
$je \frac{1}{4} A_{s,tot}$ M_{Edz} N_{Ed} M_{Edy} d_1 h b_1 b b_1 d_1 $b_1/b = d_1/h$	Interaktionsdiagramme für schiefe Biegung mit Längsdruck für sym-metrisch eckbewehrte Rechteckquerschnitte	$d_1/h = 0{,}10$ $d_1/h = 0{,}20$	7.3a / C100 7.3b / C100	336 337
	Stütze ohne Knickgefahr (aufnehmbare Längsdruckkraft)		8.1 / C100	338
N_{Ed} H_{Ed} $+M_{Ed1}$ $-N_{Ed}$ $d_1 = d_2$ h d_2 Schlankheiten λ: 25 / 40 / 50 / 60 70 / 80 / 90 / 100 110 / 120 / 130 / 140	Modellstützenverfahren (Knicksicherheitsnachweis)			
		$d_1/h = 0{,}10$ $d_1/h = 0{,}20$	8.2a / C100 8.2d / C100	339 342
		$d_1/h = 0{,}10$ $d_1/h = 0{,}20$	8.3a / C100 8.3d / C100	345 348
		$d_1/h = 0{,}10$ $d_1/h = 0{,}20$	8.4a / C100 8.4d / C100	351 354

C 100/115

312

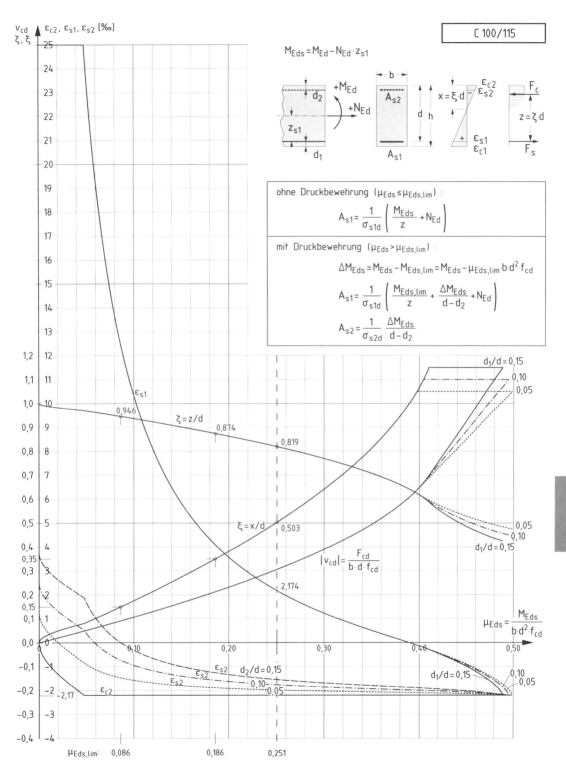

Allgemeines Bemessungsdiagramm für Rechteckquerschnitte

Tafel 2.1a / C100

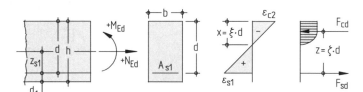

$$k_d = \frac{d \ [cm]}{\sqrt{M_{Eds} \ [kNm] \ / \ b \ [m]}}$$

mit $M_{Eds} = M_{Ed} - N_{Ed} \cdot z_{s1}$

Beton C 100/115						
k_d	k_s	κ_s	ξ	ζ	ε_{c2} in ‰	ε_{s1} in ‰
5,98	2,32	0,95	0,025	0,991	-0,65	25,00
3,15	2,34	0,95	0,050	0,983	-1,30	25,00
2,24	2,36	0,95	0,072	0,975	-1,94	25,00
1,89	2,38	0,96	0,094	0,966	-2,20	21,30
1,70	2,40	0,97	0,116	0,958	-2,20	16,76
1,57	2,42	0,98	0,138	0,950	-2,20	13,73
1,46	2,44	0,98	0,160	0,943	-2,20	11,57
1,38	2,46	0,98	0,181	0,935	-2,20	9,95
1,31	2,48	0,99	0,202	0,927	-2,20	8,68
1,26	2,50	0,99	0,223	0,920	-2,20	7,67
1,16	2,54	0,99	0,263	0,906	-2,20	6,16
1,09	2,58	0,99	0,302	0,891	-2,20	5,08
1,04	2,62	1,00	0,340	0,878	-2,20	4,27
1,00	2,66	1,00	0,377	0,865	-2,20	3,64
0,96	2,70	1,00	0,412	0,852	-2,20	3,13
0,93	2,74	1,00	0,447	0,839	-2,20	2,72
0,90	2,78	1,00	0,481	0,827	-2,20	2,38
0,89	2,81	1,00	0,503	0,819	-2,20	2,17

$$A_{s1} \ [cm^2] = \ k_s \cdot \frac{M_{Eds} \ [kNm]}{d \ [cm]} + \frac{N_{Ed} \ [kN]}{43,5 \ [kN/cm^2]} \qquad \text{(horizontaler Ast der Spannungs-Dehnungs-Linie)}$$

alternativ:

$$A_{s1}^{\bullet} = \kappa_s \cdot A_{s1} \qquad \text{(geneigter Ast der Spannungs-Dehnungs-Linie)}$$

Dimensionsgebundene Bemessungstafel (k_d-Verfahren), Rechteck ohne Druckbewehrung
(Hochfester Normalbeton C 100/115 mit $\alpha = 0,85$; Betonstahl BSt 500 und $\gamma_s = 1,15$)

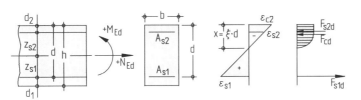

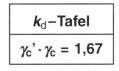

$$k_d = \frac{d\ [cm]}{\sqrt{M_{Eds}\ [kNm]\ /\ b\ [m]}} \qquad \text{mit}\quad M_{Eds} = M_{Ed} - N_{Ed} \cdot z_{s1}$$

Beiwerte k_{s1} und k_{s2}

$\xi = 0{,}15$ ($\varepsilon_{s1}/\varepsilon_{c2} = 12{,}5\ /\ -2{,}2\ [‰]$) $\xi = 0{,}35$ ($\varepsilon_{s1}/\varepsilon_{c2} = 4{,}09\ /\ -2{,}2\ [‰]$) $\xi = 0{,}503$ ($\varepsilon_{s1}/\varepsilon_{c2} = 2{,}17\ /\ -2{,}2\ [‰]$)

k_d	k_{s1}	k_{s2}	k_d	k_{s1}	k_{s2}	k_d	k_{s1}	k_{s2}
1,51	2,44	0	1,03	2,63	0	0,89	2,81	0
1,48	2,44	0,10	1,01	2,62	0,10	0,87	2,79	0,10
1,45	2,44	0,20	0,98	2,62	0,20	0,85	2,78	0,20
1,41	2,44	0,30	0,96	2,61	0,30	0,83	2,76	0,30
1,38	2,44	0,40	0,94	2,60	0,40	0,81	2,75	0,40
1,35	2,44	0,50	0,92	2,59	0,50	0,79	2,73	0,50
1,31	2,44	0,60	0,89	2,59	0,60	0,77	2,72	0,60
1,27	2,44	0,70	0,87	2,58	0,70	0,75	2,70	0,70
1,24	2,44	0,80	0,84	2,57	0,80	0,73	2,69	0,80
1,20	2,44	0,90	0,82	2,56	0,90	0,70	2,68	0,90
1,16	2,44	1,00	0,79	2,56	1,00	0,68	2,66	1,00
1,12	2,44	1,10	0,76	2,55	1,10	0,66	2,65	1,10
1,08	2,44	1,20	0,73	2,54	1,20	0,63	2,63	1,20
1,03	2,44	1,30	0,70	2,53	1,30	0,61	2,62	1,30
0,99	2,44	1,40	0,67	2,53	1,40	0,58	2,60	1,40

Beiwerte ρ_1 und ρ_2

d_2/d	$\xi = 0{,}15$			$\xi = 0{,}35$					$\xi = 0{,}503$					
	ρ_1 für $k_{s1}=$	ρ_2	$-\varepsilon_{s2}$	ρ_1 für $k_{s1}=$			ρ_2	$-\varepsilon_{s2}$	ρ_1 für $k_{s1}=$				ρ_2	$-\varepsilon_{s2}$
	2,44		[‰]	2,63	2,58	2,53		[‰]	2,81	2,73	2,66	2,60		[‰]
0,06	1,00	1,65	1,32	1,00	1,00	1,00	1,19	1,82	1,00	1,00	1,00	1,00	1,12	1,94
0,08	1,01	2,16	1,03	1,00	1,01	1,01	1,31	1,70	1,00	1,00	1,01	1,01	1,20	1,85
0,10	1,03	3,10	0,73	1,00	1,01	1,03	1,45	1,57	1,00	1,01	1,02	1,02	1,29	1,76
0,12				1,00	1,02	1,04	1,61	1,45	1,00	1,01	1,03	1,04	1,39	1,68
0,14				1,00	1,03	1,05	1,80	1,32	1,00	1,02	1,04	1,05	1,50	1,59
0,16				1,00	1,03	1,07	2,04	1,19	1,00	1,02	1,05	1,06	1,62	1,50
0,18				1,00	1,04	1,08	2,33	1,07	1,00	1,03	1,06	1,08	1,76	1,41
0,20				1,00	1,05	1,10	2,71	0,94	1,00	1,03	1,07	1,09	1,93	1,33
0,22									1,00	1,04	1,08	1,11	2,12	1,24
0,24									1,00	1,04	1,09	1,13	2,34	1,15

$$A_{s1}\ [cm^2] = \rho_1 \cdot k_{s1} \cdot \frac{M_{Eds}\ [kNm]}{d\ [cm]} + \frac{N_{Ed}\ [kN]}{43{,}5\ [kN/cm^2]}$$

$$A_{s2}\ [cm^2] = \rho_2 \cdot k_{s2} \cdot \frac{M_{Eds}\ [kNm]}{d\ [cm]}$$

(Wegen der erf. Erhöhung von A_{s2} – Berücksichtigung der Nettofläche der Betondruckzone – wird auf „Einführung", Abschn. 6.1.6, Bild 12 verwiesen.)

Dimensionsgebundene Bemessungstafel (k_d-Verfahren); Rechteck mit Druckbewehrung
(Hochfester Normalbeton C 100/115 mit $\alpha = 0{,}85$; $\xi_{lim} = 0{,}15\ /\ 0{,}35\ /\ 0{,}503$; Betonstahl BSt 500 und $\gamma_s = 1{,}15$)

Tafel 2.2a / C100

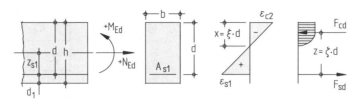

$$k_d = \frac{d\,[cm]}{\sqrt{M_{Eds}\,[kNm]\,/\,b\,[m]}} \qquad \text{mit} \quad M_{Eds} = M_{Ed} - N_{Ed} \cdot z_{s1}$$

Beton C 100/115

k_d	k_s	κ_s	ξ	ζ	ε_{c2} in ‰	ε_{s1} in ‰
5,67	2,32	0,95	0,025	0,991	-0,65	25,00
2,99	2,34	0,95	0,050	0,983	-1,30	25,00
2,13	2,36	0,95	0,072	0,975	-1,94	25,00
1,79	2,38	0,96	0,094	0,966	-2,20	21,30
1,62	2,40	0,97	0,116	0,958	-2,20	16,76
1,49	2,42	0,98	0,138	0,950	-2,20	13,73
1,39	2,44	0,98	0,160	0,943	-2,20	11,57
1,31	2,46	0,98	0,181	0,935	-2,20	9,95
1,25	2,48	0,99	0,202	0,927	-2,20	8,68
1,19	2,50	0,99	0,223	0,920	-2,20	7,68
1,10	2,54	0,99	0,263	0,906	-2,20	6,16
1,04	2,58	0,99	0,302	0,891	-2,20	5,08
0,99	2,62	1,00	0,340	0,878	-2,20	4,27
0,94	2,66	1,00	0,377	0,865	-2,20	3,64
0,91	2,70	1,00	0,412	0,852	-2,20	3,13
0,88	2,74	1,00	0,447	0,839	-2,20	2,72
0,85	2,78	1,00	0,481	0,827	-2,20	2,38
0,84	2,81	1,00	0,503	0,819	-2,20	2,17

$$A_{s1}\,[cm^2] = k_s \cdot \frac{M_{Eds}\,[kNm]}{d\,[cm]} + \frac{N_{Ed}\,[kN]}{43{,}5\,[kN/cm^2]} \qquad \text{(horizontaler Ast der Spannungs-Dehnungs-Linie)}$$

alternativ:

$$A_{s1}^{\,*} = \kappa_s \cdot A_{s1} \qquad \text{(geneigter Ast der Spannungs-Dehnungs-Linie)}$$

Dimensionsgebundene Bemessungstafel (k_d-Verfahren), Rechteck ohne Druckbewehrung
(Hochfester Normalbeton C 100/115 mit $\alpha = 0{,}85$; Betonstahl BSt 500 und $\gamma_s = 1{,}15$)

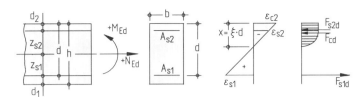

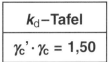

$$k_\mathrm{d} = \frac{d\,[\mathrm{cm}]}{\sqrt{M_\mathrm{Eds}\,[\mathrm{kNm}]\,/\,b\,[\mathrm{m}]}} \qquad \text{mit}\quad M_\mathrm{Eds} = M_\mathrm{Ed} - N_\mathrm{Ed} \cdot z_\mathrm{s1}$$

Beiwerte k_s1 und k_s2

$\xi = 0{,}15$ $(\varepsilon_\mathrm{s1}/\varepsilon_\mathrm{c2} = 12{,}5\,/\,{-2{,}2}\ [‰])$ $\xi = 0{,}35$ $(\varepsilon_\mathrm{s1}/\varepsilon_\mathrm{c2} = 4{,}09\,/\,{-2{,}2}\ [‰])$ $\xi = 0{,}503$ $(\varepsilon_\mathrm{s1}/\varepsilon_\mathrm{c2} = 2{,}17\,/\,{-2{,}2}\ [‰])$

k_d	k_s1	k_s2
1,43	2,44	0
1,40	2,44	0,10
1,37	2,44	0,20
1,34	2,44	0,30
1,31	2,44	0,40
1,28	2,44	0,50
1,24	2,44	0,60
1,21	2,44	0,70
1,17	2,44	0,80
1,14	2,44	0,90
1,10	2,44	1,00
1,06	2,44	1,10
1,02	2,44	1,20
0,98	2,44	1,30
0,94	2,44	1,40

k_d	k_s1	k_s2
0,97	2,63	0
0,95	2,62	0,10
0,93	2,62	0,20
0,91	2,61	0,30
0,89	2,60	0,40
0,87	2,59	0,50
0,85	2,59	0,60
0,82	2,58	0,70
0,80	2,57	0,80
0,77	2,56	0,90
0,75	2,56	1,00
0,72	2,55	1,10
0,70	2,54	1,20
0,67	2,53	1,30
0,64	2,53	1,40

k_d	k_s1	k_s2
0,84	2,81	0
0,82	2,79	0,10
0,80	2,78	0,20
0,79	2,76	0,30
0,77	2,75	0,40
0,75	2,73	0,50
0,73	2,72	0,60
0,71	2,70	0,70
0,69	2,69	0,80
0,67	2,68	0,90
0,65	2,66	1,00
0,62	2,65	1,10
0,60	2,63	1,20
0,57	2,62	1,30
0,55	2,60	1,40

Beiwerte ρ_1 und ρ_2

d_2/d	$\xi = 0{,}15$			$\xi = 0{,}35$					$\xi = 0{,}503$					
	ρ_1 für $k_\mathrm{s1}=$	ρ_2	$-\varepsilon_\mathrm{s2}$	ρ_1 für $k_\mathrm{s1} =$			ρ_2	$-\varepsilon_\mathrm{s2}$	ρ_1 für $k_\mathrm{s1} =$				ρ_2	$-\varepsilon_\mathrm{s2}$
	2,44		[‰]	2,63	2,58	2,53		[‰]	2,81	2,73	2,66	2,60		[‰]
0,06	1,00	1,65	1,32	1,00	1,00	1,00	1,19	1,82	1,00	1,00	1,00	1,00	1,12	1,94
0,08	1,01	2,16	1,03	1,00	1,01	1,01	1,31	1,70	1,00	1,01	1,01	1,01	1,20	1,85
0,10	1,03	3,10	0,73	1,00	1,01	1,03	1,45	1,57	1,00	1,01	1,02	1,02	1,29	1,76
0,12				1,00	1,02	1,04	1,61	1,45	1,00	1,01	1,03	1,04	1,39	1,68
0,14				1,00	1,03	1,05	1,80	1,32	1,00	1,02	1,04	1,05	1,50	1,59
0,16				1,00	1,03	1,07	2,04	1,19	1,00	1,02	1,05	1,06	1,62	1,50
0,18				1,00	1,04	1,08	2,33	1,07	1,00	1,03	1,06	1,08	1,76	1,41
0,20				1,00	1,05	1,10	2,71	0,94	1,00	1,03	1,07	1,09	1,93	1,33
0,22									1,00	1,04	1,08	1,11	2,12	1,24
0,24									1,00	1,04	1,09	1,13	2,34	1,15

$$A_\mathrm{s1}\,[\mathrm{cm}^2] = \rho_1 \cdot k_\mathrm{s1} \cdot \frac{M_\mathrm{Eds}\,[\mathrm{kNm}]}{d\,[\mathrm{cm}]} + \frac{N_\mathrm{Ed}\,[\mathrm{kN}]}{43{,}5\,[\mathrm{kN/cm}^2]}$$

$$A_\mathrm{s2}\,[\mathrm{cm}^2] = \rho_2 \cdot k_\mathrm{s2} \cdot \frac{M_\mathrm{Eds}\,[\mathrm{kNm}]}{d\,[\mathrm{cm}]}$$

(Wegen der erf. Erhöhung von A_s2 – Berücksichtigung der Nettofläche der Betondruckzone – wird auf „Einführung", Abschn. 6.1.6, Bild 12 verwiesen.)

Dimensionsgebundene Bemessungstafel (k_d-Verfahren); Rechteck mit Druckbewehrung
(Hochfester Normalbeton C 100/115 mit $\alpha = 0{,}85$; $\xi_\mathrm{lim} = 0{,}15\,/\,0{,}35\,/\,0{,}503$; Betonstahl BSt 500 und $\gamma_\mathrm{s} = 1{,}15$)

C 100/115

Tafel 3a / C100

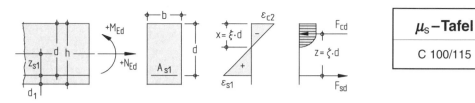

$$\mu_{Eds} = \frac{M_{Eds}}{b \cdot d^2 \cdot f_{cd}}$$

mit $M_{Eds} = M_{Ed} - N_{Ed} \cdot z_{s1}$

$f_{cd} = \alpha \cdot f_{ck}/\gamma_c$

(i. Allg. gilt $\alpha = 0,85$)

μ_{Eds}	ω	$\xi = \dfrac{x}{d}$	$\zeta = \dfrac{z}{d}$	ε_{c2} in ‰	ε_{s1} in ‰	$\sigma_{sd}^{1)}$ in MPa BSt 500	$\sigma_{sd}^{2)}$ in MPa BSt 500
0,01	0,0101	0,035	0,988	−0,90	25,00	435	457
0,02	0,0203	0,050	0,983	−1,31	25,00	435	457
0,03	0,0307	0,062	0,978	−1,66	25,00	435	457
0,04	0,0411	0,073	0,974	−1,97	25,00	435	457
0,05	0,0516	0,085	0,970	−2,20	23,73	435	455
0,06	0,0623	0,102	0,963	−2,20	19,27	435	451
0,07	0,0732	0,120	0,957	−2,20	16,08	435	448
0,08	0,0842	0,139	0,950	−2,20	13,68	435	446
0,09	0,0954	0,157	0,944	−2,20	11,82	435	444
0,10	0,1067	0,176	0,937	−2,20	10,33	435	443
0,11	0,1183	0,195	0,930	−2,20	9,11	435	441
0,12	0,1300	0,214	0,923	−2,20	8,09	435	440
0,13	0,1419	0,233	0,916	−2,20	7,22	435	440
0,14	0,1540	0,253	0,909	−2,20	6,48	435	439
0,15	0,1663	0,274	0,902	−2,20	5,84	435	438
0,16	0,1789	0,294	0,894	−2,20	5,27	435	438
0,17	0,1917	0,315	0,887	−2,20	4,78	435	437
0,18	0,2048	0,337	0,879	−2,20	4,33	435	437
0,19	0,2181	0,359	0,871	−2,20	3,93	435	436
0,20	0,2317	0,381	0,863	−2,20	3,57	435	436
0,21	0,2457	0,404	0,855	−2,20	3,24	435	436
0,22	0,2599	0,428	0,846	−2,20	2,95	435	436
0,23	0,2745	0,452	0,838	−2,20	2,67	435	435
0,24	0,2895	0,476	0,829	−2,20	2,42	435	435
0,25	0,3049	0,502	0,820	−2,20	2,19	435	435
0,26	0,3208	0,528	0,810	−2,20	1,97	394	394
0,27	0,3372	0,555	0,801	−2,20	1,77	353	353
0,28	0,3541	0,583	0,791	−2,20	1,58	315	315
0,29	0,3716	0,611	0,780	−2,20	1,40	280	280
0,30	0,3898	0,641	0,770	−2,20	1,23	246	246
0,31	0,4087	0,672	0,759	−2,20	1,07	214	214
0,32	0,4285	0,705	0,747	−2,20	0,92	184	184
0,33	0,4493	0,739	0,735	−2,20	0,78	155	155
0,34	0,4712	0,775	0,722	−2,20	0,64	128	128
0,35	0,4945	0,813	0,708	−2,20	0,50	101	101

unwirtschaft-licher Bereich

[1] Begrenzung der Stahlspannung auf $f_{yd} = f_{yk} / \gamma_s$ (horizontaler Ast der σ-ε-Linie)
[2] Begrenzung der Stahlspannung auf $f_{td,cal} = f_{tk,cal}/ \gamma_s$ (geneigter Ast der σ-ε-Linie)

$$A_{s1} = \frac{1}{\sigma_{sd}} (\omega \cdot b \cdot d \cdot f_{cd} + N_{Ed})$$

Bemessungstafel (μ_s-Tafel) für Rechteckquerschnitte ohne Druckbewehrung

(Normalbeton der Festigkeitsklassen C 100/115; Betonstahl BSt 500 und $\gamma_s = 1,15$)

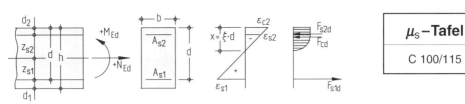

$$\mu_{Eds} = \frac{M_{Eds}}{b \cdot d^2 \cdot f_{cd}}$$

mit $M_{Eds} = M_{Ed} - N_{Ed} \cdot z_{s1}$
$f_{cd} = \alpha \cdot f_{ck}/\gamma_c$

(i. Allg. gilt $\alpha = 0{,}85$)

μ_s–**Tafel**

C 100/115

$\xi = 0{,}15$ ($\varepsilon_{s1} = 12{,}5$ ‰, $\varepsilon_{c2} = -2{,}20$ ‰)

| d_2/d | 0,05 | | 0,10 | | 0,15 | | 0,20 | |
| $\varepsilon_{s1}/\varepsilon_{s2}$ | 12,5 ‰ | −1,47 ‰ | 12,5 ‰ | −0,73 ‰ | | | | |
μ_{Eds}	ω_1	ω_2	ω_1	ω_2	ω_1	ω_2	ω_1	ω_2
0,09	0,095	0,006	0,095	0,012				
0,10	0,106	0,021	0,106	0,045				
0,11	0,116	0,037	0,118	0,078				
0,12	0,127	0,053	0,129	0,111				
0,13	0,137	0,068	0,140	0,144				
0,14	0,148	0,084	0,151	0,177				
0,15	0,158	0,099	0,162	0,210				
0,16	0,169	0,115	0,173	0,243				
0,17	0,179	0,131	0,184	0,276				
0,18	0,190	0,146	0,195	0,309				
0,19	0,200	0,162	0,206	0,342				
0,20	0,211	0,177	0,218	0,375				
0,21	0,221	0,193	0,229	0,408				
0,22	0,232	0,209	0,240	0,440				
0,23	0,242	0,224	0,251	0,473				
0,24	0,253	0,240	0,262	0,506				
0,25	0,264	0,255	0,273	0,539				
0,26	0,274	0,271	0,284	0,572				
0,27	0,285	0,287	0,295	0,605				
0,28	0,295	0,302	0,306	0,638				
0,29	0,306	0,318	0,318	0,671				
0,30	0,316	0,333	0,329	0,704				
0,31	0,327	0,349	0,340	0,737				
0,32	0,337	0,365	0,351	0,770				
0,33	0,348	0,380	0,362	0,803				
0,34	0,358	0,396	0,373	0,836				
0,35	0,369	0,411	0,384	0,869				
0,36	0,379	0,427	0,395	0,902				
0,37	0,390	0,443	0,406	0,935				
0,38	0,400	0,458	0,418	0,968				
0,39	0,411	0,474	0,429	1,000				
0,40	0,421	0,489	0,440	1,033				
0,41	0,432	0,505	0,451	1,066				
0,42	0,442	0,521	0,462	1,099				
0,43	0,453	0,536	0,473	1,132				
0,44	0,464	0,552	0,484	1,165				
0,45	0,474	0,568	0,495	1,198				

Bei einem bezogenen Randabstand $d_2/d = 0{,}15$ liegt die obere Bewehrung im Dehnungsnullpunkt. Eine Bemessung mit „Druckbewehrung" ist nicht möglich.

Bei einem bezogenen Randabstand $d_2/d = 0{,}20$ liegt die obere Bewehrung in der Zugzone. Eine Bemessung mit „Druckbewehrung" ist daher nicht möglich.

$$A_{s1} = \frac{1}{f_{yd}} (\omega_1 \cdot b \cdot d \cdot f_{cd} + N_{Ed})$$

$$A_{s2} = \omega_2 \cdot b \cdot d \cdot \frac{f_{cd}}{f_{yd}}$$

(Wegen der erf. Erhöhung von A_{s2} – Berücksichtigung der Nettofläche der Betondruckzone – wird auf „Einführung", Abschn. 6.1.6, Bild 12 verwiesen.)

Bemessungstafel (μ_s-Tafel) für Rechteckquerschnitte mit Druckbewehrung

(Normalbeton der Festigkeitsklassen C 100/115; $\xi_{lim} = 0{,}15$; Betonstahl BSt 500 und $\gamma_s = 1{,}15$)

Tafel 3c / C100

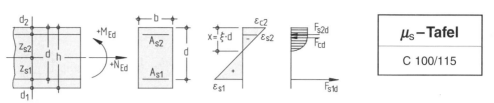

$$\mu_{Eds} = \frac{M_{Eds}}{b \cdot d^2 \cdot f_{cd}}$$

mit $M_{Eds} = M_{Ed} - N_{Ed} \cdot z_{s1}$

$f_{cd} = \alpha \cdot f_{ck}/\gamma_c$

(i. Allg. gilt $\alpha = 0,85$)

$\xi = 0,35$ ($\varepsilon_{s1} = 4,09$ ‰, $\varepsilon_{c2} = -2,20$ ‰)

d_2/d $\varepsilon_{s1}/\varepsilon_{s2}$	0,05		0,10		0,15		0,20	
	4,09 ‰	−1,89 ‰	4,09 ‰	−1,57 ‰	4,09 ‰	−1,26 ‰	4,09 ‰	−0,94 ‰
μ_{Eds}	ω_1	ω_2	ω_1	ω_2	ω_1	ω_2	ω_1	ω_2
0,19	0,217	0,005	0,217	0,006	0,217	0,008	0,218	0,012
0,20	0,227	0,017	0,228	0,022	0,229	0,028	0,230	0,040
0,21	0,238	0,029	0,239	0,037	0,241	0,049	0,243	0,069
0,22	0,249	0,041	0,251	0,052	0,253	0,069	0,255	0,098
0,23	0,259	0,053	0,262	0,068	0,265	0,090	0,268	0,127
0,24	0,270	0,066	0,273	0,083	0,276	0,110	0,280	0,156
0,25	0,280	0,078	0,284	0,098	0,288	0,130	0,293	0,184
0,26	0,291	0,090	0,295	0,114	0,300	0,151	0,305	0,213
0,27	0,301	0,102	0,306	0,129	0,312	0,171	0,318	0,242
0,28	0,312	0,114	0,317	0,144	0,323	0,191	0,330	0,271
0,29	0,322	0,126	0,328	0,160	0,335	0,212	0,343	0,300
0,30	0,333	0,138	0,339	0,175	0,347	0,232	0,355	0,329
0,31	0,343	0,150	0,351	0,191	0,359	0,252	0,368	0,357
0,32	0,354	0,163	0,362	0,206	0,370	0,273	0,380	0,386
0,33	0,365	0,175	0,373	0,221	0,382	0,293	0,393	0,415
0,34	0,375	0,187	0,384	0,237	0,394	0,313	0,405	0,444
0,35	0,385	0,199	0,395	0,252	0,406	0,334	0,418	0,473
0,36	0,396	0,211	0,406	0,267	0,417	0,354	0,430	0,501
0,37	0,406	0,223	0,417	0,283	0,429	0,374	0,443	0,530
0,38	0,417	0,235	0,428	0,298	0,441	0,395	0,455	0,559
0,39	0,427	0,248	0,439	0,314	0,453	0,415	0,468	0,588
0,40	0,438	0,260	0,451	0,329	0,465	0,435	0,480	0,617
0,41	0,449	0,272	0,462	0,344	0,476	0,456	0,493	0,646
0,42	0,459	0,284	0,473	0,360	0,488	0,476	0,505	0,674
0,43	0,470	0,296	0,484	0,375	0,500	0,496	0,518	0,703
0,44	0,480	0,308	0,495	0,390	0,512	0,517	0,530	0,732
0,45	0,491	0,320	0,506	0,406	0,523	0,537	0,543	0,761
0,46	0,501	0,332	0,517	0,421	0,535	0,557	0,555	0,790
0,47	0,512	0,345	0,528	0,437	0,547	0,578	0,568	0,819
0,48	0,522	0,357	0,539	0,452	0,559	0,598	0,580	0,847
0,49	0,533	0,369	0,551	0,467	0,570	0,618	0,593	0,876
0,50	0,543	0,381	0,562	0,483	0,582	0,639	0,605	0,905
0,51	0,554	0,393	0,573	0,498	0,594	0,659	0,618	0,934
0,52	0,564	0,405	0,584	0,513	0,606	0,679	0,630	0,963
0,53	0,575	0,417	0,595	0,529	0,617	0,700	0,643	0,991
0,54	0,585	0,430	0,606	0,544	0,629	0,720	0,655	1,020
0,55	0,596	0,442	0,617	0,560	0,641	0,741	0,668	1,049
0,56	0,606	0,454	0,628	0,575	0,653	0,761	0,680	1,078
0,57	0,617	0,466	0,639	0,590	0,665	0,781	0,693	1,107
0,58	0,627	0,478	0,651	0,606	0,676	0,802	0,705	1,136

$$A_{s1} = \frac{1}{f_{yd}} (\omega_1 \cdot b \cdot d \cdot f_{cd} + N_{Ed})$$

$$A_{s2} = \omega_2 \cdot b \cdot d \cdot \frac{f_{cd}}{f_{yd}}$$

(Wegen der erf. Erhöhung von A_{s2} – Berücksichtigung der Nettofläche der Betondruckzone – wird auf „Einführung", Abschn. 6.1.6, Bild 12 verwiesen.)

Bemessungstafel (μ_s-Tafel) für Rechteckquerschnitte mit Druckbewehrung

(Normalbeton der Festigkeitsklassen C 100/115; $\xi_{lim} = 0,35$; Betonstahl BSt 500 und $\gamma_s = 1,15$)

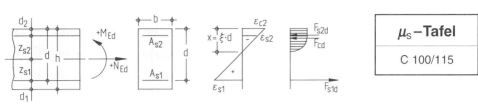

$$\mu_{Eds} = \frac{M_{Eds}}{b \cdot d^2 \cdot f_{cd}}$$

mit $M_{Eds} = M_{Ed} - N_{Ed} \cdot z_{s1}$
$f_{cd} = \alpha \cdot f_{ck}/\gamma_c$

(i. Allg. gilt $\alpha = 0{,}85$)

$\xi = 0{,}503$ ($\varepsilon_{s1} = 2{,}17\ ‰$, $\varepsilon_{c2} = -2{,}20\ ‰$)

| d_2/d | 0,05 | | 0,10 | | 0,15 | | 0,20 | |
| $\varepsilon_{s1}/\varepsilon_{s2}$ | 2,17 ‰ | −1,98 ‰ | 2,17 ‰ | −1,76 ‰ | 2,17 ‰ | −1,54 ‰ | 2,17 ‰ | −1,33 ‰ |
μ_{Eds}	ω_1	ω_2	ω_1	ω_2	ω_1	ω_2	ω_1	ω_2
0,26	0,316	0,011	0,316	0,013	0,317	0,016	0,318	0,019
0,27	0,326	0,023	0,327	0,027	0,329	0,032	0,330	0,040
0,28	0,337	0,034	0,339	0,040	0,340	0,049	0,343	0,060
0,29	0,347	0,046	0,350	0,054	0,352	0,065	0,355	0,081
0,30	0,358	0,057	0,361	0,068	0,364	0,082	0,368	0,101
0,31	0,368	0,069	0,372	0,082	0,376	0,099	0,380	0,122
0,32	0,379	0,080	0,383	0,095	0,387	0,115	0,393	0,143
0,33	0,389	0,092	0,394	0,109	0,399	0,132	0,405	0,163
0,34	0,400	0,103	0,405	0,123	0,411	0,148	0,418	0,184
0,35	0,410	0,115	0,416	0,136	0,423	0,165	0,430	0,204
0,36	0,421	0,126	0,427	0,150	0,435	0,181	0,443	0,225
0,37	0,432	0,138	0,439	0,164	0,446	0,198	0,455	0,245
0,38	0,442	0,150	0,450	0,177	0,458	0,215	0,468	0,266
0,39	0,453	0,161	0,461	0,191	0,470	0,231	0,480	0,286
0,40	0,463	0,173	0,472	0,205	0,482	0,248	0,493	0,307
0,41	0,474	0,184	0,483	0,219	0,493	0,264	0,505	0,327
0,42	0,484	0,196	0,494	0,232	0,505	0,281	0,518	0,348
0,43	0,495	0,207	0,505	0,246	0,517	0,297	0,530	0,368
0,44	0,505	0,219	0,516	0,260	0,529	0,314	0,543	0,389
0,45	0,516	0,230	0,527	0,273	0,540	0,330	0,555	0,409
0,46	0,526	0,242	0,539	0,287	0,552	0,347	0,568	0,430
0,47	0,537	0,254	0,550	0,301	0,564	0,364	0,580	0,450
0,48	0,547	0,265	0,561	0,314	0,576	0,380	0,593	0,471
0,49	0,558	0,277	0,572	0,328	0,587	0,397	0,605	0,491
0,50	0,568	0,288	0,583	0,342	0,599	0,413	0,618	0,512
0,51	0,579	0,300	0,594	0,356	0,611	0,430	0,630	0,532
0,52	0,589	0,311	0,605	0,369	0,623	0,446	0,643	0,553
0,53	0,600	0,323	0,616	0,383	0,635	0,463	0,655	0,573
0,54	0,610	0,334	0,627	0,397	0,646	0,480	0,668	0,594
0,55	0,621	0,346	0,639	0,410	0,658	0,496	0,680	0,614
0,56	0,632	0,357	0,650	0,424	0,670	0,513	0,693	0,635
0,57	0,642	0,369	0,661	0,438	0,682	0,529	0,705	0,655
0,58	0,653	0,381	0,672	0,452	0,693	0,546	0,718	0,676
0,59	0,663	0,392	0,683	0,465	0,705	0,562	0,730	0,696
0,60	0,674	0,404	0,694	0,479	0,717	0,579	0,743	0,717

C 100/115

$$A_{s1} = \frac{1}{f_{yd}} (\omega_1 \cdot b \cdot d \cdot f_{cd} + N_{Ed})$$

$$A_{s2} = \omega_2 \cdot b \cdot d \cdot \frac{f_{cd}}{f_{yd}}$$

(Wegen der erf. Erhöhung von A_{s2} – Berücksichtigung der Nettofläche der Betondruckzone – wird auf „Einführung", Abschn. 6.1.6, Bild 12 verwiesen.)

Bemessungstafel (μ_s-Tafel) für Rechteckquerschnitte mit Druckbewehrung

(Normalbeton der Festigkeitsklassen C 100/115; $\xi_{lim} = 0{,}503$; Betonstahl BSt 500 und $\gamma_s = 1{,}15$)

Tafel 5a / C100

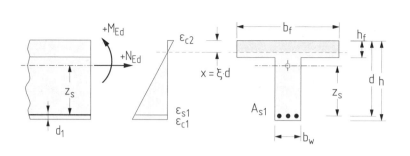

$$\mu_{Eds} = \frac{M_{Eds}}{b_f \cdot d^2 \cdot f_{cd}} \qquad \text{mit } M_{Eds} = M_{Ed} - N_{Ed} \cdot z_s$$

$$A_{s1} = \frac{1}{f_{yd}}\left(\omega_1 \cdot b_f \cdot d \cdot f_{cd} + N_{Ed}\right)$$

$h_f/d=0,05$	ω_1-Werte für b_f/b_w =				
μ_{Eds}	1	2	3	5	≥ 10
0,01	0,0101	0,0101	0,0101	0,0101	0,0101
0,02	0,0204	0,0204	0,0204	0,0204	0,0204
0,03	0,0307	0,0307	0,0307	0,0307	0,0307
0,04	0,0411	0,0410	0,0410	0,0410	0,0409
0,05	0,0516	0,0516	0,0516	0,0516	0,0516
0,06	0,0623	0,0624	0,0625	0,0627	0,0633
0,07	0,0732	0,0735	0,0739	0,0747	
0,08	0,0842	0,0850	0,0859	0,0880	
0,09	0,0954	0,0968	0,0985		
0,10	0,1067	0,1091	0,1119		
0,11	0,1183	0,1218	0,1264		
0,12	0,1300	0,1351			
0,13	0,1419	0,1489			
0,14	0,1540	0,1635			
0,15	0,1664				
0,16	0,1789				
0,17	0,1917				
0,18	0,2049				
0,19	0,2181		unterhalb dieser Linie gilt:		
0,20	0,2317		$\xi = x/d > 0,35$		
0,21	0,2457				
0,22	0,2599				
0,23	0,2746				
0,24	0,2896				
0,25	0,3050				

$h_f/d=0,10$	ω_1-Werte für b_f/b_w =				
μ_{Eds}	1	2	3	5	≥ 10
0,01	0,0101	0,0101	0,0101	0,0101	0,0101
0,02	0,0204	0,0204	0,0204	0,0204	0,0204
0,03	0,0307	0,0307	0,0307	0,0307	0,0307
0,04	0,0411	0,0411	0,0411	0,0411	0,0411
0,05	0,0516	0,0516	0,0516	0,0516	0,0516
0,06	0,0623	0,0623	0,0623	0,0623	0,0623
0,07	0,0732	0,0731	0,0731	0,0731	0,0731
0,08	0,0842	0,0841	0,0841	0,0840	0,0839
0,09	0,0954	0,0953	0,0952	0,0952	0,0951
0,10	0,1067	0,1067	0,1068	0,1068	0,1070
0,11	0,1183	0,1185	0,1188	0,1193	
0,12	0,1300	0,1307	0,1314	0,1331	
0,13	0,1419	0,1433	0,1448		
0,14	0,1540	0,1564	0,1592		
0,15	0,1664	0,1700			
0,16	0,1789	0,1843			
0,17	0,1917	0,1994			
0,18	0,2049				
0,19	0,2181				
0,20	0,2317				
0,21	0,2457				
0,22	0,2599				
0,23	0,2746				
0,24	0,2896				
0,25	0,3050				

Bemessungstafeln mit dimensionslosen Beiwerten für den Plattenbalkenquerschnitt

C 100/105

$h_f/d=0,15$	ω_1-Werte für $b_f/b_w =$				
μ_{Eds}	1	2	3	5	≥ 10
0,01	0,0101	0,0101	0,0101	0,0101	0,0101
0,02	0,0204	0,0204	0,0204	0,0204	0,0204
0,03	0,0307	0,0307	0,0307	0,0307	0,0307
0,04	0,0411	0,0411	0,0411	0,0411	0,0411
0,05	0,0516	0,0516	0,0516	0,0516	0,0516
0,06	0,0623	0,0623	0,0623	0,0623	0,0623
0,07	0,0732	0,0732	0,0732	0,0732	0,0732
0,08	0,0842	0,0842	0,0842	0,0842	0,0842
0,09	0,0954	0,0954	0,0954	0,0954	0,0954
0,10	0,1067	0,1067	0,1066	0,1066	0,1066
0,11	0,1183	0,1181	0,1180	0,1180	0,1179
0,12	0,1300	0,1298	0,1296	0,1295	0,1293
0,13	0,1419	0,1417	0,1416	0,1414	0,1411
0,14	0,1540	0,1539	0,1539	0,1538	0,1538
0,15	0,1664	0,1666	0,1668	0,1672	
0,16	0,1789	0,1797	0,1804		
0,17	0,1917	0,1933	0,1950		
0,18	0,2049	0,2075			
0,19	0,2181	0,2224			
0,20	0,2317				
0,21	0,2457				
0,22	0,2599				
0,23	0,2746				
0,24	0,2896				
0,25	0,3050				

$h_f/d=0,20$	ω_1-Werte für $b_f/b_w =$				
μ_{Eds}	1	2	3	5	≥ 10
0,01	0,0101	0,0101	0,0101	0,0101	0,0101
0,02	0,0204	0,0204	0,0204	0,0204	0,0204
0,03	0,0307	0,0307	0,0307	0,0307	0,0307
0,04	0,0411	0,0411	0,0411	0,0411	0,0411
0,05	0,0516	0,0516	0,0516	0,0516	0,0516
0,06	0,0623	0,0623	0,0623	0,0623	0,0623
0,07	0,0732	0,0732	0,0732	0,0732	0,0732
0,08	0,0842	0,0842	0,0842	0,0842	0,0842
0,09	0,0954	0,0954	0,0954	0,0954	0,0954
0,10	0,1067	0,1067	0,1067	0,1067	0,1067
0,11	0,1183	0,1183	0,1183	0,1183	0,1183
0,12	0,1300	0,1300	0,1300	0,1299	0,1299
0,13	0,1419	0,1418	0,1417	0,1417	0,1417
0,14	0,1540	0,1538	0,1537	0,1535	0,1534
0,15	0,1664	0,1660	0,1658	0,1656	0,1653
0,16	0,1789	0,1785	0,1782	0,1779	0,1775
0,17	0,1917	0,1913	0,1911	0,1907	0,1902
0,18	0,2049	0,2046	0,2045	0,2044	
0,19	0,2181	0,2184	0,2186		
0,20	0,2317	0,2327			
0,21	0,2457				
0,22	0,2599				
0,23	0,2746				
0,24	0,2896				
0,25	0,3050				

$h_f/d=0,30$	ω_1-Werte für $b_f/b_w =$				
μ_{Eds}	1	2	3	5	≥ 10
0,01	0,0101	0,0101	0,0101	0,0101	0,0101
0,02	0,0204	0,0204	0,0204	0,0204	0,0204
0,03	0,0307	0,0307	0,0307	0,0307	0,0307
0,04	0,0411	0,0411	0,0411	0,0411	0,0411
0,05	0,0516	0,0516	0,0516	0,0516	0,0516
0,06	0,0623	0,0623	0,0623	0,0623	0,0623
0,07	0,0732	0,0732	0,0732	0,0732	0,0732
0,08	0,0842	0,0842	0,0842	0,0842	0,0842
0,09	0,0954	0,0954	0,0954	0,0954	0,0954
0,10	0,1067	0,1067	0,1067	0,1067	0,1067
0,11	0,1183	0,1183	0,1183	0,1183	0,1183
0,12	0,1300	0,1300	0,1300	0,1300	0,1300
0,13	0,1419	0,1419	0,1419	0,1419	0,1419
0,14	0,1540	0,1541	0,1541	0,1541	0,1541
0,15	0,1664	0,1664	0,1664	0,1664	0,1664
0,16	0,1789	0,1790	0,1790	0,1790	0,1790
0,17	0,1917	0,1917	0,1917	0,1917	0,1917
0,18	0,2049	0,2046	0,2046	0,2045	0,2044
0,19	0,2181	0,2177	0,2176	0,2174	0,2173
0,20	0,2317	0,2311	0,2308	0,2305	0,2302
0,21	0,2457	0,2448	0,2444	0,2439	0,2434
0,22	0,2599	0,2589	0,2583	0,2576	
0,23	0,2746	0,2734			
0,24	0,2896				
0,25	0,3050				

$h_f/d=0,40$	ω_1-Werte für $b_f/b_w =$				
μ_{Eds}	1	2	3	5	≥ 10
0,01	0,0101	0,0101	0,0101	0,0101	0,0101
0,02	0,0204	0,0204	0,0204	0,0204	0,0204
0,03	0,0307	0,0307	0,0307	0,0307	0,0307
0,04	0,0411	0,0411	0,0411	0,0411	0,0411
0,05	0,0516	0,0516	0,0516	0,0516	0,0516
0,06	0,0623	0,0623	0,0623	0,0623	0,0623
0,07	0,0732	0,0732	0,0732	0,0732	0,0732
0,08	0,0842	0,0842	0,0842	0,0842	0,0842
0,09	0,0954	0,0954	0,0954	0,0954	0,0954
0,10	0,1067	0,1067	0,1067	0,1067	0,1067
0,11	0,1183	0,1183	0,1183	0,1183	0,1183
0,12	0,1300	0,1300	0,1300	0,1300	0,1300
0,13	0,1419	0,1419	0,1419	0,1419	0,1419
0,14	0,1540	0,1541	0,1541	0,1541	0,1541
0,15	0,1664	0,1664	0,1664	0,1664	0,1664
0,16	0,1789	0,1789	0,1789	0,1789	0,1789
0,17	0,1917	0,1919	0,1919	0,1919	0,1919
0,18	0,2049	0,2048	0,2048	0,2048	0,2048
0,19	0,2181	0,2183	0,2183	0,2183	0,2183
0,20	0,2317	0,2320	0,2320	0,2320	0,2320
0,21	0,2457	0,2457	0,2457	0,2457	0,2457
0,22	0,2599	0,2598	0,2598	0,2597	0,2597
0,23	0,2746	0,2742	0,2740	0,2739	0,2738
0,24	0,2896	0,2888	0,2885	0,2883	0,2880
0,25	0,3050				

C 100/115

Bemessungstafeln mit dimensionslosen Beiwerten für den Plattenbalkenquerschnitt

Tafel 6.1a / C100

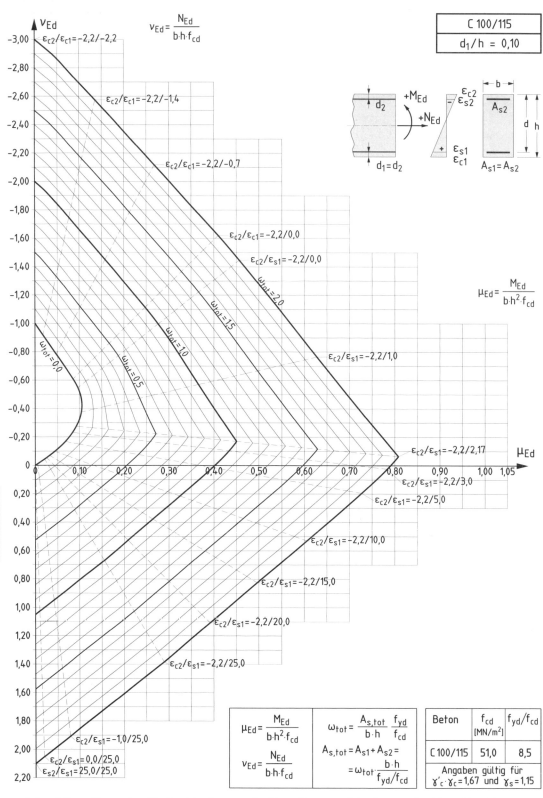

Interaktionsdiagramm für Rechteckquerschnitte mit symmetrischer zweiseitiger Bewehrung

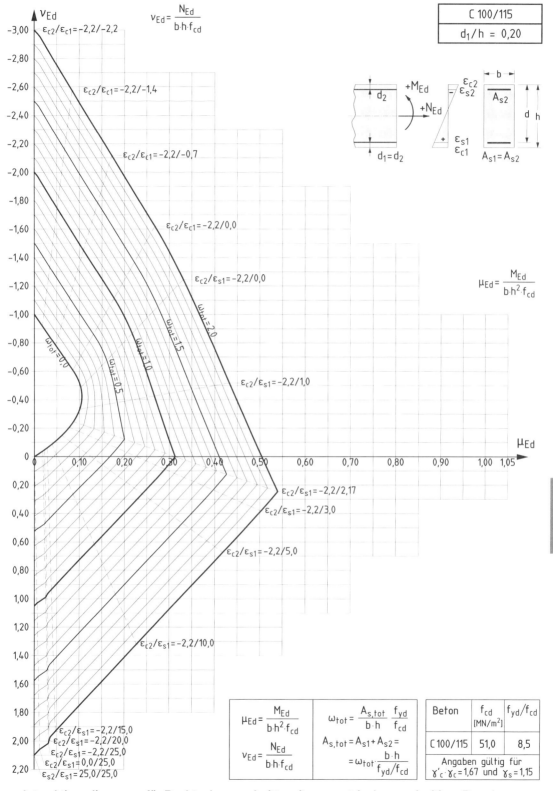

Interaktionsdiagramm für Rechteckquerschnitte mit symmetrischer zweiseitiger Bewehrung

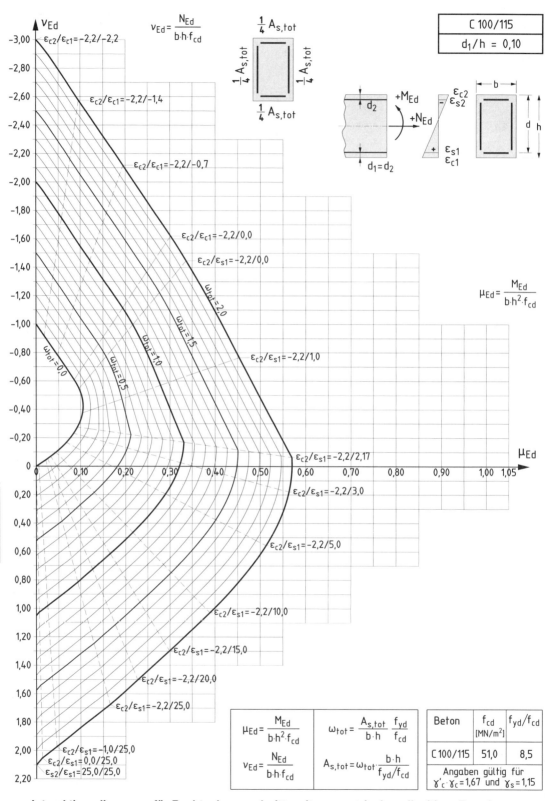

Interaktionsdiagramm für Rechteckquerschnitte mit symmetrischer allseitiger Bewehrung

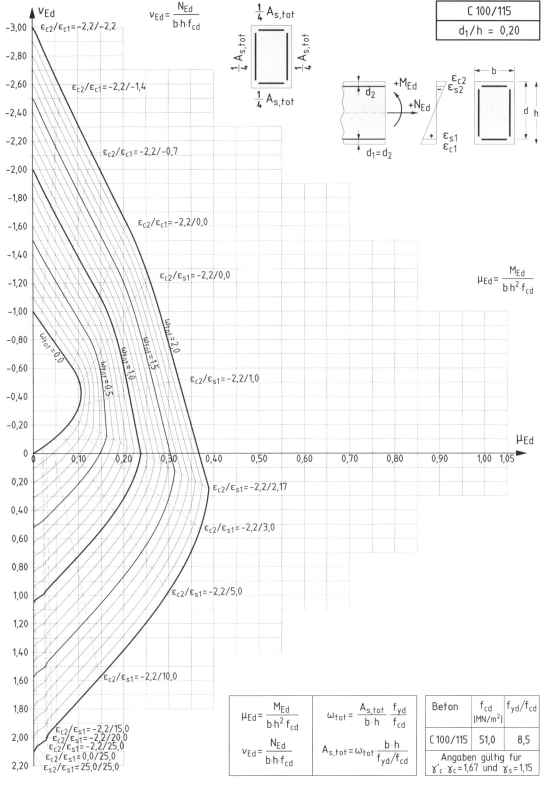

Interaktionsdiagramm für Rechteckquerschnitte mit symmetrischer allseitiger Bewehrung

Tafel 6.3a / C100

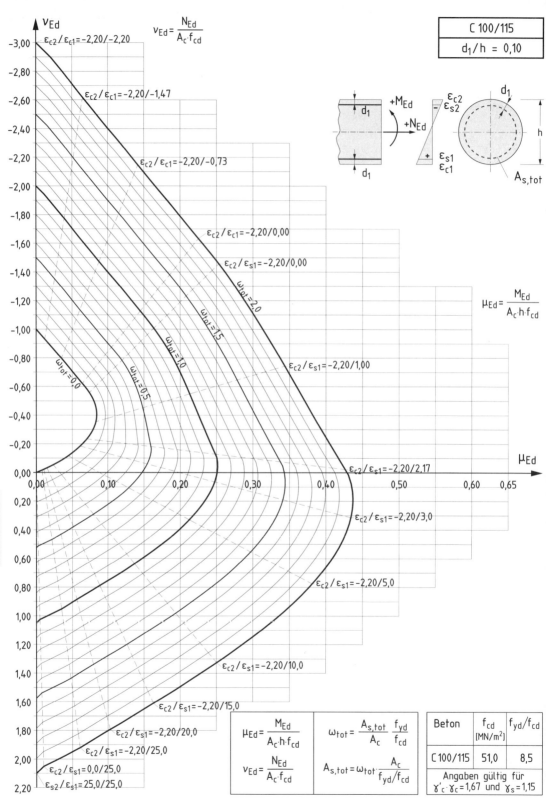

C 100/115

$d_1/h = 0,10$

$$\nu_{Ed} = \frac{N_{Ed}}{A_c \cdot f_{cd}}$$

$$\mu_{Ed} = \frac{M_{Ed}}{A_c \cdot h \cdot f_{cd}}$$

$\varepsilon_{c2}/\varepsilon_{c1} = -2,20/-2,20$

$\varepsilon_{c2}/\varepsilon_{c1} = -2,20/-1,47$

$\varepsilon_{c2}/\varepsilon_{c1} = -2,20/-0,73$

$\varepsilon_{c2}/\varepsilon_{c1} = -2,20/0,00$

$\varepsilon_{c2}/\varepsilon_{s1} = -2,20/0,00$

$\varepsilon_{c2}/\varepsilon_{s1} = -2,20/1,00$

$\varepsilon_{c2}/\varepsilon_{s1} = -2,20/2,17$

$\varepsilon_{c2}/\varepsilon_{s1} = -2,20/3,0$

$\varepsilon_{c2}/\varepsilon_{s1} = -2,20/5,0$

$\varepsilon_{c2}/\varepsilon_{s1} = -2,20/10,0$

$\varepsilon_{c2}/\varepsilon_{s1} = -2,20/15,0$

$\varepsilon_{c2}/\varepsilon_{s1} = -2,20/20,0$

$\varepsilon_{c2}/\varepsilon_{s1} = -2,20/25,0$

$\varepsilon_{c2}/\varepsilon_{s1} = 0,0/25,0$

$\varepsilon_{s2}/\varepsilon_{s1} = 25,0/25,0$

$\omega_{tot} = 0,0$
$\omega_{tot} = 0,5$
$\omega_{tot} = 1,0$
$\omega_{tot} = 1,5$
$\omega_{tot} = 2,0$

	$\mu_{Ed} = \dfrac{M_{Ed}}{A_c \cdot h \cdot f_{cd}}$	$\omega_{tot} = \dfrac{A_{s,tot}}{A_c} \cdot \dfrac{f_{yd}}{f_{cd}}$
	$\nu_{Ed} = \dfrac{N_{Ed}}{A_c \cdot f_{cd}}$	$A_{s,tot} = \omega_{tot} \cdot \dfrac{A_c}{f_{yd}/f_{cd}}$

Beton	f_{cd} [MN/m²]	f_{yd}/f_{cd}
C 100/115	51,0	8,5
Angaben gültig für $\gamma'_c \cdot \gamma_c = 1,67$ und $\gamma_s = 1,15$		

Interaktionsdiagramm für Kreisquerschnitte

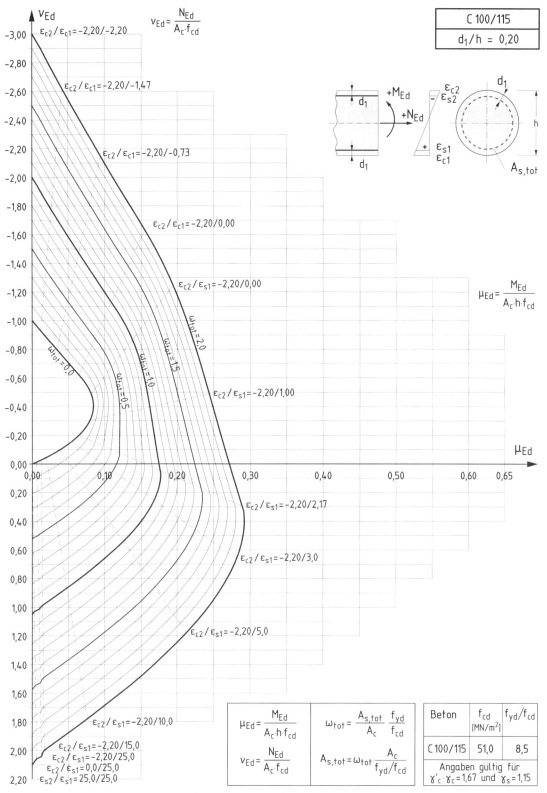

	C 100/115
	$d_1/h = 0,20$

$$v_{Ed} = \frac{N_{Ed}}{A_c \cdot f_{cd}}$$

$$\mu_{Ed} = \frac{M_{Ed}}{A_c \cdot h \cdot f_{cd}}$$

$\epsilon_{c2}/\epsilon_{c1} = -2,20/-2,20$

$\epsilon_{c2}/\epsilon_{c1} = -2,20/-1,47$

$\epsilon_{c2}/\epsilon_{c1} = -2,20/-0,73$

$\epsilon_{c2}/\epsilon_{c1} = -2,20/0,00$

$\epsilon_{c2}/\epsilon_{s1} = -2,20/0,00$

$\epsilon_{c2}/\epsilon_{s1} = -2,20/1,00$

$\epsilon_{c2}/\epsilon_{s1} = -2,20/2,17$

$\epsilon_{c2}/\epsilon_{s1} = -2,20/3,0$

$\epsilon_{c2}/\epsilon_{s1} = -2,20/5,0$

$\epsilon_{c2}/\epsilon_{s1} = -2,20/10,0$

$\epsilon_{c2}/\epsilon_{s1} = -2,20/15,0$
$\epsilon_{c2}/\epsilon_{s1} = -2,20/25,0$
$\epsilon_{c2}/\epsilon_{s1} = 0,0/25,0$
$\epsilon_{s2}/\epsilon_{s1} = 25,0/25,0$

$\omega_{tot} = 0,0$
$\omega_{tot} = 0,5$
$\omega_{tot} = 1,0$
$\omega_{tot} = 1,5$
$\omega_{tot} = 2,0$

C 100/115

$\mu_{Ed} = \dfrac{M_{Ed}}{A_c \cdot h \cdot f_{cd}}$	$\omega_{tot} = \dfrac{A_{s,tot}}{A_c} \cdot \dfrac{f_{yd}}{f_{cd}}$
$v_{Ed} = \dfrac{N_{Ed}}{A_c \cdot f_{cd}}$	$A_{s,tot} = \omega_{tot} \cdot \dfrac{A_c}{f_{yd}/f_{cd}}$

Beton	f_{cd} [MN/m^2]	f_{yd}/f_{cd}
C 100/115	51,0	8,5
Angaben gültig für $\gamma'_c \cdot \gamma_c = 1,67$ und $\gamma_s = 1,15$		

Interaktionsdiagramm für Kreisquerschnitte

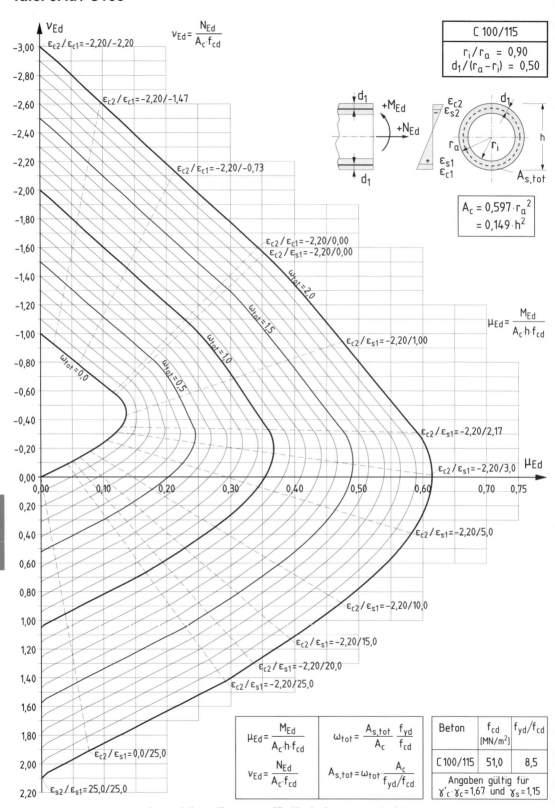

Interaktionsdiagramm für Kreisringquerschnitte

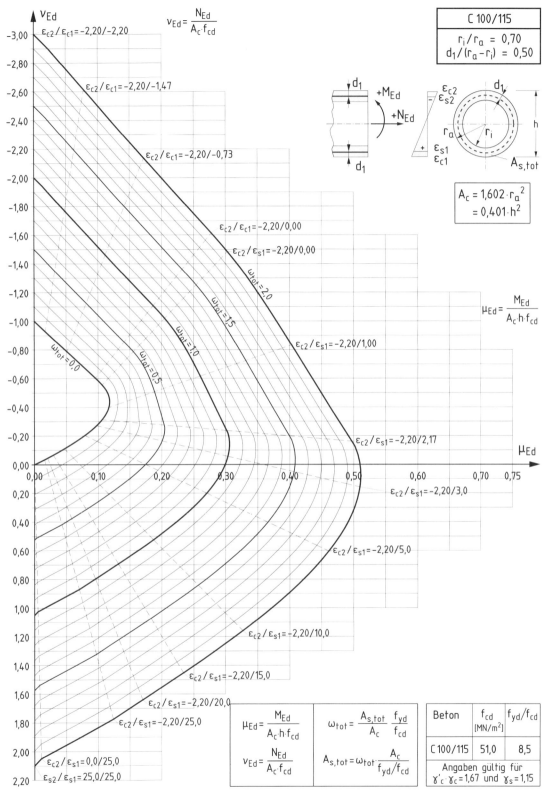

$$v_{Ed} = \frac{N_{Ed}}{A_c \cdot f_{cd}}$$

C 100/115

$r_i / r_a = 0,70$
$d_1 / (r_a - r_i) = 0,50$

$+M_{Ed}$
$+N_{Ed}$

ε_{c2}
ε_{s2}
d_1
r_a
r_i
h
ε_{s1}
ε_{c1}
$A_{s,tot}$

$A_c = 1,602 \cdot r_a^2$
$= 0,401 \cdot h^2$

$\varepsilon_{c2} / \varepsilon_{c1} = -2,20/-2,20$
$\varepsilon_{c2} / \varepsilon_{c1} = -2,20/-1,47$
$\varepsilon_{c2} / \varepsilon_{c1} = -2,20/-0,73$
$\varepsilon_{c2} / \varepsilon_{c1} = -2,20/0,00$
$\varepsilon_{c2} / \varepsilon_{s1} = -2,20/0,00$
$\varepsilon_{c2} / \varepsilon_{s1} = -2,20/1,00$
$\varepsilon_{c2} / \varepsilon_{s1} = -2,20/2,17$
$\varepsilon_{c2} / \varepsilon_{s1} = -2,20/3,0$
$\varepsilon_{c2} / \varepsilon_{s1} = -2,20/5,0$
$\varepsilon_{c2} / \varepsilon_{s1} = -2,20/10,0$
$\varepsilon_{c2} / \varepsilon_{s1} = -2,20/15,0$
$\varepsilon_{c2} / \varepsilon_{s1} = -2,20/20,0$
$\varepsilon_{c2} / \varepsilon_{s1} = -2,20/25,0$
$\varepsilon_{c2} / \varepsilon_{s1} = 0,0/25,0$
$\varepsilon_{s2} / \varepsilon_{s1} = 25,0/25,0$

$\omega_{tot} = 0,0$
$\omega_{tot} = 0,5$
$\omega_{tot} = 1,0$
$\omega_{tot} = 1,5$
$\omega_{tot} = 2,0$

$$\mu_{Ed} = \frac{M_{Ed}}{A_c \cdot h \cdot f_{cd}}$$

C 100/115

$\mu_{Ed} = \dfrac{M_{Ed}}{A_c \cdot h \cdot f_{cd}}$	$\omega_{tot} = \dfrac{A_{s,tot}}{A_c} \cdot \dfrac{f_{yd}}{f_{cd}}$	
$v_{Ed} = \dfrac{N_{Ed}}{A_c \cdot f_{cd}}$	$A_{s,tot} = \omega_{tot} \cdot \dfrac{A_c}{f_{yd}/f_{cd}}$	

Beton	f_{cd} [MN/m²]	f_{yd}/f_{cd}
C 100/115	51,0	8,5
Angaben gültig für $\gamma'_c \cdot \gamma_c = 1,67$ und $\gamma_s = 1,15$		

Interaktionsdiagramm für Kreisringquerschnitte

Tafel 7.1a / C100

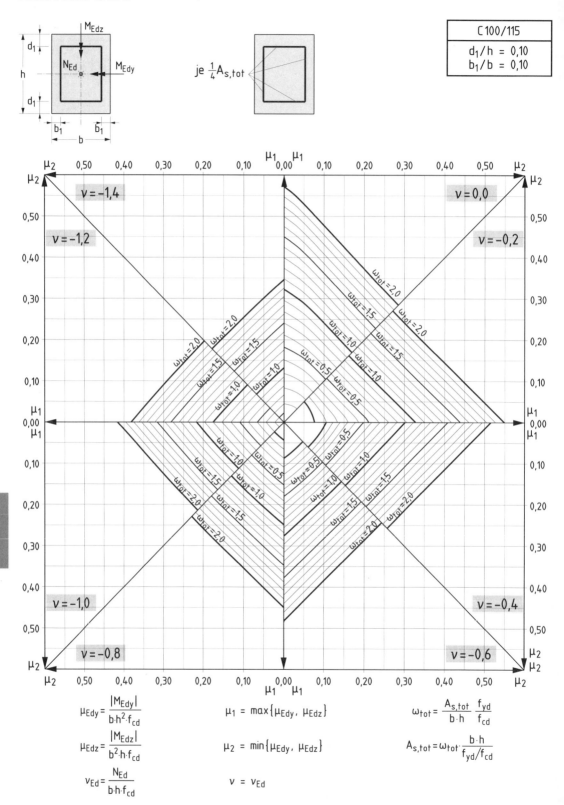

Interaktionsdiagramm für schiefe Biegung mit Längsdruckkraft

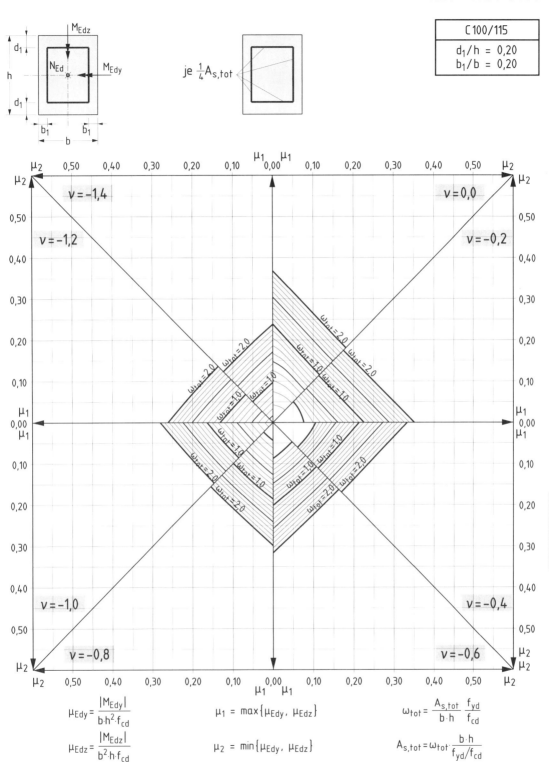

$$\mu_{Edy} = \frac{|M_{Edy}|}{b \cdot h^2 \cdot f_{cd}}$$

$$\mu_{Edz} = \frac{|M_{Edz}|}{b^2 \cdot h \cdot f_{cd}}$$

$$\nu_{Ed} = \frac{N_{Ed}}{b \cdot h \cdot f_{cd}}$$

$$\mu_1 = \max\{\mu_{Edy}, \mu_{Edz}\}$$

$$\mu_2 = \min\{\mu_{Edy}, \mu_{Edz}\}$$

$$\nu = \nu_{Ed}$$

$$\omega_{tot} = \frac{A_{s,tot}}{b \cdot h} \cdot \frac{f_{yd}}{f_{cd}}$$

$$A_{s,tot} = \omega_{tot} \cdot \frac{b \cdot h}{f_{yd}/f_{cd}}$$

Interaktionsdiagramm für schiefe Biegung mit Längsdruckkraft

Tafel 7.2a / C100

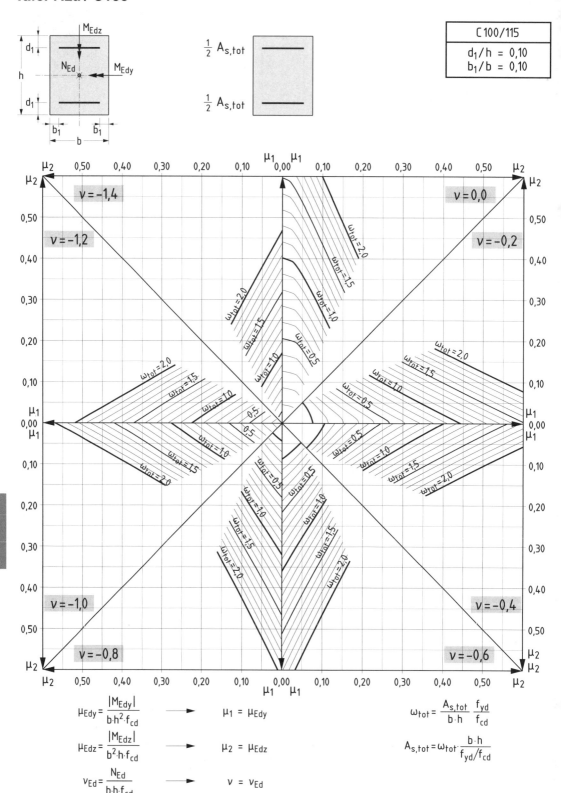

$$\mu_{Edy} = \frac{|M_{Edy}|}{b \cdot h^2 \cdot f_{cd}} \quad\longrightarrow\quad \mu_1 = \mu_{Edy} \qquad\qquad \omega_{tot} = \frac{A_{s,tot}}{b \cdot h} \cdot \frac{f_{yd}}{f_{cd}}$$

$$\mu_{Edz} = \frac{|M_{Edz}|}{b^2 \cdot h \cdot f_{cd}} \quad\longrightarrow\quad \mu_2 = \mu_{Edz} \qquad\qquad A_{s,tot} = \omega_{tot} \cdot \frac{b \cdot h}{f_{yd}/f_{cd}}$$

$$\nu_{Ed} = \frac{N_{Ed}}{b \cdot h \cdot f_{cd}} \quad\longrightarrow\quad \nu = \nu_{Ed}$$

Interaktionsdiagramm für schiefe Biegung mit Längsdruckkraft

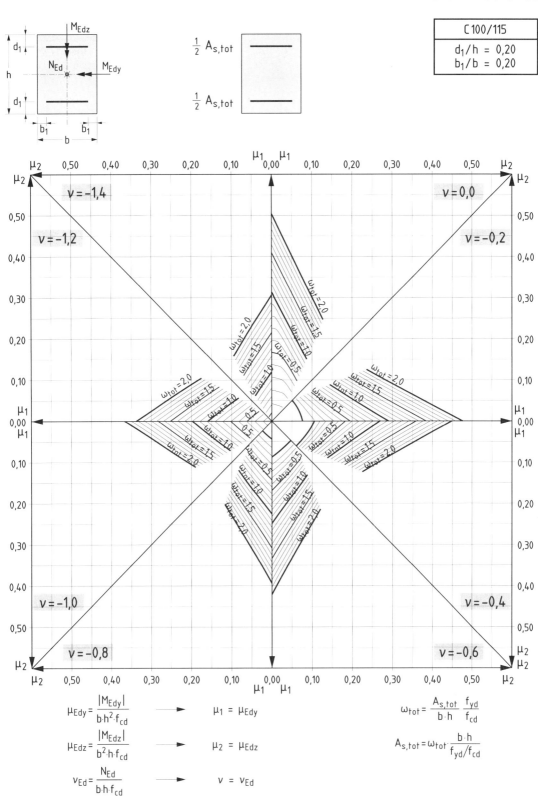

$$\mu_{Edy} = \frac{|M_{Edy}|}{b \cdot h^2 \cdot f_{cd}} \quad \longrightarrow \quad \mu_1 = \mu_{Edy}$$

$$\mu_{Edz} = \frac{|M_{Edz}|}{b^2 \cdot h \cdot f_{cd}} \quad \longrightarrow \quad \mu_2 = \mu_{Edz}$$

$$\nu_{Ed} = \frac{N_{Ed}}{b \cdot h \cdot f_{cd}} \quad \longrightarrow \quad \nu = \nu_{Ed}$$

$$\omega_{tot} = \frac{A_{s,tot}}{b \cdot h} \cdot \frac{f_{yd}}{f_{cd}}$$

$$A_{s,tot} = \omega_{tot} \cdot \frac{b \cdot h}{f_{yd}/f_{cd}}$$

Interaktionsdiagramm für schiefe Biegung mit Längsdruckkraft

335

Tafel 7.3a / C100

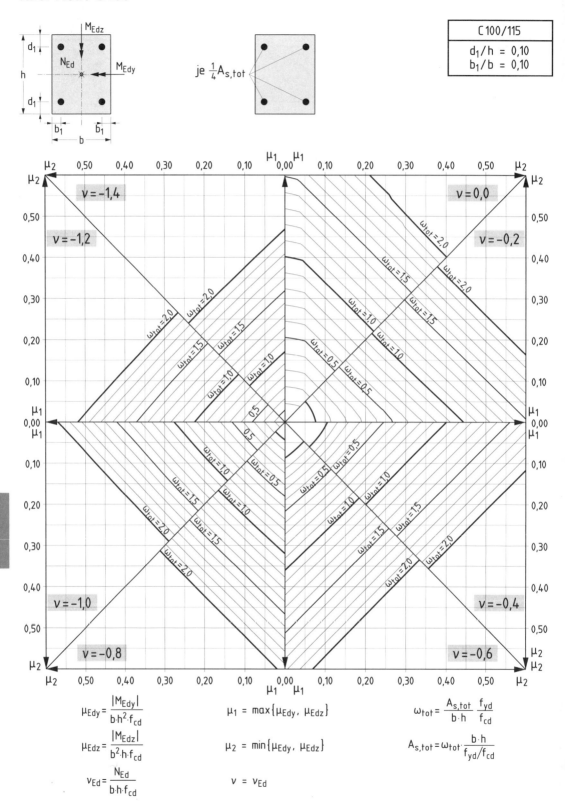

C 100/115
$d_1/h = 0{,}10$
$b_1/b = 0{,}10$

je $\frac{1}{4}A_{s,tot}$

$v = -1{,}4$

$v = 0{,}0$

$v = -1{,}2$

$v = -0{,}2$

$v = -1{,}0$

$v = -0{,}4$

$v = -0{,}8$

$v = -0{,}6$

$$\mu_{Edy} = \frac{|M_{Edy}|}{b \cdot h^2 \cdot f_{cd}}$$

$$\mu_{Edz} = \frac{|M_{Edz}|}{b^2 \cdot h \cdot f_{cd}}$$

$$v_{Ed} = \frac{N_{Ed}}{b \cdot h \cdot f_{cd}}$$

$$\mu_1 = \max\{\mu_{Edy}, \mu_{Edz}\}$$

$$\mu_2 = \min\{\mu_{Edy}, \mu_{Edz}\}$$

$$v = v_{Ed}$$

$$\omega_{tot} = \frac{A_{s,tot}}{b \cdot h} \cdot \frac{f_{yd}}{f_{cd}}$$

$$A_{s,tot} = \omega_{tot} \cdot \frac{b \cdot h}{f_{yd}/f_{cd}}$$

Interaktionsdiagramm für schiefe Biegung mit Längsdruckkraft

C 100/115
$d_1/h = 0{,}20$
$b_1/b = 0{,}20$

$$je \frac{1}{4} A_{s,tot}$$

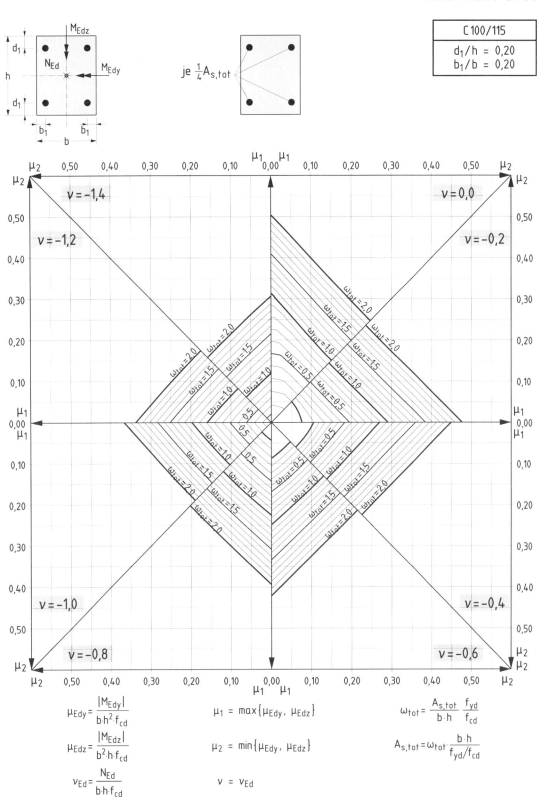

$$\mu_{Edy} = \frac{|M_{Edy}|}{b \cdot h^2 \cdot f_{cd}}$$

$$\mu_1 = \max\{\mu_{Edy},\ \mu_{Edz}\}$$

$$\omega_{tot} = \frac{A_{s,tot}}{b \cdot h} \cdot \frac{f_{yd}}{f_{cd}}$$

$$\mu_{Edz} = \frac{|M_{Edz}|}{b^2 \cdot h \cdot f_{cd}}$$

$$\mu_2 = \min\{\mu_{Edy},\ \mu_{Edz}\}$$

$$A_{s,tot} = \omega_{tot} \cdot \frac{b \cdot h}{f_{yd}/f_{cd}}$$

$$\nu_{Ed} = \frac{N_{Ed}}{b \cdot h \cdot f_{cd}}$$

$$\nu = \nu_{Ed}$$

Interaktionsdiagramm für schiefe Biegung mit Längsdruckkraft

Tafel 8.1 / C100

Stütze
$e_{tot} = 0$

Betonanteil F_{cd} (in MN)

Rechteck

<table>
<tr><th rowspan="9">C 100/115</th><th>$h\backslash b$</th><th>20</th><th>25</th><th>30</th><th>40</th><th>50</th><th>60</th><th>70</th><th>80</th></tr>
<tr><td>20</td><td>2,040</td><td>2,550</td><td>3,060</td><td>4,080</td><td>5,100</td><td>6,120</td><td>7,140</td><td>8,160</td></tr>
<tr><td>25</td><td></td><td>3,188</td><td>3,825</td><td>5,100</td><td>6,375</td><td>7,650</td><td>8,925</td><td>10,20</td></tr>
<tr><td>30</td><td></td><td></td><td>4,590</td><td>6,120</td><td>7,650</td><td>9,180</td><td>10,71</td><td>12,24</td></tr>
<tr><td>40</td><td></td><td></td><td></td><td>8,160</td><td>10,20</td><td>12,24</td><td>14,28</td><td>16,32</td></tr>
<tr><td>50</td><td></td><td></td><td></td><td></td><td>12,75</td><td>15,30</td><td>17,85</td><td>20,40</td></tr>
<tr><td>60</td><td></td><td></td><td></td><td></td><td></td><td>18,36</td><td>21,42</td><td>24,48</td></tr>
<tr><td>70</td><td></td><td></td><td></td><td></td><td></td><td></td><td>24,99</td><td>28,56</td></tr>
<tr><td>80</td><td></td><td></td><td></td><td></td><td></td><td></td><td></td><td>32,64</td></tr>
</table>

Kreis

D	
20	1,602
25	2,503
30	3,605
40	6,409
50	10,01
60	14,42
70	19,63
80	25,64

Kreisring

$D\backslash r_i/r_a$	0,9	0,7
20	0,304	0,817
25	0,476	1,277
30	0,685	1,839
40	1,218	3,269
50	1,903	5,107
60	2,740	7,354
70	3,729	10,01
80	4,871	13,07

Stahlanteil F_{sd} (in MN)

BSt 500	$d\backslash n$	4	6	8	10	12	14	16	18	20
	12	0,197	0,295	0,393	0,492	0,590	0,688	0,787	0,885	0,983
	14	0,268	0,402	0,535	0,669	0,803	0,937	1,071	1,205	1,339
	16	0,350	0,525	0,699	0,874	1,049	1,224	1,399	1,574	1,748
	20	0,546	0,820	1,093	1,366	1,639	1,912	2,185	2,459	2,732
	25	0,854	1,281	1,707	2,134	2,561	2,988	3,415	3,842	4,268
	28	1,071	1,606	2,142	2,677	3,213	3,748	4,283	4,819	5,354

Abminderungsfaktor β

Beton	β
C100/115	0,883

Gesamttragfähigkeit $|N_{Rd}| = F_{cd} + \beta \cdot F_{sd}$

Aufnehmbare Längsdruckkraft $|N_{Rd}|$ für C 100/115 (mit $\alpha = 0{,}85$) **und BSt 500 S bei mittiger Belastung**

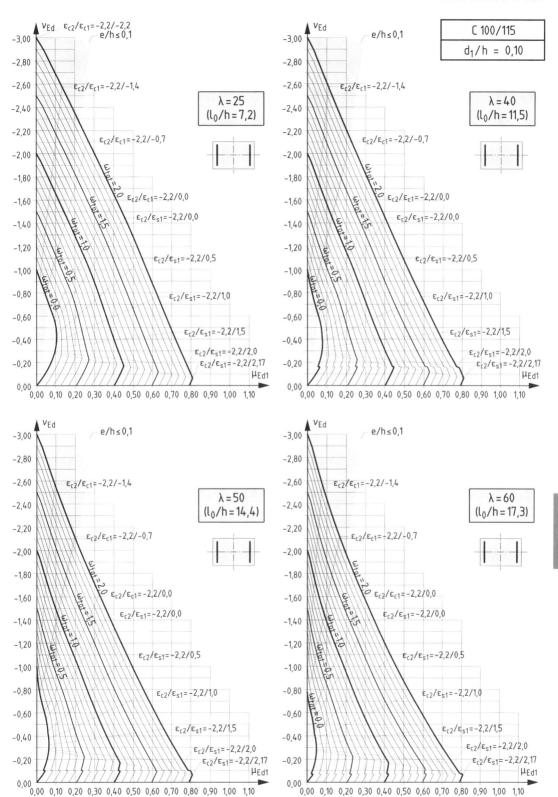

$$C\ 100/115$$

$$d_1/h\ =\ 0,10$$

$\lambda = 25$ $(l_0/h = 7,2)$

$\lambda = 40$ $(l_0/h = 11,5)$

$\lambda = 50$ $(l_0/h = 14,4)$

$\lambda = 60$ $(l_0/h = 17,3)$

C 100/115

Bemessungsdiagramm nach dem Modellstützenverfahren

Tafel 8.2b / C100

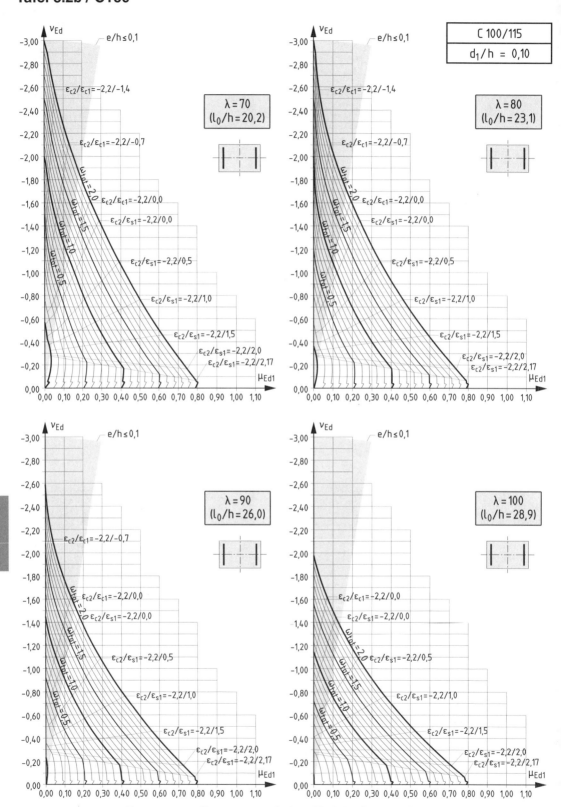

C 100/115

C 100/115
d₁/h = 0,10

Bemessungsdiagramm nach dem Modellstützenverfahren

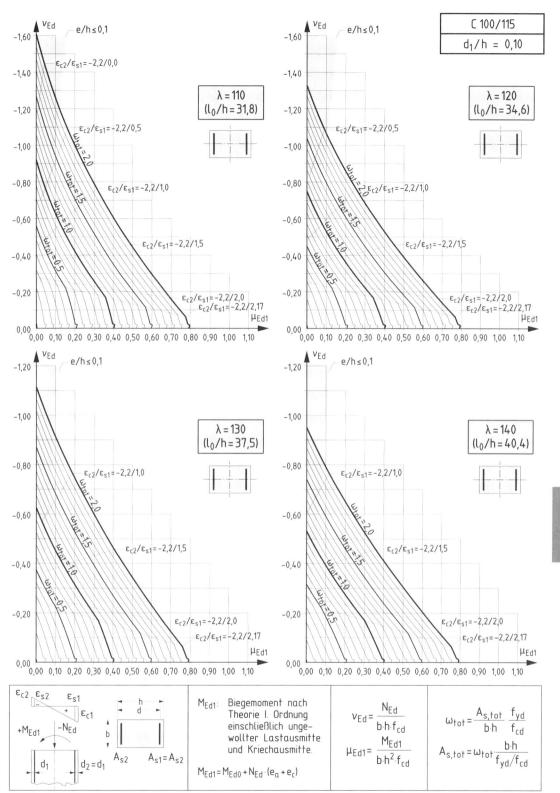

Bemessungsdiagramm nach dem Modellstützenverfahren

Tafel 8.2d / C100

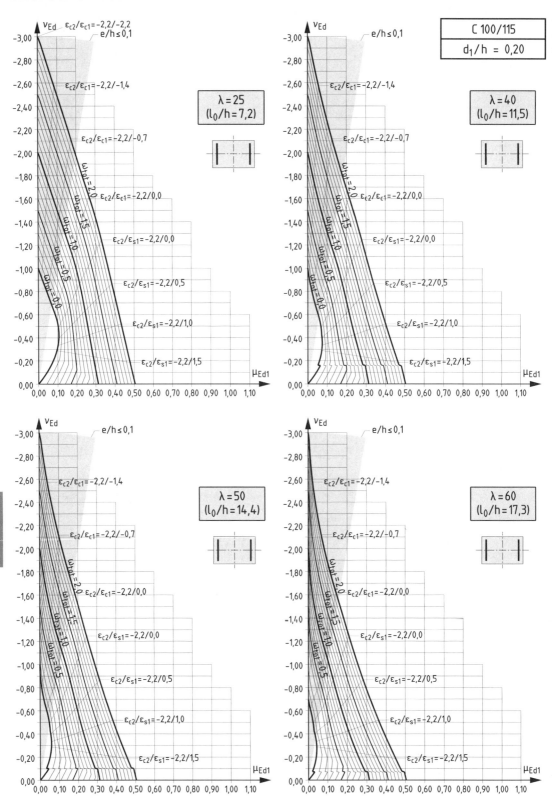

Bemessungsdiagramm nach dem Modellstützenverfahren

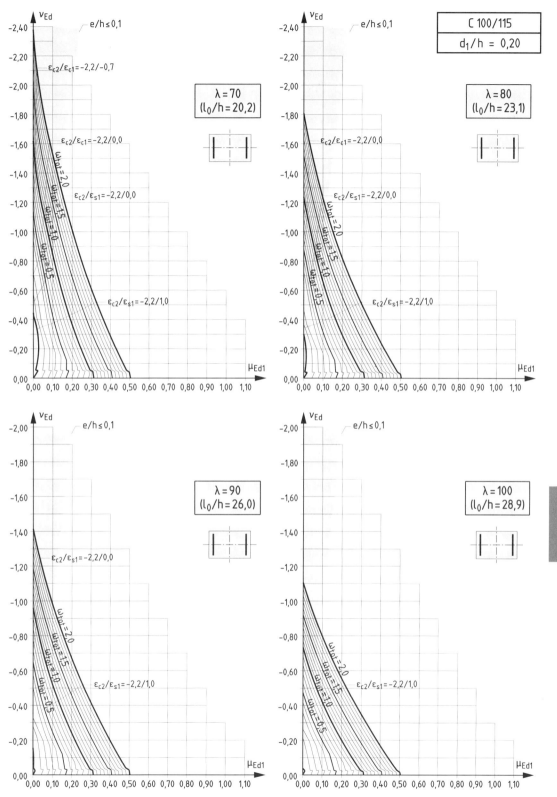

Bemessungsdiagramm nach dem Modellstützenverfahren

343

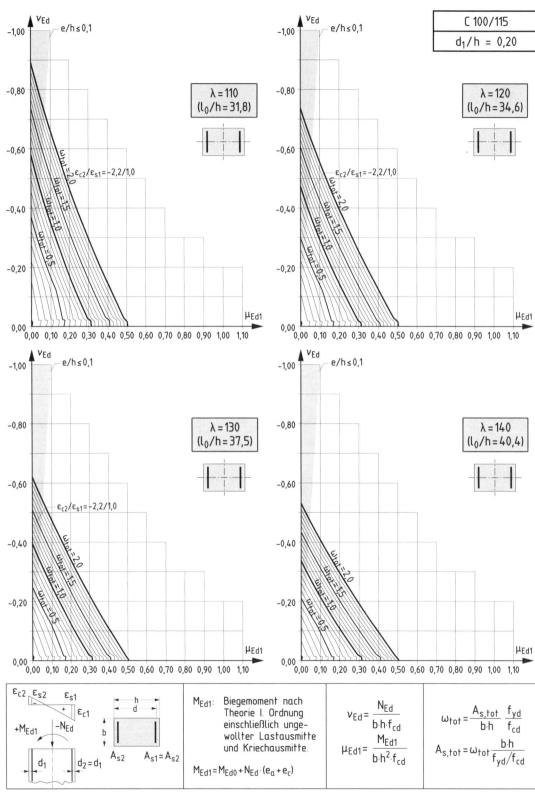

Bemessungsdiagramm nach dem Modellstützenverfahren

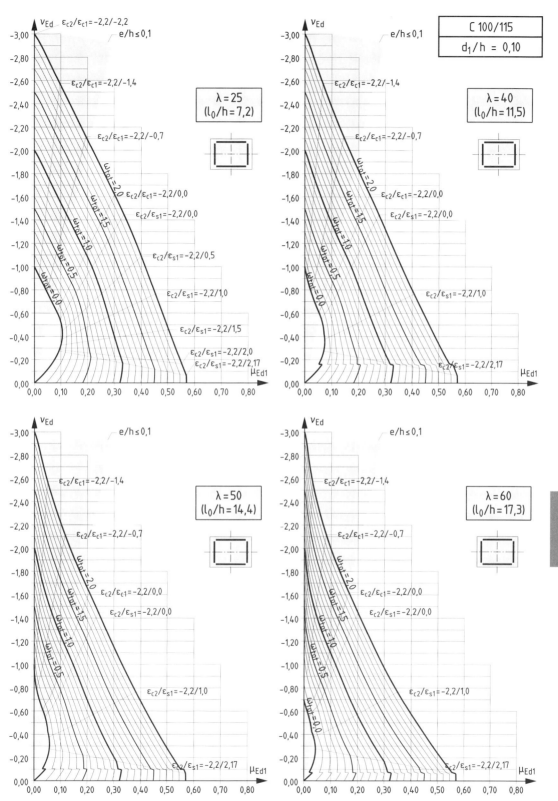

Bemessungsdiagramm nach dem Modellstützenverfahren

Tafel 8.3b / C100

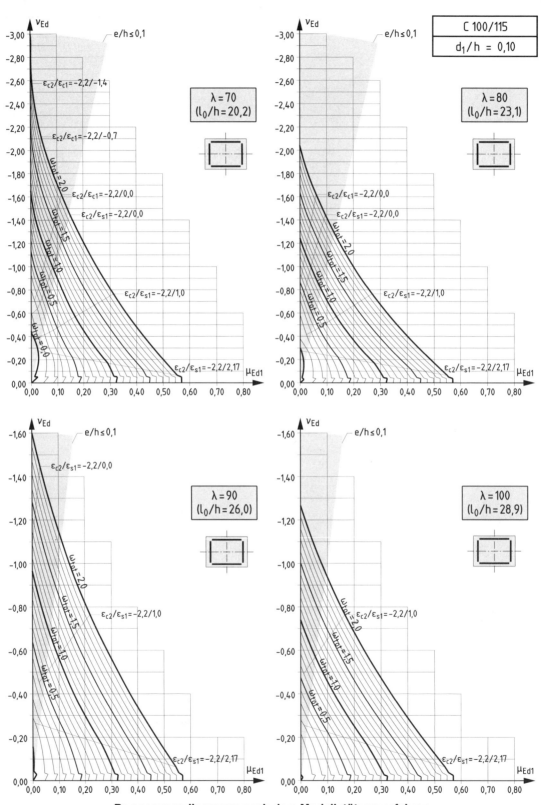

Bemessungsdiagramm nach dem Modellstützenverfahren

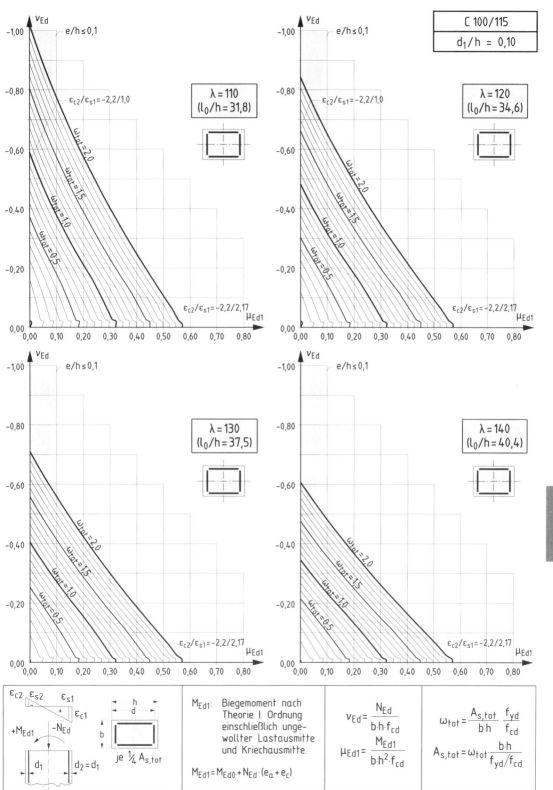

Bemessungsdiagramm nach dem Modellstützenverfahren

Tafel 8.3d / C100

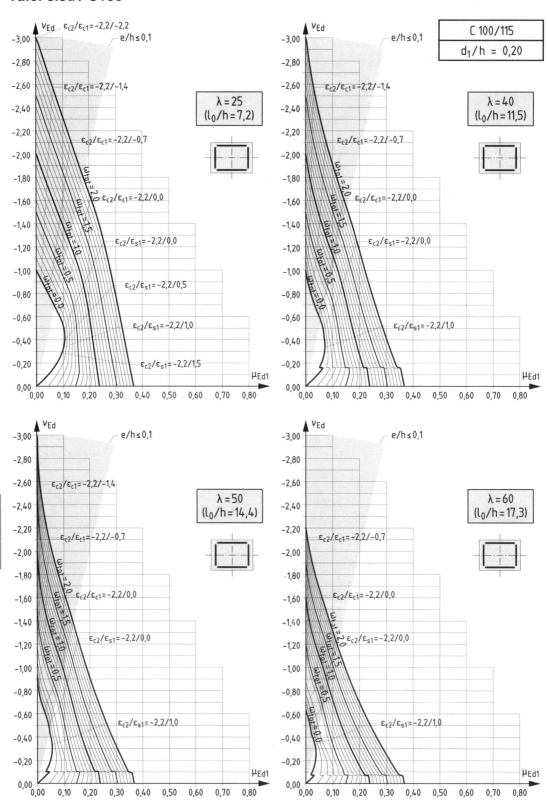

Bemessungsdiagramm nach dem Modellstützenverfahren

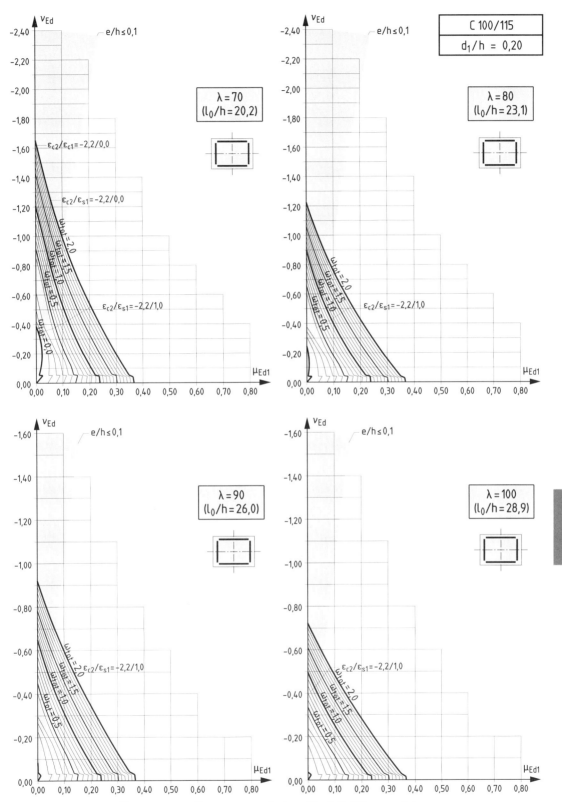

C 100/115
$d_1/h = 0,20$

$\lambda = 70$
$(l_0/h = 20,2)$

$\lambda = 80$
$(l_0/h = 23,1)$

$\lambda = 90$
$(l_0/h = 26,0)$

$\lambda = 100$
$(l_0/h = 28,9)$

C 100/115

Bemessungsdiagramm nach dem Modellstützenverfahren

Tafel 8.3f / C100

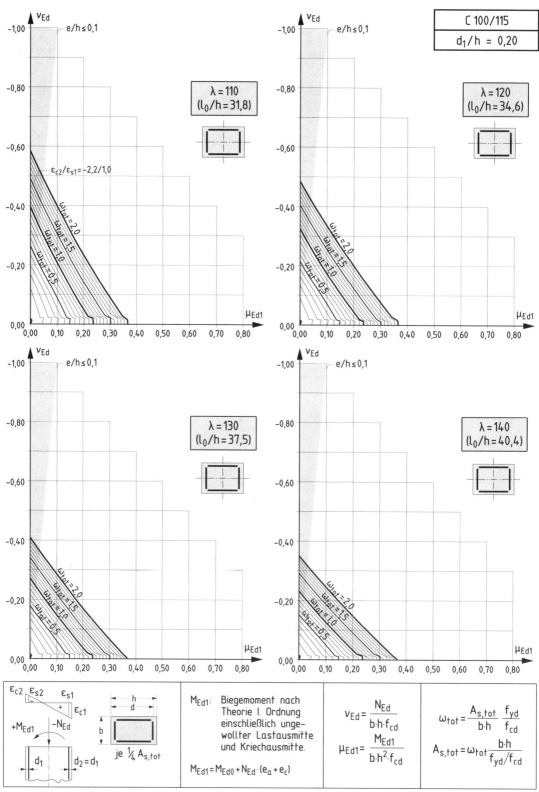

C 100/115

$d_1/h = 0,20$

$\lambda = 110$ ($l_0/h = 31,8$)

$\lambda = 120$ ($l_0/h = 34,6$)

$\lambda = 130$ ($l_0/h = 37,5$)

$\lambda = 140$ ($l_0/h = 40,4$)

$\varepsilon_{c2}/\varepsilon_{s1} = -2,2/1,0$

$\omega_{tot} = 2,0$
$\omega_{tot} = 1,5$
$\omega_{tot} = 1,0$
$\omega_{tot} = 0,5$

M_{Ed1}: Biegemoment nach Theorie I. Ordnung einschließlich ungewollter Lastausmitte und Kriechausmitte.

$M_{Ed1} = M_{Ed0} + N_{Ed} \cdot (e_a + e_c)$

je ¼ $A_{s,tot}$

$$\nu_{Ed} = \frac{N_{Ed}}{b \cdot h \cdot f_{cd}}$$

$$\mu_{Ed1} = \frac{M_{Ed1}}{b \cdot h^2 \cdot f_{cd}}$$

$$\omega_{tot} = \frac{A_{s,tot}}{b \cdot h} \cdot \frac{f_{yd}}{f_{cd}}$$

$$A_{s,tot} = \omega_{tot} \cdot \frac{b \cdot h}{f_{yd}/f_{cd}}$$

Bemessungsdiagramm nach dem Modellstützenverfahren

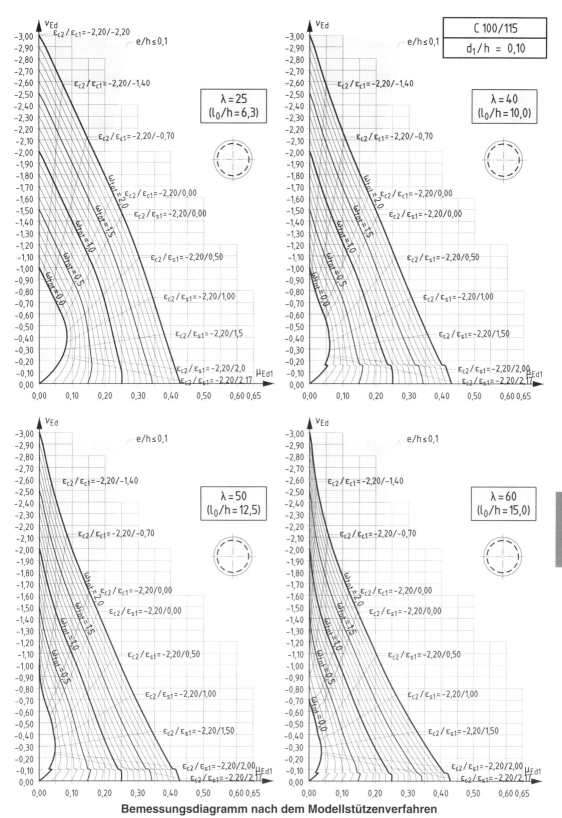

Bemessungsdiagramm nach dem Modellstützenverfahren

C 100/115

Tafel 8.4b / C100

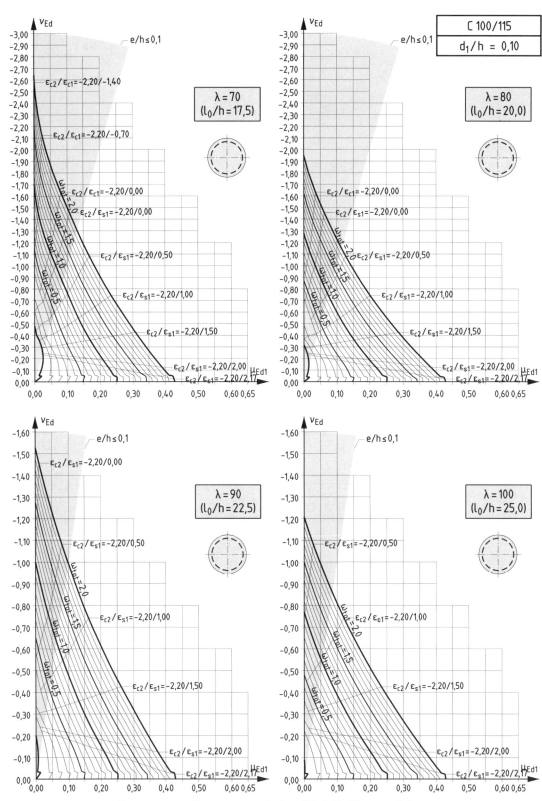

C 100/115

$d_1 / h = 0,10$

$\lambda = 70$
$(l_0/h = 17,5)$

$\lambda = 80$
$(l_0/h = 20,0)$

$\lambda = 90$
$(l_0/h = 22,5)$

$\lambda = 100$
$(l_0/h = 25,0)$

C 100/115

Bemessungsdiagramm nach dem Modellstützenverfahren

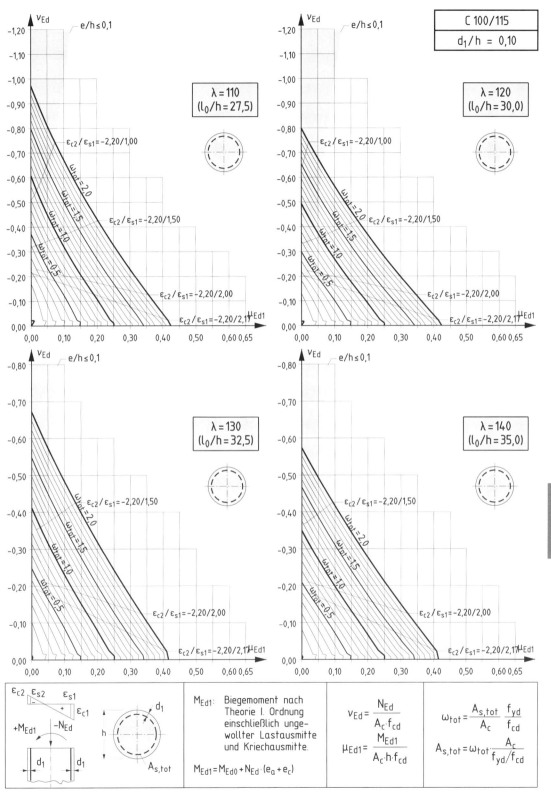

Bemessungsdiagramm nach dem Modellstützenverfahren

353

Tafel 8.4d / C100

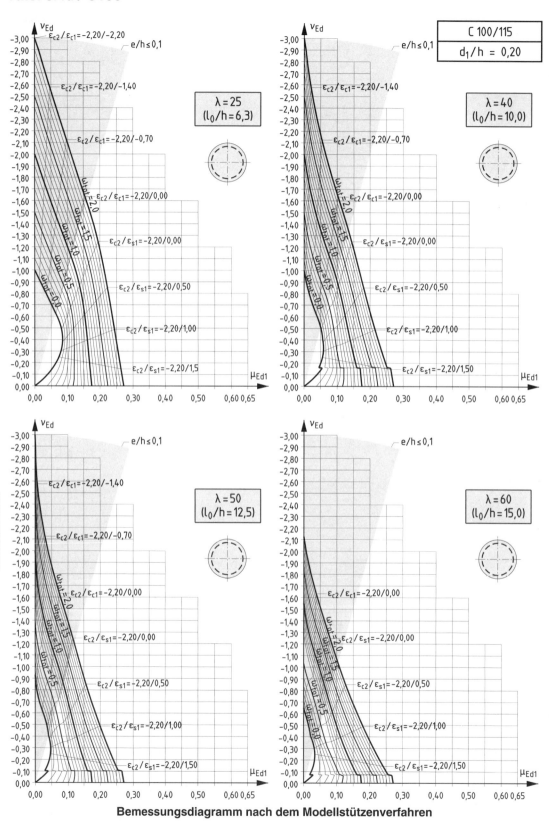

C 100/115

C 100/115
$d_1/h = 0,20$

$\lambda = 25$ $(l_0/h = 6,3)$

$\lambda = 40$ $(l_0/h = 10,0)$

$\lambda = 50$ $(l_0/h = 12,5)$

$\lambda = 60$ $(l_0/h = 15,0)$

Bemessungsdiagramm nach dem Modellstützenverfahren

354

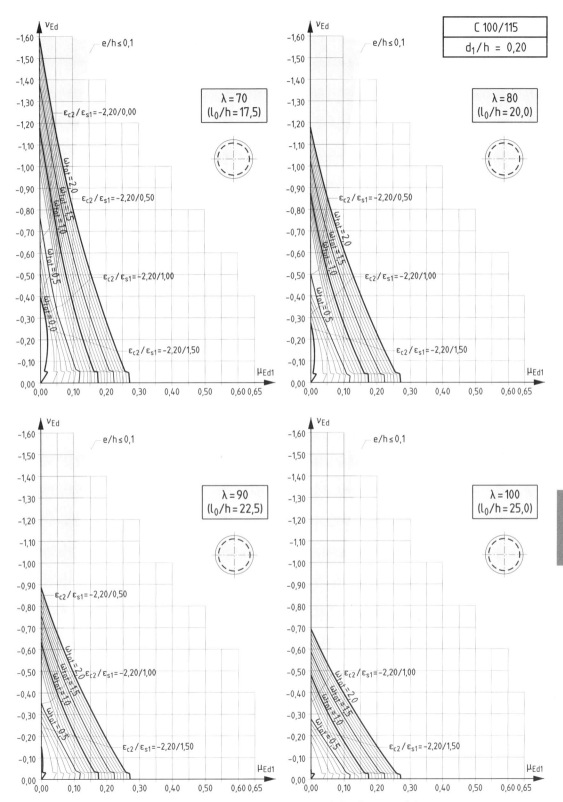

Bemessungsdiagramm nach dem Modellstützenverfahren

Tafel 8.4f / C100

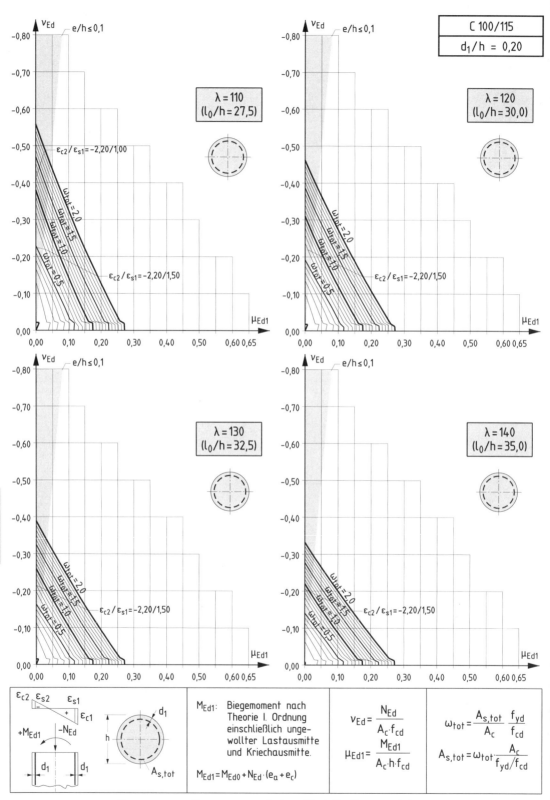

Bemessungsdiagramm nach dem Modellstützenverfahren

Bemessungstafeln LC 12/13 – LC 50/55

Fortsetzung nächste Seite

LC 12/13 – LC 50/55

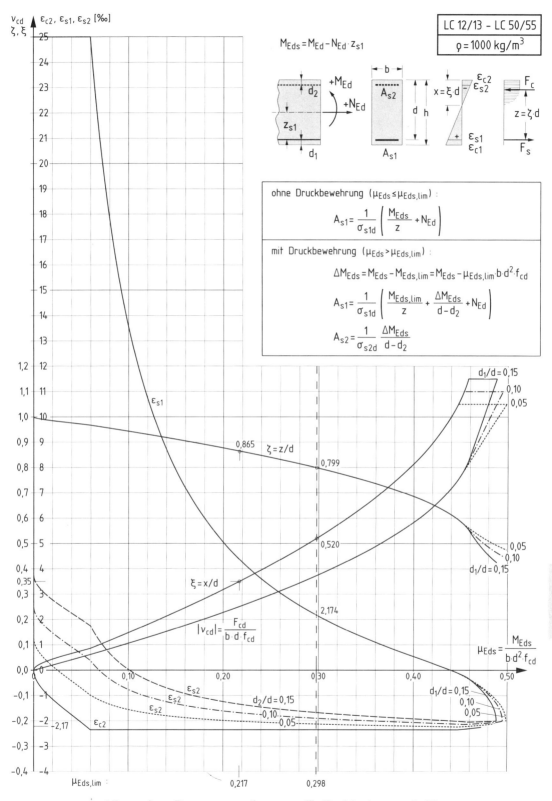

Allgemeines Bemessungsdiagramm für Rechteckquerschnitte

Allgemeines Bemessungsdiagramm für Rechteckquerschnitte

$$M_{Eds} = M_{Ed} - N_{Ed} \cdot z_{s1}$$

$$LC\ 12/13 - LC\ 50/55$$

$$\varrho = 1200\ kg/m^3$$

ohne Druckbewehrung ($\mu_{Eds} \leq \mu_{Eds,lim}$) :

$$A_{s1} = \frac{1}{\sigma_{s1d}} \left(\frac{M_{Eds}}{z} + N_{Ed} \right)$$

mit Druckbewehrung ($\mu_{Eds} > \mu_{Eds,lim}$) :

$$\Delta M_{Eds} = M_{Eds} - M_{Eds,lim} = M_{Eds} - \mu_{Eds,lim} \cdot b \cdot d^2 \cdot f_{cd}$$

$$A_{s1} = \frac{1}{\sigma_{s1d}} \left(\frac{M_{Eds,lim}}{z} + \frac{\Delta M_{Eds}}{d - d_2} + N_{Ed} \right)$$

$$A_{s2} = \frac{1}{\sigma_{s2d}} \frac{\Delta M_{Eds}}{d - d_2}$$

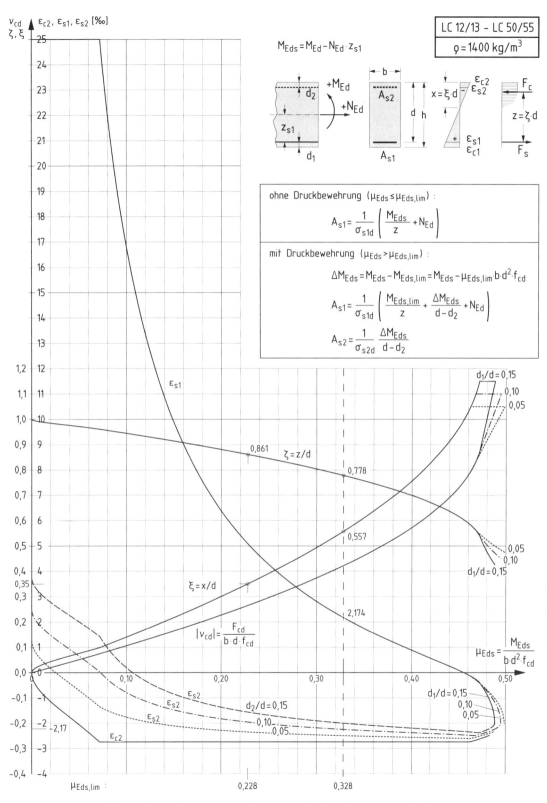

$$M_{Eds} = M_{Ed} - N_{Ed} \cdot z_{s1}$$

LC 12/13 - LC 50/55

$\varrho = 1400 \ kg/m^3$

ohne Druckbewehrung $(\mu_{Eds} \leq \mu_{Eds,lim})$:

$$A_{s1} = \frac{1}{\sigma_{s1d}} \left(\frac{M_{Eds}}{z} + N_{Ed} \right)$$

mit Druckbewehrung $(\mu_{Eds} > \mu_{Eds,lim})$:

$$\Delta M_{Eds} = M_{Eds} - M_{Eds,lim} = M_{Eds} - \mu_{Eds,lim} \cdot b \cdot d^2 \cdot f_{cd}$$

$$A_{s1} = \frac{1}{\sigma_{s1d}} \left(\frac{M_{Eds,lim}}{z} + \frac{\Delta M_{Eds}}{d - d_2} + N_{Ed} \right)$$

$$A_{s2} = \frac{1}{\sigma_{s2d}} \frac{\Delta M_{Eds}}{d - d_2}$$

LC 12/13 – LC 50/55

$$|v_{cd}| = \frac{F_{cd}}{b \cdot d \cdot f_{cd}}$$

$$\mu_{Eds} = \frac{M_{Eds}}{b \cdot d^2 \cdot f_{cd}}$$

$\mu_{Eds,lim}$: 0,228   0,328

Allgemeines Bemessungsdiagramm für Rechteckquerschnitte

Tafel 1d / LC12–LC50

Allgemeines Bemessungsdiagramm für Rechteckquerschnitte

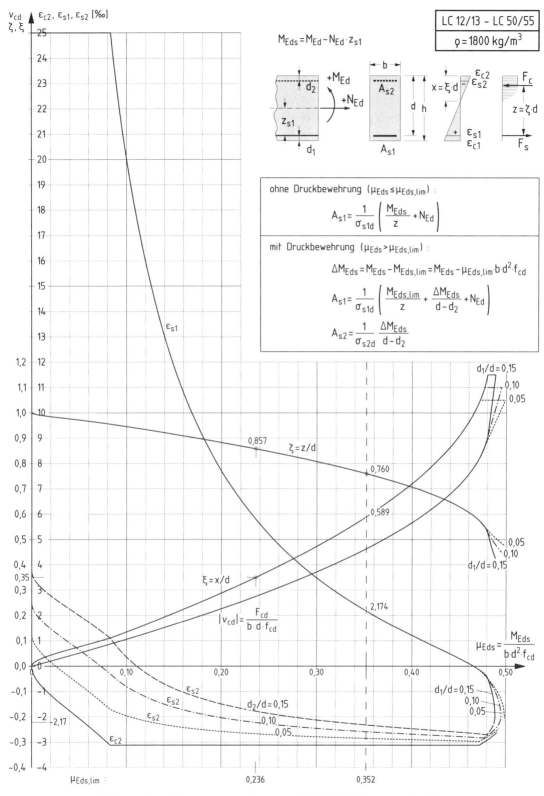

Allgemeines Bemessungsdiagramm für Rechteckquerschnitte

Tafel 3 / LC12–LC50

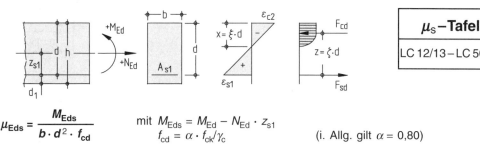

$$\mu_{Eds} = \frac{M_{Eds}}{b \cdot d^2 \cdot f_{cd}} \qquad \text{mit } M_{Eds} = M_{Ed} - N_{Ed} \cdot z_{s1}$$
$$f_{cd} = \alpha \cdot f_{ck}/\gamma_c \qquad \text{(i. Allg. gilt } \alpha = 0{,}80\text{)}$$

Die in nachfolgender Tafel angegebenen Werte gelten exakt nur für die jeweils angegebenen unteren Grenzen der Rohdichten. Für höhere Rohdichten sind die Dehnungen und der bezogene Hebelarm ζ größer bzw. die bezogene Druckzonenhöhe ξ kleiner; die ω-Werte liegen damit – i. d. R. nur geringfügig – auf der sicheren Seite. Genauere Werte für ausgewählte Rohdichteklassen siehe nachfolgende Tafeln.

Rohdichte ρ in kg/m³	μ_{Eds}	ω	$\xi = \dfrac{x}{d}$	$\zeta = \dfrac{z}{d}$	ε_{c2} in ‰	ε_{s1} in ‰	$\sigma_{sd}{}^{1)}$ in MPa BSt 500	$\sigma_{sd}{}^{*\,2)}$ in MPa BSt 500
	0,01	0,0101	0,030	0,990	−0,77	25,00	435	457
	0,02	0,0203	0,044	0,985	−1,15	25,00	435	457
	0,03	0,0306	0,055	0,980	−1,46	25,00	435	457
	0,04	0,0410	0,066	0,976	−1,76	25,00	435	457
	0,05	0,0515	0,076	0,971	−2,06	25,00	435	457
	0,06	0,0621	0,090	0,966	−2,16	21,93	435	454
	0,07	0,0729	0,105	0,960	−2,16	18,36	435	450
	0,08	0,0839	0,121	0,954	−2,16	15,69	435	448
	0,09	0,0950	0,137	0,948	−2,16	13,60	435	446
	0,10	0,1062	0,153	0,942	−2,16	11,93	435	444
	0,11	0,1176	0,170	0,935	−2,16	10,57	435	443
	0,12	0,1292	0,187	0,929	−2,16	9,43	435	442
≥ 800	0,13	0,1409	0,204	0,923	−2,16	8,46	435	441
	0,14	0,1528	0,221	0,916	−2,16	7,63	435	440
	0,15	0,1650	0,238	0,909	−2,16	6,91	435	439
	0,16	0,1773	0,256	0,903	−2,16	6,28	435	439
	0,17	0,1898	0,274	0,896	−2,16	5,72	435	438
	0,18	0,2025	0,293	0,889	−2,16	5,23	435	438
	0,19	0,2155	0,312	0,882	−2,16	4,78	435	437
	0,20	0,2288	0,331	0,874	−2,16	4,38	435	437
	0,21	0,2423	0,350	0,867	−2,16	4,02	435	437
	0,22	0,2560	0,370	0,859	−2,16	3,68	435	436
	0,23	0,2701	0,390	0,852	−2,16	3,38	435	436
	0,24	0,2845	0,411	0,844	−2,16	3,10	435	436
	0,25	0,2992	0,432	0,836	−2,16	2,84	435	435
	0,26	0,3143	0,454	0,827	−2,16	2,60	435	435
	0,27	0,3298	0,477	0,819	−2,16	2,38	435	435
≥ 1000	0,28	0,3437	0,479	0,815	−2,36	2,56	435	435
	0,29	0,3598	0,502	0,806	−2,36	2,34	435	435
≥ 1200	0,30	0,3746	0,508	0,801	−2,55	2,47	435	435
	0,31	0,3914	0,530	0,792	−2,55	2,26	435	435
≥ 1400	0,32	0,4072	0,538	0,786	−2,74	2,35	435	435
≥ 1600	0,33	0,4236	0,549	0,779	−2,93	2,41	435	435
	0,34	0,4419	0,572	0,769	−2,93	2,19	435	435
≥ 1800	0,35	0,4594	0,584	0,762	−3,12	2,22	435	435
≥ 2000	0,36	0,4778	0,598	0,754	−3,31	2,22	435	435
≥ 2200	0,37	0,4968	0,614	0,745	−3,50	2,20	435	435

1) Begrenzung der Stahlspannung auf $f_{yd} = f_{yk} / \gamma_s$ (horizontaler Ast der σ-ε-Linie)
2) Begrenzung der Stahlspannung auf $f_{td,cal} = f_{tk,cal}/\gamma_s$ (geneigter Ast der σ-ε-Linie)

$$A_{s1} = \frac{1}{\sigma_{sd}} (\omega \cdot b \cdot d \cdot f_{cd} + N_{Ed})$$

Bemessungstafel (μ_s-Tafel) für Rechteckquerschnitte ohne Druckbewehrung
(Leichtbeton LC 12/13 bis LC 50/55; Betonstahl BSt 500 und $\gamma_s = 1{,}15$)

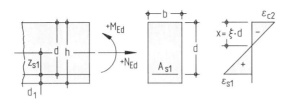

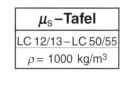

$$\mu_{Eds} = \frac{M_{Eds}}{b \cdot d^2 \cdot f_{cd}}$$

mit $M_{Eds} = M_{Ed} - N_{Ed} \cdot z_{s1}$

$f_{cd} = \alpha \cdot f_{ck}/\gamma_c$

(i. Allg. gilt α = 0,80)

μ_{Eds}	ω	$\xi = \dfrac{x}{d}$	$\zeta = \dfrac{z}{d}$	ε_{c2} in ‰	ε_{s1} in ‰	σ_{sd}[1] in MPa BSt 500	σ_{sd}*[2] in MPa BSt 500
0,01	0,0101	0,030	0,990	−0,77	25,00	435	457
0,02	0,0203	0,044	0,985	−1,15	25,00	435	457
0,03	0,0306	0,055	0,980	−1,46	25,00	435	457
0,04	0,0410	0,066	0,976	−1,76	25,00	435	457
0,05	0,0515	0,076	0,971	−2,06	25,00	435	457
0,06	0,0620	0,087	0,967	−2,36	24,85	435	457
0,07	0,0729	0,102	0,961	−2,36	20,80	435	453
0,08	0,0837	0,117	0,955	−2,36	17,80	435	450
0,09	0,0948	0,132	0,949	−2,36	15,45	435	447
0,10	0,1061	0,148	0,943	−2,36	13,56	435	446
0,11	0,1174	0,164	0,937	−2,36	12,02	435	444
0,12	0,1290	0,180	0,930	−2,36	10,73	435	443
0,13	0,1407	0,196	0,924	−2,36	9,64	435	442
0,14	0,1525	0,213	0,918	−2,36	8,71	435	441
0,15	0,1646	0,230	0,911	−2,36	7,90	435	440
0,16	0,1768	0,247	0,905	−2,36	7,19	435	440
0,17	0,1893	0,264	0,898	−2,36	6,56	435	439
0,18	0,2020	0,282	0,891	−2,36	6,00	435	438
0,19	0,2149	0,300	0,884	−2,36	5,50	435	438
0,20	0,2280	0,318	0,877	−2,36	5,05	435	438
0,21	0,2415	0,337	0,870	−2,36	4,64	435	437
0,22	0,2551	0,356	0,863	−2,36	4,26	435	437
0,23	0,2690	0,375	0,855	−2,36	3,92	435	436
0,24	0,2833	0,395	0,847	−2,36	3,60	435	436
0,25	0,2979	0,416	0,839	−2,36	3,31	435	436
0,26	0,3127	0,436	0,831	−2,36	3,04	435	436
0,27	0,3280	0,458	0,823	−2,36	2,79	435	435
0,28	0,3437	0,479	0,815	−2,36	2,56	435	435
0,29	0,3598	0,502	0,806	−2,36	2,34	435	435
0,30	0,3764	0,525	0,797	−2,36	2,13	426	426
0,31	0,3935	0,549	0,788	−2,36	1,94	387	387
0,32	0,4110	0,573	0,778	−2,36	1,75	350	350
0,33	0,4294	0,599	0,769	−2,36	1,58	315	315
0,34	0,4484	0,625	0,758	−2,36	1,41	282	282
0,35	0,4681	0,653	0,748	−2,36	1,25	250	250
0,36	0,4887	0,682	0,737	−2,36	1,10	220	220
0,37	0,5105	0,712	0,725	−2,36	0,95	190	190
0,38	0,5334	0,744	0,713	−2,36	0,81	162	162
0,39	0,5575	0,778	0,700	−2,36	0,67	135	135
0,40	0,5835	0,814	0,685	−2,36	0,54	108	108

(rechts am Rand) LC 12/13 – LC 50/55

unwirtschaftlicher Bereich

[1] Begrenzung der Stahlspannung auf $f_{yd} = f_{yk} / \gamma_s$ (horizontaler Ast der σ-ε-Linie)
[2] Begrenzung der Stahlspannung auf $f_{td,cal} = f_{tk,cal} / \gamma_s$ (geneigter Ast der σ-ε-Linie)

$$A_{s1} = \frac{1}{\sigma_{sd}} (\omega \cdot b \cdot d \cdot f_{cd} + N_{Ed})$$

Bemessungstafel (μ_s-Tafel) für Rechteckquerschnitte ohne Druckbewehrung

(Leichtbeton LC 12/13 bis LC 50/55, Rohdichte ρ = 1000 kg/m³; Betonstahl BSt 500 und γ_s = 1,15)

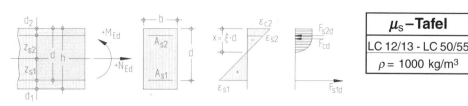

$$\mu_{Eds} = \frac{M_{Eds}}{b \cdot d^2 \cdot f_{cd}}$$

mit $M_{Eds} = M_{Ed} - N_{Ed} \cdot z_{s1}$
$f_{cd} = \alpha \cdot f_{ck}/\gamma_c$

(i. Allg. gilt $\alpha = 0{,}80$)

$\xi = 0{,}35$

| d_2/d | 0,05 | | 0,10 | | 0,15 | | 0,20 | |
| $\varepsilon_{s1}/\varepsilon_{s2}$ | 4,37 ‰ | −2,02 ‰ | 4,37 ‰ | −1,68 ‰ | 4,37 ‰ | −1,35 ‰ | 4,37 ‰ | −1,01 ‰ |
μ_{Eds}	ω_1	ω_2	ω_1	ω_2	ω_1	ω_2	ω_1	ω_2
0,22	0,254	0,003	0,254	0,004	0,254	0,006	0,255	0,008
0,23	0,265	0,015	0,265	0,019	0,266	0,025	0,267	0,035
0,24	0,275	0,026	0,276	0,033	0,278	0,044	0,280	0,062
0,25	0,286	0,037	0,288	0,047	0,290	0,063	0,292	0,089
0,26	0,296	0,049	0,299	0,062	0,302	0,082	0,305	0,116
0,27	0,307	0,060	0,310	0,076	0,313	0,101	0,317	0,143
0,28	0,317	0,071	0,321	0,091	0,325	0,120	0,330	0,170
0,29	0,328	0,083	0,332	0,105	0,337	0,139	0,342	0,197
0,30	0,338	0,094	0,343	0,119	0,349	0,158	0,355	0,224
0,31	0,349	0,105	0,354	0,134	0,360	0,177	0,367	0,251
0,32	0,359	0,117	0,365	0,148	0,372	0,196	0,380	0,277
0,33	0,370	0,128	0,376	0,162	0,384	0,215	0,392	0,304
0,34	0,380	0,139	0,388	0,177	0,396	0,234	0,405	0,331
0,35	0,391	0,151	0,399	0,191	0,407	0,253	0,417	0,358
0,36	0,401	0,162	0,410	0,205	0,419	0,272	0,430	0,385
0,37	0,412	0,174	0,421	0,220	0,431	0,291	0,442	0,412
0,38	0,423	0,185	0,432	0,234	0,443	0,310	0,455	0,439
0,39	0,433	0,196	0,443	0,249	0,454	0,329	0,467	0,466
0,40	0,444	0,208	0,454	0,263	0,466	0,348	0,480	0,493
0,41	0,454	0,219	0,465	0,277	0,478	0,367	0,492	0,520
0,42	0,465	0,230	0,476	0,292	0,490	0,386	0,505	0,547
0,43	0,475	0,242	0,488	0,306	0,502	0,405	0,517	0,574
0,44	0,486	0,253	0,499	0,320	0,513	0,424	0,530	0,601
0,45	0,496	0,264	0,510	0,335	0,525	0,443	0,542	0,628
0,46	0,507	0,276	0,521	0,349	0,537	0,462	0,555	0,654
0,47	0,517	0,287	0,532	0,363	0,549	0,481	0,567	0,681
0,48	0,528	0,298	0,543	0,378	0,560	0,500	0,580	0,708
0,49	0,538	0,310	0,554	0,392	0,572	0,519	0,592	0,735
0,50	0,549	0,321	0,565	0,406	0,584	0,538	0,605	0,762
0,51	0,559	0,332	0,576	0,421	0,596	0,557	0,617	0,789
0,52	0,570	0,344	0,588	0,435	0,607	0,576	0,630	0,816
0,53	0,580	0,355	0,599	0,450	0,619	0,595	0,642	0,843
0,54	0,591	0,366	0,610	0,464	0,631	0,614	0,655	0,870
0,55	0,601	0,378	0,621	0,478	0,643	0,633	0,667	0,897
0,56	0,612	0,389	0,632	0,493	0,654	0,652	0,680	0,924
0,57	0,623	0,400	0,643	0,507	0,666	0,671	0,692	0,951
0,58	0,633	0,412	0,654	0,521	0,678	0,690	0,705	0,978
0,59	0,644	0,423	0,665	0,536	0,690	0,709	0,717	1,005
0,60	0,654	0,434	0,676	0,550	0,702	0,728	0,730	1,031

$$A_{s1} = \frac{1}{f_{yd}} (\omega_1 \cdot b \cdot d \cdot f_{cd} + N_{Ed})$$

$$A_{s2} = \omega_2 \cdot b \cdot d \cdot \frac{f_{cd}}{f_{yd}}$$

(Bzgl. einer theoretisch erforderlichen Erhöhung von A_{s2} – Berücksichtigung der Nettofläche der Betondruckzone – wird auf die Erläuterungen in „Einführung", Abschn. 6.1.6, Bild 12 verwiesen.)

Bemessungstafel (μ_s-Tafel) für Rechteckquerschnitte mit Druckbewehrung; $\xi_{lim} = 0{,}35$

(Leichtbeton LC 12/13 bis LC 50/55, Rohdichte $\rho = 1000$ kg/m³; Betonstahl BSt 500 und $\gamma_s = 1{,}15$)

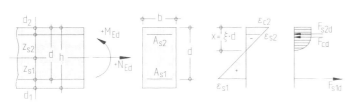

$$\mu_{Eds} = \frac{M_{Eds}}{b \cdot d^2 \cdot f_{cd}}$$

mit $M_{Eds} = M_{Ed} - N_{Ed} \cdot z_{s1}$

$f_{cd} = \alpha \cdot f_{ck}/\gamma_c$

(i. Allg. gilt $\alpha = 0{,}80$)

$\xi = 0{,}520$

d_2/d	0,05		0,10		0,15		0,20	
$\varepsilon_{s1}/\varepsilon_{s2}$	2,17 ‰	−2,13 ‰	2,17 ‰	−1,90 ‰	2,17 ‰	−1,68 ‰	2,17 ‰	−1,45 ‰
μ_{Eds}	ω_1	ω_2	ω_1	ω_2	ω_1	ω_2	ω_1	ω_2
0,30	0,375	0,002	0,375	0,003	0,375	0,003	0,375	0,004
0,31	0,386	0,013	0,386	0,015	0,387	0,019	0,388	0,023
0,32	0,396	0,024	0,397	0,028	0,399	0,034	0,400	0,042
0,33	0,407	0,035	0,408	0,041	0,411	0,049	0,413	0,060
0,34	0,417	0,045	0,420	0,054	0,422	0,064	0,425	0,079
0,35	0,428	0,056	0,431	0,066	0,434	0,080	0,438	0,098
0,36	0,438	0,067	0,442	0,079	0,446	0,095	0,450	0,117
0,37	0,449	0,078	0,453	0,092	0,458	0,110	0,463	0,135
0,38	0,459	0,088	0,464	0,104	0,469	0,125	0,475	0,154
0,39	0,470	0,099	0,475	0,117	0,481	0,141	0,488	0,173
0,40	0,480	0,110	0,486	0,130	0,493	0,156	0,500	0,192
0,41	0,491	0,121	0,497	0,142	0,505	0,171	0,513	0,210
0,42	0,501	0,131	0,508	0,155	0,516	0,186	0,525	0,229
0,43	0,512	0,142	0,520	0,168	0,528	0,202	0,538	0,248
0,44	0,522	0,153	0,531	0,181	0,540	0,217	0,550	0,267
0,45	0,533	0,164	0,542	0,193	0,552	0,232	0,563	0,285
0,46	0,543	0,174	0,553	0,206	0,563	0,248	0,575	0,304
0,47	0,554	0,185	0,564	0,219	0,575	0,263	0,588	0,323
0,48	0,564	0,196	0,575	0,231	0,587	0,278	0,600	0,342
0,49	0,575	0,207	0,586	0,244	0,599	0,293	0,613	0,360
0,50	0,586	0,217	0,597	0,257	0,611	0,309	0,625	0,379
0,51	0,596	0,228	0,608	0,269	0,622	0,324	0,638	0,398
0,52	0,607	0,239	0,620	0,282	0,634	0,339	0,650	0,417
0,53	0,617	0,250	0,631	0,295	0,646	0,354	0,663	0,435
0,54	0,628	0,260	0,642	0,308	0,658	0,370	0,675	0,454
0,55	0,638	0,271	0,653	0,320	0,669	0,385	0,688	0,473
0,56	0,649	0,282	0,664	0,333	0,681	0,400	0,700	0,492
0,57	0,659	0,293	0,675	0,346	0,693	0,415	0,713	0,510
0,58	0,670	0,303	0,686	0,358	0,705	0,431	0,725	0,529
0,59	0,680	0,314	0,697	0,371	0,716	0,446	0,738	0,548
0,60	0,691	0,325	0,708	0,384	0,728	0,461	0,750	0,567

$$A_{s1} = \frac{1}{f_{yd}} (\omega_1 \cdot b \cdot d \cdot f_{cd} + N_{Ed})$$

$$A_{s2} = \omega_2 \cdot b \cdot d \cdot \frac{f_{cd}}{f_{yd}}$$

(Bzgl. einer theoretisch erforderlichen Erhöhung von A_{s2} – Berücksichtigung der Nettofläche der Betondruckzone – wird auf die Erläuterungen in „Einführung", Abschn. 6.1.6, Bild 12 verwiesen.)

Bemessungstafel (μ_s-Tafel) für Rechteckquerschnitte mit Druckbewehrung; $\xi_{lim} = 0{,}520$

(Leichtbeton LC 12/13 bis LC 50/55, Rohdichte $\rho = 1000$ kg/m³; Betonstahl BSt 500 und $\gamma_s = 1{,}15$)

Tafel 3.2a / LC12–LC50

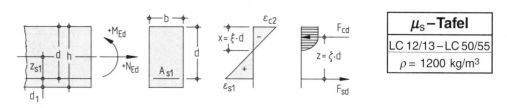

$$\mu_{Eds} = \frac{M_{Eds}}{b \cdot d^2 \cdot f_{cd}}$$

mit $M_{Eds} = M_{Ed} - N_{Ed} \cdot z_{s1}$
$f_{cd} = \alpha \cdot f_{ck}/\gamma_c$ (i. Allg. gilt $\alpha = 0{,}80$)

μ_{Eds}	ω	$\xi = \dfrac{x}{d}$	$\zeta = \dfrac{z}{d}$	ε_{c2} in ‰	ε_{s1} in ‰	$\sigma_{sd}^{1)}$ in MPa BSt 500	$\sigma_{sd}^{*\,2)}$ in MPa BSt 500
0,01	0,0101	0,030	0,990	−0,77	25,00	435	457
0,02	0,0203	0,044	0,985	−1,15	25,00	435	457
0,03	0,0306	0,055	0,980	−1,46	25,00	435	457
0,04	0,0410	0,066	0,976	−1,76	25,00	435	457
0,05	0,0515	0,076	0,971	−2,06	25,00	435	457
0,06	0,0621	0,086	0,967	−2,37	25,00	435	457
0,07	0,0728	0,099	0,961	−2,55	23,25	435	455
0,08	0,0837	0,113	0,956	−2,55	19,90	435	452
0,09	0,0947	0,128	0,950	−2,55	17,29	435	449
0,10	0,1059	0,144	0,944	−2,55	15,19	435	447
0,11	0,1173	0,159	0,938	−2,55	13,47	435	446
0,12	0,1288	0,175	0,932	−2,55	12,04	435	444
0,13	0,1405	0,190	0,925	−2,55	10,83	435	443
0,14	0,1523	0,206	0,919	−2,55	9,79	435	442
0,15	0,1644	0,223	0,913	−2,55	8,89	435	441
0,16	0,1766	0,239	0,906	−2,55	8,10	435	440
0,17	0,1890	0,256	0,900	−2,55	7,40	435	440
0,18	0,2016	0,273	0,893	−2,55	6,78	435	439
0,19	0,2145	0,291	0,886	−2,55	6,21	435	439
0,20	0,2275	0,308	0,879	−2,55	5,71	435	438
0,21	0,2409	0,326	0,872	−2,55	5,26	435	438
0,22	0,2544	0,345	0,865	−2,55	4,84	435	437
0,23	0,2683	0,363	0,857	−2,55	4,46	435	437
0,24	0,2824	0,383	0,850	−2,55	4,11	435	437
0,25	0,2969	0,402	0,842	−2,55	3,78	435	436
0,26	0,3116	0,422	0,834	−2,55	3,48	435	436
0,27	0,3268	0,443	0,826	−2,55	3,20	435	436
0,28	0,3423	0,464	0,818	−2,55	2,94	435	436
0,29	0,3582	0,485	0,810	−2,55	2,70	435	435
0,30	0,3746	0,508	0,801	−2,55	2,47	435	435
0,31	0,3914	0,530	0,792	−2,55	2,26	435	435
0,32	0,4088	0,554	0,783	−2,55	2,05	410	410
0,33	0,4268	0,578	0,773	−2,55	1,86	371	371
0,34	0,4455	0,604	0,763	−2,55	1,67	334	334
0,35	0,4648	0,630	0,753	−2,55	1,50	299	299
0,36	0,4850	0,657	0,742	−2,55	1,33	266	266
0,37	0,5062	0,686	0,731	−2,55	1,17	233	233
0,38	0,5284	0,716	0,719	−2,55	1,01	202	202
0,39	0,5519	0,748	0,707	−2,55	0,86	172	172
0,40	0,5769	0,782	0,693	−2,55	0,71	142	142

unwirtschaftlicher Bereich (rows 0,36–0,40)

1) Begrenzung der Stahlspannung auf $f_{yd} = f_{yk} / \gamma_s$ (horizontaler Ast der σ-ε-Linie)
2) Begrenzung der Stahlspannung auf $f_{td,cal} = f_{tk,cal} / \gamma_s$ (geneigter Ast der σ-ε-Linie)

$$A_{s1} = \frac{1}{\sigma_{sd}} (\omega \cdot b \cdot d \cdot f_{cd} + N_{Ed})$$

Bemessungstafel (μ_s-Tafel) für Rechteckquerschnitte ohne Druckbewehrung

(Leichtbeton LC 12/13 bis LC 50/55, Rohdichte $\rho = 1200$ kg/m³; Betonstahl BSt 500 und $\gamma_s = 1{,}15$)

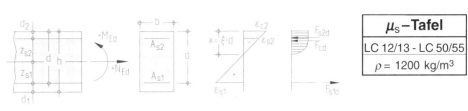

	μ_s–Tafel
	LC 12/13 - LC 50/55
	$\rho = 1200$ kg/m³

$$\mu_{Eds} = \frac{M_{Eds}}{b \cdot d^2 \cdot f_{cd}}$$

mit $M_{Eds} = M_{Ed} - N_{Ed} \cdot z_{s1}$

$f_{cd} = \alpha \cdot f_{ck}/\gamma_c$

(i. Allg. gilt $\alpha = 0{,}80$)

$\xi = 0{,}35$

d_2/d	0,05		0,10		0,15		0,20	
$\varepsilon_{s1}/\varepsilon_{s2}$	4,73 ‰	−2,18 ‰	4,73 ‰	−1,82 ‰	4,73 ‰	−1,45 ‰	4,73 ‰	−1,09 ‰
μ_{Eds}	ω_1	ω_2	ω_1	ω_2	ω_1	ω_2	ω_1	ω_2
0,23	0,266	0,008	0,266	0,009	0,267	0,013	0,267	0,018
0,24	0,276	0,018	0,277	0,023	0,278	0,030	0,280	0,043
0,25	0,287	0,029	0,288	0,036	0,290	0,048	0,292	0,068
0,26	0,297	0,039	0,300	0,049	0,302	0,065	0,305	0,093
0,27	0,308	0,050	0,311	0,063	0,314	0,083	0,317	0,117
0,28	0,318	0,060	0,322	0,076	0,326	0,100	0,330	0,142
0,29	0,329	0,071	0,333	0,089	0,337	0,118	0,342	0,167
0,30	0,340	0,081	0,344	0,102	0,349	0,136	0,355	0,192
0,31	0,350	0,092	0,355	0,116	0,361	0,153	0,367	0,217
0,32	0,361	0,102	0,366	0,129	0,373	0,171	0,380	0,242
0,33	0,371	0,113	0,377	0,142	0,384	0,188	0,392	0,267
0,34	0,382	0,123	0,388	0,156	0,396	0,206	0,405	0,292
0,35	0,392	0,134	0,400	0,169	0,408	0,224	0,417	0,317
0,36	0,403	0,144	0,411	0,182	0,420	0,241	0,430	0,342
0,37	0,413	0,155	0,422	0,195	0,431	0,259	0,442	0,367
0,38	0,424	0,165	0,433	0,209	0,443	0,276	0,455	0,391
0,39	0,434	0,176	0,444	0,222	0,455	0,294	0,467	0,416
0,40	0,445	0,186	0,455	0,235	0,467	0,311	0,480	0,441
0,41	0,455	0,197	0,466	0,249	0,478	0,329	0,492	0,466
0,42	0,466	0,208	0,477	0,262	0,490	0,347	0,505	0,491
0,43	0,476	0,218	0,488	0,275	0,502	0,364	0,517	0,516
0,44	0,487	0,229	0,500	0,288	0,514	0,382	0,530	0,541
0,45	0,497	0,239	0,511	0,302	0,526	0,399	0,542	0,566
0,46	0,508	0,250	0,522	0,315	0,537	0,417	0,555	0,591
0,47	0,518	0,260	0,533	0,328	0,549	0,435	0,567	0,616
0,48	0,529	0,271	0,544	0,342	0,561	0,452	0,580	0,641
0,49	0,540	0,281	0,555	0,355	0,573	0,470	0,592	0,665
0,50	0,550	0,292	0,566	0,368	0,584	0,487	0,605	0,690
0,51	0,561	0,302	0,577	0,381	0,596	0,505	0,617	0,715
0,52	0,571	0,313	0,588	0,395	0,608	0,522	0,630	0,740
0,53	0,582	0,323	0,600	0,408	0,620	0,540	0,642	0,765
0,54	0,592	0,334	0,611	0,421	0,631	0,558	0,655	0,790
0,55	0,603	0,344	0,622	0,435	0,643	0,575	0,667	0,815
0,56	0,613	0,355	0,633	0,448	0,655	0,593	0,680	0,840
0,57	0,624	0,365	0,644	0,461	0,667	0,610	0,692	0,865
0,58	0,634	0,376	0,655	0,474	0,678	0,628	0,705	0,890
0,59	0,645	0,386	0,666	0,488	0,690	0,646	0,717	0,915
0,60	0,655	0,397	0,677	0,501	0,702	0,663	0,730	0,939

$$A_{s1} = \frac{1}{f_{yd}} \left(\omega_1 \cdot b \cdot d \cdot f_{cd} + N_{Ed} \right)$$

$$A_{s2} = \omega_2 \cdot b \cdot d \cdot \frac{f_{cd}}{f_{yd}}$$

(Bzgl. einer theoretisch erforderlichen Erhöhung von A_{s2} – Berücksichtigung der Nettofläche der Betondruckzone – wird auf die Erläuterungen in „Einführung", Abschn. 6.1.6, Bild 12 verwiesen.)

Bemessungstafel (μ_s-Tafel) für Rechteckquerschnitte mit Druckbewehrung; $\xi_{lim} = 0{,}35$

(Leichtbeton LC 12/13 bis LC 50/55, Rohdichte $\rho = 1200$ kg/m³; Betonstahl BSt 500 und $\gamma_s = 1{,}15$)

Tafel 3.2c / LC12–LC50

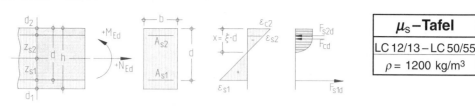

$$\mu_{Eds} = \frac{M_{Eds}}{b \cdot d^2 \cdot f_{cd}}$$

mit $M_{Eds} = M_{Ed} - N_{Ed} \cdot z_{s1}$
$f_{cd} = \alpha \cdot f_{ck}/\gamma_c$ (i. Allg. gilt $\alpha = 0{,}80$)

$\xi = 0{,}539$

d_2/d	0,05		0,10		0,15		0,20	
$\varepsilon_{s1}/\varepsilon_{s2}$	2,17 ‰	−2,31 ‰	2,17 ‰	−2,07 ‰	2,17 ‰	−1,84 ‰	2,17 ‰	−1,60 ‰
μ_{Eds}	ω_1	ω_2	ω_1	ω_2	ω_1	ω_2	ω_1	ω_2
0,32	0,405	0,006	0,405	0,007	0,405	0,008	0,406	0,010
0,33	0,415	0,017	0,416	0,019	0,417	0,022	0,418	0,027
0,34	0,426	0,028	0,427	0,030	0,429	0,036	0,431	0,044
0,35	0,436	0,038	0,438	0,042	0,441	0,050	0,443	0,061
0,36	0,447	0,049	0,449	0,054	0,452	0,064	0,456	0,078
0,37	0,457	0,059	0,460	0,065	0,464	0,078	0,468	0,095
0,38	0,468	0,070	0,472	0,077	0,476	0,092	0,481	0,112
0,39	0,478	0,080	0,483	0,089	0,488	0,106	0,493	0,129
0,40	0,489	0,091	0,494	0,100	0,499	0,120	0,506	0,146
0,41	0,499	0,101	0,505	0,112	0,511	0,134	0,518	0,163
0,42	0,510	0,112	0,516	0,124	0,523	0,148	0,531	0,180
0,43	0,520	0,122	0,527	0,135	0,535	0,162	0,543	0,197
0,44	0,531	0,133	0,538	0,147	0,546	0,176	0,556	0,214
0,45	0,541	0,143	0,549	0,159	0,558	0,189	0,568	0,231
0,46	0,552	0,154	0,560	0,170	0,570	0,203	0,581	0,248
0,47	0,562	0,164	0,572	0,182	0,582	0,217	0,593	0,265
0,48	0,573	0,175	0,583	0,194	0,594	0,231	0,606	0,282
0,49	0,584	0,185	0,594	0,205	0,605	0,245	0,618	0,299
0,50	0,594	0,196	0,605	0,217	0,617	0,259	0,631	0,316
0,51	0,605	0,206	0,616	0,228	0,629	0,273	0,643	0,333
0,52	0,615	0,217	0,627	0,240	0,641	0,287	0,656	0,350
0,53	0,626	0,228	0,638	0,252	0,652	0,301	0,668	0,367
0,54	0,636	0,238	0,649	0,263	0,664	0,315	0,681	0,384
0,55	0,647	0,249	0,660	0,275	0,676	0,329	0,693	0,401
0,56	0,657	0,259	0,672	0,287	0,688	0,343	0,706	0,418
0,57	0,668	0,270	0,683	0,298	0,699	0,356	0,718	0,435
0,58	0,678	0,280	0,694	0,310	0,711	0,370	0,731	0,452
0,59	0,689	0,291	0,705	0,322	0,723	0,384	0,743	0,469
0,60	0,699	0,301	0,716	0,333	0,735	0,398	0,756	0,485

$$A_{s1} = \frac{1}{f_{yd}} (\omega_1 \cdot b \cdot d \cdot f_{cd} + N_{Ed})$$

$$A_{s2} = \omega_2 \cdot b \cdot d \cdot \frac{f_{cd}}{f_{yd}}$$

(Bzgl. einer theoretisch erforderlichen Erhöhung von A_{s2} – Berücksichtigung der Nettofläche der Betondruckzone – wird auf die Erläuterungen in „Einführung", Abschn. 6.1.6, Bild 12 verwiesen.)

Bemessungstafel (μ_s-Tafel) für Rechteckquerschnitte mit Druckbewehrung; $\xi_{lim} = 0{,}539$

(Leichtbeton LC 12/13 bis LC 50/55, Rohdichte $\rho = 1200$ kg/m³; Betonstahl BSt 500 und $\gamma_s = 1{,}15$)

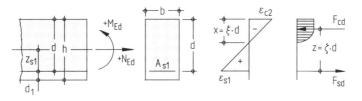

		μ_s–Tafel
		LC 12/13 – LC 50/55
		ρ = 1400 kg/m³

$$\mu_{Eds} = \frac{M_{Eds}}{b \cdot d^2 \cdot f_{cd}}$$

mit $M_{Eds} = M_{Ed} - N_{Ed} \cdot z_{s1}$

$f_{cd} = \alpha \cdot f_{ck}/\gamma_c$

(i. Allg. gilt $\alpha = 0,80$)

μ_{Sds}	ω	$\xi = \dfrac{x}{d}$	$\zeta = \dfrac{z}{d}$	ε_{c2} in ‰	ε_{s1} in ‰	σ_{sd}[1] in MPa BSt 500	σ_{sd}*[2] in MPa BSt 500
0,01	0,0101	0,030	0,990	−0,77	25,00	435	457
0,02	0,0203	0,044	0,985	−1,15	25,00	435	457
0,03	0,0306	0,055	0,980	−1,46	25,00	435	457
0,04	0,0410	0,066	0,976	−1,76	25,00	435	457
0,05	0,0515	0,076	0,971	−2,06	25,00	435	457
0,06	0,0621	0,086	0,967	−2,37	25,00	435	457
0,07	0,0728	0,097	0,962	−2,68	25,00	435	457
0,08	0,0837	0,111	0,956	−2,74	22,00	435	454
0,09	0,0947	0,125	0,950	−2,74	19,12	435	451
0,10	0,1059	0,140	0,944	−2,74	16,81	435	449
0,11	0,1172	0,155	0,938	−2,74	14,92	435	447
0,12	0,1287	0,170	0,932	−2,74	13,34	435	445
0,13	0,1404	0,186	0,926	−2,74	12,01	435	444
0,14	0,1522	0,201	0,920	−2,74	10,86	435	443
0,15	0,1642	0,217	0,914	−2,74	9,87	435	442
0,16	0,1763	0,233	0,907	−2,74	9,00	435	441
0,17	0,1887	0,250	0,901	−2,74	8,23	435	441
0,18	0,2013	0,266	0,894	−2,74	7,54	435	440
0,19	0,2141	0,283	0,887	−2,74	6,93	435	439
0,20	0,2271	0,300	0,881	−2,74	6,38	435	439
0,21	0,2404	0,318	0,874	−2,74	5,87	435	438
0,22	0,2539	0,336	0,866	−2,74	5,42	435	438
0,23	0,2677	0,354	0,859	−2,74	5,00	435	438
0,24	0,2818	0,373	0,852	−2,74	4,61	435	437
0,25	0,2961	0,392	0,844	−2,74	4,25	435	437
0,26	0,3108	0,411	0,837	−2,74	3,92	435	436
0,27	0,3258	0,431	0,829	−2,74	3,61	435	436
0,28	0,3412	0,451	0,821	−2,74	3,33	435	436
0,29	0,3571	0,472	0,812	−2,74	3,06	435	436
0,30	0,3733	0,494	0,804	−2,74	2,81	435	435
0,31	0,3900	0,516	0,795	−2,74	2,57	435	435
0,32	0,4072	0,538	0,786	−2,74	2,35	435	435
0,33	0,4250	0,562	0,776	−2,74	2,13	427	427
0,34	0,4434	0,586	0,767	−2,74	1,93	386	386
0,35	0,4625	0,611	0,757	−2,74	1,74	348	348
0,36	0,4824	0,638	0,746	−2,74	1,55	311	311
0,37	0,5031	0,665	0,735	−2,74	1,38	275	275
0,38	0,5249	0,694	0,724	−2,74	1,21	241	241
0,39	0,5479	0,724	0,712	−2,74	1,04	208	208
0,40	0,5722	0,757	0,699	−2,74	0,88	176	176

unwirtschaft-
licher Bereich

[1] Begrenzung der Stahlspannung auf $f_{yd} = f_{yk} / \gamma_s$ (horizontaler Ast der σ-ε-Linie)

[2] Begrenzung der Stahlspannung auf $f_{td,cal} = f_{tk,cal}/ \gamma_s$ (geneigter Ast der σ-ε-Linie)

$$A_{s1} = \frac{1}{\sigma_{sd}} (\omega \cdot b \cdot d \cdot f_{cd} + N_{Ed})$$

Bemessungstafel (μ_s-Tafel) für Rechteckquerschnitte ohne Druckbewehrung

(Leichtbeton LC 12/13 bis LC 50/55, Rohdichte ρ = 1400 kg/m³; Betonstahl BSt 500 und γ_s = 1,15)

Tafel 3.3b / LC12–LC50

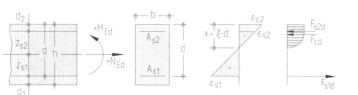

μ_s–Tafel

LC 12/13 - LC 50/55

$\rho = 1400 \text{ kg/m}^3$

$$\mu_{Eds} = \frac{M_{Eds}}{b \cdot d^2 \cdot f_{cd}}$$

mit $M_{Eds} = M_{Ed} - N_{Ed} \cdot z_{s1}$

$f_{cd} = \alpha \cdot f_{ck}/\gamma_c$

(i. Allg. gilt $\alpha = 0,80$)

$\xi = 0,35$

d_2/d	0,05		0,10		0,15		0,20	
$\varepsilon_{s1}/\varepsilon_{s2}$	5,08 ‰	−2,35 ‰	5,08 ‰	−1,95 ‰	5,08 ‰	−1,56 ‰	5,08 ‰	−1,17 ‰
μ_{Eds}	ω_1	ω_2	ω_1	ω_2	ω_1	ω_2	ω_1	ω_2
0,23	0,267	0,002	0,267	0,003	0,267	0,003	0,267	0,005
0,24	0,277	0,013	0,278	0,015	0,279	0,020	0,280	0,028
0,25	0,288	0,023	0,289	0,027	0,291	0,036	0,292	0,051
0,26	0,299	0,034	0,300	0,040	0,303	0,053	0,305	0,074
0,27	0,309	0,044	0,312	0,052	0,314	0,069	0,317	0,098
0,28	0,320	0,055	0,323	0,064	0,326	0,085	0,330	0,121
0,29	0,330	0,065	0,334	0,077	0,338	0,102	0,342	0,144
0,30	0,341	0,076	0,345	0,089	0,350	0,118	0,355	0,167
0,31	0,351	0,086	0,356	0,101	0,361	0,134	0,367	0,190
0,32	0,362	0,097	0,367	0,114	0,373	0,151	0,380	0,213
0,33	0,372	0,108	0,378	0,126	0,385	0,167	0,392	0,237
0,34	0,383	0,118	0,389	0,139	0,397	0,183	0,405	0,260
0,35	0,393	0,129	0,400	0,151	0,408	0,200	0,417	0,283
0,36	0,404	0,139	0,412	0,163	0,420	0,216	0,430	0,306
0,37	0,414	0,150	0,423	0,176	0,432	0,232	0,442	0,329
0,38	0,425	0,160	0,434	0,188	0,444	0,249	0,455	0,353
0,39	0,435	0,171	0,445	0,200	0,455	0,265	0,467	0,376
0,40	0,446	0,181	0,456	0,213	0,467	0,282	0,480	0,399
0,41	0,456	0,192	0,467	0,225	0,479	0,298	0,492	0,422
0,42	0,467	0,202	0,478	0,237	0,491	0,314	0,505	0,445
0,43	0,477	0,213	0,489	0,250	0,503	0,331	0,517	0,468
0,44	0,488	0,223	0,500	0,262	0,514	0,347	0,530	0,492
0,45	0,499	0,234	0,512	0,275	0,526	0,363	0,542	0,515
0,46	0,509	0,244	0,523	0,287	0,538	0,380	0,555	0,538
0,47	0,520	0,255	0,534	0,299	0,550	0,396	0,567	0,561
0,48	0,530	0,265	0,545	0,312	0,561	0,412	0,580	0,584
0,49	0,541	0,276	0,556	0,324	0,573	0,429	0,592	0,607
0,50	0,551	0,286	0,567	0,336	0,585	0,445	0,605	0,631
0,51	0,562	0,297	0,578	0,349	0,597	0,461	0,617	0,654
0,52	0,572	0,308	0,589	0,361	0,608	0,478	0,630	0,677
0,53	0,583	0,318	0,600	0,373	0,620	0,494	0,642	0,700
0,54	0,593	0,329	0,612	0,386	0,632	0,511	0,655	0,723
0,55	0,604	0,339	0,623	0,398	0,644	0,527	0,667	0,746
0,56	0,614	0,350	0,634	0,410	0,655	0,543	0,680	0,770
0,57	0,625	0,360	0,645	0,423	0,667	0,560	0,692	0,793
0,58	0,635	0,371	0,656	0,435	0,679	0,576	0,705	0,816
0,59	0,646	0,381	0,667	0,448	0,691	0,592	0,717	0,839
0,60	0,656	0,392	0,678	0,460	0,703	0,609	0,730	0,862

LC 12/13 – LC 50/55

$$A_{s1} = \frac{1}{f_{yd}} (\omega_1 \cdot b \cdot d \cdot f_{cd} + N_{Ed})$$

$$A_{s2} = \omega_2 \cdot b \cdot d \cdot \frac{f_{cd}}{f_{yd}}$$

(Bzgl. einer theoretisch erforderlichen Erhöhung von A_{s2} – Berücksichtigung der Nettofläche der Betondruckzone – wird auf die Erläuterungen in „Einführung", Abschn. 6.1.6, Bild 12 verwiesen.)

Bemessungstafel (μ_s-Tafel) für Rechteckquerschnitte mit Druckbewehrung; $\xi_{lim} = 0,35$

(Leichtbeton LC 12/13 bis LC 50/55, Rohdichte $\rho = 1400 \text{ kg/m}^3$; Betonstahl BSt 500 und $\gamma_s = 1,15$)

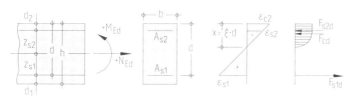

$$\mu_{Eds} = \frac{M_{Eds}}{b \cdot d^2 \cdot f_{cd}}$$

mit $M_{Eds} = M_{Ed} - N_{Ed} \cdot z_{s1}$

$f_{cd} = \alpha \cdot f_{ck}/\gamma_c$ (i. Allg. gilt $\alpha = 0{,}80$)

$\xi = 0{,}557$

| d_2/d | 0,05 | | 0,10 | | 0,15 | | 0,20 | |
$\varepsilon_{s1}/\varepsilon_{s2}$	2,17 ‰	−2,49 ‰	2,17 ‰	−2,25 ‰	2,17 ‰	−2,00 ‰	2,17 ‰	−1,75 ‰
μ_{Eds}	ω_1	ω_2	ω_1	ω_2	ω_1	ω_2	ω_1	ω_2
0,33	0,424	0,002	0,424	0,002	0,424	0,002	0,424	0,003
0,34	0,434	0,013	0,435	0,013	0,436	0,015	0,436	0,018
0,35	0,445	0,023	0,446	0,024	0,447	0,028	0,449	0,034
0,36	0,455	0,034	0,457	0,035	0,459	0,041	0,461	0,049
0,37	0,466	0,044	0,468	0,047	0,471	0,054	0,474	0,065
0,38	0,476	0,055	0,479	0,058	0,483	0,066	0,486	0,080
0,39	0,487	0,065	0,490	0,069	0,494	0,079	0,499	0,096
0,40	0,497	0,076	0,501	0,080	0,506	0,092	0,511	0,111
0,41	0,508	0,086	0,513	0,091	0,518	0,105	0,524	0,127
0,42	0,518	0,097	0,524	0,102	0,530	0,118	0,536	0,142
0,43	0,529	0,107	0,535	0,113	0,541	0,130	0,549	0,158
0,44	0,539	0,118	0,546	0,124	0,553	0,143	0,561	0,173
0,45	0,550	0,128	0,557	0,135	0,565	0,156	0,574	0,189
0,46	0,560	0,139	0,568	0,147	0,577	0,169	0,586	0,204
0,47	0,571	0,149	0,579	0,158	0,588	0,181	0,599	0,220
0,48	0,581	0,160	0,590	0,169	0,600	0,194	0,611	0,235
0,49	0,592	0,170	0,601	0,180	0,612	0,207	0,624	0,251
0,50	0,602	0,181	0,613	0,191	0,624	0,220	0,636	0,266
0,51	0,613	0,192	0,624	0,202	0,636	0,233	0,649	0,282
0,52	0,624	0,202	0,635	0,213	0,647	0,245	0,661	0,297
0,53	0,634	0,213	0,646	0,224	0,659	0,258	0,674	0,313
0,54	0,645	0,223	0,657	0,235	0,671	0,271	0,686	0,328
0,55	0,655	0,234	0,668	0,247	0,683	0,284	0,699	0,344
0,56	0,666	0,244	0,679	0,258	0,694	0,297	0,711	0,359
0,57	0,676	0,255	0,690	0,269	0,706	0,309	0,724	0,375
0,58	0,687	0,265	0,701	0,280	0,718	0,322	0,736	0,390
0,59	0,697	0,276	0,713	0,291	0,730	0,335	0,749	0,406
0,60	0,708	0,286	0,724	0,302	0,741	0,348	0,761	0,421

$$A_{s1} = \frac{1}{f_{yd}} (\omega_1 \cdot b \cdot d \cdot f_{cd} + N_{Ed})$$

$$A_{s2} = \omega_2 \cdot b \cdot d \cdot \frac{f_{cd}}{f_{yd}}$$

(Bzgl. einer theoretisch erforderlichen Erhöhung von A_{s2} – Berücksichtigung der Nettofläche der Betondruckzone – wird auf die Erläuterungen in „Einführung", Abschn. 6.1.6, Bild 12 verwiesen.)

Bemessungstafel (μ_s-Tafel) für Rechteckquerschnitte mit Druckbewehrung; $\xi_{lim} = 0{,}557$

(Leichtbeton LC 12/13 bis LC 50/55, Rohdichte $\rho = 1400$ kg/m^3; Betonstahl BSt 500 und $\gamma_s = 1{,}15$)

Tafel 3.4a / LC12–LC50

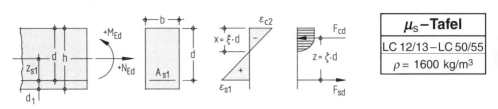

$$\mu_{Eds} = \frac{M_{Eds}}{b \cdot d^2 \cdot f_{cd}}$$

mit $M_{Eds} = M_{Ed} - N_{Ed} \cdot z_{s1}$

$f_{cd} = \alpha \cdot f_{ck}/\gamma_c$

(i. Allg. gilt $\alpha = 0,80$)

μ_{Eds}	ω	$\xi = \dfrac{x}{d}$	$\zeta = \dfrac{z}{d}$	ε_{c2} in ‰	ε_{s1} in ‰	σ_{sd}[1] in MPa BSt 500	σ_{sd}*[2] in MPa BSt 500
0,01	0,0101	0,030	0,990	−0,77	25,00	435	457
0,02	0,0203	0,044	0,985	−1,15	25,00	435	457
0,03	0,0306	0,055	0,980	−1,46	25,00	435	457
0,04	0,0410	0,066	0,976	−1,76	25,00	435	457
0,05	0,0515	0,076	0,971	−2,06	25,00	435	457
0,06	0,0621	0,086	0,967	−2,37	25,00	435	457
0,07	0,0728	0,097	0,962	−2,68	25,00	435	457
0,08	0,0836	0,108	0,956	−2,93	24,10	435	456
0,09	0,0947	0,123	0,951	−2,93	20,95	435	453
0,10	0,1058	0,137	0,945	−2,93	18,43	435	450
0,11	0,1172	0,152	0,939	−2,93	16,37	435	448
0,12	0,1286	0,167	0,933	−2,93	14,65	435	447
0,13	0,1403	0,182	0,927	−2,93	13,19	435	445
0,14	0,1521	0,197	0,921	−2,93	11,94	435	444
0,15	0,1640	0,212	0,914	−2,93	10,85	435	443
0,16	0,1762	0,228	0,908	−2,93	9,90	435	442
0,17	0,1886	0,244	0,902	−2,93	9,06	435	441
0,18	0,2011	0,260	0,895	−2,93	8,31	435	441
0,19	0,2139	0,277	0,888	−2,93	7,64	435	440
0,20	0,2268	0,294	0,882	−2,93	7,04	435	439
0,21	0,2401	0,311	0,875	−2,93	6,49	435	439
0,22	0,2535	0,328	0,868	−2,93	5,99	435	438
0,23	0,2673	0,346	0,861	−2,93	5,53	435	438
0,24	0,2813	0,364	0,853	−2,93	5,11	435	438
0,25	0,2956	0,383	0,846	−2,93	4,72	435	437
0,26	0,3102	0,402	0,836	−2,93	4,36	435	437
0,27	0,3252	0,421	0,830	−2,93	4,03	435	437
0,28	0,3405	0,441	0,822	−2,93	3,71	435	436
0,29	0,3562	0,461	0,814	−2,93	3,42	435	436
0,30	0,3723	0,482	0,806	−2,93	3,14	435	436
0,31	0,3889	0,504	0,797	−2,93	2,89	435	436
0,32	0,4060	0,526	0,788	−2,93	2,64	435	435
0,33	0,4236	0,549	0,779	−2,93	2,41	435	435
0,34	0,4419	0,572	0,769	−2,93	2,19	435	435
0,35	0,4608	0,597	0,760	−2,93	1,98	396	396
0,36	0,4804	0,622	0,749	−2,93	1,78	356	356
0,37	0,5009	0,649	0,739	−2,93	1,59	317	317 unwirtschaft-
0,38	0,5224	0,676	0,727	−2,93	1,40	280	280 licher Bereich
0,39	0,5449	0,706	0,716	−2,93	1,22	244	244
0,40	0,5688	0,737	0,703	−2,93	1,05	209	209

[1] Begrenzung der Stahlspannung auf $f_{yd} = f_{yk} / \gamma_s$ (horizontaler Ast der σ-ε-Linie)
[2] Begrenzung der Stahlspannung auf $f_{td,cal} = f_{tk,cal}/\gamma_s$ (geneigter Ast der σ-ε-Linie)

$$A_{s1} = \frac{1}{\sigma_{sd}} (\omega \cdot b \cdot d \cdot f_{cd} + N_{Ed})$$

Bemessungstafel (μ_s-Tafel) für Rechteckquerschnitte ohne Druckbewehrung

(Leichtbeton LC 12/13 bis LC 50/55, Rohdichte $\rho = 1600$ kg/m³; Betonstahl BSt 500 und $\gamma_s = 1,15$)

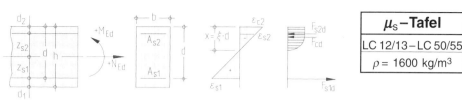

$$\mu_{Eds} = \frac{M_{Eds}}{b \cdot d^2 \cdot f_{cd}}$$

mit $M_{Eds} = M_{Ed} - N_{Ed} \cdot z_{s1}$

$f_{cd} = \alpha \cdot f_{ck}/\gamma_c$

(i. Allg. gilt $\alpha = 0{,}80$)

$\xi = 0{,}35$

d_2/d	0,05		0,10		0,15		0,20	
$\varepsilon_{s1}/\varepsilon_{s2}$	5,44 ‰	−2,51 ‰	5,44 ‰	−2,09 ‰	5,44 ‰	−1,67 ‰	5,44 ‰	−1,25 ‰
μ_{Eds}	ω_1	ω_2	ω_1	ω_2	ω_1	ω_2	ω_1	ω_2
0,24	0,279	0,008	0,279	0,009	0,279	0,012	0,280	0,017
0,25	0,289	0,019	0,290	0,021	0,291	0,027	0,293	0,039
0,26	0,300	0,029	0,301	0,032	0,303	0,043	0,305	0,060
0,27	0,310	0,040	0,312	0,044	0,315	0,058	0,318	0,082
0,28	0,321	0,050	0,323	0,055	0,327	0,073	0,330	0,104
0,29	0,331	0,061	0,335	0,067	0,338	0,088	0,343	0,125
0,30	0,342	0,071	0,346	0,078	0,350	0,104	0,355	0,147
0,31	0,352	0,082	0,357	0,090	0,362	0,119	0,368	0,169
0,32	0,363	0,092	0,368	0,101	0,374	0,134	0,380	0,190
0,33	0,373	0,103	0,379	0,113	0,385	0,150	0,393	0,212
0,34	0,384	0,114	0,390	0,125	0,397	0,165	0,405	0,234
0,35	0,394	0,124	0,401	0,136	0,409	0,180	0,418	0,255
0,36	0,405	0,135	0,412	0,148	0,421	0,195	0,430	0,277
0,37	0,415	0,145	0,423	0,159	0,432	0,211	0,443	0,299
0,38	0,426	0,156	0,435	0,171	0,444	0,226	0,455	0,320
0,39	0,436	0,166	0,446	0,182	0,456	0,241	0,468	0,342
0,40	0,447	0,177	0,457	0,194	0,468	0,257	0,480	0,364
0,41	0,457	0,187	0,468	0,205	0,479	0,272	0,493	0,385
0,42	0,468	0,198	0,479	0,217	0,491	0,287	0,505	0,407
0,43	0,479	0,208	0,490	0,229	0,503	0,302	0,518	0,428
0,44	0,489	0,219	0,501	0,240	0,515	0,318	0,530	0,450
0,45	0,500	0,229	0,512	0,252	0,527	0,333	0,543	0,472
0,46	0,510	0,240	0,523	0,263	0,538	0,348	0,555	0,493
0,47	0,521	0,250	0,535	0,275	0,550	0,364	0,568	0,515
0,48	0,531	0,261	0,546	0,286	0,562	0,379	0,580	0,537
0,49	0,542	0,271	0,557	0,298	0,574	0,394	0,593	0,558
0,50	0,552	0,282	0,568	0,309	0,585	0,409	0,605	0,580
0,51	0,563	0,292	0,579	0,321	0,597	0,425	0,618	0,602
0,52	0,573	0,303	0,590	0,333	0,609	0,440	0,630	0,623
0,53	0,584	0,314	0,601	0,344	0,621	0,455	0,643	0,645
0,54	0,594	0,324	0,612	0,356	0,632	0,471	0,655	0,667
0,55	0,605	0,335	0,623	0,367	0,644	0,486	0,668	0,688
0,56	0,615	0,345	0,635	0,379	0,656	0,501	0,680	0,710
0,57	0,626	0,356	0,646	0,390	0,668	0,517	0,693	0,732
0,58	0,636	0,366	0,657	0,402	0,679	0,532	0,705	0,753
0,59	0,647	0,377	0,668	0,413	0,691	0,547	0,718	0,775
0,60	0,657	0,387	0,679	0,425	0,703	0,562	0,730	0,797

$$A_{s1} = \frac{1}{f_{yd}} (\omega_1 \cdot b \cdot d \cdot f_{cd} + N_{Ed})$$

$$A_{s2} = \omega_2 \cdot b \cdot d \cdot \frac{f_{cd}}{f_{yd}}$$

(Bzgl. einer theoretisch erforderlichen Erhöhung von A_{s2} – Berücksichtigung der Nettofläche der Betondruckzone – wird auf die Erläuterungen in „Einführung", Abschn. 6.1.6, Bild 12 verwiesen.)

Bemessungstafel (μ_s-Tafel) für Rechteckquerschnitte mit Druckbewehrung; $\xi_{lim} = 0{,}35$

(Leichtbeton LC 12/13 bis LC 50/55, Rohdichte $\rho = 1600$ kg/m³; Betonstahl BSt 500 und $\gamma_s = 1{,}15$)

Tafel 3.4c / LC12–LC50

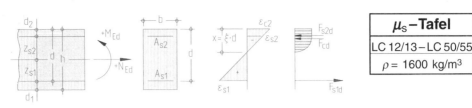

$$\mu_{Eds} = \frac{M_{Eds}}{b \cdot d^2 \cdot f_{cd}}$$

mit $M_{Eds} = M_{Ed} - N_{Ed} \cdot z_{s1}$

$f_{cd} = \alpha \cdot f_{ck}/\gamma_c$

(i. Allg. gilt $\alpha = 0,80$)

$\xi = 0,574$

| d_2/d | 0,05 | | 0,10 | | 0,15 | | 0,20 | |
| $\varepsilon_{s1}/\varepsilon_{s2}$ | 2,17 ‰ | −2,67 ‰ | 2,17 ‰ | −2,42 ‰ | 2,17 ‰ | −2,16 ‰ | 2,17 ‰ | −1,91 ‰ |
μ_{Eds}	ω_1	ω_2	ω_1	ω_2	ω_1	ω_2	ω_1	ω_2
0,35	0,453	0,010	0,453	0,010	0,454	0,011	0,455	0,013
0,36	0,463	0,020	0,465	0,021	0,466	0,023	0,467	0,027
0,37	0,474	0,031	0,476	0,033	0,478	0,035	0,480	0,042
0,38	0,485	0,041	0,487	0,044	0,489	0,046	0,492	0,056
0,39	0,495	0,052	0,498	0,055	0,501	0,058	0,505	0,070
0,40	0,506	0,062	0,509	0,066	0,513	0,070	0,517	0,085
0,41	0,516	0,073	0,520	0,077	0,525	0,082	0,530	0,099
0,42	0,527	0,083	0,531	0,088	0,536	0,094	0,542	0,113
0,43	0,537	0,094	0,542	0,099	0,548	0,106	0,555	0,127
0,44	0,548	0,105	0,553	0,110	0,560	0,117	0,567	0,142
0,45	0,558	0,115	0,565	0,121	0,572	0,129	0,580	0,156
0,46	0,569	0,126	0,576	0,133	0,584	0,141	0,592	0,170
0,47	0,579	0,136	0,587	0,144	0,595	0,153	0,605	0,184
0,48	0,590	0,147	0,598	0,155	0,607	0,165	0,617	0,199
0,49	0,600	0,157	0,609	0,166	0,619	0,177	0,630	0,213
0,50	0,611	0,168	0,620	0,177	0,631	0,188	0,642	0,227
0,51	0,621	0,178	0,631	0,188	0,642	0,200	0,655	0,241
0,52	0,632	0,189	0,642	0,199	0,654	0,212	0,667	0,256
0,53	0,642	0,199	0,653	0,210	0,666	0,224	0,680	0,270
0,54	0,653	0,210	0,665	0,221	0,678	0,236	0,692	0,284
0,55	0,663	0,220	0,676	0,233	0,689	0,248	0,705	0,298
0,56	0,674	0,231	0,687	0,244	0,701	0,259	0,717	0,312
0,57	0,685	0,241	0,698	0,255	0,713	0,271	0,730	0,327
0,58	0,695	0,252	0,709	0,266	0,725	0,283	0,742	0,341
0,59	0,706	0,262	0,720	0,277	0,736	0,295	0,755	0,355
0,60	0,716	0,273	0,731	0,288	0,748	0,307	0,767	0,369

$$A_{s1} = \frac{1}{f_{yd}} (\omega_1 \cdot b \cdot d \cdot f_{cd} + N_{Ed})$$

$$A_{s2} = \omega_2 \cdot b \cdot d \cdot \frac{f_{cd}}{f_{yd}}$$

(Bzgl. einer theoretisch erforderlichen Erhöhung von A_{s2} – Berücksichtigung der Nettofläche der Betondruckzone – wird auf die Erläuterungen in „Einführung", Abschn. 6.1.6, Bild 12 verwiesen.)

Bemessungstafel (μ_s-Tafel) für Rechteckquerschnitte mit Druckbewehrung; $\xi_{lim} = 0,574$

(Leichtbeton LC 12/13 bis LC 50/55, Rohdichte $\rho = 1600$ kg/m³; Betonstahl BSt 500 und $\gamma_s = 1,15$)

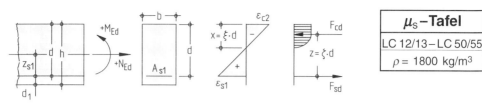

$$\mu_{Eds} = \frac{M_{Eds}}{b \cdot d^2 \cdot f_{cd}}$$

mit $M_{Eds} = M_{Ed} - N_{Ed} \cdot z_{s1}$

$f_{cd} = \alpha \cdot f_{ck}/\gamma_c$

(i. Allg. gilt $\alpha = 0{,}80$)

μ_{Eds}	ω	$\xi = \dfrac{x}{d}$	$\zeta = \dfrac{z}{d}$	ε_{c2} in ‰	ε_{s1} in ‰	$\sigma_{sd}{}^{1)}$ in MPa BSt 500	$\sigma_{sd}{}^{*\,2)}$ in MPa BSt 500
0,01	0,0101	0,030	0,990	−0,77	25,00	435	457
0,02	0,0203	0,044	0,985	−1,15	25,00	435	457
0,03	0,0306	0,055	0,980	−1,46	25,00	435	457
0,04	0,0410	0,066	0,976	−1,76	25,00	435	457
0,05	0,0515	0,076	0,971	−2,06	25,00	435	457
0,06	0,0621	0,086	0,967	−2,37	25,00	435	457
0,07	0,0728	0,097	0,962	−2,68	25,00	435	457
0,08	0,0836	0,107	0,956	−3,01	25,00	435	457
0,09	0,0946	0,120	0,951	−3,12	22,78	435	454
0,10	0,1058	0,135	0,945	−3,12	20,05	435	452
0,11	0,1171	0,149	0,939	−3,12	17,82	435	450
0,12	0,1286	0,164	0,933	−3,12	15,95	435	448
0,13	0,1402	0,178	0,927	−3,12	14,37	435	446
0,14	0,1520	0,193	0,921	−3,12	13,01	435	445
0,15	0,1639	0,209	0,915	−3,12	11,84	435	444
0,16	0,1761	0,224	0,909	−3,12	10,81	435	443
0,17	0,1884	0,240	0,902	−3,12	9,89	435	442
0,18	0,2009	0,256	0,896	−3,12	9,08	435	441
0,19	0,2137	0,272	0,889	−3,12	8,36	435	441
0,20	0,2266	0,288	0,882	−3,12	7,70	435	440
0,21	0,2398	0,305	0,876	−3,12	7,10	435	440
0,22	0,2533	0,322	0,869	−3,12	6,56	435	439
0,23	0,2669	0,340	0,862	−3,12	6,07	435	439
0,24	0,2809	0,357	0,854	−3,12	5,61	435	438
0,25	0,2952	0,375	0,847	−3,12	5,19	435	438
0,26	0,3097	0,394	0,839	−3,12	4,80	435	437
0,27	0,3247	0,413	0,832	−3,12	4,43	435	437
0,28	0,3399	0,432	0,824	−3,12	4,09	435	437
0,29	0,3555	0,452	0,816	−3,12	3,78	435	436
0,30	0,3716	0,473	0,807	−3,12	3,48	435	436
0,31	0,3881	0,494	0,799	−3,12	3,20	435	436
0,32	0,4051	0,515	0,790	−3,12	2,93	435	436
0,33	0,4226	0,538	0,781	−3,12	2,68	435	435
0,34	0,4407	0,561	0,772	−3,12	2,45	435	435
0,35	0,4594	0,584	0,762	−3,12	2,22	435	435
0,36	0,4789	0,609	0,752	−3,12	2,00	400	400
0,37	0,4992	0,635	0,741	−3,12	1,79	359	359
0,38	0,5204	0,662	0,730	−3,12	1,59	319	319 unwirtschaft-
0,39	0,5427	0,690	0,719	−3,12	1,40	280	280 licher Bereich
0,40	0,5662	0,720	0,706	−3,12	1,21	242	242

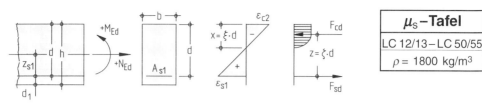

$^{1)}$ Begrenzung der Stahlspannung auf $f_{yd} = f_{yk} / \gamma_s$ (horizontaler Ast der σ-ε-Linie)
$^{2)}$ Begrenzung der Stahlspannung auf $f_{td,cal} = f_{tk,cal} / \gamma_s$ (geneigter Ast der σ-ε-Linie)

$$A_{s1} = \frac{1}{\sigma_{sd}} (\omega \cdot b \cdot d \cdot f_{cd} + N_{Ed})$$

Bemessungstafel (μ_s-Tafel) für Rechteckquerschnitte ohne Druckbewehrung
(Leichtbeton LC 12/13 bis LC 50/55, Rohdichte $\rho = 1800$ kg/m³; Betonstahl BSt 500 und $\gamma_s = 1{,}15$)

Tafel 3.5b / LC12–LC50

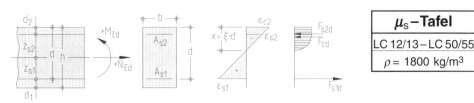

$$\mu_{Eds} = \frac{M_{Eds}}{b \cdot d^2 \cdot f_{cd}}$$

mit $M_{Eds} = M_{Ed} - N_{Ed} \cdot z_{s1}$
$f_{cd} = \alpha \cdot f_{ck}/\gamma_c$

(i. Allg. gilt $\alpha = 0,80$)

$\xi = 0,35$

d_2/d	0,05		0,10		0,15		0,20	
$\varepsilon_{s1}/\varepsilon_{s2}$	5,79 ‰	−2,67 ‰	5,79 ‰	−2,23 ‰	5,79 ‰	−1,78 ‰	5,79 ‰	−1,34 ‰
μ_{Eds}	ω_1	ω_2	ω_1	ω_2	ω_1	ω_2	ω_1	ω_2
0,24	0,279	0,004	0,280	0,005	0,280	0,006	0,280	0,008
0,25	0,290	0,015	0,291	0,016	0,292	0,020	0,293	0,029
0,26	0,301	0,025	0,302	0,027	0,304	0,035	0,305	0,049
0,27	0,311	0,036	0,313	0,038	0,315	0,049	0,318	0,069
0,28	0,322	0,046	0,324	0,049	0,327	0,063	0,330	0,090
0,29	0,332	0,057	0,335	0,060	0,339	0,078	0,343	0,110
0,30	0,343	0,067	0,346	0,071	0,351	0,092	0,355	0,130
0,31	0,353	0,078	0,357	0,082	0,362	0,106	0,368	0,151
0,32	0,364	0,089	0,369	0,093	0,374	0,121	0,380	0,171
0,33	0,374	0,099	0,380	0,105	0,386	0,135	0,393	0,191
0,34	0,385	0,110	0,391	0,116	0,398	0,149	0,405	0,212
0,35	0,395	0,120	0,402	0,127	0,409	0,164	0,418	0,232
0,36	0,406	0,131	0,413	0,138	0,421	0,178	0,430	0,252
0,37	0,416	0,141	0,424	0,149	0,433	0,192	0,443	0,273
0,38	0,427	0,152	0,435	0,160	0,445	0,207	0,455	0,293
0,39	0,437	0,162	0,446	0,171	0,456	0,221	0,468	0,313
0,40	0,448	0,173	0,457	0,182	0,468	0,236	0,480	0,334
0,41	0,458	0,183	0,469	0,193	0,480	0,250	0,493	0,354
0,42	0,469	0,194	0,480	0,205	0,492	0,264	0,505	0,374
0,43	0,479	0,204	0,491	0,216	0,504	0,279	0,518	0,395
0,44	0,490	0,215	0,502	0,227	0,515	0,293	0,530	0,415
0,45	0,501	0,225	0,513	0,238	0,527	0,307	0,543	0,435
0,46	0,511	0,236	0,524	0,249	0,538	0,322	0,555	0,456
0,47	0,522	0,246	0,535	0,260	0,551	0,336	0,568	0,476
0,48	0,532	0,257	0,546	0,271	0,562	0,350	0,580	0,496
0,49	0,543	0,267	0,557	0,282	0,574	0,365	0,593	0,517
0,50	0,553	0,278	0,569	0,293	0,586	0,379	0,605	0,537
0,51	0,564	0,289	0,580	0,305	0,598	0,393	0,618	0,557
0,52	0,574	0,299	0,591	0,316	0,609	0,408	0,630	0,578
0,53	0,585	0,310	0,602	0,327	0,621	0,422	0,643	0,598
0,54	0,595	0,320	0,613	0,338	0,633	0,436	0,655	0,618
0,55	0,606	0,331	0,624	0,349	0,645	0,451	0,668	0,639
0,56	0,616	0,341	0,635	0,360	0,656	0,465	0,680	0,659
0,57	0,627	0,352	0,646	0,371	0,668	0,480	0,693	0,679
0,58	0,637	0,362	0,657	0,382	0,680	0,494	0,705	0,700
0,59	0,648	0,373	0,669	0,393	0,692	0,508	0,718	0,720
0,60	0,658	0,383	0,680	0,405	0,704	0,523	0,730	0,740

$$A_{s1} = \frac{1}{f_{yd}} (\omega_1 \cdot b \cdot d \cdot f_{cd} + N_{Ed})$$

$$A_{s2} = \omega_2 \cdot b \cdot d \cdot \frac{f_{cd}}{f_{yd}}$$

(Bzgl. einer theoretisch erforderlichen Erhöhung von A_{s2} – Berücksichtigung der Nettofläche der Betondruckzone – wird auf die Erläuterungen in „Einführung", Abschn. 6.1.6, Bild 12 verwiesen.)

Bemessungstafel (μ_s-Tafel) für Rechteckquerschnitte mit Druckbewehrung; $\xi_{lim} = 0,35$

(Leichtbeton LC 12/13 bis LC 50/55, Rohdichte $\rho = 1800$ kg/m³; Betonstahl BSt 500 und $\gamma_s = 1,15$)

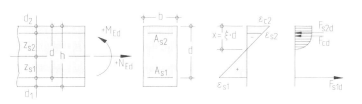

$$\mu_{Eds} = \frac{M_{Eds}}{b \cdot d^2 \cdot f_{cd}}$$

mit $M_{Eds} = M_{Ed} - N_{Ed} \cdot z_{s1}$
$f_{cd} = \alpha \cdot f_{ck}/\gamma_c$

(i. Allg. gilt $\alpha = 0{,}80$)

$\xi = 0{,}589$

d_2/d	0,05		0,10		0,15		0,20	
$\varepsilon_{s1}/\varepsilon_{s2}$	2,17 ‰	−2,85 ‰	2,17 ‰	−2,59 ‰	2,17 ‰	−2,32 ‰	2,17 ‰	−2,06 ‰
μ_{Eds}	ω_1	ω_2	ω_1	ω_2	ω_1	ω_2	ω_1	ω_2
0,36	0,472	0,008	0,472	0,009	0,473	0,009	0,473	0,011
0,37	0,482	0,019	0,483	0,020	0,484	0,021	0,486	0,024
0,38	0,493	0,029	0,494	0,031	0,496	0,033	0,498	0,037
0,39	0,503	0,040	0,506	0,042	0,508	0,045	0,511	0,050
0,40	0,514	0,051	0,517	0,053	0,520	0,056	0,523	0,063
0,41	0,524	0,061	0,528	0,064	0,532	0,068	0,536	0,077
0,42	0,535	0,072	0,539	0,076	0,543	0,080	0,548	0,090
0,43	0,545	0,082	0,550	0,087	0,555	0,092	0,561	0,103
0,44	0,556	0,093	0,561	0,098	0,567	0,104	0,573	0,116
0,45	0,566	0,103	0,572	0,109	0,579	0,115	0,586	0,129
0,46	0,577	0,114	0,583	0,120	0,590	0,127	0,598	0,143
0,47	0,587	0,124	0,594	0,131	0,602	0,139	0,611	0,156
0,48	0,598	0,135	0,606	0,142	0,614	0,151	0,623	0,169
0,49	0,609	0,145	0,617	0,153	0,626	0,162	0,636	0,182
0,50	0,619	0,156	0,628	0,164	0,637	0,174	0,648	0,195
0,51	0,630	0,166	0,639	0,176	0,649	0,186	0,661	0,208
0,52	0,640	0,177	0,650	0,187	0,661	0,198	0,673	0,222
0,53	0,651	0,187	0,661	0,198	0,673	0,209	0,686	0,235
0,54	0,661	0,198	0,672	0,209	0,684	0,221	0,698	0,248
0,55	0,672	0,208	0,683	0,220	0,696	0,233	0,711	0,261
0,56	0,682	0,219	0,694	0,231	0,708	0,245	0,723	0,274
0,57	0,693	0,229	0,705	0,242	0,720	0,256	0,736	0,288
0,58	0,703	0,240	0,717	0,253	0,732	0,268	0,748	0,301
0,59	0,714	0,251	0,728	0,264	0,743	0,280	0,761	0,314
0,60	0,724	0,261	0,739	0,276	0,755	0,292	0,773	0,327

$$A_{s1} = \frac{1}{f_{yd}} (\omega_1 \cdot b \cdot d \cdot f_{cd} + N_{Ed})$$

$$A_{s2} = \omega_2 \cdot b \cdot d \cdot \frac{f_{cd}}{f_{yd}}$$

(Bzgl. einer theoretisch erforderlichen Erhöhung von A_{s2} – Berücksichtigung der Nettofläche der Betondruckzone – wird auf die Erläuterungen in „Einführung", Abschn. 6.1.6, Bild 12 verwiesen.)

Bemessungstafel (μ_s-Tafel) für Rechteckquerschnitte mit Druckbewehrung; $\xi_{lim} = 0{,}589$
(Leichtbeton LC 12/13 bis LC 50/55, Rohdichte $\rho = 1800$ kg/m³; Betonstahl BSt 500 und $\gamma_s = 1{,}15$)

Tafel 6.1a / LC12–LC50

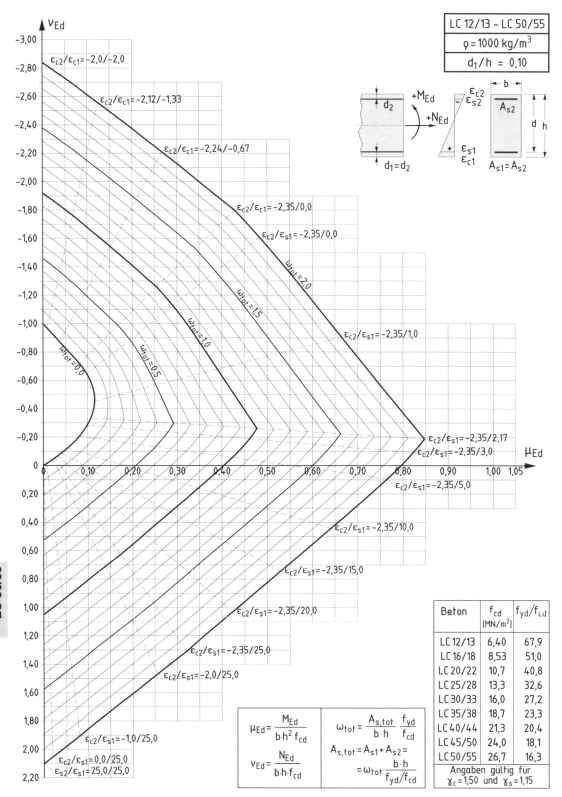

Interaktionsdiagramm für Rechteckquerschnitte mit symmetrischer zweiseitiger Bewehrung

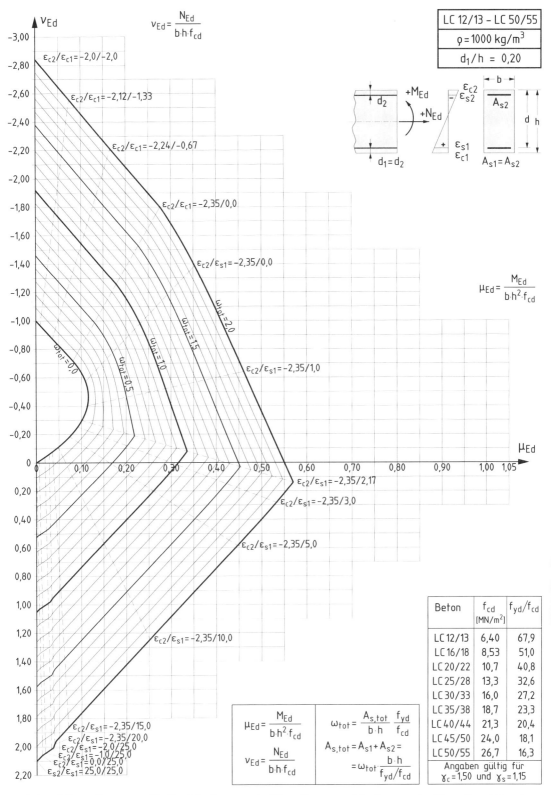

Beton	f_{cd} [MN/m²]	f_{yd}/f_{cd}
LC 12/13	6,40	67,9
LC 16/18	8,53	51,0
LC 20/22	10,7	40,8
LC 25/28	13,3	32,6
LC 30/33	16,0	27,2
LC 35/38	18,7	23,3
LC 40/44	21,3	20,4
LC 45/50	24,0	18,1
LC 50/55	26,7	16,3
Angaben gültig für $\gamma_c = 1{,}50$ und $\gamma_s = 1{,}15$		

LC 12/13 – LC 50/55

Diagram labels:

$v_{Ed} = \dfrac{N_{Ed}}{b \cdot h \cdot f_{cd}}$

LC 12/13 – LC 50/55
$\varrho = 1000 \text{ kg/m}^3$
$d_1/h = 0{,}20$

$\mu_{Ed} = \dfrac{M_{Ed}}{b \cdot h^2 \cdot f_{cd}}$

$\mu_{Ed} = \dfrac{M_{Ed}}{b \cdot h^2 \cdot f_{cd}}$ $\omega_{tot} = \dfrac{A_{s,tot}}{b \cdot h} \cdot \dfrac{f_{yd}}{f_{cd}}$

$v_{Ed} = \dfrac{N_{Ed}}{b \cdot h \cdot f_{cd}}$ $A_{s,tot} = A_{s1} + A_{s2} = \omega_{tot} \cdot \dfrac{b \cdot h}{f_{yd}/f_{cd}}$

Interaktionsdiagramm für Rechteckquerschnitte mit symmetrischer zweiseitiger Bewehrung

Tafel 6.1c / LC12–LC50

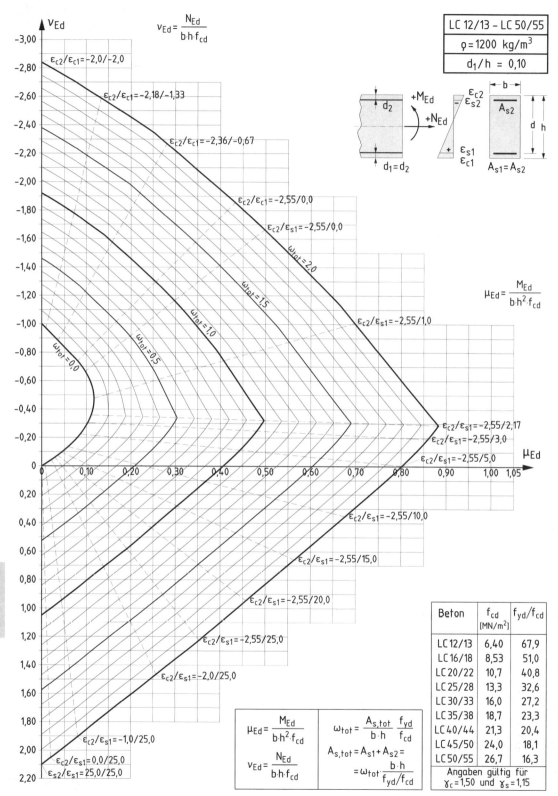

Interaktionsdiagramm für Rechteckquerschnitte mit symmetrischer zweiseitiger Bewehrung

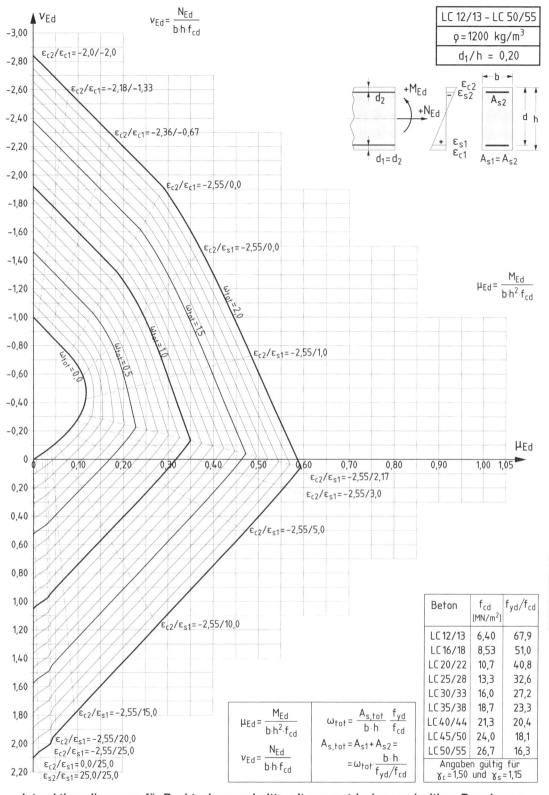

$v_{Ed} = \dfrac{N_{Ed}}{b \cdot h \cdot f_{cd}}$

LC 12/13 – LC 50/55
$\varrho = 1200 \ kg/m^3$
$d_1 / h = 0,20$

$\varepsilon_{c2}/\varepsilon_{c1} = -2,0/-2,0$

$\varepsilon_{c2}/\varepsilon_{c1} = -2,18/-1,33$

$\varepsilon_{c2}/\varepsilon_{c1} = -2,36/-0,67$

$\varepsilon_{c2}/\varepsilon_{c1} = -2,55/0,0$

$\varepsilon_{c2}/\varepsilon_{s1} = -2,55/0,0$

$\varepsilon_{c2}/\varepsilon_{s1} = -2,55/1,0$

$\mu_{Ed} = \dfrac{M_{Ed}}{b \cdot h^2 \cdot f_{cd}}$

$\omega_{tot} = 0,0$
$\omega_{tot} = 0,5$
$\omega_{tot} = 1,0$
$\omega_{tot} = 1,5$
$\omega_{tot} = 2,0$

$\varepsilon_{c2}/\varepsilon_{s1} = -2,55/2,17$

$\varepsilon_{c2}/\varepsilon_{s1} = -2,55/3,0$

$\varepsilon_{c2}/\varepsilon_{s1} = -2,55/5,0$

$\varepsilon_{c2}/\varepsilon_{s1} = -2,55/10,0$

$\varepsilon_{c2}/\varepsilon_{s1} = -2,55/15,0$

$\varepsilon_{c2}/\varepsilon_{s1} = -2,55/20,0$
$\varepsilon_{c2}/\varepsilon_{s1} = -2,55/25,0$
$\varepsilon_{c2}/\varepsilon_{s1} = 0,0/25,0$
$\varepsilon_{s2}/\varepsilon_{s1} = 25,0/25,0$

$$\mu_{Ed} = \dfrac{M_{Ed}}{b \cdot h^2 \cdot f_{cd}}$$

$$v_{Ed} = \dfrac{N_{Ed}}{b \cdot h \cdot f_{cd}}$$

$$\omega_{tot} = \dfrac{A_{s,tot}}{b \cdot h} \cdot \dfrac{f_{yd}}{f_{cd}}$$

$$A_{s,tot} = A_{s1} + A_{s2} =$$

$$= \omega_{tot} \cdot \dfrac{b \cdot h}{f_{yd}/f_{cd}}$$

Beton	f_{cd} [MN/m²]	f_{yd}/f_{cd}
LC 12/13	6,40	67,9
LC 16/18	8,53	51,0
LC 20/22	10,7	40,8
LC 25/28	13,3	32,6
LC 30/33	16,0	27,2
LC 35/38	18,7	23,3
LC 40/44	21,3	20,4
LC 45/50	24,0	18,1
LC 50/55	26,7	16,3
Angaben gültig für $\gamma_c = 1,50$ und $\gamma_s = 1,15$		

LC 12/13 – LC 50/55

Interaktionsdiagramm für Rechteckquerschnitte mit symmetrischer zweiseitiger Bewehrung

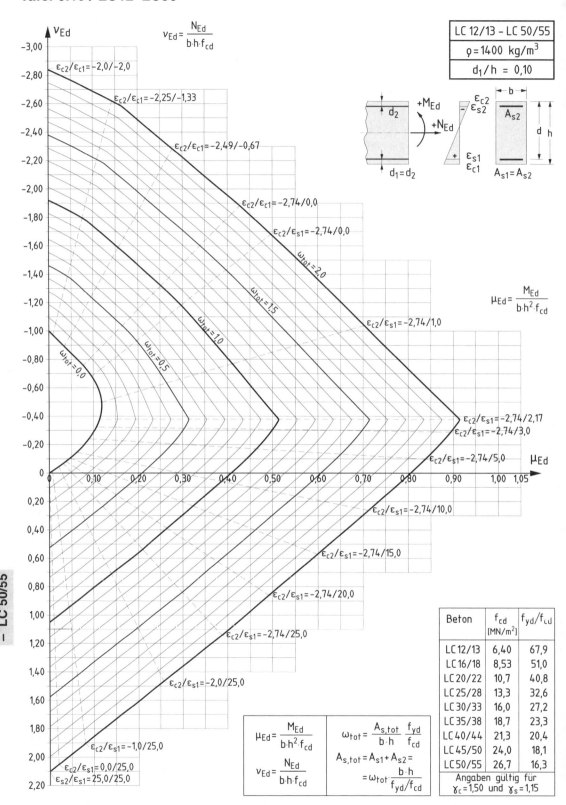

The diagram contains the following labels and text:

$$v_{Ed} = \frac{N_{Ed}}{b \cdot h \cdot f_{cd}}$$

$$\boxed{\begin{array}{c} LC\,12/13 - LC\,50/55 \\ \varrho = 1400\ kg/m^3 \\ d_1/h = 0,10 \end{array}}$$

$\varepsilon_{c2}/\varepsilon_{c1} = -2,0/-2,0$

$\varepsilon_{c2}/\varepsilon_{c1} = -2,25/-1,33$

$\varepsilon_{c2}/\varepsilon_{c1} = -2,49/-0,67$

$\varepsilon_{c2}/\varepsilon_{c1} = -2,74/0,0$

$\varepsilon_{c2}/\varepsilon_{s1} = -2,74/0,0$

$\omega_{tot} = 2,0$

$\omega_{tot} = 1,5$

$\omega_{tot} = 1,0$

$\omega_{tot} = 0,5$

$\omega_{tot} = 0,0$

$\varepsilon_{c2}/\varepsilon_{s1} = -2,74/1,0$

$$\mu_{Ed} = \frac{M_{Ed}}{b \cdot h^2 \cdot f_{cd}}$$

$\varepsilon_{c2}/\varepsilon_{s1} = -2,74/2,17$

$\varepsilon_{c2}/\varepsilon_{s1} = -2,74/3,0$

$\varepsilon_{c2}/\varepsilon_{s1} = -2,74/5,0$

$\varepsilon_{c2}/\varepsilon_{s1} = -2,74/10,0$

$\varepsilon_{c2}/\varepsilon_{s1} = -2,74/15,0$

$\varepsilon_{c2}/\varepsilon_{s1} = -2,74/20,0$

$\varepsilon_{c2}/\varepsilon_{s1} = -2,74/25,0$

$\varepsilon_{c2}/\varepsilon_{s1} = -2,0/25,0$

$\varepsilon_{c2}/\varepsilon_{s1} = -1,0/25,0$

$\varepsilon_{c2}/\varepsilon_{s1} = 0,0/25,0$

$\varepsilon_{s2}/\varepsilon_{s1} = 25,0/25,0$

Cross-section diagram labels: $+M_{Ed}$, $+N_{Ed}$, d_2, $d_1 = d_2$, ε_{c2}, ε_{s2}, ε_{s1}, ε_{c1}, A_{s2}, $A_{s1} = A_{s2}$, b, d, h

Beton	f_{cd} [MN/m²]	f_{yd}/f_{cd}
LC 12/13	6,40	67,9
LC 16/18	8,53	51,0
LC 20/22	10,7	40,8
LC 25/28	13,3	32,6
LC 30/33	16,0	27,2
LC 35/38	18,7	23,3
LC 40/44	21,3	20,4
LC 45/50	24,0	18,1
LC 50/55	26,7	16,3
Angaben gültig für $\gamma_c = 1,50$ und $\gamma_s = 1,15$		

$$\mu_{Ed} = \frac{M_{Ed}}{b \cdot h^2 \cdot f_{cd}}$$

$$v_{Ed} = \frac{N_{Ed}}{b \cdot h \cdot f_{cd}}$$

$$\omega_{tot} = \frac{A_{s,tot}}{b \cdot h} \cdot \frac{f_{yd}}{f_{cd}}$$

$$A_{s,tot} = A_{s1} + A_{s2} = = \omega_{tot} \cdot \frac{b \cdot h}{f_{yd}/f_{cd}}$$

Interaktionsdiagramm für Rechteckquerschnitte mit symmetrischer zweiseitiger Bewehrung

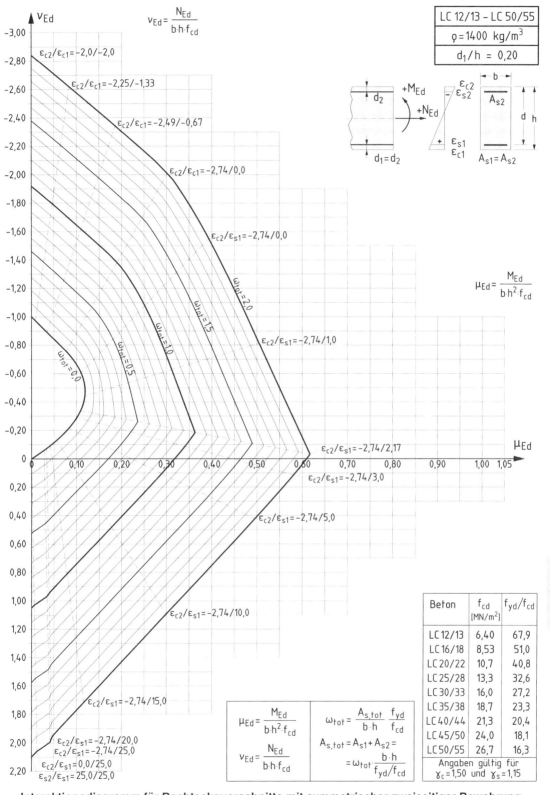

Beton	f_{cd} [MN/m²]	f_{yd}/f_{cd}
LC 12/13	6,40	67,9
LC 16/18	8,53	51,0
LC 20/22	10,7	40,8
LC 25/28	13,3	32,6
LC 30/33	16,0	27,2
LC 35/38	18,7	23,3
LC 40/44	21,3	20,4
LC 45/50	24,0	18,1
LC 50/55	26,7	16,3

Angaben gültig für $\gamma_c = 1,50$ und $\gamma_s = 1,15$

$$\mu_{Ed} = \frac{M_{Ed}}{b \cdot h^2 \cdot f_{cd}}$$

$$\nu_{Ed} = \frac{N_{Ed}}{b \cdot h \cdot f_{cd}}$$

$$\omega_{tot} = \frac{A_{s,tot}}{b \cdot h} \cdot \frac{f_{yd}}{f_{cd}}$$

$$A_{s,tot} = A_{s1} + A_{s2} = \omega_{tot} \cdot \frac{b \cdot h}{f_{yd}/f_{cd}}$$

LC 12/13 – LC 50/55
ϱ = 1400 kg/m³
d_1/h = 0,20

Interaktionsdiagramm für Rechteckquerschnitte mit symmetrischer zweiseitiger Bewehrung

Tafel 6.1g / LC12–LC50

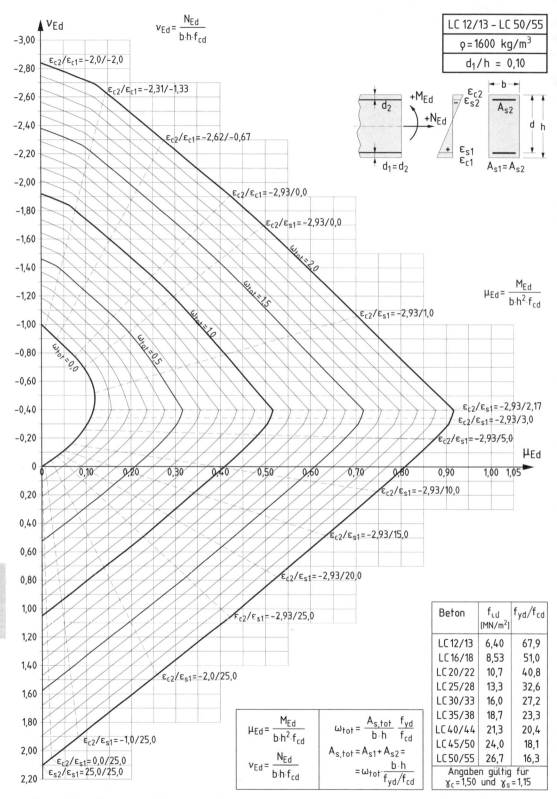

Interaktionsdiagramm für Rechteckquerschnitte mit symmetrischer zweiseitiger Bewehrung

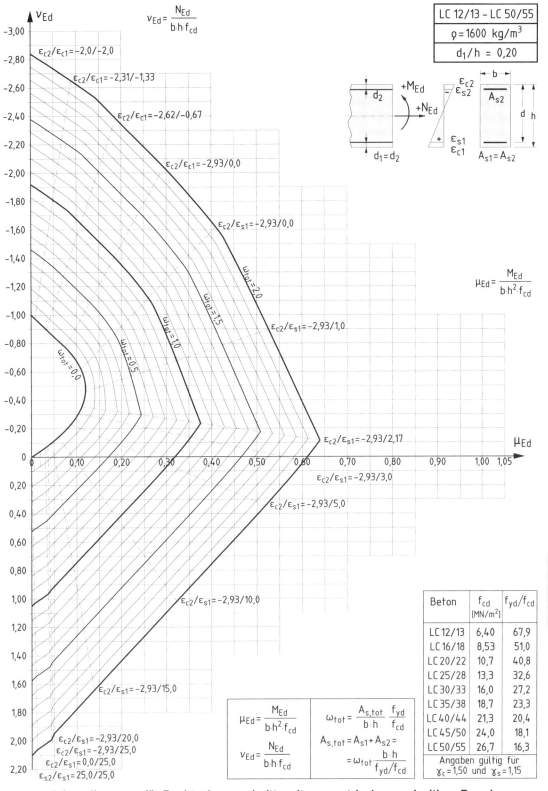

$$v_{Ed} = \frac{N_{Ed}}{b \cdot h \cdot f_{cd}}$$

LC 12/13 – LC 50/55
$\varrho = 1600$ kg/m³
$d_1/h = 0,20$

$$\mu_{Ed} = \frac{M_{Ed}}{b \cdot h^2 \cdot f_{cd}}$$

Beton	f_{cd} [MN/m²]	f_{yd}/f_{cd}
LC 12/13	6,40	67,9
LC 16/18	8,53	51,0
LC 20/22	10,7	40,8
LC 25/28	13,3	32,6
LC 30/33	16,0	27,2
LC 35/38	18,7	23,3
LC 40/44	21,3	20,4
LC 45/50	24,0	18,1
LC 50/55	26,7	16,3
Angaben gültig für $\gamma_c = 1,50$ und $\gamma_s = 1,15$		

$$\mu_{Ed} = \frac{M_{Ed}}{b \cdot h^2 \cdot f_{cd}}$$

$$v_{Ed} = \frac{N_{Ed}}{b \cdot h \cdot f_{cd}}$$

$$\omega_{tot} = \frac{A_{s,tot}}{b \cdot h} \cdot \frac{f_{yd}}{f_{cd}}$$

$$A_{s,tot} = A_{s1} + A_{s2} = \omega_{tot} \cdot \frac{b \cdot h}{f_{yd}/f_{cd}}$$

LC 12/13 – LC 50/55

Interaktionsdiagramm für Rechteckquerschnitte mit symmetrischer zweiseitiger Bewehrung

Tafel 6.1i / LC12–LC50

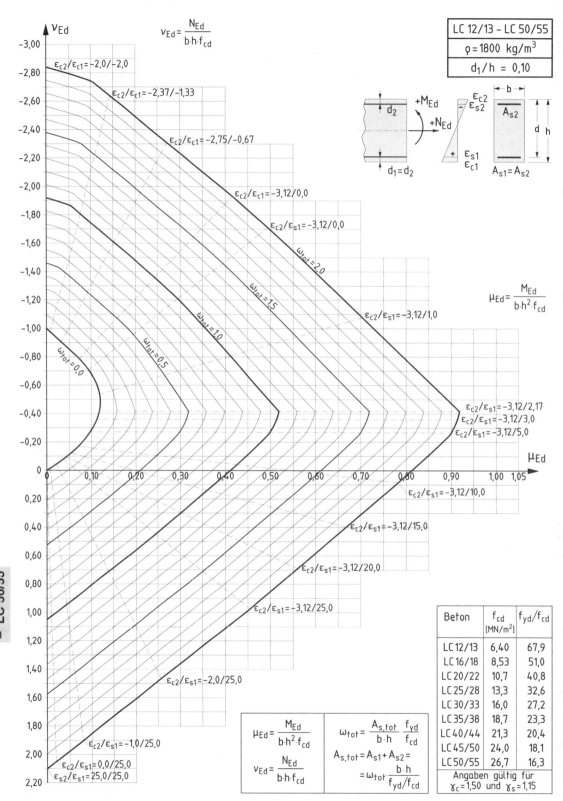

Interaktionsdiagramm für Rechteckquerschnitte mit symmetrischer zweiseitiger Bewehrung

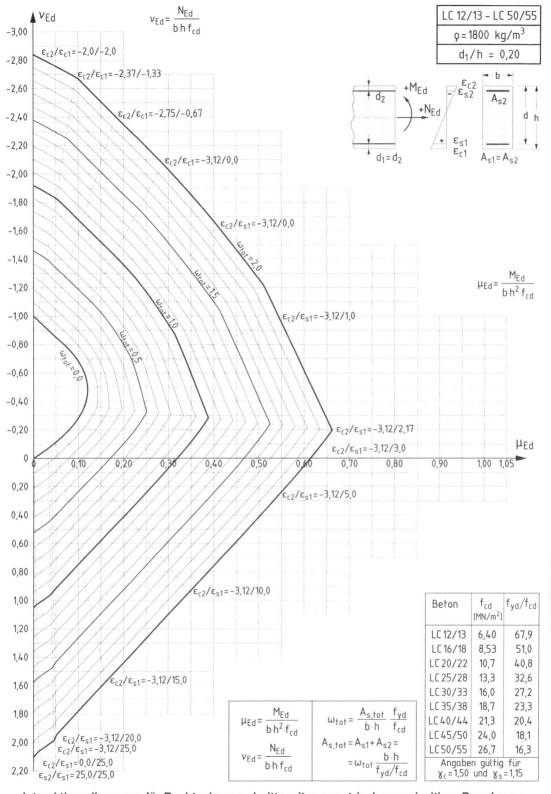

Interaktionsdiagramm für Rechteckquerschnitte mit symmetrischer zweiseitiger Bewehrung

Tafel 6.2a / LC12–LC50

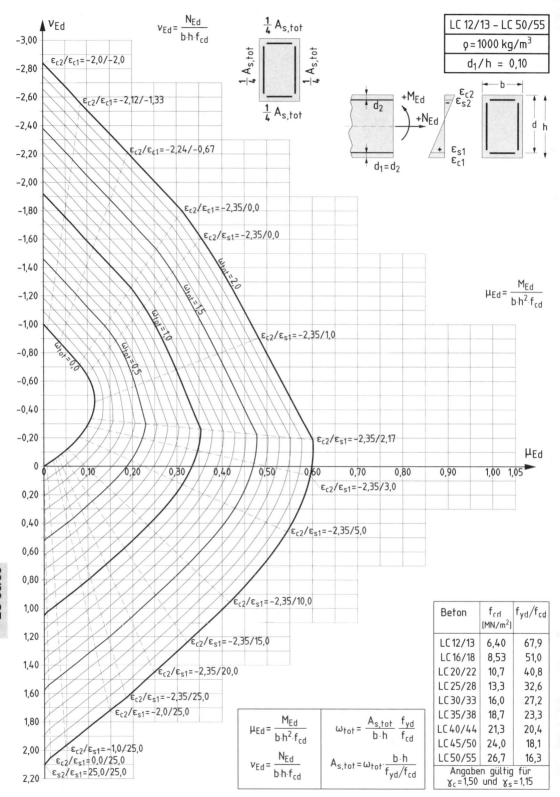

Interaktionsdiagramm für Rechteckquerschnitte mit symmetrischer allseitiger Bewehrung

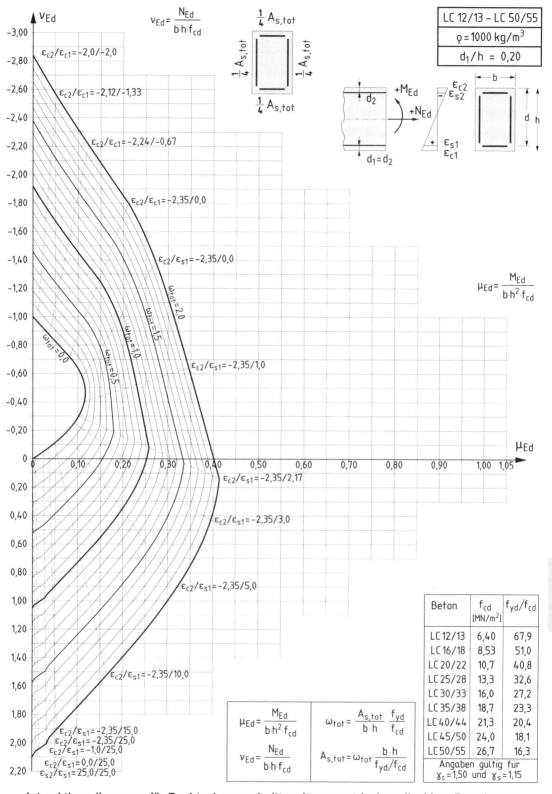

Interaktionsdiagramm für Rechteckquerschnitte mit symmetrischer allseitiger Bewehrung

Tafel 6.2c / LC12–LC50

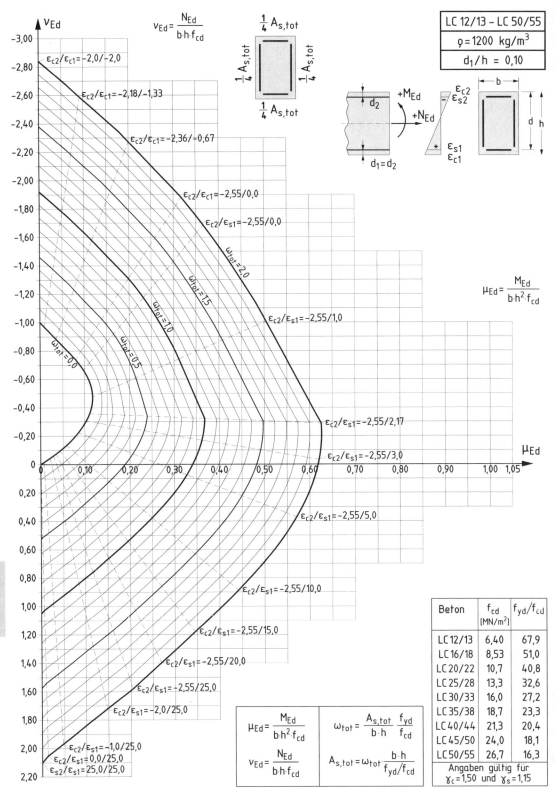

$$\nu_{Ed} = \frac{N_{Ed}}{b \cdot h \cdot f_{cd}}$$

$$\mu_{Ed} = \frac{M_{Ed}}{b \cdot h^2 \cdot f_{cd}}$$

	LC 12/13 – LC 50/55
	$\varrho = 1200$ kg/m³
	$d_1/h = 0,10$

$\mu_{Ed} = \dfrac{M_{Ed}}{b \cdot h^2 \cdot f_{cd}}$	$\omega_{tot} = \dfrac{A_{s,tot}}{b \cdot h} \cdot \dfrac{f_{yd}}{f_{cd}}$
$\nu_{Ed} = \dfrac{N_{Ed}}{b \cdot h \cdot f_{cd}}$	$A_{s,tot} = \omega_{tot} \cdot \dfrac{b \cdot h}{f_{yd}/f_{cd}}$

Beton	f_{cd} [MN/m²]	f_{yd}/f_{cd}
LC 12/13	6,40	67,9
LC 16/18	8,53	51,0
LC 20/22	10,7	40,8
LC 25/28	13,3	32,6
LC 30/33	16,0	27,2
LC 35/38	18,7	23,3
LC 40/44	21,3	20,4
LC 45/50	24,0	18,1
LC 50/55	26,7	16,3
Angaben gültig für $\gamma_c = 1{,}50$ und $\gamma_s = 1{,}15$		

Interaktionsdiagramm für Rechteckquerschnitte mit symmetrischer allseitiger Bewehrung

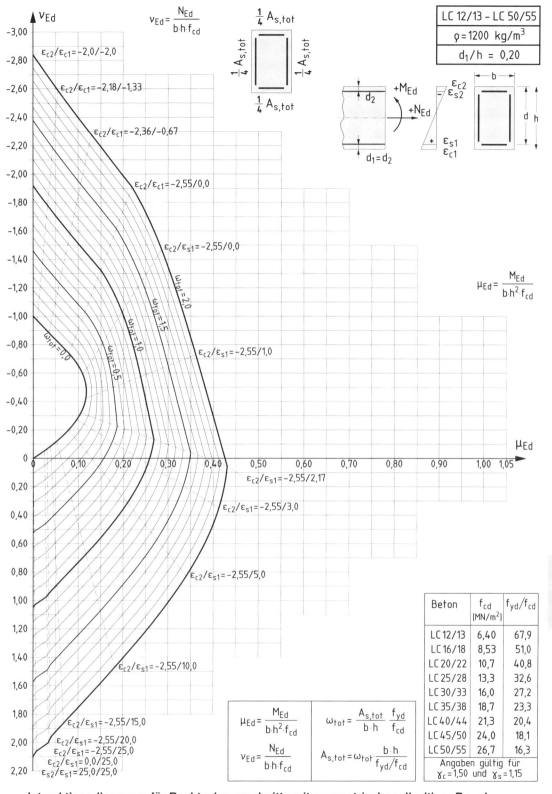

$$v_{Ed} = \frac{N_{Ed}}{b \cdot h \cdot f_{cd}}$$

$$\mu_{Ed} = \frac{M_{Ed}}{b \cdot h^2 \cdot f_{cd}}$$

| LC 12/13 – LC 50/55 |
| $\varrho = 1200$ kg/m³ |
| $d_1/h = 0{,}20$ |

Beton	f_{cd} [MN/m²]	f_{yd}/f_{cd}
LC 12/13	6,40	67,9
LC 16/18	8,53	51,0
LC 20/22	10,7	40,8
LC 25/28	13,3	32,6
LC 30/33	16,0	27,2
LC 35/38	18,7	23,3
LC 40/44	21,3	20,4
LC 45/50	24,0	18,1
LC 50/55	26,7	16,3
Angaben gültig für $\gamma_c = 1{,}50$ und $\gamma_s = 1{,}15$		

$$\mu_{Ed} = \frac{M_{Ed}}{b \cdot h^2 \cdot f_{cd}} \qquad \omega_{tot} = \frac{A_{s,tot}}{b \cdot h} \cdot \frac{f_{yd}}{f_{cd}}$$

$$v_{Ed} = \frac{N_{Ed}}{b \cdot h \cdot f_{cd}} \qquad A_{s,tot} = \omega_{tot} \cdot \frac{b \cdot h}{f_{yd}/f_{cd}}$$

Interaktionsdiagramm für Rechteckquerschnitte mit symmetrischer allseitiger Bewehrung

393

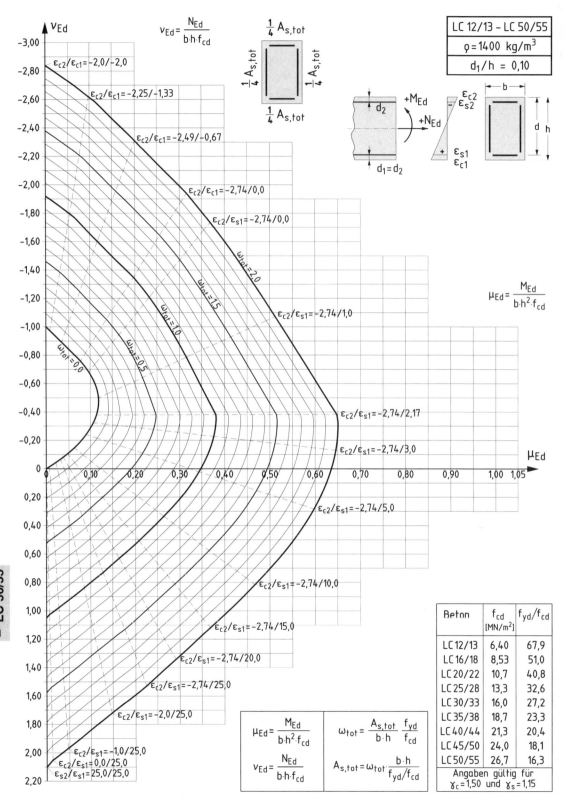

$$\nu_{Ed} = \frac{N_{Ed}}{b \cdot h \cdot f_{cd}}$$

$$\mu_{Ed} = \frac{M_{Ed}}{b \cdot h^2 \cdot f_{cd}}$$

LC 12/13 – LC 50/55

$\varrho = 1400$ kg/m³

$d_1/h = 0,10$

Beton	f_{cd} [MN/m²]	f_{yd}/f_{cd}
LC 12/13	6,40	67,9
LC 16/18	8,53	51,0
LC 20/22	10,7	40,8
LC 25/28	13,3	32,6
LC 30/33	16,0	27,2
LC 35/38	18,7	23,3
LC 40/44	21,3	20,4
LC 45/50	24,0	18,1
LC 50/55	26,7	16,3
Angaben gültig für $\gamma_c = 1,50$ und $\gamma_s = 1,15$		

$$\mu_{Ed} = \frac{M_{Ed}}{b \cdot h^2 \cdot f_{cd}} \qquad \omega_{tot} = \frac{A_{s,tot}}{b \cdot h} \cdot \frac{f_{yd}}{f_{cd}}$$

$$\nu_{Ed} = \frac{N_{Ed}}{b \cdot h \cdot f_{cd}} \qquad A_{s,tot} = \omega_{tot} \cdot \frac{b \cdot h}{f_{yd}/f_{cd}}$$

Interaktionsdiagramm für Rechteckquerschnitte mit symmetrischer allseitiger Bewehrung

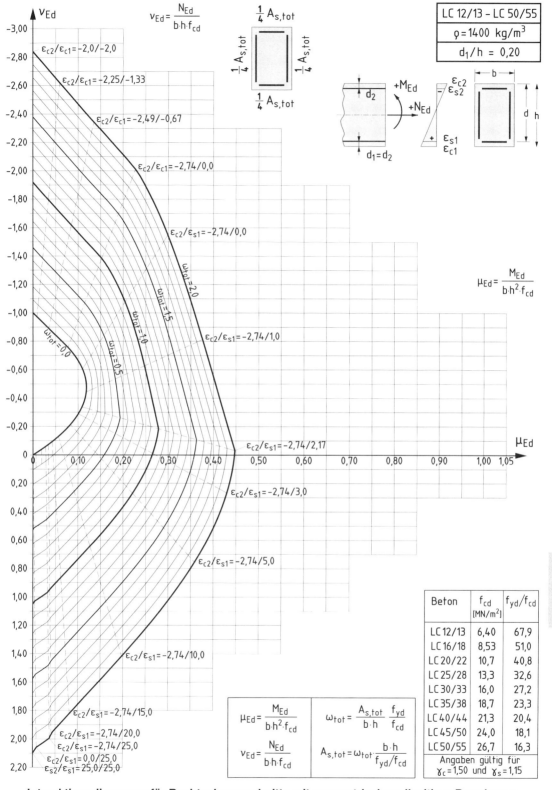

Interaktionsdiagramm für Rechteckquerschnitte mit symmetrischer allseitiger Bewehrung

Tafel 6.2g / LC12–LC50

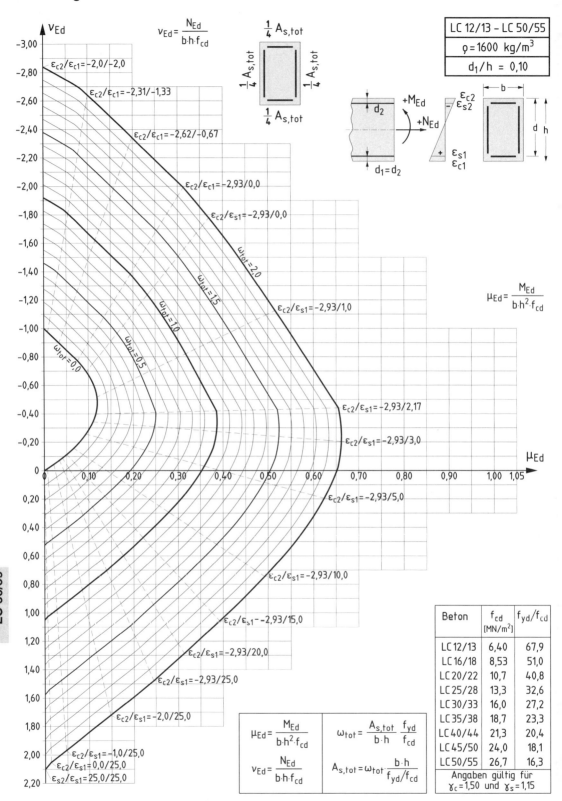

Interaktionsdiagramm für Rechteckquerschnitte mit symmetrischer allseitiger Bewehrung

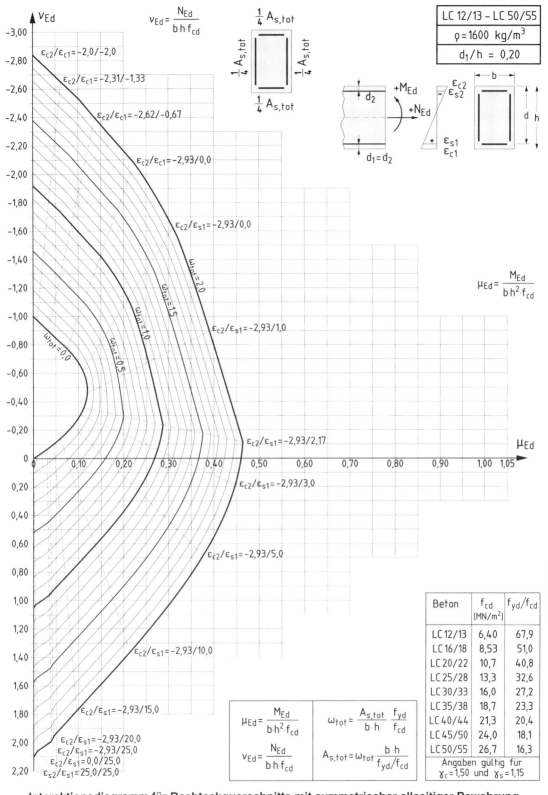

Interaktionsdiagramm für Rechteckquerschnitte mit symmetrischer allseitiger Bewehrung

Beton	f_{cd} [MN/m²]	f_{yd}/f_{cd}
LC 12/13	6,40	67,9
LC 16/18	8,53	51,0
LC 20/22	10,7	40,8
LC 25/28	13,3	32,6
LC 30/33	16,0	27,2
LC 35/38	18,7	23,3
LC 40/44	21,3	20,4
LC 45/50	24,0	18,1
LC 50/55	26,7	16,3
Angaben gültig für $\gamma_c = 1,50$ und $\gamma_s = 1,15$		

$$\mu_{Ed} = \frac{M_{Ed}}{b \cdot h^2 \cdot f_{cd}}$$

$$\nu_{Ed} = \frac{N_{Ed}}{b \cdot h \cdot f_{cd}}$$

$$\omega_{tot} = \frac{A_{s,tot}}{b \cdot h} \cdot \frac{f_{yd}}{f_{cd}}$$

$$A_{s,tot} = \omega_{tot} \cdot \frac{b \cdot h}{f_{yd}/f_{cd}}$$

LC 12/13 – LC 50/55

Tafel 6.2i / LC12–LC50

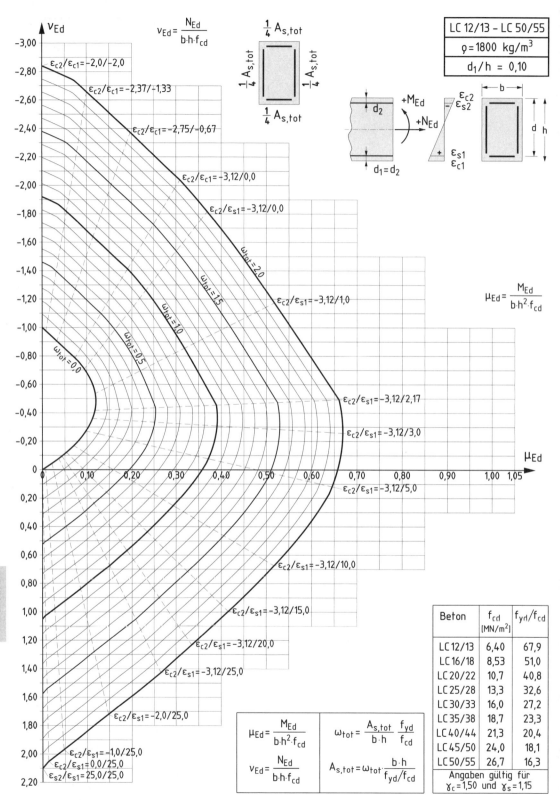

Interaktionsdiagramm für Rechteckquerschnitte mit symmetrischer allseitiger Bewehrung

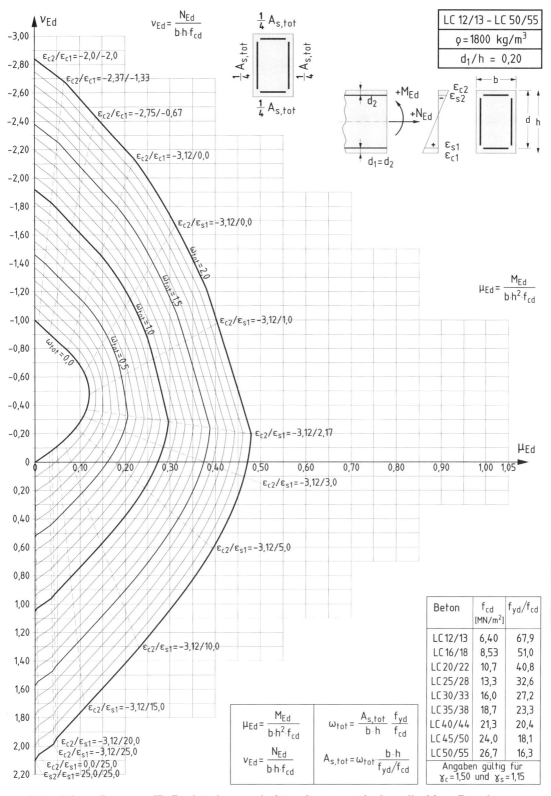

Interaktionsdiagramm für Rechteckquerschnitte mit symmetrischer allseitiger Bewehrung

$$\nu_{Ed} = \frac{N_{Ed}}{b \cdot h \cdot f_{cd}}$$

$$\mu_{Ed} = \frac{M_{Ed}}{b \cdot h^2 \cdot f_{cd}}$$

LC 12/13 – LC 50/55

$\varrho = 1800 \ kg/m^3$

$d_1/h = 0,20$

Beton	f_{cd} [MN/m²]	f_{yd}/f_{cd}
LC 12/13	6,40	67,9
LC 16/18	8,53	51,0
LC 20/22	10,7	40,8
LC 25/28	13,3	32,6
LC 30/33	16,0	27,2
LC 35/38	18,7	23,3
LC 40/44	21,3	20,4
LC 45/50	24,0	18,1
LC 50/55	26,7	16,3
Angaben gültig für $\gamma_c = 1,50$ und $\gamma_s = 1,15$		

$$\mu_{Ed} = \frac{M_{Ed}}{b \cdot h^2 \cdot f_{cd}}$$

$$\omega_{tot} = \frac{A_{s,tot}}{b \cdot h} \cdot \frac{f_{yd}}{f_{cd}}$$

$$\nu_{Ed} = \frac{N_{Ed}}{b \cdot h \cdot f_{cd}}$$

$$A_{s,tot} = \omega_{tot} \cdot \frac{b \cdot h}{f_{yd}/f_{cd}}$$

LC 12/13 – LC 50/55

399

Tafel 6.3a / LC12–LC50

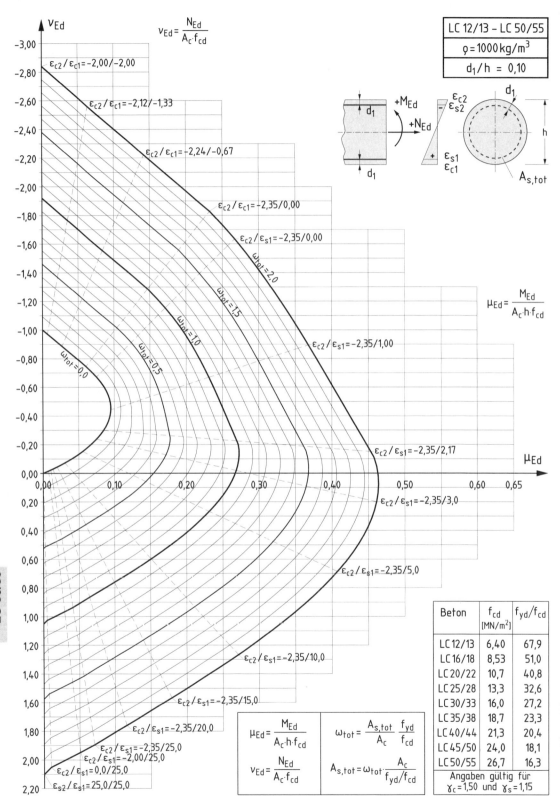

Interaktionsdiagramm für Kreisquerschnitte

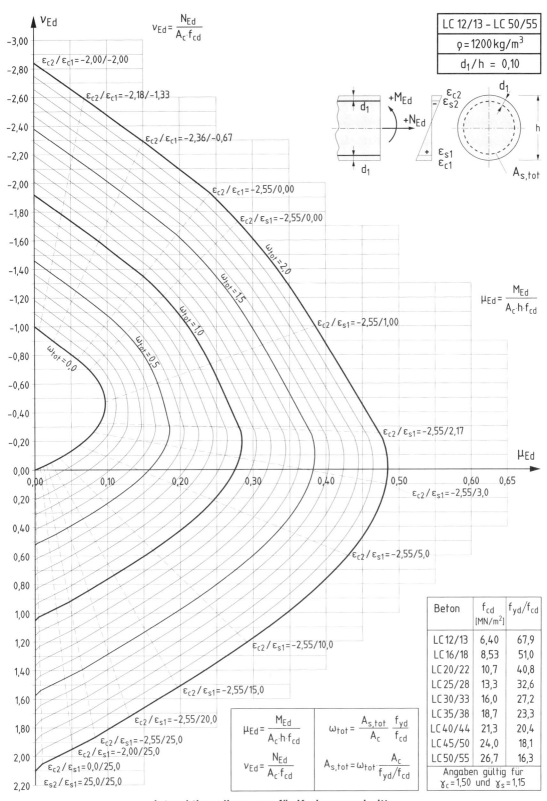

Interaktionsdiagramm für Kreisquerschnitte

$$\nu_{Ed} = \frac{N_{Ed}}{A_c \cdot f_{cd}}$$

$$\mu_{Ed} = \frac{M_{Ed}}{A_c \cdot h \cdot f_{cd}}$$

	LC 12/13 – LC 50/55
	$\varrho = 1200\,kg/m^3$
	$d_1/h = 0,10$

$\varepsilon_{c2}/\varepsilon_{c1} = -2,00/-2,00$
$\varepsilon_{c2}/\varepsilon_{c1} = -2,18/-1,33$
$\varepsilon_{c2}/\varepsilon_{c1} = -2,36/-0,67$
$\varepsilon_{c2}/\varepsilon_{c1} = -2,55/0,00$
$\varepsilon_{c2}/\varepsilon_{s1} = -2,55/0,00$
$\varepsilon_{c2}/\varepsilon_{s1} = -2,55/1,00$
$\varepsilon_{c2}/\varepsilon_{s1} = -2,55/2,17$
$\varepsilon_{c2}/\varepsilon_{s1} = -2,55/3,0$
$\varepsilon_{c2}/\varepsilon_{s1} = -2,55/5,0$
$\varepsilon_{c2}/\varepsilon_{s1} = -2,55/10,0$
$\varepsilon_{c2}/\varepsilon_{s1} = -2,55/15,0$
$\varepsilon_{c2}/\varepsilon_{s1} = -2,55/20,0$
$\varepsilon_{c2}/\varepsilon_{s1} = -2,55/25,0$
$\varepsilon_{c2}/\varepsilon_{s1} = -2,00/25,0$
$\varepsilon_{c2}/\varepsilon_{s1} = 0,0/25,0$
$\varepsilon_{s2}/\varepsilon_{s1} = 25,0/25,0$

$\omega_{tot} = 2,0$
$\omega_{tot} = 1,5$
$\omega_{tot} = 1,0$
$\omega_{tot} = 0,5$
$\omega_{tot} = 0,0$

$$\mu_{Ed} = \frac{M_{Ed}}{A_c \cdot h \cdot f_{cd}} \qquad \omega_{tot} = \frac{A_{s,tot}}{A_c} \cdot \frac{f_{yd}}{f_{cd}}$$

$$\nu_{Ed} = \frac{N_{Ed}}{A_c \cdot f_{cd}} \qquad A_{s,tot} = \omega_{tot} \cdot \frac{A_c}{f_{yd}/f_{cd}}$$

Beton	f_{cd} [MN/m²]	f_{yd}/f_{cd}
LC 12/13	6,40	67,9
LC 16/18	8,53	51,0
LC 20/22	10,7	40,8
LC 25/28	13,3	32,6
LC 30/33	16,0	27,2
LC 35/38	18,7	23,3
LC 40/44	21,3	20,4
LC 45/50	24,0	18,1
LC 50/55	26,7	16,3
Angaben gültig für $\gamma_c = 1,50$ und $\gamma_s = 1,15$		

LC 12/13 – LC 50/55

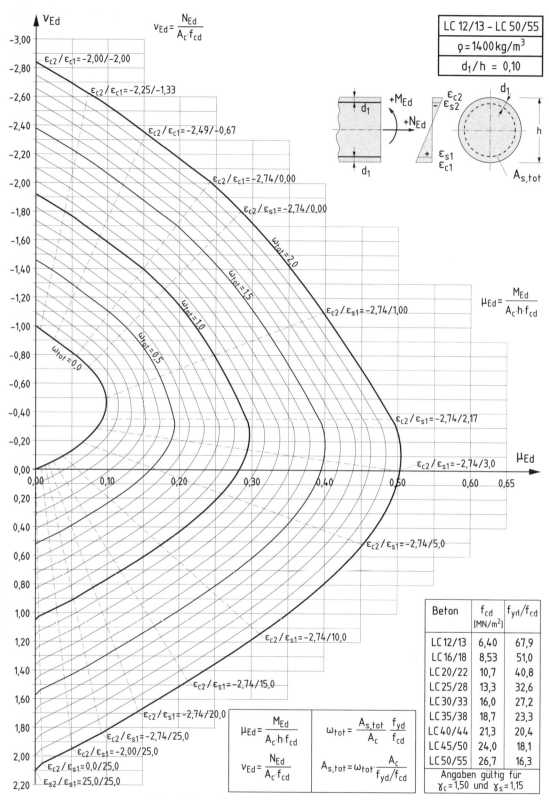

Interaktionsdiagramm für Kreisquerschnitte

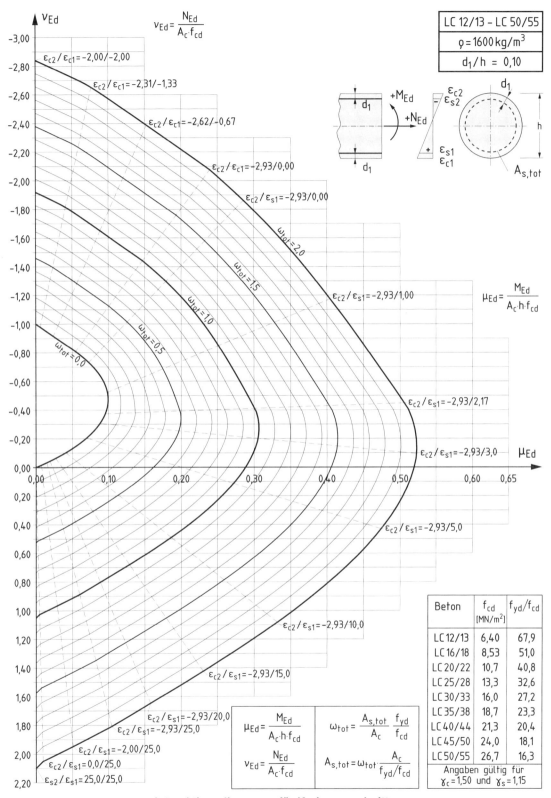

Interaktionsdiagramm für Kreisquerschnitte

The following content appears within the figure:

$$\nu_{Ed} = \frac{N_{Ed}}{A_c \cdot f_{cd}}$$

$$\mu_{Ed} = \frac{M_{Ed}}{A_c \cdot h \cdot f_{cd}}$$

LC 12/13 – LC 50/55	
$\varrho = 1600 \, kg/m^3$	
$d_1/h = 0,10$	

$\varepsilon_{c2}/\varepsilon_{c1} = -2,00/-2,00$
$\varepsilon_{c2}/\varepsilon_{c1} = -2,31/-1,33$
$\varepsilon_{c2}/\varepsilon_{c1} = -2,62/-0,67$
$\varepsilon_{c2}/\varepsilon_{c1} = -2,93/0,00$
$\varepsilon_{c2}/\varepsilon_{s1} = -2,93/0,00$
$\varepsilon_{c2}/\varepsilon_{s1} = -2,93/1,00$
$\varepsilon_{c2}/\varepsilon_{s1} = -2,93/2,17$
$\varepsilon_{c2}/\varepsilon_{s1} = -2,93/3,0$
$\varepsilon_{c2}/\varepsilon_{s1} = -2,93/5,0$
$\varepsilon_{c2}/\varepsilon_{s1} = -2,93/10,0$
$\varepsilon_{c2}/\varepsilon_{s1} = -2,93/15,0$
$\varepsilon_{c2}/\varepsilon_{s1} = -2,93/20,0$
$\varepsilon_{c2}/\varepsilon_{s1} = -2,93/25,0$
$\varepsilon_{c2}/\varepsilon_{s1} = -2,00/25,0$
$\varepsilon_{c2}/\varepsilon_{s1} = 0,0/25,0$
$\varepsilon_{s2}/\varepsilon_{s1} = 25,0/25,0$

$\omega_{tot} = 0,0$
$\omega_{tot} = 0,5$
$\omega_{tot} = 1,0$
$\omega_{tot} = 1,5$
$\omega_{tot} = 2,0$

$\mu_{Ed} = \dfrac{M_{Ed}}{A_c \cdot h \cdot f_{cd}}$	$\omega_{tot} = \dfrac{A_{s,tot}}{A_c} \cdot \dfrac{f_{yd}}{f_{cd}}$		
$\nu_{Ed} = \dfrac{N_{Ed}}{A_c \cdot f_{cd}}$	$A_{s,tot} = \omega_{tot} \cdot \dfrac{A_c}{f_{yd}/f_{cd}}$		

Beton	f_{cd} [MN/m²]	f_{yd}/f_{cd}
LC 12/13	6,40	67,9
LC 16/18	8,53	51,0
LC 20/22	10,7	40,8
LC 25/28	13,3	32,6
LC 30/33	16,0	27,2
LC 35/38	18,7	23,3
LC 40/44	21,3	20,4
LC 45/50	24,0	18,1
LC 50/55	26,7	16,3
Angaben gültig für $\gamma_c = 1,50$ und $\gamma_s = 1,15$		

LC 12/13 – LC 50/55

403

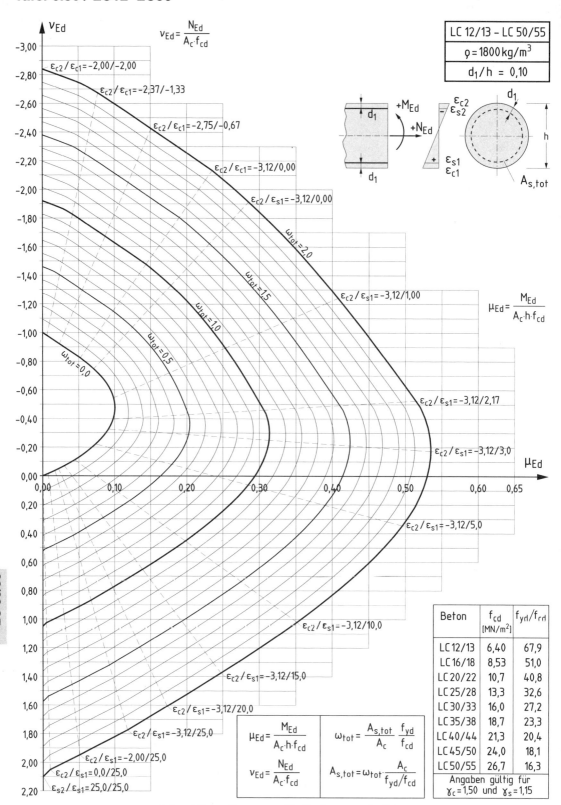

Interaktionsdiagramm für Kreisquerschnitte

Beton	f_{cd} [MN/m²]	f_{yd}/f_{rd}
LC 12/13	6,40	67,9
LC 16/18	8,53	51,0
LC 20/22	10,7	40,8
LC 25/28	13,3	32,6
LC 30/33	16,0	27,2
LC 35/38	18,7	23,3
LC 40/44	21,3	20,4
LC 45/50	24,0	18,1
LC 50/55	26,7	16,3

Angaben gültig für $\gamma_c = 1,50$ und $\gamma_s = 1,15$

$$v_{Ed} = \frac{N_{Ed}}{A_c \cdot f_{cd}}$$

$$\mu_{Ed} = \frac{M_{Ed}}{A_c \cdot h \cdot f_{cd}}$$

$$\omega_{tot} = \frac{A_{s,tot}}{A_c} \cdot \frac{f_{yd}}{f_{cd}}$$

$$A_{s,tot} = \omega_{tot} \cdot \frac{A_c}{f_{yd}/f_{cd}}$$

LC 12/13 – LC 50/55
$\rho = 1800 \, kg/m^3$
$d_1/h = 0,10$

LC 12/13 – LC 50/55

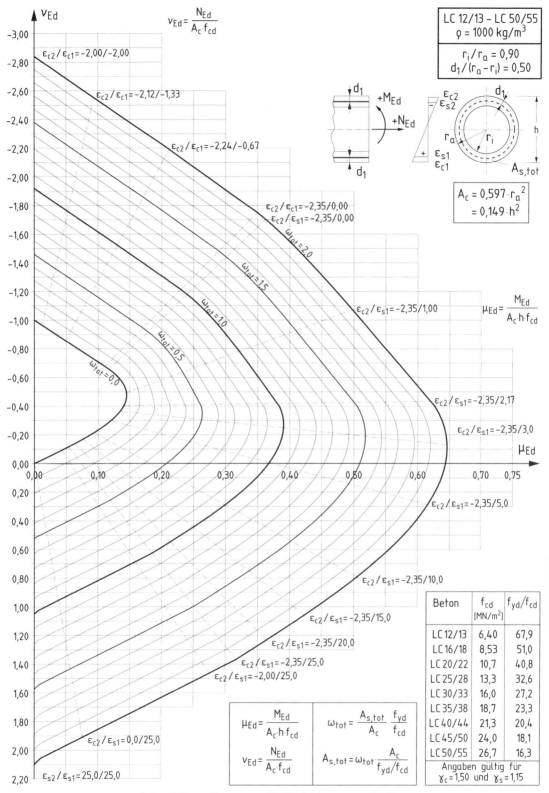

Interaktionsdiagramm für Kreisringquerschnitte

Tafel 6.4b / LC12–LC50

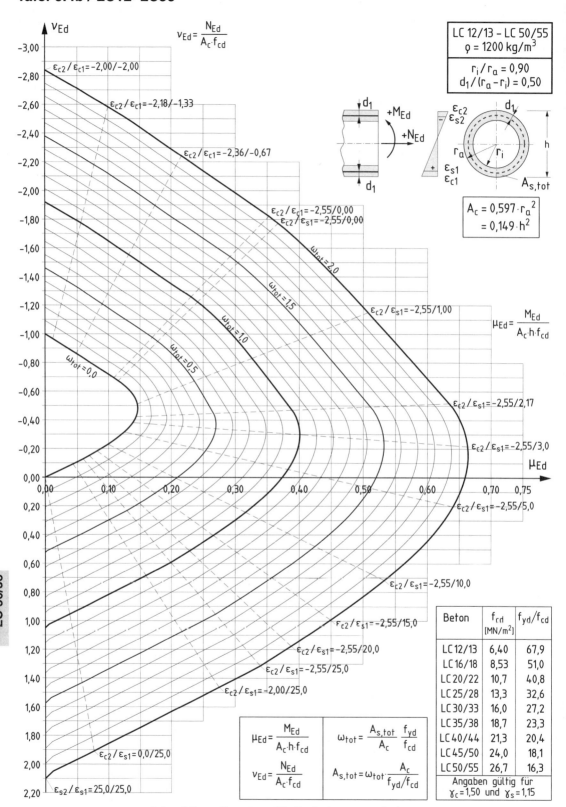

Interaktionsdiagramm für Kreisringquerschnitte

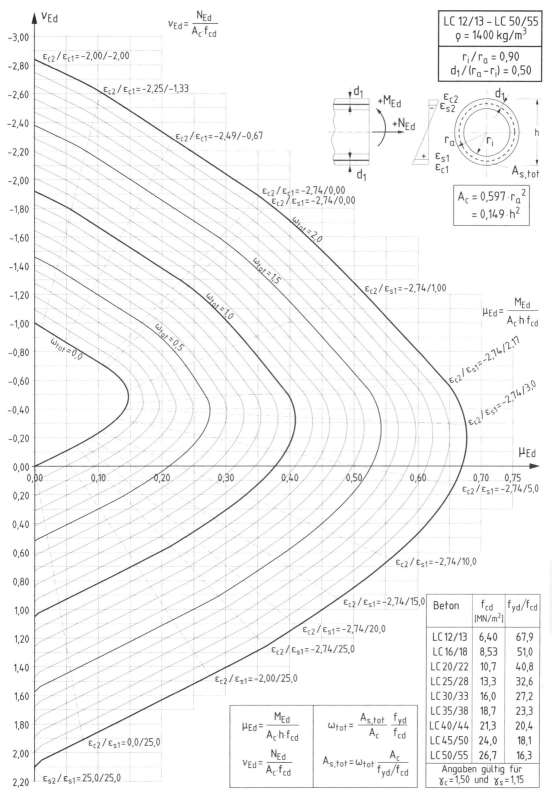

Interaktionsdiagramm für Kreisringquerschnitte

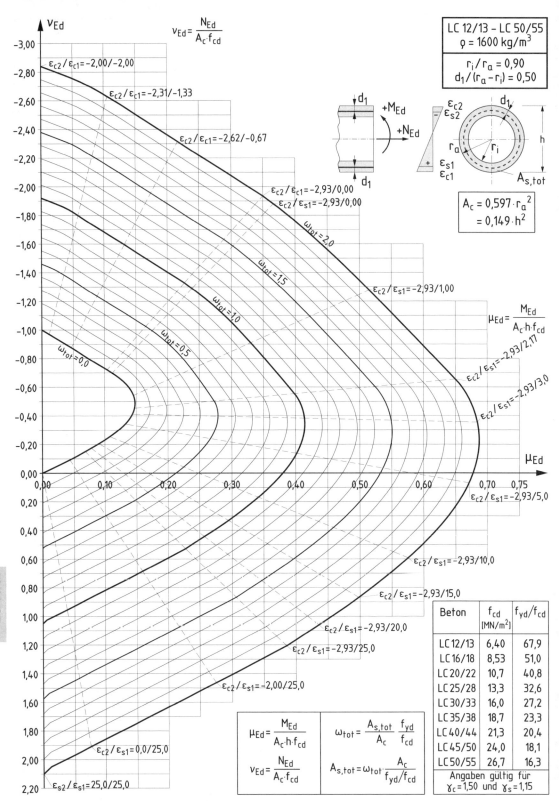

Interaktionsdiagramm für Kreisringquerschnitte

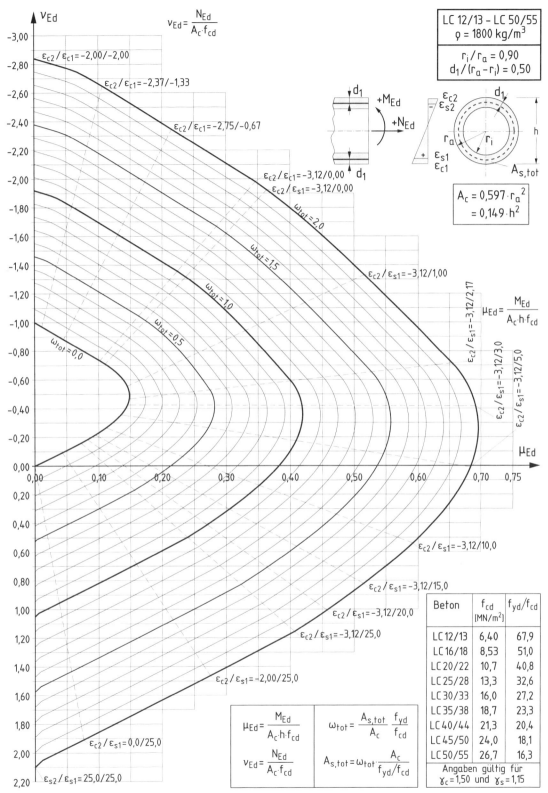

Interaktionsdiagramm für Kreisringquerschnitte

$$v_{Ed} = \frac{N_{Ed}}{A_c \cdot f_{cd}}$$

LC 12/13 – LC 50/55
$\varrho = 1800 \ kg/m^3$

$r_i / r_a = 0,90$
$d_1 / (r_a - r_i) = 0,50$

$A_c = 0,597 \cdot r_a^2$
$= 0,149 \cdot h^2$

$$\mu_{Ed} = \frac{M_{Ed}}{A_c \cdot h \cdot f_{cd}}$$

$\varepsilon_{c2}/\varepsilon_{c1} = -2,00/-2,00$
$\varepsilon_{c2}/\varepsilon_{c1} = -2,37/-1,33$
$\varepsilon_{c2}/\varepsilon_{c1} = -2,75/-0,67$
$\varepsilon_{c2}/\varepsilon_{c1} = -3,12/0,00$
$\varepsilon_{c2}/\varepsilon_{s1} = -3,12/0,00$
$\varepsilon_{c2}/\varepsilon_{s1} = -3,12/1,00$
$\varepsilon_{c2}/\varepsilon_{s1} = -3,12/2,17$
$\varepsilon_{c2}/\varepsilon_{s1} = -3,12/3,0$
$\varepsilon_{c2}/\varepsilon_{s1} = -3,12/5,0$
$\varepsilon_{c2}/\varepsilon_{s1} = -3,12/10,0$
$\varepsilon_{c2}/\varepsilon_{s1} = -3,12/15,0$
$\varepsilon_{c2}/\varepsilon_{s1} = -3,12/20,0$
$\varepsilon_{c2}/\varepsilon_{s1} = -3,12/25,0$
$\varepsilon_{c2}/\varepsilon_{s1} = -2,00/25,0$
$\varepsilon_{c2}/\varepsilon_{s1} = 0,0/25,0$
$\varepsilon_{s2}/\varepsilon_{s1} = 25,0/25,0$

$\omega_{tot} = 2,0$
$\omega_{tot} = 1,5$
$\omega_{tot} = 1,0$
$\omega_{tot} = 0,5$
$\omega_{tot} = 0,0$

$$\mu_{Ed} = \frac{M_{Ed}}{A_c \cdot h \cdot f_{cd}} \qquad \omega_{tot} = \frac{A_{s,tot}}{A_c} \cdot \frac{f_{yd}}{f_{cd}}$$

$$v_{Ed} = \frac{N_{Ed}}{A_c \cdot f_{cd}} \qquad A_{s,tot} = \omega_{tot} \cdot \frac{A_c}{f_{yd}/f_{cd}}$$

LC 12/13 – LC 50/55

Beton	f_{cd} [MN/m²]	f_{yd}/f_{cd}
LC 12/13	6,40	67,9
LC 16/18	8,53	51,0
LC 20/22	10,7	40,8
LC 25/28	13,3	32,6
LC 30/33	16,0	27,2
LC 35/38	18,7	23,3
LC 40/44	21,3	20,4
LC 45/50	24,0	18,1
LC 50/55	26,7	16,3
Angaben gültig für $\gamma_c = 1,50$ und $\gamma_s = 1,15$		

Tafel 7.1a / LC12–LC50

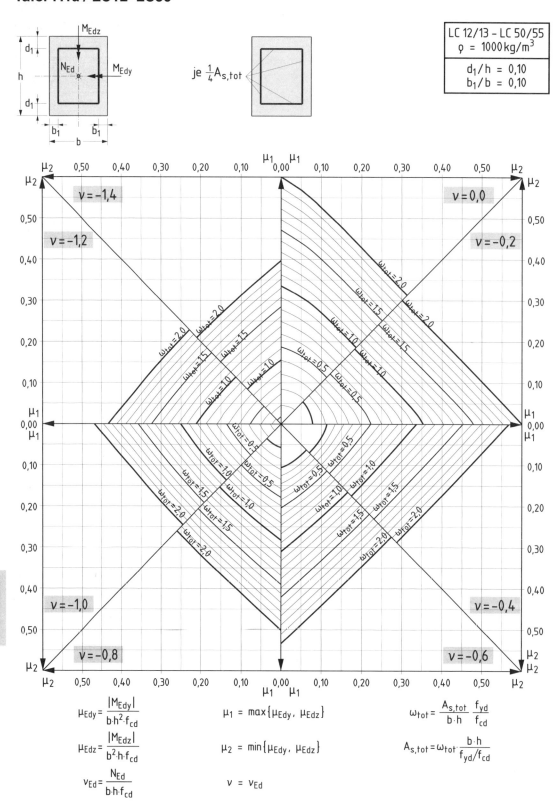

$$\mu_{Edy} = \frac{|M_{Edy}|}{b \cdot h^2 \cdot f_{cd}}$$

$$\mu_{Edz} = \frac{|M_{Edz}|}{b^2 \cdot h \cdot f_{cd}}$$

$$\nu_{Ed} = \frac{N_{Ed}}{b \cdot h \cdot f_{cd}}$$

$$\mu_1 = \max\{\mu_{Edy}, \mu_{Edz}\}$$

$$\mu_2 = \min\{\mu_{Edy}, \mu_{Edz}\}$$

$$\nu = \nu_{Ed}$$

$$\omega_{tot} = \frac{A_{s,tot}}{b \cdot h} \cdot \frac{f_{yd}}{f_{cd}}$$

$$A_{s,tot} = \omega_{tot} \cdot \frac{b \cdot h}{f_{yd}/f_{cd}}$$

Interaktionsdiagramm für schiefe Biegung mit Längsdruckkraft

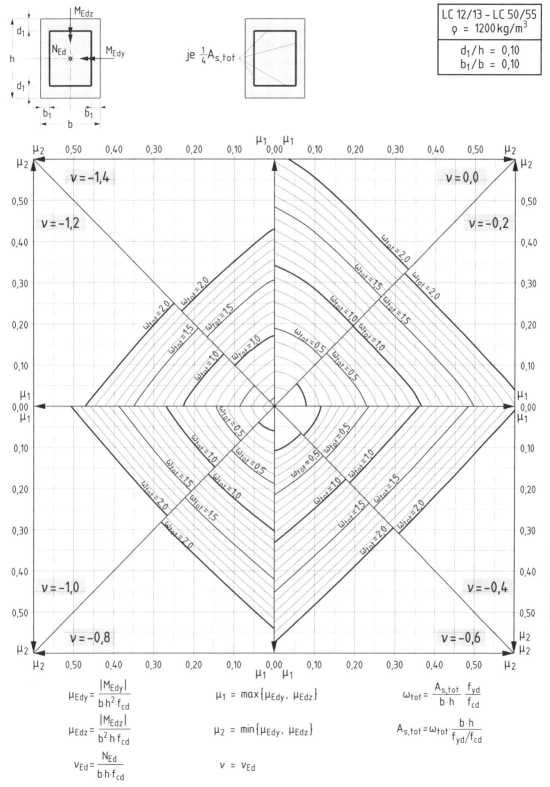

$$\mu_{Edy} = \frac{|M_{Edy}|}{b \cdot h^2 \cdot f_{cd}}$$

$$\mu_{Edz} = \frac{|M_{Edz}|}{b^2 \cdot h \cdot f_{cd}}$$

$$\nu_{Ed} = \frac{N_{Ed}}{b \cdot h \cdot f_{cd}}$$

$$\mu_1 = \max\{\mu_{Edy}, \mu_{Edz}\}$$

$$\mu_2 = \min\{\mu_{Edy}, \mu_{Edz}\}$$

$$\nu = \nu_{Ed}$$

$$\omega_{tot} = \frac{A_{s,tot}}{b \cdot h} \cdot \frac{f_{yd}}{f_{cd}}$$

$$A_{s,tot} = \omega_{tot} \cdot \frac{b \cdot h}{f_{yd}/f_{cd}}$$

Interaktionsdiagramm für schiefe Biegung mit Längsdruckkraft

Tafel 7.1c / LC12–LC50

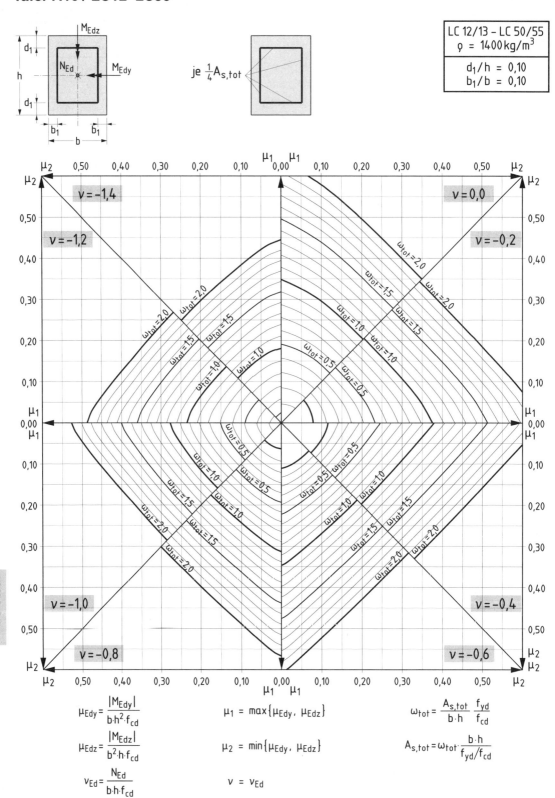

$$\mu_{Edy} = \frac{|M_{Edy}|}{b \cdot h^2 \cdot f_{cd}}$$

$$\mu_{Edz} = \frac{|M_{Edz}|}{b^2 \cdot h \cdot f_{cd}}$$

$$\nu_{Ed} = \frac{N_{Ed}}{b \cdot h \cdot f_{cd}}$$

$$\mu_1 = \max\{\mu_{Edy}, \mu_{Edz}\}$$

$$\mu_2 = \min\{\mu_{Edy}, \mu_{Edz}\}$$

$$\nu = \nu_{Ed}$$

$$\omega_{tot} = \frac{A_{s,tot}}{b \cdot h} \cdot \frac{f_{yd}}{f_{cd}}$$

$$A_{s,tot} = \omega_{tot} \cdot \frac{b \cdot h}{f_{yd}/f_{cd}}$$

Interaktionsdiagramm für schiefe Biegung mit Längsdruckkraft

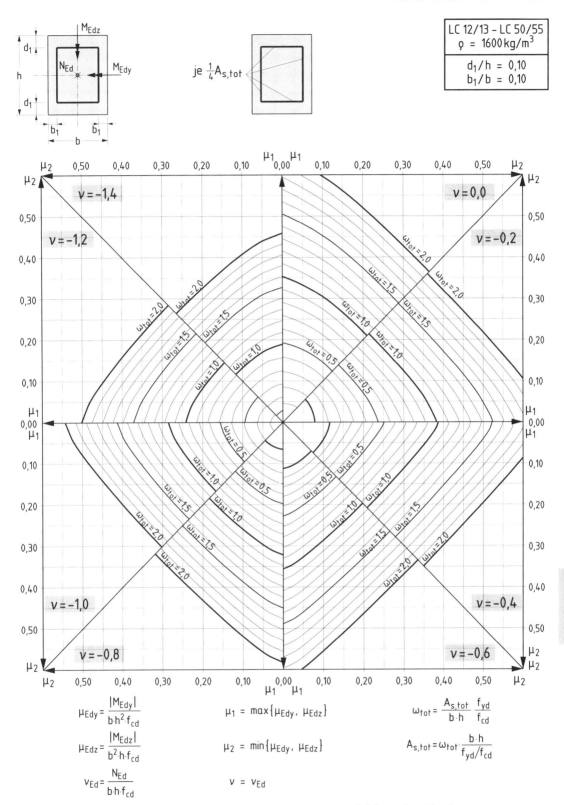

$$\mu_{Edy} = \frac{|M_{Edy}|}{b \cdot h^2 \cdot f_{cd}}$$

$$\mu_{Edz} = \frac{|M_{Edz}|}{b^2 \cdot h \cdot f_{cd}}$$

$$\nu_{Ed} = \frac{N_{Ed}}{b \cdot h \cdot f_{cd}}$$

$$\mu_1 = \max\{\mu_{Edy}, \mu_{Edz}\}$$

$$\mu_2 = \min\{\mu_{Edy}, \mu_{Edz}\}$$

$$\nu = \nu_{Ed}$$

$$\omega_{tot} = \frac{A_{s,tot}}{b \cdot h} \cdot \frac{f_{yd}}{f_{cd}}$$

$$A_{s,tot} = \omega_{tot} \cdot \frac{b \cdot h}{f_{yd}/f_{cd}}$$

Interaktionsdiagramm für schiefe Biegung mit Längsdruckkraft

413

Tafel 7.1e / LC12–LC50

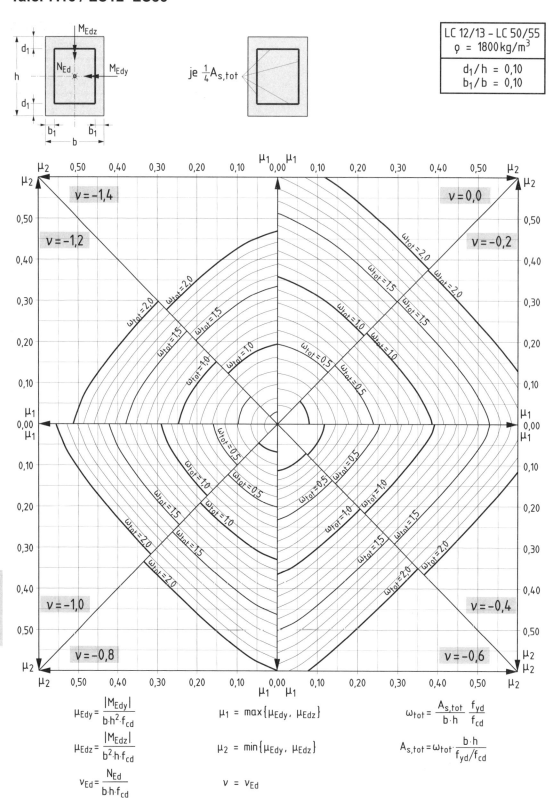

$$\mu_{Edy} = \frac{|M_{Edy}|}{b \cdot h^2 \cdot f_{cd}}$$

$$\mu_{Edz} = \frac{|M_{Edz}|}{b^2 \cdot h \cdot f_{cd}}$$

$$\nu_{Ed} = \frac{N_{Ed}}{b \cdot h \cdot f_{cd}}$$

$$\mu_1 = \max\{\mu_{Edy}, \mu_{Edz}\}$$

$$\mu_2 = \min\{\mu_{Edy}, \mu_{Edz}\}$$

$$\nu = \nu_{Ed}$$

$$\omega_{tot} = \frac{A_{s,tot}}{b \cdot h} \cdot \frac{f_{yd}}{f_{cd}}$$

$$A_{s,tot} = \omega_{tot} \cdot \frac{b \cdot h}{f_{yd}/f_{cd}}$$

Interaktionsdiagramm für schiefe Biegung mit Längsdruckkraft

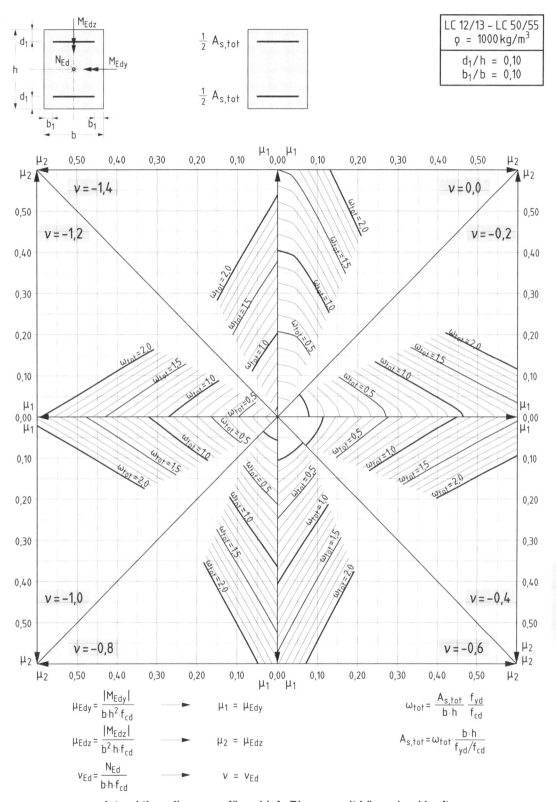

$$\mu_{Edy} = \frac{|M_{Edy}|}{b \cdot h^2 \cdot f_{cd}} \longrightarrow \mu_1 = \mu_{Edy}$$

$$\mu_{Edz} = \frac{|M_{Edz}|}{b^2 \cdot h \cdot f_{cd}} \longrightarrow \mu_2 = \mu_{Edz}$$

$$\nu_{Ed} = \frac{N_{Ed}}{b \cdot h \cdot f_{cd}} \longrightarrow \nu = \nu_{Ed}$$

$$\omega_{tot} = \frac{A_{s,tot}}{b \cdot h} \cdot \frac{f_{yd}}{f_{cd}}$$

$$A_{s,tot} = \omega_{tot} \cdot \frac{b \cdot h}{f_{yd}/f_{cd}}$$

Interaktionsdiagramm für schiefe Biegung mit Längsdruckkraft

Tafel 7.2b / LC12–LC50

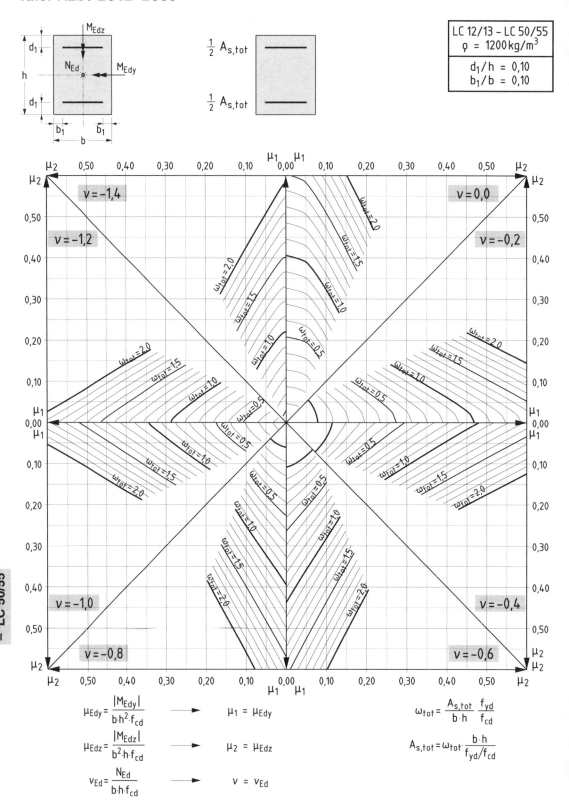

$$\mu_{Edy} = \frac{|M_{Edy}|}{b \cdot h^2 \cdot f_{cd}} \longrightarrow \mu_1 = \mu_{Edy}$$

$$\mu_{Edz} = \frac{|M_{Edz}|}{b^2 \cdot h \cdot f_{cd}} \longrightarrow \mu_2 = \mu_{Edz}$$

$$\nu_{Ed} = \frac{N_{Ed}}{b \cdot h \cdot f_{cd}} \longrightarrow \nu = \nu_{Ed}$$

$$\omega_{tot} = \frac{A_{s,tot}}{b \cdot h} \cdot \frac{f_{yd}}{f_{cd}}$$

$$A_{s,tot} = \omega_{tot} \cdot \frac{b \cdot h}{f_{yd}/f_{cd}}$$

Interaktionsdiagramm für schiefe Biegung mit Längsdruckkraft

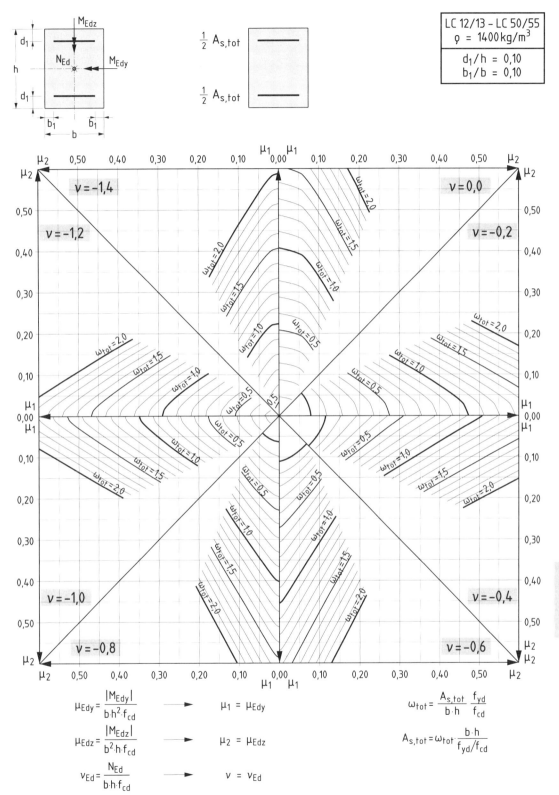

$\frac{1}{2} A_{s,tot}$

$\frac{1}{2} A_{s,tot}$

LC 12/13 – LC 50/55
$\varrho = 1400 \, kg/m^3$

$d_1/h = 0{,}10$
$b_1/b = 0{,}10$

$\nu = -1{,}4$

$\nu = 0{,}0$

$\nu = -1{,}2$

$\nu = -0{,}2$

$\nu = -1{,}0$

$\nu = -0{,}4$

$\nu = -0{,}8$

$\nu = -0{,}6$

$\omega_{tot} = 2{,}0$
$\omega_{tot} = 1{,}5$
$\omega_{tot} = 1{,}0$
$\omega_{tot} = 0{,}5$

LC 12/13
– LC 50/55

$\mu_{Edy} = \dfrac{|M_{Edy}|}{b \cdot h^2 \cdot f_{cd}} \quad \longrightarrow \quad \mu_1 = \mu_{Edy}$

$\mu_{Edz} = \dfrac{|M_{Edz}|}{b^2 \cdot h \cdot f_{cd}} \quad \longrightarrow \quad \mu_2 = \mu_{Edz}$

$\nu_{Ed} = \dfrac{N_{Ed}}{b \cdot h \cdot f_{cd}} \quad \longrightarrow \quad \nu = \nu_{Ed}$

$\omega_{tot} = \dfrac{A_{s,tot}}{b \cdot h} \dfrac{f_{yd}}{f_{cd}}$

$A_{s,tot} = \omega_{tot} \cdot \dfrac{b \cdot h}{f_{yd}/f_{cd}}$

Interaktionsdiagramm für schiefe Biegung mit Längsdruckkraft

Tafel 7.2d / LC12–LC50

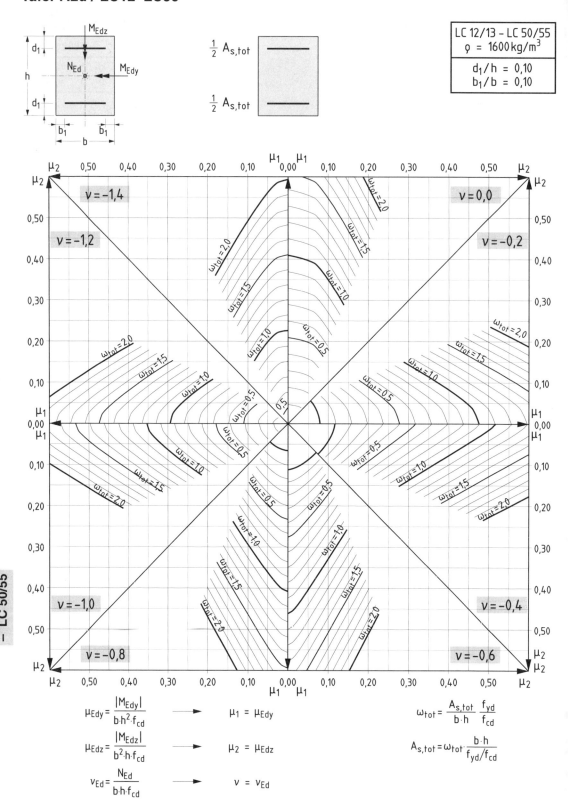

$$\mu_{Edy} = \frac{|M_{Edy}|}{b \cdot h^2 \cdot f_{cd}} \quad \longrightarrow \quad \mu_1 = \mu_{Edy}$$

$$\mu_{Edz} = \frac{|M_{Edz}|}{b^2 \cdot h \cdot f_{cd}} \quad \longrightarrow \quad \mu_2 = \mu_{Edz}$$

$$\nu_{Ed} = \frac{N_{Ed}}{b \cdot h \cdot f_{cd}} \quad \longrightarrow \quad \nu = \nu_{Ed}$$

$$\omega_{tot} = \frac{A_{s,tot}}{b \cdot h} \cdot \frac{f_{yd}}{f_{cd}}$$

$$A_{s,tot} = \omega_{tot} \cdot \frac{b \cdot h}{f_{yd}/f_{cd}}$$

Interaktionsdiagramm für schiefe Biegung mit Längsdruckkraft

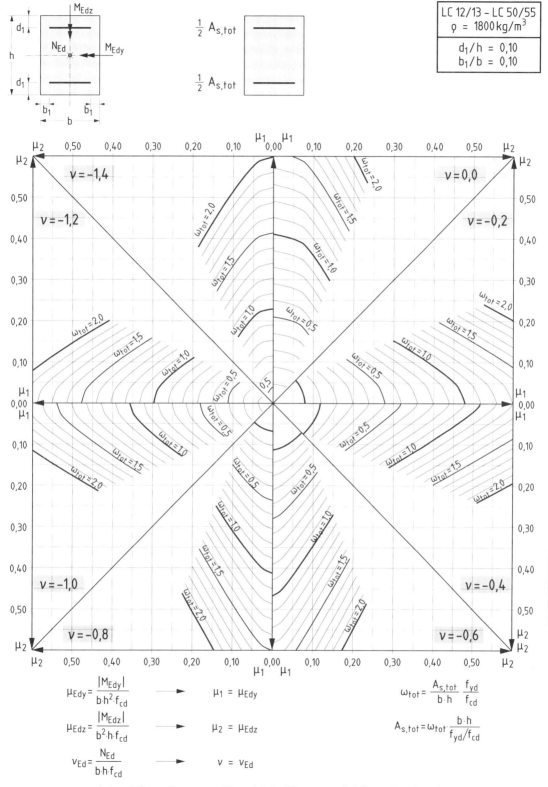

Interaktionsdiagramm für schiefe Biegung mit Längsdruckkraft

Tafel 7.3a / LC12–LC50

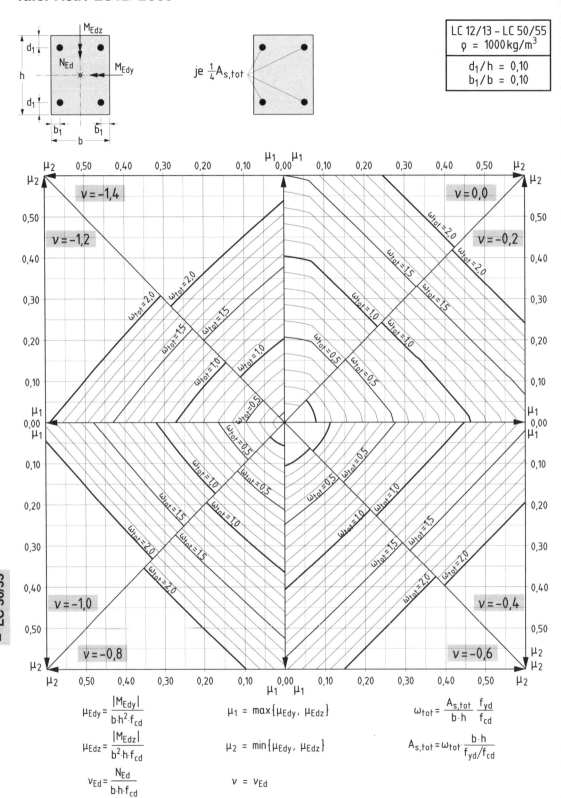

Interaktionsdiagramm für schiefe Biegung mit Längsdruckkraft

$$\mu_{Edy} = \frac{|M_{Edy}|}{b \cdot h^2 \cdot f_{cd}}$$

$$\mu_1 = \max\{\mu_{Edy}, \mu_{Edz}\}$$

$$\omega_{tot} = \frac{A_{s,tot}}{b \cdot h} \cdot \frac{f_{yd}}{f_{cd}}$$

$$\mu_{Edz} = \frac{|M_{Edz}|}{b^2 \cdot h \cdot f_{cd}}$$

$$\mu_2 = \min\{\mu_{Edy}, \mu_{Edz}\}$$

$$A_{s,tot} = \omega_{tot} \cdot \frac{b \cdot h}{f_{yd}/f_{cd}}$$

$$\nu_{Ed} = \frac{N_{Ed}}{b \cdot h \cdot f_{cd}}$$

$$\nu = \nu_{Ed}$$

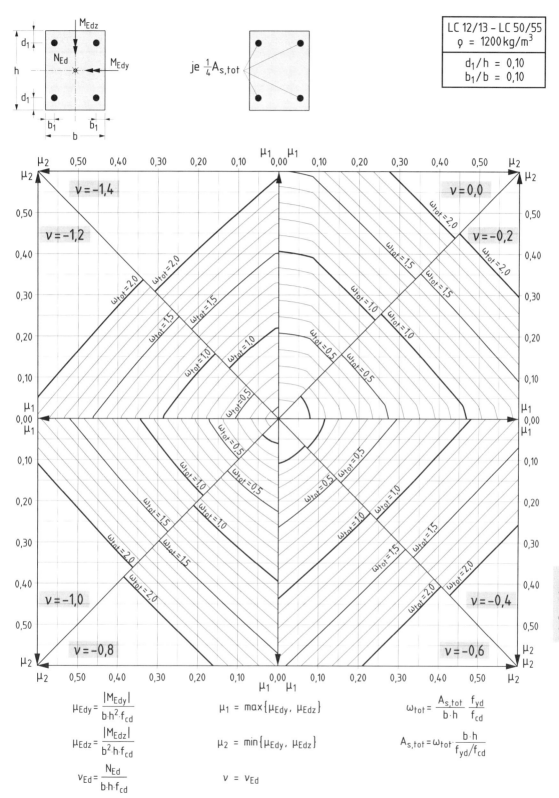

$$\mu_{Edy} = \frac{|M_{Edy}|}{b \cdot h^2 \cdot f_{cd}}$$

$$\mu_1 = \max\{\mu_{Edy},\ \mu_{Edz}\}$$

$$\omega_{tot} = \frac{A_{s,tot}}{b \cdot h} \cdot \frac{f_{yd}}{f_{cd}}$$

$$\mu_{Edz} = \frac{|M_{Edz}|}{b^2 \cdot h \cdot f_{cd}}$$

$$\mu_2 = \min\{\mu_{Edy},\ \mu_{Edz}\}$$

$$A_{s,tot} = \omega_{tot} \cdot \frac{b \cdot h}{f_{yd}/f_{cd}}$$

$$\nu_{Ed} = \frac{N_{Ed}}{b \cdot h \cdot f_{cd}}$$

$$\nu = \nu_{Ed}$$

Interaktionsdiagramm für schiefe Biegung mit Längsdruckkraft

Tafel 7.3c / LC12–LC50

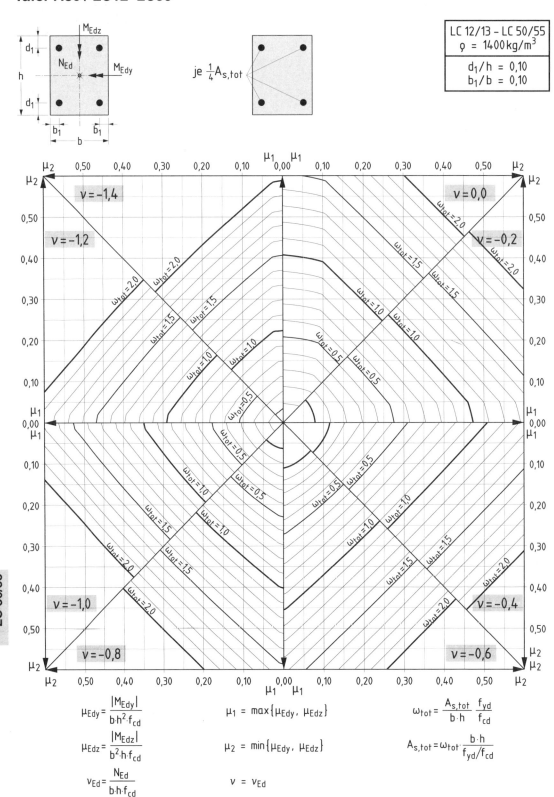

$$\mu_{Edy} = \frac{|M_{Edy}|}{b \cdot h^2 \cdot f_{cd}}$$

$$\mu_{Edz} = \frac{|M_{Edz}|}{b^2 \cdot h \cdot f_{cd}}$$

$$\nu_{Ed} = \frac{N_{Ed}}{b \cdot h \cdot f_{cd}}$$

$$\mu_1 = \max\{\mu_{Edy}, \mu_{Edz}\}$$

$$\mu_2 = \min\{\mu_{Edy}, \mu_{Edz}\}$$

$$\nu = \nu_{Ed}$$

$$\omega_{tot} = \frac{A_{s,tot}}{b \cdot h} \frac{f_{yd}}{f_{cd}}$$

$$A_{s,tot} = \omega_{tot} \cdot \frac{b \cdot h}{f_{yd}/f_{cd}}$$

Interaktionsdiagramm für schiefe Biegung mit Längsdruckkraft

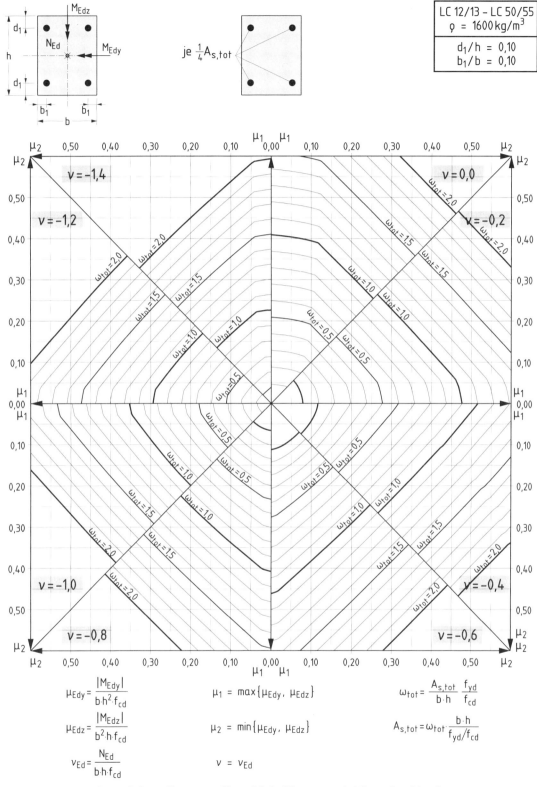

$$\mu_{Edy} = \frac{|M_{Edy}|}{b \cdot h^2 \cdot f_{cd}}$$

$$\mu_1 = \max\{\mu_{Edy},\ \mu_{Edz}\}$$

$$\omega_{tot} = \frac{A_{s,tot}}{b \cdot h} \cdot \frac{f_{yd}}{f_{cd}}$$

$$\mu_{Edz} = \frac{|M_{Edz}|}{b^2 \cdot h \cdot f_{cd}}$$

$$\mu_2 = \min\{\mu_{Edy},\ \mu_{Edz}\}$$

$$A_{s,tot} = \omega_{tot} \cdot \frac{b \cdot h}{f_{yd}/f_{cd}}$$

$$\nu_{Ed} = \frac{N_{Ed}}{b \cdot h \cdot f_{cd}}$$

$$\nu = \nu_{Ed}$$

Interaktionsdiagramm für schiefe Biegung mit Längsdruckkraft

423

$$\mu_{Edy} = \frac{|M_{Edy}|}{b \cdot h^2 \cdot f_{cd}}$$

$$\mu_{Edz} = \frac{|M_{Edz}|}{b^2 \cdot h \cdot f_{cd}}$$

$$\nu_{Ed} = \frac{N_{Ed}}{b \cdot h \cdot f_{cd}}$$

$$\mu_1 = \max\{\mu_{Edy}, \mu_{Edz}\}$$

$$\mu_2 = \min\{\mu_{Edy}, \mu_{Edz}\}$$

$$\nu = \nu_{Ed}$$

$$\omega_{tot} = \frac{A_{s,tot}}{b \cdot h} \frac{f_{yd}}{f_{cd}}$$

$$A_{s,tot} = \omega_{tot} \cdot \frac{b \cdot h}{f_{yd}/f_{cd}}$$

Interaktionsdiagramm für schiefe Biegung mit Längsdruckkraft

Stütze
$e_{tot} = 0$

Betonanteil F_{cd} (in MN)

Rechteck · **Kreis** · **Kreisring**

LC 12/13

h \ b	20	25	30	40	50	60	70	80
20	0,256	0,320	0,384	0,512	0,640	0,768	0,896	1,024
25		0,400	0,480	0,640	0,800	0,960	1,120	1,280
30			0,576	0,768	0,960	1,152	1,344	1,536
40				1,024	1,280	1,536	1,792	2,048
50					1,600	1,920	2,240	2,560
60						2,304	2,688	3,072
70							3,136	3,584
80								4,096

D	
20	0,201
25	0,314
30	0,452
40	0,804
50	1,257
60	1,810
70	2,463
80	3,217

D \ r_i/r_a	0,9	0,7
20	0,038	0,103
25	0,060	0,160
30	0,086	0,231
40	0,153	0,410
50	0,239	0,641
60	0,344	0,923
70	0,468	1,256
80	0,611	1,641

LC 16/18

h \ b	20	25	30	40	50	60	70	80
20	0,341	0,427	0,512	0,683	0,853	1,024	1,195	1,365
25		0,533	0,640	0,853	1,067	1,280	1,493	1,707
30			0,768	1,024	1,280	1,536	1,792	2,048
40				1,365	1,707	2,048	2,389	2,731
50					2,133	2,560	2,987	3,413
60						3,072	3,584	4,096
70							4,181	4,779
80								5,461

D	
20	0,268
25	0,419
30	0,603
40	1,072
50	1,676
60	2,413
70	3,284
80	4,289

D \ r_i/r_a	0,9	0,7
20	0,051	0,137
25	0,080	0,214
30	0,115	0,308
40	0,204	0,547
50	0,318	0,855
60	0,458	1,230
70	0,624	1,675
80	0,815	2,188

LC 20/22

h \ b	20	25	30	40	50	60	70	80
20	0,427	0,533	0,640	0,853	1,067	1,280	1,493	1,707
25		0,667	0,800	1,067	1,333	1,600	1,867	2,133
30			0,960	1,280	1,600	1,920	2,240	2,560
40				1,707	2,133	2,560	2,987	3,413
50					2,667	3,200	3,733	4,267
60						3,840	4,480	5,120
70							5,227	5,973
80								6,827

D	
20	0,335
25	0,524
30	0,754
40	1,340
50	2,094
60	3,016
70	4,105
80	5,362

D \ r_i/r_a	0,9	0,7
20	0,064	0,171
25	0,099	0,267
30	0,143	0,385
40	0,255	0,684
50	0,398	1,068
60	0,573	1,538
70	0,780	2,094
80	1,019	2,734

Stahlanteil F_{sd} (in MN)

BSt 500

d \ n	4	6	8	10	12	14	16	18	20
12	0,197	0,295	0,393	0,492	0,590	0,688	0,787	0,885	0,983
14	0,268	0,402	0,535	0,669	0,803	0,937	1,071	1,205	1,339
16	0,350	0,525	0,699	0,874	1,049	1,224	1,399	1,574	1,748
20	0,546	0,820	1,093	1,366	1,639	1,912	2,185	2,459	2,732
25	0,854	1,281	1,707	2,134	2,561	2,988	3,415	3,842	4,268
28	1,071	1,606	2,142	2,677	3,213	3,748	4,283	4,819	5,354

Abminderungsfaktor β

Beton	β
LC 12/13	0,985
LC 16/18	0,980
LC 20/22	0,975

LC 12/13 – LC 50/55

Gesamttragfähigkeit $|N_{Rd}| = F_{cd} + \beta \cdot F_{sd} \approx F_{cd} + F_{sd}$

Aufnehmbare Längsdruckkraft $|N_{Rd}|$ für LC 12/13, LC 16/18 und LC 20/22 (mit $\alpha = 0,80$) **und BSt 500 S**

Tafel 8.1b / LC25–LC35

Stütze
$e_{tot} = 0$

Betonanteil F_{cd} (in MN)

Rechteck

LC 25/28

h\b	20	25	30	40	50	60	70	80
20	0,533	0,667	0,800	1,067	1,333	1,600	1,867	2,133
25		0,833	1,000	1,333	1,667	2,000	2,333	2,667
30			1,200	1,600	2,000	2,400	2,800	3,200
40				2,133	2,667	3,200	3,733	4,267
50					3,333	4,000	4,667	5,333
60						4,800	5,600	6,400
70							6,533	7,467
80								8,533

Kreis

D	
20	0,419
25	0,654
30	0,942
40	1,676
50	2,618
60	3,770
70	5,131
80	6,702

Kreisring

D \ r_i/r_a	0,9	0,7
20	0,080	0,214
25	0,124	0,334
30	0,179	0,481
40	0,318	0,855
50	0,497	1,335
60	0,716	1,923
70	0,975	2,617
80	1,273	3,418

LC 30/33

h\b	20	25	30	40	50	60	70	80
20	0,640	0,800	0,960	1,280	1,600	1,920	2,240	2,560
25		1,000	1,200	1,600	2,000	2,400	2,800	3,200
30			1,440	1,920	2,400	2,880	3,360	3,840
40				2,560	3,200	3,840	4,480	5,120
50					4,000	4,800	5,600	6,400
60						5,760	6,720	7,680
70							7,840	8,960
80								10,24

D	
20	0,503
25	0,785
30	1,131
40	2,011
50	3,142
60	4,524
70	6,158
80	8,042

D \ r_i/r_a	0,9	0,7
20	0,096	0,256
25	0,149	0,401
30	0,215	0,577
40	0,382	1,025
50	0,597	1,602
60	0,860	2,307
70	1,170	3,140
80	1,528	4,102

LC 35/38

h\b	20	25	30	40	50	60	70	80
20	0,747	0,933	1,120	1,493	1,867	2,240	2,613	2,987
25		1,167	1,400	1,867	2,333	2,800	3,267	3,733
30			1,680	2,240	2,800	3,360	3,920	4,480
40				2,987	3,733	4,480	5,227	5,973
50					4,667	5,600	6,533	7,467
60						6,720	7,840	8,960
70							9,147	10,45
80								11,95

D	
20	0,586
25	0,916
30	1,319
40	2,346
50	3,665
60	5,278
70	7,184
80	9,383

D \ r_i/r_a	0,9	0,7
20	0,111	0,299
25	0,174	0,467
30	0,251	0,673
40	0,446	1,196
50	0,696	1,869
60	1,003	2,692
70	1,365	3,664
80	1,783	4,785

LC 12/13 – LC 50/55

Stahlanteil F_{sd} (in MN)

BSt 500

d\n	4	6	8	10	12	14	16	18	20
12	0,197	0,295	0,393	0,492	0,590	0,688	0,787	0,885	0,983
14	0,268	0,402	0,535	0,669	0,803	0,937	1,071	1,205	1,339
16	0,350	0,525	0,699	0,874	1,049	1,224	1,399	1,574	1,748
20	0,546	0,820	1,093	1,366	1,639	1,912	2,185	2,459	2,732
25	0,854	1,281	1,707	2,134	2,561	2,988	3,415	3,842	4,268
28	1,071	1,606	2,142	2,677	3,213	3,748	4,283	4,819	5,354

Abminderungsfaktor β

Beton	β
LC 25/28	0,969
LC 30/33	0,963
LC 35/38	0,957

Gesamttragfähigkeit

$$|N_{Rd}| = F_{cd} + \beta \cdot F_{sd} \approx F_{cd} + F_{sd}$$

Aufnehmbare Längsdruckkraft $|N_{Rd}|$ für LC 25/28, LC 30/33 und LC 35/38 (mit $\alpha = 0,80$) **und BSt 500 S**

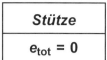

Stütze
$e_{tot} = 0$

Betonanteil F_{cd} (in MN)

LC 40/44

Rechteck

h\b	20	25	30	40	50	60	70	80
20	0,853	1,067	1,280	1,707	2,133	2,560	2,987	3,413
25		1,333	1,600	2,133	2,667	3,200	3,733	4,267
30			1,920	2,560	3,200	3,840	4,480	5,120
40				3,413	4,267	5,120	5,973	6,827
50					5,333	6,400	7,467	8,533
60						7,680	8,960	10,24
70							10,45	11,95
80								13,65

Kreis

D	
20	0,670
25	1,047
30	1,508
40	2,681
50	4,189
60	6,032
70	8,210
80	10,72

Kreisring

D \ r_i/r_a	0,9	0,7
20	0,117	0,342
25	0,199	0,534
30	0,287	0,769
40	0,509	1,367
50	0,796	2,136
60	1,146	3,076
70	1,560	4,187
80	2,037	5,469

LC 45/50

h\b	20	25	30	40	50	60	70	80
20	0,960	1,200	1,440	1,920	2,400	2,880	3,360	3,840
25		1,500	1,800	2,400	3,000	3,600	4,200	4,800
30			2,160	2,880	3,600	4,320	5,040	5,760
40				3,840	4,800	5,760	6,720	7,680
50					6,000	7,200	8,400	9,600
60						8,640	10,08	11,52
70							11,76	13,44
80								15,36

D	
20	0,754
25	1,178
30	1,696
40	3,016
50	4,712
60	6,786
70	9,236
80	12,06

D \ r_i/r_a	0,9	0,7
20	0,143	0,385
25	0,224	0,601
30	0,322	0,865
40	0,573	1,538
50	0,895	2,403
60	1,289	3,461
70	1,755	4,711
80	2,292	6,152

LC 50/55

h\b	20	25	30	40	50	60	70	80
20	1,067	1,333	1,600	2,133	2,667	3,200	3,733	4,267
25		1,667	2,000	2,667	3,333	4,000	4,667	5,333
30			2,400	3,200	4,000	4,800	5,600	6,400
40				4,267	5,333	6,400	7,467	8,533
50					6,667	8,000	9,333	10,67
60						9,600	11,20	12,80
70							13,07	14,93
80								17,07

D	
20	0,838
25	1,309
30	1,885
40	3,351
50	5,236
60	7,540
70	10,26
80	13,40

D \ r_i/r_a	0,9	0,7
20	0,159	0,427
25	0,249	0,668
30	0,358	0,961
40	0,637	1,709
50	0,995	2,670
60	1,433	3,845
70	1,950	5,234
80	2,547	6,836

Stahlanteil F_{sd} (in MN)

BSt 500

d\n	4	6	8	10	12	14	16	18	20
12	0,197	0,295	0,393	0,492	0,590	0,688	0,787	0,885	0,983
14	0,268	0,402	0,535	0,669	0,803	0,937	1,071	1,205	1,339
16	0,350	0,525	0,699	0,874	1,049	1,224	1,399	1,574	1,748
20	0,546	0,820	1,093	1,366	1,639	1,912	2,185	2,459	2,732
25	0,854	1,281	1,707	2,134	2,561	2,988	3,415	3,842	4,268
28	1,071	1,606	2,142	2,677	3,213	3,748	4,283	4,819	5,354

Abminderungsfaktor β

Beton	β
LC 40/44	0,951
LC 45/50	0,945
LC 50/55	0,939

Gesamttragfähigkeit

$$|N_{Rd}| = F_{cd} + \beta \cdot F_{sd} \approx F_{cd} + F_{sd}$$

Aufnehmbare Längsdruckkraft $|N_{Rd}|$ für LC 40/44, LC 45/50 und LC 50/55 (mit $\alpha = 0,80$) **und BSt 500 S**

LC 12/13 – LC 50/55

427

Tafel 8.2a / LC12–LC50

$$LC\ 12/13 - LC\ 50/55$$
$$\varrho = 1000\ kg/m^3$$
$$d_1/h = 0,10$$

Top left diagram:
- Axis: ν_{Ed} (vertical), μ_{Ed1} (horizontal)
- $e/h \leq 0,1$
- $\varepsilon_{c2}/\varepsilon_{c1} = -2,0/-2,0$
- $\varepsilon_{c2}/\varepsilon_{c1} = -2,11/-1,4$
- $\varepsilon_{c2}/\varepsilon_{c1} = -2,23/-0,7$
- $\varepsilon_{c2}/\varepsilon_{c1} = -2,35/0,0$
- $\varepsilon_{c2}/\varepsilon_{s1} = -2,35/0,0$
- $\varepsilon_{c2}/\varepsilon_{s1} = -2,35/0,5$
- $\varepsilon_{c2}/\varepsilon_{s1} = -2,35/1,0$
- $\varepsilon_{c2}/\varepsilon_{s1} = -2,35/1,5$
- $\varepsilon_{c2}/\varepsilon_{s1} = -2,35/2,0$
- $\varepsilon_{c2}/\varepsilon_{s1} = -2,35/2,17$
- $\omega_{tot} = 2,0;\ 1,5;\ 1,0;\ 0,5;\ 0,0$
- $\lambda = 25$ $(l_0/h = 7,2)$

Top right diagram:
- $\lambda = 40$ $(l_0/h = 11,5)$

Bottom left diagram:
- $\lambda = 50$ $(l_0/h = 14,4)$

Bottom right diagram:
- $\lambda = 60$ $(l_0/h = 17,3)$

Bemessungsdiagramm nach dem Modellstützenverfahren

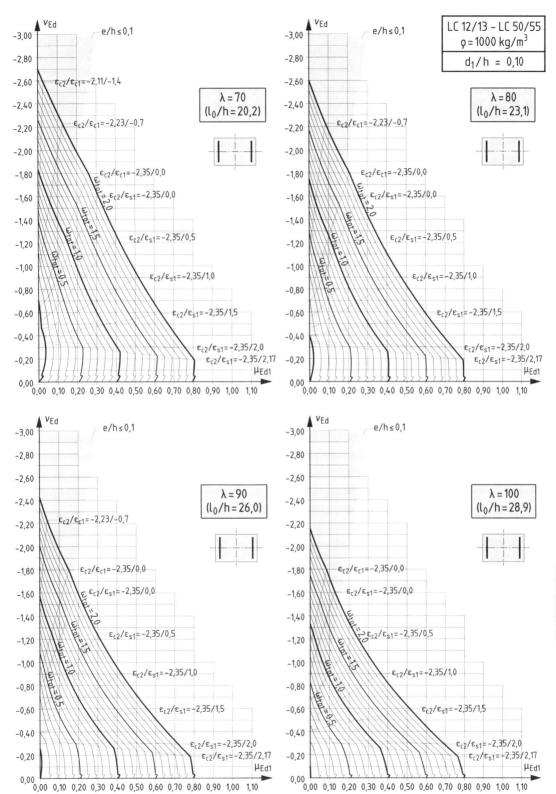

Bemessungsdiagramm nach dem Modellstützenverfahren

Tafel 8.2c / LC12–LC50

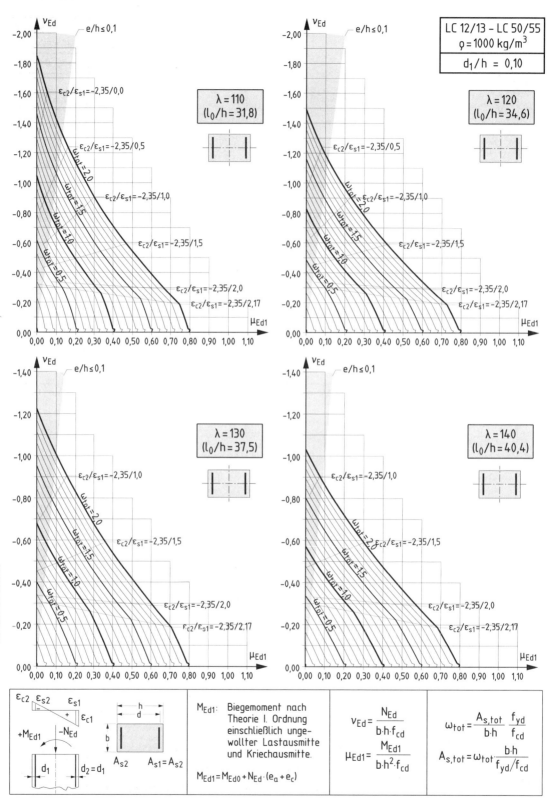

LC 12/13 – LC 50/55
$\varrho = 1000 \ kg/m^3$
$d_1/h = 0{,}10$

$\lambda = 110$
$(l_0/h = 31{,}8)$

$\lambda = 120$
$(l_0/h = 34{,}6)$

$\lambda = 130$
$(l_0/h = 37{,}5)$

$\lambda = 140$
$(l_0/h = 40{,}4)$

M_{Ed1}: Biegemoment nach Theorie I. Ordnung einschließlich ungewollter Lastausmitte und Kriechausmitte.

$M_{Ed1} = M_{Ed0} + N_{Ed} \cdot (e_a + e_c)$

$$\nu_{Ed} = \frac{N_{Ed}}{b \cdot h \cdot f_{cd}}$$

$$\mu_{Ed1} = \frac{M_{Ed1}}{b \cdot h^2 \cdot f_{cd}}$$

$$\omega_{tot} = \frac{A_{s,tot}}{b \cdot h} \cdot \frac{f_{yd}}{f_{cd}}$$

$$A_{s,tot} = \omega_{tot} \cdot \frac{b \cdot h}{f_{yd}/f_{cd}}$$

Bemessungsdiagramm nach dem Modellstützenverfahren

LC 12/13 – LC 50/55

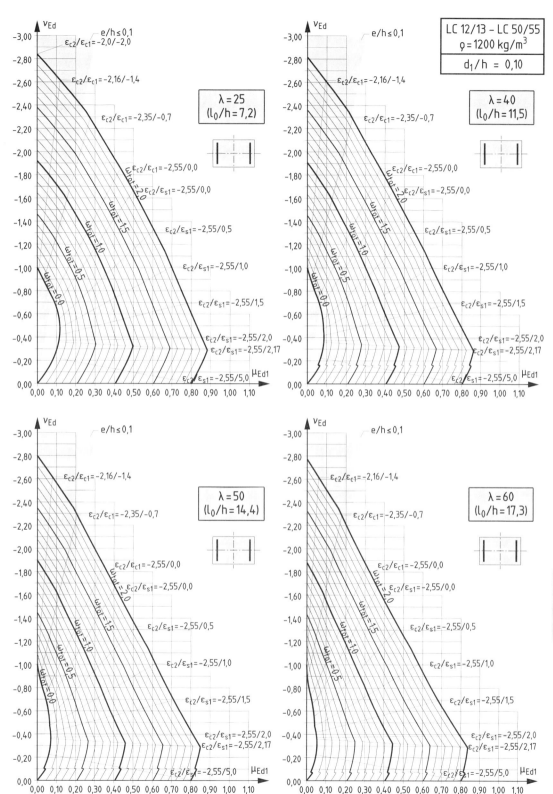

Bemessungsdiagramm nach dem Modellstützenverfahren

Tafel 8.2e / LC12–LC50

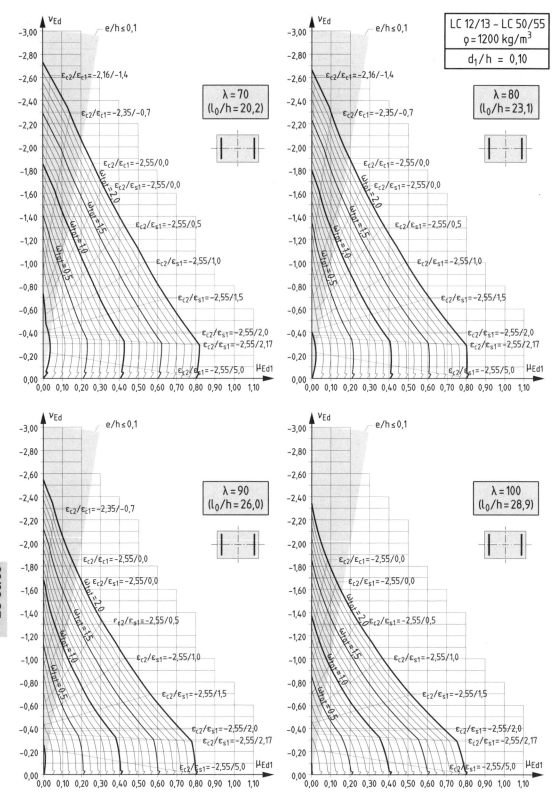

Bemessungsdiagramm nach dem Modellstützenverfahren

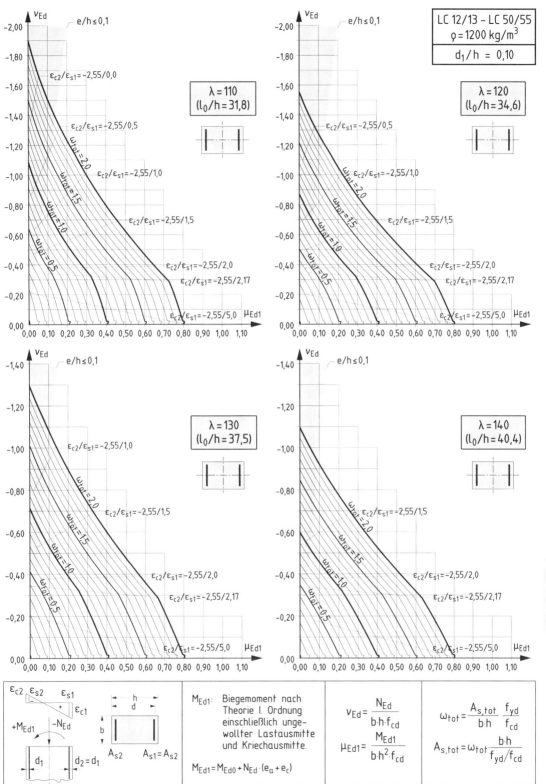

M_{Ed1}: Biegemoment nach Theorie I. Ordnung einschließlich ungewollter Lastausmitte und Kriechausmitte.

$$M_{Ed1} = M_{Ed0} + N_{Ed} \cdot (e_a + e_c)$$

$$v_{Ed} = \frac{N_{Ed}}{b \cdot h \cdot f_{cd}}$$

$$\mu_{Ed1} = \frac{M_{Ed1}}{b \cdot h^2 \cdot f_{cd}}$$

$$\omega_{tot} = \frac{A_{s,tot}}{b \cdot h} \cdot \frac{f_{yd}}{f_{cd}}$$

$$A_{s,tot} = \omega_{tot} \cdot \frac{b \cdot h}{f_{yd}/f_{cd}}$$

Bemessungsdiagramm nach dem Modellstützenverfahren

Tafel 8.2g / LC12–LC50

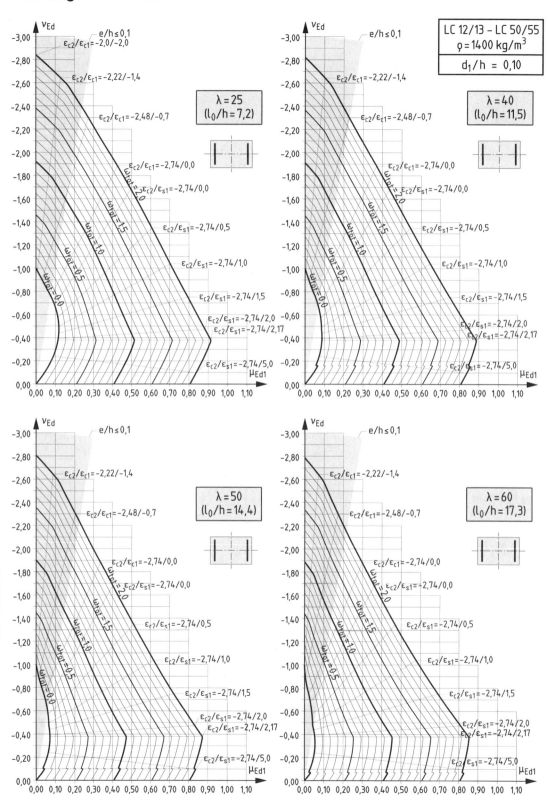

Bemessungsdiagramm nach dem Modellstützenverfahren

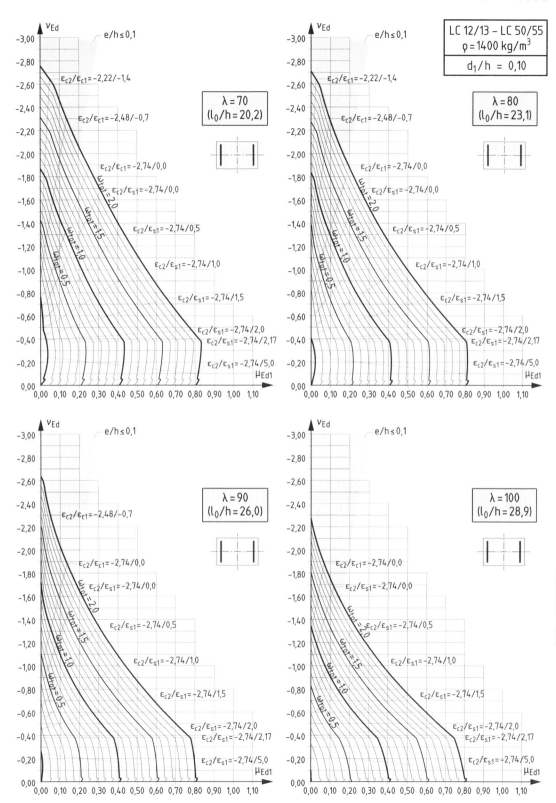

Bemessungsdiagramm nach dem Modellstützenverfahren

Tafel 8.2i / LC12–LC50

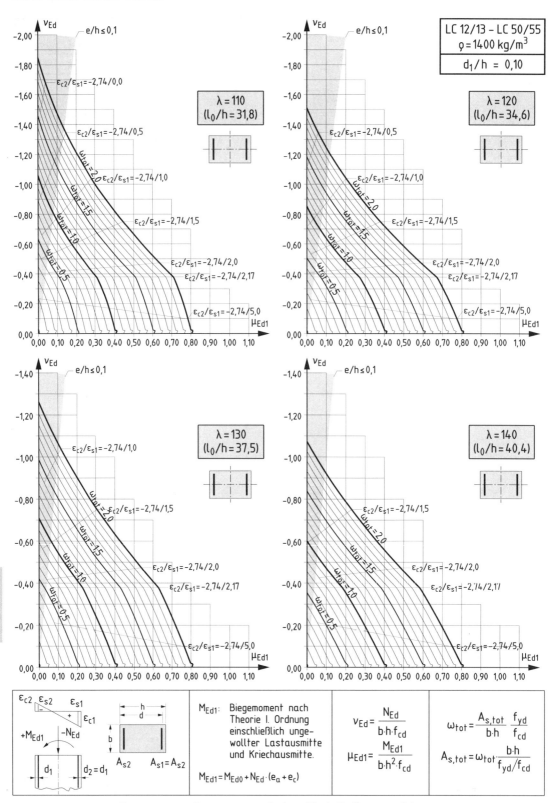

Bemessungsdiagramm nach dem Modellstützenverfahren

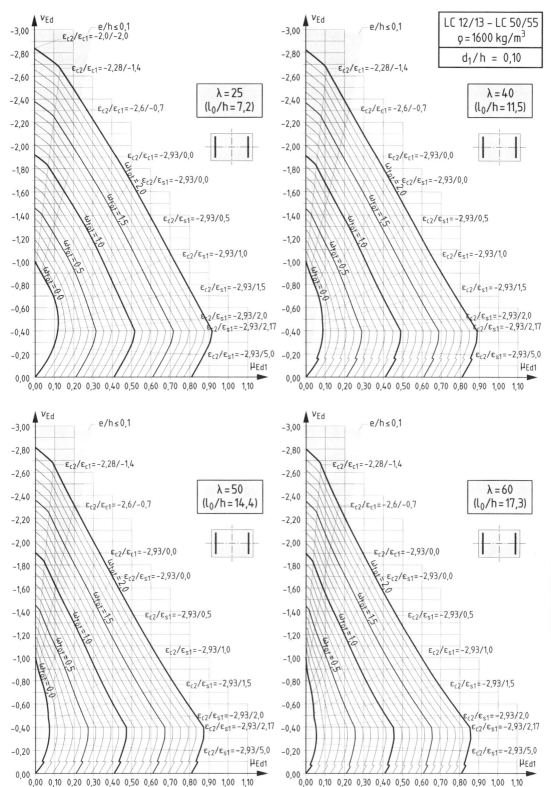

Bemessungsdiagramm nach dem Modellstützenverfahren

Tafel 8.2k / LC12–LC50

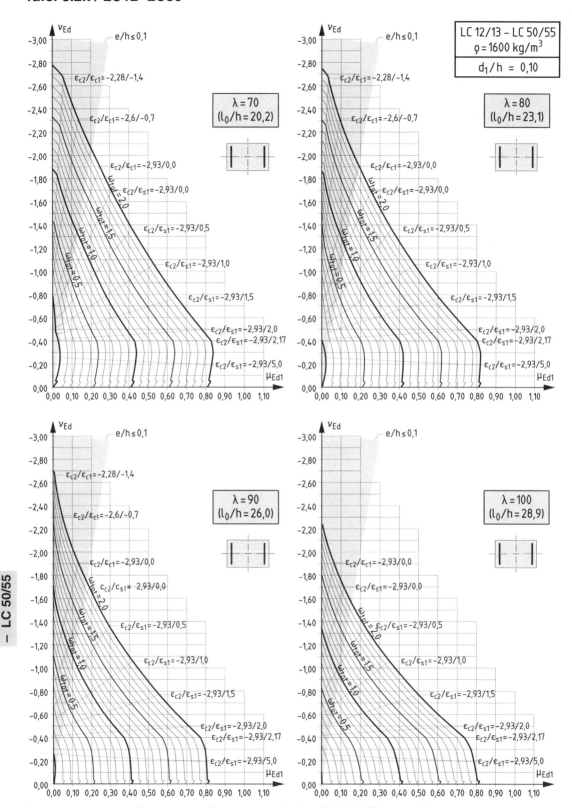

Bemessungsdiagramm nach dem Modellstützenverfahren

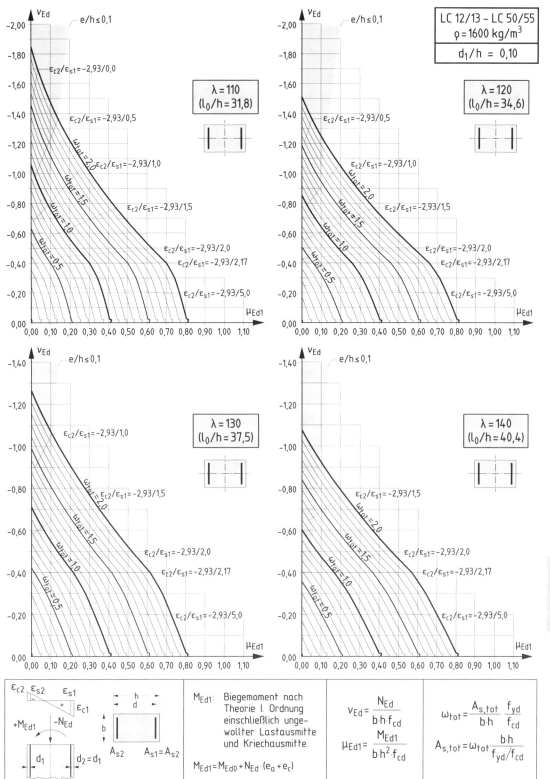

Bemessungsdiagramm nach dem Modellstützenverfahren

Tafel 8.2m / LC12–LC50

LC 12/13 – LC 50/55
$\varrho = 1800 \text{ kg/m}^3$
$d_1/h = 0,10$

$\lambda = 25$
$(l_0/h = 7,2)$

$\lambda = 40$
$(l_0/h = 11,5)$

$\lambda = 50$
$(l_0/h = 14,4)$

$\lambda = 60$
$(l_0/h = 17,3)$

Bemessungsdiagramm nach dem Modellstützenverfahren

440

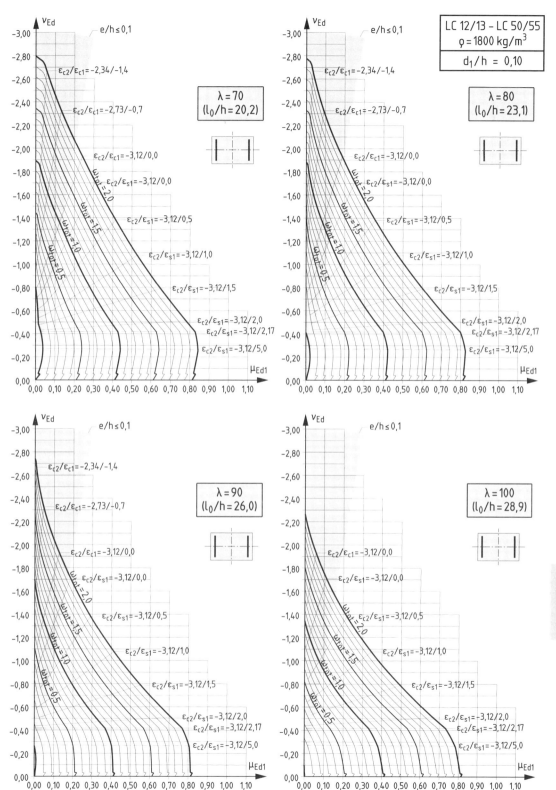

Bemessungsdiagramm nach dem Modellstützenverfahren

Tafel 8.2o / LC12–LC50

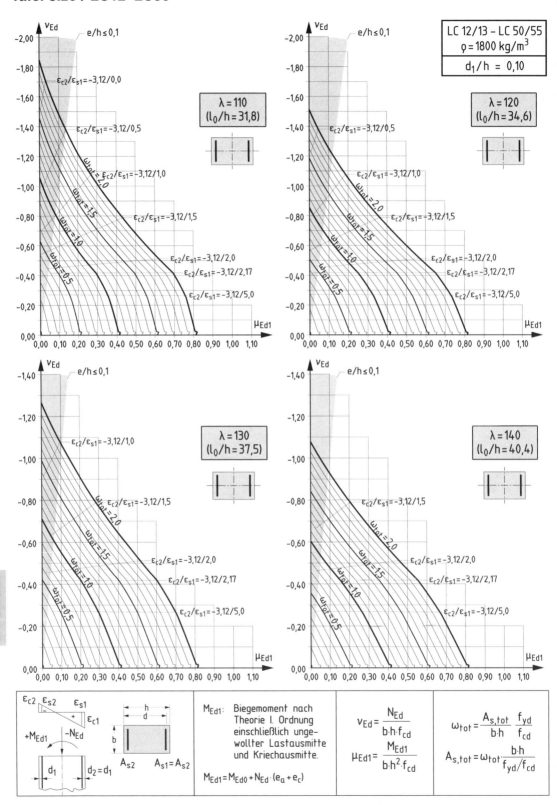

Bemessungsdiagramm nach dem Modellstützenverfahren

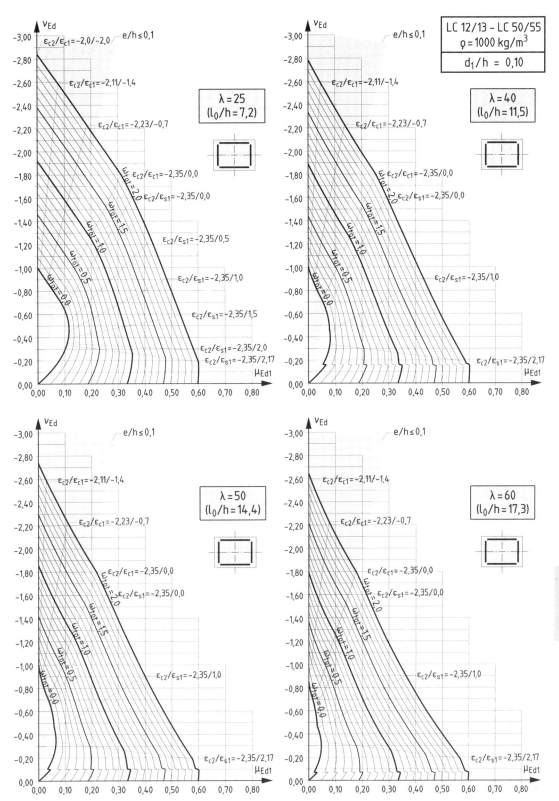

Bemessungsdiagramm nach dem Modellstützenverfahren

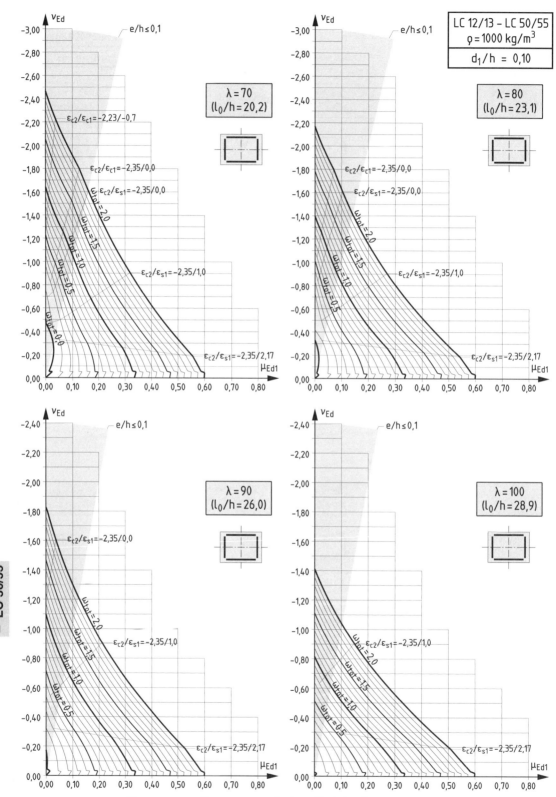

Bemessungsdiagramm nach dem Modellstützenverfahren

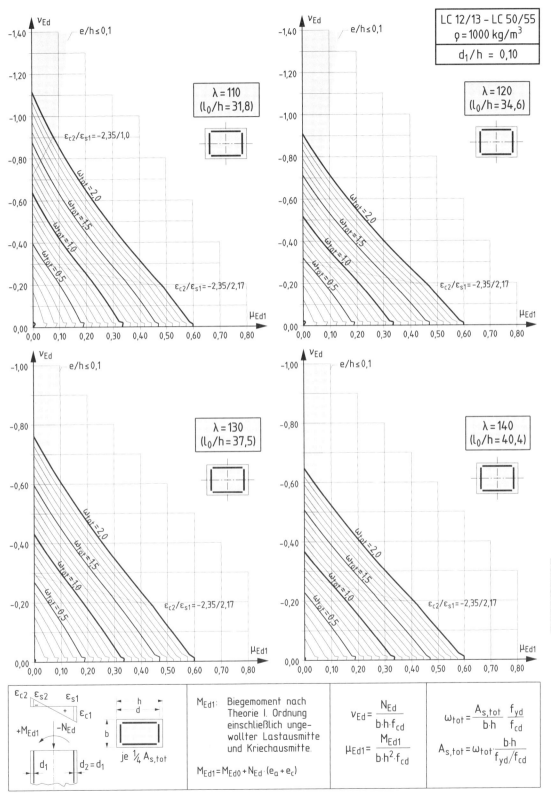

Bemessungsdiagramm nach dem Modellstützenverfahren

Tafel 8.3d / LC12–LC50

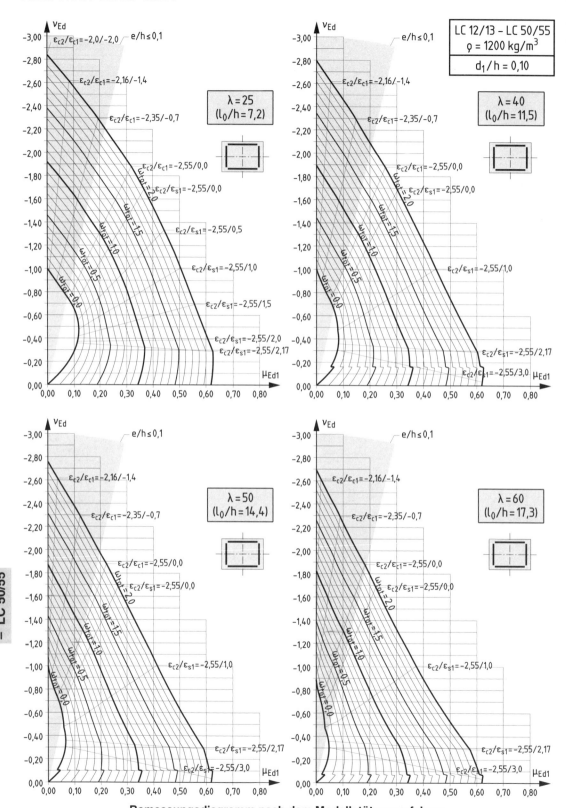

Bemessungsdiagramm nach dem Modellstützenverfahren

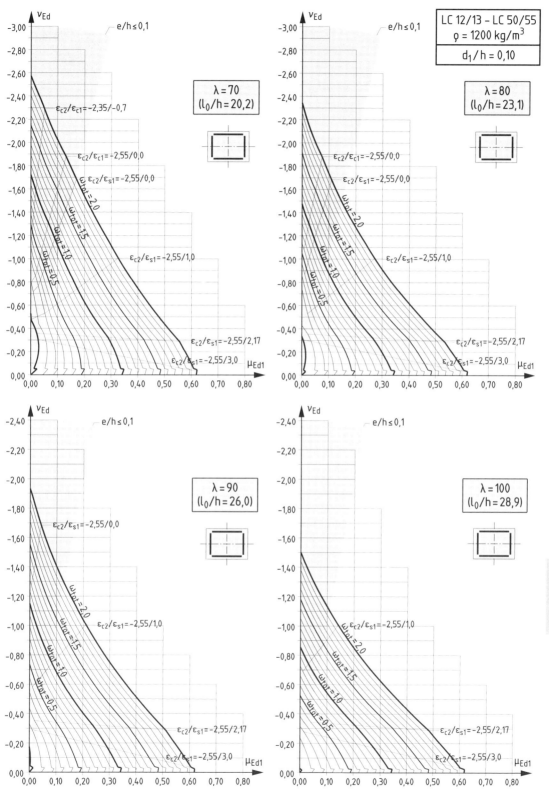

Bemessungsdiagramm nach dem Modellstützenverfahren

Tafel 8.3f / LC12–LC50

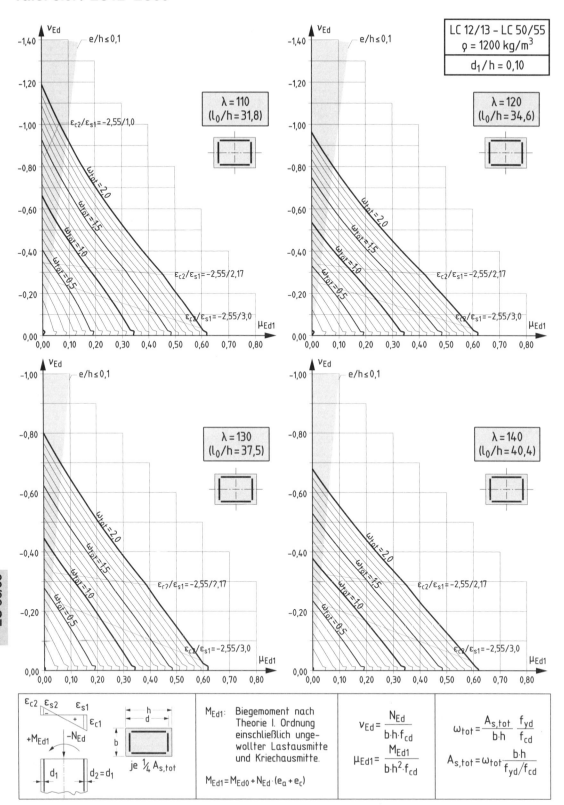

LC 12/13 - LC 50/55
$\varrho = 1200 \text{ kg/m}^3$
$d_1/h = 0{,}10$

$\lambda = 110$ ($l_0/h = 31{,}8$)

$\lambda = 120$ ($l_0/h = 34{,}6$)

$\lambda = 130$ ($l_0/h = 37{,}5$)

$\lambda = 140$ ($l_0/h = 40{,}4$)

M_{Ed1}: Biegemoment nach Theorie I. Ordnung einschließlich ungewollter Lastausmitte und Kriechausmitte.

$M_{Ed1} = M_{Ed0} + N_{Ed} \cdot (e_a + e_c)$

$$\nu_{Ed} = \frac{N_{Ed}}{b \cdot h \cdot f_{cd}}$$

$$\mu_{Ed1} = \frac{M_{Ed1}}{b \cdot h^2 \cdot f_{cd}}$$

$$\omega_{tot} = \frac{A_{s,tot}}{b \cdot h} \frac{f_{yd}}{f_{cd}}$$

$$A_{s,tot} = \omega_{tot} \frac{b \cdot h}{f_{yd}/f_{cd}}$$

je ¼ $A_{s,tot}$

Bemessungsdiagramm nach dem Modellstützenverfahren

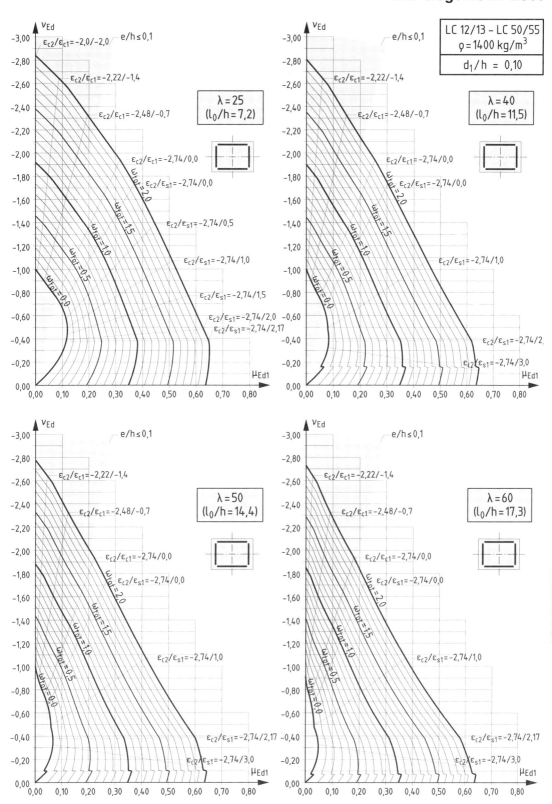

Bemessungsdiagramm nach dem Modellstützenverfahren

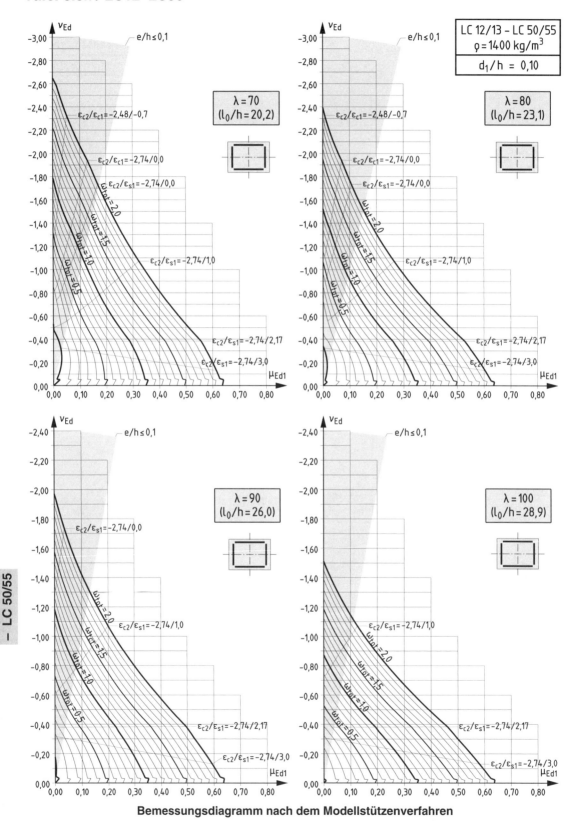

Bemessungsdiagramm nach dem Modellstützenverfahren

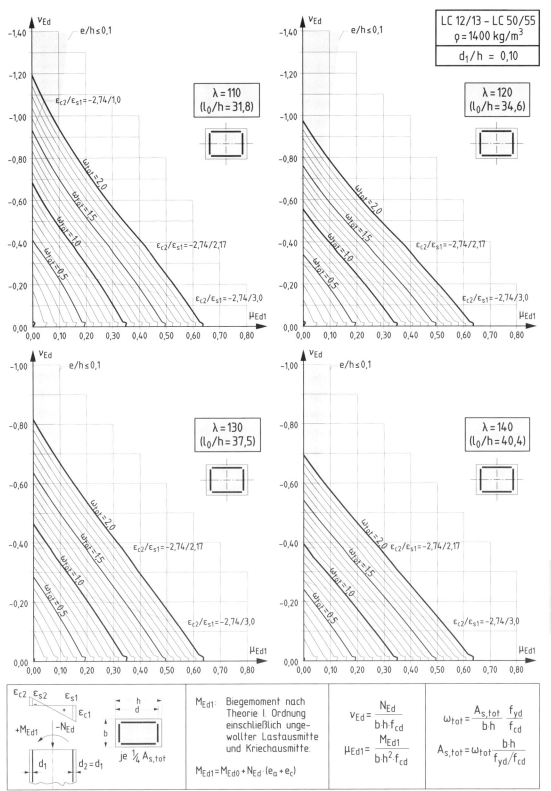

Bemessungsdiagramm nach dem Modellstützenverfahren

Tafel 8.3j / LC12–LC50

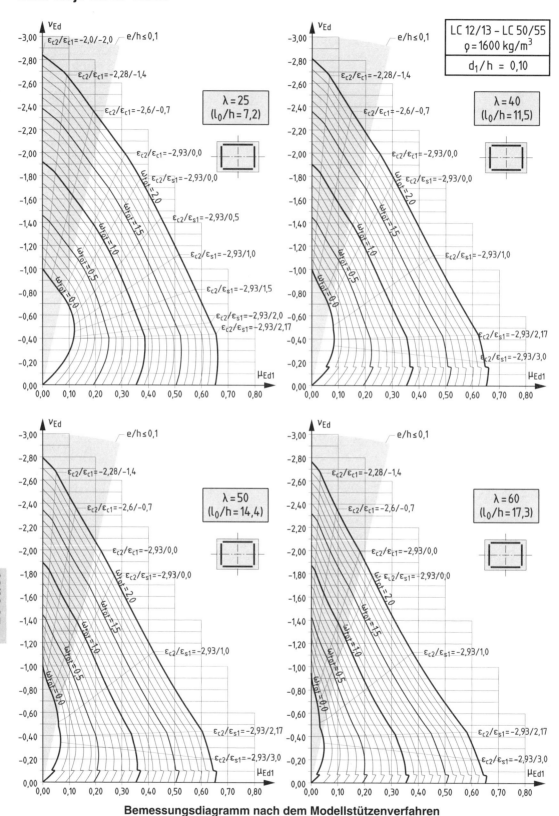

Bemessungsdiagramm nach dem Modellstützenverfahren

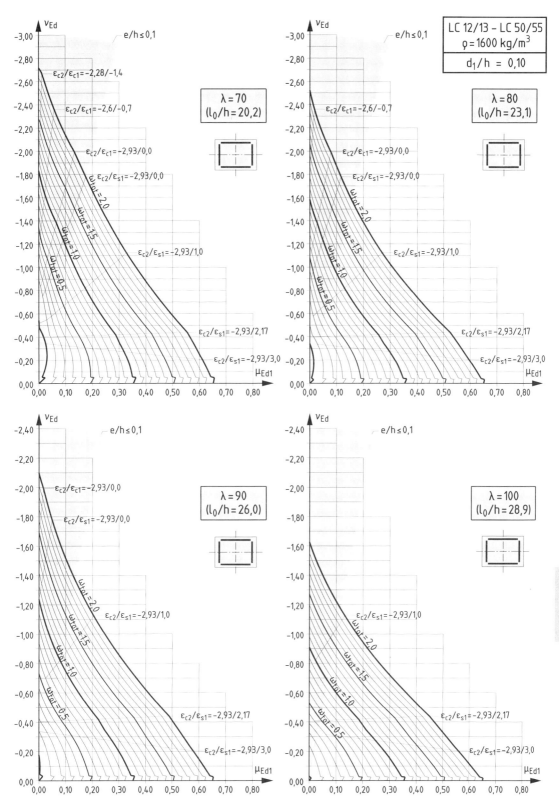

Bemessungsdiagramm nach dem Modellstützenverfahren

Tafel 8.3l / LC12–LC50

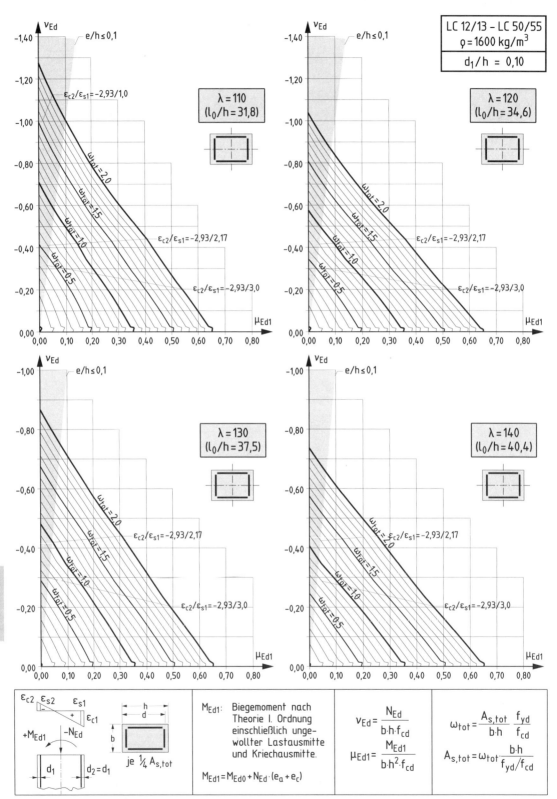

LC 12/13 – LC 50/55
$\varrho = 1600 \, kg/m^3$
$d_1/h = 0,10$

$\lambda = 110$
$(l_0/h = 31,8)$

$\lambda = 120$
$(l_0/h = 34,6)$

$\lambda = 130$
$(l_0/h = 37,5)$

$\lambda = 140$
$(l_0/h = 40,4)$

$e/h \leq 0,1$

$\varepsilon_{c2}/\varepsilon_{s1} = -2,93/1,0$

$\varepsilon_{c2}/\varepsilon_{s1} = -2,93/2,17$

$\varepsilon_{c2}/\varepsilon_{s1} = -2,93/3,0$

$\omega_{tot} = 2,0$

$\omega_{tot} = 1,5$

$\omega_{tot} = 1,0$

$\omega_{tot} = 0,5$

LC 12/13 – LC 50/55

je $\frac{1}{4} A_{s,tot}$

M_{Ed1}: Biegemoment nach Theorie I. Ordnung einschließlich unge-wollter Lastausmitte und Kriechausmitte.

$M_{Ed1} = M_{Ed0} + N_{Ed} \cdot (e_a + e_c)$

$$\nu_{Ed} = \frac{N_{Ed}}{b \cdot h \cdot f_{cd}}$$

$$\mu_{Ed1} = \frac{M_{Ed1}}{b \cdot h^2 \cdot f_{cd}}$$

$$\omega_{tot} = \frac{A_{s,tot}}{b \cdot h} \cdot \frac{f_{yd}}{f_{cd}}$$

$$A_{s,tot} = \omega_{tot} \cdot \frac{b \cdot h}{f_{yd}/f_{cd}}$$

Bemessungsdiagramm nach dem Modellstützenverfahren

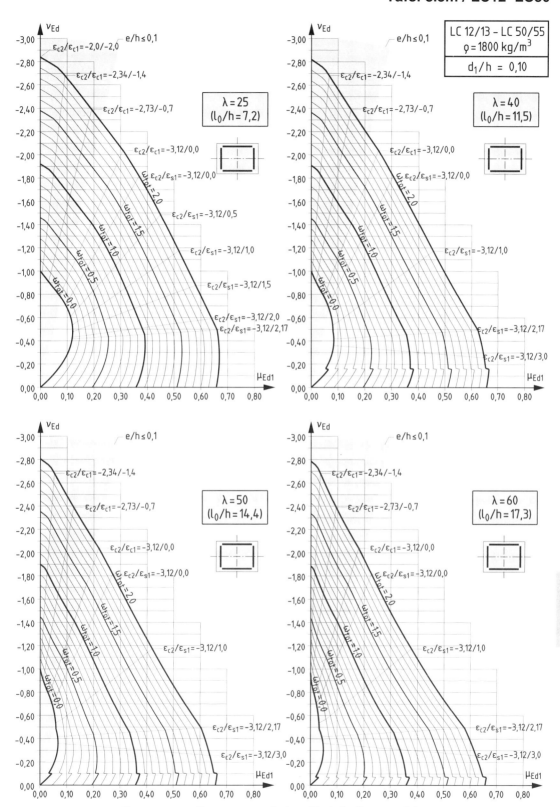

Bemessungsdiagramm nach dem Modellstützenverfahren

Tafel 8.3n / LC12–LC50

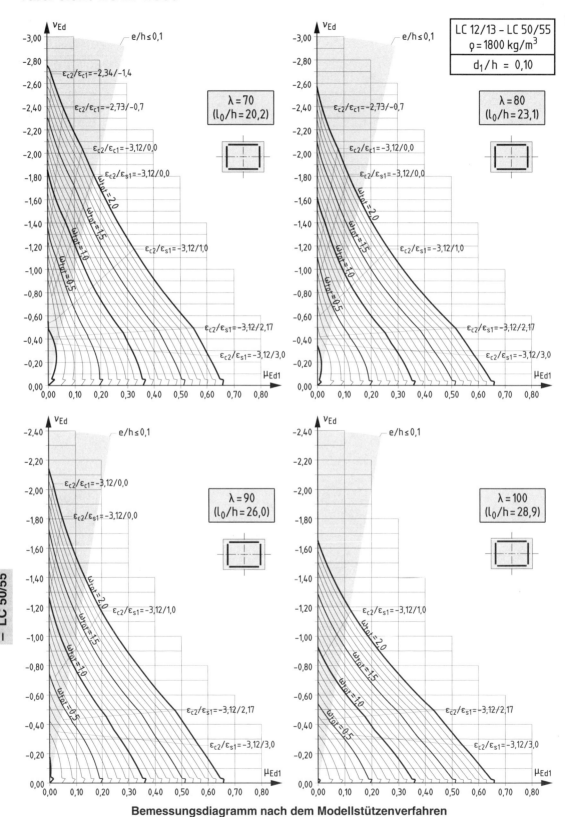

Bemessungsdiagramm nach dem Modellstützenverfahren

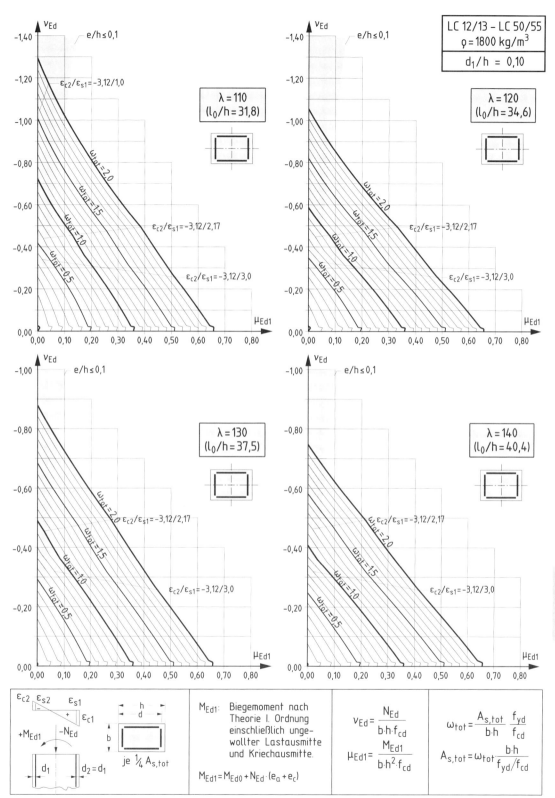

Bemessungsdiagramm nach dem Modellstützenverfahren

Bemessungstafeln LC 55/60

Darstellung	Beschreibung		Tafel	Seite
	Allgemeines Bemessungsdiagramm	$\rho = 1400$ kg/m³	1a / LC12–LC50	461
		$\rho = 1600$ kg/m³	1b / LC12–LC50	462
		$\rho = 1800$ kg/m³	1c / LC12–LC50	463
	μ_s-Tafeln	$\rho = 1400$ kg/m³	3.1a / LC12–LC50	464
		$\rho = 1600$ kg/m³	3.2a / LC12–LC50	467
		$\rho = 1800$ kg/m³	3.3a / LC12–LC50	470
	Interaktionsdiagramme zur Biegebemessung beidseitig symmetrisch bewehrter Rechteckquerschnitte			
	$d_1/h = 0{,}10$	$\rho = 1400$ kg/m³	6.1a / LC12–LC50	473
		$\rho = 1600$ kg/m³	6.1c / LC12–LC50	475
	$d_1/h = 0{,}20$	$\rho = 1800$ kg/m³	6.1e / LC12–LC50	477
	Interaktionsdiagramme zur Biegebemessung allseitig symmetrisch bewehrter Rechteckquerschnitte			
	$d_1/h = 0{,}10$	$\rho = 1400$ kg/m³	6.2a / LC12–LC50	479
		$\rho = 1600$ kg/m³	6.2c / LC12–LC50	481
	$d_1/h = 0{,}20$	$\rho = 1800$ kg/m³	6.2e / LC12–LC50	483

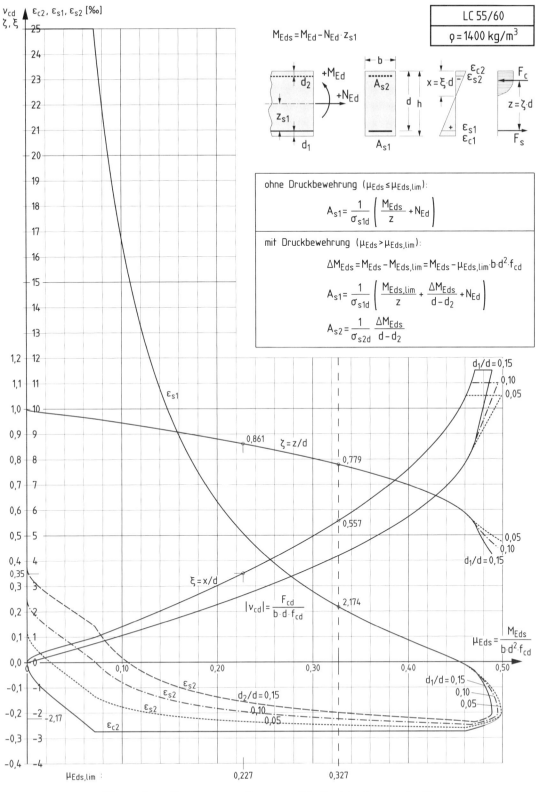

$$M_{Eds} = M_{Ed} - N_{Ed} \cdot z_{s1}$$

LC 55/60
$\varrho = 1400 \text{ kg/m}^3$

ohne Druckbewehrung ($\mu_{Eds} \leq \mu_{Eds,lim}$):

$$A_{s1} = \frac{1}{\sigma_{s1d}} \left(\frac{M_{Eds}}{z} + N_{Ed} \right)$$

mit Druckbewehrung ($\mu_{Eds} > \mu_{Eds,lim}$):

$$\Delta M_{Eds} = M_{Eds} - M_{Eds,lim} = M_{Eds} - \mu_{Eds,lim} \cdot b \cdot d^2 \cdot f_{cd}$$

$$A_{s1} = \frac{1}{\sigma_{s1d}} \left(\frac{M_{Eds,lim}}{z} + \frac{\Delta M_{Eds}}{d - d_2} + N_{Ed} \right)$$

$$A_{s2} = \frac{1}{\sigma_{s2d}} \frac{\Delta M_{Eds}}{d - d_2}$$

LC 55/60

Allgemeines Bemessungsdiagramm für Rechteckquerschnitte

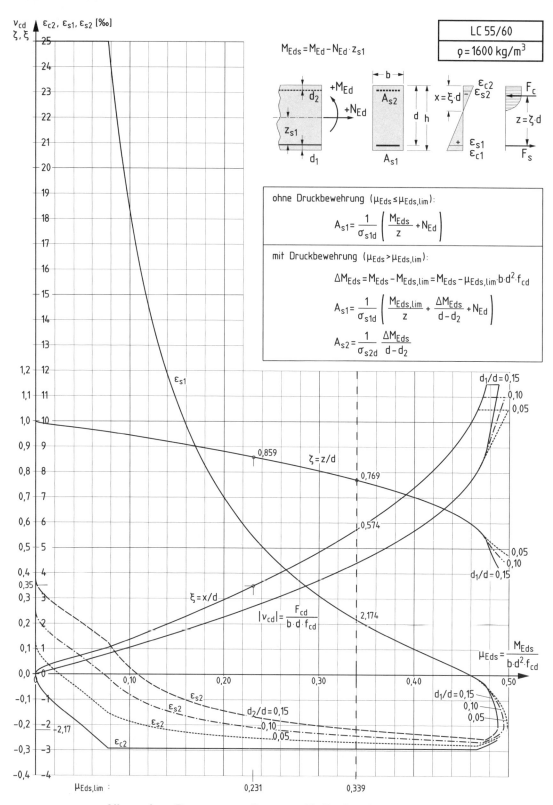

Allgemeines Bemessungsdiagramm für Rechteckquerschnitte

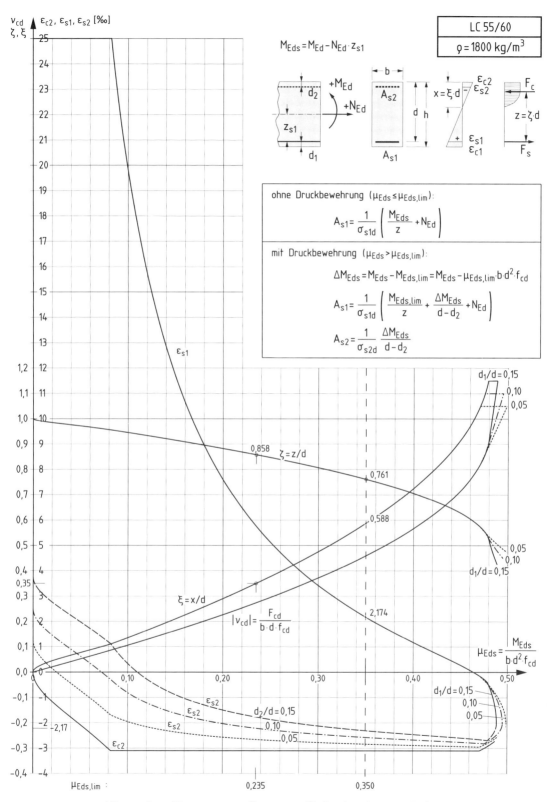

Allgemeines Bemessungsdiagramm für Rechteckquerschnitte

Tafel 3.1a / LC55

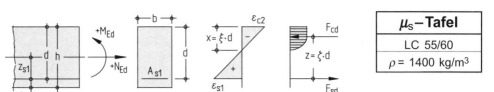

$$\mu_{Eds} = \frac{M_{Eds}}{b \cdot d^2 \cdot f_{cd}}$$

mit $M_{Eds} = M_{Ed} - N_{Ed} \cdot z_{s1}$

$f_{cd} = \alpha \cdot f_{ck}/\gamma_c$ (i. Allg. gilt $\alpha = 0{,}80$)

μ_{Eds}	ω	$\xi = \dfrac{x}{d}$	$\zeta = \dfrac{z}{d}$	ε_{c2} in ‰	ε_{s1} in ‰	σ_{sd}[1] in MPa BSt 500	σ_{sd}*[2] in MPa BSt 500
0,01	0,0101	0,030	0,990	−0,78	25,00	435	457
0,02	0,0203	0,044	0,984	−1,15	25,00	435	457
0,03	0,0306	0,056	0,980	−1,47	25,00	435	457
0,04	0,0410	0,066	0,976	−1,77	25,00	435	457
0,05	0,0515	0,076	0,971	−2,07	25,00	435	457
0,06	0,0621	0,087	0,966	−2,38	25,00	435	457
0,07	0,0728	0,097	0,962	−2,69	25,00	435	457
0,08	0,0837	0,111	0,956	−2,74	21,87	435	454
0,09	0,0947	0,126	0,950	−2,74	19,01	435	451
0,10	0,1059	0,141	0,944	−2,74	16,71	435	449
0,11	0,1172	0,156	0,938	−2,74	14,83	435	447
0,12	0,1287	0,171	0,932	−2,74	13,26	435	445
0,13	0,1404	0,187	0,926	−2,74	11,94	435	444
0,14	0,1522	0,202	0,920	−2,74	10,80	435	443
0,15	0,1642	0,218	0,913	−2,74	9,81	435	442
0,16	0,1764	0,234	0,907	−2,74	8,94	435	441
0,17	0,1888	0,251	0,901	−2,74	8,17	435	441
0,18	0,2014	0,268	0,894	−2,74	7,49	435	440
0,19	0,2142	0,285	0,887	−2,74	6,88	435	439
0,20	0,2272	0,302	0,880	−2,74	6,33	435	439
0,21	0,2405	0,319	0,873	−2,74	5,83	435	438
0,22	0,2540	0,337	0,866	−2,74	5,37	435	438
0,23	0,2678	0,356	0,859	−2,74	4,96	435	437
0,24	0,2819	0,374	0,851	−2,74	4,57	435	437
0,25	0,2962	0,394	0,844	−2,74	4,22	435	437
0,26	0,3110	0,413	0,836	−2,74	3,89	435	436
0,27	0,3260	0,433	0,828	−2,74	3,58	435	436
0,28	0,3414	0,454	0,820	−2,74	3,30	435	436
0,29	0,3573	0,475	0,812	−2,74	3,03	435	436
0,30	0,3735	0,496	0,803	−2,74	2,78	435	435
0,31	0,3903	0,518	0,794	−2,74	2,54	435	435
0,32	0,4075	0,541	0,785	−2,74	2,32	435	435
0,33	0,4253	0,565	0,776	−2,74	2,11	421	421
0,34	0,4438	0,590	0,766	−2,74	1,91	381	381
0,35	0,4629	0,615	0,756	−2,74	1,71	343	343
0,36	0,4829	0,642	0,746	−2,74	1,53	306	306
0,37	0,5037	0,669	0,735	−2,74	1,35	271	271
0,38	0,5256	0,698	0,723	−2,74	1,18	237	237
0,39	0,5486	0,729	0,711	−2,74	1,02	204	204
0,40	0,5731	0,761	0,698	−2,74	0,86	172	172

unwirtschaftlicher Bereich

[1] Begrenzung der Stahlspannung auf $f_{yd} = f_{yk} / \gamma_s$ (horizontaler Ast der σ-ε-Linie)
[2] Begrenzung der Stahlspannung auf $f_{td,cal} = f_{tk,cal} / \gamma_s$ (geneigter Ast der σ-ε-Linie)

$$A_{s1} = \frac{1}{\sigma_{sd}} (\omega \cdot b \cdot d \cdot f_{cd} + N_{Ed})$$

Bemessungstafel (μ_s-Tafel) für Rechteckquerschnitte ohne Druckbewehrung

(Leichtbeton LC 55/60, Rohdichte $\rho = 1400$ kg/m³; Betonstahl BSt 500 und $\gamma_s = 1{,}15$)

LC 55/60

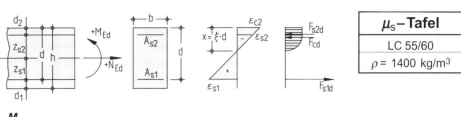

	μ_s–Tafel
	LC 55/60
	$\rho = 1400$ kg/m^3

$$\mu_{Eds} = \frac{M_{Eds}}{b \cdot d^2 \cdot f_{cd}}$$

mit $M_{Eds} = M_{Ed} - N_{Ed} \cdot z_{s1}$

$f_{cd} = \alpha \cdot f_{ck}/\gamma_c$ (i. Allg. gilt $\alpha = 0{,}80$)

$\xi = 0{,}35$

d_2/d	0,05		0,10		0,15		0,20	
$\varepsilon_{s1}/\varepsilon_{s2}$	5,08 ‰	−2,35 ‰	5,08 ‰	−1,95 ‰	5,08 ‰	−1,56 ‰	5,08 ‰	−1,17 ‰
μ_{Eds}	ω_1	ω_2	ω_1	ω_2	ω_1	ω_2	ω_1	ω_2
0,23	0,267	0,003	0,267	0,004	0,267	0,005	0,267	0,007
0,24	0,277	0,014	0,278	0,016	0,279	0,021	0,280	0,030
0,25	0,288	0,024	0,289	0,029	0,291	0,038	0,292	0,054
0,26	0,298	0,035	0,300	0,041	0,302	0,054	0,305	0,077
0,27	0,309	0,045	0,311	0,053	0,314	0,071	0,317	0,100
0,28	0,319	0,056	0,322	0,066	0,326	0,087	0,330	0,123
0,29	0,330	0,066	0,334	0,078	0,338	0,103	0,342	0,146
0,30	0,340	0,077	0,345	0,090	0,349	0,120	0,355	0,169
0,31	0,351	0,088	0,356	0,103	0,361	0,136	0,367	0,193
0,32	0,361	0,098	0,367	0,115	0,373	0,152	0,380	0,216
0,33	0,372	0,109	0,378	0,127	0,385	0,169	0,392	0,239
0,34	0,383	0,119	0,389	0,140	0,397	0,185	0,405	0,262
0,35	0,393	0,130	0,400	0,152	0,408	0,201	0,417	0,285
0,36	0,404	0,140	0,411	0,165	0,420	0,218	0,430	0,308
0,37	0,414	0,151	0,422	0,177	0,432	0,234	0,442	0,332
0,38	0,425	0,161	0,434	0,189	0,444	0,250	0,455	0,355
0,39	0,435	0,172	0,445	0,202	0,455	0,267	0,467	0,378
0,40	0,446	0,182	0,456	0,214	0,467	0,283	0,480	0,401
0,41	0,456	0,193	0,467	0,226	0,479	0,300	0,492	0,424
0,42	0,467	0,203	0,478	0,239	0,491	0,316	0,505	0,448
0,43	0,477	0,214	0,489	0,251	0,502	0,332	0,517	0,471
0,44	0,488	0,224	0,500	0,263	0,514	0,349	0,530	0,494
0,45	0,498	0,235	0,511	0,276	0,526	0,365	0,542	0,517
0,46	0,509	0,245	0,522	0,288	0,538	0,381	0,555	0,540
0,47	0,519	0,256	0,534	0,300	0,549	0,398	0,567	0,563
0,48	0,530	0,266	0,545	0,313	0,561	0,414	0,580	0,587
0,49	0,540	0,277	0,556	0,325	0,573	0,430	0,592	0,610
0,50	0,551	0,287	0,567	0,338	0,585	0,447	0,605	0,633
0,51	0,561	0,298	0,578	0,350	0,597	0,463	0,617	0,656
0,52	0,572	0,309	0,589	0,362	0,608	0,479	0,630	0,679
0,53	0,583	0,319	0,600	0,375	0,620	0,496	0,642	0,702
0,54	0,593	0,330	0,611	0,387	0,632	0,512	0,655	0,726
0,55	0,604	0,340	0,622	0,399	0,644	0,529	0,667	0,749
0,56	0,614	0,351	0,634	0,412	0,655	0,545	0,680	0,772
0,57	0,625	0,361	0,645	0,424	0,667	0,561	0,692	0,795
0,58	0,635	0,372	0,656	0,436	0,679	0,578	0,705	0,818
0,59	0,646	0,382	0,667	0,449	0,691	0,594	0,717	0,841
0,60	0,656	0,393	0,678	0,461	0,702	0,610	0,730	0,865

$$A_{s1} = \frac{1}{f_{yd}} (\omega_1 \cdot b \cdot d \cdot f_{cd} + N_{Ed})$$

$$A_{s2} = \omega_2 \cdot b \cdot d \cdot \frac{f_{cd}}{f_{yd}}$$

(Wegen der erf. Erhöhung von A_{s2} – Berücksichtigung der Nettofläche der Betondruckzone – wird auf „Einführung", Abschn. 6.1.6, Bild 12 verwiesen.)

Bemessungstafel (μ_s-Tafel) für Rechteckquerschnitte mit Druckbewehrung; $\xi_{lim} = 0{,}35$
(Leichtbeton LC 55/60, Rohdichte $\rho = 1400$ kg/m^3; Betonstahl BSt 500 und $\gamma_s = 1{,}15$)

Tafel 3.1c / LC55

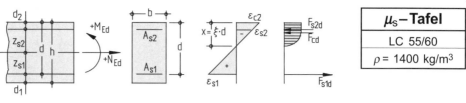

$$\mu_{Eds} = \frac{M_{Eds}}{b \cdot d^2 \cdot f_{cd}}$$

mit $M_{Eds} = M_{Ed} - N_{Ed} \cdot z_{s1}$
$f_{cd} = \alpha \cdot f_{ck}/\gamma_c$ (i. Allg. gilt $\alpha = 0,80$)

$\xi = 0,557$

| d_2/d | 0,05 | | 0,10 | | 0,15 | | 0,20 | |
| $\varepsilon_{s1}/\varepsilon_{s2}$ | 2,17 ‰ | −2,49 ‰ | 2,17 ‰ | −2,25 ‰ | 2,17 ‰ | −2,00 ‰ | 2,17 ‰ | −1,75 ‰ |
μ_{Eds}	ω_1	ω_2	ω_1	ω_2	ω_1	ω_2	ω_1	ω_2
0,33	0,423	0,003	0,423	0,004	0,423	0,004	0,424	0,005
0,34	0,433	0,014	0,434	0,015	0,435	0,017	0,436	0,021
0,35	0,444	0,024	0,445	0,026	0,447	0,030	0,449	0,036
0,36	0,454	0,035	0,456	0,037	0,459	0,043	0,461	0,052
0,37	0,465	0,046	0,468	0,048	0,470	0,055	0,474	0,067
0,38	0,476	0,056	0,479	0,059	0,482	0,068	0,486	0,082
0,39	0,486	0,067	0,490	0,070	0,494	0,081	0,499	0,098
0,40	0,497	0,077	0,501	0,081	0,506	0,094	0,511	0,113
0,41	0,507	0,088	0,512	0,093	0,517	0,106	0,524	0,129
0,42	0,518	0,096	0,523	0,104	0,529	0,119	0,536	0,144
0,43	0,528	0,109	0,534	0,115	0,541	0,132	0,549	0,160
0,44	0,539	0,119	0,545	0,126	0,553	0,145	0,561	0,175
0,45	0,549	0,130	0,556	0,137	0,564	0,158	0,574	0,191
0,46	0,560	0,140	0,568	0,148	0,576	0,170	0,586	0,206
0,47	0,570	0,151	0,579	0,159	0,588	0,183	0,599	0,222
0,48	0,581	0,161	0,590	0,170	0,600	0,196	0,611	0,237
0,49	0,591	0,172	0,601	0,181	0,612	0,209	0,624	0,253
0,50	0,602	0,182	0,612	0,193	0,623	0,222	0,636	0,268
0,51	0,612	0,193	0,623	0,204	0,635	0,234	0,649	0,284
0,52	0,623	0,203	0,634	0,215	0,647	0,247	0,661	0,299
0,53	0,633	0,214	0,645	0,226	0,659	0,260	0,674	0,315
0,54	0,644	0,224	0,656	0,237	0,670	0,273	0,686	0,330
0,55	0,654	0,235	0,668	0,248	0,682	0,286	0,699	0,346
0,56	0,665	0,246	0,679	0,259	0,694	0,298	0,711	0,361
0,57	0,676	0,256	0,690	0,270	0,706	0,311	0,724	0,377
0,58	0,686	0,267	0,701	0,281	0,717	0,324	0,736	0,392
0,59	0,697	0,277	0,712	0,293	0,729	0,337	0,749	0,408
0,60	0,707	0,288	0,723	0,304	0,741	0,349	0,761	0,423

$$A_{s1} = \frac{1}{f_{yd}} (\omega_1 \cdot b \cdot d \cdot f_{cd} + N_{Ed})$$

$$A_{s2} = \omega_2 \cdot b \cdot d \cdot \frac{f_{cd}}{f_{yd}}$$

(Wegen der erf. Erhöhung von A_{s2} – Berücksichtigung der Nettofläche der Betondruckzone – wird auf „Einführung", Abschn. 6.1.6, Bild 12 verwiesen.)

Bemessungstafel (μ_s-Tafel) für Rechteckquerschnitte mit Druckbewehrung; $\xi_{lim} = 0,557$
(Leichtbeton LC 55/60, Rohdichte $\rho = 1400$ kg/m³; Betonstahl BSt 500 und $\gamma_s = 1,15$)

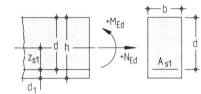

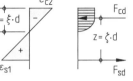

	μ_s–Tafel
	LC 55/60
	ρ = 1600 kg/m³

$$\mu_{Eds} = \frac{M_{Eds}}{b \cdot d^2 \cdot f_{cd}}$$

mit $M_{Eds} = M_{Ed} - N_{Ed} \cdot z_{s1}$

$f_{cd} = \alpha \cdot f_{ck}/\gamma_c$

(i. Allg. gilt α = 0,80)

μ_{Eds}	ω	$\xi = \dfrac{x}{d}$	$\zeta = \dfrac{z}{d}$	ε_{c2} in ‰	ε_{s1} in ‰	$\sigma_{sd}{}^{1)}$ in MPa BSt 500	$\sigma_{sd}{}^{*\,2)}$ in MPa BSt 500
0,01	0,0101	0,030	0,990	−0,78	25,00	435	457
0,02	0,0203	0,044	0,984	−1,15	25,00	435	457
0,03	0,0306	0,056	0,980	−1,47	25,00	435	457
0,04	0,0410	0,066	0,976	−1,77	25,00	435	457
0,05	0,0515	0,076	0,971	−2,07	25,00	435	457
0,06	0,0621	0,087	0,966	−2,38	25,00	435	457
0,07	0,0728	0,097	0,962	−2,69	25,00	435	457
0,08	0,0837	0,109	0,956	−2,93	23,98	435	456
0,09	0,0947	0,123	0,951	−2,93	20,84	435	453
0,10	0,1059	0,138	0,945	−2,93	18,33	435	450
0,11	0,1172	0,152	0,939	−2,93	16,28	435	448
0,12	0,1286	0,167	0,933	−2,93	14,57	435	447
0,13	0,1403	0,182	0,927	−2,93	13,12	435	445
0,14	0,1521	0,198	0,921	−2,93	11,87	435	444
0,15	0,1641	0,213	0,914	−2,93	10,79	435	443
0,16	0,1762	0,229	0,908	−2,93	9,84	435	442
0,17	0,1886	0,245	0,901	−2,93	9,01	435	441
0,18	0,2011	0,262	0,895	−2,93	8,26	435	441
0,19	0,2139	0,278	0,888	−2,93	7,59	435	440
0,20	0,2269	0,295	0,881	−2,93	6,99	435	439
0,21	0,2401	0,312	0,875	−2,93	6,45	435	439
0,22	0,2536	0,330	0,867	−2,93	5,95	435	438
0,23	0,2673	0,348	0,860	−2,93	5,49	435	438
0,24	0,2814	0,366	0,853	−2,93	5,07	435	438
0,25	0,2957	0,385	0,845	−2,93	4,68	435	437
0,26	0,3103	0,404	0,838	−2,93	4,33	435	437
0,27	0,3253	0,423	0,830	−2,93	3,99	435	437
0,28	0,3406	0,443	0,822	−2,93	3,68	435	436
0,29	0,3564	0,464	0,814	−2,93	3,39	435	436
0,30	0,3725	0,485	0,805	−2,93	3,11	435	436
0,31	0,3891	0,506	0,797	−2,93	2,86	435	435
0,32	0,4062	0,528	0,788	−2,93	2,61	435	435
0,33	0,4239	0,551	0,778	−2,93	2,38	435	435
0,34	0,4422	0,575	0,769	−2,93	2,16	433	433
0,35	0,4611	0,600	0,759	−2,93	1,95	391	391
0,36	0,4808	0,625	0,749	−2,93	1,75	351	351
0,37	0,5014	0,652	0,738	−2,93	1,56	312	312
0,38	0,5229	0,680	0,727	−2,93	1,38	275	275
0,39	0,5455	0,710	0,715	−2,93	1,20	240	240
0,40	0,5695	0,741	0,702	−2,93	1,03	205	205

(Rows 0,36–0,40 marked: unwirtschaftlicher Bereich)

[1)] Begrenzung der Stahlspannung auf $f_{yd} = f_{yk} / \gamma_s$ (horizontaler Ast der σ-ε-Linie)

[2)] Begrenzung der Stahlspannung auf $f_{td,cal} = f_{tk,cal}/\gamma_s$ (geneigter Ast der σ-ε-Linie)

$$A_{s1} = \frac{1}{\sigma_{sd}} (\omega \cdot b \cdot d \cdot f_{cd} + N_{Ed})$$

Bemessungstafel (μ_s-Tafel) für Rechteckquerschnitte ohne Druckbewehrung

(Leichtbeton LC 55/60, Rohdichte ρ = 1600 kg/m³; Betonstahl BSt 500 und γ_s = 1,15)

LC 55/60

Tafel 3.2b / LC55

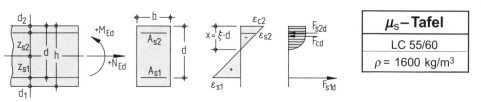

	μ_s–Tafel
	LC 55/60
	ρ = 1600 kg/m³

$$\mu_{Eds} = \frac{M_{Eds}}{b \cdot d^2 \cdot f_{cd}}$$

mit $M_{Eds} = M_{Ed} - N_{Ed} \cdot z_{s1}$

$f_{cd} = \alpha \cdot f_{ck}/\gamma_c$ (i. Allg. gilt α = 0,80)

ξ = 0,35

d_2/d	0,05		0,10		0,15		0,20	
$\varepsilon_{s1}/\varepsilon_{s2}$	5,44 ‰	−2,51 ‰	5,44 ‰	−2,09 ‰	5,44 ‰	−1,67 ‰	5,44 ‰	−1,25 ‰
μ_{Eds}	ω_1	ω_2	ω_1	ω_2	ω_1	ω_2	ω_1	ω_2
0,24	0,278	0,009	0,279	0,010	0,279	0,013	0,280	0,019
0,25	0,289	0,020	0,290	0,022	0,291	0,029	0,293	0,041
0,26	0,299	0,030	0,301	0,033	0,303	0,044	0,305	0,062
0,27	0,310	0,041	0,312	0,045	0,315	0,059	0,318	0,084
0,28	0,320	0,051	0,323	0,056	0,326	0,075	0,330	0,106
0,29	0,331	0,062	0,334	0,068	0,338	0,090	0,343	0,127
0,30	0,341	0,072	0,345	0,079	0,350	0,105	0,355	0,149
0,31	0,352	0,083	0,357	0,091	0,362	0,120	0,368	0,171
0,32	0,363	0,093	0,368	0,103	0,374	0,136	0,380	0,192
0,33	0,373	0,104	0,379	0,114	0,385	0,151	0,393	0,214
0,34	0,384	0,114	0,390	0,126	0,397	0,166	0,405	0,236
0,35	0,394	0,125	0,401	0,137	0,409	0,182	0,418	0,257
0,36	0,405	0,136	0,412	0,149	0,421	0,197	0,430	0,279
0,37	0,415	0,146	0,423	0,160	0,432	0,212	0,443	0,301
0,38	0,426	0,157	0,434	0,172	0,444	0,227	0,455	0,322
0,39	0,436	0,167	0,445	0,183	0,456	0,243	0,468	0,344
0,40	0,447	0,178	0,457	0,195	0,468	0,258	0,480	0,366
0,41	0,457	0,188	0,468	0,206	0,479	0,273	0,493	0,387
0,42	0,468	0,199	0,479	0,218	0,491	0,289	0,505	0,409
0,43	0,478	0,209	0,490	0,230	0,503	0,304	0,518	0,430
0,44	0,489	0,220	0,501	0,241	0,515	0,319	0,530	0,452
0,45	0,499	0,230	0,512	0,253	0,526	0,334	0,543	0,474
0,46	0,510	0,241	0,523	0,264	0,538	0,350	0,555	0,495
0,47	0,520	0,251	0,534	0,276	0,550	0,365	0,568	0,517
0,48	0,531	0,262	0,545	0,287	0,562	0,380	0,580	0,539
0,49	0,541	0,272	0,557	0,299	0,574	0,396	0,593	0,560
0,50	0,552	0,283	0,568	0,310	0,585	0,411	0,605	0,582
0,51	0,563	0,293	0,579	0,322	0,597	0,426	0,618	0,604
0,52	0,573	0,304	0,590	0,334	0,609	0,441	0,630	0,625
0,53	0,584	0,314	0,601	0,345	0,621	0,457	0,643	0,647
0,54	0,594	0,325	0,612	0,357	0,632	0,472	0,655	0,669
0,55	0,605	0,336	0,623	0,368	0,644	0,487	0,668	0,690
0,56	0,615	0,346	0,634	0,380	0,656	0,503	0,680	0,712
0,57	0,626	0,357	0,645	0,391	0,668	0,518	0,693	0,734
0,58	0,636	0,367	0,657	0,403	0,679	0,533	0,705	0,755
0,59	0,647	0,378	0,668	0,414	0,691	0,549	0,718	0,777
0,60	0,657	0,388	0,679	0,426	0,703	0,564	0,730	0,799

$$A_{s1} = \frac{1}{f_{yd}} (\omega_1 \cdot b \cdot d \cdot f_{cd} + N_{Ed})$$

$$A_{s2} = \omega_2 \cdot b \cdot d \cdot \frac{f_{cd}}{f_{yd}}$$

(Wegen der erf. Erhöhung von A_{s2} – Berücksichtigung der Nettofläche der Betondruckzone – wird auf „Einführung", Abschn. 6.1.6, Bild 12 verwiesen.)

Bemessungstafel (μ_s-Tafel) für Rechteckquerschnitte mit Druckbewehrung; ξ_{lim} = 0,35
(Leichtbeton LC 55/60, Rohdichte ρ = 1600 kg/m³; Betonstahl BSt 500 und γ_s = 1,15)

LC 55/60

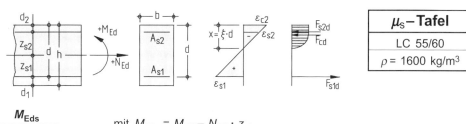

$$\mu_{Eds} = \frac{M_{Eds}}{b \cdot d^2 \cdot f_{cd}}$$

mit $M_{Eds} = M_{Ed} - N_{Ed} \cdot z_{s1}$
$f_{cd} = \alpha \cdot f_{ck}/\gamma_c$

(i. Allg. gilt α = 0,80)

ξ = 0,574

d_2/d	0,05		0,10		0,15		0,20	
$\varepsilon_{s1}/\varepsilon_{s2}$	2,17 ‰	−2,67 ‰	2,17 ‰	−2,42 ‰	2,17 ‰	−2,16 ‰	2,17 ‰	−1,91 ‰
μ_{Eds}	ω_1	ω_2	ω_1	ω_2	ω_1	ω_2	ω_1	ω_2
0,34	0,442	0,001	0,442	0,001	0,442	0,001	0,442	0,001
0,35	0,452	0,011	0,453	0,012	0,454	0,012	0,454	0,015
0,36	0,463	0,022	0,464	0,023	0,465	0,024	0,467	0,029
0,37	0,473	0,032	0,475	0,034	0,477	0,036	0,479	0,044
0,38	0,484	0,043	0,486	0,045	0,489	0,048	0,492	0,058
0,39	0,494	0,053	0,497	0,056	0,501	0,060	0,504	0,072
0,40	0,505	0,064	0,508	0,067	0,512	0,072	0,517	0,086
0,41	0,515	0,074	0,520	0,078	0,524	0,083	0,529	0,100
0,42	0,526	0,085	0,531	0,089	0,536	0,095	0,542	0,115
0,43	0,536	0,095	0,542	0,101	0,548	0,107	0,554	0,129
0,44	0,547	0,106	0,553	0,112	0,559	0,119	0,567	0,143
0,45	0,558	0,116	0,564	0,123	0,571	0,131	0,579	0,157
0,46	0,568	0,127	0,575	0,134	0,583	0,143	0,592	0,172
0,47	0,579	0,137	0,586	0,145	0,595	0,154	0,604	0,186
0,48	0,589	0,148	0,597	0,156	0,607	0,166	0,617	0,200
0,49	0,600	0,158	0,608	0,167	0,618	0,178	0,629	0,214
0,50	0,610	0,169	0,620	0,178	0,630	0,190	0,642	0,229
0,51	0,621	0,180	0,631	0,189	0,642	0,202	0,654	0,243
0,52	0,631	0,190	0,642	0,201	0,654	0,214	0,667	0,257
0,53	0,642	0,201	0,653	0,212	0,665	0,225	0,679	0,271
0,54	0,652	0,211	0,664	0,223	0,677	0,237	0,692	0,286
0,55	0,663	0,222	0,675	0,234	0,689	0,249	0,704	0,300
0,56	0,673	0,232	0,686	0,245	0,701	0,261	0,717	0,314
0,57	0,684	0,243	0,697	0,256	0,712	0,273	0,729	0,328
0,58	0,694	0,253	0,708	0,267	0,724	0,285	0,742	0,343
0,59	0,705	0,264	0,720	0,278	0,736	0,296	0,754	0,357
0,60	0,715	0,274	0,731	0,289	0,748	0,308	0,767	0,371

$$A_{s1} = \frac{1}{f_{yd}} \left(\omega_1 \cdot b \cdot d \cdot f_{cd} + N_{Ed} \right)$$

$$A_{s2} = \omega_2 \cdot b \cdot d \cdot \frac{f_{cd}}{f_{yd}}$$

(Wegen der erf. Erhöhung von A_{s2} – Berücksichtigung der Nettofläche der Betondruckzone – wird auf „Einführung", Abschn. 6.1.6, Bild 12 verwiesen.)

Bemessungstafel (μ_s-Tafel) für Rechteckquerschnitte mit Druckbewehrung; ξ_{lim} = 0,574
(Leichtbeton LC 55/60, Rohdichte ρ = 1600 kg/m^3; Betonstahl BSt 500 und γ_s = 1,15)

Tafel 3.3a / LC55

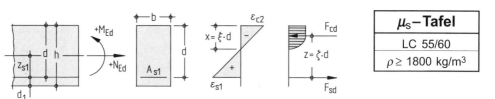

			μ_s–Tafel
			LC 55/60
			$\rho \geq 1800$ kg/m³

$$\mu_{Eds} = \frac{M_{Eds}}{b \cdot d^2 \cdot f_{cd}}$$

mit $M_{Eds} = M_{Ed} - N_{Ed} \cdot z_{s1}$

$f_{cd} = \alpha \cdot f_{ck}/\gamma_c$

(i. Allg. gilt $\alpha = 0{,}80$)

μ_{Eds}	ω	$\xi = \dfrac{x}{d}$	$\zeta = \dfrac{z}{d}$	ε_{c2} in ‰	ε_{s1} in ‰	σ_{sd}[1] in MPa BSt 500	σ_{sd}*[2] in MPa BSt 500
0,01	0,0101	0,030	0,990	−0,78	25,00	435	457
0,02	0,0203	0,044	0,984	−1,15	25,00	435	457
0,03	0,0306	0,056	0,980	−1,47	25,00	435	457
0,04	0,0410	0,066	0,976	−1,77	25,00	435	457
0,05	0,0515	0,076	0,971	−2,07	25,00	435	457
0,06	0,0621	0,087	0,966	−2,38	25,00	435	457
0,07	0,0728	0,097	0,962	−2,69	25,00	435	457
0,08	0,0836	0,108	0,956	−3,02	25,00	435	457
0,09	0,0947	0,121	0,951	−3,10	22,50	435	454
0,10	0,1058	0,135	0,945	−3,10	19,80	435	452
0,11	0,1171	0,150	0,939	−3,10	17,59	435	450
0,12	0,1286	0,164	0,933	−3,10	15,75	435	448
0,13	0,1402	0,179	0,927	−3,10	14,18	435	446
0,14	0,1520	0,194	0,921	−3,10	12,84	435	445
0,15	0,1640	0,210	0,915	−3,10	11,68	435	444
0,16	0,1761	0,225	0,909	−3,10	10,66	435	443
0,17	0,1885	0,241	0,902	−3,10	9,76	435	442
0,18	0,2010	0,257	0,896	−3,10	8,96	435	441
0,19	0,2137	0,273	0,889	−3,10	8,24	435	441
0,20	0,2267	0,290	0,882	−3,10	7,59	435	440
0,21	0,2399	0,307	0,875	−3,10	7,00	435	439
0,22	0,2533	0,324	0,868	−3,10	6,47	435	439
0,23	0,2670	0,342	0,861	−3,10	5,98	435	438
0,24	0,2810	0,360	0,854	−3,10	5,52	435	438
0,25	0,2953	0,378	0,847	−3,10	5,11	435	438
0,26	0,3099	0,396	0,839	−3,10	4,72	435	437
0,27	0,3248	0,415	0,831	−3,10	4,36	435	437
0,28	0,3401	0,435	0,823	−3,10	4,03	435	437
0,29	0,3557	0,455	0,815	−3,10	3,71	435	436
0,30	0,3718	0,476	0,807	−3,10	3,42	435	436
0,31	0,3883	0,497	0,798	−3,10	3,14	435	436
0,32	0,4054	0,519	0,789	−3,10	2,88	435	436
0,33	0,4229	0,541	0,780	−3,10	2,63	435	435
0,34	0,4411	0,564	0,771	−3,10	2,39	435	435
0,35	0,4599	0,588	0,761	−3,10	2,17	434	434
0,36	0,4794	0,613	0,751	−3,10	1,96	391	391
0,37	0,4997	0,639	0,740	−3,10	1,75	350	350
0,38	0,5210	0,667	0,729	−3,10	1,55	310	310
0,39	0,5434	0,695	0,718	−3,10	1,36	272	272
0,40	0,5670	0,725	0,705	−3,10	1,17	235	235

unwirtschaft-licher Bereich (rows 0,36–0,40)

[1] Begrenzung der Stahlspannung auf $f_{yd} = f_{yk} / \gamma_s$ (horizontaler Ast der σ-ε-Linie)
[2] Begrenzung der Stahlspannung auf $f_{td,cal} = f_{tk,cal} / \gamma_s$ (geneigter Ast der σ-ε-Linie)

$$A_{s1} = \frac{1}{\sigma_{sd}} (\omega \cdot b \cdot d \cdot f_{cd} + N_{Sd})$$

Bemessungstafel (μ_s-Tafel) für Rechteckquerschnitte ohne Druckbewehrung
(Leichtbeton LC 55/60, Rohdichte $\rho \geq 1800$ kg/m³; Betonstahl BSt 500 und $\gamma_s = 1{,}15$)

LC 55/60

470

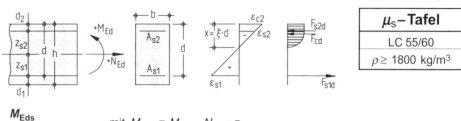

	μ_s–Tafel
	LC 55/60
	$\rho \geq 1800$ kg/m³

$$\mu_{Eds} = \frac{M_{Eds}}{b \cdot d^2 \cdot f_{cd}}$$

mit $M_{Eds} = M_{Ed} - N_{Ed} \cdot z_{s1}$
$f_{cd} = \alpha \cdot f_{ck}/\gamma_c$

(i. Allg. gilt $\alpha = 0{,}80$)

$\xi = 0{,}35$

d_2/d	0,05		0,10		0,15		0,20	
$\varepsilon_{s1}/\varepsilon_{s2}$	5,76 ‰	−2,66 ‰	5,76 ‰	−2,21 ‰	5,76 ‰	−1,77 ‰	5,76 ‰	−1,33 ‰
μ_{Eds}	ω_1	ω_2	ω_1	ω_2	ω_1	ω_2	ω_1	ω_2
0,24	0,279	0,006	0,279	0,006	0,280	0,008	0,280	0,011
0,25	0,290	0,016	0,291	0,017	0,292	0,022	0,293	0,031
0,26	0,300	0,027	0,302	0,028	0,303	0,037	0,305	0,052
0,27	0,311	0,037	0,313	0,039	0,315	0,051	0,318	0,072
0,28	0,321	0,048	0,324	0,050	0,327	0,065	0,330	0,093
0,29	0,332	0,058	0,335	0,061	0,339	0,080	0,343	0,113
0,30	0,342	0,069	0,346	0,073	0,350	0,094	0,355	0,134
0,31	0,353	0,079	0,357	0,084	0,362	0,109	0,368	0,154
0,32	0,363	0,090	0,368	0,095	0,374	0,123	0,380	0,174
0,33	0,374	0,100	0,379	0,106	0,386	0,138	0,393	0,195
0,34	0,384	0,111	0,391	0,117	0,397	0,152	0,405	0,215
0,35	0,395	0,121	0,402	0,128	0,409	0,166	0,418	0,236
0,36	0,405	0,132	0,413	0,139	0,421	0,181	0,430	0,256
0,37	0,416	0,142	0,424	0,150	0,433	0,195	0,443	0,277
0,38	0,427	0,153	0,435	0,161	0,445	0,210	0,455	0,297
0,39	0,437	0,163	0,446	0,173	0,456	0,224	0,468	0,318
0,40	0,448	0,174	0,457	0,184	0,468	0,239	0,480	0,338
0,41	0,458	0,185	0,468	0,195	0,480	0,253	0,493	0,359
0,42	0,469	0,195	0,479	0,206	0,492	0,268	0,505	0,379
0,43	0,479	0,206	0,491	0,217	0,503	0,282	0,518	0,399
0,44	0,490	0,216	0,502	0,228	0,515	0,296	0,530	0,420
0,45	0,500	0,227	0,513	0,239	0,527	0,311	0,543	0,440
0,46	0,511	0,237	0,524	0,250	0,539	0,325	0,555	0,461
0,47	0,521	0,248	0,535	0,261	0,550	0,340	0,568	0,481
0,48	0,532	0,258	0,546	0,273	0,562	0,354	0,580	0,502
0,49	0,542	0,269	0,557	0,284	0,574	0,369	0,593	0,522
0,50	0,553	0,279	0,568	0,295	0,586	0,383	0,605	0,543
0,51	0,563	0,290	0,579	0,306	0,597	0,397	0,618	0,563
0,52	0,574	0,300	0,591	0,317	0,609	0,412	0,630	0,584
0,53	0,584	0,311	0,602	0,328	0,621	0,426	0,643	0,604
0,54	0,595	0,321	0,613	0,339	0,633	0,441	0,655	0,624
0,55	0,605	0,332	0,624	0,350	0,645	0,455	0,668	0,645
0,56	0,616	0,342	0,635	0,361	0,656	0,470	0,680	0,665
0,57	0,627	0,353	0,646	0,373	0,668	0,484	0,693	0,686
0,58	0,637	0,363	0,657	0,384	0,680	0,499	0,705	0,706
0,59	0,648	0,374	0,668	0,395	0,692	0,513	0,718	0,727
0,60	0,658	0,385	0,679	0,406	0,703	0,527	0,730	0,747

$$A_{s1} = \frac{1}{f_{yd}} (\omega_1 \cdot b \cdot d \cdot f_{cd} + N_{Ed})$$

$$A_{s2} = \omega_2 \cdot b \cdot d \cdot \frac{f_{cd}}{f_{yd}}$$

(Wegen der erf. Erhöhung von A_{s2} – Berücksichtigung der Nettofläche der Betondruckzone – wird auf „Einführung", Abschn. 6.1.6, Bild 12 verwiesen.)

Bemessungstafel (μ_s-Tafel) für Rechteckquerschnitte mit Druckbewehrung; $\xi_{lim} = 0{,}35$
(Leichtbeton LC 55/60, Rohdichte $\rho \geq 1800$ kg/m³; Betonstahl BSt 500 und $\gamma_s = 1{,}15$)

LC 55/60

Tafel 3.3c / LC55

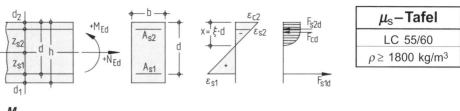

$$\mu_{Eds} = \frac{M_{Eds}}{b \cdot d^2 \cdot f_{cd}}$$

mit $M_{Eds} = M_{Ed} - N_{Ed} \cdot z_{s1}$
$f_{cd} = \alpha \cdot f_{ck}/\gamma_c$

(i. Allg. gilt $\alpha = 0{,}80$)

$\xi = 0{,}588$

| d_2/d | 0,05 | | 0,10 | | 0,15 | | 0,20 | |
| $\varepsilon_{s1}/\varepsilon_{s2}$ | 2,17 ‰ | −2,84 ‰ | 2,17 ‰ | −2,57 ‰ | 2,17 ‰ | −2,31 ‰ | 2,17 ‰ | −2,05 ‰ |
μ_{Eds}	ω_1	ω_2	ω_1	ω_2	ω_1	ω_2	ω_1	ω_2
0,36	0,470	0,011	0,471	0,011	0,471	0,012	0,472	0,014
0,37	0,481	0,021	0,482	0,022	0,483	0,024	0,485	0,027
0,38	0,491	0,032	0,493	0,034	0,495	0,036	0,497	0,040
0,39	0,502	0,042	0,504	0,045	0,507	0,047	0,510	0,053
0,40	0,512	0,053	0,515	0,056	0,519	0,059	0,522	0,067
0,41	0,523	0,063	0,526	0,067	0,530	0,071	0,535	0,080
0,42	0,533	0,074	0,537	0,078	0,542	0,083	0,547	0,093
0,43	0,544	0,084	0,549	0,089	0,554	0,094	0,560	0,107
0,44	0,554	0,095	0,560	0,100	0,566	0,106	0,572	0,120
0,45	0,565	0,105	0,571	0,111	0,577	0,118	0,585	0,133
0,46	0,575	0,116	0,582	0,122	0,589	0,130	0,597	0,146
0,47	0,586	0,127	0,593	0,134	0,601	0,141	0,610	0,160
0,48	0,597	0,137	0,604	0,145	0,613	0,153	0,622	0,173
0,49	0,607	0,148	0,615	0,156	0,624	0,165	0,635	0,186
0,50	0,618	0,158	0,626	0,167	0,636	0,177	0,647	0,200
0,51	0,628	0,169	0,637	0,178	0,648	0,188	0,660	0,213
0,52	0,639	0,179	0,649	0,189	0,660	0,200	0,672	0,226
0,53	0,649	0,190	0,660	0,200	0,671	0,212	0,685	0,239
0,54	0,660	0,200	0,671	0,211	0,683	0,224	0,697	0,253
0,55	0,670	0,211	0,682	0,222	0,695	0,236	0,710	0,266
0,56	0,681	0,221	0,693	0,234	0,707	0,247	0,722	0,279
0,57	0,691	0,232	0,704	0,245	0,719	0,259	0,735	0,293
0,58	0,702	0,242	0,715	0,256	0,730	0,271	0,747	0,306
0,59	0,712	0,253	0,726	0,267	0,742	0,283	0,760	0,319
0,60	0,723	0,263	0,737	0,278	0,754	0,294	0,772	0,332

$$A_{s1} = \frac{1}{f_{yd}} (\omega_1 \cdot b \cdot d \cdot f_{cd} + N_{Ed})$$

$$A_{s2} = \omega_2 \cdot b \cdot d \cdot \frac{f_{cd}}{f_{yd}}$$

(Wegen der erf. Erhöhung von A_{s2} – Berücksichtigung der Nettofläche der Betondruckzone – wird auf „Einführung", Abschn. 6.1.6, Bild 12 verwiesen.)

Bemessungstafel (μ_s-Tafel) für Rechteckquerschnitte mit Druckbewehrung; $\xi_{lim} = 0{,}588$
(Leichtbeton LC 55/60, Rohdichte $\rho \geq 1800$ kg/m³; Betonstahl BSt 500 und $\gamma_s = 1{,}15$)

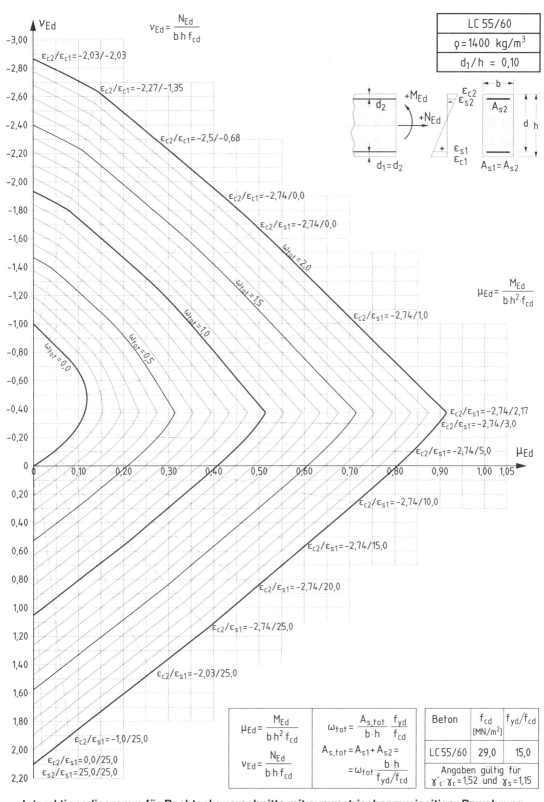

$$v_{Ed} = \frac{N_{Ed}}{b \cdot h \cdot f_{cd}}$$

LC 55/60
$\varrho = 1400$ kg/m³
$d_1/h = 0,10$

$\varepsilon_{c2}/\varepsilon_{c1} = -2,03/-2,03$

$\varepsilon_{c2}/\varepsilon_{c1} = -2,27/-1,35$

$\varepsilon_{c2}/\varepsilon_{c1} = -2,5/-0,68$

$\varepsilon_{c2}/\varepsilon_{c1} = -2,74/0,0$

$\varepsilon_{c2}/\varepsilon_{s1} = -2,74/0,0$

$\varepsilon_{c2}/\varepsilon_{s1} = -2,74/1,0$

$\omega_{tot} = 2,0$

$\omega_{tot} = 1,5$

$\omega_{tot} = 1,0$

$\omega_{tot} = 0,5$

$\omega_{tot} = 0,0$

$$\mu_{Ed} = \frac{M_{Ed}}{b \cdot h^2 \cdot f_{cd}}$$

$\varepsilon_{c2}/\varepsilon_{s1} = -2,74/2,17$

$\varepsilon_{c2}/\varepsilon_{s1} = -2,74/3,0$

$\varepsilon_{c2}/\varepsilon_{s1} = -2,74/5,0$

$\varepsilon_{c2}/\varepsilon_{s1} = -2,74/10,0$

$\varepsilon_{c2}/\varepsilon_{s1} = -2,74/15,0$

$\varepsilon_{c2}/\varepsilon_{s1} = -2,74/20,0$

$\varepsilon_{c2}/\varepsilon_{s1} = -2,74/25,0$

$\varepsilon_{c2}/\varepsilon_{s1} = -2,03/25,0$

$\varepsilon_{c2}/\varepsilon_{s1} = -1,0/25,0$

$\varepsilon_{c2}/\varepsilon_{s1} = 0,0/25,0$

$\varepsilon_{s2}/\varepsilon_{s1} = 25,0/25,0$

LC 55/60

$\mu_{Ed} = \dfrac{M_{Ed}}{b \cdot h^2 \cdot f_{cd}}$ $v_{Ed} = \dfrac{N_{Ed}}{b \cdot h \cdot f_{cd}}$	$\omega_{tot} = \dfrac{A_{s,tot}}{b \cdot h} \dfrac{f_{yd}}{f_{cd}}$ $A_{s,tot} = A_{s1} + A_{s2} =$ $= \omega_{tot} \cdot \dfrac{b \cdot h}{f_{yd}/f_{cd}}$

Beton	f_{cd} [MN/m²]	f_{yd}/f_{cd}
LC55/60	29,0	15,0
Angaben gültig für $\gamma'_c \cdot \gamma_c = 1,52$ und $\gamma_s = 1,15$		

Interaktionsdiagramm für Rechteckquerschnitte mit symmetrischer zweiseitiger Bewehrung

473

Tafel 6.1b / LC55

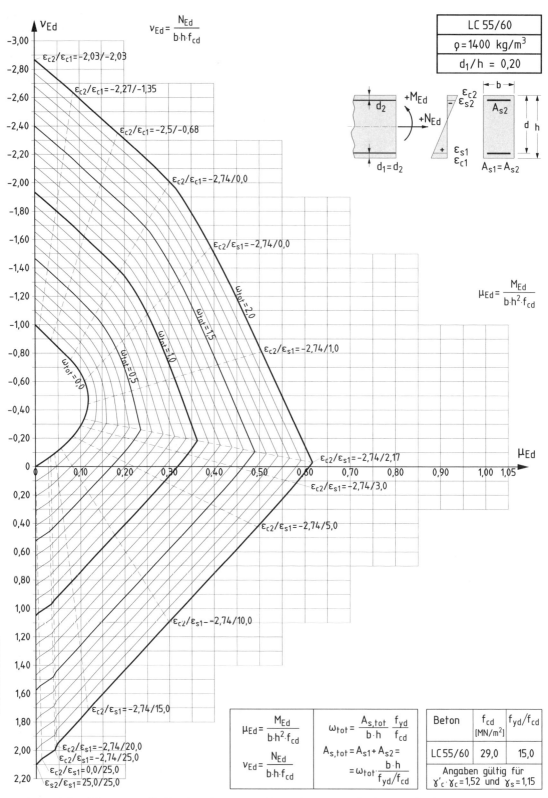

Interaktionsdiagramm für Rechteckquerschnitte mit symmetrischer zweiseitiger Bewehrung

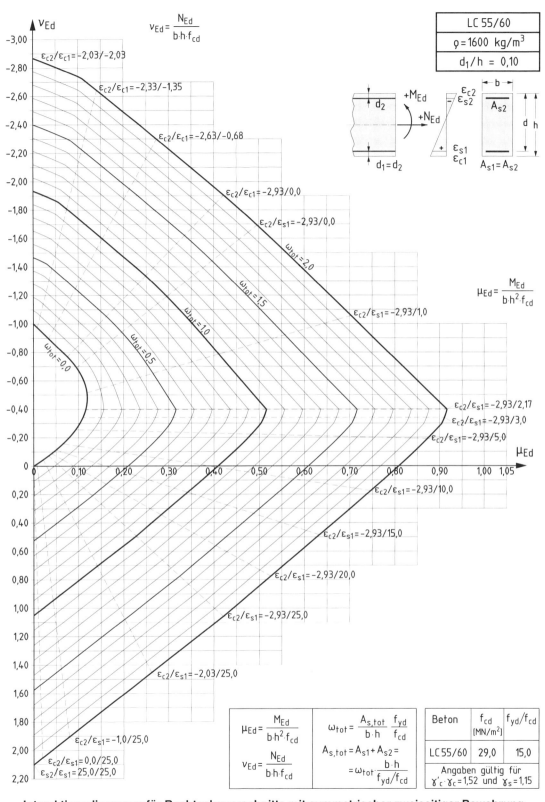

$$\nu_{Ed} = \frac{N_{Ed}}{b \cdot h \cdot f_{cd}}$$

	LC 55/60
	$\varrho = 1600 \ \text{kg/m}^3$
	$d_1/h = 0,10$

$$\mu_{Ed} = \frac{M_{Ed}}{b \cdot h^2 \cdot f_{cd}}$$

$\varepsilon_{c2}/\varepsilon_{c1} = -2,03/-2,03$

$\varepsilon_{c2}/\varepsilon_{c1} = -2,33/-1,35$

$\varepsilon_{c2}/\varepsilon_{c1} = -2,63/-0,68$

$\varepsilon_{c2}/\varepsilon_{c1} = -2,93/0,0$

$\varepsilon_{c2}/\varepsilon_{s1} = -2,93/0,0$

$\omega_{tot} = 2,0$

$\omega_{tot} = 1,5$

$\omega_{tot} = 1,0$

$\omega_{tot} = 0,5$

$\omega_{tot} = 0,0$

$\varepsilon_{c2}/\varepsilon_{s1} = -2,93/1,0$

$\varepsilon_{c2}/\varepsilon_{s1} = -2,93/2,17$

$\varepsilon_{c2}/\varepsilon_{s1} = -2,93/3,0$

$\varepsilon_{c2}/\varepsilon_{s1} = -2,93/5,0$

$\varepsilon_{c2}/\varepsilon_{s1} = -2,93/10,0$

$\varepsilon_{c2}/\varepsilon_{s1} = -2,93/15,0$

$\varepsilon_{c2}/\varepsilon_{s1} = -2,93/20,0$

$\varepsilon_{c2}/\varepsilon_{s1} = -2,93/25,0$

$\varepsilon_{c2}/\varepsilon_{s1} = -2,03/25,0$

$\varepsilon_{c2}/\varepsilon_{s1} = -1,0/25,0$

$\varepsilon_{c2}/\varepsilon_{s1} = 0,0/25,0$

$\varepsilon_{s2}/\varepsilon_{s1} = 25,0/25,0$

LC 55/60

$\mu_{Ed} = \dfrac{M_{Ed}}{b \cdot h^2 \cdot f_{cd}}$	$\omega_{tot} = \dfrac{A_{s,tot}}{b \cdot h} \cdot \dfrac{f_{yd}}{f_{cd}}$	Beton	f_{cd} [MN/m²]	f_{yd}/f_{cd}
	$A_{s,tot} = A_{s1} + A_{s2} =$	LC55/60	29,0	15,0
$\nu_{Ed} = \dfrac{N_{Ed}}{b \cdot h \cdot f_{cd}}$	$= \omega_{tot} \cdot \dfrac{b \cdot h}{f_{yd}/f_{cd}}$	Angaben gültig für $\gamma'_c \cdot \gamma_c = 1,52$ und $\gamma_s = 1,15$		

Interaktionsdiagramm für Rechteckquerschnitte mit symmetrischer zweiseitiger Bewehrung

Tafel 6.1d / LC55

Interaktionsdiagramm für Rechteckquerschnitte mit symmetrischer zweiseitiger Bewehrung

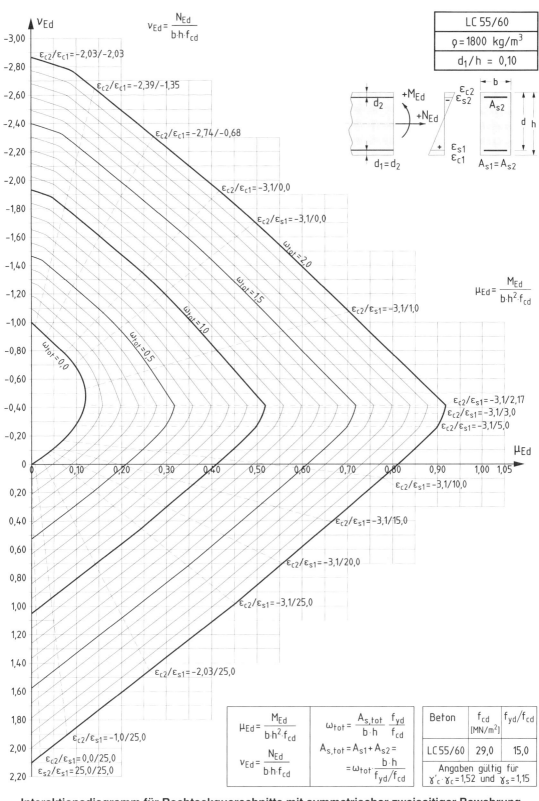

Interaktionsdiagramm für Rechteckquerschnitte mit symmetrischer zweiseitiger Bewehrung

Tafel 6.1f / LC55

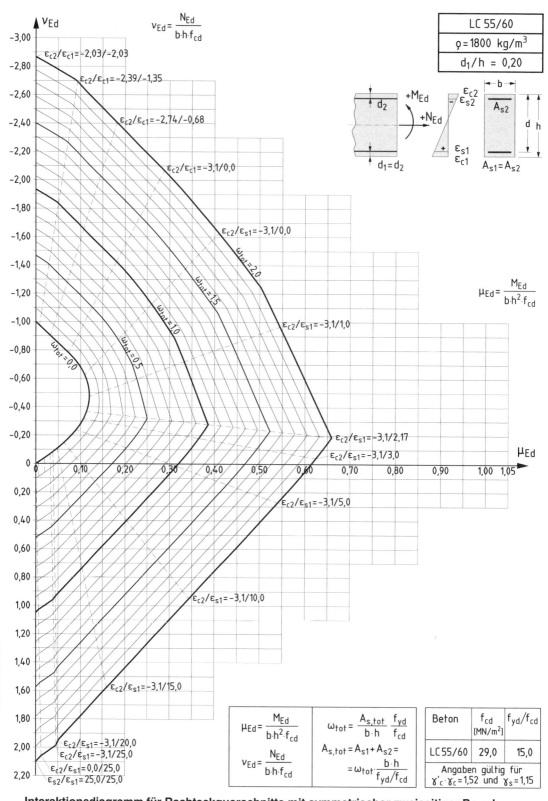

Interaktionsdiagramm für Rechteckquerschnitte mit symmetrischer zweiseitiger Bewehrung

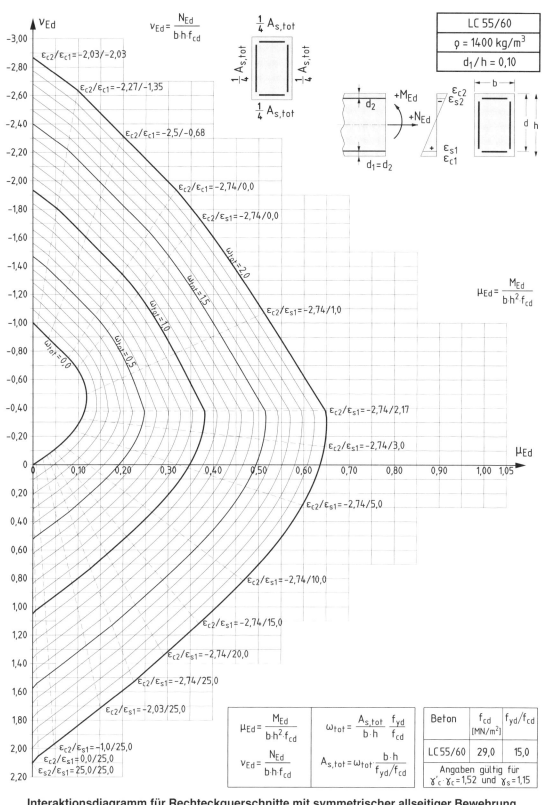

Interaktionsdiagramm für Rechteckquerschnitte mit symmetrischer allseitiger Bewehrung

$$\nu_{Ed} = \frac{N_{Ed}}{b \cdot h \cdot f_{cd}}$$

$\frac{1}{4} A_{s,tot}$

$\frac{1}{4} A_{s,tot}$ $\frac{1}{4} A_{s,tot}$

$\frac{1}{4} A_{s,tot}$

LC 55/60
$\varrho = 1400\ kg/m^3$
$d_1/h = 0,20$

$+M_{Ed}$

$+N_{Ed}$

ε_{c2} / ε_{s2}

ε_{s1} / ε_{c1}

d_2 $d_1 = d_2$ b d h

ν_{Ed}

-3,00 $\varepsilon_{c2}/\varepsilon_{c1} = -2,03/-2,03$

-2,80

-2,60 $\varepsilon_{c2}/\varepsilon_{c1} = -2,27/-1,35$

-2,40 $\varepsilon_{c2}/\varepsilon_{c1} = -2,5/-0,68$

-2,20

-2,00 $\varepsilon_{c2}/\varepsilon_{c1} = -2,74/0,0$

-1,80

-1,60 $\varepsilon_{c2}/\varepsilon_{s1} = -2,74/0,0$

-1,40

-1,20 $\omega_{tot} = 2,0$

-1,00 $\omega_{tot} = 1,5$

-0,80 $\omega_{tot} = 0,0$ $\omega_{tot} = 1,0$ $\varepsilon_{c2}/\varepsilon_{s1} = -2,74/1,0$

-0,60 $\omega_{tot} = 0,5$

-0,40

-0,20

0   $\varepsilon_{c2}/\varepsilon_{s1} = -2,74/2,17$

μ_{Ed}

0,10   0,20   0,30   0,40   0,50   0,60   0,70   0,80   0,90   1,00   1,05

$$\mu_{Ed} = \frac{M_{Ed}}{b \cdot h^2 \cdot f_{cd}}$$

0,20 $\varepsilon_{c2}/\varepsilon_{s1} = -2,74/3,0$

0,40

0,60

0,80 $\varepsilon_{c2}/\varepsilon_{s1} = -2,74/5,0$

1,00

1,20

1,40 $\varepsilon_{c2}/\varepsilon_{s1} = -2,74/10,0$

1,60

1,80 $\varepsilon_{c2}/\varepsilon_{s1} = -2,74/15,0$

2,00 $\varepsilon_{c2}/\varepsilon_{s1} = -2,74/20,0$
  $\varepsilon_{c2}/\varepsilon_{s1} = -2,74/25,0$
  $\varepsilon_{c2}/\varepsilon_{s1} = 0,0/25,0$

2,20 $\varepsilon_{s2}/\varepsilon_{s1} = 25,0/25,0$

$\mu_{Ed} = \dfrac{M_{Ed}}{b \cdot h^2 \cdot f_{cd}}$	$\omega_{tot} = \dfrac{A_{s,tot}}{b \cdot h} \cdot \dfrac{f_{yd}}{f_{cd}}$	Beton	f_{cd} [MN/m²]	f_{yd}/f_{cd}
$\nu_{Ed} = \dfrac{N_{Ed}}{b \cdot h \cdot f_{cd}}$	$A_{s,tot} = \omega_{tot} \cdot \dfrac{b \cdot h}{f_{yd}/f_{cd}}$	LC55/60	29,0	15,0
		Angaben gültig für $\gamma'_c \cdot \gamma_c = 1,52$ und $\gamma_s = 1,15$		

Interaktionsdiagramm für Rechteckquerschnitte mit symmetrischer allseitiger Bewehrung

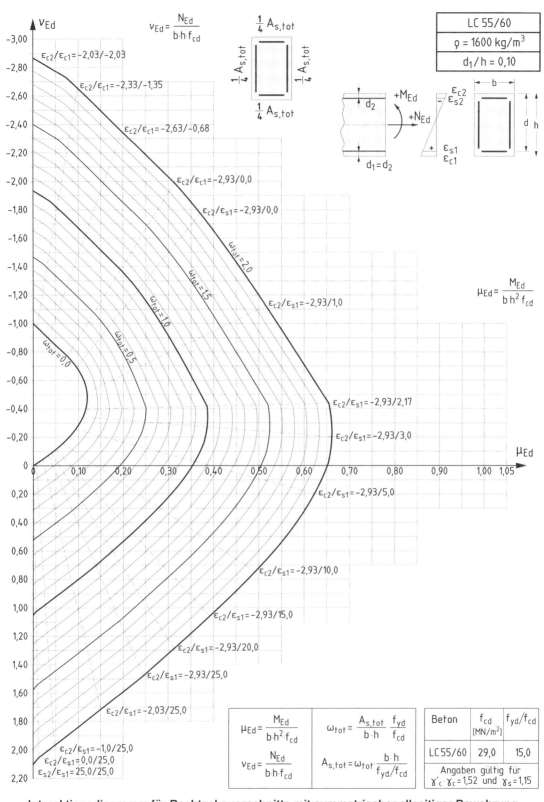

$$v_{Ed} = \frac{N_{Ed}}{b \cdot h \cdot f_{cd}}$$

$$\mu_{Ed} = \frac{M_{Ed}}{b\, h^2\, f_{cd}}$$

	LC 55/60
	$\varrho = 1600 \text{ kg/m}^3$
	$d_1 / h = 0,10$

$\varepsilon_{c2}/\varepsilon_{c1} = -2,03/-2,03$
$\varepsilon_{c2}/\varepsilon_{c1} = -2,33/-1,35$
$\varepsilon_{c2}/\varepsilon_{c1} = -2,63/-0,68$
$\varepsilon_{c2}/\varepsilon_{c1} = -2,93/0,0$
$\varepsilon_{c2}/\varepsilon_{s1} = -2,93/0,0$
$\varepsilon_{c2}/\varepsilon_{s1} = -2,93/1,0$
$\varepsilon_{c2}/\varepsilon_{s1} = -2,93/2,17$
$\varepsilon_{c2}/\varepsilon_{s1} = -2,93/3,0$
$\varepsilon_{c2}/\varepsilon_{s1} = -2,93/5,0$
$\varepsilon_{c2}/\varepsilon_{s1} = -2,93/10,0$
$\varepsilon_{c2}/\varepsilon_{s1} = -2,93/15,0$
$\varepsilon_{c2}/\varepsilon_{s1} = -2,93/20,0$
$\varepsilon_{c2}/\varepsilon_{s1} = -2,93/25,0$
$\varepsilon_{c2}/\varepsilon_{s1} = -2,03/25,0$
$\varepsilon_{c2}/\varepsilon_{s1} = -1,0/25,0$
$\varepsilon_{c2}/\varepsilon_{s1} = 0,0/25,0$
$\varepsilon_{s2}/\varepsilon_{s1} = 25,0/25,0$

$\omega_{tot} = 2,0$
$\omega_{tot} = 1,5$
$\omega_{tot} = 1,0$
$\omega_{tot} = 0,5$
$\omega_{tot} = 0,0$

			Beton	f_{cd} [MN/m²]	f_{yd}/f_{cd}
$\mu_{Ed} = \dfrac{M_{Ed}}{b \cdot h^2 \cdot f_{cd}}$	$\omega_{tot} = \dfrac{A_{s,tot}}{b \cdot h} \cdot \dfrac{f_{yd}}{f_{cd}}$		LC 55/60	29,0	15,0
$v_{Ed} = \dfrac{N_{Ed}}{b \cdot h \cdot f_{cd}}$	$A_{s,tot} = \omega_{tot} \cdot \dfrac{b \cdot h}{f_{yd}/f_{cd}}$		Angaben gültig für $\gamma'_c \cdot \gamma_c = 1,52$ und $\gamma_s = 1,15$		

LC 55/60

Interaktionsdiagramm für Rechteckquerschnitte mit symmetrischer allseitiger Bewehrung

Tafel 6.2d / LC55

Interaktionsdiagramm für Rechteckquerschnitte mit symmetrischer allseitiger Bewehrung

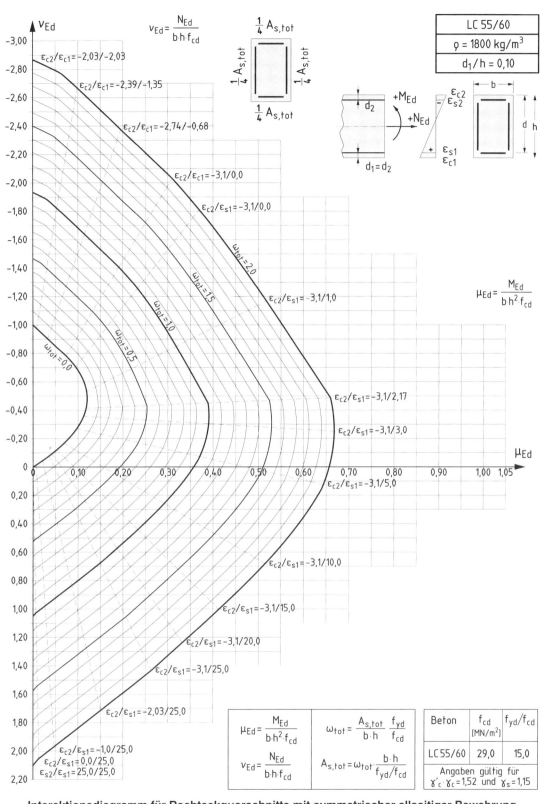

Interaktionsdiagramm für Rechteckquerschnitte mit symmetrischer allseitiger Bewehrung

Tafel 6.2f / LC55

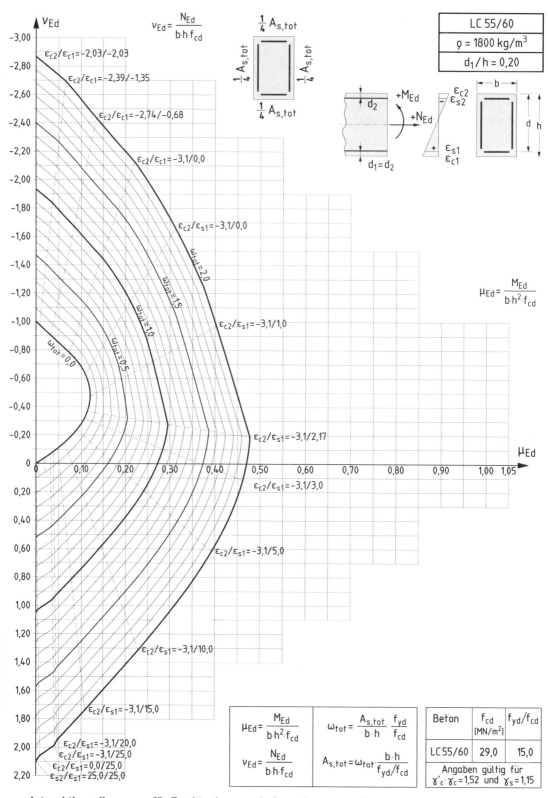

Interaktionsdiagramm für Rechteckquerschnitte mit symmetrischer allseitiger Bewehrung

Bemessungstafeln LC 60/66

Darstellung	Beschreibung		Tafel	Seite
	Allgemeines Bemessungsdiagramm	$\rho \geq 1600$ kg/m³	1 / LC60	487
	μ_s-Tafeln	$\rho \geq 1600$ kg/m³	3 / LC60	488
	Interaktionsdiagramme zur Biegebemessung beidseitig symmetrisch bewehrter Rechteckquerschnitte			
	$d_1/h = 0{,}10$ $d_1/h = 0{,}20$	$\rho \geq 1600$ kg/m³	6.1 / LC60	491
	Interaktionsdiagramme zur Biegebemessung allseitig symmetrisch bewehrter Rechteckquerschnitte			
	$d_1/h = 0{,}10$ $d_1/h = 0{,}20$	$\rho \geq 1600$ kg/m³	6.2 /LC60	493

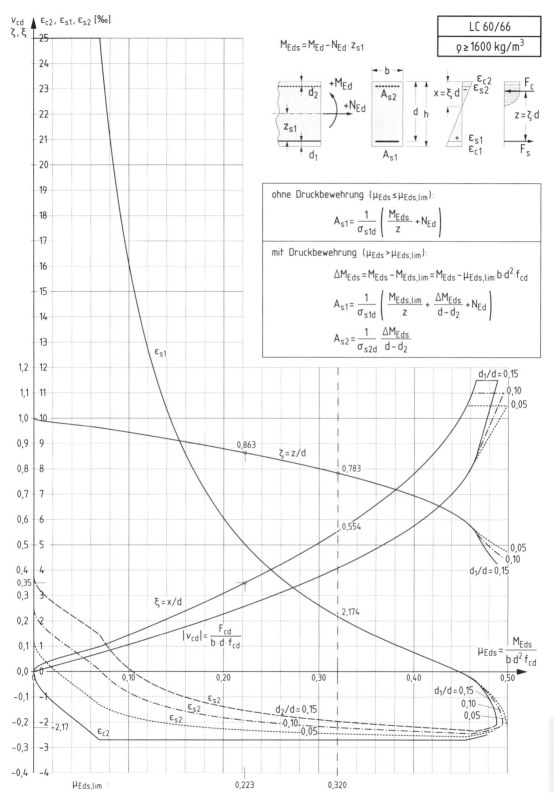

LC 60/66
$\varrho \geq 1600\ kg/m^3$

$M_{Eds} = M_{Ed} - N_{Ed} \cdot z_{s1}$

ohne Druckbewehrung $(\mu_{Eds} \leq \mu_{Eds,lim})$:

$$A_{s1} = \frac{1}{\sigma_{s1d}} \left(\frac{M_{Eds}}{z} + N_{Ed} \right)$$

mit Druckbewehrung $(\mu_{Eds} > \mu_{Eds,lim})$:

$$\Delta M_{Eds} = M_{Eds} - M_{Eds,lim} = M_{Eds} - \mu_{Eds,lim} \cdot b \cdot d^2 \cdot f_{cd}$$

$$A_{s1} = \frac{1}{\sigma_{s1d}} \left(\frac{M_{Eds,lim}}{z} + \frac{\Delta M_{Eds}}{d - d_2} + N_{Ed} \right)$$

$$A_{s2} = \frac{1}{\sigma_{s2d}} \frac{\Delta M_{Eds}}{d - d_2}$$

Allgemeines Bemessungsdiagramm für Rechteckquerschnitte

LC 60/66

Tafel 3a / LC60

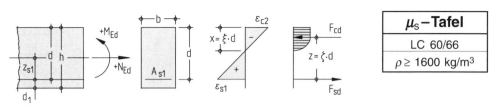

$$\mu_{Eds} = \frac{M_{Eds}}{b \cdot d^2 \cdot f_{cd}}$$

mit $M_{Eds} = M_{Ed} - N_{Ed} \cdot z_{s1}$

$f_{cd} = \alpha \cdot f_{ck}/\gamma_c$

(i. Allg. gilt $\alpha = 0{,}80$)

μ_{Sds}	ω	$\xi = \dfrac{x}{d}$	$\zeta = \dfrac{z}{d}$	ε_{c2} in ‰	ε_{s1} in ‰	$\sigma_{sd}{}^{1)}$ in MPa BSt 500	$\sigma_{sd}{}^{2)}$ in MPa BSt 500
0,01	0,0101	0,031	0,989	−0,80	25,00	435	457
0,02	0,0203	0,045	0,984	−1,18	25,00	435	457
0,03	0,0306	0,057	0,980	−1,51	25,00	435	457
0,04	0,0410	0,067	0,975	−1,81	25,00	435	457
0,05	0,0515	0,078	0,971	−2,11	25,00	435	457
0,06	0,0621	0,088	0,966	−2,41	25,00	435	457
0,07	0,0728	0,099	0,961	−2,70	24,63	435	456
0,08	0,0837	0,114	0,956	−2,70	21,07	435	453
0,09	0,0948	0,129	0,950	−2,70	18,30	435	450
0,10	0,1060	0,144	0,944	−2,70	16,08	435	448
0,11	0,1173	0,159	0,938	−2,70	14,26	435	446
0,12	0,1288	0,175	0,932	−2,70	12,75	435	445
0,13	0,1405	0,191	0,925	−2,70	11,46	435	444
0,14	0,1523	0,207	0,919	−2,70	10,36	435	443
0,15	0,1643	0,223	0,913	−2,70	9,41	435	442
0,16	0,1766	0,240	0,906	−2,70	8,57	435	441
0,17	0,1890	0,256	0,900	−2,70	7,83	435	440
0,18	0,2016	0,274	0,893	−2,70	7,17	435	440
0,19	0,2144	0,291	0,886	−2,70	6,58	435	439
0,20	0,2275	0,309	0,879	−2,70	6,05	435	439
0,21	0,2408	0,327	0,872	−2,70	5,56	435	438
0,22	0,2544	0,345	0,865	−2,70	5,12	435	438
0,23	0,2682	0,364	0,858	−2,70	4,72	435	437
0,24	0,2823	0,383	0,850	−2,70	4,35	435	437
0,25	0,2968	0,403	0,842	−2,70	4,00	435	437
0,26	0,3115	0,423	0,835	−2,70	3,69	435	436
0,27	0,3267	0,443	0,827	−2,70	3,39	435	436
0,28	0,3422	0,464	0,818	−2,70	3,12	435	436
0,29	0,3581	0,486	0,810	−2,70	2,86	435	435
0,30	0,3745	0,508	0,801	−2,70	2,61	435	435
0,31	0,3913	0,531	0,792	−2,70	2,38	435	435
0,32	0,4087	0,555	0,783	−2,70	2,17	434	434
0,33	0,4267	0,579	0,773	−2,70	1,96	393	393
0,34	0,4453	0,604	0,764	−2,70	1,77	354	354
0,35	0,4647	0,631	0,753	−2,70	1,58	316	316
0,36	0,4848	0,658	0,743	−2,70	1,40	281	281
0,37	0,5059	0,686	0,731	−2,70	1,23	247	247
0,38	0,5281	0,717	0,720	−2,70	1,07	214	214
0,39	0,5515	0,748	0,707	−2,70	0,91	182	182
0,40	0,5765	0,782	0,694	−2,70	0,75	150	150

unwirtschaft-
licher Bereich

[1] Begrenzung der Stahlspannung auf $f_{yd} = f_{yk} / \gamma_s$ (horizontaler Ast der σ-ε-Linie)
[2] Begrenzung der Stahlspannung auf $f_{td,cal} = f_{tk,cal}/ \gamma_s$ (geneigter Ast der σ-ε-Linie)

$$A_{s1} = \frac{1}{\sigma_{sd}} (\omega \cdot b \cdot d \cdot f_{cd} + N_{Sd})$$

Bemessungstafel (μ_s-Tafel) für Rechteckquerschnitte ohne Druckbewehrung

(Leichtbeton LC 60/66, Rohdichte $\rho \geq 1600$ kg/m³; Betonstahl BSt 500 und $\gamma_s = 1{,}15$)

LC 60/66

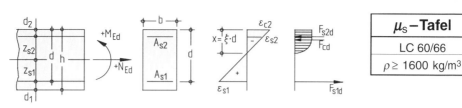

	μ_s–Tafel
	LC 60/66
	$\rho \geq 1600$ kg/m³

$$\mu_{Eds} = \frac{M_{Eds}}{b \cdot d^2 \cdot f_{cd}}$$

mit $M_{Eds} = M_{Ed} - N_{Ed} \cdot z_{s1}$
$f_{cd} = \alpha \cdot f_{ck}/\gamma_c$

(i. Allg. gilt $\alpha = 0{,}80$)

$\xi = 0{,}35$

d_2/d	0,05		0,10		0,15		0,20	
$\varepsilon_{s1}/\varepsilon_{s2}$	5,01 ‰	−2,31 ‰	5,01 ‰	−1,93 ‰	5,01 ‰	−1,54 ‰	5,01 ‰	−1,16 ‰
μ_{Eds}	ω_1	ω_2	ω_1	ω_2	ω_1	ω_2	ω_1	ω_2
0,23	0,266	0,008	0,266	0,009	0,267	0,012	0,267	0,017
0,24	0,276	0,018	0,277	0,022	0,278	0,028	0,280	0,041
0,25	0,287	0,029	0,288	0,034	0,290	0,045	0,292	0,064
0,26	0,297	0,039	0,299	0,047	0,302	0,062	0,305	0,088
0,27	0,308	0,050	0,311	0,059	0,314	0,079	0,317	0,111
0,28	0,318	0,060	0,322	0,072	0,325	0,095	0,330	0,135
0,29	0,329	0,071	0,333	0,084	0,337	0,112	0,342	0,158
0,30	0,339	0,081	0,344	0,097	0,349	0,128	0,355	0,182
0,31	0,350	0,092	0,355	0,109	0,361	0,145	0,367	0,205
0,32	0,360	0,103	0,366	0,122	0,373	0,161	0,380	0,229
0,33	0,371	0,113	0,377	0,135	0,384	0,178	0,392	0,252
0,34	0,382	0,124	0,388	0,147	0,396	0,195	0,405	0,276
0,35	0,392	0,134	0,399	0,160	0,408	0,211	0,417	0,299
0,36	0,403	0,145	0,411	0,172	0,420	0,228	0,430	0,323
0,37	0,413	0,155	0,422	0,185	0,431	0,244	0,442	0,346
0,38	0,424	0,166	0,433	0,197	0,443	0,261	0,455	0,370
0,39	0,434	0,176	0,444	0,210	0,455	0,278	0,467	0,393
0,40	0,445	0,187	0,455	0,222	0,467	0,294	0,480	0,417
0,41	0,455	0,197	0,466	0,235	0,478	0,311	0,492	0,440
0,42	0,466	0,208	0,477	0,247	0,490	0,327	0,505	0,464
0,43	0,476	0,218	0,488	0,260	0,502	0,344	0,517	0,487
0,44	0,487	0,229	0,499	0,272	0,514	0,360	0,530	0,511
0,45	0,497	0,239	0,511	0,285	0,525	0,377	0,542	0,534
0,46	0,508	0,250	0,522	0,297	0,537	0,394	0,555	0,558
0,47	0,518	0,260	0,533	0,310	0,549	0,410	0,567	0,581
0,48	0,529	0,271	0,544	0,322	0,561	0,427	0,580	0,604
0,49	0,539	0,281	0,555	0,335	0,573	0,443	0,592	0,628
0,50	0,550	0,292	0,566	0,347	0,584	0,460	0,605	0,651
0,51	0,560	0,303	0,577	0,360	0,596	0,476	0,617	0,675
0,52	0,571	0,313	0,588	0,372	0,608	0,493	0,630	0,698
0,53	0,582	0,324	0,599	0,385	0,620	0,510	0,642	0,722
0,54	0,592	0,334	0,611	0,398	0,631	0,526	0,655	0,745
0,55	0,603	0,345	0,622	0,410	0,643	0,543	0,667	0,769
0,56	0,613	0,355	0,633	0,423	0,655	0,559	0,680	0,792
0,57	0,624	0,366	0,644	0,435	0,667	0,576	0,692	0,816
0,58	0,634	0,376	0,655	0,448	0,678	0,592	0,705	0,839
0,59	0,645	0,387	0,666	0,460	0,690	0,609	0,717	0,863
0,60	0,655	0,397	0,677	0,473	0,702	0,626	0,730	0,886

$$A_{s1} = \frac{1}{f_{yd}} (\omega_1 \cdot b \cdot d \cdot f_{cd} + N_{Ed})$$

$$A_{s2} = \omega_2 \cdot b \cdot d \cdot \frac{f_{cd}}{f_{yd}}$$

(Wegen der erf. Erhöhung von A_{s2} – Berücksichtigung der Nettofläche der Betondruckzone – wird auf „Einführung", Abschn. 6.1.6, Bild 12 verwiesen.)

LC 60/66

Bemessungstafel (μ_s-Tafel) für Rechteckquerschnitte mit Druckbewehrung; $\xi_{lim} = 0{,}35$
(Leichtbeton LC 60/66, Rohdichte $\rho \geq 1600$ kg/m³; Betonstahl BSt 500 und $\gamma_s = 1{,}15$)

Tafel 3c / LC60

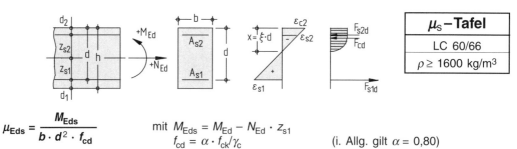

$$\mu_{Eds} = \frac{M_{Eds}}{b \cdot d^2 \cdot f_{cd}}$$

mit $M_{Eds} = M_{Ed} - N_{Ed} \cdot z_{s1}$
$f_{cd} = \alpha \cdot f_{ck}/\gamma_c$

(i. Allg. gilt $\alpha = 0{,}80$)

$\xi = 0{,}554$

| d_2/d | 0,05 | | 0,10 | | 0,15 | | 0,20 | |
| $\varepsilon_{s1}/\varepsilon_{s2}$ | 2,17 ‰ | −2,46 ‰ | 2,17 ‰ | −2,21 ‰ | 2,17 ‰ | −1,97 ‰ | 2,17 ‰ | −1,73 ‰ |
μ_{Eds}	ω_1	ω_2	ω_1	ω_2	ω_1	ω_2	ω_1	ω_2
0,33	0,419	0,011	0,420	0,011	0,420	0,013	0,421	0,016
0,34	0,430	0,021	0,431	0,023	0,432	0,026	0,434	0,032
0,35	0,440	0,032	0,442	0,034	0,444	0,039	0,446	0,048
0,36	0,451	0,042	0,453	0,045	0,456	0,052	0,459	0,063
0,37	0,461	0,053	0,464	0,056	0,467	0,065	0,471	0,079
0,38	0,472	0,063	0,475	0,067	0,479	0,078	0,484	0,095
0,39	0,482	0,074	0,486	0,078	0,491	0,091	0,496	0,111
0,40	0,493	0,084	0,497	0,089	0,503	0,104	0,509	0,126
0,41	0,503	0,095	0,509	0,100	0,514	0,117	0,521	0,142
0,42	0,514	0,106	0,520	0,111	0,526	0,130	0,534	0,158
0,43	0,524	0,116	0,531	0,123	0,538	0,143	0,546	0,174
0,44	0,535	0,127	0,542	0,134	0,550	0,156	0,559	0,189
0,45	0,545	0,137	0,553	0,145	0,561	0,169	0,571	0,205
0,46	0,555	0,148	0,564	0,156	0,573	0,182	0,584	0,221
0,47	0,566	0,158	0,575	0,167	0,585	0,195	0,596	0,237
0,48	0,577	0,169	0,586	0,178	0,597	0,208	0,609	0,252
0,49	0,587	0,179	0,597	0,189	0,609	0,221	0,621	0,268
0,50	0,598	0,190	0,609	0,200	0,620	0,234	0,634	0,284
0,51	0,609	0,200	0,620	0,211	0,632	0,247	0,646	0,300
0,52	0,619	0,211	0,631	0,223	0,644	0,260	0,659	0,315
0,53	0,630	0,221	0,642	0,234	0,656	0,273	0,671	0,331
0,54	0,640	0,232	0,653	0,245	0,667	0,286	0,684	0,347
0,55	0,651	0,242	0,664	0,256	0,679	0,299	0,696	0,363
0,56	0,661	0,253	0,675	0,267	0,691	0,312	0,709	0,378
0,57	0,672	0,263	0,686	0,278	0,703	0,325	0,721	0,394
0,58	0,682	0,274	0,697	0,289	0,714	0,338	0,734	0,410
0,59	0,693	0,284	0,709	0,300	0,726	0,351	0,746	0,426
0,60	0,703	0,295	0,720	0,311	0,738	0,364	0,759	0,441

$$A_{s1} = \frac{1}{f_{yd}} \left(\omega_1 \cdot b \cdot d \cdot f_{cd} + N_{Ed} \right)$$

$$A_{s2} = \omega_2 \cdot b \cdot d \cdot \frac{f_{cd}}{f_{yd}}$$

(Wegen der erf. Erhöhung von A_{s2} – Berücksichtigung der Nettofläche der Betondruckzone – wird auf „Einführung", Abschn. 6.1.6, Bild 12 verwiesen.)

Bemessungstafel (μ_s-Tafel) für Rechteckquerschnitte mit Druckbewehrung; $\xi_{lim} = 0{,}554$
(Leichtbeton LC 60/66, Rohdichte $\rho \geq 1600$ kg/m³; Betonstahl BSt 500 und $\gamma_s = 1{,}15$)

LC 60/66

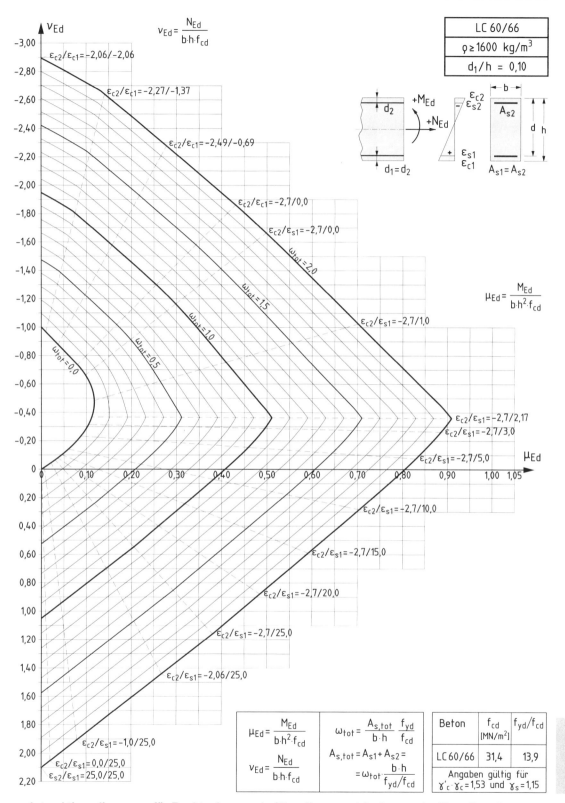

Interaktionsdiagramm für Rechteckquerschnitte mit symmetrischer zweiseitiger Bewehrung

Tafel 6.1b / LC60

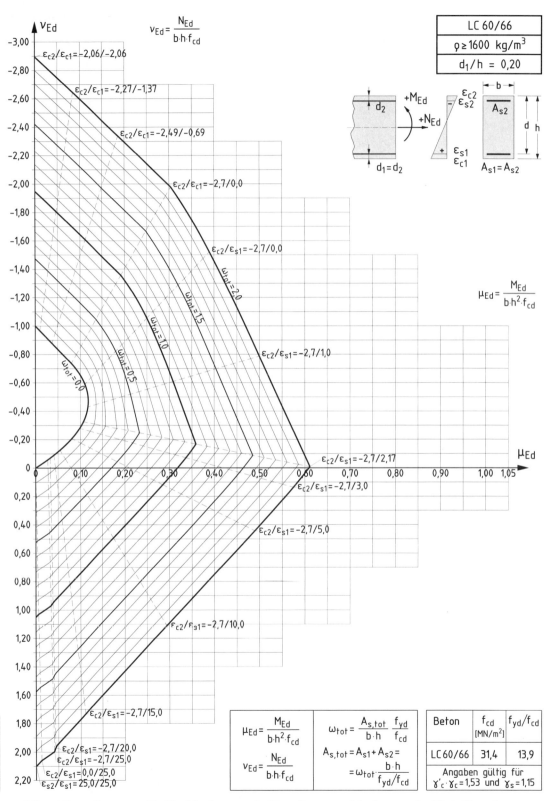

$$v_{Ed} = \frac{N_{Ed}}{b \cdot h \cdot f_{cd}}$$

$$\mu_{Ed} = \frac{M_{Ed}}{b \cdot h^2 \cdot f_{cd}}$$

	LC 60/66
	$\varrho \geq 1600 \text{ kg/m}^3$
	$d_1/h = 0,20$

$\mu_{Ed} = \dfrac{M_{Ed}}{b \cdot h^2 \cdot f_{cd}}$	$\omega_{tot} = \dfrac{A_{s,tot}}{b \cdot h} \cdot \dfrac{f_{yd}}{f_{cd}}$	Beton	f_{cd} [MN/m²]	f_{yd}/f_{cd}
	$A_{s,tot} = A_{s1} + A_{s2} =$	LC60/66	31,4	13,9
$v_{Ed} = \dfrac{N_{Ed}}{b \cdot h \cdot f_{cd}}$	$= \omega_{tot} \cdot \dfrac{b \cdot h}{f_{yd}/f_{cd}}$	\multicolumn{3}{c}{Angaben gültig für $\gamma'_c \cdot \gamma_c = 1,53$ und $\gamma_s = 1,15$}

Interaktionsdiagramm für Rechteckquerschnitte mit symmetrischer zweiseitiger Bewehrung

LC 60/66

492

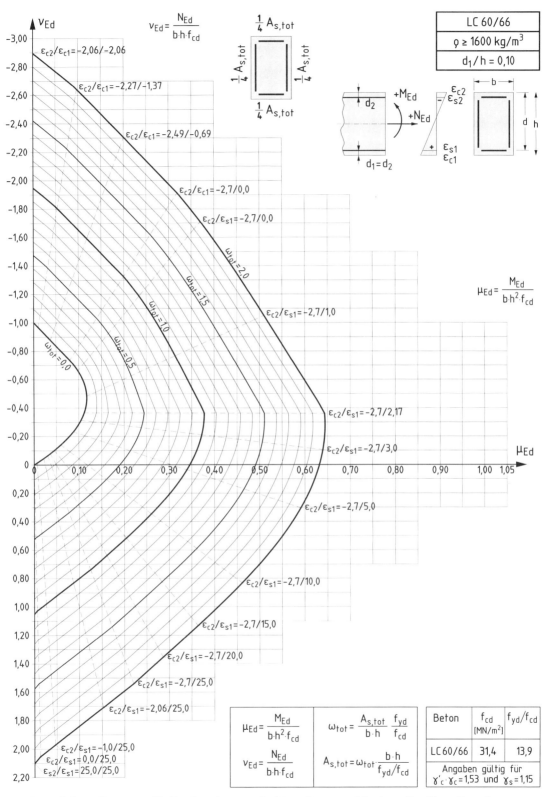

Interaktionsdiagramm für Rechteckquerschnitte mit symmetrischer allseitiger Bewehrung

Tafel 6.2b / LC60

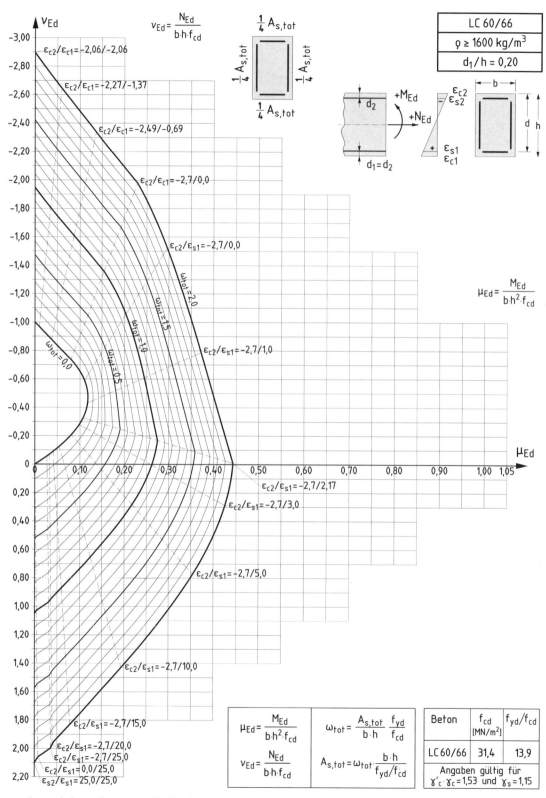

Interaktionsdiagramm für Rechteckquerschnitte mit symmetrischer allseitiger Bewehrung

Tafeln 9: Hilfswerte für Nachweise des Gebrauchszustands

Tafeln für den Gebrauchszustand

Um die Gebrauchstauglichkeit von Stahlbeton- und Spannbetontragwerken sicherzustellen, sind ggf. die Beton- und Stahlspannungen, die Rissbreiten und die Verformungen zu begrenzen. Unter Gebrauchslasten ist der Verlauf der Betonspannungen i. Allg. näherungsweise linear. Wenn die Zugspannungen die Zugfestigkeit des Betons überschreiten, ist von einer gerissenen Zugzone auszugehen. Für den „reinen" Zustand II erhält man den im Bild 9.1 dargestellten Dehnungs- und Spannungsverlauf.

Die Betonstahlspannung σ_{s1} kann für Überschlagsrechnungen näherungsweise mit dem Hebelarm z aus der Bemessung im Grenzzustand der Tragfähigkeit ermittelt werden (wenn keine große Genauigkeit verlangt ist, genügt auch eine Abschätzung $z \approx 0{,}9d$).

Für genauere rechnerische Untersuchungen sind für den häufigen Fall *Biegung ohne Längskraft* die gesuchten Größen in Tafel 9.1 zusammengestellt, zugehörige Hilfsmittel sind in Tafeln 9.3 bis 9.5 wiedergegeben.

Für die Tafeln 9.3 und 9.4 dienen als Eingangswerte die im Verhältnis der E-Moduln vervielfachten Bewehrungsgrade $\alpha_e \cdot \rho$ (die E-Moduln des Betons und die Verhältniswerte α_e sind in Tafel 9.2 zusammengestellt). Es können die Hilfswerte ξ und κ entnommen werden, die für die Ermittlung der Druckzonenhöhe x und des Flächenmoments 2. Grades erforderlich sind. Ebenso können die bezogenen Momente μ_c und $\alpha_e \mu_s$ zur Bestimmung der Betonrandspannung σ_{c2} bzw. der Stahlspannung σ_{s1} abgelesen werden.

Beispiel 1

Rechteck $b/d/h = 30/55/60$ cm mit $A_{s1} = 22$ cm². Für ein Moment $M = 230$ kNm des Gebrauchszustands sollen die Betondruckspannungen und Stahlzugspannungen ermittelt werden; es sei $\alpha_e = 15$.

$\rho \quad = 22{,}0 / (30 \cdot 55) = 0{,}0133$

$\alpha_e \, \rho = 15 \cdot 0{,}0133 = 0{,}200$

$\rightarrow \mu_c = 0{,}196, \mu_s = 0{,}169$ (s. Tafel 9.3)

$$\sigma_{c2} = \frac{M}{b \cdot d^2 \cdot \mu_c} = \frac{0{,}230}{0{,}30 \cdot 0{,}55^2 \cdot 0{,}196} = 12{,}9 \text{ MN/m}^2$$

$$\sigma_{s1} = \frac{\alpha_e \cdot M}{b \cdot d^2 \cdot \mu_s} = \frac{15 \cdot 0{,}230}{0{,}30 \cdot 0{,}55^2 \cdot 0{,}169} = 225 \text{ MN/m}^2$$

Beispiel 2

Wie Bsp. 1, zusätzl. Druckbewehrung $A_{s2} = 11$ cm² ($A_{s2}/A_{s1} = 0{,}50$), Randabstand $d_2/d = 0{,}10$.

$\alpha_e \, \rho = 0{,}200$ (wie vorher)

$\rightarrow \mu_c = 0{,}247, \mu_s = 0{,}174$ (s. Tafel 9.4b)

$$\sigma_{c2} = \frac{M}{b \cdot d^2 \cdot \mu_c} = \frac{0{,}230}{0{,}30 \cdot 0{,}55^2 \cdot 0{,}247} = 10{,}3 \text{ MN/m}^2$$

$$\sigma_{s1} = \frac{\alpha_e \cdot M}{b \cdot d^2 \cdot \mu_s} = \frac{15 \cdot 0{,}230}{0{,}30 \cdot 0{,}55^2 \cdot 0{,}174} = 218 \text{ MN/m}^2$$

Für *Platten* mit Nutzhöhen zwischen 10 cm und 29 cm kann auch Tafel 9.5 benutzt werden, in der die gesuchten Werte nicht als bezogene Größen, sondern direkt als Absolutwerte angegeben sind. Für die Zahlenwerte wurde zur Berücksichtigung von Langzeiteinflüssen ein Verhältnis $\alpha_e = 15$ berücksichtigt, bei abweichenden Werten α_e muss der Eingangswert im Verhältnis $\alpha_e/15$ modifiziert werden.

Beispiel 3

Stahlbetonplatte, $d/h = 21/24$ cm, $A_s = 6{,}65$ cm²/m. Für $M_{perm} = 35{,}92$ kNm/m sollen die Betondruckspannungen und Stahlzugspannungen des Gebrauchszustands ermittelt werden, es sei $\alpha_e = 10$.

$\left. \begin{array}{l} A_s = 6{,}65 \text{ cm}^2/\text{m} \\ A_s^* = 4{,}43 \text{ cm}^2/\text{m} \end{array} \right\}$ (Tafel 9.5c) $\rightarrow \begin{array}{l} x = 4{,}66 \text{ cm} \\ z = 19{,}4 \text{ cm} \end{array}$

$$\sigma_{c2} = \frac{2\,M}{b \cdot x \cdot z} = \frac{2 \cdot 0{,}03592}{1{,}0 \cdot 0{,}0466 \cdot 0{,}194} = 7{,}95 \text{ MN/m}^2$$

$$\sigma_{s1} = \frac{M}{A_s \cdot z} = \frac{0{,}03592}{6{,}65 \cdot 10^{-4} \cdot 0{,}194} = 279 \text{ MN/m}^2$$

Bei Biegung mit Längskraft wird eine iterative Lösung empfohlen; dabei wird A_{s1} durch den vom Biegemoment M_s allein verursachten Bewehrungsanteil

$$A_{sM} = A_{s1} - (N/\sigma_{s1})$$

und M durch das auf die Zugbewehrung bezogene Moment M_s ersetzt. Die noch unbekannte Stahlspannung σ_{s1} muss zunächst geschätzt werden und wird so lange iterativ verbessert, bis eine ausreichende Übereinstimmung erreicht ist.

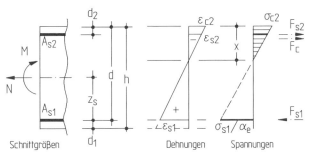

Bild 9.1 Spannungs- und Dehnungsverlauf im Zustand II mit den Schnittgrößen des Gebrauchszustands

Tafel 9.1 Stahlspannung σ_{s1} und die Betonspannung σ_{c2} im Zustand II (gerissener Querschnitt) für den Rechteckquerschnitt unter reiner Biegung im Gebrauchszustand

	Rechteckquerschnitt *ohne* Druckbewehrung	Rechteckquerschnitt *mit* Druckbewehrung
1a	$\xi = -\alpha_e \cdot \rho + \sqrt{\left(\alpha_e \cdot \rho\right)^2 + 2 \cdot \alpha_e \cdot \rho}$	$\xi = -\alpha_e \cdot \rho \cdot \left(1 + \dfrac{A_{s2}}{A_{s1}}\right)$ $+ \sqrt{\left[\alpha_e \cdot \rho \cdot \left(1 + \dfrac{A_{s2}}{A_{s1}}\right)\right]^2 + 2 \cdot \alpha_e \cdot \rho \cdot \left(1 + \dfrac{A_{s2} \cdot d_2}{A_{s1} \cdot d}\right)}$
1b	$\kappa = 4 \cdot \xi^3 + 12 \cdot \alpha_e \cdot \rho \cdot (1-\xi)^2$	$\kappa = 4 \cdot \xi^3 + 12 \cdot \alpha_e \cdot \rho \cdot (1-\xi)^2$ $+ 12 \cdot \alpha_e \cdot \rho \cdot \dfrac{A_{s2}}{A_{s1}} \cdot \left(\xi - \dfrac{d_2}{d}\right)^2$
2a 2b	$x = \xi \cdot d$ $z = d - x/3$	$x = \xi \cdot d$
3a 3b	$\left\lvert\sigma_{c2}\right\rvert = \dfrac{2M}{b \cdot x \cdot z}$ $\sigma_{s1} = \dfrac{M}{z \cdot A_{s1}} = \left\lvert\sigma_{c2}\right\rvert \cdot \dfrac{\alpha_e \cdot (d-x)}{x}$	$\left\lvert\sigma_{c2}\right\rvert = \dfrac{6 \cdot M}{b \cdot x \cdot (3d - x) + 6 \cdot \alpha_e \cdot A_{s2} \cdot (d - d_2) \cdot (1 - d_2/x)}$ $\sigma_{s1} = \left\lvert\sigma_{c2}\right\rvert \cdot \dfrac{\alpha_e \cdot (d-x)}{x}$
4b 4b	$I = \kappa \cdot b \cdot d^3 / 12$ $S = A_{s1} \cdot (d - x)$	$I = \kappa \cdot b \cdot d^3 / 12$ $S = A_{s1} \cdot (d - x) - A_{s2} \cdot (x - d_2)$

ξ auf die Nutzhöhe d bezogene Druckzonenhöhe x; $\xi = x / d$
κ Hilfswert zur Ermittlung des Flächenmoments 2. Grades
ρ auf die Nutzhöhe d und Querschnittsbreite b bezogener Bewehrungsgrad; $\rho = A_{s1}/(b \cdot d)$
σ_{c2} größte Betonrandspannung des Gebrauchszustands
σ_{s1} Stahlzugspannung des Gebrauchszustands
I Flächenmoment 2. Grades (Trägheitsmoment) im Gebrauchszustand
S Flächenmoment 1. Grades (statisches Moment) der Bewehrung, bezogen auf die Schwerachse des gerissenen Querschnitts

Tafel 9.2 E-Moduln von Beton und Verhältnis $\alpha_e = E_s/E_{cm}$

f_{ck} in N/mm²	12	16	20	25	30	35	40	45	50	55	60	70	80	90	100
E_{cm}[1)][2)] in kN/cm²	25,8	27,4	28,8	30,5	31,9	33,3	34,5	35,7	36,8	37,8	38,8	40,6	42,3	43,8	45,2
α_e[1)][3)]		7,8	7,2	6,9	6,6	6,3	6,0	5,8	5,6	5,4	5,3	5,2	4,9	4,7	4,6	4,4

[1)] Das Kriechen des Betons kann durch Berücksichtigung eines effektiven E-Moduls $E_{c,eff} = E_{cm} / (1+\varphi)$ abgeschätzt werden (φ Kriechbeiwert). Der angegebene α_e-Wert ist dann mit $(1+\varphi)$ zu multiplizieren.

[2)] Für Leichtbeton sind die angegebenen E-Moduln mit $\eta_E = (\rho/2200)^2$ zu multiplizieren (ρ Rohdichte in kg/m³)

[3)] Für Leichtbeton ist der α_e-Wert mit $1/\eta_E$ zu multiplizieren (η_E s. vorher)

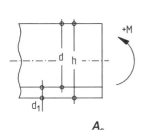

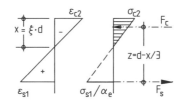

Gebrauchs-zustand

$$\alpha_e \cdot \rho = \alpha_e \cdot \frac{A_s}{b \cdot d} \qquad \alpha_e = \frac{E_s}{E_{c,eff}}$$

$\alpha_e \cdot \rho$	ξ	κ	μ_c	μ_s		$\alpha_e \cdot \rho$	ξ	κ	μ_c	μ_s
0,01	0,132	0,100	0,063	0,010		0,31	0,536	1,417	0,220	0,255
0,02	0,181	0,185	0,085	0,019		0,32	0,542	1,442	0,222	0,262
0,03	0,217	0,262	0,101	0,028		0,33	0,547	1,467	0,224	0,270
0,04	0,246	0,332	0,113	0,037		0,34	0,552	1,492	0,225	0,277
0,05	0,270	0,398	0,123	0,045		0,35	0,557	1,515	0,227	0,285
0,06	0,292	0,460	0,132	0,054		0,36	0,562	1,539	0,228	0,293
0,07	0,311	0,519	0,139	0,063		0,37	0,566	1,562	0,230	0,300
0,08	0,328	0,575	0,146	0,071		0,38	0,571	1,584	0,231	0,308
0,09	0,344	0,628	0,152	0,080		0,39	0,575	1,606	0,233	0,315
0,10	0,358	0,678	0,158	0,088		0,40	0,580	1,627	0,234	0,323
0,11	0,372	0,727	0,163	0,096		0,41	0,584	1,648	0,235	0,330
0,12	0,384	0,773	0,168	0,105		0,42	0,588	1,669	0,236	0,338
0,13	0,396	0,818	0,172	0,113		0,43	0,592	1,689	0,238	0,345
0,14	0,407	0,860	0,176	0,121		0,44	0,596	1,709	0,239	0,353
0,15	0,418	0,902	0,180	0,129		0,45	0,600	1,728	0,240	0,360
0,16	0,428	0,942	0,183	0,137		0,46	0,604	1,747	0,241	0,367
0,17	0,437	0,980	0,187	0,145		0,47	0,607	1,766	0,242	0,375
0,18	0,446	1,018	0,190	0,153		0,48	0,611	1,784	0,243	0,382
0,19	0,455	1,054	0,193	0,161		0,49	0,615	1,802	0,244	0,390
0,20	0,463	1,089	0,196	0,169		0,50	0,618	1,820	0,245	0,397
0,21	0,471	1,123	0,199	0,177		0,51	0,621	1,837	0,246	0,404
0,22	0,479	1,156	0,201	0,185		0,52	0,625	1,854	0,247	0,412
0,23	0,486	1,188	0,204	0,193		0,53	0,628	1,871	0,248	0,419
0,24	0,493	1,220	0,206	0,201		0,54	0,631	1,887	0,249	0,426
0,25	0,500	1,250	0,208	0,208		0,55	0,634	1,903	0,250	0,434
0,26	0,507	1,280	0,211	0,216		0,56	0,637	1,919	0,251	0,441
0,27	0,513	1,308	0,213	0,224		0,57	0,640	1,935	0,252	0,448
0,28	0,519	1,337	0,215	0,232		0,58	0,643	1,950	0,253	0,456
0,29	0,525	1,364	0,217	0,239		0,59	0,646	1,966	0,253	0,463
0,30	0,531	1,391	0,218	0,247		0,60	0,649	1,980	0,254	0,470

$$x = \xi \cdot d \qquad I = \kappa \cdot b \cdot d^3 / 12$$

$$\sigma_{c2} = \frac{M}{b \cdot d^2 \cdot \mu_c} \qquad \sigma_{s1} = \frac{\alpha_e \cdot M}{b \cdot d^2 \cdot \mu_s}$$

Hilfswerte zur Ermittlung der Druckzonenhöhe x und des Flächenmoments 2. Grades I sowie der Beton- und Betonstahlspannungen
(Rechteckquerschnitte ohne Druckbewehrung im Zustand II unter reiner Biegung)

Tafel 9.4a

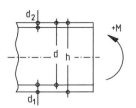 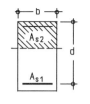 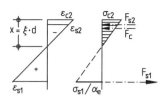

Gebrauchs-zustand

$$\alpha_e \cdot \rho = \alpha_e \cdot \frac{A_s}{b \cdot d} \qquad \alpha_e = \frac{E_s}{E_{c,eff}}$$

$\alpha_e \cdot \rho$	$A_{s2}/A_{s1} = 0,25$															
	$d_2/d = 0,05$				$d_2/d = 0,10$				$d_2/d = 0,15$				$d_2/d = 0,20$			
	ξ	κ	μ_c	μ_s	ξ	κ	μ_c	μ_s	ξ	κ	μ_c	μ_s	ξ	κ	μ_c	μ_s
0,02	0,178	0,186	0,087	0,019	0,179	0,185	0,086	0,019	0,180	0,185	0,085	0,019				
0,04	0,239	0,337	0,117	0,037	0,241	0,335	0,116	0,037	0,242	0,333	0,115	0,037	0,244	0,333	0,114	0,037
0,06	0,282	0,471	0,139	0,055	0,284	0,467	0,137	0,054	0,286	0,464	0,135	0,054	0,288	0,462	0,134	0,054
0,08	0,315	0,592	0,157	0,072	0,317	0,587	0,154	0,072	0,320	0,582	0,152	0,071	0,322	0,578	0,150	0,071
0,10	0,342	0,705	0,172	0,089	0,345	0,697	0,169	0,089	0,347	0,690	0,166	0,088	0,350	0,685	0,163	0,088
0,12	0,365	0,811	0,185	0,106	0,368	0,800	0,181	0,106	0,371	0,792	0,178	0,105	0,374	0,784	0,175	0,104
0,14	0,385	0,911	0,197	0,124	0,389	0,898	0,193	0,122	0,392	0,887	0,189	0,121	0,395	0,877	0,185	0,121
0,16	0,403	1,006	0,208	0,140	0,407	0,990	0,203	0,139	0,410	0,976	0,199	0,138	0,413	0,965	0,195	0,137
0,18	0,419	1,097	0,218	0,157	0,423	1,078	0,213	0,156	0,426	1,062	0,208	0,154	0,430	1,048	0,203	0,153
0,20	0,434	1,184	0,228	0,174	0,437	1,163	0,222	0,172	0,441	1,144	0,216	0,171	0,445	1,128	0,211	0,169
0,22	0,447	1,269	0,237	0,191	0,451	1,244	0,230	0,189	0,454	1,222	0,224	0,187	0,458	1,204	0,219	0,185
0,24	0,459	1,350	0,245	0,208	0,463	1,322	0,238	0,205	0,467	1,298	0,232	0,203	0,471	1,277	0,226	0,201
0,26	0,470	1,429	0,253	0,225	0,474	1,398	0,246	0,222	0,478	1,371	0,239	0,219	0,482	1,347	0,233	0,217
0,28	0,480	1,506	0,261	0,242	0,485	1,472	0,253	0,238	0,489	1,442	0,246	0,235	0,493	1,415	0,239	0,233
0,30	0,490	1,581	0,269	0,258	0,494	1,544	0,260	0,254	0,499	1,510	0,252	0,251	0,503	1,481	0,245	0,248
0,32	0,499	1,654	0,276	0,275	0,503	1,613	0,267	0,271	0,508	1,577	0,259	0,267	0,512	1,545	0,251	0,264
0,34	0,507	1,726	0,284	0,292	0,512	1,682	0,274	0,287	0,516	1,642	0,265	0,283	0,521	1,607	0,257	0,279
0,36	0,515	1,796	0,291	0,309	0,520	1,748	0,280	0,303	0,524	1,705	0,271	0,299	0,529	1,667	0,263	0,295
0,38	0,523	1,865	0,297	0,325	0,527	1,814	0,287	0,320	0,532	1,767	0,277	0,315	0,537	1,726	0,268	0,311
0,40	0,530	1,932	0,304	0,342	0,534	1,877	0,293	0,336	0,539	1,828	0,283	0,331	0,544	1,784	0,273	0,326
0,42	0,536	1,999	0,311	0,359	0,541	1,940	0,299	0,352	0,546	1,887	0,288	0,346	0,551	1,840	0,278	0,342
0,44	0,542	2,064	0,317	0,376	0,547	2,002	0,305	0,369	0,552	1,946	0,293	0,362	0,557	1,896	0,283	0,357
0,46	0,548	2,128	0,323	0,393	0,554	2,063	0,311	0,385	0,559	2,003	0,299	0,378	0,564	1,950	0,288	0,372
0,48	0,554	2,192	0,330	0,410	0,559	2,122	0,316	0,401	0,564	2,059	0,304	0,394	0,570	2,003	0,293	0,388
0,50	0,560	2,254	0,336	0,426	0,565	2,181	0,322	0,418	0,570	2,115	0,309	0,410	0,575	2,055	0,298	0,403
0,52	0,565	2,316	0,342	0,443	0,570	2,239	0,327	0,434	0,575	2,169	0,314	0,426	0,581	2,106	0,302	0,419
0,54	0,570	2,377	0,348	0,460	0,575	2,296	0,333	0,450	0,580	2,223	0,319	0,442	0,586	2,157	0,307	0,434
0,56	0,574	2,437	0,354	0,477	0,580	2,353	0,338	0,467	0,585	2,276	0,324	0,457	0,591	2,207	0,311	0,449
0,58	0,579	2,497	0,359	0,494	0,584	2,409	0,343	0,483	0,590	2,328	0,329	0,473	0,595	2,256	0,316	0,465
0,60	0,583	2,556	0,365	0,511	0,589	2,464	0,349	0,499	0,594	2,380	0,334	0,489	0,600	2,304	0,320	0,480

$$x = \xi \cdot d \qquad\qquad I = \kappa \cdot b \cdot d^3 / 12$$

$$\sigma_{c2} = \frac{M}{b \cdot d^2 \cdot \mu_c} \qquad\qquad \sigma_{s1} = \frac{\alpha_e \cdot M}{b \cdot d^2 \cdot \mu_s}$$

Hilfswerte zur Ermittlung der Druckzonenhöhe x und des Flächenmoments 2. Grades I sowie der Beton- und Betonstahlspannungen
(Rechteckquerschnitte mit Druckbewehrung – $A_{s2}/A_{s1} = 0,25$ – im Zustand II unter reiner Biegung)

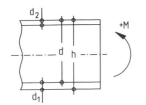 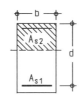 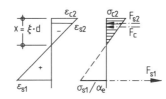

Gebrauchs-zustand

$$\alpha_e \cdot \rho = \alpha_e \cdot \frac{A_s}{b \cdot d} \qquad \alpha_e = \frac{E_s}{E_{c,eff}}$$

$\alpha_e \cdot \rho$	$A_{s2}/A_{s1} = 0{,}50$															
	$d_2/d = 0{,}05$				$d_2/d = 0{,}10$				$d_2/d = 0{,}15$				$d_2/d = 0{,}20$			
	ξ	κ	μ_c	μ_s	ξ	κ	μ_c	μ_s	ξ	κ	μ_c	μ_s	ξ	κ	μ_c	μ_s
0,02	0,175	0,187	0,089	0,019	0,177	0,185	0,087	0,019	0,180	0,185	0,086	0,019				
0,04	0,233	0,341	0,122	0,037	0,236	0,337	0,119	0,037	0,239	0,334	0,116	0,037	0,243	0,333	0,114	0,037
0,06	0,272	0,480	0,147	0,055	0,276	0,473	0,143	0,054	0,280	0,467	0,139	0,054	0,284	0,463	0,136	0,054
0,08	0,302	0,608	0,168	0,073	0,307	0,597	0,162	0,072	0,312	0,588	0,157	0,071	0,316	0,582	0,153	0,071
0,10	0,327	0,729	0,186	0,090	0,332	0,714	0,179	0,089	0,337	0,702	0,173	0,088	0,342	0,692	0,168	0,088
0,12	0,348	0,845	0,202	0,108	0,353	0,825	0,195	0,106	0,359	0,808	0,188	0,105	0,364	0,795	0,182	0,104
0,14	0,365	0,955	0,218	0,125	0,371	0,931	0,209	0,123	0,377	0,910	0,201	0,122	0,383	0,892	0,194	0,121
0,16	0,381	1,062	0,232	0,143	0,387	1,032	0,222	0,140	0,394	1,007	0,213	0,138	0,400	0,986	0,205	0,137
0,18	0,395	1,166	0,246	0,160	0,401	1,131	0,235	0,157	0,408	1,101	0,225	0,155	0,415	1,075	0,216	0,153
0,20	0,407	1,267	0,259	0,178	0,414	1,226	0,247	0,174	0,421	1,191	0,236	0,171	0,428	1,161	0,226	0,169
0,22	0,418	1,365	0,272	0,196	0,426	1,319	0,258	0,191	0,433	1,279	0,246	0,188	0,440	1,245	0,236	0,185
0,24	0,428	1,462	0,284	0,213	0,436	1,410	0,270	0,208	0,443	1,365	0,256	0,204	0,451	1,326	0,245	0,201
0,26	0,438	1,556	0,296	0,231	0,446	1,499	0,280	0,225	0,453	1,449	0,266	0,221	0,461	1,405	0,254	0,217
0,28	0,446	1,650	0,308	0,248	0,454	1,587	0,291	0,242	0,462	1,531	0,276	0,237	0,470	1,482	0,263	0,233
0,30	0,454	1,741	0,320	0,266	0,462	1,672	0,301	0,259	0,471	1,611	0,285	0,254	0,479	1,557	0,271	0,249
0,32	0,461	1,832	0,331	0,283	0,470	1,757	0,312	0,276	0,478	1,690	0,294	0,270	0,487	1,631	0,279	0,265
0,34	0,468	1,921	0,342	0,301	0,477	1,840	0,321	0,293	0,486	1,767	0,303	0,286	0,494	1,703	0,287	0,281
0,36	0,475	2,010	0,353	0,319	0,484	1,922	0,331	0,310	0,492	1,844	0,312	0,303	0,501	1,774	0,295	0,296
0,38	0,481	2,097	0,364	0,336	0,490	2,003	0,341	0,327	0,499	1,919	0,321	0,319	0,507	1,844	0,303	0,312
0,40	0,486	2,184	0,374	0,354	0,495	2,084	0,350	0,344	0,505	1,994	0,329	0,335	0,514	1,914	0,311	0,328
0,42	0,492	2,269	0,385	0,372	0,501	2,163	0,360	0,361	0,510	2,067	0,338	0,352	0,519	1,982	0,318	0,344
0,44	0,497	2,354	0,395	0,390	0,506	2,242	0,369	0,378	0,515	2,140	0,346	0,368	0,525	2,049	0,325	0,359
0,46	0,501	2,439	0,405	0,408	0,511	2,320	0,378	0,395	0,520	2,212	0,354	0,384	0,530	2,115	0,333	0,375
0,48	0,506	2,523	0,416	0,425	0,515	2,397	0,388	0,412	0,525	2,283	0,362	0,401	0,535	2,181	0,340	0,391
0,50	0,510	2,606	0,426	0,443	0,520	2,474	0,397	0,429	0,530	2,354	0,370	0,417	0,539	2,246	0,347	0,406
0,52	0,514	2,689	0,436	0,461	0,524	2,550	0,406	0,446	0,534	2,424	0,378	0,433	0,544	2,311	0,354	0,422
0,54	0,518	2,771	0,446	0,479	0,528	2,626	0,414	0,464	0,538	2,494	0,386	0,450	0,548	2,375	0,361	0,438
0,56	0,521	2,853	0,456	0,497	0,532	2,701	0,423	0,481	0,542	2,563	0,394	0,466	0,552	2,438	0,368	0,453
0,58	0,525	2,934	0,466	0,515	0,535	2,776	0,432	0,498	0,546	2,631	0,402	0,483	0,556	2,501	0,375	0,469
0,60	0,528	3,015	0,476	0,533	0,539	2,850	0,441	0,515	0,549	2,699	0,410	0,499	0,559	2,563	0,382	0,485

$$x = \xi \cdot d \qquad\qquad I = \kappa \cdot b \cdot d^3 / 12$$

$$\sigma_{c2} = \frac{M}{b \cdot d^2 \cdot \mu_c} \qquad\qquad \sigma_{s1} = \frac{\alpha_e \cdot M}{b \cdot d^2 \cdot \mu_s}$$

Hilfswerte zur Ermittlung der Druckzonenhöhe x und des Flächenmoments 2. Grades I sowie der Beton- und Betonstahlspannungen
(Rechteckquerschnitte mit Druckbewehrung – $A_{s2}/A_{s1} = 0{,}50$ – im Zustand II unter reiner Biegung)

Tafel 9.4c

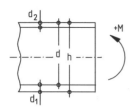 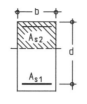 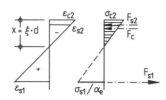

$$\alpha_e \cdot \rho = \alpha_e \cdot \frac{A_s}{b \cdot d} \qquad \alpha_e = \frac{E_s}{E_{c,eff}}$$

$\alpha_e \cdot \rho$	$A_{s2}/A_{s1} = 0{,}75$															
	$d_2/d = 0{,}05$				$d_2/d = 0{,}10$				$d_2/d = 0{,}15$				$d_2/d = 0{,}20$			
	ξ	κ	μ_c	μ_s	ξ	κ	μ_c	μ_s	ξ	κ	μ_c	μ_s	ξ	κ	μ_c	μ_s
0,02	0,172	0,188	0,091	0,019	0,175	0,186	0,088	0,019	0,179	0,185	0,086	0,019				
0,04	0,226	0,345	0,127	0,037	0,231	0,339	0,122	0,037	0,236	0,335	0,118	0,037	0,241	0,333	0,115	0,037
0,06	0,263	0,488	0,155	0,055	0,269	0,478	0,148	0,055	0,275	0,470	0,142	0,054	0,281	0,465	0,138	0,054
0,08	0,291	0,623	0,179	0,073	0,298	0,607	0,170	0,072	0,305	0,594	0,163	0,071	0,311	0,585	0,157	0,071
0,10	0,313	0,751	0,200	0,091	0,321	0,730	0,190	0,089	0,328	0,712	0,181	0,088	0,336	0,697	0,173	0,087
0,12	0,331	0,875	0,220	0,109	0,340	0,847	0,208	0,107	0,348	0,823	0,197	0,105	0,356	0,804	0,188	0,104
0,14	0,347	0,995	0,239	0,127	0,356	0,960	0,225	0,124	0,365	0,930	0,213	0,122	0,373	0,906	0,202	0,120
0,16	0,361	1,111	0,257	0,145	0,370	1,070	0,241	0,141	0,379	1,034	0,227	0,139	0,388	1,004	0,215	0,137
0,18	0,373	1,226	0,274	0,163	0,382	1,177	0,257	0,159	0,392	1,134	0,241	0,155	0,401	1,098	0,228	0,153
0,20	0,383	1,338	0,291	0,181	0,393	1,282	0,272	0,176	0,403	1,232	0,255	0,172	0,413	1,190	0,240	0,169
0,22	0,393	1,448	0,307	0,199	0,403	1,385	0,286	0,193	0,414	1,328	0,268	0,189	0,424	1,280	0,252	0,185
0,24	0,401	1,557	0,323	0,217	0,412	1,486	0,300	0,211	0,423	1,423	0,280	0,205	0,433	1,368	0,263	0,201
0,26	0,409	1,665	0,339	0,235	0,420	1,586	0,314	0,228	0,431	1,515	0,293	0,222	0,442	1,454	0,274	0,217
0,28	0,416	1,771	0,355	0,253	0,428	1,684	0,328	0,245	0,439	1,606	0,305	0,239	0,450	1,538	0,285	0,233
0,30	0,423	1,877	0,370	0,271	0,434	1,781	0,342	0,263	0,446	1,696	0,317	0,255	0,458	1,622	0,295	0,249
0,32	0,429	1,981	0,385	0,289	0,441	1,878	0,355	0,280	0,453	1,785	0,329	0,272	0,464	1,704	0,306	0,265
0,34	0,434	2,085	0,400	0,307	0,447	1,973	0,368	0,297	0,459	1,873	0,340	0,288	0,471	1,784	0,316	0,281
0,36	0,440	2,188	0,415	0,325	0,452	2,068	0,381	0,315	0,464	1,960	0,352	0,305	0,477	1,864	0,326	0,297
0,38	0,444	2,291	0,430	0,344	0,457	2,162	0,394	0,332	0,470	2,046	0,363	0,322	0,482	1,943	0,336	0,313
0,40	0,449	2,392	0,444	0,362	0,462	2,256	0,407	0,349	0,475	2,132	0,374	0,338	0,487	2,022	0,346	0,329
0,42	0,453	2,494	0,459	0,380	0,466	2,348	0,420	0,367	0,479	2,217	0,385	0,355	0,492	2,099	0,355	0,345
0,44	0,457	2,595	0,473	0,398	0,471	2,441	0,432	0,384	0,484	2,301	0,396	0,371	0,497	2,176	0,365	0,360
0,46	0,461	2,695	0,487	0,417	0,474	2,532	0,445	0,402	0,488	2,385	0,407	0,388	0,501	2,253	0,375	0,376
0,48	0,464	2,795	0,501	0,435	0,478	2,624	0,457	0,419	0,492	2,468	0,418	0,405	0,505	2,328	0,384	0,392
0,50	0,468	2,894	0,516	0,453	0,482	2,715	0,470	0,436	0,495	2,551	0,429	0,421	0,509	2,404	0,393	0,408
0,52	0,471	2,994	0,530	0,472	0,485	2,805	0,482	0,454	0,499	2,633	0,440	0,438	0,513	2,478	0,403	0,424
0,54	0,474	3,093	0,544	0,490	0,488	2,895	0,494	0,471	0,502	2,715	0,451	0,455	0,516	2,553	0,412	0,440
0,56	0,477	3,191	0,558	0,508	0,491	2,985	0,506	0,489	0,505	2,797	0,461	0,471	0,519	2,627	0,421	0,456
0,58	0,480	3,290	0,572	0,527	0,494	3,075	0,519	0,506	0,508	2,878	0,472	0,488	0,523	2,700	0,431	0,471
0,60	0,482	3,388	0,585	0,545	0,497	3,164	0,531	0,524	0,511	2,959	0,482	0,505	0,526	2,774	0,440	0,487

$$x = \xi \cdot d \qquad\qquad I = \kappa \cdot b \cdot d^3 / 12$$

$$\sigma_{c2} = \frac{M}{b \cdot d^2 \cdot \mu_c} \qquad\qquad \sigma_{s1} = \frac{\alpha_e \cdot M}{b \cdot d^2 \cdot \mu_s}$$

Hilfswerte zur Ermittlung der Druckzonenhöhe x und des Flächenmoments 2. Grades I sowie der Beton- und Betonstahlspannungen
(Rechteckquerschnitte mit Druckbewehrung $-A_{s2}/A_{s1} = 0{,}75$ – im Zustand II unter reiner Biegung)

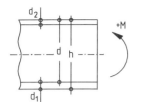
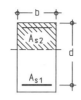
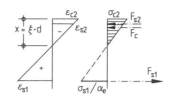

Gebrauchs-zustand

$$\alpha_e \cdot \rho = \alpha_e \cdot \frac{A_s}{b \cdot d} \qquad \alpha_e = \frac{E_s}{E_{c,eff}}$$

$\alpha_e \cdot \rho$	$A_{s2}/A_{s1} = 1{,}00$															
	$d_2/d = 0{,}05$				$d_2/d = 0{,}10$				$d_2/d = 0{,}15$				$d_2/d = 0{,}20$			
	ξ	κ	μ_c	μ_s	ξ	κ	μ_c	μ_s	ξ	κ	μ_c	μ_s	ξ	κ	μ_c	μ_s
0,02	0,169	0,188	0,093	0,019	0,174	0,186	0,089	0,019	0,178	0,185	0,086	0,019				
0,04	0,221	0,348	0,132	0,037	0,227	0,341	0,125	0,037	0,234	0,336	0,120	0,037	0,240	0,333	0,116	0,037
0,06	0,255	0,496	0,162	0,055	0,263	0,483	0,153	0,055	0,270	0,473	0,146	0,054	0,278	0,466	0,140	0,054
0,08	0,280	0,636	0,189	0,074	0,289	0,616	0,178	0,072	0,298	0,600	0,168	0,071	0,306	0,588	0,160	0,071
0,10	0,300	0,771	0,214	0,092	0,310	0,743	0,200	0,090	0,320	0,721	0,188	0,088	0,329	0,703	0,178	0,087
0,12	0,316	0,902	0,238	0,110	0,327	0,866	0,221	0,107	0,338	0,836	0,206	0,105	0,348	0,812	0,195	0,104
0,14	0,330	1,030	0,260	0,128	0,342	0,986	0,240	0,125	0,353	0,948	0,224	0,122	0,364	0,918	0,210	0,120
0,16	0,342	1,155	0,281	0,146	0,354	1,103	0,259	0,142	0,366	1,057	0,241	0,139	0,377	1,020	0,225	0,136
0,18	0,352	1,278	0,302	0,165	0,365	1,217	0,278	0,160	0,377	1,164	0,257	0,156	0,389	1,119	0,239	0,153
0,20	0,362	1,400	0,323	0,183	0,375	1,330	0,296	0,177	0,387	1,268	0,273	0,173	0,400	1,216	0,253	0,169
0,22	0,370	1,521	0,343	0,201	0,383	1,441	0,313	0,195	0,396	1,371	0,288	0,189	0,409	1,311	0,267	0,185
0,24	0,377	1,640	0,363	0,219	0,391	1,551	0,331	0,212	0,405	1,473	0,303	0,206	0,418	1,405	0,280	0,201
0,26	0,384	1,758	0,382	0,238	0,398	1,660	0,348	0,230	0,412	1,573	0,318	0,223	0,426	1,497	0,293	0,217
0,28	0,390	1,876	0,401	0,256	0,404	1,768	0,365	0,247	0,419	1,672	0,333	0,240	0,433	1,587	0,306	0,233
0,30	0,395	1,993	0,420	0,274	0,410	1,875	0,381	0,265	0,425	1,770	0,347	0,256	0,439	1,677	0,318	0,249
0,32	0,400	2,109	0,439	0,293	0,415	1,981	0,398	0,282	0,430	1,867	0,361	0,273	0,445	1,766	0,331	0,265
0,34	0,405	2,224	0,458	0,311	0,420	2,087	0,414	0,300	0,436	1,963	0,376	0,290	0,451	1,854	0,343	0,281
0,36	0,409	2,339	0,477	0,330	0,425	2,192	0,430	0,317	0,440	2,059	0,390	0,307	0,456	1,941	0,355	0,297
0,38	0,413	2,454	0,495	0,348	0,429	2,296	0,446	0,335	0,445	2,154	0,404	0,323	0,460	2,027	0,367	0,313
0,40	0,417	2,568	0,514	0,367	0,433	2,400	0,462	0,353	0,449	2,248	0,417	0,340	0,465	2,113	0,379	0,329
0,42	0,420	2,682	0,532	0,385	0,437	2,504	0,478	0,370	0,453	2,343	0,431	0,357	0,469	2,198	0,391	0,345
0,44	0,423	2,795	0,550	0,404	0,440	2,607	0,494	0,388	0,457	2,436	0,445	0,374	0,473	2,283	0,402	0,361
0,46	0,426	2,908	0,569	0,422	0,443	2,710	0,509	0,406	0,460	2,529	0,458	0,390	0,477	2,368	0,414	0,377
0,48	0,429	3,021	0,587	0,441	0,446	2,812	0,525	0,423	0,463	2,622	0,472	0,407	0,480	2,451	0,426	0,393
0,50	0,432	3,134	0,605	0,460	0,449	2,914	0,541	0,441	0,466	2,715	0,485	0,424	0,483	2,535	0,437	0,409
0,52	0,434	3,246	0,623	0,478	0,452	3,016	0,556	0,459	0,469	2,807	0,499	0,441	0,486	2,618	0,449	0,425
0,54	0,437	3,358	0,641	0,497	0,454	3,118	0,572	0,476	0,472	2,899	0,512	0,457	0,489	2,701	0,460	0,441
0,56	0,439	3,470	0,659	0,515	0,457	3,220	0,587	0,494	0,474	2,991	0,525	0,474	0,492	2,784	0,472	0,457
0,58	0,441	3,582	0,677	0,534	0,459	3,321	0,603	0,512	0,477	3,082	0,539	0,491	0,495	2,866	0,483	0,473
0,60	0,443	3,694	0,695	0,553	0,461	3,422	0,618	0,529	0,479	3,173	0,552	0,508	0,497	2,948	0,494	0,488

$$x = \xi \cdot d \qquad\qquad I = \kappa \cdot b \cdot d^3 / 12$$

$$\sigma_{c2} = \frac{M}{b \cdot d^2 \cdot \mu_c} \qquad\qquad \sigma_{s1} = \frac{\alpha_e \cdot M}{b \cdot d^2 \cdot \mu_s}$$

Hilfswerte zur Ermittlung der Druckzonenhöhe x und des Flächenmoments 2. Grades I sowie der Beton- und Betonstahlspannungen
(Rechteckquerschnitte mit Druckbewehrung – $A_{s2}/A_{s1} = 1{,}00$ – im Zustand II unter reiner Biegung)

Tafel 9.5a

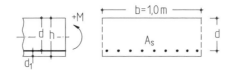

$$A_s^* = A_s \cdot \frac{\alpha_e}{15}$$

| A_s^* | \multicolumn{15}{c}{x_{II} und z_{II} in cm sowie I_{II} in cm^4 für d in cm} |
| cm^2 | \multicolumn{3}{c}{10} | \multicolumn{3}{c}{11} | \multicolumn{3}{c}{12} | \multicolumn{3}{c}{13} | \multicolumn{3}{c}{14} |
	x	z	I	x	z	I	x	z	I	x	z	I	x	z	I
1,0	1,59	9,5	1195	1,67	10,4	1461	1,75	11,4	1755	1,83	12,4	2076	1,90	13,4	2425
1,5	1,91	9,4	1705	2,01	10,3	2089	2,11	11,3	2514	2,20	12,3	2979	2,30	13,2	3486
2,0	2,17	9,3	2180	2,29	10,2	2676	2,40	11,2	3226	2,51	12,2	3828	2,61	13,1	4485
2,5	2,39	9,2	2627	2,52	10,2	3230	2,65	11,1	3899	2,77	12,1	4633	2,89	13,0	5433
3,0	2,58	9,1	3050	2,73	10,1	3756	2,87	11,0	4539	3,00	12,0	5400	3,13	13,0	6339
3,5	2,76	9,1	3453	2,91	10,0	4257	3,06	11,0	5151	3,21	11,9	6134	3,34	12,9	7208
4,0	2,92	9,0	3837	3,08	10,0	4738	3,24	10,9	5738	3,39	11,9	6840	3,54	12,8	8043
4,5	3,06	9,0	4206	3,24	9,9	5198	3,41	10,9	6302	3,57	11,8	7519	3,72	12,8	8849
5,0	3,19	8,9	4560	3,38	9,9	5642	3,56	10,8	6846	3,73	11,8	8175	3,89	12,7	9628
5,5	3,32	8,9	4901	3,51	9,8	6070	3,70	10,8	7372	3,88	11,7	8809	4,05	12,7	10382
6,0	3,44	8,9	5230	3,64	9,8	6483	3,83	10,7	7880	4,02	11,7	9423	4,20	12,6	11113
6,5	3,55	8,8	5548	3,76	9,8	6883	3,96	10,7	8373	4,15	11,6	10019	4,34	12,6	11823
7,0	3,65	8,8	5855	3,87	9,7	7270	4,08	10,6	8850	4,28	11,6	10597	4,47	12,5	12513
7,5	3,75	8,8	6152	3,98	9,7	7646	4,19	10,6	9314	4,40	11,5	11160	4,60	12,5	13185
8,0	3,84	8,7	6441	4,08	9,6	8010	4,30	10,6	9765	4,51	11,5	11707	4,72	12,4	13839
8,5	3,93	8,7	6721	4,17	9,6	8365	4,40	10,5	10204	4,62	11,5	12241	4,83	12,4	14477
9,0	4,02	8,7	6993	4,26	9,6	8710	4,50	10,5	10631	4,73	11,4	12760	4,94	12,4	15100
9,5	4,10	8,6	7258	4,35	9,6	9045	4,59	10,5	11048	4,83	11,4	13268	5,05	12,3	15708
10,0	4,18	8,6	7515	4,44	9,5	9373	4,68	10,4	11454	4,92	11,4	13763	5,15	12,3	16301
11,0	4,33	8,6	8011	4,60	9,5	10003	4,86	10,4	12238	5,10	11,3	14719	5,34	12,2	17450
12,0	4,46	8,5	8482	4,75	9,4	10604	5,01	10,3	12987	5,27	11,2	15634	5,52	12,2	18550
13,0	4,59	8,5	8931	4,88	9,4	11177	5,16	10,3	13703	5,43	11,2	16511	5,69	12,1	19607
14,0	4,71	8,4	9360	5,01	9,3	11727	5,30	10,2	14389	5,58	11,1	17353	5,85	12,1	20622
15,0	4,83	8,4	9770	5,14	9,3	12253	5,44	10,2	15049	5,72	11,1	18163	6,00	12,0	21600
16,0	4,93	8,4	10163	5,25	9,3	12758	5,56	10,2	15683	5,86	11,1	18943	6,14	12,0	22543
17,0	5,03	8,3	10541	5,36	9,2	13244	5,68	10,1	16294	5,98	11,0	19695	6,28	11,9	23453
18,0	5,13	8,3	10904	5,47	9,2	13712	5,79	10,1	16882	6,10	11,0	20421	6,40	11,9	24333
19,0	5,22	8,3	11253	5,57	9,1	14163	5,90	10,0	17451	6,22	10,9	21122	6,53	11,8	25185
20,0	5,31	8,2	11590	5,66	9,1	14599	6,00	10,0	18000	6,33	10,9	21801	6,64	11,8	26009
22,0	5,47	8,2	12227	5,84	9,1	15426	6,19	9,9	19045	6,53	10,8	23096	6,86	11,7	27584
24,0	5,62	8,1	12823	6,00	9,0	16200	6,37	9,9	20027	6,72	10,8	24313	7,07	11,6	29069
26,0	5,75	8,1	13381	6,15	9,0	16927	6,53	9,8	20951	6,90	10,7	25462	7,25	11,6	30472
28,0	5,88	8,0	13906	6,29	8,9	17613	6,68	9,8	21823	7,06	10,7	26549	7,43	11,5	31802
30,0	6,00	8,0	14400	6,42	8,9	18260	6,82	9,7	22648	7,22	10,6	27579	7,59	11,5	33064
35,0	6,26	7,9	15521	6,71	8,8	19733	7,14	9,6	24533	7,56	10,5	29939	7,96	11,4	35965
40,0	6,49	7,8	16504	6,96	8,7	21031	7,42	9,5	26203	7,86	10,4	32038	8,28	11,2	38553

Betonrandspannung: $\sigma_{c2} = \dfrac{2\,M}{b \cdot x \cdot z}$ Stahlspannung: $\sigma_{s1} = \dfrac{M}{A_s \cdot z}$

Druckzonenhöhe x, Hebelarm z und Flächenmoment 2. Grades I des Zustandes II von Stahlbeton-platten ohne Druckbewehrung im Gebrauchszustand mit $\alpha_e = 15$

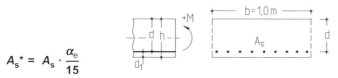

$$A_s^* = A_s \cdot \frac{\alpha_e}{15}$$

A_s^*	\multicolumn{15}{c}{x_{II} und z_{II} in cm sowie I_{II} in cm^4 für d in cm}
cm^2	\multicolumn{3}{c}{15}	\multicolumn{3}{c}{16}	\multicolumn{3}{c}{17}	\multicolumn{3}{c}{18}	\multicolumn{3}{c}{19}
	x	z	I	x	z	I	x	z	I	x	z	I	x	z	I
1,0	1,98	14,3	2802	2,05	15,3	3206	2,11	16,3	3639	2,18	17,3	4099	2,24	18,3	4588
1,5	2,38	14,2	4033	2,47	15,2	4621	2,55	16,2	5251	2,63	17,1	5922	2,71	18,1	6634
2,0	2,71	14,1	5195	2,81	15,1	5959	2,91	16,0	6777	3,00	17,0	7650	3,09	18,0	8577
2,5	3,00	14,0	6300	3,11	15,0	7233	3,22	15,9	8234	3,32	16,9	9301	3,42	17,9	10436
3,0	3,25	13,9	7357	3,37	14,9	8454	3,49	15,8	9630	3,60	16,8	10886	3,71	17,8	12222
3,5	3,48	13,8	8372	3,61	14,8	9628	3,73	15,8	10975	3,85	16,7	12414	3,97	17,7	13945
4,0	3,68	13,8	9350	3,82	14,7	10759	3,96	15,7	12272	4,09	16,6	13890	4,21	17,6	15612
4,5	3,88	13,7	10294	4,02	14,7	11853	4,16	15,6	13528	4,30	16,6	15319	4,43	17,5	17227
5,0	4,05	13,7	11207	4,21	14,6	12913	4,36	15,6	14745	4,50	16,5	16706	4,64	17,5	18796
5,5	4,22	13,6	12092	4,38	14,5	13940	4,54	15,5	15927	4,69	16,4	18054	4,83	17,4	20321
6,0	4,37	13,5	12951	4,54	14,5	14939	4,70	15,4	17077	4,86	16,4	19366	5,02	17,3	21806
6,5	4,52	13,5	13787	4,70	14,4	15911	4,86	15,4	18196	5,03	16,3	20644	5,19	17,3	23255
7,0	4,66	13,5	14599	4,84	14,4	16857	5,02	15,3	19287	5,19	16,3	21890	5,35	17,2	24668
7,5	4,79	13,4	15391	4,98	14,3	17779	5,16	15,3	20350	5,34	16,2	23107	5,51	17,2	26049
8,0	4,92	13,4	16163	5,11	14,3	18679	5,30	15,2	21389	5,48	16,2	24296	5,66	17,1	27399
8,5	5,04	13,3	16916	5,24	14,3	19558	5,43	15,2	22405	5,62	16,1	25458	5,80	17,1	28719
9,0	5,16	13,3	17651	5,36	14,2	20416	5,56	15,2	23397	5,75	16,1	26595	5,94	17,0	30012
9,5	5,27	13,2	18370	5,48	14,2	21256	5,68	15,1	24369	5,88	16,0	27709	6,07	17,0	31279
10,0	5,37	13,2	19072	5,59	14,1	22078	5,80	15,1	25320	6,00	16,0	28800	6,20	16,9	32520
11,0	5,58	13,1	20433	5,80	14,1	23670	6,02	15,0	27165	6,23	15,9	30918	6,44	16,9	34932
12,0	5,77	13,1	21738	6,00	14,0	25200	6,23	14,9	28939	6,45	15,9	32957	6,66	16,8	37257
13,0	5,94	13,0	22992	6,19	13,9	26672	6,42	14,9	30648	6,65	15,8	34923	6,88	16,7	39500
14,0	6,11	13,0	24200	6,36	13,9	28091	6,61	14,8	32297	6,84	15,7	36822	7,08	16,6	41668
15,0	6,27	12,9	25364	6,53	13,8	29460	6,78	14,7	33890	7,03	16,7	38658	7,27	16,6	43766
16,0	6,42	12,9	26488	6,69	13,8	30783	6,95	14,7	35431	7,20	15,6	40435	7,45	16,5	45800
17,0	6,56	12,8	27575	6,84	13,7	32063	7,10	14,6	36923	7,36	15,6	42158	7,62	16,5	47772
18,0	6,70	12,8	28626	6,98	13,7	33303	7,25	14,6	38369	7,52	15,5	43830	7,78	16,4	49687
19,0	6,83	12,7	29644	7,12	13,6	34505	7,40	14,5	39773	7,67	15,4	45453	7,94	16,4	51548
20,0	6,95	12,7	30631	7,25	13,6	35671	7,54	14,5	41136	7,82	15,4	47030	8,09	16,3	53358
22,0	7,18	12,6	32518	7,49	13,5	37905	7,79	14,4	43750	8,09	15,3	50058	8,37	16,2	56835
24,0	7,40	12,5	34301	7,72	13,4	40018	8,03	14,3	46225	8,34	15,2	52930	8,64	16,1	60138
26,0	7,60	12,5	35989	7,93	13,4	42021	8,26	14,3	48576	8,57	15,1	55661	8,88	16,0	63283
28,0	7,78	12,4	37591	8,13	13,3	43926	8,47	14,2	50814	8,79	15,1	58264	9,11	16,0	66283
30,0	7,96	12,4	39115	8,32	13,2	45740	8,66	14,1	52949	9,00	15,0	60750	9,33	15,9	69151
35,0	8,35	12,2	42623	8,73	13,1	49926	9,10	14,0	57884	9,47	14,8	66509	9,82	15,7	75809
40,0	8,70	12,1	45764	9,10	13,0	53685	9,49	13,8	62329	9,87	14,7	71708	10,25	15,6	81834

Betonrandspannung: $\sigma_{c2} = \dfrac{2\,M}{b \cdot x \cdot z}$ Stahlspannung: $\sigma_{s1} = \dfrac{M}{A_s \cdot z}$

Druckzonenhöhe x, Hebelarm z und Flächenmoment 2. Grades I des Zustandes II von Stahlbeton-platten ohne Druckbewehrung im Gebrauchszustand mit $\alpha_e = 15$

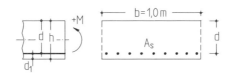

$$A_s^* = A_s \cdot \frac{\alpha_e}{15}$$

A_s^*	\multicolumn{15}{c}{x_{II} und z_{II} in cm sowie I_{II} in cm^4 für d in cm}
	\multicolumn{3}{c}{20}	\multicolumn{3}{c}{21}	\multicolumn{3}{c}{22}	\multicolumn{3}{c}{23}	\multicolumn{3}{c}{24}
cm^2	x	z	I	x	z	I	x	z	I	x	z	I	x	z	I
1,0	2,30	19,2	5105	2,36	20,2	5650	2,42	21,2	6223	2,48	22,2	6824	2,54	23,2	7454
1,5	2,78	19,1	7388	2,86	20,1	8184	2,93	21,0	9021	3,00	22,0	9900	3,07	23,0	10821
2,0	3,18	18,9	9559	3,26	19,9	10596	3,35	20,9	11688	3,43	21,9	12835	3,51	22,8	14037
2,5	3,52	18,8	11638	3,61	19,8	12909	3,70	20,8	14247	3,80	21,7	15653	3,88	22,7	17128
3,0	3,82	18,7	13639	3,92	19,7	15136	4,02	20,7	16713	4,12	21,6	18372	4,22	22,6	20111
3,5	4,09	18,6	15570	4,20	19,6	17287	4,31	20,6	19098	4,42	21,5	21002	4,52	22,5	23000
4,0	4,34	18,6	17439	4,46	19,5	19372	4,57	20,5	21410	4,69	21,4	23554	4,80	22,4	25805
4,5	4,56	18,5	19252	4,69	19,4	21395	4,82	20,4	23655	4,94	21,4	26035	5,06	22,3	28532
5,0	4,78	18,4	21014	4,91	19,4	23362	5,04	20,3	25841	5,17	21,3	28449	5,30	22,2	31189
5,5	4,98	18,3	22729	5,12	19,3	25278	5,26	20,3	27970	5,39	21,2	30804	5,52	22,2	33781
6,0	5,17	18,3	24400	5,31	19,2	27147	5,46	20,2	30047	5,60	21,1	33102	5,73	22,1	36312
6,5	5,35	18,2	26030	5,50	19,2	28970	5,65	20,1	32076	5,79	21,1	35348	5,94	22,0	38787
7,0	5,52	18,2	27622	5,67	19,1	30752	5,83	20,1	34059	5,98	21,0	37545	6,13	22,0	41209
7,5	5,68	18,1	29178	5,84	19,1	32495	6,00	20,0	36000	6,16	21,0	39695	6,31	21,9	43580
8,0	5,83	18,1	30700	6,00	19,0	34200	6,16	20,0	37900	6,33	20,9	41801	6,48	21,8	45904
8,5	5,98	18,0	32190	6,15	19,0	35870	6,32	19,9	39762	6,49	20,8	43866	6,65	21,8	48183
9,0	6,12	18,0	33649	6,30	18,9	37507	6,47	19,8	41587	6,65	20,8	45891	6,81	21,7	50419
9,5	6,26	17,9	35079	6,44	18,9	39112	6,62	19,8	43378	6,80	20,7	47879	6,97	21,7	52615
10,0	6,39	17,9	36482	6,58	18,8	40687	6,76	19,8	45136	6,94	20,7	49830	7,12	21,6	54772
11,0	6,64	17,8	39209	6,84	18,7	43751	7,03	19,7	48558	7,22	20,6	53632	7,40	21,5	58975
12,0	6,87	17,7	41840	7,08	18,6	46708	7,28	19,6	51863	7,48	20,5	57307	7,67	21,4	63041
13,0	7,09	17,6	44380	7,31	18,6	49567	7,52	19,5	55061	7,72	20,4	60865	7,92	21,4	66980
14,0	7,30	17,6	46838	7,52	18,5	52334	7,74	19,4	58159	7,95	20,4	64314	8,16	21,3	70801
15,0	7,50	17,5	49219	7,73	18,4	55017	7,95	19,4	61164	8,17	20,3	67662	8,38	21,2	74512
16,0	7,69	17,4	51527	7,92	18,4	57620	8,15	19,3	64082	8,38	20,2	70915	8,60	21,1	78120
17,0	7,87	17,4	53768	8,11	18,3	60149	8,35	19,2	66918	8,58	20,1	74078	8,80	21,1	81631
18,0	8,04	17,3	55945	8,29	18,2	62608	8,53	19,2	69677	8,77	20,1	77157	9,00	21,0	85050
19,0	8,20	17,3	58062	8,46	18,2	65000	8,71	19,1	72364	8,95	20,0	80157	9,19	20,9	88383
20,0	8,36	17,2	60123	8,62	18,1	67329	8,87	19,0	74981	9,12	20,0	83081	9,37	20,9	91633
22,0	8,65	17,1	64085	8,93	18,0	71813	9,19	18,9	80023	9,45	19,9	88719	9,71	20,8	97904
24,0	8,93	17,0	67854	9,21	17,9	76082	9,49	18,8	84829	9,76	19,8	94098	10,03	20,7	103892
26,0	9,18	16,9	71446	9,48	17,8	80156	9,77	18,7	89419	10,05	19,7	99240	10,33	20,6	109622
28,0	9,42	16,9	74876	9,73	17,8	84051	10,03	18,7	93812	10,32	19,6	104165	10,61	20,5	115116
30,0	9,65	16,8	78160	9,97	17,7	87782	10,27	18,6	98024	10,57	19,5	108892	10,87	20,4	120391
35,0	10,16	16,6	85792	10,50	17,5	96469	10,83	18,4	107845	11,15	19,3	119928	11,47	20,2	132726
40,0	10,61	16,5	92716	10,97	17,3	104365	11,32	18,2	116790	11,66	19,1	129999	12,00	20,0	144000

Betonrandspannung: $\quad \sigma_{c2} = \dfrac{2\,M}{b \cdot x \cdot z}$ $\qquad$ Stahlspannung: $\qquad \sigma_{s1} = \dfrac{M}{A_s \cdot z}$

Druckzonenhöhe x, Hebelarm z und Flächenmoment 2. Grades I des Zustandes II von Stahlbeton-platten ohne Druckbewehrung im Gebrauchszustand mit $\alpha_e = 15$

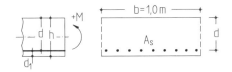

Gebrauchs-zustand

$$A_s^* = A_s \cdot \frac{\alpha_e}{15}$$

A_s^* cm²	\multicolumn{3}{c}{x_{II} und z_{II} in cm sowie I_{II} in cm⁴ für d in cm}												
	\multicolumn{3}{c}{25}	\multicolumn{3}{c}{26}	\multicolumn{3}{c}{27}	\multicolumn{3}{c}{28}	\multicolumn{3}{c}{29}
	x	z	I	x	z	I	x	z	I	x	z	I	x	z	I
2,0	3,58	23,8	15294	3,66	24,8	16607	3,74	25,8	17975	3,81	26,7	19398	3,88	27,7	20877
2,5	3,97	23,7	18670	4,06	24,7	20282	4,14	25,6	21962	4,22	26,6	23711	4,30	27,6	25529
3,0	4,31	23,6	21932	4,41	24,5	23835	4,50	25,5	25819	4,59	26,5	27885	4,68	27,4	30033
3,5	4,63	23,5	25093	4,73	24,4	27279	4,83	25,4	29560	4,92	26,4	31936	5,02	27,3	34406
4,0	4,91	23,4	28162	5,02	24,3	30626	5,12	25,3	33198	5,23	26,3	35877	5,33	27,2	38663
4,5	5,17	23,3	31149	5,29	24,2	33886	5,40	25,2	36742	5,51	26,2	39718	5,62	27,1	42814
5,0	5,42	23,2	34061	5,54	24,2	37064	5,66	25,1	40199	5,77	26,1	43466	5,89	27,0	46867
5,5	5,65	23,1	36902	5,78	24,1	40167	5,90	25,0	43576	6,02	26,0	47130	6,14	27,0	50829
6,0	5,87	23,0	39678	6,00	24,0	43200	6,13	25,0	46878	6,26	25,9	50714	6,38	26,9	54706
6,5	6,07	23,0	42394	6,21	23,9	46168	6,35	24,9	50111	6,48	25,8	54223	6,61	26,8	58505
7,0	6,27	22,9	45052	6,41	23,9	49075	6,55	24,8	53278	6,69	25,8	57663	6,82	26,7	62229
7,5	6,46	22,9	47656	6,61	23,8	51924	6,75	24,8	56384	6,89	25,7	61036	7,03	26,7	65883
8,0	6,64	22,8	50209	6,79	23,7	54718	6,94	24,7	59430	7,08	25,6	64347	7,23	26,6	69470
8,5	6,81	22,7	52714	6,97	23,7	57460	7,12	24,6	62421	7,27	25,6	67599	7,42	26,5	72994
9,0	6,98	22,7	55173	7,14	23,6	60153	7,29	24,6	65359	7,45	25,5	70794	7,60	26,5	76457
9,5	7,14	22,6	57588	7,30	23,6	62798	7,46	24,5	68247	7,62	25,5	73935	7,78	26,4	79863
10,0	7,29	22,6	59961	7,46	23,5	65398	7,62	24,5	71086	7,79	25,4	77024	7,95	26,4	83214
11,0	7,58	22,5	64588	7,76	23,4	70471	7,93	24,4	76627	8,10	25,3	83056	8,27	26,2	89760
12,0	7,86	22,4	69067	8,04	23,3	75385	8,22	24,3	81998	8,40	25,2	88906	8,57	26,1	96110
13,0	8,11	22,3	73408	8,31	23,2	80151	8,50	24,2	87210	8,68	25,1	94585	8,86	26,1	102279
14,0	8,36	22,2	77623	8,56	23,2	84780	8,75	24,1	92274	8,95	25,0	100107	9,13	26,0	108280
15,0	8,59	22,1	81718	8,80	23,1	89280	9,00	24,0	97200	9,20	24,9	105480	9,39	25,9	114122
16,0	8,81	22,1	85701	9,03	23,0	93659	9,23	23,9	101996	9,44	24,9	110715	9,64	25,8	119816
17,0	9,03	22,0	89579	9,24	22,9	97925	9,46	23,9	106671	9,67	24,8	115818	9,88	25,7	125369
18,0	9,23	21,9	93358	9,45	22,9	102084	9,67	23,8	111230	9,89	24,7	120798	10,10	25,6	130790
19,0	9,42	21,9	97043	9,65	22,8	106141	9,88	23,7	115680	10,10	24,6	125660	10,32	25,6	136085
20,0	9,61	21,8	100639	9,85	22,7	110102	10,08	23,6	120026	10,30	24,6	130411	10,53	25,5	141261
22,0	9,96	21,7	107581	10,21	22,6	117755	10,45	23,5	128427	10,69	24,4	139600	10,92	25,4	151278
24,0	10,29	21,6	114217	10,55	22,5	125074	10,80	23,4	136469	11,05	24,3	148403	11,29	25,2	160881
26,0	10,60	21,5	120571	10,87	22,4	132090	11,13	23,3	144183	11,38	24,2	156853	11,64	25,1	170104
28,0	10,89	21,4	126668	11,16	22,3	138826	11,43	23,2	151594	11,70	24,1	164977	11,96	25,0	178978
30,0	11,16	21,3	132526	11,45	22,2	145304	11,72	23,1	158727	12,00	24,0	172800	12,27	24,9	187528
35,0	11,78	21,1	146243	12,09	22,0	160487	12,39	22,9	175463	12,68	23,8	191176	12,97	24,7	207632
40,0	12,33	20,9	158801	12,65	21,8	174410	12,97	22,7	190832	13,29	23,6	208075	13,60	24,5	226145
45,0	12,82	20,7	170371	13,16	21,6	187255	13,50	22,5	205031	13,83	23,4	223707	14,16	24,3	243291
50,0	13,27	20,6	181086	13,62	21,5	199167	13,98	22,3	218216	14,32	23,2	238240	14,66	24,1	259249
55,0	13,67	20,4	191054	14,04	21,3	210262	14,41	22,2	230509	14,77	23,1	251806	15,13	24,0	274161
60,0	14,04	20,3	200362	14,43	21,2	220635	14,81	22,1	242015	15,19	22,9	264516	15,56	23,8	288146

Betonrandspannung: $\sigma_{c2} = \dfrac{2\,M}{b \cdot x \cdot z}$

Stahlspannung: $\sigma_{s1} = \dfrac{M}{A_s \cdot z}$

Druckzonenhöhe x, Hebelarm z und Flächenmoment 2. Grades I des Zustandes II von Stahlbeton-platten ohne Druckbewehrung im Gebrauchszustand mit $\alpha_e = 15$

Tafeln 10: Konstruktionstafeln

Konstruktive Durchbildung

Die konstruktive Durchbildung wird nachfolgend nur in wenigen Aspekten behandelt, die im direkten Zusammenhang mit den zuvor dargestellten Bemessungstafeln stehen. Hierzu gehören insbesondere

- Mindestbiegezugbewehrung zur Sicherstellung eines duktilen Bauteilverhaltens
- Querschnittswerte von Betonstabstahl und Betonstahlmatten
- Verankerungslängen

Die Mindestbiegezugbewehrung zur Sicherstellung eines duktilen Bauteilverhaltens kann für die Bemessung maßgebend werden. Gemäß DIN 1045-1[1]) ist die Mindestbewehrung für das Rissmoment zu ermitteln, das mit dem Mittelwert der Zugfestigkeit f_{ctm} gemäß DIN 1045-1, Tab. 9 und 10 und der Stahlspannung $\sigma_s = f_{yk}$ bestimmt wird. Für biegebeanspruchte *Rechteckquerschnitte* ohne nennenswerte Längskräfte erhält man:

$$A_s = \frac{M_{cr}}{z \cdot f_{yk}} \qquad \text{mit} \quad M_{cr} = 0{,}1667 \cdot b \cdot h^2 \cdot f_{ctm}$$
$$f_{yk} = 500 \text{ N/mm}^2$$

Der Hebelarm z der inneren Kräfte kann im Allgemeinen genügend genau und i. d. R. auf der sicheren Seite konstant mit $z \approx 0{,}9\,d$ abgeschätzt werden (tatsächlich ist z vom jeweiligen Bewehrungsgrad, von der Größe und Lage einer – ggf. vorhandenen – Druckbewehrung usw. abhängig). Unter diesen Voraussetzungen erhält man die in Tafel 10.1 angegebenen Mindestbewehrungsgrade für Rechteckquerschnitte, die zusätzlich zu den sich aus einer Bemessung im Grenzzustand der Tragfähigkeit ergebenden zu beachten sind.

Für den Mittelwert der Betonzugfestigkeit f_{ctm} gilt DIN 1045-1, Tabelle 9 und 10; die entsprechenden Werte sind nachfolgend wiedergegeben.

Mittelwert der Betonzugfestigkeit f_{ctm} (in N/mm²) für Normalbeton

f_{ck} in N/mm²	12	16	20	25	30	35	40	45	50	55	60	70	80	90	100
f_{ctm} in N/mm²	1,57	1,90	2,21	2,56	2,90	3,21	3,51	3,80	4,07	4,21	4,35	4,61	4,84	5,04	5,23

Für Leichtbeton sind die angegebenen Werte mit $\eta_1 = (0{,}40 + 0{,}60 \cdot \rho\,/2200)$ zu multiplizieren (mit ρ als Rohdichte in kg/m³.

Mittelwert der Betonzugfestigkeit f_{lctm} (in N/mm²) für Leichtbeton

f_{lck} (in N/mm²)	12	16	20	25	30	35	40	45	50	55	60
f_{lctm} (in N/mm²), $\rho = 1000$	1,06	1,28									
$\rho = 1200$	1,14	1,39	1,61								
$\rho = 1400$	1,23	1,49	1,73	2,01	2,26						
$\rho = 1600$	1,32	1,59	1,85	2,15	2,42	2,68	2,93	3,17	3,41		
$\rho = 1800$	1,40	1,70	1,97	2,29	2,58	2,86	3,13	3,38	3,63	3,75	3,88
$\rho = 2000$	1,49	1,80	2,09	2,43	2,74	3,03	3,32	3,59	3,85	3,98	4,12

Die Tafeln 10.2 ff geben die Querschnittswerte für Betonstabstahl und für Betonstahlmatten an. Hierfür sind außerdem die erforderlichen Verankerungslängen (Grundmaß) wiedergegeben. Zu beachten ist hierbei, dass die Verankerungslänge nach DIN 1045-1 mit der Streckgrenze f_{yd} des Betonstahls ermittelt wird, während für die Bemessung im Grenzzustand der Tragfähigkeit bis zu 5 % höhere Werte zulässig sind ($f_{td,cal}$ bei Annahme des ansteigenden Asts der Spannungs-Dehnungslinie); die sollte ggf. durch eine „großzügige" Wahl einer Verankerungs- und Übergreifungslänge berücksichtigt werden.

---

[1]) Nach EC 2 gilt für die Mindestbiegezugbewehrung bei Betonstahl BSt 500 $A_{s,min} = 0{,}0015 \cdot b_t \cdot d$; daraus ergeben sich für Betonfestigkeitsklassen < C 30/37 i. Allg. größere, für Betonfestigkeitsklassen > C 30/37 kleinere Werte als nach DIN 1045-1

Konstruktion

Tafel 10.1

Tafel 10.1a Mindestbiegezugbewehrung von Rechteckquerschniten; **Normalbeton** (Werte 10^4fach)

f_{ck} in N/mm²	12	16	20	25	30	35	40	45	50	55	60	70	80	90	100
$d/h = 0{,}95$	6,13	7,43	8,62	10,00	11,29	12,51	13,68	14,80	15,87	16,43	16,98	17,97	18,86	19,67	20,40
$d/h = 0{,}90$	6,47	7,84	9,10	10,56	11,92	13,21	14,44	15,62	16,76	17,34	17,92	18,97	19,91	20,76	21,53
$d/h = 0{,}85$	6,85	8,30	9,63	11,18	12,62	13,99	15,29	16,54	17,74	18,36	18,97	20,09	21,08	21,98	22,80
$d/h = 0{,}80$	7,28	8,82	10,23	11,87	13,41	14,86	16,24	17,57	18,85	19,51	20,16	21,34	22,40	23,35	24,22
$d/h = 0{,}75$	7,77	9,41	10,92	12,67	14,30	15,85	17,33	18,74	20,11	20,81	21,50	22,77	23,89	24,91	25,84

(first column label: $A_{s,min} / (b \cdot h)$)

Tafel 10.1b Mindestbiegezugbewehrung von Rechteckquerschnitten; **Leichtbeton** (Werte 10^4fach)

$\rho = 1000$ kg/m³; f_{lck} in N/mm²	12	16
$d/h = 0{,}95$	4,12	5,00
$d/h = 0{,}90$	4,35	5,27
$d/h = 0{,}85$	4,61	5,58
$d/h = 0{,}80$	4,90	5,93
$d/h = 0{,}75$	5,22	6,33

($A_{s,min} / (b \cdot h)$)

$\rho = 1200$ kg/m³; f_{lck} in N/mm²	12	16	20
$d/h = 0{,}95$	4,46	5,40	6,27
$d/h = 0{,}90$	4,71	5,70	6,62
$d/h = 0{,}85$	4,98	6,04	7,00
$d/h = 0{,}80$	5,29	6,41	7,44
$d/h = 0{,}75$	5,65	6,84	7,94

($A_{s,min} / (b \cdot h)$)

$\rho = 1400$ kg/m³; f_{lck} in N/mm²	12	16	20	25	30
$d/h = 0{,}95$	4,79	5,81	6,74	7,82	8,83
$d/h = 0{,}90$	5,06	6,13	7,11	8,25	9,32
$d/h = 0{,}85$	5,36	6,49	7,53	8,74	9,87
$d/h = 0{,}80$	5,69	6,89	8,00	9,28	10,48
$d/h = 0{,}75$	6,07	7,35	8,53	9,90	11,18

($A_{s,min} / (b \cdot h)$)

$\rho = 1600$ kg/m³; f_{lck} in N/mm²	12	16	20	25	30	35	40	45	50
$d/h = 0{,}95$	5,13	6,21	7,21	8,36	9,44	10,47	11,44	12,38	13,28
$d/h = 0{,}90$	5,41	6,56	7,61	8,83	9,97	11,05	12,08	13,06	14,01
$d/h = 0{,}85$	5,73	6,94	8,06	9,35	10,56	11,70	12,79	13,83	14,84
$d/h = 0{,}80$	6,09	7,38	8,56	9,93	11,22	12,43	13,59	14,70	15,77
$d/h = 0{,}75$	6,49	7,87	9,13	10,59	11,96	13,26	14,49	15,68	16,82

($A_{s,min} / (b \cdot h)$)

$\rho = 1800$ kg/m³; f_{lck} in N/mm²	12	16	20	25	30	35	40	45	50	55	60
$d/h = 0{,}95$	5,46	6,62	7,68	8,91	10,06	11,15	12,19	13,18	14,14	14,64	15,13
$d/h = 0{,}90$	5,77	6,98	8,10	9,40	10,62	11,77	12,86	13,92	14,93	15,45	15,97
$d/h = 0{,}85$	6,10	7,39	8,58	9,96	11,24	12,46	13,62	14,73	15,81	16,36	16,90
$d/h = 0{,}80$	6,49	7,86	9,12	10,58	11,95	13,24	14,47	15,65	16,79	17,38	17,96
$d/h = 0{,}75$	6,92	8,38	9,72	11,28	12,74	14,12	15,44	16,70	17,91	18,54	19,16

($A_{s,min} / (b \cdot h)$)

$\rho = 2000$ kg/m³; f_{lck} in N/mm²	12	16	20	25	30	35	40	45	50	55	60
$d/h = 0{,}95$	5,80	7,02	8,15	9,45	10,68	11,83	12,93	13,99	15,01	15,53	16,05
$d/h = 0{,}90$	6,12	7,41	8,60	9,98	11,27	12,49	13,65	14,77	15,84	16,40	16,94
$d/h = 0{,}85$	6,48	7,85	9,11	10,57	11,93	13,22	14,46	15,64	16,77	17,36	17,94
$d/h = 0{,}80$	6,88	8,34	9,68	11,23	12,68	14,05	15,36	16,61	17,82	18,45	19,06
$d/h = 0{,}75$	7,34	8,89	10,32	11,98	13,52	14,99	16,38	17,72	19,01	19,68	20,33

($A_{s,min} / (b \cdot h)$)

Konstruktion

Tafel 10.2a Abmessungen und Gewichte von Betonstabstahl

Nenndurchmesser d_s in mm	6	8	10	12	14	16	20	25	28	32	36	40
Nennquerschnitt A_s in cm²	0,283	0,503	0,785	1,13	1,54	2,01	3,14	4,91	6,16	8,04	10,18	12,57
Nenngewicht G in kg/m	0,222	0,395	0,617	0,888	1,21	1,58	2,47	3,85	4,83	6,31	7,99	9,87

Tafel 10.2b Querschnitte von Flächenbewehrungen a_s in cm²/m

Stababstand s in cm	Durchmesser d_s in mm									Stäbe pro m
	6	8	10	12	14	16	20	25	28	
5,0	5,65	10,05	15,71	22,62	30,79	40,21	62,83	98,17		20,00
5,5	5,14	9,14	14,28	20,56	27,99	36,56	57,12	89,25		18,18
6,0	4,71	8,38	13,09	18,85	25,66	33,51	52,36	81,81	102,63	16,67
6,5	4,35	7,73	12,08	17,40	23,68	30,93	48,33	75,52	94,73	15,38
7,0	4,04	7,18	11,22	16,16	21,99	28,72	44,88	70,12	87,96	14,29
7,5	3,77	6,70	10,47	15,08	20,53	26,81	41,89	65,45	82,10	13,33
8,0	3,53	6,28	9,82	14,14	19,24	25,13	39,27	61,36	76,97	12,50
8,5	3,33	5,91	9,24	13,31	18,11	23,65	36,96	57,75	72,44	11,76
9,0	3,14	5,59	8,73	12,57	17,10	22,34	34,91	54,54	68,42	11,11
9,5	2,98	5,29	8,27	11,90	16,20	21,16	33,07	51,67	64,82	10,53
10,0	2,83	5,03	7,85	11,31	15,39	20,11	31,42	49,09	61,58	10,00
10,5	2,69	4,79	7,48	10,77	14,66	19,15	29,92	46,75	58,64	9,52
11,0	2,57	4,57	7,14	10,28	13,99	18,28	28,56	44,62	55,98	9,09
11,5	2,46	4,37	6,83	9,83	13,39	17,48	27,32	42,68	53,54	8,70
12,0	2,36	4,19	6,54	9,42	12,83	16,76	26,18	40,91	51,31	8,33
12,5	2,26	4,02	6,28	9,05	12,32	16,08	25,13	39,27	49,26	8,00
13,0	2,17	3,87	6,04	8,70	11,84	15,47	24,17	37,76	47,37	7,69
13,5	2,09	3,72	5,82	8,38	11,40	14,89	23,27	36,36	45,61	7,41
14,0	2,02	3,59	5,61	8,08	11,00	14,36	22,44	35,06	43,98	7,14
14,5	1,95	3,47	5,42	7,80	10,62	13,87	21,67	33,85	42,47	6,90
15,0	1,88	3,35	5,24	7,54	10,26	13,40	20,94	32,72	41,05	6,67
15,5	1,82	3,24	5,07	7,30	9,93	12,97	20,27	31,68	39,74	6,45
16,0	1,77	3,14	4,91	7,07	9,62	12,57	19,63	30,68	38,48	6,25
16,5	1,71	3,05	4,76	6,85	9,33	12,19	19,04	29,76	37,33	6,06
17,0	1,66	2,96	4,62	6,65	9,06	11,83	18,48	28,87	36,22	5,88
17,5	1,62	2,87	4,49	6,46	8,79	11,49	17,95	28,06	35,20	5,71
18,0	1,57	2,79	4,36	6,28	8,55	11,17	17,45	27,27	34,21	5,56
18,5	1,53	2,72	4,25	6,11	8,32	10,87	16,94	26,54	33,30	5,41
19,0	1,49	2,65	4,13	5,95	8,10	10,58	16,53	25,84	32,41	5,26
19,5	1,45	2,58	4,03	5,80	7,89	10,31	16,11	25,18	31,59	5,13
20,0	1,41	2,51	3,93	5,65	7,70	10,05	15,71	24,54	30,79	5,00
20,5	1,38	2,45	3,83	5,52	7,51	9,81	15,32	23,95	30,07	4,88
21,0	1,35	2,39	3,74	5,39	7,33	9,57	14,96	23,37	29,32	4,76
21,5	1,32	2,34	3,65	5,26	7,16	9,35	14,61	22,83	28,64	4,65
22,0	1,29	2,28	3,57	5,14	7,00	9,14	14,28	22,31	27,99	4,55
22,5	1,26	2,23	3,49	5,03	6,84	8,94	13,96	21,82	27,37	4,44
23,0	1,23	2,19	3,41	4,92	6,69	8,74	13,66	21,34	26,77	4,35
23,5	1,20	2,14	3,34	4,81	6,55	8,56	13,37	20,89	26,20	4,26
24,0	1,18	2,09	3,27	4,71	6,41	8,38	13,09	20,45	25,66	4,17
24,5	1,15	2,05	3,21	4,62	6,28	8,21	12,82	20,04	25,13	4,08
25,0	1,13	2,01	3,14	4,52	6,16	8,04	12,57	19,63	24,63	4,00

Konstruktion

Tafel 10.3

Tafel 10.3a Querschnitte von Balkenbewehrungen A_s in cm²

Stabdurchmesser d_s in mm	Anzahl der Stäbe									
	1	2	3	4	5	6	7	8	9	10
6	0,28	0,57	0,85	1,13	1,41	1,70	1,98	2,26	2,54	2,83
8	0,50	1,01	1,51	2,01	2,51	3,02	3,52	4,02	4,52	5,03
10	0,79	1,57	2,36	3,14	3,93	4,71	5,50	6,28	7,07	7,85
12	1,13	2,26	3,39	4,52	5,65	6,79	7,92	9,05	10,18	11,31
14	1,54	3,08	4,62	6,16	7,70	9,24	10,78	12,32	13,85	15,39
16	2,01	4,02	6,03	8,04	10,05	12,06	14,07	16,09	18,10	20,11
20	3,14	6,28	9,42	12,57	15,71	18,85	21,99	25,13	28,27	31,42
25	4,91	9,82	14,73	19,64	24,54	29,45	34,36	39,27	44,18	49,09
28	6,16	12,32	18,47	24,63	30,79	36,95	43,10	49,26	55,42	61,58

Tafel 10.3b Größte Anzahl von Stäben in einer Lage bei Balken

Die Werte gelten für ein Nennmaß der Betondeckung nom $c = 2,5$ cm (bezogen auf den Bügel) ohne Berücksichtigung von Rüttellücken. Bei den Werten in ( ) werden die Maße geringfügig unterschritten.

Balkenbreite b in cm	Durchmesser d_s in mm						
	10	12	14	16	20	25	28
10	1	1	1	1	1	-	-
15	3	3	3	(3)	2	2	1
20	5	4	4	4	3	(3)	2
25	6	6	(6)	5	4	(4)	3
30	8	7	7	(7)	6	4	4
35	10	9	8	8	7	5	4
40	11	10	10	9	8	6	5
45	13	12	11	(10)	9	7	6
50	15	13	(13)	12	10	8	7
55	16	15	14	13	12	9	8
60	18	16	16	14	13	10	9
Bügeldurchmesser $d_{sbü}$	≤ 8 mm				≤ 10 mm	≤ 12 mm	≤ 16 mm

Tafel 10.4a Lagermatten nach DIN 488 – Mattenaufbau, Querschnittswerte, Gewichte

Länge/Breite m	Randeinsparung (Längsrichtung)	Mattenbezeichnung	Stababstände mm	Stabdurchmesser Innenbereich mm	Stabdurchmesser Randbereich mm	Anzahl der Längsrandstäbe links	Anzahl der Längsrandstäbe rechts	Querschnitte längs/quer cm²/m	Gewicht je Matte kg	Gewicht je m² kg
5,00 / 2,15	ohne	**Q 131**	150 · / 150 ·	5,0 / 5,0				1,31 / 1,31	22,5	2,09
	ohne	**Q 188**	150 · / 150 ·	6,0 / 6,0				1,88 / 1,88	32,4	3,01
	mit	**Q 221**	150 · / 150 ·	6,5 / 6,5	5,0 –	4	4	2,21 / 2,21	33,7	3,14
	mit	**Q 295**	150 · / 150 ·	7,5 / 7,5	5,5 –	4	4	2,95 / 2,95	44,2	4,12
6,00 / 2,15	mit	**Q 378**	150 · / 150 ·	8,5 / 8,5	6,0 –	4	4	3,78 / 3,78	66,7	5,17
	mit	**Q 443**	150 · / 100 ·	6,5 d / 7,5	6,5 –	4	4	4,43 / 4,42	78,3	6,07
	mit	**Q 513**	150 · / 100 ·	7,0 d / 8,0	7,0 –	4	4	5,13 / 5,03	90,0	6,97
	mit	**Q 670**	150 · / 100 ·	8,0 d / 9,0	8,0 –	4	4	6,70 / 6,36	115,4	8,95
5,00 / 2,15	ohne	**R 188**	150 · / 250 ·	6,0 / 5,0				1,88 / 0,78	23,3	2,17
	ohne	**R 221**	150 · / 250 ·	6,5 / 5,0				2,21 / 0,78	26,1	2,43
	mit	**R 295**	150 · / 250 ·	7,5 / 5,0	5,5 –	2	2	2,95 / 0,78	29,4	2,74
	mit	**R 378**	150 · / 250 ·	8,5 / 5,0	6,0 –	2	2	3,78 / 0,78	42,6	3,30
	mit	**R 443**	150 · / 250 ·	6,5 d / 5,5	6,5 –	2	2	4,43 / 0,95	50,2	3,89
	mit	**R 513**	150 · / 250 ·	7,0 d / 6,0	7,0 –	2	2	5,13 / 1,13	58,6	4,54
6,00 / 2,15	mit	**R 589**	150 · / 250 ·	7,5 d / 6,5	7,5 –	2	2	5,89 / 1,33	67,5	5,24
	mit	**K 664**	100 · / 250 ·	6,5 d / 6,5	6,5 –	4	4	6,64 / 1,33	69,6	5,39
	mit	**K 770**	100 · / 250 ·	7,0 d / 7,0	7,0 –	4	4	7,70 / 1,54	80,8	6,27
	mit	**K 884**	100 · / 250 ·	7,5 d / 7,5	7,5 –	4	4	8,84 / 1,77	92,9	7,20

Der Gewichtsermittlung der Lagermatten liegen folgende Überstände zugrunde:

Q 131 – Q 295: Überstände längs: 100/100 mm Überstände quer: 25/25 mm
Q 378: Überstände längs: 150/150 mm Überstände quer: 25/25 mm
Q 443 – Q 670: Überstände längs: 100/100 mm Überstände quer: 25/25 mm
R 188 – R 589: Überstände längs: 125/125 mm Überstände quer: 25/25 mm
K 664 – K 884: Überstände längs: 125/125 mm Überstände quer: 25/25 mm

„d": Doppelstab in Längsrichtung

BSt 500 M nach DIN 488

Randausbildung der Lagermatten

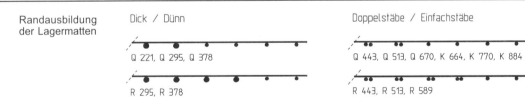

Dick / Dünn
Q 221, Q 295, Q 378
R 295, R 378

Doppelstäbe / Einfachstäbe
Q 443, Q 513, Q 670, K 664, K 770, K 884
R 443, R 513, R 589

Tafel 10.4b

Die neue DIN 1045-1 definiert erhöhte Anforderungen an die Duktilität von Betonstählen, die über den Anforderungen nach DIN 488 liegen. Das geforderte Qualitätsniveau wird mit einer neuen tiefgerippten Betonstahlmatte erreicht, die zukünftig vom Fachverband Betonstahlmatten produziert wird. Im Zuge der Anpassung der Betonstahlmatten an die DIN 1045-1 wird das Lagermattenprogramm außerdem reduziert. Nachfolgend ist das nach dem derzeitigen Stand geplante neue Lagermattenprogramm wiedergegeben.

Länge / Breite m	Randeinsparung (Längsrichtung)	Matten-bezeich-nung	Mattenaufbau in Längsrichtung Querrichtung — Stababstände mm	Stabdurchmesser Innenbereich mm	Stabdurchmesser Randbereich mm	Anzahl der Längsrandstäbe links	Anzahl der Längsrandstäbe rechts	Quer-schnitte längs quer cm²/m	Gewicht je Matte kg	Gewicht je m² kg	
5,00 / 2,15	ohne	QN 188	150 · 6,0 150 · 6,0					1,88 1,88	32,4	3,01	
		QN 257	150 · 7,0 150 · 7,0					2,57 2,57	44,1	4,10	
		QN 335	150 · 8,0 150 · 8,0					3,35 3,35	57,7	5,37	BSt 500 MA nach DIN 1045-1
6,00 / 2,15	mit	QN 377	150 · 6,0 d / 100 · 7,0	6,0	—	4	4	3,77 3,85	67,0	5,19	
		QN 513	150 · 7,0 d / 100 · 8,0	7,0	—	4	4	5,13 5,13	89,1	6,91	
5,00 / 2,15	ohne	RN 188	150 · 6,0 250 · 6,0					1,88 1,13	26,2	2,44	
		RN 257	150 · 7,0 250 · 6,0					2,57 1,13	32,2	3,00	
		RN 335	150 · 8,0 250 · 6,0					3,35 1,13	39,2	3,65	
6,00 / 2,15	mit	RN 377	150 · 6,0 d / 250 · 6,0	6,0	—	2	2	3,77 1,13	46,1	3,57	
		RN 513	150 · 7,0 d / 250 · 6,0	7,0	—	2	2	5,13 1,13	58,6	4,54	

Der Gewichtsermittlung der Lagermatten liegen folgende Überstände zugrunde:

QN 188 – QN 335: Überstände längs: 100/100 mm Überstände quer: 25/25 mm	
QN 377 – QN 513: Überstände längs: 150/150 mm Überstände quer: 25/25 mm	„d": Doppelstab in Längsrichtung
RN 188 – RN 335: Überstände längs: 125/125 mm Überstände quer: 25/25 mm	
RN 377 – RN 513: Überstände längs: 125/125 mm Überstände quer: 25/25 mm	

Randausbildung der Lagermatten   Doppelstäbe / Einfachstäbe

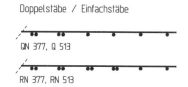

QN 377, Q 513

RN 377, RN 513

Tafel 10.5a Verbundspannungen f_{bd} in N/mm² für Normalbeton;
      Rippenstäbe mit $d_s \leq 32$ mm

Betonfestigkeitsklasse C	12	16	20	25	30	35	40	45	50	55	60	70	80	90	100
guter Verbund	1,65	2,00	2,32	2,69	3,04	3,37	3,68	3,99	4,28	4,38	4,48	4,65	4,78	4,87	4,94
mäßiger Verbund	1,16	1,40	1,62	1,89	2,13	2,36	2,58	2,79	2,99	3,07	3,14	3,25	3,34	3,41	3,46

Tafel 10.5b Verbundspannungen f_{bd} in N/mm² für Leichtbeton;
      Rippenstäbe mit $d_s \leq 32$ mm

Betonfestigkeitsklasse LC		12	16	20	25	30	35	40	45	50	55	60
guter Verbund	$\rho = 1000$ kg/m³	1,11	1,35									
	$\rho = 1200$ kg/m³	1,20	1,45	1,69								
	$\rho = 1400$ kg/m³	1,29	1,56	1,81	2,11	2,38						
	$\rho = 1600$ kg/m³	1,38	1,67	1,94	2,25	2,54	2,82	3,08	3,33	3,58		
	$\rho = 1800$ kg/m³	1,47	1,78	2,07	2,40	2,71	3,00	3,28	3,55	3,81	3,90	3,99
	$\rho = 2000$ kg/m³	1,56	1,89	2,19	2,55	2,88	3,19	3,48	3,77	4,04	4,14	4,24
mäßiger Verbund	$\rho = 1000$ kg/m³	0,78	0,94									
	$\rho = 1200$ kg/m³	0,84	1,02	1,18								
	$\rho = 1400$ kg/m³	0,90	1,09	1,27	1,47	1,66						
	$\rho = 1600$ kg/m³	0,97	1,17	1,36	1,58	1,78	1,97	2,16	2,33	2,50		
	$\rho = 1800$ kg/m³	1,03	1,25	1,45	1,68	1,90	2,10	2,30	2,49	2,67	2,73	2,79
	$\rho = 2000$ kg/m³	1,09	1,32	1,54	1,78	2,01	2,23	2,44	2,64	2,83	2,90	2,97

Tafel 10.5c Verbundbedingungen

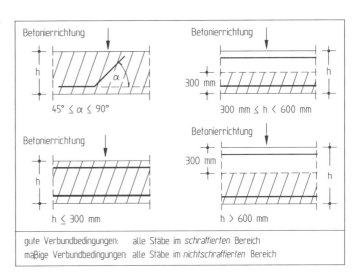

gute Verbundbedingungen: alle Stäbe im *schraffierten* Bereich
mäßige Verbundbedingungen: alle Stäbe im *nichtschraffierten* Bereich

Tafel 10.6

Tafel 10.6 Grundmaß der Verankerungslänge l_b in cm für Normalbeton[1];
Betonstabstahl

Beton-festigkeits-klasse	Verbund-bedingung	Stabdurchmesser d_s in mm								
		6	8	10	12	14	16	20	25	28
C 12/15	gut	40	53	66	79	92	105	132	165	184
	mäßig	56	75	94	113	132	150	188	235	263
C 16/20	gut	33	43	54	65	76	87	109	136	152
	mäßig	47	62	78	93	109	124	155	194	217
C 20/25	gut	28	37	47	56	66	75	94	117	131
	mäßig	40	54	67	80	94	107	134	167	187
C 25/30	gut	24	32	40	48	57	65	81	101	113
	mäßig	35	46	58	69	81	92	115	144	161
C 30/37	gut	21	29	36	43	50	57	71	89	100
	mäßig	31	41	51	61	71	82	102	128	143
C 35/45	gut	19	26	32	39	45	52	64	81	90
	mäßig	28	37	46	55	64	74	92	115	129
C 40/50	gut	18	24	30	35	41	47	59	74	83
	mäßig	25	34	42	51	59	67	84	105	118
C 45/55	gut	16	22	27	33	38	44	55	68	76
	mäßig	23	31	39	47	55	62	78	97	109
C 50/60	gut	15	20	25	31	36	41	51	64	71
	mäßig	22	29	36	44	51	58	73	91	102
C 55/67	gut	15	20	25	30	35	40	50	62	69
	mäßig	21	28	35	43	50	57	71	89	99
C 60/75	gut	15	19	24	29	34	39	49	61	68
	mäßig	21	28	35	42	49	55	69	87	97
C 70/85	gut	14	19	23	28	33	37	47	58	65
	mäßig	20	27	33	40	47	53	67	84	94
C 80/95	gut	14	18	23	27	32	36	46	57	64
	mäßig	20	26	33	39	46	52	65	81	91
C 90/105	gut	13	18	22	27	31	36	45	56	62
	mäßig	19	25	32	38	45	51	64	80	89
C 100/115	gut	13	18	22	26	31	35	44	55	62
	mäßig	19	25	31	38	44	50	63	79	88

---

[1] Bei Leichtbeton sind die angegebenen Werte mit $1/\eta_1 = 1 / (0{,}40 + 0{,}60 \cdot \rho / 2200)$ zu multiplizieren (mit ρ als Trockenrohdichte in kg/m³)

Faktor für Leichtbeton

mit ρ = 1000 kN/m³ → 1,49
ρ = 1200 kN/m³ → 1,38
ρ = 1400 kN/m³ → 1,28
ρ = 1600 kN/m³ → 1,20
ρ = 1800 kN/m³ → 1,12
ρ = 2000 kN/m³ → 1,06

Tafel 10.7a Grundmaß der Verankerungslänge l_b in cm für Normalbeton[1];
Einzelstäbe von Betonstahlmatten

Beton	Verbund-bedin-gung	Stabdurchmesser d_s in mm																
		4,0	4,5	5,0	5,5	6,0	6,5	7,0	7,5	8,0	8,5	9,0	9,5	10,0	10,5	11,0	11,5	12,0
C 12/15	gut	26	30	33	36	40	43	46	49	53	56	59	63	66	69	72	76	79
	mäßig	38	42	47	52	56	61	66	71	75	80	85	89	94	99	103	108	113
C 16/20	gut	22	24	27	30	33	35	38	41	43	46	49	52	54	57	60	62	65
	mäßig	31	35	39	43	47	50	54	58	62	66	70	74	78	82	85	89	93
C 20/25	gut	19	21	23	26	28	30	33	35	37	40	42	44	47	49	52	54	56
	mäßig	27	30	33	37	40	43	47	50	54	57	60	64	67	70	74	77	80
C 25/30	gut	16	18	20	22	24	26	28	30	32	34	36	38	40	42	44	46	48
	mäßig	23	26	29	32	35	37	40	43	46	49	52	55	58	61	63	66	69
C 30/37	gut	14	16	18	20	21	23	25	27	29	30	32	34	36	38	39	41	43
	mäßig	20	23	26	28	31	33	36	38	41	43	46	49	51	54	56	59	61
C 35/45	gut	13	15	16	18	19	21	23	24	26	27	29	31	32	34	35	37	39
	mäßig	18	21	23	25	28	30	32	35	37	39	41	44	46	48	51	53	55
C 40/50	gut	12	13	15	16	18	19	21	22	24	25	27	28	30	31	32	34	35
	mäßig	17	19	21	23	25	27	30	32	34	36	38	40	42	44	46	48	51
C 45/55	gut	11	12	14	15	16	18	19	20	22	23	25	26	27	29	30	31	33
	mäßig	16	18	19	21	23	25	27	29	31	33	35	37	39	41	43	45	47
C 50/60	gut	10	11	13	14	15	17	18	19	20	22	23	24	25	27	28	29	31
	mäßig	15	16	18	20	22	24	25	27	29	31	33	35	36	38	40	42	44
C 55/67	gut	10	11	12	14	15	16	17	19	20	21	22	24	25	26	27	29	30
	mäßig	14	16	18	19	21	23	25	27	28	30	32	34	35	37	39	41	43
C 60/75	gut	10	11	12	13	15	16	17	18	19	21	22	23	24	25	27	28	29
	mäßig	14	16	17	19	21	23	24	26	28	29	31	33	35	36	38	40	42
C 70/85	gut	9	11	12	13	14	15	16	18	19	20	21	22	23	25	26	27	28
	mäßig	13	15	17	18	20	22	23	25	27	28	30	32	33	35	37	38	40
C 80/95	gut	9	10	11	13	14	15	16	17	18	19	20	22	23	24	25	26	27
	mäßig	13	15	16	18	20	21	23	24	26	28	29	31	33	34	36	37	39
C 90/105	gut	9	10	11	12	13	14	16	17	18	19	20	21	22	23	25	26	27
	mäßig	13	14	16	18	19	21	22	24	25	27	29	30	32	33	35	37	38
C100/115	gut	9	10	11	12	13	14	15	16	18	19	20	21	22	23	24	25	26
	mäßig	13	14	16	17	19	20	22	24	25	27	28	30	31	33	35	36	38

[1] Bei Leichtbeton sind die angegebenen Werte mit $1/\eta_1 = 1 / (0,40 + 0,60 \cdot \rho / 2200)$ zu multiplizieren (mit ρ als Trockenrohdicht in kg/m³)

Faktor für Leichtbeton

mit ρ = 1000 kN/m³ $\rightarrow$ 1,49
ρ = 1200 kN/m³ $\rightarrow$ 1,38
ρ = 1400 kN/m³ $\rightarrow$ 1,28
ρ = 1600 kN/m³ $\rightarrow$ 1,20
ρ = 1800 kN/m³ $\rightarrow$ 1,12
ρ = 2000 kN/m³ $\rightarrow$ 1,06

Konstruktion

Tafel 10.7b

Tafel 10.7b Grundmaß der Verankerungslänge l_b in cm für Normalbeton[1]; Doppelstäbe von Betonstahlmatten

Beton	Verbund-bedin-gung	Stabdurchmesser d_s in mm													
		5,5d	6,0d	6,5d	7,0d	7,5d	8,0d	8,5d	9,0d	9,5d	10,0d	10,5d	11,0d	11,5d	12,0d
C 12/15	gut	51	56	61	65	70	74	79	84	88	93	98	102	107	112
	mäßig	73	80	86	93	100	106	113	120	126	133	140	146	153	160
C 16/20	gut	42	46	50	54	58	61	65	69	73	77	81	85	88	92
	mäßig	60	66	71	77	82	88	93	99	104	110	115	121	126	132
C 20/25	gut	36	40	43	46	50	53	56	60	63	66	70	73	76	79
	mäßig	52	57	62	66	71	76	80	85	90	95	99	104	109	114
C 25/30	gut	31	34	37	40	43	46	49	51	54	57	60	63	66	68
	mäßig	45	49	53	57	61	65	69	73	77	82	86	90	94	98
C 30/37	gut	28	30	33	35	38	40	43	45	48	51	53	56	58	61
	mäßig	40	43	47	51	54	58	61	65	69	72	76	79	83	87
C 35/45	gut	25	27	30	32	34	36	39	41	43	46	48	50	52	55
	mäßig	36	39	42	46	49	52	55	59	62	65	68	72	75	78
C 40/50	gut	23	25	27	29	31	33	35	38	40	42	44	46	48	50
	mäßig	33	36	39	42	45	48	51	54	57	60	63	66	69	72
C 45/55	gut	21	23	25	27	29	31	33	35	37	39	41	42	44	46
	mäßig	30	33	36	39	41	44	47	50	52	55	58	61	63	66
C 50/60	gut	20	22	23	25	27	29	31	32	34	36	38	40	41	43
	mäßig	28	31	33	36	39	41	44	46	49	51	54	57	59	62
C 55/67	gut	19	21	23	25	26	28	30	32	33	35	37	39	40	42
	mäßig	28	30	33	35	38	40	43	45	48	50	53	55	58	60
C 60/75	gut	19	21	22	24	26	27	29	31	33	34	36	38	39	41
	mäßig	27	29	32	34	37	39	42	44	47	49	51	54	56	59
C 70/85	gut	18	20	21	23	25	26	28	30	31	33	35	36	38	40
	mäßig	26	28	31	33	35	38	40	43	45	47	50	52	54	57
C 80/95	gut	18	19	21	23	24	26	27	29	31	32	34	35	37	39
	mäßig	25	28	30	32	34	37	39	41	44	46	48	51	53	55
C 90/105	gut	17	19	21	22	24	25	27	28	30	32	33	35	36	38
	mäßig	25	27	29	32	34	36	38	41	43	45	47	50	52	54
C100/115	gut	17	19	20	22	23	25	26	28	30	31	33	34	36	37
	mäßig	24	27	29	31	33	36	38	40	42	44	47	49	51	53

---

[1] Bei Leichtbeton sind die angegebenen Werte mit $1/\eta_1 = 1 / (0,40 + 0,60 \cdot \rho / 2200)$ zu multiplizieren (mit ρ als Trockenrohdicht in kg/m³)

Faktor für Leichtbeton

mit ρ = 1000 kN/m³ → 1,49
ρ = 1200 kN/m³ → 1,38
ρ = 1400 kN/m³ → 1,28
ρ = 1600 kN/m³ → 1,20
ρ = 1800 kN/m³ → 1,12
ρ = 2000 kN/m³ → 1,06